东方设计学研究

Studies of
Oriental Design

第六届东方设计论坛
暨第二届中国乡村文化振兴高层论坛
论文集

周武忠 唐　珂 主编

上海交通大学出版社
SHANGHAI JIAO TONG UNIVERSITY PRESS

内容提要

本书是以"生活美学与创新设计"为主题的第六届东方设计论坛和以"乡村美学与乡村设计"为主题的第二届中国乡村文化振兴高层论坛荟萃的学术论文集。各种创新思维在论坛中碰撞出了智慧的火花，各种深入的思考在论坛上得到了思维的共鸣，由此有力推动设计学的学科发展，并为中国乡村振兴设计贡献力量。

本书适合大学各类设计专业的师生和各行业广大设计人员阅读、借鉴、参考学习。

图书在版编目（CIP）数据

东方设计学研究：第六届东方设计论坛暨第二届中国乡村文化振兴高层论坛论文集 / 周武忠，唐珂主编.
—上海：上海交通大学出版社，2021.7
ISBN 978-7-313-24915-9

Ⅰ.①东… Ⅱ.①周…②唐… Ⅲ.①设计学—文集②乡村—社会生活美—中国—文集 Ⅳ.①TB21-53②.3-53

中国版本图书馆CIP数据核字（2021）第080553号

东方设计学研究

——第六届东方设计论坛暨第二届中国乡村文化振兴高层论坛论文集

DONGFANG SHEJIXUE YANJIU
——DILIUJIE DONGFANG SHEJI LUNTAN JI DIERJIE ZHONGGUO XIANGCUN WENHUA
　　ZHENXING GAOCENG LUNTAN LUNWENJI

主　　编：周武忠　唐　珂
出版发行：上海交通大学出版社　　　　　　　地　　址：上海市番禺路951号
邮政编码：200030　　　　　　　　　　　　电　　话：021-64071208
印　　制：当纳利（上海）信息技术有限公司　经　　销：全国新华书店
开　　本：787 mm × 1092 mm　1/16　　　　印　　张：29.25
字　　数：635千字
版　　次：2021年7月第1版　　　　　　　　印　　次：2021年7月第1次印刷
书　　号：ISBN 978-7-313-24915-9
定　　价：128.00元

前言

　　本论文集是2020年度上海交通大学创新设计中心具体组织承办的两个论坛的学术论文合集：一是以"生活美学与创新设计"为主题的第六届东方设计论坛，二是以"乡村美学与乡村设计"为主题的第二届中国乡村文化振兴高层论坛。这两个论坛虽然原先设定的主题不同，但从征文结果看，似乎都可以囊括在"生活美学与创新设计"这一主题下，而且，第六届东方设计论坛还特别举办了"生活美学与乡村设计"分论坛。因此把这些论文合成一集，但分为两篇，即"生活美学与创新设计"和"乡村美学与乡村设计"，只是把第六届东方设计论坛有关乡村设计的论文归并到了本论文集的下篇。上篇是关于第六届东方设计论坛的论文集，下篇则是第二届中国乡村文化振兴高层论坛的论文集。

　　东方设计论坛已进入第六个年头。六年来，无数思维在论坛中碰撞出了智慧的火花，无数思考在论坛上得到了思维的共鸣。东方设计论坛记录着中外设计学学科发展的一枝一叶，也让人们清晰地认识到了设计学学科发展已取得的成果，更是让东方的设计文化走向世界。在2020年这个特殊的时刻，东方设计论坛仍顶着艰难险阻准时举行。疫情造成了人们物理距离上的远离，但挡不住人们追求真理、钻研学术的热情。本次东方设计论坛旨在打破种种壁垒，创造一个平等、开放的交流环境，希望参与者不论年龄、资历，勇敢地提出自己的想法、发出自己的声音，共同探讨东方设计的理论创新，探索各类设计实践问题，完善东方设计学的理论体系，继续推动设计学的学科发展。

　　随着人们生活水平的不断提高，人们的需求已不局限于生理性和实用性，此时美学和设计则是引领人们幸福生活的力量源泉。在生活中发掘生活美学、将美学与生活连接，是进一步提高人们生活情趣和质量的重要依据。创新设计则是生活美学的重要实现途径，通过设计的力量，实现人们生活审美化和审美生活化的需求。

　　通过对乡村振兴发展问题的探讨，会议发表了《乡村设计定山宣言》。宣言号召各位设计界同仁在深入思考乡村振兴如何推进的同时,明确自身使命,通力协作,积极探索乡村设计的发展路径。其中,成立乡村设计行业协会、构建乡村设计教育体系、建立注册乡村设计师制度是有力推进中国乡村振兴设计的重要途径。会议通过探索乡村振兴设计的问题、责任与路径,为中国乡村振兴设计贡献力量。

周武忠教授介绍,中国乡村文化振兴高层论坛是经中国国际农产品交易会组委会秘书处和中国农民丰收节组委会秘书处提议设立的,由唐珂司长和周武忠教授担任组委会联合主席,目的是为国家乡村振兴战略特别是乡村文化振兴发现一些新问题、研究一些新方法、探索一些新路径。首届论坛已于2019年11月16日在南昌举行,主题是"地域文化与乡村产业振兴"。本次论坛的学术征文聚焦乡村美学,以繁荣中华乡村文化、重塑中华乡村美学为宗旨,强调以文化振兴为乡村振兴的灵魂,以美学重塑为乡村振兴的旨归。来自全国各地的70多位作者提交的乡村美学学术论文涉及自然关系、空间关系、物质关系、情感关系和人文关系等乡村建设的各个层面。此次征文共评选出28篇优秀论文,其目的是倡导更多的人从审美的高度去投入乡村的发展,感受乡愁的深度和乡土的温度,以乡村之美为中华文化之根,共同建设美丽乡村,复兴乡村美学。

目录

下篇　乡村美学与乡村设计

附　录

上篇 生活美学与创新设计

生活美学与创新设计：
第六届东方设计论坛综述

周武忠　戴逸君　徐媛媛

为深入探讨乡村振兴问题，全面研究生活美学与创新设计，由上海交通大学、国际设计科学学会（International Society for Design Science，ISDS）主办，上海交通大学设计学院、上海交通大学创新设计中心承办，《中国名城》杂志社、濂溪乡居（上海）文化发展有限公司协办的2020第六届东方设计论坛采用线上、线下相结合的方式举行。2020年10月18日，第六届东方设计论坛"生活美学与乡村振兴设计"分论坛在江阴朝阳山庄举行；2020年12月22日，第六届东方设计论坛"艺术设计与创新""地域文化与乡村设计"分论坛采用线上直播的方式举行。本次论坛不仅邀请国内外资深的专家学者与企业先行者参加，更鼓励年轻的设计人参与分享。

（一）平等与开放的东方设计论坛

东方设计论坛由上海交通大学发起，邀请海内外具有全球影响力的知名设计师与学者，聚焦设计学科前沿理论，关注实际问题。论坛旨在汇聚思想，整合资源，规划未来，创建世界范围内具有学术竞争力与社会影响力的设计大平台。在各方面的大力支持下，东方设计论坛迄今已在上海成功举办五届。前五届论坛主题分别围绕设计学科建设、东方设计哲学、一带一路与东方设计、地域振兴与整体设计、东西方设计比较展开研讨，取得了丰硕成果。本届论坛将聚焦"生活美学与创新设计"。

随着后现代社会的到来，美学出现了由"艺术哲学"向"生活美学"转型的趋势，生活美学将审美与生活重新连接起来，让审美生活化，让生活审美化，进一步提高了普通大众的生活质量与生活情趣。对于生活美学来说，生活中的创新设计也是不可或缺的一个部分，诸如城市美学、景观美学、休闲美学等，在具体的实际操作层面上都离不开创新设计，"美"的自身价值也有部分体现在创新上。而从生活品质和生活美学的视角出发，思考什么才能代表美学，是思考"创新设计"话题的基点。生活美学和创新设计需要颉颃而行。

受疫情影响，本届东方设计论坛分为三个分论坛。在线下举行的江阴分论坛上，与会者深入探讨了中国发展乡村振兴设计的问题与困境，设计者的责任与担当，以及解决问题的方法与路径，最后达成共识，即成立乡村设计行业协会、构建乡村设计教育体系、建立注册乡村设计师制度,并发表了《乡村设计定山宣言》。在线上直播的"艺术设计与创新""地域文化与乡村设计"分论坛上,演讲嘉宾们围绕论坛主题展开了讨论。东方设计论坛坚持平等、开放、免费的原则,投稿者可凭提交的论文参与自由交流。从助教到教授、从本科生到博士后,均可不论资历同台演讲。

(二)从新乡村主义到乡村设计师

第六届东方设计论坛江阴分论坛于2020年10月18日在江苏省江阴市朝阳山庄举行,由中国乡村振兴服务联盟理事长、上海交通大学创新设计中心主任周武忠教授主持,论坛主题为"生活美学与乡村振兴设计"。江阴市人民政府副市长张韶峰致欢迎词并介绍了江阴市社会经济和乡村振兴发展情况。来自东南大学、南京工业大学、南京林业大学、江南大学、江苏理工大学、徐州工程学院(设计学智库)、深圳技术大学、中国中建设计集团、碧桂园集团碧乡农业、南京万科田园乡村事业部、无锡市科技产业协会等单位的30余名代表出席会议。大家畅议乡村设计,共话乡村振兴。会后,与会人员共攀定山之巅,宣读《乡村设计定山宣言》。

著名美学家和设计学家、东南大学艺术学院教授凌继尧首先做了纲领性讲话。他认为,从生活美学的角度看,美丽乡村建设至少包括三个层面:第一,生态环境的美,即坚持人与自然和谐共生;第二,生活环境的美,即保留乡村的历史文脉,延续历史记忆;第三,居住空间的美,即居住空间要有地方特色,百花齐放。

上海交通大学设计学院周武忠教授在会议上提出了《乡村设计定山宣言》。宣言首先指出乡村振兴战略如今面临的问题与困境,明确了设计从业者的责任与担当,指出了明确的行动路径,即成立乡村设计行业协会、构建乡村设计教育体系、建立注册乡村设计师制度。

南京工业大学艺术设计学院张健健副院长提出"美丽乡村"的"美丽"是一个综合全面的概念,不仅要重视乡村的外部环境美,还要强调乡村社会、经济、文化和谐发展的内在美,它是产业、文化、景观、村落的交融。

江南大学设计学院朱蓉教授认为,中国乡村聚落是自然环境和乡村居民活动的综合载体。乡村不仅是传统的农业生产地和农民聚集地,还兼具经济、社会、文化、生态等多种功能。乡村振兴设计应当注重乡土地域特色,重视乡村社区参与,加强乡村教育培训,强调村镇协同发展。

南京林业大学艺术设计学院李永昌副院长指出,乡村风貌设计和规划必须是一项综合性、系统化、专业化的工程,要求设计师不仅要有扎实的设计专业技能,对于国家乡村振兴战略以及中国乡村的发展现状有着深刻的认知,还要能够深入乡村内部、了解乡土文化、找准乡村发展定位。

江苏理工大学艺术设计学院副院长郗杰教授认为,为更好地发展乡村振兴设计可以采取如下几个措施。第一,可探索推进绿色食品生产行动计划,制订中国基本农产品生产目录。第二,可探索推进乡村商业化转型行动计划,对典型性样板乡村进行商业转型设计的"样板化操作"。第三,可探索推进乡村地产化转型行动计划,将资源等布局向乡村延展。

徐州工程学院赵绍印教授认为，乡村振兴不仅是空间的规划，更有关地域资源的商业开发。视觉传达设计师们通过对地域性农产品，尤其是优质的农特产品进行品牌化包装和市场形象塑造，来增加农特产的附加值。运用恰当的材质、合身的造型、和谐的视觉元素和板式等，形成一村一品，一村一特产，村村有品牌的良好态势。

上海交通大学设计学院孔繁强副教授指明，定山宣言指出了乡村振兴的主要问题和解决策略，是未来乡村振兴战略的指南。他还提出乡村振兴活动中的主体地位是否应该还给村民？响应"村民自治"，让村民发挥主动性，自己掌握简单的设计工具从而改善生活？从而避免城市单向地对乡村物质和情感的双重消费？

东南大学旅游与景观研究所所长郑德东博士提出了乡村振兴的"宏"与"微"。乡村振兴之"宏"：首先，城市冗余资源，存量空间盘活乡村；其次，以"需求＋模式"创新拉动乡村振兴的内在动力；最后，从可持续到生态文明建设的过渡。乡村振兴之"微"，首先要着眼于乡村服务业的现代化提升，其次要重视乡村语境对于受众的到达率，最后在细节上实施旅游、文化、体育、健康、养老五大幸福产业的互促。

东华大学环境设计系周之澄讲师指出，一方面，人们应该更多关注具备"乡村性"典型特征的基础产业与特色产业的稳步前进，另一方面应该竭力避免集体建设用地、村集体经济等资源型资产的流失，这是完善乡村基本配套、实现城乡均衡发展的根本条件。乡村产业发展需要艺术与设计、规划与科学走进乡村，以更强的专业性、更好的针对性解决乡村振兴的实际问题。

上海交通大学设计学院博士后、建筑与城乡空间研究所所长马程博士提出，首先，改善农民生活可通过小城镇的发展促进就近城镇化；其次，在农村开展规模化、机械化的现代农业，把传统农民变成职业农民；最后，优化农村空间环境，自下而上地优化农村环境。打破城乡壁垒，尤其是人际壁垒才是振兴乡村的核心，村镇协同发展的模式或许是打破这层壁垒的关键钥匙。

上海交通大学设计学院蒋晖博士在教学活动中发现，一方面，学生对于中国农村现状并不了解，不能以综合性、整体化的思路和视角解决乡村问题，故亟待培养一批具有综合性视角和专业能力的人才，以更好地建设乡村；另一方面，从课题研究角度看，中国的乡村问题应立足于中国本土的乡土文化，构建符合中国乡村发展需要的设计理论。

碧桂园集团碧乡农业的杨洋博士介绍道，作为沐浴着改革开放春风成长起来的民营企业，碧桂园集团致力于为全世界创造美好生活产品。地产、农业、机器人是公司的三大业务板块。要使乡村振兴、产业兴旺，一定要具备主观能动性，对一线各地特色产业方向有敏锐嗅觉，因地制宜，针对不同地域特点形成亮点。

无锡市科技产业创新协会理事长袁锦洋提出了自己的几点思考，他认为，乡村振兴可从政策扶持、策划规划、用地政策、平台搭建、宣传营销入手，整合资源，将规划与运营结合，扩宽土地用途，构建共享模式，政府牵头大力宣传，全方位地对乡村振兴如今所面临的困境进行突破。

中建设计集团江苏公司总经理李辉博士提出,乡村设计的价值观、方法论和技术体系仍不成熟。城市需要城市设计,乡村也需要乡村设计,更应当注重乡村整体设计。因此,我们应当呼吁通过行业协会、教育培训、注册管理等多种手段,打破壁垒、打通联系,只有建立具备整体设计思维和能力的从业队伍,才能真正担当起历史赋予我们的重大责任。

上海交通大学设计学院博士华章认为,要实现乡村"五位一体"的全面振兴,具体来说有以下五个方面的命题需要去思考:① 如何在乡村空间设计时兼顾社会不同层级人群的利益,增进人民福祉,实现经济振兴;② 如何在乡村空间设计时促进社会交往的多元整合,重塑乡村社会联系,实现组织振兴;③ 如何在乡村空间设计时因地因时规划建设产业空间,促进产业均衡发展,实现产业振兴;④ 如何在乡村空间设计时对传统生活方式进行保护,保留那部分传统、积极的生存文化,实现文化振兴;⑤ 如何在乡村空间设计时对可持续生计方式进行引导,塑造优美的村落环境,实现生态振兴。

上海交通大学设计学院徐媛媛博士认为,对于拥有花卉基地资源的乡村地区来说,发展花卉旅游产业可以作为一个产业转型切入点。通过创意地植入花文化,建构以花卉为核心要素的全产业链,打造体现人与自然和谐共生理念的花文化小镇。规划和运营相结合,从经济发展和公共服务方面提高乡村人民的生活水平和质量,是实现乡村振兴的一条可靠路径。

上海交通大学设计学院博士生周予希提出,作为以乡村"地理标志产品"为物质基础,以乡村地域文化为文化源泉的特色文化产业,"创意农业"是可以充分发挥乡村优势、促进乡村产业发展的实践路径之一。并且,在"三生"(生产-生态-生活)和谐发展、"四风"(风土-风物-风俗-风景)顶层设计原则的指导下,不仅能进一步提振消费、扩大内需,亦能保障国家乡村振兴战略的开展和脱贫攻坚成果的巩固拓展。

（三）艺术设计与创新

上海大学上海美术学院教授、博士生导师苏金成以及硕士研究生李檬在报告《马勺脸谱的品牌视觉形象构建过程》中提出品牌视觉形象设计所具有的传播力和感染力,能够赋予马勺艺术作品浓厚的情感内容,使其在大众面前树立独特的品牌形象,让马勺脸谱的艺术特色、文化内涵、艺术价值得到充分体现。

上海交通大学设计学院博士生孟昕以《城市美学文化与公共空间中视觉艺术的语言形式研究》为题在大会上做了报告。他在当代城市美学的构建主题发生重要转折的时期重新审视城市与人之间的关系,指出"以人为本"的生活空间得到全方位的发展。通过对城市公共空间与城市文化要点的分析,并且基于视觉艺术在信息传递中的优势,探寻未来录像艺术为城市公共空间中文化建设带来的更多可能性。

贵州大学美术学院硕士研究生郭泽宇在《海南黎锦视觉元素在现代帽饰设计中的创新运用》的文章中对海南黎锦视觉元素的文化和艺术特征以及该地区旅游产品的设计现状进行了系统的比较分析,进而对黎锦的图形、色彩等元素进行提取,将其与现代帽饰设计相结合,并从工艺、功能和审美等方面对所选的两款帽饰进行了创新运用,这对黎族文化的传播和弘扬以及应用转型具有重要的经济价值及社会价值。

青岛大学硕士研究生梁亚男和湖北工业大学硕士研究生闫兴盛以《以宜家为代表的生活美学及设计应用》为题做了报告演说,旨在探索生活中的美学需求,讨论生活美学在生活中的体现以及如何将创新设计应用于生活,并在分析生活中美学需求的基础上,以宜家家居为案例探索其生活美学和设计方法,最后将创新设计更好地运用于现代的美学生活中。

同济大学设计创意学院的博士生陈帆就《疫情背景下社区分布式教育模型迭代研究》进行思考。基于经典的产学研合作关系和现代社区微更新成果,建立一个基于社区的SBAC(school,business,academia,community)分布式教育平台概念模型,其使命是以弹性的方式促进企业、学校和学术界之间的协作,并进行知识转换以扩大教育的影响力以及激活社区。此外,通过与企业合作,本研究还建立了优衣栈(Unihub)模块化概念系统,作为SBAC概念落地的物质基础并验证其有效性。

南京林业大学艺术设计学院本科生孙逸可在题为《以迪拜世博会中国馆为例浅谈符号在空间设计中的意义》的报告中指出,符号逐渐成为建筑空间满足人类精神文化需求的重要载体,对现代空间设计有着重大意义,符号不仅为建筑中的生活美学提供必要元素,也为现代空间设计的创新提供更多可能。文章以迪拜世博会中国馆的设计为例,分析和论述其中符号语言的运用。

上海印木文化传媒有限公司总经理、英国金斯顿大学当代设计策展硕士陈心悦以《科技馆中的空间》为题,讨论了由芦原义信提出的关于积极空间与消极空间的理论想法,以科学博物馆为主要讨论对象,展开论述了博物馆空间内的尺度、质感、布局和层次表现。

天津科技大学艺术设计学院副院长、副教授、硕士生导师张新沂以及天津科技大学艺术设计学院硕士研究生陈旭分享了《汉绣元素与现代服饰的融合创新设计研究》。报告旨在研究汉绣元素精髓,探索其与现代服饰的融合共生,让带有东方汉绣元素的服饰设计,在中国创造和世界设计之间构架起良好的桥梁,找到传统与当代连接的意义,推动汉绣与现代服饰融合创新发展。

德国汉堡应用科技大学传播与信息设计学院高级讲师陈璞在《高科技时代的低技设计》中提出,低技设计是一项基于本土哲学和本土基础设施的设计运动,旨在利用可持续的、有弹性的、基于自然的技术来进行设计。低技术让我们重归自然,挖掘低排放甚至负排放的生产方式,创造与人们生活关系更为紧密的科技产品,并对"我们需要什么样的发展"这个问题做出反思。

江苏凤凰教育出版社编审、艺术出版中心主任,苏州大学艺术学院、南京艺术学院硕士生导师周晨发表了以《编辑设计对于图书品质塑造的重要性——以2019年度世界最美的书〈江苏老行当百业写真〉为例》为题的报告。报告提出,编辑设计是书籍整体设计中的重要组成部分,也是关键的手段之一。通过对于书稿文本内容的深度理解,介入书籍体例结构的统筹调整,文本素材的优化,版面图文关系的精耕细作,大大提高书籍视觉表现力以及阅读的体验感,使内容与形式互为融合,有效提升图书出版物的整体品质,推动出版业的发展。

（四）地域文化与乡村设计

上海师范大学美术学院教授、设计系主任、设计学科带头人江滨教授以《基于生态位现象的地域特色创新设计研究》为题做了报告。他指出，地域特色的"生态位"就是该地域自身具有的自然和人文的特殊优势，也可以理解为个性化、地方特色及唯一性。事实上，生物学概念的"生态位"现象与地域特色在某种程度上有着本质关联性，地域特色就是"生态位"现象在自然界的另一种表现。就设计而言，设计师应当找到专属的地域特色，即地域文化、地域气候和地域材料这些地域的生态位特征，再运用现代设计语言进行符合现代使用功能和现代审美特征的创新设计。

芜湖六好儿郎文化旅游产业有限公司总经理、文旅产业高级策划师汪斌围绕《地域振兴背景下的特色文化旅游商品的创意设计与开发》一题，指出中国并不缺乏文化和创意，只是欠缺将这些文化和创意产业化、商品化以及服务化的能力。随着经济社会的进步和发展，旅游业必须进一步改变经营和管理的思路，结合当地的历史文化和特色，赋予当地旅游和文化产品更多的文化内涵，从而促进和保证该地区旅游文化产业的蓬勃发展。

广东工业大学硕士研究生吴琼分享了《地域文化下设计扶贫的思路探析——以山西后沟村为例》，设计扶贫是基于国家精准扶贫的重要战略安排之一，设计作为一种智慧参与扶贫工作，具有良好的服务潜力和发挥空间。目前，政府和社会各阶层正在大力推进的"设计扶贫"在思想和方法上都有普遍化的趋势。当"设计扶贫"落实到不同地域时，应了解"贫"的成因，"贫"在何处，并找到对症下药的理论和方法，明确设计在扶贫工作中的准确定位，从而使"设计扶贫"能够真正实现其功能。

上海交通大学设计学院博士生陈坤杰在《基于地域文化的区域品牌形象设计方法研究》报告中提出，区域的振兴与发展是国家的战略性发展要求。文章从地域文化视角出发，探讨区域品牌形象的设计建构方法，旨在结合地域特色和文化差异缔造区域品牌形象的文化内核，提升区域品牌的地域识别性和宣传传播力，从而能够彰显品牌形象特色与魅力，同时能够充分发挥区域品牌的经济效用，带动区域内相关产业的发展和繁荣，最终服务于地域振兴。

河南理工大学建筑与艺术设计学院硕士研究生经恩贤在《基于卡诺模型的农村公共设施需求分析——以安徽长丰县陶楼镇为例》一文中，特以安徽省长丰县一乡镇为例，运用卡诺模型和问卷调查相结合的方法分析农村居民需求的类型。研究表明，居民的年龄和使用时间段是影响农村公共设施被使用的主要因素，而居民需求类型则集中于基本型和期待型；居民更注重路灯、健身器材、路口警示灯等公共设施的建设。这些研究结论能够为农村的基础公共设施建设提供一定的参考。

广东工业大学艺术与设计学院硕士研究生黄敏以《艺术乡建的中国范式实践——基于若干案例的比较研究》为题进行了分享。报告以我国艺术乡建作为本体，研究由不同角色主导介入的艺术乡建实践案例，对比分析其特点、优劣势及可改进方向，为我国艺术乡建整体的发展总结经验和提供启示。

山东工艺美术学院人文艺术学院副教授封万超围绕《乡村文化振兴的媒介化路径刍议》，提出乡村振兴是一个时代课题，而作为五大振兴之一的乡村文化振兴，则是一种"更基础、更广泛、更深厚"的力量，如何发挥其全体大用值得人们深入探讨。本文基于历史、实践、政策三个层面的分析，来探讨乡村振兴语境下的"乡村文化"，认为文化于乡村振兴是精神动力，是生活方式，是创意动能。在此基础上，本文从创新的层面提出媒介化路径是乡村文化振兴中一条有实操意义和落地价值的拓展路线，并从在地性、在场性、在线性三个维度提供了初步的策略分析。

第六届东方设计论坛乡村设计分论坛参会代表发表《乡村设计定山宣言》(2020年10月18日   江阴市定山主峰)

第六届东方设计论坛乡村设计分论坛参会代表合影(2020年10月18日   江阴朝阳山庄)

疫情背景下社区分布式
教育模型迭代研究

陈帆

摘要：始于2019年末的COVID-19在影响人类各项生产活动的同时，也反向推动了各行业内部改革的进展。本研究以设计教育为研究对象，试图探索可弥补远程教育缺失的混合教育模式。基于社会学、教育学以及设计学的文献与案例分析，研究者提出了从现有的SBAC社区教育模型向SBAC Hub教育系统过渡的可行性，并从产品服务体系设计角度提出了概念性的SBAC Hub系统设计方案。另外，通过采访利益相关者，本方案初步得到了正面反馈，为下一步空间设计方案的协同推进奠定了用户基础。

关键词：混合教育范式；社区微更新；分布式系统；SBAC Hub

新冠疫情的突然发生使绝大多数行业陷入了不同程度的瘫痪状态，教育行业也不例外。据联合国教科文组织统计，截至2020年3月30日，全世界范围内逾15亿学生受疫情影响而停止在学校上课，该数据占全球总学生数的约87.6%[1]。鉴于此，由传统的线下学校授课转为线上远程教育成为主流的教育范式转型思路。各国教育部门内部及时出台相应对策，自上而下地改革现有教育体系。以中国为例，教育部有关负责人于2020年1月29日宣布全国范围内各学段教育进入"停课不停教、不停学"状态，意即将每日师生线下赴校教育教学活动转为线上进行，同时开设国家和地方两级中小学网络教学平台以维持部分教学活动[2]。另外，虽然高等教育阶段暂时没有建成全国统一的教学平台，但各地高校根据其办学特色研发了适切性的网络教育环境，呈现出百花齐放的状态，如清华大学自主开发的雨课堂、华南理工大学的砺儒云课堂、澳门科技大学的智慧校园平台WeMust等[3]。

然而任何一门新技术或工具的兴起势必经历若干迭代过程，以适应瞬息万变的现实状况。经过大约一整年的运作，各远程教学平台暴露出技术或人为方面的问题，例如因带宽限制而造成的网络交流延迟，抑或由于居家环境不同而导致的学习效率差异等。对于该现状的反思在各领域方兴未艾。

基于上述现状，本研究以设计学科中的混合学习（blended learning）教育体系为研究对象，试图探索疫情背景下更具包容性的教育模式。并借此提出研究问题：在面对疫情常态化可能性的境况下，怎样的混合学习环境可以更大限度地提升设计学科专业学生的学习效率？

一、文献综述

（一）疫情下的线上教育概况

疫情暴发以来，世界范围内各高校运用已有的或新研发的线上平台开展远程教育工作，并且中西方从不同视角对线上教育予以关注。

中国的远程教育发展主要包含四种模式，即20世纪70年代的函授教育，改革开放后的广播电视教育，伴随着信息技术而发展起来的互联网线上教育，以及2012年后基于慕课体系蓬勃发展的线上直播教育模式[4]。尤其在现阶段因疫情而采取的居家隔离时期，线上直播教学维持了教育事业的可持续发展状态，各教学单位自主研发的线上教学平台如雨后春笋般出现。这种教育模式优点众多，在互动多样性、互动范畴的全局性、反馈的即时性、利益相关者的主动性方面有巨大的促进作用。但是在线教育的不完善之处也在大规模应用过程中日益暴露，例如教育环境的差异性尤其是学生面对不同程度的居家干扰因素，其学习效率从而受到影响；虚拟的网络空间给教师管理课堂秩序带来了新挑战，教师不在场导致学生活动的随意性增大，加剧了教师的管理成本；互动即时性同时也是一把双刃剑，频繁互动致使师生精力快速消耗，从而影响教学质量；远程教育对技术的依赖性使得教学过程受网络问题影响增强[5]。国外高校在远程教育进程中遇到的问题与中国类似，但其使用的平台类目不如中国丰富，这为纵向开发更具包容性和定制化的教学平台创造了条件。

（二）社区微更新

自21世纪第二个十年开始，基于社区的微更新项目使中国城市生活向精细化发展更进了一步。日臻完善的社区微更新试验为缓解上述问题提供了可参考的进路。2011年，仇保兴提出重建城市微循环的设想[6]。2015年，同济大学设计创意学院开启"开放营造（Open Your Space）"社区微更新试验项目，经过六年的培育，该项目业已成为四平街道乃至上海市具有代表性的社区更新案例[7]。2016年的"行走上海"项目是一项自上而下的社区微更新计划[8]，这为两年后在四平社区发起的社区规划师签约制度铺垫了实践基础[9]。以上不同尺度的微更新项目不仅激活了社区潜力，还将高等院校的教育资源引入社会生活中，在反哺社会的同时，也为更加多元的混合学习模式的迭代奠定了基础。

（三）社会学与教育学的启示

线上设计教学模式的发展补充了长久以来以项目制教学为核心的设计学教学模式，这保证了全球隔离期间设计学教学可持续发展的可能。与任何新生事物一样，大规模线上教学开始不久后便暴露了上述技术或人为问题。首先,教育效率与物理距离成一定的正相关关系[10]。其次,这些看似互不相干的表象问题最终导致了社会关系符号的丧失,高强度情感能量的消亡,并进而导致群体团结的退场[11]。针对以上隐性问题,学者们提出了有针对性的解决方案,例如强化教学中的兴趣点以建构群体符号,丰富教学中的互动形式使学生的情感能量被充分调动,以及给予学生更多的表达空间以平衡师生角色带来的主客体差异,从而巩固群体的团结[12]。

本研究综述以设计教育为例,回顾了当前线上教育平台的优劣势。同时,从社区微更新的角度了解到该模式可以为设计教育提供潜在资源。在现有研究成果的基础上,研究者从远程教育以及社区微更新的结合点上,试图运用相关研究方法和工具,发掘出有别于传统工作室制和线上设计教育的新模式,并通过对设计原型的测试来检验其可行性。

二、方法论

本研究运用了混合方法论来开展研究工作。首先,通过文献研究方法了解国内外设计学科线上教育的最新理论和方法,并从线上教育平台、教育方法、教育绩效的角度总结该模式的优缺点,从而明确本研究的突破口与创新点。其次,通过案例研究学习目前最新的线上教育方法与社区微更新模式,为建构更加具有包容性的设计教育模型而积累经验。案例研究过程由书面资料研究与采访两部分组成。在前期调研的基础上,研究者借助原型制作方法试图搭建概念的设计教育平台,其中分别对线上和线下所包含的软件与硬件内容的创建进行介绍。最后,在概念原型搭建结束后,研究者将其与同类型产品进行对比,并邀请利益相关者协同对其开展评价性研究,以完成概念阶段的初步迭代过程。

三、讨论

以下讨论部分主要由案例研究以及SBAC Hub教育平台概念与应用场景介绍构成。

（一）案例研究

1. 社会创新案例

研究者探究了四个创客中心案例,其中两个位于伦敦,其余的位于上海。通过比较研究发现不同文化背景下的社会创新中心或创客中心的异同,这将有助于设计解决方案的产生。

Goodlife Center毗邻泰特现代美术馆,全年为公众提供70多次课程,旨在增强个人的动手实践能力。其网站会定期推送近期举办的课程,包括详情介绍、课程目标与成本。除培训外,教员还会提供定制化辅导,以帮助创客们解决技术问题[13]。

作为一家非营利组织,位于伦敦南部的Remakery成立于2012年,宗旨是为人们提供可持续发展的能力。创客可以选择在一个月内定制其制作计划,也可以租用特定的空间来举办研讨会和其他活动。与付费服务不同,Remakery 倾向于通过 4R 原则(即 rethink、resource、reuse 和 redistribute)为事物增值[14]。

N-ICE2035 原型街是四平社区的微更新项目,该项目建立在社区内一条里弄的空间里,并吸引了众多品牌入驻。N-ICE2035 的含义是面向 2035 年的创新、创造力和企业家邻里。N-ICE2035 的核心是多重价值交叉和融合在这里形成了 15 分钟的生活圈。另外,N-ICE2035 正在创造复合未来社区的原型,表明在社区中创造并为社区带来就业机会,向社区提供所需的解决方案,与社区利益相关者一起创建社区,让社区利用内部资源来提高创造力[15]。

好公社(NICE Commune)诞生于 N-ICE2035 原型街,其本质是在居民社区和外部世界之间交换信息的公共平台,可以作为资源整合场所以及创意孵化器。作为四平社区最新成立的社区微更新项目,好公社一直与品牌合作,例如 PunchlineCafé 等,并联合建立了 Foodlab 公共厨房、Gossip Room 会议空间、公共客厅、Pop up 瑜伽教室、Sky 画廊等功能空间。在这种情况下,好公社可以被视为一个生活中心,为居民提供试验性的生活场景和可能性[16]。

2. 线上教育模式

研究者通过对利益相关者采访的形式,针对清华大学、同济大学与米兰理工大学的线上设计教育状况进行了了解,并对现状进行了总结。

2016 年,学堂在线与清华大学在线教育办公室共同开发了智能教学工具雨课堂,它将信息技术集成到演示文稿与社交平台中。教师将带有 MOOC 视频和语音的课前学习材料推送到学生端,以促进师生之间的沟通、及时反馈以及实时问答。雨课堂涵盖了教学的所有环节,为师生提供了完整的数据支持。在教学安排方面,教师将上课时间压缩至 40 分钟。与线下播放幻灯片相比,学生在屏幕前的观看更加清晰,丰富的多媒体资源减少了屏幕停留的时间。除了常规的专业课外,会议与展览等活动也移至线上[4]。

同济大学在疫情期间自主开发了云课堂系统,将线下教育教学活动移至线上。同时结合 Zoom、腾讯会议等线上平台辅助教学与行政管理工作。与其他高校不同的是,同济大学始终在迭代设计教育模型。这得益于一系列社区微更新项目的试验成果。同济设计教育鼓励教育资源走向社会,社区的每个角落都是学习革命的试验场,此举最大限度地开发了空间和教育资源。NICE2035 原型街道和好公社便是该概念的代表。一方面,分布式教育系统分担了传统大学模式的压力,创客中心扮演了弹性学习中心的角色,补充了学校教育;另一方面,在疫情背景下,以社区为单位的学习中心还可以通过实名注册系统保护其用户免受外部感染。此外,设计创新学院于 2020 年初发起了海外学期计划,其实质是与海外院校联合培养学生,该计划迄今已招募了数十名原本打算赴海外留学的国内学生。

在隔离期间,米兰理工大学设计学院一直在利用 Microsoft Teams、Zoom 和 Cisco 作为在线教学工具。与其他产品相比,Cisco 在实际教室中安装了不同机位的摄像机,以捕捉教师的言行和表情。它提供了一个实时的教学系统,给学生提供沉浸式体验,从而产生在场的仪式感。此外,Cisco 提供了对回看课程视频的支持,从而建立客户黏性。更重要的是,Cisco 的登录系统可记录参与者的身份信息,从而保护师生的知识产权。

（二）从 SBAC 到 SBAC Hub

基于疫情隔离现状与前期成果,研究者为构建新型的设计教育模型制订了三步研究计划。首先是理论模型搭建,然后是理论指导概念设计,最后一步是设计方案产出。本研究将分别介绍理论模型的缘起及其对概念设计的指导作用。

为弥补疫情期间线上教育的不足,研究者拟建立由四种社会群体组成的社区教育系统SBAC,包括学校(school)、企业(business)、学术界(academia)以及居住社区(community)。其与spark(火花)同音同义,表达四种元素组合时带来的灵感与智慧。首先,学校代表初等与中等教育,企业意即营利性组织,学术界群体由大学和各类研究所构成,社区则表示居住社区中的人与空间。其次,各类资源在四种群体间流动。举例来说,企业可赞助学术活动,相应地,学者群体则可为商业活动提供咨询服务,从而维持产学关系的可持续发展。如图1所示,四类群体在SBAC系统内因资源交流而紧密联结[17]。

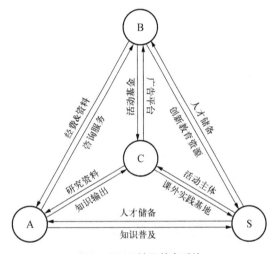

图1　SBAC社区教育系统

基于SBAC系统的初步概念,研究者进一步将其落实到物理空间中,命名为SBAC Hub。Hub的本意是"中心、核心",具体到本研究中,代表聚集四类社会群体与资源的场所及其内部的场合。如图2所示,学校、企业、学术界以及居住社区四者之间的资源流动方式与内容保持不变,该图主要展示的是四类群体与Hub的交互方式。由图2可知,Hub在为四类群体提供各类型服务平台的同时,也扮演了资源交换的催化剂的角色。

（三）SBAC Hub供给地图

三个层级的工具和方法被赋予在SBAC Hub的工具箱内,目的是保证Hub的正常运转(见图3)。在宏观层面,Hub可以提供线上和线下服务,这也对应于远程和传统两种教育模式,是一种更加具有弹性的教育类型的体现。中观层面,线上和线下服务分别具有软件与硬件两种类型的工具,这显示了Hub教育服务的多样性和包容性。最后,在微观层面,研究者以使用场景为分类依据,罗

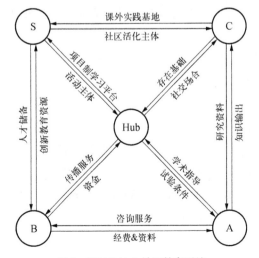

图2　SBAC Hub社区教育系统

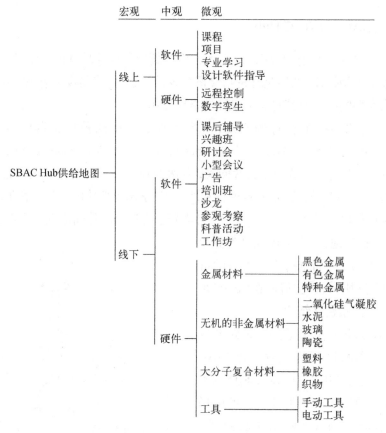

图3　SBAC Hub 供给地图

列了软件方面可能涉及的创新教育课程、工具以及材料；同时将具体的工具和技术对应到硬件中。该分类法为教育活动的落实提供了可能。具体的场景服务包含以项目或案例为导向的工作坊、专业课程、课外辅导、研讨会等，而技术工具则包括远程控制技术、金属材料、人造材料等。供给地图会伴随人文与科技发展而不断得到充实，Hub 的服务能级也会因此提高。

四、结论

　　长久以来，教育的引领作用一直被视为落后于自然科学领域。这表现在理工学科的先端成果在改善人民生活方面呈显性的催化作用，而人文学科则看似在充当补充与维护的角色。然而伴随着设计学科在综合性项目中承担日益重大的责任，其领雁作用与头部特征也越加受到关注。设计学与教育学的跨学科联动在一定程度上推进了教育的牵头趋势，这为培养更具前瞻性思维的各学科继承者提供了条件。SBAC Hub 概念的迭代不仅是一次社会创新领域的试验，更是借此扭转设计教育行业属性的尝试。在其运作过程中，产学研三方以更加低成本的互动方式进行合作，以更加柔性的方式推动学校成果向社会外溢，社区则充当了从产品概念到商业化过程中的缓冲地带，为概念的顺利落地增加了可行性[18]。另外，研究者就SBAC Hub的目标设定与运作方式采访了利益相关者，并得到了积极回应，从侧面验证了本研究的社会价值。

最后，本研究课题的第三个步骤将涉及Hub实体空间的设计工作，包括样板空间的选址，模块化构件的建造，空间环境的设定，功能分区的规划，人本氛围的营造。具体实际操作工作的推进将进一步明确分布式教育模式这一概念的价值，以及未来的迭代方向。

参考文献

[1] How is Chile facing the COVID19 education emergency? UNESCO talks with Raul Figueroa, Minister of Education of Chile [EB/OL].
https://en.unesco.org/fieldoffice/santiago/articles/minister-education-Chile-covid-19.

[2] 教育部：利用网络平台，"停课不停学"[EB/OL].
http://www.moe.gov.cn/jyb_xwfb/gzdt_gzdt/s5987/202001/t20200129_416993.html.

[3] 全国高校线上教学状况及质量分析报告：来自86所各类高校的调研综合报告[EB/OL].
http://www.cedumedia.com/i/26763.html.

[4] 陈楠.从国际"抗疫"期间在线教学看艺术设计在线教育发展问题[J].中华艺术,2020(3)：84-91.

[5] 周乐乐,陆信辉,丁涛,等.高校大规模在线教学存在的问题与对策[J].天津师范大学学报(社会科学版),2020(6)：7-11.

[6] 仇保兴.重建城市微循环：一个即将发生的大趋势[J].城市发展研究,2011(5)：1-13.

[7] 倪旻卿,朱明洁.开放营造：为弹性城市而设计[M].上海：同济大学出版社,2017.

[8] 陈成.行走上海2016：社区空间微更新计划[J].公共艺术,2016(7)：5-9.

[9] 上海社区规划师职业悄然兴起 让社区焕发新活力[EB/OL].
http://sh.sina.com.cn/news/m/2018-04-12/detail-ifyzeyqa8273087.shtml,2018-4-12.

[10] 吴思夏.在线仪式的传播学探析[J].传媒观察,2012(8)：29-30.

[11] 鲁长风.高校线上教学的审视与建构：基于互动仪式链视角[J].贵州师范学院学报,2020,36(5)：65-70.

[12] 屈小爽,赵建海,张大鹏.互动仪式链理论视角下高校在线课堂师生互动研究[J].现代教育论丛,2020(4)：78-84.

[13] The Goodlife Center[EB/OL]. https://www.thegoodlifecentre.co.uk/.

[14] The Remakery[EB/OL]. https://remakery.org/.

[15] 娄永琪.NICE 2035：一个设计驱动的社区支持型社会创新实验[J].装饰,2018(5)：34-39.

[16] 陆洲,曹廷蕾.NICE COMMUNE | 方寸之间 无限可能[EB/OL].https://mp.weixin.qq.com/s/zy0pojaeWJmAha-701rGkg.

[17] 陈帆.SBAC: a community-based distributed education model research[C]. Martyn E.Design revolutions: IASDR 2019 Conference Proceedings.Volume 4: Learning, Technology, Thinking. Manchester: Manchester Metropolitan University, 2020: 230-239.

[18] 娄永琪.转型时代的主动设计[J].装饰,2015(7)：17-19.

(陈帆，男，同济大学设计创意学院，在读博士生。研究方向：设计教育。)

高科技时代的低技设计

陈　璞

摘要：如今高科技时代，我们在寻求知识的同时，也会被各种信息所淹没。低技设计，是一项基于本土哲学和本土基础设施的设计运动，旨在利用可持续的、有弹性的、基于自然的技术来进行设计。一项完美的设计作品，其实只需要一点点高技术，而包含更多的是具有浪漫主义色彩的低技术。低技术让我们重归自然，去挖掘人类早已拥有的智慧，选择那些低排放甚至负排放的生产方式，去开发不需要大量投资的传统技术，创造与人们生活关系更为紧密的科技产品，从而可持续地造福我们的城市和生活。低技术是新的高科技。低技术并不排斥高技术，重要的是，必须对"我们需要什么样的发展"这个问题做出反思。

关键词：低技术；高技术；可持续设计；简单生活

自工业革命以来，通过新技术取得社会进步一直是人类发展的驱动力。但是各国已经意识到自然资源的有限性。我们真的可以用相同的方法解决由于工业和技术进步而引发的问题吗？法国动植物研究所（Institut Momentum）研究员菲利普·比胡克斯（Philippe Bihouix）倡导另一种发展模式："低技术"将取代当今的"高科技"世界。

"低技术"（low technology）是相对于"高科技"（high technology）而言的，就是简单的技术，通常指的是工业革命之前传统的或非机械的工艺和技术。在剑桥辞典检索到"低技术"的定义为：using machines, equipment, and methods that are not the most advanced[1]（使用非最先进的机器、设备、方法）。低技术可以被单个或一小群人用最少的资本投资简单地实践或运用。因此，低技术的专业难度和专业分工要求较低。在某些定义中，由于社会经济条件或优先级的变化，低技设计可能不会被采纳。但总体而言，低技术易于制造、适应和修复，并且几乎不消耗能源和资源（全部来自本地资源）。低技设计有利于保持整体环境友善。

低技术存在于我们每天的日常生活中。例如，骑自行车上班；不用塑料日用品；在晾衣

---

① Procter P. Cambridge international dictionary of English[M]. Cambridge: Cambridge University Press, 1995.

绳上或在晾衣架上晾干衣服而不是用烘干机；物件坏了，自己动手修理而不是轻易扔掉再买新的；等等。这些都是符合低技理念的生活态度。

一、低技设计的历史发展

（一）什么是低技设计及其理论的提出

低技术在一定意义上也可以称为原始技术，比如利用木材、石材、羊毛等原料的手工业设计制造等，都可以看作低技设计，又比如工业革命前所设计制造的风车或帆船等。战后的经济繁荣使人们从20世纪70年代初开始，对不断追求技术进步和经济增长产生了疑问，特别是1972年罗马俱乐部发表的关于世界人口快速增长的分析报告《增长的极限》（*The Limits to Growth*）[①]。此书一发表就引起了广泛争议。但在今天看来，此书在20世纪70年代就传递了一个重要信息，即地球资源是有限的，因此，无可避免地会有一个自然的极限。许多学者开始思考什么是软技术，从而引向了低技术运动。

低技设计理论的代表人物有法国社会哲学家雅克·埃卢尔（1912—1994）[②]，美国历史学家、科学哲学家刘易斯·芒福德（Lewis Mumford）（1895—1990）。芒福德认为人类社会不能被技术所统治，而是在与自然之间取得和平而共存。他的理想愿景是人类生活在有机城市中，在这样的城市中文化的重要性尚未被科技所篡夺，也没有被它威胁[③]。他还在其著作《机器的神话》（1970）的第二卷中提出了"生物技术"的概念，即肩负生态责任的"生物可行"技术，旨在于资源和需求之间建立稳态关系。英籍德裔经济学家恩斯特·舒马赫在其1973年的著作《小就是美》（*Small is Beautiful*）中提出了"中间技术"（intermediate technology），这和我们现在所说的低技设计理念相当契合[④]。1966年舒马赫在英国创办了发展慈善机构Practical Action。该机构在拉美、东非、南非和南亚国家与贫困社区合作，在可再生能源、粮食生产、农业加工、饮用水、环境卫生、小型企业发展、建筑住房、适应气候变化和减少灾害风险等方面开发适当的技术。美国社会学家默里·布克钦甚至把低技术运动比作一场民主解放运动[⑤]。因此，美国在20世纪70年代提出了倡导广泛使用低技术的哲学，并且进行了许多研究，特别是美国人文社会学家兰登·温纳等进行的研究[⑥]。

（二）低技设计理论的发展

"低技术"被越来越多地引用于科学著作中。比如，德国社会学家哈特穆特·克莱森

[①] Meadows D H, Meadows D L, Randers J, et al. The limits to growth[M]. New York: Universe Books, 1972.

[②] Jacques Ellul（1912—1994），其代表著作是《技术社会》（*The Technology Society*）（1954）和《虚张声势的技术》（*The technological bluff*）（1988）。

[③] Lewis Mumford（1895—1990），其代表著作是《城市发展史》（*The City in History*）（1961）。

[④] Schumacher E F. Small is beautiful[M]. London: Vintage Books, 2010.

[⑤] Bookchin M. Post-Scarcity anarchism[M]. Montreal, Queebec: Black Rose Books, 1986.

[⑥] Winner L. Myth information in the high-tech era[M]. New York: Pergamon Press, 2016.

于2008年在《工业与创新》杂志上发表的"*Low-Tech Innovations*",美国学者威廉·法尔克的著作《高科技、低科技、无科技》[①]。人们越来越认识到资源稀缺性,尤其是矿产稀缺性,因此对不断追求高科技的争议也日益激烈。2007年,荷兰媒体记者克里斯·德克尔与他的同事们创办了《低技术杂志》,提倡用低技术来解决问题,披露高科技给人类社会带来的问题以及提出低技术创新等方面的思考。杂志的核心思想是"对社会进步和技术发展的批判性态度",否认高科技对社会发展是万能的。杂志受到世界各地越来越多地广泛关注,其刊登文章被翻译成其他语言。2014年,菲利普·比胡克斯出版了《低技术时代》(*L'âgedes low tech*)[②],他在书中提出像法国这样的矿物和能源资源很少的欧洲国家应该成为"低技术"可持续发展国家,而不是一个经济高速发展国家。低技可持续发展模式既能满足我们现今的需求,又不损害子孙后代利益,因此更好地符合那些资源稀缺性国家的可持续发展目标。书中列举了各种低技术举措的例子,并详细阐述了低技术理念和原则。2015年,法国启动了低技术实验项目Low-Tech Lab,该项目是一个倡导低技术生活方式的网络平台lowtechlab.org,分享各种关于低技术的文章和发明设计,旨在引发更多人对低技术理念的思考。

确切地说,低技术设计是一个意识形态的运动。低技术在不同的领域有不同的微妙定义,旨在更精确地定义低技术的各种特征,但是它们基本上指一些小型的、高效的、环保的、本地的技术。定语"低"表示,在不考虑社会政治因素的情况下,相对于最先进的高技术来说,这类技术是比较低级的,但是又比传统的技术多了一些现代化的因素。

(1)小技术(small-tech):大技术(big-tech)的对立面。大技术也包括诸如Google、Amazon、Facebook、Apple、Microsoft(GAFAM)等大型科技公司。它们为全球社会带来了巨大变化和深刻影响。大技术涉及数字化问题(见图1),在保持高水平技术复杂性的同时,要遵从公共、合作、民主和社会正义的原则。

(2)无技术(no-tech):在可能的情况下,提倡避免使用技术的生活方式。无技术理论是技术批判理论的一个分支,认为大多数"现代"技术对生活产生负面影响,甚至带来不便和耗时。

(3)慢技术(slow-tech):旨在"探索技术的弊端及其对人类健康和发展的影响"。尽管不反对完全使用技术,但慢技术是一种尝试,试图理解由于持续(过度)使用技术而引起的一些问题,力求在大技术和无技术之间保持一种健康平衡的策略。慢技术和低技术最大的相似之处在于,都是以慢生活为目标而所需的(各种)技术。

(4)粗糙技术(wild-tech):除高技术、低技术之外,还有一类难以明确分类的技术,可以称为粗糙技术。

---

① Falk W W, Lyson T A. High tech, low tech, no tech: recent industrial and occupational change in the south[M]. New York: State University of New York Press, 1988.

② Bihouix P. L'ÂGE des low tech: vers une civilisation techniquement soutenable[M]. Paris: Editions du Seuil, 2014.

图1　数字化大技术时代

技术可以各不相同,但设计行为应该努力以自然组成的可持续循环系统作为技术支撑。设计理念维持着人类社会与自然之间的平衡,随着生态危机的日益严峻,设计师竭力缓解工业化造成的生态环境的恶化和自然资源的消耗,20世纪90年代以来,生态危机对现代设计教育的理论体系产生了决定性的影响。这个设计学科的理论体系使得设计与物质世界的联系变得温和起来,有利于人们对人类和社会环境整体设计的理解,即设计师和用户始终是系统的一部分,系统的每一次改变都是对系统自身的优化。设计是一种能力,是对整个系统和其子系统之间无形关系的理解,对感觉和憧憬的把控能力,还有对环境的认识和分析的能力,这远远超越了对设计仅仅是"应用艺术"或"应用科学"的传统理解。

二、高技社会中的低技设计

自工业革命以来,随着人类技术的不断进步,低技设计也在不断发展。低技设计并不是要回到中世纪,完全排斥高技术。相反,基于低技设计的目标是在更高层次上满足当代人们对于生活与消费的需求,实现人类社会与自然环境的和谐共存。低技设计是实现这一目标的手段而并非目的。

(一)基于低技术的设计文化变革

1. 艺术与工艺运动

艺术与工艺运动(arts & crafts movement)是19世纪中叶至20世纪20年代左右英国的一场艺术设计改良运动,尤其是在工业设计领域[①]。这场运动试图改变文艺复兴以来艺术家与手工艺人相脱离的状态,弃除工业革命所导致的设计与制作相分离的恶果,强调艺术与手

---

① Campbell G. The grove encyclopedia of decorative arts[M]. Oxford: Oxford University Press, 2006.

工艺的结合。它是对工业革命造成的"没有灵魂"的机器产品的反驳。

英国艺术与工艺运动在1900年左右传播到美国,并影响了接下来的设计史的发展。在欧洲,艺术与工艺运动可以被看作是现代主义的前奏,它对高质量和简单设计的追求,对原料使用的纯正性以及对古典主义的否定为许多设计师带来了灵感,对后来的包豪斯产生了深刻的影响。在美国,它也导致了许多工艺美术运动时期代表性的建筑、家具和其他装饰艺术的出现。1901年,美国家具设计师和出版商古斯塔夫·斯蒂克利(Gustav Stickley)创办了《工艺美术家》杂志(见图2、图3),极大地推动了美国工艺美术运动。

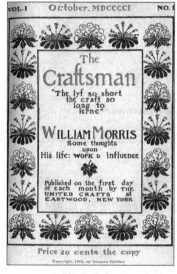 

图2 《工艺美术家》杂志第一期封面(1901年10月)　图3 可调节靠背椅(由斯蒂克利设计,1900年)

2. 德国包豪斯——一场促进社会更新的艺术运动

19世纪末20世纪初,第二次工业革命浪潮席卷全球,工厂和机器取代手工工艺体系。社会生产分工使"设计"与"制造"分离,设计因而获得了独立的地位。但由于工业生产一味关注技术、材料和机械,而艺术家对平民日用品又漠不关心,直接导致了产品的粗制滥造和审美精神的失落。1919年,包豪斯就诞生于艺术与技术对峙矛盾突现的大工业时代伊始。这座被称为现代设计教育起点的学院,经受住数次搬迁、政治干预和最终关闭的考验。如同一个源泉,让现代主义思潮逐渐成为一股滚滚洪流,最终席卷世界,无处不在,无人不知。

由英国艺术与工艺运动引发的现代设计概念既不是诞生于艺术气息浓厚的巴黎,也不是诞生于具有先锋精神的纽约,而是始于德国魏玛。1919年,格罗皮乌斯在魏玛发表《包豪斯宣言》,揭示了包豪斯学院的基本纲领,即艺术与技术结合,手工与艺术并重,创造与制造同盟。这使得包豪斯学院本身成为一种理念,一个新思想的源头,一场促进社会更新的艺术运动。

作为世界上第一所为发展设计教育而建立的学院,包豪斯被誉为"现代设计的摇篮"。

包豪斯所提倡和实践的以功能化、理性化和简洁造型为主的工业化风格,融入现代设计的血脉,对其后所有设计领域都产生了不可磨灭的影响。包豪斯明确了设计的定义和标准,强调"设计应该以科学为依据,并非以艺术为依据",将设计的目标转移到"解决问题"上。包豪斯强调设计的社会责任感,设计的动机与目的应为实际生活服务。从此打破"纯粹艺术"与"实用艺术"截然分割的陈腐观念,完成了"艺术"与"工业"的对接,使艺术与技术获得全新统一。

包豪斯有着与古典艺术截然相反的设计理念:

1)形式追求功能[①]

认为一切都应该从需求和功能性出发。形式应该是内容本身,好的设计应该以功能为发挥的基础。例如做一把茶壶(见图4),传统设计思路是以美观切入,而包豪斯则会去首先满足倒茶这个功能,因此会从实现功能的不同部分入手,反对与功能无关的纯装饰性设计。因此,包豪斯是设计从装饰性转向功能性、从复杂华丽转向简洁直白的重要分水岭,也被视为古代和现代设计风格的分水岭。

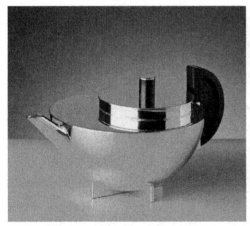

图4 包豪斯茶壶(1924)

2)少即是多

其本质就是去除一切多余修饰,用最精简的成本做最多的事情。正如包豪斯第三任校长密斯所言,将无谓的装饰、象征主义和姿态抹掉,留下的便是纯粹的骨架:质地、颜色、重量、比例和轮廓。在巴塞罗那德国馆的建筑设计中充分体现了他在1928年提出的"少即是多"的建筑处理原则,即选择轻盈的建筑、开放的空间、纯粹的结构(见图5)。清新典雅,美观大方,简洁实用的德国馆开启了影响至今的"极简主义"风潮。

包豪斯被奉为现代设计经典,其影响不在于实际成就,而在于精神。包豪斯艺术风格的背后,其实是"以人为本"精神的体现。古代社会是自上而下的王权体系,设计也围绕着凸

---

① Chilvers I. Oxford dictionary of art and artists[M]. Oxford: Oxford University Press, 2009.

图5 巴塞罗那德国馆（1929）

显权势展开。第二次世界大战之后社会更趋平等，"以人为本"越来越占据主导地位，设计的理念也越来越面向民众，为设计创造出全新的现代语言。

3. 自己动手做

自己动手做（do it yourself, DIY）原义是指在没有专家或专业人士直接帮助的情况下，利用适当的工具与材料，靠自己来进行建造、修改或修理物品。学术界将DIY定义为个人利用原始或半原始材料，抑或就地取材，来进行的生产、修改或重建活动，以改善生活和美化环境。总体上来说，DIY的涵盖范围并没有特别明确的范围定义，而且DIY在今日的目的也由一开始节省开销，慢慢地演变成一种以休闲、发挥个人创意或培养嗜好为主要目的的生活态度和习惯。

在北美，20世纪上半叶开始兴起DIY，许多杂志也为读者提供DIY方法，使他们可以随时掌握实用技能、技术、工具和材料。如创刊于1902年的《大众机械》（ Popular Mechanics ）和1928年的《机械插图》（ Mechanix Illustrated ）。40年代美国DIY运动蓬勃兴起，在人们生活中变得很普遍。图6为美国摄影家阿瑟·罗斯坦于1942年在得克萨斯拍摄的一个男孩自己动手制作模型飞机，女孩则在一边饶有兴致地看着的一幕普通的生活场景。

图6 男孩制作模型飞机

4. 美国返乡运动

美国人口统计资料显示，第二次世界大战后，从20世纪60年代开始，出现了大规模人口迁移农村的趋势。在此背景下，出现了美国返乡运动（ back-to-the-land movement ）。到60年代后期，许多人已经意识到，离开了城市生活，却完全不了解一些生活基础知识（如马铃薯植株的样子或挤奶的行为），他们总体上感觉与自然脱节，这激发了人们与大自然重新建立联系的愿望。而且在六七十年代，人们看到了战后美国现代城市生活所带来的种种负面影响。比如，消极的消费主义，空气污染，水污染以及1973年爆发的能源危机。城市恶化不断吸引着更多的城市人口加入返乡运动的行列。美国作家兼农夫吉恩·洛格斯登（Gene Logsdon）一针见血地表述道，人们对成功的定义和满足感取决于生活独立性，而独立性来自能创造多少物质财富，而不是能购买多少物质商品[①]。

美国生物学家兼作家斯图尔特·布兰德（Stewart Brand）和他的同事在1968年至1972年期间出版了《全球概览》（WEC）期刊（见图7）。该期刊成为当年美国反主流文化的一个重要刊物。杂志内容的重点是自给自足、生态学、设计、DIY和整体观。布兰德作为在斯坦福受过教育的生物学家，对艺术和社会有着强烈的兴趣。他相信生物学家、设计师、工程师、社会学家、有机农民和社会实验者有很大的发展空间，相信人们将越来越多地致力于按照生

态和社会公正的原则彻底改造工业社会，并提出人类社会要沿着"可持续性"（sustainability）发展。1971年6月《全球概览》赢得了美国国家图书奖，这是美国文学界的最高荣誉。与他1968年创刊时的愿景一样，《全球概览》的出版充满了对生态学重要性的认识，无论是作为一个研究领域，还是作为对人类未来和新新人类意识的影响。布兰德认为，人类的首要任务更多的是生活在自然系统中，这是我们共同的互动方式。作为时代精神的标志，《全球概览》给我们提供了现在提倡的可持续性设计理论的雏形。

图7　由ATS-3卫星在1967年拍摄的第一张地球彩色图像，作为《全球概览》第一期的封面图像

（二）简单生活与低技设计

1. 什么是简单生活

简单生活，或称为简朴生活、简易生活、简约生活等，是一种减少追求财富及消费的生活风格。简单生活的特征是，我们只选用我们真正需要或珍惜的那些物质，并感到满足和愉悦，而不是被无止境的欲望所消耗[②]。建立在全球可持续发展视角上的生活美学是自求简朴的生活哲学，是一种外在简朴、内心富有的最真实的生活方式，它带给我们对生活最直接且有意识的接触。历史上许多著名人物表示心灵上的丰富使他们崇尚简单生活，比如印度的

① Losdon G. The country farmer [M]. Vermont: Chelsea Green Publishing Company, 1995.
② Pierce, L B. Choosing simplicity: real people finding peace and fulfillment in a complew word[M]. Camel, CA: Gallagher Press, 2000.

泰戈尔和甘地。中国的佛教及传统精神美学的精髓其实就是鼓励简单的生活[①]。

美国博物学家及作家亨利·大卫·梭罗（Henry David Thoreau）出版于1854年的著名散文集《瓦尔登湖》（*Walden*），被视为是提倡简朴与可持续生活的著名无宗派著作（见图8、图9）。《瓦尔登湖》记载了他在瓦尔登湖的隐逸生活，也奠定了现代环保主义。梭罗认为大部分的奢侈品和所谓的舒适生活，不仅可有可无，甚至可能会阻碍人类升华。但值得指出的是，梭罗并不反对文明，也不反对科技，而是倡导保护自然资源，选择结合自然和文化的一种简单而可持续的生活方式[②]。

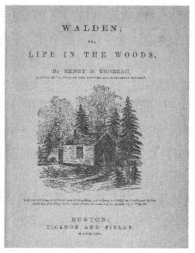

图8　梭罗（1817—1862）1856年采用银版摄影法拍摄的一张肖像

图9　由梭罗的姐姐索菲娅（Sophia）绘制的《瓦尔登湖》封面

2. 低技设计中的生活美学

本文提倡的低技设计，其实在中国很多地方一直都在实践。比如中国新疆吐鲁番的葡萄干晾房（见图10），使用极少的人力和电，是一个极佳的低技高效的设计策略。利用维吾尔本土建筑中粗糙的工匠工艺和低廉的造价，运用设计智慧来化解问题。

在英美，梭罗的崇拜者及追随者都提倡和实践"简朴的、较理智的生活方式"。工业革命后，"自求简朴"的生活概念的发展与美术设计运动息息相关。为适应人们对生活方式的改变，设计走出美术的大范畴，和科技连接在一起，服务于人类生活。

对简单生活的追求，须重新思考个人对"低技术"的定义。实践简单生活的人，对于科技所扮演的角色有多样的见解。追求简朴也会使用高科技要素，像电脑、网络、太阳能板、风力发电和水轮发电等，以及其他让简单生活在主流文化中更容易且更有可持续性的尖端科技。

---

① Perry L. The simple life: plan living and high thinking in American culture[M]. Georgia: University of Georgia Press, 2007.

② Nash R. Wilderness and the American mind[M]. 5th ed. London: Yale University Press, 2015.

图 10　新疆吐鲁番葡萄干晾房

低技术的许多基本理念与可持续发展的理念是一致的，呼吁选择使用那些满足人类需要的技术，同时为下一代保护好生态环境。低技设计是设计界对人类社会发展与自然生态环境之间关系的深刻思考和不断寻求变革的实践历程。现代社会的低技设计不仅仅应关注眼下，更应该综合考虑子孙后代的生存空间。低技设计并非单纯排斥高科技，而是提倡兼顾使用者需求、环境效益、社会效益与企业发展的一种系统的创新策略。

面对科学技术迅猛发展的今天，设计师以开放的视野和全新的思维与其他也在做可持续探索的研究群体进行沟通交流，如与环境学家、生物学家、物理学家和历史学家等进行密切的交流与合作，共同为社会环境健康发展做出贡献。

三、结论：低技高效的设计观

不同的设计师有不同的设计方法或者设计过程。设计师接到一个任务之后是怎么着手的？从哪些地方入手？社会发展到现在，设计任务已经不是设计师单独操作就可以完成的。每个项目有不同的地点、不同的使用者，设计应该是在讨论中发展的，首先要信息共享，基于信息共享之后的决策是设计的开始。产生设计构思的最好方式是各专业的连续不断地充分讨论和合作。讨论是产生一个创新设计最可靠的方法。在中国，这种方式应该说存在得比较少。如果没有经过各专业的密切交流合作，哪怕设计看上去再有美感，最后也不可能是一个好设计，因为不会被正确使用，这在中国普遍发生着。所以解决这个问题的方式，就是交流合作，大家要在思想上进行更民主、更自由、更开放的交流。

"低技高效"的设计观是能够用更少的资源去完成更好的设计或者达到更好的效果，这是我们这个时代要解决的核心问题，或者说是设计学要解决的最核心问题。实际上，尽管采用了高科技的手段，我们的能耗还是越来越大，人类不断追求物质的生活方式正在压迫这个地球或者说成为地球的负担。

设计在人类生活中起什么作用呢？换句话说，设计师的社会责任感该如何体现呢？其实，我们生活中用的哪一样物品不是最初有人设计、制造出来的？所以说在今天这样一个缺少秩序的环境当中，设计师是那群建立秩序的人，需要建立一种最温和的、创造日常生活价值和便利的优雅秩序。设计的意义就在于能让人们感到生活的愉悦。

实际上我们必须面对的问题是，怎么用更简单的或者更有效率的方法来完成设计，再简而言之，就是在减少资源浪费的前提下使得这个设计是正确的。这方面我们做得还远远不够，目前只是一个开始。我们更多地是在考虑解决问题，不是为了炫耀或者展示高科技，而是采用合适的、有效的方法去设计。

（陈璞，现居德国汉堡／中国上海。德国魏玛包豪斯大学设计学哲学博士，视觉文化研究者。现任教于汉堡应用科技大学设计学院视觉传达专业。曾任包豪斯大学设计讲师，《世界地理杂志》德国版美术编辑。）

中国现代文艺中的怀乡美学

陈晓娟

摘要：怀乡意志是内在于中国现代艺术发展中的不可抗拒的精神力量，现代美术、文学、音乐、戏剧戏曲等作品中都有着丰富的反映怀乡美学的主题、技法和风貌，构成了艺术怀乡题材的不同类型和层级。中国艺术的怀乡意志在全球化时代更有着特殊性和独特价值，怀乡意志的中国气派既有受时代社会潮流影响的共通性，又具有中国文化发展的自身规律和独特属性。

关键词：现代文艺；怀乡意志；现代性；全球化

现代社会的乡愁是现代性的必然产物。乡愁亦可称为怀乡或怀乡美学，是一个重要的文化理论和美学命题，有着由来已久的普遍社会情感和认知的基础。怀乡美学在中国社会现代转型过程中被政治、历史、经济、民俗、情感、道德、审美和地理等系列文化迁移活动强化和再造，成为中国现代知识分子在文艺活动中一个重要的精神特质。

一、怀乡美学的全球哲学背景

西方哲学、社会学和文化理论界对于家园与怀旧问题有较早的深入研究，形成了系统性、多元展开的怀旧理论，尤其在怀乡产生的原因及其与社会政治的关系等方面形成了较多的共识。德国狂飙突进运动、德国古典哲学、海德格尔哲学都为近代以来的民族情结和怀旧理论奠定了基础。海德格尔（Heidegger）在《荷尔德林诗的阐释》（1944）等系列文章中指出故乡有最本己和最美好的东西，是唯一与本源切近之处，而返乡就是返回本源近旁，进入唯有其中才有"在家"之感的空间。W. H. 麦克尼尔（W. H. McNeill）1986年在多伦多出版了《世界史中的多种族和国家统一》一书，他认为以古典理想为旨归的古典社会学的兴起是欧洲乡愁的核心源头，他进而指出，古代的雅典已经存在对同质性乡村社会的怀旧。S. 博伊姆（S. Boym）在《怀旧的未来》[1]（2002）中指出怀旧从早期浪漫的民族主义发展到现代性的城市废墟,失去家园的人形成了修复型和反思型的两种怀旧模式,反思型更侧重于故乡的精神特质,而不在于回到过去。

怀乡意识与社会政治因素之间的关系也促成了学者们对于"集体怀乡"的研究,1974年F.戴维斯(F. Davis)在纽约出版《呼唤昨日:怀旧的社会学》,分析了"集体怀乡"的概念,认为关于过去的相关符号资源可以激起千万人深切的怀旧情绪,怀乡是现代社会的集体心理和共同情结。迪恩·麦克坎内尔(Dean MacCannell)则指出了在现代思想尤其是后现代思想的影响下,怀乡是现代文化的特定需要。他在1989年出版的《旅游者:休闲阶层新论》[2]一书中指出现代性和后现代社会的一个主要特征,就是对前现代化的东西进行崇拜和重建,从而彰显现代性对其他文化的征服。罗兰·罗伯森(Roland Robertson)的《全球化:社会理论和全球文化》一书[3]深化了T.奈伦(T. Nairn)在1988年提出的"存心怀旧"说法,认为乡愁是"文化的政治"和"以文化为对象的政治"的特有形式,全球化是"有意识的怀旧"的根源,"有意识的怀旧"是全球化的主要特征,也是各民族都要面对的问题。文中还提到了亚洲的中国和日本属于"延迟现代化"(delayed modernization)的社会意识形态,其特征是将对传统的进步主义的摒弃与对过去的想象性的怀旧结合在一起。

罗兰·罗伯森对于亚洲尤其是中国和日本的怀旧的理解具有一定的代表性。以中国为代表的东方国家在怀乡意识方面具有深厚的文化传统,我国的艺术史上出现的复古意识和仿古作品,对于历史与故乡既是吸收,也是重构,这也造就了我国文化传统中怀乡与怀旧的复杂构成。

二、我国文艺理论中的怀乡美学

我国文艺理论中的怀乡美学研究既吸收了国外的相关研究成果,同时也更多地与中国现代化的特殊进程相结合,集中在中国现代乡土美学和乡愁研究、怀乡主题的文艺作品研究以及中国特色怀乡美学的理论研究三个方面。

周宪在《全球本土化中的认同危机与重建》[4](2005)一文中指出,怀旧或乡愁是来自对家园感丧失的焦虑和重构的冲动,是全球化进程激发的地方性反应。赵静蓉在《怀旧:永恒的文化乡愁》[5](2005)和《文化记忆与身份认同》[6](2015)等著作中,指明了怀旧的词源、意义沿革、倾向性、集体记忆、审美内核和现代理论谱系,并分析了记忆的伦理学、现代的认同焦虑以及记忆与身份认同的关系。

在中国现代乡土美学与乡愁研究方面,简德彬在《新现代性崛起与乡土美学建构》(2005)一文中,将新现代性解释为与欧美现代性(旧现代性)相对的有中国气派的现代性发展阶段,提出建构"诗性乡土、审美乡土、精神乡土"。刘晗、禹建湖、肖鹰、简德彬、王岳川、张建永和张法等学者都相继对"乡土美学"建构的意义、维度、全球化背景,乡土的概念,乡土与审美历史地理的关系等问题进行深入的讨论。2013年中央城镇化工作会议的有关文件中提出,"让居民望得见山、看得见水、记得住乡愁",由此也开启了一批呼吁建设美好乡村的实践与理论成果,2016年中央台中文国际频道推出了大型纪录片《留住乡愁》,《光明日报》于2016年1月7日发表文章《当代新"乡愁观"的三个维度》等。

怀乡主题的文艺作品也是现代学者关注的重点,此类作品涵盖了不同时期、不同地域的作品,如现当代文艺史上沈从文、林风眠等人的杰作,20世纪50年代以后中国台湾文学、乡土小说、乡村题材作品、伤痕美术和伤痕艺术、各类怀旧电影等。丰子恺在1927年写过《艺术与乡愁——对一个南洋华侨学生的谈话》,结合一些绘画和音乐作品,指出乡愁是一种自然而美丽的心境,可以发而为出色的艺术作品。王一川在《断零体验、乡愁与现代中国的身份认同》(2002)中集中分析了苏曼殊小说《断鸿零雁记》,通过20世纪初期国际游子敏感的文化身份,分析了中国现代文学文本中异质文化的乡愁和身份认同问题。

在中国特色的怀乡理论研究方面,王杰的《乡愁乌托邦——乌托邦的中国形式及其审美表达》(2016)一文将乡愁定义为与古典范畴"韵"具有家族相似性的一种中国特色的情感乌托邦形式,是中国现代化过程中"身土不二"被打破之后,中国社会为抵御现代化痛苦和巨大压力将过去乌托邦化,将对田园般的过去的回忆和向往转化为乌托邦冲动的一种具有悲剧意味的美学形式。论文创造性地主张用"余韵"的提法来概括和描述中国式乡愁和情感乌托邦的表达机制。

三、我国文艺实践中的怀乡美学

一方面,对于怀乡美学的理论研究成果丰富,尤其在怀乡理论的建构,乡愁与现代性、全球化关系,怀乡的民族特征论等方面,对于中国艺术发展史上怀旧思潮的特定阶段、群体或个案的研究也相当丰富;另一方面,怀乡美学在我国文艺实践活动中,不仅仅体现为一系列艺术作品的主题与形式,更体现为中国艺术实践的"艺术意志",既是中国传统艺术史长期以来的特征,也是在中国现代文艺的起步、发展、转型当中的重要红线。

(一)怀乡意志与传统艺术

英语中表示思家病含义的乡愁,nostalgia一词大约在18世纪才得到广泛使用,而中国语言中的乡愁则由来已久,《诗经》和《楚辞》中不乏怀乡主题的章句,唐代岑参的《宿关西客舍寄严许二山人》中有"孤灯然客梦,寒杵捣乡愁"的句子。中国艺术作品中的怀乡观念继承了祖先崇拜、家族伦理、乡土观念、田园生活、风土人情、抒情传统等多重历史渊源,也是现代艺术在新的时代语境中加以再造的基础。

复古、摹古、重古的思潮在我国的文艺思想史上可谓是自古有之。最早的复古思潮可以追溯到商代。安阳出土的商代妇好墓就收藏了大量红山文化的玉器,且有不少仿制红山玉器的制品,商代的青铜器也有收藏和仿制祖先器物的风气。崇古之风与祖先崇拜相互交融,形成了艺术发展的重要推手。

唐代兴起了古文运动,元代的赵孟頫强调书画"贵有古意",明代的前后七子则提出"文必秦汉,诗必盛唐",清代的四王则更是以摹古为最高法则,对古代的推崇几乎贯穿了一部中国艺术史。怀旧思潮是中国艺术长久以来的艺术意志。怀旧情结是中国艺术家在历史长河中形成的一种集体意志。每当艺术活动中需要能量和新鲜血液来丰富他们的大脑时,他们会去古人那里寻找营养和启发。不同时代艺术创作中的复古思想具有相同的改造历史的目的和模式。巫鸿主编了一本关于中国艺术史中复古思想和复古运动的书,书名为《重塑过去》(Reinventing the Past),他指出复古思想是中国艺术史上一种长期存在的时尚,回归过去至少有三种含义:回到古人,回到古董,回到古代。[7]在他看来,重塑过去是在过去和现在的代沟中创建一个现代与传统的独特组合。后世艺术家将自己的文化记忆与日常生活中不断变化的事物融合在一起,形成了一个新的可能的立足点去面对新的艺术浪潮。

(二)怀乡美学与中国现代文艺发展

中国在相对落后和被动的状态下进入奋起直追的现代化建设历程,现代艺术乡愁既产生于特殊的中外文化交汇的现代社会背景,又远承自源远流长的古典怀乡传统,中国现代艺术乡愁具有融汇中西、借古出新方面的独特性。怀乡美学可以看作中国现代文艺发展的内源性动力,是现代艺术得以保持高昂的创作热情和感染力量的精神来源。由现代化进程所催生的中国现代乡愁在艺术作品中得以表现、强化并不断超越的实践历程,体现了中国现代文艺发展中整体性的乡愁观念与怀乡意志。现代造型艺术、文学艺术、音乐艺术、戏剧戏曲艺术等作品中有着丰富的反映怀乡美学的主题、技法和风貌,构成了艺术怀乡题材的不同类型。

在全球化语境中,怀乡意志是现代艺术发展的心理红线。根据不同作品中艺术乡愁产生的渊源、背景、特征与样态来总结,怀乡意志可以分为地理式怀乡、文化式怀乡、反思式怀乡、重构式怀乡等不同形态。怀乡意志在本土与创新、理想与现实、现在与过去之间形成种种博弈,并选择不同的艺术题材,以不同的技法和风貌来呈现。

怀乡意志是内在于中国现代艺术发展中的不可抗拒的精神力量,地理式怀乡、文化式怀乡、反思式怀乡、重构式怀乡这四种发展势态,与现代艺术的整体或个案发展的历时顺序具有粗略的对应关系。地理式怀乡来自现代化进程开始后艺术家不得不背井离乡、四处漂泊而产生的无家可归的失落,并渴望回到地理上的家乡的心理;文化式怀乡来自现代艺术家对传统文化的眷恋,飘零生活促进了他们对传统民族文化的回溯,艺术家采用传统的经典艺术元素融入现代的艺术创作,这表现为艺术作品中传统文化的母题反复出现;反思式怀乡是指受传统文化滋养的艺术家一方面表现出对传统文化源泉的自觉依赖和强烈定势,另一方面也在不断思考传统文化在现代化进程中和全球化背景下的不足与弊端;重构式怀乡则是现代社会中各类价值观失落之后艺术家自发的反省性要求,重构之后的乡土并不是现实中的乡村,而是在艺术家经过多元思考和重构之后改造了的乡土,是理想化了的乌托邦式的精神后花园,也是艺术家创作的来源与归依。

　　这四类怀乡美学的作品在中国现代艺术中具有不同的题材与主题、形式与手法、风貌与韵味，包括地域主题的怀乡作品、采用地域特色语言或传统文化特质元素完成的作品、以精神乡土寄托理想的作品、具有现代民族情结和东方情怀的艺术作品，以及一系列具有现代艺术样式却有着民族文化内核的文艺作品等。

（三）中国现代艺术怀乡美学的价值

　　艺术中的乡愁与乡愁中的艺术是一对相辅相成的命题，艺术中的乡愁指向过去，乡愁中的艺术却指向未来。艺术中的乡愁促成艺术的借古开新，失落的传统文化理想成为反哺现实、促进艺术不断推陈出新的动力和手段；而乡愁中的艺术则获得了取之不尽的创作源泉，乡愁是现代艺术转型的手段来源和精神归依，艺术家在艺术乡愁中返乡，故乡在乡愁中变得理想化，中国现代艺术的受众也因而获得了自身的心灵归属。

　　当然，中国现代艺术中的怀乡美学不可避免地受到社会文化和政治潮流的左右，通过社会化文艺运动的宣传与主导，民族化风格成为一定时期的社会追求标准，书画、旧体诗、戏曲民歌等往往成为艺术家手到擒来的表达方式，催生出新时期的社会化新作品，在不断涌现的以怀乡美学为内驱力的作品面前，艺术家个体自发的乡愁通过作品的传播成为集体的乡愁。

　　与此同时，全球化时代的市场经济、大众消费和同质化的审美也从另一角度促成了集体怀旧，同质性消费促成精英人士对具有民族特色的精神家园的呼唤，文艺作品中的乡愁元素和怀乡美学，成为中国后发现代性对全球同质化的应对。

　　以中国现代化进程为时代背景，怀乡意志的存在和发展是中国现代文艺的重要审美特征之一，乡愁在现代艺术作品中得以表现、强化并反思自身的理论和实践历程。中国现代文艺史上乡愁观念对于艺术发展和转型有着积极意义，同时中国艺术的怀乡意志在全球化时代更有着特殊性和独特价值，怀乡意志的中国气派既有受时代社会潮流影响的共通性，又具有中国文化发展的自身规律和自我意志。

　　中国现代艺术的怀乡美学与全球艺术的相似主题相比，正如罗兰·罗伯森所说，由于现代化的进程不同，因此具有独特的文化属性。从与全球化的关系的角度来看，中国现代文艺的怀乡美学是对全球现代化的一个应对，从现代文艺产生起就带上了浓厚的乡愁情结与家园重构的愿望，既能从怀乡意志角度解读中国现代文艺，同时也能把握中国文艺现代性的民族特色。

　　全球化的宏观背景使得中国文艺中的怀乡美学，无论在理论研究还是在创作实践方面，都既具有全球化现代性的共性，同时又保持了鲜明的民族现代化的特色。近代中国由农业社会直接步入现代化建设的进程，一方面变迁的地理环境、全球化的文化潮流，使传统意义上的本乡本土生活逐步消失，另一方面传统的精神家园仍然在个体和社会的文化记忆中传承，现代文艺承载了这一时代呼声，给现代人提供了实现身心统一，并得以诗意栖居的居所。

参考文献

［1］斯维特兰娜·博伊姆.怀旧的未来［M］.杨德友,译.南京:译林出版社,2010.

［2］迪恩·麦克坎内尔.旅游者:休闲阶层新论［M］.张晓萍,等译.桂林:广西师范大学出版社,2008.

［3］罗兰·罗伯森.全球化:社会理论和全球文化［M］.梁光严,译.上海:上海人民出版社,2000.

［4］周宪.文学与认同:跨学科的反思［M］.北京:中华书局,2008.

［5］赵静蓉.怀旧:永恒的文化乡愁［M］.北京:商务印书馆,2009.

［6］赵静蓉.文化记忆与身份认同［M］.北京:生活·读书·新知三联书店,2015.

［7］Wu Hung. Reinventing the past: archaism and antiquarianism in Chinese art and visual culture[M]. Chicago: University of Chicago Press, 2010.

（陈晓娟,江苏盐城人。现任职于华中师范大学美术学院,副教授,硕士生导师。致力于中国美术史与艺术美学等方面的研究。）

科技馆中的空间

陈心悦

摘要：本文讨论了由芦原义信提出的关于积极空间与消极空间的理论，展开论述了博物馆空间内的尺度、质感、布局和层次表现。主要以科学博物馆为讨论对象，因为我国的科学博物馆与其他类型的博物馆（如艺术博物馆和历史博物馆）相比起步较晚，1988年才有了中国科学技术馆，随着近年来国家经济的发展和科技企业的产品展示需求，越来越多的科学博物馆、展览馆拔地而起。截至2018年年底，已有19家建筑面积超过了万平方米的特大型科技馆，同时各省份行政中心也都有自己的科技馆。随着科技博物馆、展览馆的发展，其空间策展和理论研究的开展就势在必行。如何在科技馆中展开诠释科学技术，同时满足专业观众和大众的参观需求？如何增强学理支持，拓宽博物馆的维度？如何最大限度地发挥博物馆的教育意义？本文将从科技馆空间设计带动展馆运营的角度进行讨论和研究。

关键词：科技馆；积极空间；消极空间；策展；空间语境

一、积极空间和消极空间

本节的主要目标是描述积极空间和消极空间的概念，讨论科技博物馆和展览馆性质的异同以及对展陈空间的需求。

空间是由于物体与人之间产生关联而形成的。当我们在一片空地上铺上野餐毯，这个空间区域便呈现出其乐融融的家庭氛围；将毯子收起来，便又恢复到原来的旷野视觉。在展馆的空间内当一群人围着一件展品聊天讨论时，这件展品就成了一个紧凑空间的中心；当聊天结束、观众散去，这个空间又随即消失。芦原义信（2017）将空间大致分为以中心点为核心自然无限延伸的离心扩散空间，以及由边框向内建立起向心秩序的收敛空间。[1]当一个物体被包围在给定的空间内作为充实内容考虑时，这个被框住的空间对于物体而言就是积极空间。相反，包围住物体的空间是自然的、未经加工的，这时空间对于物体而言就是消极空间。也就是说当空间满足了人的需求或计划时,称之为积极空间;而对于自然的或无计划性的空间称之为消极空间。

以中国的水墨画和欧洲的油画为例,中国水墨画非常讲究气韵生动的审美,气则是从画面留白的空间中流露出来的神韵;油画的空间布局则是填满整张画布,在固有空间内根据实际尺寸布局设计。再说到这两种画的绘画技法,中国画是从一个点开始,根据纸张尺寸来作画,而油画则是先从比例入手,在对比例空间精准考量后开始满画布作画。这就解释了积极空间与消极空间的定义,这样的两种空间模式也影响了中国建筑和欧洲建筑的审美。

从建筑的外部空间设计讨论,欧洲建筑注重人工形态表现,善于利用人工手段体现对称和规则;中国建筑,尤其是中国园林建筑追求空间通透。两种相反的建筑设计审美对于中西方的博物馆建筑起到一定的影响作用。关于建筑的外部空间设计,比如建筑高度、线条造型等,与内部空间设计是相关的。因此内外兼容地研究科技馆的建筑空间和内部空间设计要从博物馆的起源开始,科技馆的发展是在博物馆的基础上形成并修正叠加其社会功能和属性的。

博物馆在希腊语中表示的是"缪斯的座位",是一个有关哲学和沉思的地方。由托勒密一世索特在公元前3世纪早期建立的亚历山大博物馆,与其说是一个保存和展示物质遗产的机构,不如说它更像是一所大学。起初博物馆里的文物、标本、植物等只供王室贵族欣赏;韩绍诗提出,随着1683年英国的阿什莫博物馆、1759年大英博物馆和法国卢浮宫艺术博物馆的开放,这些稀有的展品才逐步展示给大众。[2]因此,从基础需求的角度来说,博物馆最初外形建筑和内部空间设计需要满足的是收藏、保存和展示这三项功能。

除国家备案的科技博物馆之外,还有一大批地方建设的科技展览馆。与博物馆相同的是它们都有宣传的功能,采用形象的展览展示手法,并且有活动基地;不同的是博物馆的主要性质是收藏、保存和展示,展览馆则只有展览展示这一项,同时,博物馆注重科学文化知识的传播,展览馆注重的则是经济建设情况的展示。

因此,可以说展览馆是博物馆的简化版本,但两者的出发点一致。博物馆是由一定藏品支撑的空间,而展览馆更多是由现在发展数据支撑的空间。

二、观众的感知需求分析

"请勿触碰""请勿攀爬"这样的字样常常出现在博物馆、展览馆的展品前,这些提示语反映的不仅仅是对于展品或设施设备的保护,更是传达了观众对于展示内容的好奇和想更进一步接触的需求欲望。由17—18世纪私人收藏馆发展来的博物馆的初衷本是鼓励来访者亲近展品,使其有深化交流的机会。但是由于无法控制大量素质不高的参观者,以及当前展示技术和电气照明的进步使得观众不必站得很近就能看清楚展品等各种原因,很多展馆展开了对除触觉感知以外的其他感官的探究。[3]

英国萨塞克斯大学的阿尼尔·赛斯和同事们研究认为,人对于"存在"的感知源于大脑对身体内感信号的预测[4],这说明空间知觉对观众来到展馆参观的感受有直接影响。芬兰的神经生理学家通过实验证明人类大脑具有以一种特殊的方式呈现身体附近空间的能力。这种反应会使我们在接触物体前做出预判,产生防御或躲避动作。这种空间意识称为"近体"空间[5],空间刺激能够帮助我们进行身体定位。因此在科学博物馆设计和策展时空间的舒适度会显得非常重要。如上海静安雕塑公园就是在自然中创造出的外部空间,可以称为消极空间,这个空间的设计并不是独立存在的,它与上海自然博物馆连接组合,于是藏品密集的自然博物馆和这样一片宽敞舒适且适合放空情绪的消极空间搭配。

对于绝大多数空间面积受限的博物馆而言,没有条件考虑利用馆外空间进行配合转换,因而会采用多功能空间共享的模式。赵洋和王恒认为,科学博物馆通常会由三个空间区块组成:公共区域、研究区域和管理区域。[6]在三块区域中公共空间是承担主要展陈任务的区域,通常公共空间不会与研究区域或管理区域有交叉。不过"禁止进入"不代表视线范围受限,伦敦的BBC大楼通过一个挑高楼层的手法把观众参观区域和工作人员办公区域从物理层面分隔开,一圈落地窗可以让观众从俯视的角度看到电视栏目背后的故事,既不影响工作人员办公又能满足参观者的好奇需求。观众参观博物馆的期待很小一部分来自对展品的兴趣,而在更大程度上是来自对科学环境或艺术环境的体验需求。[7]例如在歌剧院看歌剧和在家通过电视看歌剧是有区别的,观众更希望走入一个纯粹、专业的空间环境,置身其中。在英国苏格兰市中心的威士忌酒体验中心,从外面看是一个非常小的门面,但走进去会发现它经过了卓越的可以调动参观者兴趣和好奇心的设计。进门是一个全息投影创造的体验空间,观众会在漆黑的环境下被邀请坐上大木桶火车开始参观,在这个展示区域观众可以初步了解到苏格兰四大产酒区的基本情况、酿造工序和口感差异。在有了一定认识后来到一个类似教室的空间,桌上每个座位前摆放着一只酒杯,这时工作人员会做一个简单的品酒介绍并让来访者自行选择想要尝试的酒,大家可以端着酒杯前往收藏室,边喝酒边聊天讨论,这个空间并不大,贮存着从珍贵年份的酒到特别包装的纪念酒。最后一个空间是一个融合科普知识和衍生品商店的地方,在这里有互动答题的小型沙盘,也有特色小礼品和书的售卖。这样的展陈空间有非常饱满的策展布局,观众可以看到多样的展品,可以感受酿酒的过程,可以尝到不同的酒,可以触摸互动设备,调动身体各个感官的知觉,这是一个非常典型的积极空间与互动媒介配合的案例。在空间概念上积极空间和消极空间本质上无好坏之分,只是设计者对于空间密度和基调韵律把握的问题。

有人认为一个舒适的博物馆空间是可以用数据计算模式套用的。伦敦大学的希利尔提出空间秩序排列研究。[8]他强调空间与空间之间的关系,比如50米能够到达的距离,建筑设计师或策展人会通过什么样的方式引导观众到达,是直接走过去还是穿过几个空间再到达目标地点。从空间结构系统来看,如果一个空间可以很容易地到达另一个空间,那么这个空间系统就会显得很融合;如果必须穿过许多其他空间才能到达另一个空间,那么这个空间系统就显得很孤立。这一空间秩序排列研究可以应用于二维的空间建筑规划,从而形成特别的定量测量布局。这种方式是将一些小的空间组合或对动线进行串联。该空间分析方法同样可以基于多边形或等值线，[9]通过软件测量出每个交点、空间位置等，包括面积、周长、最小值、平均值和最大径向长度。当网格多边形被计算出来时，接着可以检查每个多边形生成点与每个其他生成点之间的关系。博物馆的空间设计是否有可能通过这样一种固定模式来实现机械设计化？这样的展陈模式能否高质量地满足参观者的感知需求？

三、博物馆、展览馆语境下的空间布局

近年来非常多的科学展览馆在国家政策的鼓励和产业展示的需求声中应运而生。同时带来的是展览行业的春天，各类型展览公司随之出现。在搜索引擎中查找展览公司的案例时会发现，如果先看到的不是项目名称，而是展馆照片、设计图，则很难分辨出是哪家展馆。它们色调相近、空间布局相近、叙述手法相近，同时，由于一般的科学展览馆不像科学博物馆那样拥有大量的藏品基础，大部分是靠声光电支撑展示，所以连展项的表现手法都是相近的。AI、AR、VR、MR全息影像，4D、5D、XD影院如同固定套餐一样，以快餐式、模式化出现在展馆内。优点是能以非常快的速度建成一座科学展馆，并且不容易出现严重的纰漏，就好像机械化生产一样。但从观众的角度来说，这样的展陈模式并非是他们所期待的。

虽然以参观人数直接评价一座博物馆或展览馆的优劣是不够客观的观察方法，但作为文化传播机构，吸引更多来访者是它的一项工作任务。从前只有北上广的少数大型国有博物馆会自主安装人数统计系统，自2020年开始各地文化和旅游局要求所有备案博物馆采购和安装红外线人数统计装置，并且对各博物馆实行参观人数考核。这样的举措应该会对科技博物馆或展览馆的设计和运营有积极的推动作用。

Choi研究和预测观众在展馆参观时会在什么位置逗留时发现，空间本身的设计不会影响观众参观停留的时间，游客主要喜欢在能看到很多人的地方多待一会儿，以及倾向于在视觉上能看到连接博物馆的更完整的空间[10]。伦敦皇家艺术研究院的展厅，是由一个个相对关联的房间式展厅连接的，从所在空间参观结束之前就能一眼窥见下一个展厅的大致风格和内容。因此在前往下一空间前参观者就已经开始为下一段旅程做心理建设。人类的想象是与生俱来的能力，在浏览展览时这种预见的想象力会提供必要的引导机制。在博物馆语境中，空间设计者期待的是引领观众穿过空间时产生更多令人愉悦的互动方式和记忆。有学者认为观众的感知与设计师的意图是联系在一起的，只有设计师将意图放入空间中，观众才有可能吸收到它。

2015年4月至9月，一个叫作"什么是奢华"的展览在伦敦维多利亚和艾伯特博物馆（下文简称V&A）展出，展览的策展人是雅娜·舒尔茨，她的学术背景是德国哲学博士。"什么是奢华"是她近年来最具代表意义的一个策展项目，展览围绕"创造奢华""时间的空间""奢华的未来""你的奢华是什么"这四个篇章展开。她说："如今大多关于奢侈品的讨论都集中于消费行业以及品牌等领域，我们作为一个公共机构，想要做的是鼓励大家思考奢侈品对于每一个人的生活乃至整个社会的意义。"从策展人的陈述到展陈分布，最核心的问

题"什么是奢华"贯穿整个展览线索,观众带着这样一个哲学问题一边思考一边参观,空间设计的外在感知和思想冲击的内在感知同时存在。由内在感知引导参观线索的策展模式在科学展览中并不太常见,科学类展览的展示核心是技术和科普,因此科学博物馆吸引到一批主流来访者,即青少年。近年来不少学者研究博物馆的科技互动和教育功能,诺尔曼提出了"人工制品"的概念,他认为,只要是人为了提升思想或行动水平而发明出来的,就可以算是人工制品。[11]人工制品分为三级,第一级是实际物质,第二级是理念,第三级是宇宙自然世界。在空间和展陈设计中如何拓展人工制品的中介潜力?例如,李昌钰刑侦科学博物馆二楼展厅在展的一顶破洞钢盔,它来自科索沃战争中为保护尸体鉴别专家李昌钰博士的一名卫兵,在工作中这名卫兵头部中枪,为纪念这个保护过自己的人,李昌钰博士把他的钢盔带了回来并放在博物馆永久珍藏。展陈中可以把这顶钢盔作为媒介来呈现弹道分析轨迹或陈述科索沃故事。

四、结论

本文的目的是从建筑的积极空间与消极空间探讨空间布局带给科技馆发展的多层次可能,以及分别分析了科技博物馆与展览馆的区别。通过研究观众的心理需求,列出了有可能促进科技馆发展的因素。同时,提出科技馆在社会中所承担的责任与馆内可作为深化利用的媒介。鉴于相关研究,科学博物馆、展览馆更迫切的需求是利用空间的可能性发挥展馆内物质媒介的积极作用,同时也说明无论是消极空间还是积极空间的研究都为博物馆、展览馆作为社会教育平台提供了更加广阔的可能。

参考文献

[1] 芦原义信.外部空间设计[M].尹培桐,译.南京:江苏凤凰文艺出版社,2017.

[2] 韩绍诗.浅议博物馆的发展史、定义及其与展览馆的区别[J].中原文物,1984(2):109-111.

[3] Classen C. The book of touch[M]. New York: Palgrave Macmilan, 2005.

[4] Seth A K, Suzuki K, Critchley H D. An interoceptive predictive coding model of conscious presence[J]. Front in Psychology, 2011, 2(395): 395.

[5] Rizzolatti G, Scandolara C, Matelli M, et al. Afferent properties of peri arcuate neurons in macaque monkeys[J]. Behavioral Brain Research, 1981, 2(2): 147-163.

[6] 赵洋,王恒.科技博物馆公共空间利用初探[J].科普研究,2016,4(2):11-16.

[7] 妮娜·莱文特,阿尔瓦罗·帕斯夸尔-利昂.多感知博物馆[M].王思怡,陈蒙琪,译.杭州:浙江大学出版社,2020.

[8] Hillier B. Space is the machine[M]. Cambridge, UK: Cambridge University Press, 1996.

[9] Benedikt M. To take hold of space: lsovists and lsovist fields[J]. Environment and Planning B: Planning and Design, 1979(6): 47-65.

［10］Choi Y K. The morphology of exploration and encounter in museum layouts[J]. Environment and Planning B: Planning and Design, 1999, 26(2): 241-250.

［11］Norman D A. Things that makes us smart: defending human attributes in the age of the machine[M]. Reading: Addison-Wesley Publishing, 1993.

（陈心悦，上海印木文化传媒有限公司，总经理。）

社会创新视域下文化创意
驱动社会治理研究

程 辉

摘要: 社会治理现代化是党在新时代所提出的国家治理新主张,涉及社会治理方式的创新。社会创新是国际上用于解决社会问题的新兴方法之一,已被证明在社会治理上颇有价值。在国内,社会创新尚属前沿领域,但社会创新仍有必要在我国城乡中进行尝试,甚至可成为我国社会治理体系创新的选项之一。因此,本文首先对"社会创新""社会治理""文化创意"的涵义与关系进行了解读与梳理,阐释了"社会创新""文化创意"在社会治理中的重要作用;其次,对国内外社会创新案例进行了分析,总结了在社会治理语境下实施社会创新的经验;再次,文章以研究者所实施的中国传统纹样展为例,阐释该活动的目的、意义及成果;最后,研究对社会创新辅助社会治理实践的未来进行了展望,呼吁政府部门接纳并支持各类社会创新实践活动。

关键词: 社会治理;社会创新;文化;文化创意;设计思维

一、社会治理的新方式

(一)社会治理的涵义

社会治理是指在现代公民社会不断发展的背景下,政府与民间、公共部门与私人部门合作互动,进行公共事务管理、实现社会秩序、增进公共利益的一种新的统治方式[1]。党的十八届三中全会提出的创新社会治理体制,标志着我国社会管理正式向社会治理的转变,激发了学术界关于如何创新社会治理体系的讨论与研究。学者郑钧蔚将社会治理主体概括为个人、政府组织、自治组织、各类经济社会组织,他认为政府要构建新型社会治理体系,就需要促进公民、社会组织在公共事务中发挥积极作用,同时政府也应该调整其在社会治理中的角色与定位[2],实现适度放权,由公民与社会组织来负责具体的社区事务。学者侯小伏认为中国社会在全面脱贫后,人民群众对生活质量会有更高要求,而对生活的满意度与幸福感等生活质量衡量指标与社会治理成效息息相关,因此在脱贫工作完成后,政府应加强社会治理,满足基层社区居民的各项文化需求,可见基层社区是我国社会治理创新的前沿与主阵地[3],基层社会的治理成败是我国社会治理的关键所在,而在社区的各类治理创新实践,也会汇聚成为我国"社会治理现代化"的重要经验。

在一定意义上,新型社会治理理论所强调的政府、人民、组织、企业之间应有的关系及在治理中的协同模式,与下文即将提及的"社会创新"有异曲同工之妙。在社会治理体制创新中,社会创新可以作为新视角、新方法进而成为我国社会治理的新途径、新举措。我国已有部分社会创新的实践案例,但还缺乏从社会治理角度开展的社会创新研究与实践,纵然,社会创新与社会治理之间存在着千丝万缕的联系,但两者的驱动机制还亟待进一步厘清。

(二)社会创新的涵义

社会创新是源于西方社会,以解决社会问题为己任,有别于技术创新或经济创新等创新方式,融合了社会学、经济学、设计学等理论的实践方法体系,目前设计学科主导了大部分的社会创新项目。虽然,设计学科致力于解决问题,其诞生时就具有一定的社会性,但社会创新概念的历史不长,它的出现是因为传统的思维、方法、工具等设计学知识在解决新兴的现实问题中受到了挑战,设计学科进行设计思维、方法论自我革新的结果,扩充了设计学科的内涵,也拓展了设计研究的边界[4]。与设计学科中新兴的"服务设计""战略设计"等概念相似,"社会创新"继承了设计学科"交叉协同"的特点,注重设计学、商学、管理学等学科的通力合作,关注社区需求、强调社区参与,在实现社区集体利益的前提下,尽可能创造经济效益,以实现可持续发展,其最终落地成果可以是战略、想法、产品、空间、系统、服务等或上述类别的综合体。社会创新实践在我国仍处于起步阶段,国内高校还普遍没有开设该专业,但其在欧美国家已有多年发展历史,如麻省理工学院、埃因霍芬设计学院、皇家艺术学院、伦敦艺术大学、斯坦福大学设计学院、纽约大学、纽约视觉艺术学院等综合类或设计类高校都已开设该专业多年,为本国培养了优秀的社会创新人才,这些人才被输送到各类非营利组织或通过创办社会企业(以解决社会问题为愿景,参照企业化管理,不以谋求经济效益为首要目标的机构组织)的形式,参与解决社会问题,成为欧美国家社会创新工作的先驱与主力[5]。

米兰理工大学的埃佐·曼奇尼(Ezio Manzini)教授是本领域的国际知名学者之一,他的研究将社会创新分成了三类:自下而上型(由机构、民间组织、公司主导)、自上而下型(由专家、决策者、政治活动家主导)及混合型(兼具上述两者)[6]。国内有不少学者也开展了社会创新的设计实践,但大部分都属于自下而上型,这说明政府对社会创新还缺乏认识,多由高校以设计实验方式进行初步探索。例如同济大学娄永琪等对崇民仙桥社区可持续发展所进行的战略设计研究[7];浙江工业大学朱上上等对畲族社区可持续发展模式的再设计研究[8]。然而多数实践还未取得应有的成效,故还属于默默耕耘的学术研究。

（三）社会创新中文化创意手段的治理作用

德治教化是国家治理方式现代化中体现传统文化精髓的重要标志，中华文明之所以能经受住各种冲击而坚守根基，与我国坚持法治与德治相结合的传统文化基因息息相关[9]。在社会治理体制创新中，文化协助社会治理的力量仍然不容小觑。因为，从党的社会治理体系看，文化作为社会治理的重要部分，使用文化来辅助社会治理是顺理成章的；从我国历朝历代的社会治理经验看，文化在维护社会稳定方面确实发挥了不可抹杀的作用。自古以来，文化兴盛是盛世的重要象征，文化创意产业已蓬勃发展多年，但其道德教化作用在社会治理层面还缺乏应用实践，主要原因是对文化分类、文化创意作用理解不深入，认为它仅仅是门产业经济而已，因此有必要重新认识文化与文化创意。依据公益性，文化划分为文化事业与文化产业两类，在现实中，文化产业又称为文化创意产业[10]。一般而言，文化管理、公共文化服务、文化遗产保护、文化交流等公益性文化内容被认为是近似等于传统"文化事业"的公共产品，而"文创产业"被认为是市场经济下文化发展的新模式，属于"经营性产品"或"混合产品"[11]。

此分类并不影响具有经济属性的文化创意发挥驱动社会治理的公益性功能。学者康璇认为，"文化治理现代化"作为社会治理的必要部分，要积极去行政化，应以建立参与式、互动式的包容性平台为工作目标，积极调动民众、社会力量参与社区文化共建、共创、共享，避免采用传统文化事业的管理方式[12]。笔者认为在此基础上，还应避免在讨论社会治理等公益性话题时惧怕使用文化产业这一经济手段来实现社会治理目标的情况，即面对使用文化手段驱动社会治理时，不要刻意分辨文化事业还是文创产业，而是应该坚持"不管黑猫白猫，能抓老鼠就是好猫"的观点，进行综合应用。设计学科所进行的社会创新实验多数都应用了文化创意的根本观念（即跨界合作思想）来促成异业合作，这种创新思维不仅能开拓社会治理的思路也使设计学科的社会创新实验更容易落地，就如有的案例帮助了贫困地区通过形成地方特色产业实现了脱贫致富，也有的案例通过美化更新解决了"脏乱差"的人居环境，还有案例通过震撼性的展览实现了社区居民的美育教化，实现了"移风易俗"的目标。

二、社会创新案例与经验

不同的学科进行"社会创新"实验时所采用的方法、所关注的侧重点自然各有不同，笔者基于设计学背景，研究了数个社会创新实验案例，总结了数条经验，旨在帮助地方主政者认识社会创新在社会治理中的作用，并向有志于从事社会创新的实验者提供服务社会治理的可能路径。

（一）借助空间创新治理方式

防空地下室出租管理曾一度是困扰北京市政府社会治理的难题，该问题源于2004年左右因地下室维护经费有限,市政府所推出的"地下室自养"政策,即通过地下室出租为其维护筹措资金。由于租金便宜,这些地下室成了"北漂一族"租房时的首选地。然而,因为缺乏必要的安全措施,地下室火灾、淹水等突发情况造成人员伤亡的事件时有发生;此外,地下室也成为首都人口调控工作顺利开展的最大阻碍。潮湿、阴暗、混乱的地下室本身就不适合人常年居住,再加上地下室又牵涉房东的经济利益,如何在既鼓励合理使用又不影响社会稳定的前提下实现"地下室自养"是横亘在北京市政府面前的管理难题。中央美术学院周子书基于社会创新理论与方法,在朝阳区安苑北里19号楼地下二楼等地进行了"地瓜社区"的实践,他借助设计手段,通过环境的美化与营造,使地下室变成了灯光明亮、空气清新的地方,同时也使之成为社区的共享客厅、书房、健身房、茶吧、影院、教室等功能一应俱全的社区活动场地与邻里交流平台,吸引了老年人到此唱京剧、学生到此来做作业、年轻人到此来健身,还有不少居民自发进行了茶叶、书籍、海报的共享行为,共建共享了该公共空间。他通过将地下室改造成社区配套设施,不仅开拓了地下室自养方式,堵住了人口调控的漏洞,也减少了政府财政投入的压力,有效解决了北京市政府的社会治理难题。周子书希望共享空间"地瓜社区"还能成为"城乡中转站",帮助外来流动人员适应当地工作与生活,也通过构建平台使当地人能为这些流动人员提供力所能及的协助。如今,"地瓜社区"不仅在北京市落地生根,还被移植到了成都,为各地政府解决公共空间使用问题提供了经验,在一定程度上,也为消弭"城乡差异"、促进社会和谐、参与社会治理贡献了力量。

（二）创造节庆实现社会治理

日本越后妻有地区的"大地艺术节"享誉全球,至今已累计带来直接经济收益达数百亿日元,仅最近一届（2018年）的"大地艺术节"就吸引了55万人次到访。就文化资源而言,越后妻有并不具优势,事实上,它地处偏远,交通也不方便。在2000年举办首届"大地艺术节"前,由于大批青壮年外出谋生,越后妻有已出现严重的老龄化,虽然当地政府曾尝试通过对外招商来恢复地方元气,但仍难以扭转年轻人外流的趋势,这进一步加剧了经济失调、产业衰退等社会问题,据不完全统计,在首届"大地艺术节"前,该地区房屋闲置就有500余间,学校废弃更有20余所。2000年前后,"大地艺术节"的策展人北川富朗来到了这块土地,为了帮助当地老人,他动用了个人关系,邀请了逾700位国际知名艺术家到当地寻找创作灵感,并希望他们能在当地做短期创作,就这样,这些艺术家为当地先后创作了千余件作品,其中有200余件作品被直接保留,不少作品都是艺术大师的代表作,由于这些作品散落在当地各个村落,所以这片土地成了一座不折不扣的"美术馆"。艺术节的成功举办,使原本不得不离家远行的年轻人陆续从大城市回归并参与到了自家的旅店、餐馆等艺术节配套设施的运营工作中,社区也因此重新焕发了生机。越后妻有"大地艺术节"是个无中生有的节庆,一股股艺术力量的注入使这一人为创造的节庆成了日本的"金字招牌",累计吸引了超过200万人前来观展,原本突出的社会治理难题也迎刃而解。越后妻有的案例揭示了文化创意与商业在社会治理中的先后关系,若没有文化创意活动,即使成功从外招商也难以改变社区

"凋零"的趋势；相反，因为有了文化创意，即使是无中生有，甚至是生搬硬套，也有扭转社区颓废的现状并使之复苏的可能。

（三）适度商业赋能社会治理

商业化是把双刃剑，没有商业，社区难以可持续发展，但过度商业化往往适得其反，甚至激化社会矛盾，这也是很多专家学者在街区改造中极力反对的。北京南锣鼓巷是我国过度商业化的众多历史街区之一。它位于北京中轴线东侧，与元大都同期建成，至今已有740多年历史，是北京古老的街区之一，这里也曾是明清时期达官显贵的居住地，因此各种形制的府邸、宅院都能在此观赏到。自20世纪90年代起，各种创意商家、手艺人、导演、艺术创作者等便陆续开始进驻南锣鼓巷。2008年，南锣鼓巷已名声大噪，游客往来如织。近年来，随着大量商业机构与游客的涌入，原本胡同文化浓厚的街区逐渐被浓郁的商业气息所侵袭，远去的是沉淀百余年、好不容易被保存的胡同文化及老北京人传统的生活方式，留下的是人声鼎沸的噪声污染、车辆乱停放造成的出行困难，这些问题成为当地居民与商户之间的矛盾中心。2015年，由于过浓的商业味，南锣鼓巷被排除在国家历史文化街区名单外。2016年，南锣鼓巷主动取消自身3A级景区资格，暂停了团队游客的接待，希望借此来恢复深受影响的历史文化风貌，并尝试缓和社区中的"居商矛盾"，然而元气的恢复不能一蹴而就，还需要较长的时间来修复。可见，商业化的分寸需要政府部门谨慎把握，否则容易成为社会治理的新障碍物。

（四）校地合作提高治理成效

高校是社会智库，对驻扎地政府而言是宝贵的人才库、思想库。校地合作模式之所以被推崇，是因为两者彼此需要。尤其是社会创新领域，由于项目的公益属性，高校希望能得到地方政府的支持以便项目的顺利开展，同时，政府也能在高校的帮助下获得解决社会问题的新思路，因此，通过校地合作解决社会治理难题是种双赢模式，国内多数社会治理实验均有高校参与。台湾省阿里山乡来吉部落遭受地震、台风灾害后，面临灾后重建的问题，当地的云林科技大学采用校地合作举办工作坊的形式，定点帮扶了该地区。他们创造了一种"社区培力"的做法，即透过长期的陪伴和协助，使当地社区居民知道有群外人正在关注自己的社区发展，进而激发社区居民更加积极地参与本社区的事务。在获得社区居民的信任后，学生们根据居民需求对该地区的支柱性产业（文创产业）进行的服务设计与战略设计就很容易地被当地社区居民所接纳。其实，当地政府也曾有类似的规划，但由于社区居民认为这些措施缺乏对自己生活的了解，故进行了抵制。可见，通过校地合作长期的精耕细作、师生的社区培力，社区居民更愿意信任外来的帮助，也愿意配合主政者完成产业转型。此外，湖南大学"新通道"项目也是利用社会创新提升治理成效的典范。"新通道"主要针对湖南通道、新疆喀什、重庆西阳、内蒙古呼伦贝尔、青海玉树等少数民族贫困地区开展，项目采用"多学科协同"的夏令营模式，召集了来自15个国家300多名设计专业的师生进行协作，尤其是与当地少数民族非遗相结合的系列文创产品大部分已实现商业化,为当地贫困户创造了经济收益,实现了当地社区全民脱贫。这种持续性的设计帮扶使落后的山村也形成了特色产业,不少外出务工的青壮年也因此回乡创业,解决了"乡村空心化"的社会问题。

（五）培养策展人才完善治理

台北市原副市长李永萍是台北文创产业发展的幕后推手,她在任时推动了华山1914、松山、西门红楼等文创产业园区的创建,她认为,在大文创时代,文创不仅是生活方式,更是新型的城乡发展策略,但文创园区开发要避免只注重硬件建设,因为"硬件救不了内容的匮乏",也就是说各古街区只注重硬件建设,若没有与之匹配的内容建设,改造后古街区依然无法复兴,这也是如成都龙潭水乡、常德德国小镇、宜昌龙泉铺古镇等国内特色小镇及古街区"凋零"的主要原因之一。文创街区是否能吸引到游客,主要是看园区是否有策展人。日本越后妻有"大地艺术节"的成功案例,就得益于北川富朗这位策展人的号召力,他动用了个人关系,为日本越后妻有地区邀请到了世界知名艺术家,才使当地形成了规模庞大的大地实景艺术展览。艺术展览是策划的主要产物,它常被认为是发挥街区历史文化魅力必不可少的平台,是街区社会治理的"催化剂",在社会创新实践中,有创意的、受欢迎的原创展览与环境优雅、文化底蕴浓厚的古街区相得益彰,成为短途游旅客的"网红打卡点",也成为外来游客与社区居民的对话平台,不仅能为当地居民带来直接经济收益,同时,也能促进本地居民积极地参与社区事务,带来交通改善、环境优化等社会效益层面的回报,这与社会治理现代化所倡导的公众参与目标是一致的。策展人并不仅指在古街区策划展览以丰富街区活动的策划人员,还包括能在街区改造中扮演园区活动内容统筹规划角色的人才,是懂得商业运作的经理人。李永萍在总结台北文创产业发展经验时指出,培养当地文创策展人才是文创项目成功的关键。

三、基于社会创新的中国传统纹样展实践

基于对国内外社会创新实践经验总结可见,社会创新能以多种方式辅助社会治理工作,然而由于社会问题的复杂性,根据前人经验,要想达到辅助社会治理的目的,可以采用多管齐下的策略,而治理效果则需要执行方长年累月地实施才能显现。基于上述经验,笔者团队联合中国纹样博物馆于2019年10月在海宁长安镇进行了名为"中国传统纹样展"的社会创新实验,该项目以"纹样+设计"的原创展览为核心,尝试构建开放式的社区交流平台,提升当地居民对传统文化的认知,普及文化创意的概念,发现文化创意型的社会创新对社会治理成效的影响因素,希望通过项目的长期执行,实证项目给古街区治理带来的积极改变。

本项目分别在学院影剧院大厅、长安镇寺弄古街两个场地同步开展,由于场地的差异,故两个场地的策展目标略有不同:在校内场地策展中,研究者将高校视为微型城市社区,希

望能以原创展览的契机,为全院师生提供开放性的学术交流平台,激发经管类与文化类师生的学术对话,进而为校园文化社区的可持续发展提供建议。为强调学术性,校内展览在陈列纹样高清图与纹样设计海报的基础上,还专门与学院图书馆合作,专设纹样图书借阅区,以便观展者进行纹样知识的深度阅读。同时,为吸引院内师生参与,还调集了多样化的院内媒体,配合打卡赠礼的方式,进行宣传推广。而改造前的寺弄古街是不少长安镇居民的旧宅,由于改造需要,大部分居民都搬离了此地,故在院外场地策展中,团队希望为当地社区居民提供家族成员之间的沟通平台,让他们在漫步中,睹物思情、追忆过往。同时,为了吸引家族中年轻人的关注,团队还为此专设了文创作品专区,希望通过展示作品,激发社区中的年轻居民参与传统装饰纹样的"改装"。

展览开幕后,团队收获了不少惊喜,社会上不少自媒体主动宣传本活动,相关贴文也在社交网络上被大量转发。借助观展者的口碑传播,不少周边居民、专业观众慕名来到了展厅,有来展厅借景录视频、开直播的,也有来展厅临摹传统纹样的,还有咖啡吧、商业地产的异业合作邀约。在一段时间内,展厅成为居民喜爱的"网红打卡点",也成了政府部门接待文化考察的必选之地。长安当地居民纷纷为寺弄古街的展览点赞,团队也收到了不少长辈的勉励,他们希望多多举办这类文化创意活动,以弥补社区文化底蕴薄弱的短板。团队还发现,即便观展的文化程度不一,但都具有一致的审美观,同时,也不排斥年轻人改造传统。团队在策展时希望展览成为交流平台的目标基本达成,寺弄展览的观众以祖孙两代、祖父孙三代者居多,在观展中,长辈们常做的是指着纹样看板、朗读文字说明,向小辈讲述家国故事,家庭其乐融融的场景在观展中时常出现,令人羡慕、动容(见图1)。

图1　"中国传统纹样展"现场照片

四、总结

虽然，本次展览已基本达成所设定的目标，但由于本项目持续时间过短，所以还无法评估展览对改善长安镇周边社区居民人际的影响。此外，社会创新辅助社会治理是项长期工作，一般需要3～5年才能观察到初步成效。若要发挥社会创新的价值，还需讲究"天时、地利、人和"，即居民对解决问题的迫切度、社区所处的经济社会环境、政府支持度与居民参与度等因素都与项目成败息息相关。目前，社会创新在国内还是较新颖的设计主题，不少主政者也对此持观望态度，但社会创新对当地社区治理的积极影响及其成效有目共睹，它是一项小投入大产出的活动，讲究的是"放长线钓大鱼"，地方主政者应多支持各类社会创新项目实践，类似的实践一再证明若干年的辛勤耕种必将会换来社会治理成果大丰收。

参考文献

[1] 奚洁人.科学发展观百科辞典[M].上海：上海辞书出版社,2007.
[2] 郑钧蔚.社会治理理论的基本内涵及主要内容[J].才智,2015(5):262.
[3] 侯小伏.全面建成小康社会背景下社会治理创新的路径[J].信访与社会矛盾问题研究,2017(2):20-32.
[4] 裴雪,巩淼森.欧洲社会创新设计探究的动态和趋势[J].包装工程,2017,38(12):22-26.
[5] 郭寅曼,季铁.美国设计与社会创新发展概况综述[J].包装工程,2017,38(12):17-21.
[6] Ezio Manzini. Making things happen: social innovation and design[J]. Design Issues, 2017(3): 4-8.
[7] 娄永琪.一个针灸式的可持续设计方略：崇明仙桥可持续社区战略设计[J].创意与设计,2010(4):33-38.
[8] 朱上上,孔秀丽,刘肖健.面向畲族地区的创新发展模式设计[J].包装工程,2019,4(8):111-117.
[9] 陈一新."五治"是推进国家治理现代化的基本方式[J].求是,2020(3):25-32.
[10] 钟婷,施雯.文化创意产业20年[M].上海：上海科学技术文献出版社,2018.
[11] 傅才武.中国公共文化服务的理论范式与政策逻辑[J].人民论坛,2019(32):130-135.
[12] 康璇.文化治理视域下的公共文化服务体系建设[J].现代商贸工业,2020(28):24-28.

本文为浙江省哲学社会科学规划课题（20NDQN322YB）、浙江省高校实验室工作研究项目（YB201932）成果。

（程辉，浙江财经大学东方学院实验师。）

地域视觉元素传播为导向的
乡村产业协同创新设计

丁凡倬　张继晓

摘要：挖掘地域文化，提取乡村之美，协同设计是国家创新发展乡村的重要手段，这已成为助力扶贫乡村产业、实现特色乡村振兴的重要路径。本文以科右前旗沙果产业和产品为设计帮扶对象，汇集融合不同学科专业力量，精准提取具有蒙古族文化和地域文化美感的视觉元素，运用协同设计的方法，实践于企业品牌标志、沙果产品包装、沙果切分机械等乡村产品，在总结科右前旗沙果产业与产品发展优劣势的基础上，分析出沙果生产企业在品牌形象、产品包装、加工机械、销售渠道方面的问题和需求，并通过引入电子商务新模式，拓宽了销售渠道。本项目创新了艺术设计+机械设计+市场销售服务设计+人才培训的精准扶贫新模式，探索出协同设计助力精准扶贫沙果产业的应用路径。

关键词：乡村设计；视觉元素；协同设计；沙果产业；精准扶贫

随着乡村振兴战略的逐步推进，建成以习近平总书记所倡导的"绿水青山就是金山银山"的美丽乡村成为共同的发展目标，挖掘地域文化也成为避免乡村全方位同质化的必要手段。2017年北京林业大学艺术设计学院对接科右前旗，进行设计帮扶。因地制宜地运用设计思维和方法精准帮扶科尔沁右翼前旗（简称科右前旗）沙果企业成为工作重点。

科右前旗位于内蒙古自治区东北部，这里的大气、水体、土壤等要素构成的空间生态环境保持得较为完好。2017年获"国家园林县城"荣誉称号。独特的地理维度和土壤条件，使这里种植的沙果品质较高。沙果是一种独特而丰富的农副水果资源，除鲜果可食用外，还可加工成果干、蜜饯和饮品等食物。当地大量农民以种植沙果和从事沙果加工为生。由于种植时间短和地力贫瘠，因此传统沙果种植产量较低且售价不高，加工后的沙果产品附加值较低。果农因自身条件限制，找不到销路，卖不上价钱，或因自然灾害等因素的影响，导致经济收入很低。

科右前旗现有两家初步具备加工沙果能力的企业,开始探索对沙果资源的工业化加工,正成为带动一方农民脱贫致富的沙果食品企业。这两家企业都是只有初步加工生产能力的民营企业。在产品加工质量、加工工艺、产品包装、企业品牌提升等方面都处于初期阶段。

因此如何解决科右前旗沙果生产企业的生产加工需求,提取地域乡村视觉元素,树立良好企业品牌形象,解决沙果加工产品的低档、无特色问题,帮助企业打开产品销路,成为本次设计帮扶的重要内容。企业品牌与产品包装设计、设备技术改良、销售新途径的设计能提高企业产品的整体质量和品牌效应,可以打开产品销路,提升经济效益,促进果农脱贫增收。沙果产品的深加工可以促进当地产业种植结构的调整,使得闲置的土地资源有效地转换为林业资源,并通过企业深加工的带动,调整地区产业结构,带动相关产业发展,实现产业扶贫、促进农民增收等。

一、帮扶地区文化背景

(一)可挖掘文化背景

科右前旗,隶属于内蒙古自治区兴安盟,境内居住人口中有蒙、汉、满、回、朝鲜等13个民族,其中蒙古族人口占总人口的45%。多样的民族构成,也让当地的地域特色文化十分丰富。作为一个历史源远流长、文化底蕴深厚的民族,蒙古族的城市渐渐因为过于注重现代化而丢失了一部分的传统文化,但是在乡村仍然保留有丰富的文化遗产,如当地的传统服饰纹样、建筑纹样、挖掘的文物等值得人们去发现。

(二)乡村地域视觉要素

蒙古族作为科右前旗人数最多的民族,独特的生存环境和生活方式,造就了留存比较完善的文化艺术,形成了蒙古族灿烂而独特的艺术形式和文化。其中,蒙古族传统纹样是蒙古族文化凝练出的独特视觉符号。蒙古族传统纹样种类之繁多,其大类可分为写实型图案造型、抽象型图案造型。它不仅是中国北方游牧文化的瑰宝,也为后人追寻蒙古族的历史文化提供了纽带。同时,蒙古族民间传统纹样是蒙古族文化对外展示的核心组成部分。整个蒙古族的发展带动着蒙古族传统纹样的发展和迭新,但是蒙古族对人与自然的独特理解和尊重一直沿袭到现在,其表现在图案的形式、纹样类型、文化内涵等方面。对天空、大地、风、雨、动物等自然事物的崇拜,也都能在蒙古族民间传统纹样中得到体现。蒙古族民间传统图案在视觉层面上具有非常重要的研究价值,其审美意义在于图案的连续性、对称性与规律性,它们是很好的装饰视觉符号元素。蒙古传统纹样中的图形,层次分明,并且有许多穿插和重叠的构成美感。这些符号连续重复的出现,反映了蒙古族人民紧密联系、融合,注重传承的理想和信念。在对称性方面,蒙古族传统图案严格遵守对称、平衡的构成方式,这在其他民族中是比较罕见的,因此对称性是蒙古族民间传统图案的独特象征之一。

二、沙果产业需求与设计路径

(一)沙果产业品牌需求

通过对两家沙果生产企业四个环节的调研分析,梳理出两家企业需求:① 沙果产品与地域文化、蒙古族文化结合的品牌形象设计需求;② 提升沙果产品品牌系统性附加值的特色、时尚包装设计需求;③ 沙果加工技术的改进与提升;④ 沙果产品的销售新模式与人才培训需求。

(二)设计帮扶精准定位

(1)设计定位与方法。根据企业需求,组织多方讨论分析,确定了设计定位:以改进提升鲜果切片技术和加工效率为支撑,开展凸出科右前旗地域文化和蒙古族特色,品牌整体识别度高,产品包装细节与同类产品差异化明显,创新电商销售服务模式的现代感、时尚感的沙果食品品牌设计。

根据设计定位和设计需求,采用艺术设计的文化元素调研归纳方法、品牌设计策略方法、视觉元素构成方法、色彩统一归纳方法对产品品牌和产品包装进行视觉设计;采用机械自动化设计的PLC(定位保护功能)控制方法,实现沙果的去核、切分一体化,提升鲜果切片、去核的质量与效率;探索产品电商销售服务模式,以两家生产企业为龙头,结合乡村生产合作社,运用"龙头企业+合作社+贫困户+电子商务"模式,开展沙果产品销售新方式的服务设计,并展开对员工的理论讲座与设计项目的培训。

(2)消费人群定位。考虑到沙果的酸甜口感和有嚼劲的食物特性,我们将目标消费者确定为当今网络购物的主力军——中青年群体。在现代消费的趋势下,除了产品的品质,中青年对于产品的包装也是极其在意的。农创产品包装设计不仅要注重精美的外观和精湛的特色工艺,还要突出地域特性,不能使用同质化的包装。所以包装的设计需要精准定位目标消费群体。

(3)组合跨学科团队。以艺术设计学院师生为主要力量,协调组织工学院的机械与自动化学科和经济管理学院的市场营销学科专业的师生,构成"艺术设计学科+机械自动化学科+市场营销学科"的精准帮扶协同设计团队。三个学科专业力量相互交叉、相互支持,三个设计组中均有不同学科人员参与,形成一个设计共同体,协同开展精准帮扶的调研、问题梳理、需求分析、设计初步方案及深化推进等各个环节工作。三个不同学科组负责推进各自专业领域的设计,同时三个组的设计方案在任何一个过程节点上,都可以用于其他两个组的设计过程。

(4)设计实施路径。对企业所在的科右前旗地域特色和蒙古族文化进行发掘。在文化元素和设计应用的方案深化、手板模型、包装生产落地、切分加工机械改进、销售新模式等方面进行设计服务推进。

文化视觉元素发掘：开展科右前旗地域文化与风俗-地域环境-民族特征的调研，梳理各类要素的特征，归纳、提炼出重要的文化视觉元素，为后续设计奠定基础。

设计应用深化：将搜集到和提炼出的重要文化视觉元素，对应沙果企业品牌和包装需求进行初步的方案设计。强化地域文化特征对品牌、包装元素设计的重要作用。在保持企业产品特征的基础上，最大限度地把发掘到的地域文化元素深化、细化到每个视觉设计环节中，做到产品包装与产品品牌的系统性与整体性推进。

手板模型研究：在元素发掘和设计应用方案的基础上，构思瓶型和包装瓶贴设计草图，并对包装瓶、瓶贴、包装袋运用犀牛软件进行3D建模，寻找瓶型与瓶贴、果干纸包装与装饰元素的最佳组合。在确定3D建模效果方案之后，开始制作瓶型的手板模型和瓶贴组合。按要求制作1：1实物模型，研究手板模型与未来制作、生产中可能出现的问题，寻求企业生产方、设计方、包装瓶生产方、瓶贴纸包装印制方认可的最佳效果方案。

包装生产落地：在调整确定三方认同的设计方案后，将确定方案交由生产制作方开始制作瓶型和印制包装纸。在符合产品和品牌定位的基础上，选取成本相对中等，但视觉、触觉和审美效果较佳，食品安全级较高的纸材、玻璃材料及制作加工工艺。

切分加工机械的改进设计：根据企业生产加工技术的问题分析，对沙果切分加工机械进行技术改进。运用定位保护功能，解决现有沙果加工设备故障率高、去核率低以及切片完整率低、劳动保护功能缺乏等问题。

销售新模式：电商扶贫作为产业扶贫和乡村振兴的重要举措，对实现农村农林业持续发展和产业转型升级有着重要作用。探索"企业+合作社+贫困户+电子商务"助力脱贫攻坚帮扶沙果加工企业的新模式，设计电子商务发展路径，升级沙果产品销售和产品品牌认知的新渠道。

三、帮扶企业现状分析

针对两家沙果加工企业的实际情况，团队展开了设计需求调研。围绕企业与地域文化、产品加工与销售、品牌与文化三方面展开调研。通过调研发现了企业在产品品质、生产环节、品牌现象、销售方式等方面存在的问题。

（一）企业状况分析

科右前旗两家沙果企业均为个体企业，创办人都是普通下岗职工，但都有多年从事其他行业的经验，对沙果充满感情与希望。企业员工均为下岗职工和当地农民。他们缺乏产品品牌知识，不懂传播与推广。企业只有学来的基本加工技术和简单的生产加工设备、储藏条件。总体上看，企业缺少对沙果类产品和产品品牌的认知，没有核心技术与品牌理念；产品加工技术落后，产品深加工技术需改进与提升，企业缺少专业人才。

（二）产品品牌文化分析

两家企业都对产品包装有过思考，并请外地公司做了设计开发，但由于设计者只关注产品包装的商业价值，也不了解科右前旗文化和地域特色，忽视消费者对产品背后文化底蕴的深层次体验欲望及需求，从而仅利用以往的经验和毫无相关的设计风格，对产品进行同质化包装设计，致使沙果产品包装定位不准，企业品牌形象无特色，视觉元素冗杂，产品识别率低，缺少美感，从而直接影响了产品整体品质，无法提高消费者的关注度和认知度，最终导致销量不佳。

（三）产品品质与销售分析

科右前旗的沙果原果品质优良。两家企业每年从果农手上收购鲜果，加工后成为质量上乘的果干和饮品。但由于两家企业自身的条件和规模等限制，其加工后的产品包装设计陈旧、不具备美感并缺乏地域特色，沙果本色特征不明显，销售渠道不畅、手段单一。产品只能在当地销售，销售量很小，要靠政府补贴与扶持。目前急需解决沙果产品包装品质和销售经营两大问题。传统包装的主要功能有便携功能、保护功能、信息传递功能和推广功能。艺术设计介入农产品包装后，延伸了包装功能，使得包装既符合基本功能，又更加注重品牌文化理念的传递、在线平台展示和产品用户体验。

（四）生产环节与加工技术分析

金口味食品有限公司的沙果饮品加工技术相对比较成熟，投资引进生产线，加以科学管理即可生产出合格的产品。恒佳果业有限公司为果干果脯加工企业，企业生产方式多为半手工加半自动化生产。在鲜果筛选、去核、切分等加工环节效率较低，加工品质也较差，存在的问题较多。因此，如何改进鲜果的初加工品质与加工效率成为提升企业总体生产效益的关键。

四、精准提取地域视觉元素与包装提升实践

包装的视觉形象是产品给消费者的第一印象。包装的美观性和特色性可以决定产品在短时间内能否缩短其与消费者之间的距离。农创产品包装中的设计要突出特色，必须是以当地文化为基础，对当地传统文化符号提取与转化后产出的视觉形象。中国传统文化拥有了一大批各式各样的文化符号，成为中国传统文化的重要载体。将地域性元素引入包装设计中，不仅是对当地文化的传承与保护，也是对中国文化丰富性的一种延续。以文化为载体的包装形象不仅满足了消费者的审美需求，而且有效地提高了产品的附加值。

科右前旗历史悠久、文化交融、生态多样。既有浓郁的内蒙古民族特色，也有东北腹地的林海风情民俗；既有绵延数万年的红山文化的根基，也有地处三省交界的人文多样的新

交融。这些基本地域与文化特征成为科右前旗沙果企业具有的基本共同特征。如何结合企业需求，把这些地域特征与企业文化和企业品牌相结合，形成个性化的企业品牌特征和产品特色成为本次设计帮扶必须解决的核心问题。农产品的包装设计是一项系统的设计工程，通过艺术设计审美的介入对产品精准定位，提取地域特色元素，输出和提升品牌理念和形象，实现文化价值认同、设计价值认同和品牌价值认同，最终引发消费者情感共鸣，促进消费，达到产品溢价空间。

（一）沙果饮品瓶身包装设计

（1）地域文化、民族特色视觉元素的精准挖掘。如今全国各地特色饮料数不胜数，但是大多数的包装都是过于注重"网红效应"，这样就会导致多数产品包装出现同质化，视觉识别度低等现象。对于该企业的沙果包装设计，应当充分从当地的乡村提取视觉元素，寻找来自乡村的美感，运用到包装上，致力于设计出有特色的、识别度高、有文化底蕴的产品包装。为了达到以上目标，帮扶团队展开蒙古族和科右前旗地域文化的调研和分析。在当地博物馆、文化馆找寻到蒙古族吉祥云组合、蒙古族服装弧形下摆造型符号、新石器时代的"太阳花"石刻石雕和纹饰图形，并从蒙古族传统服装中提取了几种颜色作为配色方案：

① 蒙古族吉祥云：纹样文化在蒙古族传统文化中起着非常重要的作用。纹样的构成、代表的事物和美学风格都充满了蒙古族对生活和自然的态度，蒙古族传统纹样是蒙古族传统文化中最宝贵的精神财富。蓝天白云是蒙古族民族的代名词，当地人对白云的感情不言而喻。同时"云"的纹样对蒙古族来说是一种吉祥的象征，它有一种韵律感和节奏感，显示出绵延不断的连续性，寓意长久不断。所以云纹足以表现出蒙古族的审美追求和艺术价值。

② 蒙古族服装：有一个很大的特点体现在衣服弧形下摆上。市面上普通的长袍下摆多以与地面平行为主，但是按照当地风俗传统，蒙古袍的下摆在转动的时候，必须四角扬起就如一个小蒙古包，这样就造就了蒙古族服装弧形下摆的形式。而且蒙古族服装的装饰纹样极其丰富，从中提取元素运用到包装中，也可以体现蒙古族的风情。

③ "太阳花"石刻石雕：其全称叫"八角九宫权杖星石"，一般直径10厘米至15厘米，八角星环绕中央的圆孔。八个小角代表八颗星星，代表北斗四季所处的八个方位，八星环绕着中间的日曜——"8+1"典型的"八星九宫图"。它具有规律性的美感，是很好的装饰符号，其文物形式可以解读为蒙古族自古崇敬自然的民族信仰。

④ 蒙古族配色：蒙古族对色彩有着独特的认知，他们认为黑色、白色、红色、蓝色、黄色五种颜色构成象征着世界。其认为白色代表着纯洁、高尚、正义、繁荣；黑色代表着勇敢、拼搏；红色代表着希望；蓝色代表着天空、永恒、兴旺；黄色代表着威严。这种蒙古族的色彩文化反映在各个领域中，最明显的就是应用于服装、头饰和蒙古包的装饰纹样中。这些特征与符号成为企业品牌与产品包装设计的重要依据（见图1）。

图1 地域文化、民族特色元素的挖掘

（2）产品包装视觉形式要与文化和地域要素精准对位。将收集到的蒙古族吉祥云组合、新石器石刻圆形形态、蒙古族服装弧形形态三元素定为沙果汁包装瓶和瓶贴设计的主要元素和形态。包装颜色选用的都是蒙古族传统服装中的常用颜色，并进行饱和度提高，让其视觉冲击力大大提升。同时，考虑到沙果汁的固有色，包装颜色选定明度较低的色度，这样可以与浅黄色沙果汁形成强烈的明暗对比，目的是让消费者能一眼就注意到该沙果汁。同时沙果汁瓶身正面和背面，通过包装边缘的弧线分割，使得黄色和包装色彩的占比不同，这样设计后，瓶身的正反面信息的输出更有导向性，也打破了正反面一模一样的视觉疲劳。包装上的文字以及装饰纹样，主要以白色为填充色，既能在暗色的背景下更容易看清内容，也可以为大胆的配色增加些许素雅之韵。以此为基础，展开瓶型匹配选定与瓶贴装饰元素设计。重点突出"齿轮圆形+大弧形+圆形云纹组合+汉文元素+蒙文元素"的整体包装设计风格与视觉感受（见图2）。

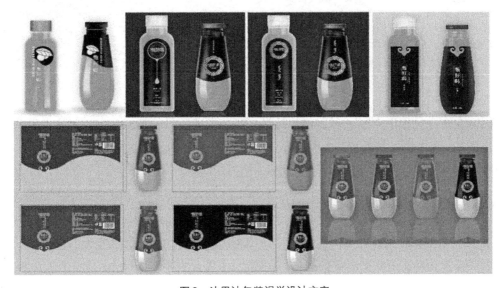

图2 沙果汁包装视觉设计方案

（3）设计方案的深化与推进。在定稿瓶型和拼贴组合设计后，根据人体工程学的一些尺寸，进行了瓶型3D建模，确定了上小、中间凹、下面大的瓶身比例。瓶口小是为了防止平时喝的时候，因为太急而造成过度倾倒、果汁溢出的尴尬场面。中间往里收缩的结构是为了平时手握瓶身时能够握得更牢，防止瓶子从手中脱落。在饮用时能减缓流体的惯性，避免发生洒出的情况。瓶子下半部分使用大底座的结构，其目的一是为了提升容量，二是为了瓶子站立时有更好的稳定性。完成瓶型手板模型与瓶贴的组合推敲后，与生产制作厂家技术沟通，交付瓶型给生产厂家。同时深化瓶贴的装饰设计，突出地域文化、蒙古族文化、产品个性造型的元素特征（见图3）。

图3　沙果汁包装设计推进过程与最终产品

团队在推进过程中克服了多道包装材料与瓶装形体差异的技术难题。为企业着想，节省生产成本，将有限的资金用于技术改造，最终完成建模造型方案3个、手板模型3个；完成沙果饮料瓶包装设计方案1套4种，组合包装1套。

（二）沙果品牌标志、包装设计

（1）企业品牌标志设计与产品包装设计。通过对原有标志及装饰元素等的分析，发现问题有内蒙古和科右前旗人文地理环境特色缺失、企业品牌形象无特色、沙果产品包装定位不准、视觉元素冗杂、产品识别率低（见图4）。

图4 恒佳果业原有产品元素分析

（2）对地域文化要素的挖掘与形象元素的提炼。在当地博物馆和文化馆进行地域文化调研，找到了新石器时代的"太阳花"石刻与石雕纹饰。太阳花成圆形，而沙果干切片的形状也成圆形。这些重要的地域历史文化遗存图形可以成为支撑恒佳果业品牌标志设计的可靠核心元素（见图5）。

图5 科右前旗博物馆馆存新石器时代的"太阳花"纹饰相关石刻

以科右前旗史前文化重要图形符号——"太阳花"为设计依据，根据恒佳果业"恒久的品质、永远的口碑"的企业理念，对应"太阳花"的恒久之花的喻义，将沙果形态与太阳花组合，构成正负标志形态。标志图形颜色的选用也是遵守"源于自然，尊重自然"的原则，查阅相关食品设计的资料后，得知食品的标识选用暖色能够提升食欲。所以在提取自然的颜色后，又将颜色往暖色方向做了一些调整。标志图形设计极大丰富了企业品牌形象和品牌文化的核心内涵（见图6）。

（3）对产品包装的设计进行推进。在新的企业标志形象下，突出太阳花和沙果的基本形态特征，将现代中青年人的分散式与多样的简洁审美习惯、水平与垂直的视觉规律与沙果包装的产品个性相结合，作为设计基础手段。了解到其品牌理念是"永远重视产品的品质"。为体现这一理念，整个包装设计中采用了不断循环重复的圆形元素（图形学中，圆形代表完美的、永恒的），这样的排列也是呼应了蒙古族传统装饰纹样的延续性特点，以此来表

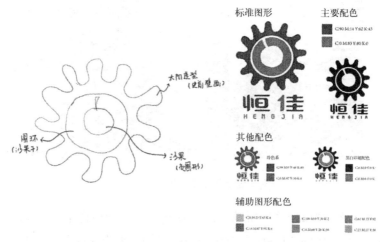

图6　恒佳果业标志的"太阳花"形态草图构思及定稿

达"企业不断进步,品质依旧不变,更重视民族文化"的理念。首先,在包装的正面,布局分为上、下部分,上半部分主要是突出产品的文化背景和食品符号,下半部分是产品的文字介绍。包装正面的上半部分,右侧将沙果干的剪影整齐地排列在包装袋上,在剪影中又夹杂这几个果干的实际图像,打破了纯粹平面化的元素构成。而左侧大面积"留白",只用颜色填充,这样左松右紧的平面布局,提升了包装的艺术性和时尚感,再在边缘添加蒙古包等蒙古族特色元素,突出包装的地域特色。下半部分是文字说明,在牛皮纸上使用白色填充,增强了字体显示效果。其次,对"沙果干"这三个主要标题字进行了圆弧化的处理,呼应了沙果干的基本形态。再配上企业宣传语,整个包装的文化传输功能和视觉效果呼之欲出。综上所述,新的包装设计突出沙果干的时尚、个性、地域、民族的视觉语言特征。同时考虑企业生产、包装成本,采用了中档内覆膜包装纸材料,节约成本,符合食品级卫生要求,美观实用,还能烘托农创产品的淳朴之美(见图7、图8、图9)。

图7　恒佳果业沙果干产品包装草图设计构思

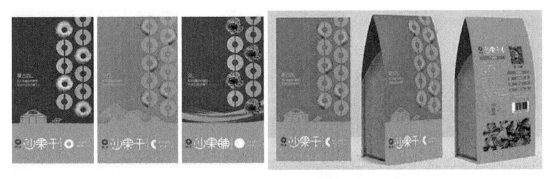

图8　恒佳果业沙果干产品包装设计定稿

图9　恒佳果业沙果干产品新包装实物

五、精准提升沙果产业专业系统化

（一）鲜果加工设备的精准改进设计

针对原有鲜沙果切分加工设备进行问题分析,精准地让工业设计、机械设计介入。运用定位系统方法,研制了PLC可编程控制的去核切分一体化装置。新型鲜果自动去核切分机,采用气动方式,快速实现了去核、弹核、切分单动及联动控制功能,将生产率提高了10%以上,生产能力达到750 kg/h,具有定位保护功能,降低了故障率,解决了现有设备故障率高、去核率低以及切片完整率低等问题,提高了沙果切分加工质量和功效(见图10、图11)。

（二）网络电商平台的精准服务设计

电子商务使农产品极大地减少流通环节,使得企业和果农户能够直接面对消费者并获得以往沉淀在流通过程中的利润,可以提高贫困人口的参与度和经济收入。企业存在的问题:① 界面美感不够。在界面设计时,只考虑到功能性,没考虑UI界面美感对于购买者购物欲望的影响。同时电商平台界面也是一个很好地传播当地文化的途径,可以运用相关视觉符号进行装饰。② 信息化基础薄弱。企业的信息化基础设施较少,信息化管理能力弱,

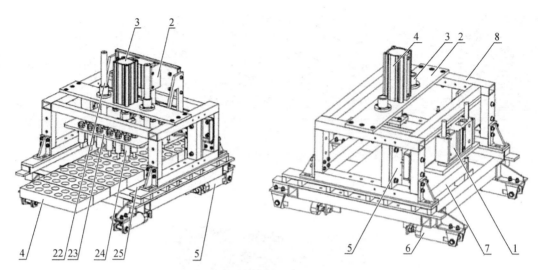

图10 新式沙果自动去核切分机设计CAD图

图11 新式沙果自动去核切分机生产线

电子商务发展要素尚不完备。③ 网络营销体系不健全。线上电子商务平台的销售尚未开展，物流配送、电子交易等技术服务体系不完善。④ 专业电商人才缺乏。由于科右前旗经济发展水平相对落后，企业严重缺乏电子商务专业人才，影响了沙果产品的销售和产业发展。根据以上问题，确定了"产业精准扶贫＋电子商务"的"企业＋合作社＋贫困户＋电子商务"模式，探索实现乡村企业特色产业发展，农户、果农创收增收的扶贫新模式与方法。团队主要开展了沙果产品的"京东众筹"电子销售模式服务设计（见图12）。

（三）企业人才培养

人才培训是帮扶两家沙果企业最为重要的持久手段。企业短时间内很难引进专业人才，只有对企业现有人员进行专业培训，使其掌握必要的专业知识、开阔眼界、提升素养才是

图12 电子商务京东众筹——手机设计版初稿

企业未来发展的可靠支撑。团队通过座谈调研、专业讲课、动手辅导实践、微信视频会议等手段，为两家企业开展了关于沙果栽培技术、机械加工技术、产品品牌文化、审美与包装、网络销售路径等方面的技术与知识活动，共计15场次培训。这些活动虽然时间短，但效果较好。企业员工在专业基础技术、品牌文化设计、销售新策略、审美眼界等方面都得到快速提升。

设计团队于2017—2019年完成对科右前旗金口味食品有限公司和科右前旗恒佳果业有限公司的果汁饮料瓶、包装盒、品牌标识、沙果干包装袋、鲜果切分设备、沙果干产品电商销售网络众筹等的设计服务，所有服务项目均已经过鉴定并投入生产，为企业带来巨大的经济效益及社会效益。企业优质的产品和良好的品牌效应带动了当地沙果种植和果品加工业发展，两家企业大量收购沙果，直接或间接地带动大批果农增收致富，为果农带来了收入的增长。

六、设计助力扶贫沙果产业的特色

本次设计助力扶贫科右前旗两家沙果加工企业，是一次深入探索和运用不同学科专业力量协同设计、精准帮扶产业起步、为果农增收的社会服务。其主要有四大特色：

（一）地域特色文化元素的精准挖掘

科右前旗地处新石器时代"红山文化"圈东北端，文化遗存十分丰富，有着重要的地域历史文化价值。挖掘当地新石器"红山文化"遗存的"太阳花"石器、石刻、石鼓造型及图形元素，为企业品牌与设计带来独特的思路与可能。精准挖掘地域文化符号是品牌建设与设计的重要路径和方法，可以为丰富企业品牌文化内涵提供重要依据。

（二）视觉形式与地域文化的精准对应

企业标志设计将新石器的红山文化"太阳花"图形与企业产品核心物——沙果形象完美组合，强调现代正负图形视觉设计艺术形式，运用对比与协调、曲直相柔、线性变化的设计手法,将"太阳花"与"恒佳"企业品牌精神精准地对应结合,体现出时尚现代感与红山文化传统、企业沙果产品特色与消费个性、前旗地域文化与恒佳品牌认知交融的综合沙果品牌文化。独特的地域文化图形符号与品牌视觉形式精准结合,完美地表达了企业经营理念,赋予企业崭新的品牌形象。

（三）设计艺术学科与多学科的协同合作

以艺术设计学科专业为主要力量,协调学校其他学科专业,组成由"艺术设计学科+机械自动化学科+市场营销学科"构成的精准帮扶产业需求的协同设计团队。三个学科力量形成一个设计共同体,协同开展精准扶贫项目的所有设计环节,设计方案凝聚了团队各个学科专业交叉、融合、协作的心血。跨学科团队合作和协调设计为乡村扶贫提供了新的工作思路。

（四）设计推进与人才培训相融合

设计帮扶不只是解决企业眼下的急需,更应该解决企业长久发展的人才需要。设计团队在推进设计项目的同时,把对企业的专业人才培训也纳入项目总体执行中。把企业骨干人员按不同的需求,结合员工的素质和条件分到三个设计组中,使其参与到项目设计中。项目实操与平时讲授、座谈会相结合,教授员工基本设计规律和思维方法,开拓员工的视野。员工培训与参与设计项目是长久帮扶企业的有效人才培养路径。

七、结论

协同设计是助力扶贫乡村产业、实现乡村振兴的可行路径和办法。融合不同学科设计力量,运用协同设计的多种方法,综合分析企业需求,探索有效设计路径;深度挖掘地域文化元素符号,精准对应企业真实设计痛点,把"设计艺术+机械设计+市场销售服务+人才培训"等方式综合运用到产品品牌、产品包装、加工设备、电子商务销售等企业设计需求中。使乡村的自然之美、地域特色之美,不仅通过农创产品的设计升级,也可以通过物质载体的承载和通过互联网的传播优势走出去。创新对乡村企业精准扶贫的设计模式,是推动协同设计助力乡村产业发展,带动地区贫困户脱贫致富的全新路径。

参考文献

[1] 张继晓.美丽乡村与精准扶贫:设计理论与实践论文集[M].北京:中国林业出版社,2019.

[2] 杜威·索尔贝克.乡村设计:一门新兴的设计学科[M].北京:电子工业出版社,2018.

[3] 陈欣然,张继晓.基于交互媒体的农家院创新服务设计研究[J].装饰,2017（5）:108-110.

[4] 宋慰祖.建设"美丽乡村""特色小镇"为什么需要设计[J].群言,2017（9）:31-33.

［5］钱振澜.韶山试验：乡村人居环境有机更新方法与实践［M］.南京：东南大学出版社，2017.

［6］甘宜沅.中国农业和农村可持续发展研究［M］.北京：中国传媒大学出版社，2009.

［7］阴冰凌.蒙古族传统纹样在现代服装设计中的研究与应用［D］.天津：天津工业大学，2019.

［8］刘卓.农业与文创融合背景下的农产品包装设计［J］.包装工程，2020，41（20）：265-270.

［9］王鑫.美学视域下蒙古族民间传统纹样探究［J］.民族艺林，2019（4）：36-42.

（丁凡倬，北京林业大学艺术设计学院在读研究生，研究方向为可持续设计、环境艺术设计。张继晓，北京林业大学艺术设计学院院长、教授，研究方向为可持续设计、服务设计。）

海南黎锦视觉元素在现代帽饰设计中的创新运用

郭泽宇

摘要：本文对海南黎锦视觉元素的文化和艺术特征以及该地区旅游产品的设计现状进行了系统的比较分析，进而对黎锦的图形、色彩等元素进行提取，并将其与现代帽饰设计相结合，并从工艺、功能和审美等方面对所选的两款帽饰进行了创新运用。这一创新设计不仅对现代帽饰有很好的装饰效果，增强了帽子本身的美感、增加了帽子的文化附加值，为当地的旅游产品和黎族优秀的传统文化艺术在现代社会中的发展注入鲜活的血液，而且对黎族文化的传播和弘扬以及应用转型具有重要的经济及社会价值。

关键词：黎族；黎锦；帽饰设计；旅游产品

随着现代纺织技术和工业的发展，传统民俗手工技艺逐渐没落，海南黎族传统织锦技艺也面临着严重的困境。珍贵的黎族织锦"崖州锦（龙被）为黎锦的代表作，成为崖州上缴历代王朝的贡品"[1]。而且，黎锦的由来历史悠久，"海南岛石贡新石器遗址中出土的陶质纺轮，在春秋战国时期便有文字记载。到宋、元、明、清时期已经达到了相当高的水平，其纺织技艺领先中原1 000多年，被誉为中国纺织史的活化石"[2]。黎锦作为珍贵的民族民间工艺品，具有重要的历史、文化和艺术价值。而在2009年，黎族传统纺染织绣技艺已被选入联合国教科文组织非物质文化遗产名录中[3]。可见，如何保护和传承这项非物质文化遗产，在当今社会发展中求得生机，并在旅游产品中创造价值，已是迫在眉睫。

黎锦的装饰元素内涵丰富、种类多样，是少数民族织锦的典范之一，黎锦的色彩突出黑色、红色，图案有着强烈的抽象性，同时，也呈现出厚重的文化记忆、装饰性与文化传承性[4]。如果将这些元素合理地运用于现代帽饰的创新设计中，便为黎锦工艺的传承发展，体现黎族文化内涵，以及摆脱当地旅游产品低端化、同质化提供了合理有效的方式。

一、海南黎锦的艺术特征

（一）黎锦视觉元素的文化内涵

海南黎锦视觉元素的文化内涵首先体现在当地人对图腾的崇拜上。黎族的主要崇拜对象为各类动物、超自然神灵和神话故事等，表现出的图形主要有雷公纹和龙纹、蛙纹和鸟纹、大力神纹等。其次体现在祖先崇拜中，这类图主要有《祖先图》《跳鬼图》《招牛魂图》等，完整地反映出黎族古老的民俗传统和文化。再者是体现汉民族对黎族审美取向产生影响的图形，例如八卦图等，特别是"龙被"上的图形元素，深受汉民族文化的影响，其《鹿鹤同春》和《福禄寿星》等图在黎族织锦上大胆描绘，遵循着"图必有意，意必吉祥"的原则，展现了中华民族各民族的文化交融，以及民族之间血浓于水的关系。

（二）黎锦的装饰纹样种类

黎锦中传统的装饰图形元素主要分为人物类、工具类、动物类、植物类，这些图形主要以平面的形式构成，多表现被呈现对象的正面和侧面轮廓及姿态，这些姿态的表现恰到好处，完整地展现了对象的自然形态特征，千变万化、惟妙惟肖（见图1）。在黎锦的传统装饰图形设计中，每个图形代表了一定的内在含义，例如蛙纹代表女性，表示生育繁衍；鸟纹则代表男性，寓意生殖繁盛。此外，黎锦受到汉族文化影响，所衍生出的图形元素有汉字类、戏曲类、吉祥纹样类，这些图样与黎族高超的工艺水平相结合，构成了价值不菲，档次高端的明、清宫廷纺织艺术品"龙被"（见图2）。黎锦中精美的图案元素是黎族文化中的瑰宝，在当今社会，有着无限的借鉴价值。

（三）黎锦的艺术特征

海南黎族的织锦图形多是对自然物象进行简化提炼后的几何图形，具有很强的概况性和象征性。这些几何图形在黎锦中有规律地用对称和重复等形式进行排列组合，进而形成了具有美感的纹样，极富秩序感。

黎锦工艺体现出人与自然的和谐关系。黎锦的染料由当地村民自制，作为原料的植物，或在家中种植，或从山中采集而

图1　福魂图[5]

图2　龙被被面图[5]

图3 黎族织锦细节[7]

来,因而这些染料颜色鲜艳饱满,观感舒适,不易褪色。这种就地取材制作黎锦的习俗,在海南岛延续了几千年。此外,与其他民族织锦稍有不同的是,黎锦中的刺绣工艺较少,而织花、织绣、织染工艺较多。

黎锦中反映着独具民族特点的色彩寓意。黎锦中主要有黑、白、红、黄、蓝五种颜色,其中寓意各有不同:红色象征博大至上,尊严权贵;黄色象征健美威武,性格刚强;蓝色象征智慧广博,美好祥和;白色象征圣洁美好,真善永恒;黑色象征庄严大方,吉祥平安[6]。这些鲜艳的颜色,表现出黎族人民质朴的思想情感(见图3)。

二、黎锦视觉元素在海南旅游产品中的运用现状

(一)当下海南旅游产品的发展现状

海南省的旅游产品主要有工艺品、土特产、服装等,但是这些产品大部分设计水平和档次还比较低。有位学者就海南旅游产品的现状进行了一些论述:"常见一些商贩兜售包装简易的瓜干糖果盒或者价格低廉工艺粗制滥造的手工制品,档次较低也毫无海南旅游纪念意义。相对高档一些的珍珠、水晶、贝雕等纪念品,虽然有海岸城市的特色,但在其他沿海旅游目的地同样也是主要的纪念品,这类产品不能代表海南岛的地方人文特色"。[8]可见,海南旅游产品的设计和创新确实还有较大的提升空间。

先前也有一些专家和学者对海南旅游产品所存在的问题进行了一些探讨和研究,其主要说明了两点问题:一是图形设计、色彩设计、包装文字设计缺乏地域性元素和特色,二是包装的设计理念相对陈旧。而造成这些现状的原因,是由于思想上不够重视设计的功能、品牌效应对产品销售的促进作用[9]。所以,解决这些问题是在海南地区旅游产品设计和创意运用过程中必不可少的。

(二)黎锦视觉元素在海南旅游产品中的运用现状

黎族元素似乎没有在海南旅游产品中进行太多的创新运用。接下来这些话反映了这个事实:"由于挖掘和宣传不够,海南曾一度被人们认为是'文化的沙漠'。实际上海南的历史也很悠久,文化资源丰富,但潜在的文化价值并没有转化到旅游产品中来,缺乏本土文化支撑的优质旅游自然资源的国际竞争力不强"[10]。可见,当地旅游业确实对旅游产品的创新设计需求迫切,需以此来充分展示鲜明的地域文化特色。

至于"文化的沙漠"这种比喻是否确切呢?事实上此话并非空穴来风。就如我们所见的这款海南本地的土特产包装来看,确实缺少本地文化特征的设计(见图4)。该绿茶产自

白沙黎族自治县,但是其黎族特征的视觉文化元素几乎没有使用,特点也不够突出,与市面上的普通绿茶包装相差无几。如若外来游客有意买走,只靠其包装上能代表产地的"白沙"两个文字,并不能充分体现海南特色和黎族文化。这个例子也从侧面反映了黎族文化和黎锦视觉元素在海南旅游产品中的运用现状。

关于海南旅游产品及黎族织锦的创新发展,学者们也提出了一些建议,

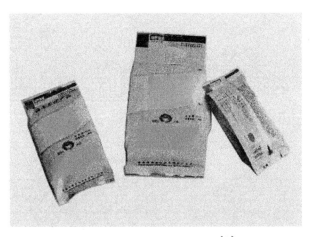

图4　一款白沙地区绿茶包装[9]

在市场经济体制下,懂得自我推销,让人们了解黎族,喜欢黎族织锦,让它走出海南。通过推销民族织锦从而传播民族文化,是一件一箭双雕的好事[11]。目前,学者们的前瞻性观点已经得到了证实,已有众多设计师们在为黎锦元素如何更好地在当今社会中发扬和传播民族文化而努力。黎锦文化的发掘和价值的转化已有一定成效,但是要向着高端、高质量发展,将会面对更大的挑战。

三、黎锦视觉元素在帽饰设计中的创新运用

(一)黎锦视觉元素的提取与创新

黎锦的视觉元素运用是本次现代帽饰设计中的重要部分之一。图形的基本形状和寓意是形成帽饰风格和内涵的要素,选择与帽子装饰部位最为贴切的图形是设计成效的关键。提取黎锦图形元素时,首先要尽可能地保留其原有图形结构和造型,以保持原有含义。但是黎锦纹样多以重复排列组合的形式存在,如果全部提取并应用在帽饰上又显得有些"繁复",不能充分突出"主题"内容。为了更加迎合现代审美,可提取图形中表现最为精彩和寓意最为深厚的部分作为帽饰的主要装饰题材。

经过考量和筛选,被提取的图形元素主要有代表汉族和黎族文化融合的《鹿鹤同春》、表现比赛和进取含义的琶曼纹和赛牛纹、代表男士和女士的鸟纹和蛙纹、极具现代审美气息的雄鸡纹和坡鹿纹(见图5)。这些精美的图形元素将统一进行数字化加工处理,其中包括规定合理的轮廓尺寸、线条粗细等设计工序,并为接下来的色彩指定和样板制作做好准备。

为提取出的黎锦图形设定色彩是帽饰设计中的重要环节之一。另外,如何在保留黎锦原本色彩的基础上进行再设计来符合现代审美观念,是设计中考量配色的关键。黎锦中主要运用红、黄、蓝、白、黑五色,其中黑色具有大方和吉祥的寓意,同时明度最低,将其作为帽子的底色,可以同时突出其他色彩,是较为合理的选择。而先前制作的八个图形就以剩下

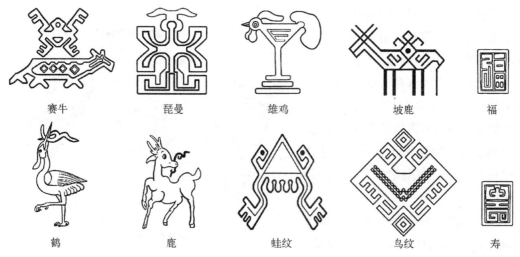

图5　黎锦视觉图形元素线稿（郭泽宇绘）

的四个颜色进行调配。对这些图形上色时，主要借鉴黎锦的配色方案以及色彩的明度和纯度，在此基础上对颜色在图中的占比量进行取舍。色相不同的颜色多采用三比七的比例进行上色，以求突出"主次"，占比少的颜色在图形中用间隔、分割的形式进行上色，来突出"节奏"。最终完成符合帽饰使用的适应现代审美要求的黎锦视觉元素图形（见图6）。

图6　黎锦视觉图形元素上色（郭泽宇绘）

（二）黎锦在现代帽饰中的工艺创新

新技术是提高旅游产品生产率的重要手段，如现在出现的"错格编排法"[12]、"电子提花织机"[13]以及"电脑绣花机"[14]等工具。这些生产设备具有生产效率高、成本低等优点，使用这些技术制作旅游产品帽饰时，可以使产品价格亲民，市场量扩大，并达到迅速宣传黎族、黎锦、海南文化的目的。

而老技术的运用也是必不可少的，运用传统黎锦的制作工艺，经过手工缝纫、裁剪，可使产品展现黎锦朴拙的审美效果。利用传统工艺，可达到在高端市场销售的目的，同时还可以保持黎锦技艺的传承和发展。无论是电子机械生产还是手工技艺生产，都不应将它们看成对立的关系，而是应该根据市场需求择优选择，最终达到宣传海南民族文化的目的。

（三）黎锦在帽饰功能与审美中的创新运用

互动性是设计中的"加分"项，有趣的互动能让顾客产生购买欲。如何在帽饰中增加互动性，并让顾客在与帽饰的互动中了解黎族和黎锦文化，也是帽饰创新设计中的重点。

粘扣带是一种日常生活中常用的软体紧固件，它是"由一条表面带有细小钩子的钩面粘扣带与另一条表面带有毛圈的毛面粘扣带组合构成"[15]。将粘扣带运用于帽饰的设计中可充分增加互动性。根据先前选取和设计的八个图形，将其与粘扣带的钩面结合，贴于帽子上。但是八个图形不能同时布置于帽子上，否则就失去了"主次"和"层次"的视觉效果。因此，将粘扣带的毛面设计成两块，分别置于帽子的左右两侧，这两个可粘贴的区域供使用者"自由发挥"，充分展现帽饰的互动性和美观性。此外，没有被贴在帽子上的钩面图形，会被放在多功能标签中，将它拿出时，包装上被遮挡的对此文化图形描述的文字会显露出来（见图7）。顾客在选取图形的过程中，便会对黎族黎锦纹样的含义进行了解，海南文化也会得到宣传。为了避免当顾客只想在帽子上贴一个图形或不贴时，露出的毛面单调乏味，故而在毛面上设计了刺绣"福"和"寿"的传统吉祥寓意字样，这样最大限度地保持帽子的美观性和寓意性（见图8）。最后，粘扣带的尺寸相对整个帽子较小，这是为了使帽子整体观感简洁明了，生产和安装方便，以及使用时让粘扣带不易弯折。

最后，根据游客在海南地区的防晒和运动的功能性需求，选定在渔夫帽和棒球帽两款较为畅销的帽子上设计了帽饰（见图9）。渔夫帽四周均围有帽檐，具有很强的防晒作用，主打旅游防晒款，同时搭配《鹿鹤同春》粘扣带，既寓意四季如春，又寓意吉祥幸福。在海南地

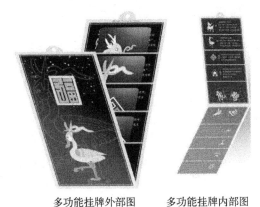

多功能挂牌外部图　　　多功能挂牌内部图

图7　多功能标签效果图（郭泽宇绘）

图8　帽子中"福""寿"粘扣带毛面（郭泽宇绘）

渔夫帽　　　　　　　　　　　棒球帽

图9　渔夫帽与棒球帽效果图（郭泽宇绘）

区,游客会进行体育活动,活动时也有一定的防晒需求,棒球帽主打运动防晒款,推荐搭配琵曼和赛牛粘扣带,相传琵曼是黎族的勇士,骁勇善战,而赛牛图表现的是黎族的一种竞赛活动,具有激烈欢快的涵义。其他没有使用的图形,顾客可以在各种场合中自由搭配。最后,为了更多地宣传海南文化,增强帽子的美感和纪念意义,遮阳的帽檐上设计了刺绣文字"南方海中洲"[16]。对帽饰和帽子种种细致入微的创新设计,体现了该旅游产品的理念和态度,该产品也成为游客购买自用,赠送亲友的绝佳礼品。

四、结论

在海南黎族织锦艺术中,其浓厚的民族文化内涵和视觉元素为现代帽饰的设计提供了启发性的影响。黎锦与现代帽饰的结合,发挥出极大的艺术价值,并为顾客提供了全新的审美和互动体验。未来,黎锦在现代帽饰设计中的创新运用,应该更深刻地发掘黎锦艺术中的精髓,并结合现代科学技术和绿色环保的理念进行设计,为黎锦的发展和海南旅游文化的宣传开辟新的思路,也为中国传统民族文化和技艺的发展奠定基础。

参考文献

[1] 王国全.黎族在历史上的重大贡献[J].琼州大学学报(社会科学版),1997(3): 49-53.

[2] 鞠斐.机杼精工　大美无言: 黎族传统织绣图案的文化形态及其审美取向研究[D].南京: 南京艺术学院,2011.

[3] 曾衍文.非物质文化遗产英译研究现状分析及探讨: 基于2007—2016年数据[J].四川戏剧,2008(1): 138-141.

[4] 常艳.黎族传统织锦的文化价值及现代传承[J].贵州民族研究,2016,37(8): 71-74.

[5] 文京,文明英.中国黎族[M].银川: 宁夏人民出版社,2012.

[6] 徐广伟.黎族织锦技艺传承与发展的当代意义[J].黑龙江民族丛刊,2019(2): 108.

[7] 张宇.黎锦传统织造技艺研究与设计实践[D].北京: 北京服装学院,2016.

[8] 郭莉莉.海南黎锦艺术特色及其旅游产品设计创新探析[J].美与时代(上),2017,704(6): 92-94.

[9] 张广超.海南旅游商品包装设计研究[D].海南: 海南大学,2012.

[10] 李卉妍,王浩.国际旅游岛建设下海南特色旅游产品创新问题及建议[J].旅游管理研究,2013(3):
22-23.

[11] 林毅红,程伟.嬗变·交融·创新: 略谈海南黎族织锦艺术的传承与发展[J].贵州大学学报(艺术
版),2004,18(3): 44-47.

[12] 李强,李建强,吴愿心,等.基于小样织机的传统黎锦织法研究[J].服饰导刊,2015(3): 74.

[13] 张森林.电子提花龙头的设计和实现[J].纺织学报,2001,22(5): 25-26.

[14] 周俊荣,江励.高速电脑绣花机结构优化设计[J].纺织学报,2018,39(1): 133-145.

[15] 关礼争,王其,刘昌杰.钩面 / 毛面粘扣带对粘扣带组合力学性能的影响[J].国际纺织导报,2016,44
(3): 42-44.

[16] 班固.汉书[M].北京: 中华书局,1999.

（郭泽宇,硕士研究生,贵州大学美术学院。）

基于生态位现象的地域特色
创新设计研究

江 滨 王飞扬

摘要： 地域特色的"生态位"就是该地域自身具有的自然和人文的特殊优势，也可以理解为个性化、地方特色及唯一性。事实上，生物学概念的"生态位"现象与地域特色在某种程度上有着本质关联，地域特色就是"生态位"现象在自然界的另一种表现。就设计而言，设计师应当找到专属的地域特色，即地域文化、地域气候和地域材料这些地域的生态位特征，再运用现代设计语言进行符合现代使用功能和现代审美特征的创新设计。

关键词： 生态位；地域特色；创新设计

一、生态位现象

历史上生物学家对于生态位现象始终具有较高的关注度。早在1894年来自美国的斯居尔（Streere）在研究鸟类物种因分离而居于菲律宾各岛的现象时，便对生态位现象产生浓厚兴趣，但他并未对此现象给出有效解释。1934年俄罗斯微生物学家G. F.高斯（G. F. Gause）针对生态位现象进行了两组实验。在第一组实验中高斯将两种食同一细菌的不同生物（双小核草履虫和大草履虫），放入同一环境中进行培养，经过一段时间后，培养皿中只有一种生物存活了下来。在第二组实验中他将两种食不同细菌的生物（大草履虫和袋状草履虫）再次放入同一环境中进行培养，结果两者都能顺利存活并达到生态学上的平衡状态。高斯由此得出一个结论："生态学上接近的两个物种是不能在同一地区生活的，如果是在同一地区生活，往往在栖息地、食性或活动时间等方面要有所分离。"[1]人们把这一发现称为竞争排斥原理，也叫作生态位现象。生态位现象是指任何生物都在不断地与其他生物发生相互作用，并对其生活的环境产生一定影响，进而达到在某一特定的生态系统中相对稳定的地位与作用。

二、地域特色

地域概念是文化地理学和经济地理学中常用的基本概念。"地域是一个具有具体位置的地区,在某种方式上与其他地区有差别,并限于这个差别所延伸的范围之内",[2]它在空间上具有一定界限,但在内部表现出连续性和相似性。一个具有研究意义的地域概念,至少包括两方面的内容,一是自然要素,二是人文要素,并且两者应当有机地融合在一起。如果该地域的自然与人文要素具有某些优势、特点或与众不同之处,则可以称之为该地域的地域特色。基于地域特色的地区或事物往往是一个错综复杂的综合体,它是"在自然地理环境和人文社会因素等多种要素的作用下,在一个相当长的历史时期中逐步孕育和形成的"。[3]

基于设计专业的类型学需要,我们把"地域特色"拟分为以下三个方面:一是地域气候,特指该地域常年拥有的、有规律的气候特征,它是一定地区的气象情况总结,一般认为地域气候与纬度、海拔、地形以及该地域所处陆地与海洋的位置有关;二是地域材料,它是指在特定地域气候和地理条件下,最能体现地域特色的植物类型或地域地表材料,"主要指某个地域特有的、盛产的、数量较多并被人们广泛使用的天然材料"[4];三是地域文化,指在一个特定地区内具有悠久历史和特色的并仍对当今生活产生一定影响的文化传统,它是特定地域的传统民俗的集中体现。"地域文化在相对稳定的地域环境下形成,受地理环境制约"[5],其发展和变化缓慢,在一定的地域范围内与环境相融合,因而打上了地域的烙印。此外与设计无关的其他"地域特色",暂时不列入该类型内涵之中。

三、生态位与地域特色的关系

地域特色是生态位在设计领域的一种表现。高斯所发现的生态位现象,揭示出以下原理,即具有同样习性或生活方式的物种难以共存,因为它们具有相同的生态位,存在相互排斥的现象。将此生态位现象类比到设计领域则表现为设计上的个性化、唯一性和地域性,换句话说,生态位与地域特色在某种程度上是相互关联的。一件好的设计作品往往能够恰如其分地展现地域与时代的特征。例如贝聿铭设计的香山饭店和苏州博物馆所展现出的江南格调;王澍在设计中国美术学院象山校区时对中国传统书院的思考;上海金茂大厦体现出设计师对中国"塔"的联想等。

地域环境中所具备的日照、温度、湿度、地形、土质等地理因素以及社会关系、人口结构、生活方式和习俗等文化特性正是这个地域场所特有的"生态位"基础。"对于一个地域来说,发现自己的生态位尤为重要,因为它是认识自我,实现自我的基础。"[6]北京的胡同院落记录着京城的历史变迁;上海的弄堂是城市最重要的建筑特色;广州的西关大屋以及骑楼彰显着浓郁的岭南韵味;苏州的古典园林是中华园林文化的翘楚和骄傲;杭州南宋时期评选产生的"西湖十景"至今已流传千年……倘若每座城市千篇一律,充斥着大量混凝土建筑,那么还有什么地域性和个性可言? 这些个性化的空间形态,正是城市的地域特色或生态位特征所在，"人类真正的共同财富是大自然和人类共同创造的地域多样性"[7]。

四、基于生态位的传统地域特色设计

基于生态位现象的传统地域特色设计蕴含着其自身特有的地理和人文优势。中国传统居住型建筑在建造过程中受当地特有的自然环境、地形地貌和地域人文等因素的影响。当地的房屋建造者通过感知每一地域的自然环境，总能找到适合该地的最优建筑材料和施工技术。建造者在长期实践过程中逐步改善并发展传统民居建筑，他们根据不同地域特色，使传统民居建筑在支撑结构、平面布局、材料选择、内部装饰、细部处理甚至外观颜色上具有不同的样式特点，从而产生与地域环境相适应的建筑形式与空间。"各具特色的地域建筑文化个性，显现了中国传统建筑文化丰富多彩、风格各异的整体特征。"[8]

我国北方大部分地区处于温带大陆性气候，部分处于高山高原气候，大部分区域干燥少雨，冬季寒冷而漫长，因此防寒、保温是居住型建筑的首要目标。在这些地域所建造的住宅要求外立面及内屋厚实封闭，平面布局上通常采用大开间和短进深，以此使建筑获取足够的日照时间。例如在西藏，其传统居住型建筑以碉楼为主要形式（见图1），其特点是墙体承

图1　西藏传统建筑

重，墙壁下厚上薄，密肋平顶，"大多为乱石砌成或土筑而成，门和窗口都很小，通风和采光较差"。[9]这一构造特点不仅形成了独特的建筑肌理，而且加强了碉楼建筑的防御作用，同时又能使其在寒冷、大风的环境条件下，取得极好的保暖效果。

我国南方地域，由于地处亚热带与热带气候，最明显的环境特征为终年温度较高，潮湿闷热，一年四季几乎没有严寒气候，故传统居住型建筑大多按夏季气候条件进行设计。此类建筑以遮阳、通风、避湿为主要目的，例如分布在我国西南地区的下部架空的干栏式民居（见图2）。"干栏式建筑是离地而建的房屋，其下部以竹木石等作支柱架空，上部主体置于底架上，居住面抬离地面。"[10]这种建筑在造型和结构上具有地域独特性和广泛的适应性，室内能够保持良好的通风环境，其陡峭的屋檐可以有效地遮阴并防止降水积聚，进而营造一个干燥、舒适、凉爽的生活空间。

图2　云南地区干栏式竹楼

居住型建筑所呈现的地域特色是当地人

融合了其所在的城市和地域特有的文化和历史之后的产物。"建筑是人的一种自产生态位，每一栋建筑都是平衡了基地、气候、社会文化、经济技术等因素而建造起来的"，[11]它所具有的原真性是不可复制的，这种原真性意味着每项建筑设计及任何城市或地区都应具有自己的地方特色和个性。

五、传统地域特色与创新设计

传统地域特色中的气候、材料以及文化是极具特点的创作元素，设计师们乐此不疲地从中获取灵感。然而大多数设计作品很大程度上是对传统形式的继承，换句话说，设计中的艺术形象与传统形式基本相似。改革开放以后，由于国人设计视野逐渐开阔，设计理念不断更新，地域性设计作品不再拘泥于传统形式的形似与神似，因而设计师们在作品中注入了新生力量，增添了创新设计内涵。

在基于传统地域特色的创新设计中，设计师应当始终关注并试图了解将要设计的区域，寻找任何可以引导设计创意的元素。"为了使设计融汇到某个地区，基本要领就是要关注这个区域并对它进行一种感性而又科学的解读。"[12]事实上对于地域性的创新设计与创造，在过去许多地方都有过不同程度的探索和尝试。例如最早由日本平松守彦于1979年发起的"一村一品"运动，其核心内容阐述的是一个村庄应当致力于挖掘基于其本土地域特色，即村庄特有的自然以及文化资源的创新产品或项目，进而促进农村经济和文化发展。平松守彦认为，"一村一品"运动是通过地方的自主行动和因地制宜开发产品来鼓舞地方"建设家乡"的热情，使地方建设蓬勃发展而不是单纯地创造物质。[13]现如今设计师应积极借鉴和运用"一村一品"的理念及出发点，在多元文化和多元消费的时代背景下，分析设计的现状、价值和意义以及设计与地域民族文化之间的内在关联，其实就是生态位理论的再应用。以地域材料、地域气候和地域文化三个方面为切入点，结合创新思想和创新技术，发展具有乡村地域特色的产品、景观、建筑等现代设计。本文试从地域材料、地域气候、地域文化这三方面结合案例加以分析、提炼和总结。

（一）基于地域气候的启示

气候具有很强的地域性特点。地球上气候多种多样，千变万化，几乎找不到任何两个地方的气候是完全相同的。气候的差异性造成了不同地域水系、生物以及地貌的差异，也造成人们生活方式及文化观念的差异，它促使世界各地形成各不相同的地域设计风格。不同地域的气候特征对于设计的发展有着本质的影响，基于地域气候的设计要求设计师"在设计中充分利用气候资源，发挥气候的有利作用，避免气候的不利影响"，[14]形成具有地域特色的气候生态设计。

在建筑领域中，"建筑针对气候而产生，因而建筑与气候的关系问题，必然是建筑学中最古老、最普遍的课题"。[9]许多建筑师就此问题进行了深入的研究和探索。马来西亚著名华

图3 杨经文设计的Solaris大楼

裔建筑设计师杨经文在进行建筑设计实践活动时注重地方气候对建筑所产生的影响，他善于运用气候生态学方法，超越对建筑空间形态单纯视觉层面形式美的追求，忠于建筑设计走向科学和可持续发展的生态理念。他提倡"符合气候条件和要求的生态设计"，即生态设计"不仅从技术角度来研究如何摒弃一种物质或体系，从而使其有利于另一种物质或体系，更是研究我们人类社会和建成环境怎样形成一个整体并且成为地球生命中的有益部分"。[15]

杨经文的Solaris大楼（见图3）是适应地域气候并加以创新设计的典型案例。该建筑由两个塔楼组成，塔楼之间设置有一个公共中庭，中庭顶部的可倾斜玻璃能够将自然风和阳光引入室内。建筑屋顶花园和转角处的空中露台为人们提供了绿色开放空间，形成建筑与自然在生态结构上的互相贯通。"建筑物大量的生态基础设施，都有着不破坏生态平衡的设计特色和绿色概念覆盖的创新想法，Solaris努力加强现存的生态系统，而不是取代它们。"[16]该建筑注重生态可持续性，它配备有雨水收集装置，存储在屋顶水箱中的雨水用于灌溉建筑种植区域，建筑一体化的施肥浇水系统确保了植物有机养分的维持。此外建筑立面的设计考虑到了当地气候环境以及太阳运动轨迹，新加坡属于热带雨林气候，全年高温多雨，整个国家位于赤道附近，太阳轨迹为东西方向，这些气候因素确定了遮阳百叶窗的形状、方向和深度。百叶窗的总线性长度超过10公里，它作为轻质搁板，减少了建筑整个双层玻璃幕墙的热传递，防止室内因温室效应而过热。遮阳百叶窗、空中花园以及玻璃中庭等一系列设计共同为Solaris大楼的使用空间营造了舒适的微气候环境。

杨经文将现代高技术原理、亚热带高层建筑设计与气候特点巧妙地结合起来，降低建筑能耗，创造适宜的建筑微气候，以满足建筑与环境之间生态与节能、健康与舒适的发展需求。杨经文试图寻找建筑在经济、功能、形式、美学、地域文化和气候诸元素之间的平衡，他的建筑设计实践对于当今基于地域气候的创新建筑设计具有深远的意义与启示。

（二）基于地域材料的启示

基于地域材料的设计能够强化设计对象的地域特征。地域材料包括当地植物材料和地表材料。当地植物材料是指"经过长期的自然选择及物种演替后，对某一特定地区有高度生态适应性的自然植物区系成分的总称"。[17]地表材料是指当地的砂、石、土块等材料，人们在建筑设计中通过使用地表材料，既能节约资源，又能促进当地经济的可持续发展。基于地域材料的设计案例随处可见,如西南吊脚楼采用当地木材建造而成,夯土建筑由当地地表黄土掺和其他材料建成,藏族建筑的主要原材料为当地地表石材和木材等。

使用地域性材料是体现地域性创新设计特点的重要方法,它具有以下特点:首先,地域材料是地域文化的载体,它长期存在于特定的区域,融入当地人们的衣食住行之中,富有浓郁的人文环境特色和气质;其次,地域材料造就传统技艺,由于当地人长期使用地域材料,因此逐渐形成了颇具地域特色的材料加工工艺和建造工艺;最后,地域材料具有良好的生态延续性,它与当地自然环境互利共存,存活率高,易于被收集加工,生产成本低且符合可持续绿色设计的理念。因此,基于地域材料的创新设计开发,"不仅可以创造出独具地方文化特色的产品,还可以在环境保护、减少资源消耗,促进地方经济和地域文化可持续发展方面起到积极的作用"。[18]

自古以来,竹作为一种地域材料被人们广泛运用于建筑、家具以及其他日常生活用品中。由于竹具有高大且生长迅速的特性,因此在现代设计观念看来,它是一种可以被广泛利用,却不会对当地生态系统造成过多破坏的环保型原材料。日本建筑大师隈研吾设计的"竹屋"是运用地域材料的经典案例(见图4)。"竹屋"选址位于长城脚下,它是长城公社系列建筑之一。在"竹屋"的设计中,"隈研吾选择了在中国常被用来搭成鹰架的竹子,他认为竹子非常适合作为该建筑的主要材料"。[19]"竹屋"中的每一个细节都有着自然的韵味,这源于隈研吾在设计中秉持重人文、亲土地的理念。他不仅注重通过地域材料表达建筑所蕴含的民族特性和本土文化,而且积极与环境互动,尊重自然,力求将"竹屋"融入当地自然环境之中,从而使建筑达到"从土地里长出来"的感觉。隈研吾所设计的"竹屋"已经超越一般单体建筑的概念范畴,更多的是地域特色以及民族精神的体现,它远离现代文明的喧嚣,回归自然,"以最原始、最质朴的纯粹向全世界诉说着'一切不着痕迹,世界却已然改变'的设计哲学"。[20]

此外,地域材料是园林景观设计中最常用的造景元素,它受地域影响,是地域特色中生命力极强的要素之一。地域材料体现了该地域独特的风土人情以及当地的特有文化。只有独特的气候才能适合地域植物生长的需求,因此它被许多优秀的景观设计师作为园林景观设计的植物主体,这也使得基于地域材料的园林景观设计作品注定是独一无二的,因为建筑可以迁移仿造,而植物只有在其适应的气候条件下才能良好生长。

北京土人景观规划设计研究院副院长庞伟早些年间就基于地域植物景观设计的观念提出了"方言景观"的概念。他对于"方言景观"作

图4　隈研吾设计的"竹屋"

出如下解释,"方言景观就如同方言一样承载和言说地方性知识、地方价值和精神"。[21]它承载时间,凝聚记忆,是一代人回忆的起点。坐落于广东中山的中山尚城居住区36度半山体公园是庞伟"方言景观"理念的具体呈现。庞伟将设计场地内的山丘改为山体公园,利用山体与生俱来的朴素亲切特性,营造出资源丰富的亚热带植物景观空间。公园内部原生植物在这里得到了最大限度的尊重,绝大部分灌木和乔木得以保留。公园内的地域材料数量占植物总数的70%,此外庞伟根据场地特性,又引进了一些适合当地生长条件的耐阴植物。

图5 中山尚城居住区36度半山体公园三角小平台

"地域植物在山体公园中的保留,不仅保存了当地植物的遗传基因,保留了当地的植被特色,同时对减少生物入侵的风险有积极作用",[22]它们是经过自然环境长期优胜劣汰后的结果,具有繁殖能力强、适应性广、绿化效果显著等优良特性,在公园景观的植物群落之间起着承上启下的作用,能够发挥出地域植物的生态效益,山体公园也因此成为广东中山地区自然保留地的重要组成部分(见图5)。

（三）基于地域文化的启示

地域文化是时代的产物,兼受时间和空间的制约,是人类经过不断劳动、演化、创造形成的结果。它一般以地理界限划分,世界上每个地区,都会形成各自独特的地域文化。"地域文化的构成是全面系统的,涵盖该地域的各个层面,而不是个别特殊的文化现象",[23]地域中不同的基础构成要素之间会产生互相影响,进而对人们的行为方式、观念选择及价值获取产生影响。在这样一种条件下,设计也随着地域的变化而衍生出不同的设计理念和方法,透过无形的文化对有形的物质空间产生影响。因此,设计师在对设计方案进行考量时,自觉或不自觉地会将地域文化要素与设计理念进行充分融合。

中国传统的地域文化博大精深,相应的传统建筑文化也存有许多亮点。建筑设计作为设计学科发展中最为重要的一块,尤其注重文化建设。目前国内著名的建筑师之一———王澍,就善于将中国传统地域文化与建筑设计相融合,他不仅解决了建筑设计中缺乏文化底蕴的问题,也为城市化进程中建筑与时俱进的发展做出了很好的表率,展示了一流的国际化设计水准。王澍一向以文人自居,认为造园是文人之事,他对中国的山水画尤其是宋朝山水画情有独钟,并从中获取建筑设计灵感。中国古典园林有着悠久的历史和无可比拟的文化底蕴,它赫然地屹立于世界园林体系之中。它充满了诗画情意,正所谓"画中寓诗情,园林参画意,诗情画意遂为中国园林之主导思想"。[24]中国古典园林在中国历史上与文学、绘画同步,彼此渗透。同时,其造园思想也遵循着中国自古以来的哲学文化思想,即我们通常所说的"道法自然、天人合一"。

王澍在设计中国美术学院象山校区时,借鉴中国古典园林的造园思想,对校园设计进行思考定位。"象山校区主要是做一个关于具有中国本土特点现代建筑的一种实验,灵感来自中国传统的山水绘画和自然相互对话的观念。"[25]王澍最终确定将中国传统书院作为校区设计理念的原点,中国传统书院中的"传统"二字不仅涉及纯美学的问题,更是对人们过往生活方式的探讨。回望中国传统书院,有诗云:"生平有志在山水,得绥此邦非偶尔。行行白鹿书院来,小舆竹迳松阴里……"诗中描写的白鹿书院便是依庐山五老峰而建,除此之外还有岳麓书院处在岳麓山脚下,傍湘江之水。中国美术学院象山校区的选址理念便参照于此,其环绕在一群群白鹭栖居、间以茶园、香樟密集的象山脚下,一条小河蜿蜒而去……基地本身充满着中国田园诗般的意境。除此之外,王澍对于校园内部的建筑规划也颇具考究,"整个校园的建筑摆放是在反复思考之后,几乎于瞬间决定的,如同书法,这个过程不能有任何中断,才能做到与象山的自然状态最大可能的相符"。[25]

中国美术学院象山校区(见图6)是王澍结合江南地域文化的代表设计作品。在那里,有传统江南院落的痕迹,有中国传统书院的影子,更有中国画的构图,也有现代主义设计大师柯布西耶(Corbusier)的设计手法……展现在我们面前的是有着现代审美观的充满诗情画意的现代江南学府。

图6　中国美院象山校区

在王澍的另一件建筑设计作品——钱江时代公寓中,他保留了建筑原有的地域文化,通过改变建筑语言,实现了建筑从传统到现代的转化(见图7)。钱江时代公寓是王澍的商业性质的住宅建筑,它位于杭州市东南部钱塘江畔。王澍"在设计城市住宅的同时思考对城市的超越",[26]这座住宅建筑打破了传统思维定式和布局模式,通过垂直住宅的形式,消除了住宅原本"封闭性堡垒"的形象。他曾说过:"中国的实验建筑活动如果不在城市中最大的建设活动——住宅中展开实践,那么它将是自恋而且苍白的。"他希望通过重塑传统城市氛围,使邻里之间的关系变得更为和谐融洽,进而构建起人与人之间交往的社会属性。

在钱江时代公寓的设计中,王澍将中国传统江南庭院元素与现代化的城市性建筑元素有机融合,以此诠释建筑中的地

图7　钱江时代垂直院宅中的江南庭院元素

域特色。在色彩搭配上，他提取了传统江南建筑中青砖的"青灰"以及白粉墙的"白"为主色调。在传统理念中，青灰色和白色的运用讲究的是一种朴实无华的精神品质；在建筑细节上，他采用铝合金特制型材料，以此象征中国传统木构件；在建筑立面处理上，他实验性地采用了中国传统院落式的平面布局效果，绵延的建筑群如同一幅无尽的"流动的江南画卷"，空间的流动性和延展性在其中得到充分显现，给人以流畅而开阔的视觉景象。此外，王澍尤为重视建筑与自然的交融，在钱江时代公寓中，哪怕居民住在100米的高度上也能感受到屋前滴雨、窗前有树木、声息相通的景色。在他看来，钱江时代公寓"已经不是普通的住宅设计，而是在知道不能回避规定性的同时，实验一种能容纳自发性的城市居住方式"。[26]王澍对城市中高层和多层住宅进行重新定义，他希望在这些住宅中能重新找回中国传统地域文化、城市文化以及社会文化。

六、结语

对于设计来说，基于"生态位"，就是基于自身具有的地理、人文的特殊优势。"天地有大美而不言，四时有明法而不议，万物有成理而不说。"[27]无论是什么地域特色的设计类型，选准了"生态位"，就是找到了"四时"和"万物"的"明法"和"成理"，是一个好的开端，偏离了"生态位"，就谈不到地域特色了。在满足设计作品的基本功能之后，衡量设计的高标准是比较特色、创新和品味。所以，找准地域特色设计的"生态位"，是地域性特色创新设计的基本思路。基于地域特色的设计作品不仅在"形式上传递出地域的、传统的灵魂信息，而且在功能、实用方面也智慧地化解了各种矛盾，达到了最佳的使用效能"。欲做强者，先做适者，强者与适者的结合，是对自己"生态位"的充分利用。设计师应首先研究专属的地域特色，即地域气候、地域材料、地域文化，在此基础上，再辅以现代设计语言进行创新设计，如此才能够"在用物质实体所构成的空间合目的性与合规律性的基础上，创造出有意蕴的形式，表现精神内容的艺术形象"，[27]进而赋予地域性以新时代特色，逐渐形成我们这个时代新的、有地域特色的审美范式。这是地域本身的客观现象使然，也是我们这个时代的多元化审美精神需求，更是设计师存在于这个时代的价值，即面对喧嚣的世界，内心沉静不为所乱，并基于"生态位"的方法论平台，在此"地域"与彼"地域"之间，找到基于各自地域特色的创新设计的"和而不同"。

参考文献

[1] 张光明,谢寿昌.生态位概念演变与展望[J].生态学杂志,1997(6): 47-52.

[2] Hartshorne R. Perspective on the nature of geography[M]. Chicago: Rand McNally & Co, 1959.

[3] 张凤琦."地域文化"概念及其研究路径探析[J].浙江社会科学,2008(4): 63-66+50+127.

[4] 范易.地域特色材料在旅游商品开发设计中的运用[J].生态经济,2010(7): 196-199.

［5］陈立权.地域特色文化研究［M］.成都：四川人民出版社,2009.

［6］李志恒.基于生态位理论的开封市不同功能模块动态研究［D］.开封：河南大学,2006.

［7］江滨.论城市建设与"生态位"现象［J］.规划师,2003,19（8）:59-61

［8］赵新良.建筑文化与地域特色［M］.北京：中国城市出版社,2012.

［9］张鲲.气候与建筑形式解析［M］.成都：四川大学出版社,2010.

［10］李先逵.干栏式苗居建筑［M］.北京：中国建筑工业出版社,2005.

［11］冉茂宇,刘煜.生态建筑［M］.武汉：华中科技大学出版社,2008.

［12］西尔万·佛里波.园林设计与利用自然环境［J］.风景园林,2005（3）:21-40.

［13］松平守彦.一村一品运动［M］.王翊,译.石家庄：河北人民出版社,1985.

［14］冉茂宇,刘煜.生态建筑［M］.武汉：华中科技大学出版社,2008.

［15］杨经文.生态设计手册［M］.黄献明,等译.北京：中国建筑工业出版社,2012.

［16］《设计家》.生态建筑实验与实践［M］.天津：天津大学出版社,2012.

［17］孙卫邦.乡土植物与现代城市园林景观建设［J］.中国园林,2003,19（7）:63.

［18］任建军.河南宁陵白蜡杆产品设计研究［J］.装饰,2013（7）:97-98.

［19］世界华人建筑师协会,地域建筑学术委员会.永恒的反叛：当代地域建筑创作方法［M］.武汉：华中科技大学出版社,2010.

［20］李建建.浅议隈研吾的"竹屋"文化［J］.武夷学院学报,2015,34（2）:23-26.

［21］庞伟.方言景观：重新发现大地［J］.城市环境设计,2007（6）:15-16.

［22］庞伟.中山尚城居住区36°半山体公园景观设计［J］.城市环境设计,2010（10）:192-195.

［23］陈立权.地域特色文化研究［M］.成都：四川人民出版社,2009.

［24］陈从周.陈从周讲园林［M］.长沙：湖南大学出版社,2019.

［25］王澍,陆文宇.中国美术学院象山校区［J］.建筑学报,2008（9）:50-59.

［26］城市行走编委会.王澍建筑地图［M］.上海：同济大学出版社,2012.

［27］张家骥,张凡.建筑艺术哲学［M］.上海：上海科学技术出版社,2011.

（江滨,先后毕业于清华大学美术学院,中国美术学院建筑学院,获博士学位。现任教于上海师范大学美术学院设计系。王飞扬,上海师范大学美术学院环境艺术设计专业2018级硕士研究生。）

中国山水画的"留白"对园林设计的影响

江　滨　张梦姚

摘要： 中国传统园林与山水画有着密不可分且一脉相承的联系。本文旨在探讨中国山水画中的"留白"与园林设计的关系。"留白"是我国山水画中的常用技法之一，也是一种十分独特的审美表达方式，它是所见的"白"与"虚"，却又饱含着所感的"黑"与"实"。本文针对历史名画的"留白"手法，以及园林设计对"留白"手法的传承，进行了详细的案例分析，来论证二者在平面构图与空间构成方面确实存在共通之处，甚至在现代园林设计上依旧继承并提倡"疏密有致"的审美文化。从审美哲学层面上我们总结出园林设计中对于"留白"的三种解读：① 园林设计中的"有"与"无"。② 园林设计中的"无"即是"有"。③ 园林设计中的"无用之用"。从平面构图上它能够满足疏密、黑白的对比，以丰富画面的层次感；在情感表达上又能够"无中生有"达到"此处无声胜有声"的意境美；甚至在哲学层面能进行"有"与"无"的思辨。"留白"是集审美、哲学、人文精神之大成。"留白"在中国山水画中至关重要，其在园林设计中的应用不仅仅是继承也是发展和升华。

关键词： 中国山水画；留白；园林设计

一、中国山水画的"留白"

（一）"留白"的概念

"留白"是中国山水画章法中的一种重要表现程式。它的主要含义在于建立画面黑与白、疏与密、虚与实等意象，表现在实际当中即是在画面上留出空白。当然在其他领域，诸如书法、文学、话剧等领域都有"留白"的使用，但是在山水画领域有着与众不同的内涵。在山水画中"'留'是方法，是结果；'白'是创造，是想象，是设计"[1]。我们借用"空白"的画面来表现如天空、水、云、风等颜色浅淡的景象，来营造一种氛围以表达一种情感甚至暗含某种哲学层面的思考。"留有余地""纸有限而意无穷"等词可以很好地概括和解释这种技法的运用特点。

（二）"留白"的意义与价值

如上文所述,"留白"并不是单纯地不作画而留出空白,而是一种十分考验画家功底的画面处理技法,对画家的创作能力、审美修养等要求极高。本节将中国山水画中的"留白"分为三个部分,以此来进行详细的分析。

1. 构图需要"留白"

构图即画论当中的章法,"中国画章法讲究'远则取其势,近则取其质'"[2],是绘画上一个重要环节,因为构图的质量与画作的质量是息息相关的,因此我们必须根据画面结构以及表达内容的需要,使用不同的构图手法。"留白"是构图手法中的一种,主要是为了构建远近、虚实、疏密的关系,这样不仅可以避免画面过"满"给人带来压抑感从而达到平衡画面的效果,还能够彰显"密"的美、丰富画面层次并留给读者无限的遐想空间。清代盛大士在《溪山卧游录》中说:"画有四难:笔少画多,一难也;……经营惨淡,结构自然,四难也。"[2]这句话不难看出作者对于"留白"的高度评价,但是"留白"对于一幅画来说,起的不是锦上添花的作用,而是"不战而屈人之兵"。因此如何进行"留白"是需要作者非常谨慎并深思熟虑的。

2. 绘画情感表达需要"留白"

"情感的表达分为主观情感和客观物象两种。"[3]一是情感的主观性。在相同情况下不同的人对生活现象所产生的生理评价反应不同,这与个人的价值观、世界观与人生观有着直接的联系。以"留白"为例,作者在作画时必定会将对生活所悟的自身情感与思考融入其中,这也必定影响作者对"留白"的运用,例如,何处"留白","留白"大小,如何表现"留白"等。不仅如此,人们在欣赏画作时,因"留白"的空间大小所产生的感受就不同。一般情况下,"留白"空间大会让人产生开阔辽远之感,而"留白"空间小会产生逼仄压抑之感。二是情感的客观性,即对客观物象的表达。作者对于客观事物的表达,比如云、水、雪等,受到客观现实的限制,中国水墨画的画材以及儒道思想的影响,作者一般都不会像西方油画一样写实,画成真实的云、水、雪等样式,而是大多采用"留白"的方式。尤其是描绘雪景时,作者断不可能使用五颜六色的绚丽色彩来进行画面表现。综述两者,作者对"留白"的使用,是其进行表达的一种媒介,"留白"以现实为基础,应心造境,拔出气蕴,增发意境之美。

3. "留白"的哲学价值观

中国山水画与中国古代哲学有着密切的联系,其中对于"有"与"无"、"盈"与"虚"等命题的论述,对中国山水画的审美、精神追求以及表达手法都影响颇深。"盛唐的王维创作水墨画法,摒弃色彩的运用,以水墨代色。"[4]降低色彩上的丰富程度,将人们的视线更多地集中在画本身,画意本身,与道家追求的"朴"是相同的。所谓"知其白,守其黑"中,所守的"黑"就是这份"素朴"的美,这种美是无限,是一种境界。我们所看到的表象是"白",是人人都能看见的;而"黑"则指造物或者绘画等活动,其背后的东西——精神或者信仰等。从哲学角度看"留白",并不只是看到画中黑与白的颜色,而是阴阳之道,是中国人最根本的宇宙观,其中蕴含的是作者对"禅"与"道"的追求之心,以及寄托在其中的哲学思考。

（三）山水画中的"留白"案例

文字语言无法将"留白"——道明。"'留白'与用笔多少、墨色轻重、设色深浅以及透视诸多方面有着密切的联系,在表现'计白当黑'画理时,体现了极强的写意性和灵活性"[5],下面选取名家画作,对其留白手法运用进行分析,以此来解释"留白"的作用与价值。

1. 黄公望《富春山居图》

《富春山居图》是元朝黄公望晚年时完成的,其一生凄苦,最后隐居山林中,在描绘这幅画卷时也有大梦初醒所感,因此画卷中,我们能感到其所表达的对生命的释然,"文人最重要的不是画画,而是生命的完成"。[6]

全卷采用横卷构图,以平视的角度将富春山的江景娓娓道来(见图1)。画面前后层次感丰富,眼前山峰细致丰富,其后山峰若隐若现,尤其是其中的空白之处,所表现的正是江水远阔,心中似纳百川,千帆过后皆为平静。历代文人如苏轼、李白等都来过这里,苏轼在此曾感慨"君臣一梦,今古空名"。[6]其中饱含着许多复杂的情感以及人生感悟。富春江因为有历代诗人墨客路过、寓留或想象,成为一条特殊江水,面对富春江即是面对士之命运。[7]因此我们说他所画的天高水淡、风高云清,并非只是表达个人,而是也纳入了历代文人的感怀,这种"留白"也是一种胸襟,纳入其中的远比我们想象的更多。"'留白'具有实感空间,正所谓'无画之处皆成妙境'耐人寻味。"[8]而在这之上的对于哲学的"有"与"无"的体会也更加深刻。

图1 《富春山居图》局部[9]

2. 马远《寒江独钓图》

将"留白"手法运用到极致的《寒江独钓图》是宋朝马远的作品(见图2),从中我们能更直观地感受到,"留白"的意味深长。画面只着墨寥寥几笔,全卷内容只有一江、一船、一老翁,剩下的除却江上泛起的水波,其余的怕是只有看不见的寒风。他着墨很少,但是画面内容十分丰满。这幅图字眼在"独",卷中只有一老翁垂钓江中,无好友,无伙伴,只身一人的"独",也是浩浩天地间,人在宇宙中渺小的"独",这正是虚实相生,以心入境的结果。"黑

图2　寒江独钓图[11]

出形,白藏象,白是计划之白、策略之白"[10],"无"其实就是"有"。观此画,我们能够感受到江风的寒冷以及"独钓寒江雪"的寂寥与淡泊,但是画中是享受这种独处的悠久,还是颇具伤怀,我们不得而知。因此它真的只是单纯的空白吗?或不如说是画家所用的一种空间策略,是对意境美的一种开拓。视觉上的无限在画纸上是无法实现的,因此画境的无限成为历代画家所追求的目标,这在某种程度上说,也是对"留白"用法的一种探寻。

　　无论画作篇幅的大小,画家在进行创作时都对"留白"有着自己独特的思考与见解,"留白"不仅只是一种构图手段,也是一种情感表达的方式,更是一种对于天地宇宙、人与自然的哲学思辨。对于"留白"的研究,不仅只是帮助我们对画作进行理解,也能够帮助我们感受和理解"无中生有""虚实相生"等中国古典哲学的魅力。

二、中国山水画与园林设计

(一)传统园林设计与传统山水画的关系

　　中国古人追求亲近自然,"天人合一",造物如做人,造园如世界。这一点中国山水画与园林设计其实有着明显的共通之处。一开始我们所谓的造园,只是建造原始的未经过精心设计的园子,但是经过发展之后,尤其是唐宋时期艺术与技术的双重发展,促进了园林设计的形成。但在古时并没有专门从事园林设计的专业设计师,我们现在看到的园林,大部分都是由画家、文学家等参与设计的,自此"园林艺术开始揉捏诗情画意,有甚者按画建园,用画理来指导造园,使得园林与山水画关系更加密切"。[12]宋代经济富足,人们精神涵养深厚,无论在哪个领域,都能看到中国人对于意境、境界的追求,园林设计当然也在其中。宋代郭熙对山水画有"可行可望,不如可居可游"[13]的评定,画家作画追求可居可游,而"可游可居"也是传统园林的设计追求。因此传统造园理念与中国山水画所追求的内核是相同的,画家追求画意无限,而造园者追求空间无限,而在实际构思当中,"游人静止如画中框景,游人运动,如身至长卷之中"[14],因此不如说传统园林就是立体的山水画。

(二)园林设计中的"留白"

中国传统园林的造园本质就是创造意境,而对此不同造园者的创作手法不尽相同。每一景的建造都不是无缘无故的,其中都要讲究"诗情画意",这也是为什么中国园林与中国绘画有着密不可分的原因之一。但是,并非园中各处都设置了令人应接不暇的"景点",有开有合,有疏有密,才是经营之道,"园之佳者如诗之绝句,皆以少胜多,有不尽之意,寥寥几句,弦外之音犹绕梁间"。[15]园林中的"少",即"留白"的弦外之音才是真正令人回味无穷的,这其中其实暗含了作者对于空间的哲学思考。

在园林设计中常使用与"密"对比的"留白"手段——水,造园者常挖池填水,以"水"为景。另外就是对于天空的"留白",留出空间,造山而不植过于高大的树木,登高望天,视野开阔。这种"留白"与中国山水画有着密切的联系,虽然两者存在方式不同,一个是二维空间的"留白",另一个是三维空间的"留白",但是两者在审美哲学上,追根溯源其实是一样的,因此,本文试图从以下三个方面来分析园林设计"留白"的深层含义。

1. 园林设计中的"有"与"无"

对于"有"与"无"的理解,字面上"有"即是真实存在的,眼见为实的东西,"无"就是能被人的思维感知,甚至可以凭借自己的想象力予以补充完善,但为肉眼看不见的存在。在《道德经》中,关于"有"与"无"有许多精彩的论述,其中之一是这样描述的:"天下万物生于有,有生于无"。[16]就是我们常说的"道生一、一生二、二生三、三生万物"。[16]其中的"道",也就是"无"。因此在园林设计中,常做水景,古人尚水,以水喻"道","道"即是"无",水即是"无"。在现实世界中,"有"与"无"是相对存在的,有"有"才会存在"无",而有"无"才会有"有"。老子中的"埏埴以为器,当其无,有器之用"讲的就是这个道理,用陶土做出的罐子,因为有了罐壁的存在,才能形成中部的"空",也正是因为有了中部的"空",才能够装水或粮食等。因此"有"与"无"相互依存,如同山水画正是有了着墨的山与林,才会存在留白的天与水。之于园林设计,正是有了植树、做山、造建筑等活动,挖池"留白",才会显得有必要。因此从中国古典哲学这一层面看园林设计,其中的每一处造景,都蕴含着对"有"与"无"的思考。以下用拙政园这个案例来进行印证。

分析拙政园的平面图(见图3),我们能够很直接地看到在整个图面中,中部以及西部的补园水景居多,尤其是中部,水体面积占其五分之三,使用了大面积的水面来进行造景。水体的设置从二维空间来看是出于对平面疏密的考虑,使得平面能够做到"疏"与"密"和谐统一,从审美角度说,存在"有"则意味着存在"无",有"有"与"无"的对比,才是美的。从三维空间来看,水并非画之"留白",其上可以作画,水中倒影是营造空间的又一重要元素。一是丰富了水面的"平",让空白的水面存在内容;二是水体周遭树木、楼宇丛生,其倒影显得水面清澈澄透,观之令人心情愉快。"主景做空,而次景丰富,以密衬疏,既在建筑林立间

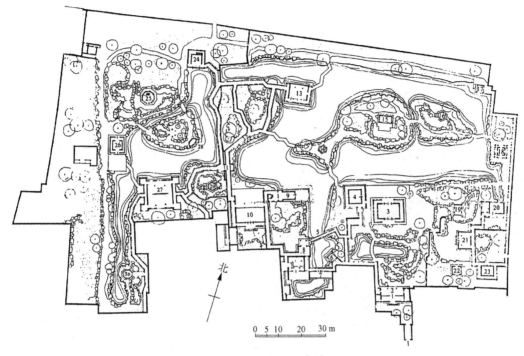

图3 拙政园平面图[17]

保留了舒畅的视野,又保证了天然的'野'趣。"[17]这是"有""无"相生的结果,从形式上讲,"留有余地"中的"余"其实是空,有空才能有满。

2. 园林设计中的"无"即是"有"

"计白当黑"是由清朝著名书法家邓石如提出的,是论中国书法的形式美、艺术美的法则之一。它指将书法字里行间的虚空或完全空白处,当作整体构思的一部分,按照"实画"一样统筹布局,虽无具体着墨,却也是整体谋略布局中的一环,是整体书法艺术效果的一个不可或缺的重要组成部分,是关于"无"和"有"的哲学辩证关系。"计白当黑"的论述出自清朝包世臣的《艺舟双楫·述书上》,"字画疏处可以走马,密处不使透风,常计白以当黑,奇趣乃出"。[18]这句话的本意就是该"疏"或者说该"留白"的布局就要"留白",该"密"即"黑"就要着墨,要像经营"黑"一样经营"白",以此虚实相生。之于园林设计也是如此,基于相同的审美观,在园林设计中,我们同样也讲究平面布局的疏密有致,"无"和"有"交相呼应,虚实相生。疏处虽"无"物,但是有遐想的空间,因此"无"物就成了"有"物。"无"即是"有","有"有时在形式上表现为"无"。例如,寄畅园是以水为中心,进行总平面设计建构的(见图4),清幽低调古朴,疏密布局有致,色彩朴素雅致。"我国古代园林多封闭,以有限面积,造无限空间,故空灵二字,为造园之要谛。"[15]从平面上看,"留白"主要在于水体。仅对平面分析,整个画面有疏有密,有紧致,有松弛,二维空间比例协调。从三维空间来看"留白",一是水面的开阔与密林、山体的对比,二是天际线的"留白"之处,中国古代文人有崇尚登高的习俗,有"会当凌绝顶,一览众山小"的超越自我而小天下的胸襟和眼界。做假

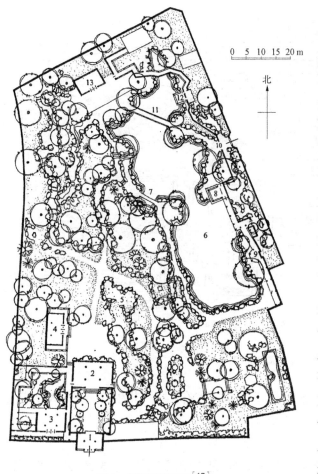

0 5 10 15 20 m

北

图4 寄畅园平面图[17]

山而登高望远,视野顿时开阔而超越一般,遥望天际,心中自会别有一番感怀。水体"留白",一方面引自然入园,柔化空间;另一方面,虽做水体不做景,但水自成一景。水体为镜,倒影岸边景色,人若驻足停留,除却身在眼前的近景,还有水中倒影的中景,以及水岸的远景,视觉层次丰富,以"疏"显"密",造"空"但富有"灵气"的空间。人在开阔的水体面前,不觉空,却觉心中敞亮,是开合有度、虚实相生的审美哲学。

贝聿铭于2002年开始设计了苏州博物馆,在此我们不对其建筑设计做评价,只针对其设计的苏州博物馆庭院景观进行分析(见图5)。贝聿铭在苏州博物馆外进行景观设计时,努力融合中国山水画的布局经营和中国传统园林的造园特点,无水自然就不成景,从其景观平面上看,中心湖泊是造景中心,建筑依水而建。若说建筑、植物为实,那湖水就称之为虚。湖水倒映着岸上建筑,"虚"中含"实",看似不做景,实则自有景成。"景露则境界小,景隐则境界大。"[15]这是一种用"空"却"满"的空间设计,"空"是形式,"满"是情感与意境,有心处则"有"物。

湖旁作假山状的石体,与其背后的白色墙面虚实相生,虚的是白色的墙面,实的是石体(见图6)。但我们能从其中读出中国山水画的味道,这是贝聿铭深受米芾山水画影响的结果,从侧面也表现出了中国山水画对园林设计的影响。这个场景是一个虚实相生的设计,我们能联想和感受到其他景外之景,"无"物处有心,"有"中含"无"。从内容上讲,"无"即是"有","有"即是"无"。

3. 园林设计中的"无用之用"

"无用之用,方为大用"[19],从字面理解这句话,即是"没有用"才是最大的"用"。庄子曾对"无用之用,方为大用"做过举例解释,例如"不材之木也,无所可用,故能若是之寿"[19]。我们在现实生活中,追求事物的实用性是常态,而往往忽视事物的"无用性"。这里的"无用性"并非指没有用途,而是在生活中不刻意追求实用性,是超越现实中的功利性

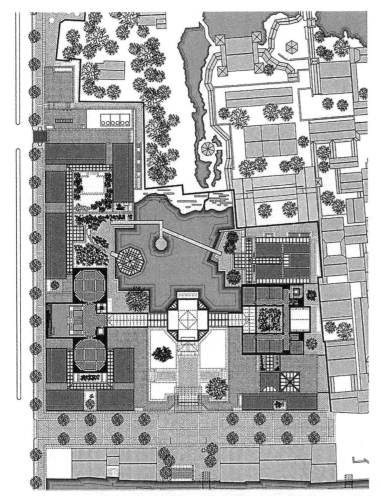

图5　苏州博物馆景观平面图^①

图6　苏州博物馆庭院景观^②

① 来自苏州博物馆资料。
② 江滨摄于苏州博物馆庭院。

的,是形而上的,并不以所谓实用性裹挟自己的精神追求与发展。"无用之用,方为大用"这句话所包含的哲学性,逐渐演变成东方美学的一种,强调"道法自然",与自然和谐相生,更强调的是生命、事物原发的美。体现在园林设计中,即不规定以及刻意追求某处造景的实际用途或显性价值,而是追求"虽由人作,宛自天开"[20],在现实中追求超越现实的审美品位以及"诗情画意"。不仅仅追求"自然美",还用美来生发美,更多地指精神层面的追求。像挖池填水,不为养鱼,不为口饮。除此之外,水面也不做景,却能让人如沐春风,顿生水波不兴的淡然;造假山,不求高、不求大;为留天地之美而不种过高的植物。身处环境之中,天高远阔,登高望远,心生坦然。正是这些看似无用的景观,才给予了园林设计"有用"和"无用"的捉摸不透的情感。

图7 颐和园平面图[17]

颐和园的平面规划(见图7),是仿制杭州西湖而来,尤其是颐和园南部水域规划方式,水与山的关系,甚至连堤坝的走向都与杭州西湖有着千丝万缕的关系。颐和园前山湖景区的水体面积巨大,此处"留白",从平面来看,疏密对比并不协调,看似浪费了许多面积,但是当人深入其中,水天一体,顿觉天地之大,浩浩无尽。皇家园林象征着上位者的权势与地位,园中应用大面积的水体(见图8),显示出皇家不同凡响的气宇和宽广、心纳天下的胸襟。沿湖游览,水中倒影、借景自然让人心旷神怡。而且昆明湖中的"一池三山"布局形式,象征此处为人间仙境。人在浩渺的空间中,用心感受天地之间,从中生发情感,强调的更多是一种胸怀天下的气势与自信。

图8 颐和园鸟瞰[①]

① 江滨摄于北京颐和园。

园林设计在一般情况下，基本不具有实际的工具用途，这就是我们所说的"无用"。杭州茅家埠景区于2003年开发建造，湖体面积要比西湖小很多，平时游客稀少，因此步入其中，有闲云野鹤之感（见图9）。景区以中心湖泊为主，湖边造亭台，整个景区野趣横生。步入景区其中，有狭窄曲折的小路，也有面向开阔水域的停留之处。景区虽以水为中心，但不以用水为主，建造的各种陆上景观项目，也是以赏水为主。水体作为园林设计中的

图9　茅家埠渔舟唱晚[①]

"留白"，实则有"大用"之用。"无用之用，方为大用"，茅家埠景区设计从这一层面考虑也是如此。处于喧闹都市中的人们，选择到此的目的，一是为了欣赏自然风光，二是希望在喧闹的都市中寻找"一方净土"，让这种思想的沉静，潜移默化地成为一种生命中的构成，渗入骨髓，并成为我们生活中的一种精神追求，偶尔"因过竹院逢僧话，偷得浮生半日闲"，它是现代人的一面窗口，是一个宣泄的渠道，也是一个享受之所，带给我们的是精神的满足，实用性不能用来作为衡量指标。"无用之用，方为大用"，不仅仅是从构图形式来评析，更是从哲学层面进行解读。

三、结语

中国的传统哲学经由一代代人的传承，使得其思想的精髓早已流淌在我们的血液当中。儒家、道家思想可以说对中国人影响最大，也是至今为止人们都津津乐道的传统哲学的组成部分，本文的核心部分即和此有关。由于朝代更替，在文化传承上，不同时代的变迁不可避免地带来不同文化，但是留在我们基因当中的文化精髓仍在延续。因此中国现代园林虽然在形制上与古典园林大相径庭，设计方法和审美内涵也无法比拟，但是在现代园林设计当中，传统园林设计手法与哲学思想仍然融入其中，优秀的传统文化依然是我们生命当中不可分割的一部分。在现代园林设计中，我们常设计广场、空地，从平面角度而言，这也是"留白"的一种，当然主要目的是解决人群的集散问题，但是在中国古典园林中，就完全没有广场这一概念。有句话叫作："画事，无虚不能显实，无实不能存虚，无疏不能成密，无密不能见疏。是以虚实相生，疏密相用，绘事乃成。"[2]此处虽然叙述的是绘画理论，但是在园林设计、书法艺术、室内设计、摄影（见图10）、建筑设计等无论哪个领域，上升到哲学的高度来讲，内在的文化精髓、审美哲学都是相通的，有异曲同工之妙。这也就是为什么中国山水

---

① 江滨摄于杭州西湖茅家埠。

图10 中国美术学院象山校区雪景图[①]

画的"留白"手法会对园林设计产生直接的影响。

本文就中国山水画的"留白"手法对园林设计的影响进行分析,并非强调不同领域设计语言的机械转译与模仿。"留白"是一种意境的营造,而这种创造力和感受力是我国传统文化给予我们的潜能,我们应当守护与传承这种传统文化精华。"白无定形,却有定理"[1],因此就中国山水画的"留白"手法对园林设计的影响,我们总结出园林设计对于中国山水画"留白"手法的借用方式:① 园林设计中的"有"与"无";② 园林设计中的"无"即是"有";③ 园林设计中的"无用之用"。从具体的"有"与"无"以及"无即是有"的辩证关系,一直到"无用之用,方为大用"的形而上的哲学层面,试图逐步分析、剥离"留白"的"现象",逐步到达其"本质"。

"现象"是变化着的、表面的、形式感的东西,一般用人的感官就基本能感知到。"留白"就是中国画表面形式的现象,通过诉诸我们的感官,带给我们审美上的愉悦。"现象"是从事物的各个不同方面以各种形式表现事物的"本质";"本质"却是从根本上、从整体上规定事物内在的基本性质及基本发展方向。"本质"由事物内部所有的矛盾构成,是比较稳定的深刻的内在的东西,依靠缜密的逻辑思维才能比较准确地把握。我们通过分析、了解"留白"的"本质"属性,把对"留白"的审美从形式升华到了哲学层面。因此,无论何时,"现象"与"本质"永远不能混淆。马克思说:"如果事物的表现形式和事物的本质会直接合而为一,一切科学就都成为多余的了。"[2]所以,我们无论研究任何事物,都要透过纷乱、复杂、迷离的形式、现象,去认识事物的真实内容,并把握事物的本质和发展规律,进而可以举一反三,这也就是我们研究中国山水画的"留白"手法对园林设计影响的价值与意义所在。

参考文献

[1] 熊显林,孙文博.中国山水画留白探析[J].艺海,2014(3):96-97.

[2] 周积寅.中国历代画论[M].南京:江苏美术出版社,2007.

[3] 涂雅茜.中国山水画中留白的意象表达与境界[J].大众文艺,2018(17):74.

[4] 闫超.中国画留白的哲学及其审美价值[J].国画家,2010(5):72-73.

[5] 刘轲.浅谈中国山水画中的留白[J].艺术评鉴,2018(12):24-25.

① 中国美术学院视觉传达系杨胡彬摄。

［6］蒋勋.《富春山居图》与中国文人精神［N］.解放日报,2017-05-19(10).

［7］胡晓明.从严子陵到黄公望富春江的文化意象:《富春山居图》的前传及其展开［J］.华东师范大学学报(哲学社会科学版),2016,48(4):15-28.

［8］陈钠.黄公望《富春山居图》艺术分析［J］.美术,2005(9):112-113.

［9］洪再新.中国美术史［M］.杭州:中国美术学院出版社,2000.

［10］王希.从马远《寒江独钓图》浅析中国画的空白［J］.陕西师范大学学报(哲学社会科学版),2009,38(A1):401-402.

［11］薄松年,陈少丰,张同霞.中国美术史教程［M］.西安:陕西人民美术出版社,2000.

［12］罗瑜斌,刘管平.山水画与中国古典园林的起源和发展［J］.风景园林,2006(1):53-58.

［13］郭思.林泉高致［M］.北京:中国纺织出版社,2018.

［14］孙筱祥.中国山水画论中有关园林布局理论的探讨［J］.风景园林,2013(6):18-25.

［15］陈从周.说园［M］.上海:同济大学出版社,2002.

［16］老子.道德经［M］.高文方,译.北京:北京联合出版公司,2015.

［17］周维权.中国古典园林史［M］.北京:清华大学出版社,1990.

［18］包世臣.艺舟双楫［M］.杭州:浙江人民美术出版社,2017.

［19］庄子.庄子［M］.方勇,译注.北京:中华书局,2015.

［20］计成.园冶［M］.北京:化工工业出版社,2018.

［21］中共中央马克思恩格斯列宁斯大林著作编译局.马克思恩格斯文集第5卷［M］.北京:人民出版社,2009.

（江滨,先后毕业于清华大学美术学院,中国美术学院建筑学院,获博士学位。现任教于上海师范大学美术学院设计系。张梦姚,上海师范大学美术学院环境艺术设计专业2018级硕士研究生。）

以宜家为代表的生活美学及设计应用

梁亚男　阎兴盛

摘要： 在分析生活中美学需求的基础上，以宜家家居为案例通过探索其生活美学和设计方法，讨论生活美学在生活中的体现以及如何将创新设计应用于生活。生活美学大体可以概括为三类：感知美学、品味美学、情感美学，将设计运用于生活美学就是要在把握需求的同时从这三方面进行创新。

关键词： 生活美学；创新设计；宜家

随着现代社会的发展，生活美学一词正在引导着我们审美的发展方向。生活中不同的美学需求对应着不同生活美学的发展阶段，本文将以宜家家居为代表来阐述我们生活中美学的不同阶段，并且通过分析宜家的设计方法来总结出如何将创意设计运用于生活美学。

一、生活美学概述

（一）生活美学概念的形成

生活美学随着当代大众审美水平的不断提高，在日常生活中的地位越来越重要了，美的生活是一种经过设计的、理性的生活，但同时又隐藏于生活，不易被发现。生活美学概念的形成离不开艺术对生活的渗透以及现代生活对艺术的向往，在生活家居用品的功能有了充分保证的前提下，人们的目光开始转向艺术。当艺术以商业化的形式走进生活，生活就开始有了美学的因素，生活和艺术便走向了融合的阶段。

（二）生活中的美学需求

人对生活的需求可以分为性、情、文三个阶段，分别对应着人的生理需求、情感需求和文化精神方面的需求，这一递进的需求阶段反映到生活上即是人对生活美学的需求。人对生活美学的需求也是递增的，可以概括为从简单的功能美的需求到情感美的需求，再到精神文化美的需求，这也是大众审美情趣提高的一个必然结果。

1. 功能美需求

功能是一个产品的基础,没有功能的设计只能成为一个摆件。人对生活最基本的需求通常停留在物质需求方面,反映到生活中就是对生活用品功能方面的需求,即生活中功能美的需求。此生活阶段中所接触的大多数产品、用具主要是为了满足衣食住行的基本需要,是满足生活的最基本条件。在此阶段,好用的、能解决需求问题的产品即是美的产品。

2. 情感美需求

当人们不再为生活用品功能方面的需求所困扰,便开始寻求情感方面的升华,以满足生活中自身情感的需要。这一阶段的产品不仅要保证是好用的,更加要保证是美的,能够在使用过程中给人带来心情愉悦的感受。比如水杯的功能是盛水,如果产品仅仅是一个圆柱体水杯便过于单调,想要让其符合情感美的需求就要去考虑它的造型、纹理及装饰等。

3. 精神文化美需求

当生活的质量有所提升、不再受经济等因素的限制,且大众审美也达到一定水平时,人们对生活便开始提出更高的要求,期望生活中每一件产品都有一定的内涵意义,以及生活中所涉及的每一个行为都是经过思考设计的,即所说的生活仪式感。如在一间中式装潢的餐厅里,一桌的中餐旁放着西式的刀叉,便会打破中式格调和氛围。

二、宜家所体现的生活美学

宜家这个瑞典品牌自1943年成立到现在几乎遍布全球,宜家从1997年开始进入中国,对中国人的生活、购物、审美等都产生了巨大的影响,同时它也潜移默化地向消费者传达着现代生活美学的概念。

宜家家居这个品牌所体现的生活美学可以简单地概括为三个由低层次到高层次的生活美学,即从感知层的基本美学到品位层的递进美学,再到领悟判断层的附加美学。生活美学的这三个层次反映着生活美学从低到高的发展变化,也相应地对应着人们对生活美学的不同需求,以及需求的提升。

(一)基本的感知美学

处于感知层的美学主要是指在使用产品过程中由产品的特定属性带给用户的使用美感,这一属性包括产品的功能、造型、色彩、材质等可通过各感觉器官感受到的因素。

产品的功能和外观所体现的感知美学是由用户的主观感受加之第一感官印象所呈现出来的,也是生活美学最基础的层次。除拥有好的功能和美的外观之外,外观和功能两者之间的协调融合度也是构成感知美学的重要因素,宜家的家居产品大多数都是在功能完备的前提条件下,通过色彩、材质等视觉因素进一步美化的,但同时保证了外观上的简洁和克制,没有过多夸张的设计,避免了形式上的喧宾夺主以及外观和功能的不协调。

宜家向来以性价比作为卖点,而成本的控制主要通过两种方法来实现:① 就地取材,

② 扁平化包装，这一措施也树立了宜家民主化的形象。扁平化的设计不可避免地要给每套家具都配备装配说明书，传统说明书大量文字的设计无形中增加了用户在装配过程中的感知压力。为解决这一问题，宜家有创意地采用了漫画图解说明方式，这就在很大程度上减轻了用户在装配过程中的感知压力，同时把用户从使用者变成了参与者，还会给用户一种潜在成就感的暗示。

产品各属性之间的协调融合共同构成了人们最先感知到的产品美，对于人的第一印象来说，好用的、好看的且能买得起的即是可称之为美的产品。

（二）递进的品位美学

在物质生活水平不断提高后人们对生活的精神需求也不断增加，体现在整个家居环境中即是对生活品位提出新的要求，相应对家居产品也达到一种高审美层次。

生活美学也将进入一个新的品位美学阶段，在该阶段中融入了更多的理性思考，不单单专注于单件产品，而是开始考虑生活的品质感和生活的整体要素，如生活仪式感、设计留白、整体空间搭配等。

1. 宜家的生活仪式感

生活美学是注重生活质量的高品位生活中蕴含的美学，往往体现为更加注重生活仪式感。生活仪式感是一种生活态度，不仅会提升生活中的幸福感，让原本平淡的生活多一丝期待和趣味，还会成为生活中的精神支柱。

图1　宜家厨房场景

如在宜家的装饰中处处可以看到各式的插花、造型各异的花瓶，以及各种小摆件等（见图1），这些都让生活充满了欣喜。就包括锅碗瓢盆等最普通的生活用具都有序摆放，无时无刻不体现着生活中满满的仪式感，让生活中的小确幸也变成了一种美学价值。

2. 宜家产品的设计留白思考

宜家产品的设计整体偏向简约风格，这也是一种产品设计留白的手法，在保证功能造型的前提下将产品细节做精而不是去增加装饰，产品留白的设计让种类繁复的家居产品具有更好的兼容性，当多件家居产品摆放在一起时能够具有较完美的整体协调感，同时每一件产品单独拿出来观赏也具有独特的艺术韵味。

图2　拉克茶几

产品留白的设计手法促进了用户对生活质量和品位的思考，如宜家的方形茶几"拉克"（见图2），只有一块桌面和四条简洁的桌腿,造型简约但又很具有典型优雅的特征,简单的线条加之平面的设计给用户留了足够的空白去想象和搭配。

3. 宜家产品的空间搭配

宜家卖场上的产品都会有一个家庭生活场景的设定,在整个场景下,让用户去思考空间的搭配。场景化卖场展现着家的整体性以及家居用品的协调搭配,而不是一系列漂亮产品的堆砌。不可否认,提供一个场景空间搭配的做法不单单是让消费者进行自己家庭的联想而去促进购买欲望,在一定程度上,也进一步提高了消费大众的审美品位。

（三）附加的情感美学

生活美学的最高层次即是需要进一步深入领悟和判断的情感美学,是建立于理性思考之上的对生活中情感的领悟判断。这一层次的生活美学将生活、美学和人文情怀结合在一起。宜家设计即通过附加情感价值来提升生活中的美,具有代表性的几个方面如下所述。

1. 人文情怀概念

宜家很注重自己的人文情怀主张,比如宜家用瑞典田园风景而不是产品来制作自己的广告画。同时,宜家对于家具的命名都参考了北欧的特色地名,比如沙发是以瑞典地名命名,纺织品以丹麦的地名命名,灯具以大海和湖泊命名。

此外在家居产品的设计方面,也时刻体现着家庭的概念,如宜家将客厅桌、地毯等客厅内家居用品都设计为可多人共同享有,以此让更多的家庭成员融入该场景中,来调和家庭中各成员之间的关系,使之更融洽。

2. 环保可持续设计

绿色可持续一直都是一个不断高涨的话题,各商业消费阶级也都开始注意到可持续对当代设计的重要性,可持续这一概念也通过各种可降解材料的产品出现在我们的生活中,毋庸置疑绿色的设计也成为生活美学的一部分。

宜家的大部分家居产品都采用木材等可再生材料制作,如宜家的OO凳子只由胶合板制成(见图3),通过CNC加工工艺处理,既符合绿色可持续设计理念,又保证了后期包装的

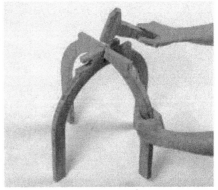

图3　OO椅

图4　莫马特儿童椅

扁平化设计。宜家这一环保可持续设计理念,也成为宜家产品附加的美学价值。

3. 关注特定人群进行设计

在设计过程中,针对特定用户群体进行设计调研,提炼该人群独有特征,深度挖掘此特征下隐藏的需求,以此为突破口进行设计,将产品设计得更有温度、更具人情味。

宜家会针对用户进行特定人群的划分,从而设计出更有人文情怀的产品,最为典型的代表就是宜家儿童产品的设计,它们都体现着安全这一理念。如为了减少磕碰,儿童莫马特椅做了边角圆滑光润的设计,这样便不会碰伤儿童(见图4);同时针对病患老人这一特殊群体,宜家也设计过标准化的成群住宅,在该住宅中没有突兀的装修,以免惊扰到病患者,厨房里面烧火灶等都使用按键或旋钮,而不是新型的交互屏幕,这就避免了病患老人的学习负担。

4. 技术依托设计

随着技术的不断创新,高科技产品日常化、日常产品高科技化也是一种不可逆的发展趋势,家居产品智能化也是未来生活美学发展的依托和基础。

图5　特鲁菲智能插座

宜家智能餐桌的设计便是以现代科学技术为基础,提供了一种更智能化的生活方式。将食物放在这款智能餐桌上能够快速显示相应食物的营养成分,还会根据现有食材给出搭配意见;宜家在智能家居方面也不断地进行创新设计,以现代科学技术为基础的特鲁菲智能插座就是一个家居智能化的案例(见图5),通过该插座可以智能控制插座连接设备的开关,还可以提前设定与之相连的家电开始或结束工作的时间。

三、宜家的设计应用与生活美学的发展方向

(一)宜家的创新设计方法

图6　小把手马克杯

1. 宜家设计的基本理念

宜家自创立以来一直努力致力于"为大多数的人创造更加美好的日常生活"的设计理念,秉承着"为尽可能多的顾客提供他们能够负担,设计精良,功能齐全,价格低廉的家居用品"的经营宗旨。宜家的一款马克杯设计为小把手、锥形特征(见图6),是为了能够将杯子严丝合缝地摆满集装箱,以减少物流运输成本。同时小把手特征和亮丽的色彩也赋予了马克杯独特显著的外观。宜家品牌不仅仅关注人们高质量的生活,还不断致力于环

保及社会责任等问题。从设计定位的角度分析,宜家能够准确地把握和平衡产品的功能、质量、成本等基本属性,并通过一些产品的附加属性,如外观、美学、情感、理念等用以提升产品价值。

2. 宜家设计的创新方法

宜家设计的创新方法可以说都来源于未来生活实验室的研究,这一研究主要包含三个阶段:第一个阶段就是实验室研究阶段,在该阶段中将产品从现实生活中抽离出来单独放入实验室进行研究,抛却所有相关因素以避免干扰来进行纯粹的设计活动;第二个阶段为现场研究阶段,就是把设计的成果引入具体相关生活场景中去反思这一设计的意义;最后一个阶段就是展厅阶段,在这里将设计成果引向消费者,是设计师与消费者融合理解的一个过程,从而得到消费者的反馈再进行设计的完善。

在这三个阶段中实验室研究阶段是将设计思路拓宽打通以发挥设计最大化价值;现场研究阶段又是将设计拉回现实,将设计作为商品来考虑评估;展厅阶段用来给设计查漏补缺,从而创造出更加贴合生活的产品,也从侧面反映出一个美的生活。

(二)生活美学中创新设计的应用

1. 满足生活美学基本需求

通过设计创造生活美学就要满足生活中最基础的美学需求,要依托生活这一基础,以人为本地进行设计,挖掘生活中人的需求。从人的最基础感知需求入手,在设计中考虑设计的功能目的、形式目的以及大众对成本的承受力等因素,综合评估和协调各因素之间的关系,从而创造出用户能负担得起,并且有用、好用以及好看的设计。

2. 增加生活美学附加价值

在把握住设计基本属性的同时,可以通过将生活品位、生活理念和人文情怀融入设计,来进一步提高生活美学的附加价值。综合考虑生活中各因素,从人的行为以及生活方式入手进行设计。

(三)未来的生活美学发展方向

1. 个性化的生活美学

现如今好用的、好看的、富有情感的产品在使用过程中会给人一种愉悦的心情感受,这即是生活美学。随着工业化的发展,现如今我们的产品都是依托于批量化生产制造的,宜家家居也不例外。

一些消费者逐渐表现于不再满足批量产品,他们追求新颖独特,期待与众不同的消费品甚至生活方式。

因此设计十万件标准化产品已不是难事,但设计十万件个性化产品还尚在探索进程中,在不远的将来生活美学所体现的不再仅仅是功能、造型、品位以及文化精神,还包括个性化私人定制,使每个人的生活方式都具有不一样的个性。

2. 传统与现代结合的生活美学

人类社会从原始社会到工业社会,生产力不断提高,各个地区民族的生活方式发生了质的变化,人们会对高楼大厦、简洁的生活用品、千篇一律的家居装饰产生厌恶,生活美学的新需求开始推动设计在过去的历史中寻找美学元素。历史的车轮虽然一直向前,但总是循环往复,正如从巴洛克、洛可可风格到新古典风格,再从现代主义到后现代主义的发展,从历史风格中发掘新物是历史的必然。

各民族的传统美学开始和现代生活发生碰撞,将它们各自的特征在现代的生活方式中体现出来,是未来生活美学发展的灵感源泉。

3. 科技化的生活美学

随着新能源开始占据主导地位,同时科技进一步发展,大数据、人工智能、5G和互联网进入日常家庭,我们的居家生活也会变得更加舒适便捷。日后的家居产品都可以远程操控,可以根据人的需求主动调节,它们就像能思维的生命体一样可以为用户考虑得更多,为我们提供更加舒适符合人性的生活场景,达到一种全物联网的智能生活美学。

四、结语

生活美学是要在生活的方方面面都体现着现代的审美,是人类生活需求的产物,是人类生活发展的必然。宜家在家居设计领域完美地展示了现代生活美学的不同阶段,也体现了现代创新设计和生活美学之间的联系。将创新设计运用于生活美学务必要从人的需求出发,发掘生活中的美学需求,在保证产品基本属性的同时运用"发散—回归—反馈"的设计方法来拓展产品的美学、情感、文化等方面的附加价值。

参考文献

[1] 陈晓环,李岭.宜家品牌的地域性设计研究[J].河南教育学院学报(哲学社会科学版),2020,39(4):25-30.

[2] 刘小静.面向物流的包装设计:宜家案例分析[J].包装工程,2020,41(9):174-180.

[3] 张晓霞.客家锡器创新设计研究:从设计方法讨论传统器物发展[J].中国民族博览,2019(14):177-178.

[4] 马宏宇.产品美学价值及其设计创新维度研究[J].包装工程,2019,40(22):102-106.

[5] 甘赛雄,吴砲.以轻美学为导向的用户体验设计[J].包装工程,2019,40(12):289-293.

[6] 尤跃.工业产品中的生活美学[J].科技资讯,2019,17(3):249-250.

[7] 孙敏.基于建构型设计的宜家SPACE10产品创新设计研究[J].包装工程,2017,38(16):236-240.

[8] 梁靓.论生活化陶艺中的审美情趣[D].青岛:青岛大学,2017.

[9] 王玺.基于极简主义的家居用品情感化设计研究[D].西安:西安工程大学,2017.

[10] 田帅.天人合一的生活美学:以食器设计为例[J].大众文艺,2016(11):73.

［11］周晨禾.传承与创新:经典产品到PS系列［D］.南京:南京工业大学,2016.

［12］贾宇希.文化创意产业下工业产品中的生活美学［D］.长春:吉林大学,2016.

［13］陈红娟,王戈锐.探析宜家家居产品设计成功的核心要素［J］.包装工程,2016,37(2):117-120.

［14］张瑾婷.浅谈建立在传统语境下的现代设计生活美学［J］.大众文艺,2016(1):128-129.

［15］苗晶晶.浅谈公共艺术设计手法［J］.中小企业管理与科技(中旬刊),2015(12):261.

［16］裴海燕.中国白领整体家装从"宜家"的借鉴与启示研究［D］.无锡:江南大学,2015.

［17］张莹.论基于个性化量产的定制化设计［D］.济南:山东工艺美术学院,2014.

［18］生活美学与设计时代的耕耘［J］.美术大观,2013(12):149.

［19］王晶.从宜家视角看家具用品的品牌传播研究［D］.广州:华南理工大学,2011.

［20］王海亚,孙高波.基于生活美学的工业设计应用探讨［J］.艺术与设计(理论),2007(11):126-128.

［21］姜敏.公共卫生间设施私密性设计研究［D］.长沙:中南大学,2007.

(梁亚男,青岛大学硕士研究生;阎兴盛,湖北工业大学硕士研究生。)

从工艺美术程式看中国设计方法论研究

林美玲

摘要：在中国工艺美术史的发展演进中，不同的历史时期都有其特殊的艺术程式，"程式"是古代工匠对客体世界进行艺术加工、提炼、强调进而形成的相对规范的形式与视觉语汇，对于理解和把握中国工艺美术发展过程的本质特征有着重要的意义。基于工艺美术作品本体特征的思考与理念的"程式"，对解释和说明工艺美术作品的独特性有着重要的理论价值和实践意义，对形成和确立中国设计学科的现代性、建立本土化的研究方法有着积极意义。

关键词：工艺美术；程式；设计方法论

受到儒家思想的影响，儒家审美趣味决定了中国工艺美术发展的大方向，在不同程度上弥合了劳动者的社会身份地位差异以及农耕社会劳动分工所造成的个体差异。所谓工艺美术"程式"是指学习和创作工艺美术作品的规范性的操作方法，它是以相对固化的、规范性的形式与结构形成的造型语汇，也是我们理解进而把握和创作工艺美术作品的必经途辙，主要表现为"人的本质力量的对象化"，"程式"不仅是对于客体世界的直观再现，而且熔铸了手工艺人的人生观和世界观，传达了工匠的内心审美视像和思想情感。本文通过梳理中国工艺美术中"程式"的具体表现形式、伦理价值及其成因，帮助我们把握、评价中国传统工艺中蕴藏的智慧以及无尽的物质与精神财富，工艺美术程式的具体表现形式有如下几个方面。

一、备物致用

即强调器物的功能性。诸子百家中的墨子认为器物首先要看其是否满足人的需要，若无益于人的使用，那么即便是再精巧的技艺也是"拙"。如公输子制作了会飞的木鹊，自以为精巧，墨子却认为："子之为鹊也，不如匠之为车辖。须臾刘三寸之木，而任五十石之重。故所为功，利于人谓之巧，不利于人谓之拙"（《墨子·鲁问》）。墨子的观点为器物的生产与制作提出了明确的评价标准,墨子还对服装、建筑以及车船等的制作做出评论:"其为衣裳何? 以为冬以圉寒,夏以圉暑。凡为衣裳之道,冬加温,夏加清者,芊䋲不加者去之。其为宫室者何? 以为冬以圉风寒,夏以圉暑雨,有盗贼加固者,芊䋲不加者去之……其为舟车何? 以为车以行陵陆,舟以行川谷,以通四方之利。凡为舟车之道,加轻以利者,芊䋲不加者去之。"(《墨子·节用上》)。由此看出墨子注重实用的器物评价标准以及朴素的审美趣味。北朝的学者刘昼,在其著作中明确地提出所谓器物的美与丑是相对的,评价器物的标准在于它是否"施用有宜"。他提出:"物有美恶,施用有宜;美不常珍,恶不终弃。紫貂白狐,制以为裘,郁若庆云,皎如荆玉,此毳衣之美也;蘦管苍蒯,编以蓑笠,叶微疏累,黯若朽穰,此卉服之恶也。裘蓑虽异,被服实同;美恶虽殊,适用则均。今处绣户洞房,则蓑不如裘;被雪沐雨,则裘不及蓑。以此观之,适才所施,随时成务,各有宜也。"[1]从这段话可以看出刘昼非常注重器物的实用性,将器物是否有益于人作为选择物品的标准,而不仅从物品的形式以及材质的优劣来评价器物,反映了我国古代重视物品实用性的审美趣味。宋代诗人欧阳修在《古瓦砚》诗中有云:"砖瓦贱微物,得厕笔墨间;于物用有宜,不计丑与妍。金非不为宝,玉岂不为坚,用之以发墨,不及瓦砾顽。乃知物虽贱,当用价难攀……"[2]由此可以看出士大夫阶层对于物质形式与内容的辩证统一的态度。所以,那些注重功能性的设计、关乎国计民生的、始终保持了人文关怀的器物的生产与制作,占据了中国工艺美术的主流。

二、追求韵外之致

工艺美术在向人们展示一个浩如烟海、色彩斑斓的器物世界的同时,也向人们展示了丰富多彩的工艺美学思想。晚唐诗人司空图在其关于唐代诗歌美学以及诗歌理论的著作《二十四诗品》中提出所谓诗品中讲究的"味",不仅仅指诗品的风格,还把"味"当作诗歌追求的终极审美趣味,他提出所谓"味"只是一种比喻,他强调真正醇美的"味"应浮于事物之外,即追求诗歌的"韵外之致,味外之旨"。中国工艺美学思想亦是如此,不但注重器物的功能性,更加追求器物的"韵外之致",境界高远的工艺美术作品总能在物化了的形态之外,包含无限深远、广阔的意蕴以及情感诉求,体现了"言有尽而意无穷"、道器合一的思想。

(一)象征程式

追求形式上的韵外之致主要通过两种手段来实现,一是通过具有传统文化底蕴的元素赋予器物象征涵义。在中国古代浩如烟海的传说、神话、典故中有关于神兽、珍禽以及嘉木等祈求福瑞祥兆的元素,成为后世以花卉神兽题材来表现喜庆祥和、生活平安、庄稼丰收等愿望的形象来源,这些祥瑞元素广泛地应用于古代生活用品、绣品服饰、陶瓷以及家具陈设等物品中。这些约定俗成的传统"程式",成为实现其创作目的的元素链接的依据。祥瑞元素的使用来源于中国民间普遍而持久的"祈福禳灾"的求吉心理,这种心理来源已久,起初源于原始社会一种祈福活动,主要表现为以营造吉兆现象为目的,以祥瑞元素为主要表现手段来禳除灾祸以及民间禁忌,其诉求主要为"祈福""驱邪""纳吉"等,象征民众对于美好生活的热爱和对于美的希望。传统祥瑞元素主要有五大类:第一类是动物图案,如斗牛、对雉、翔鸾、飞凤、游鱼等,这些动物均是神灵之物,以此来比喻飞黄腾达、平安喜乐。第二类主要是植物花草图案,如牡丹、海棠、山茶、莲花、灵芝、萱草等元素,这类元素均是圣洁美丽的代表,元素主要应用于女子的衣着服饰,寓意女子贤良淑德,才貌双全。第三类是主要应用于室内家具陈设、金银器物上的元素,如灯笼、宝瓶、如意、银锭等,比喻荣华富贵、生活富足。第四类是抽象几何图案的使用,如龟背、方胜、盘绦、云纹、水纹等,以此来寓意福如东海、祥和长寿。第五类是百花与鸟兽组合成的新图案,比如芙蓉、桂花与万年青组合在一起,称为"富贵万年";蝙蝠形象与传统云纹组合在一起,称为"福从天降";青鸾与寿桃元素组合在一起,称为"青鸾献寿";凤凰围着太阳飞翔,称为"丹凤朝阳";等等,这样的例子不胜枚举。将美好的图案转化为祈福的希冀,形成了工艺美术的"程式",即打破自然秩序,根据具体的需要来创作理想化的构图和元素组合形式,对于使用者的认知能力以及传统文化中动植物元素及其意象与其他意象和观念之间的隐喻关系进行把握,这些元素构成的"观念秩序图谱"就成了传达、反映社会伦理功能的工艺美术作品。

(二)类比程式

第二种方式指通过将物象的结构、生长特征等自然形态与一定的观念意象建立类比链接的一种方式,在工艺美术作品的创作中,这种类比链接的呈现方式主要表现为以自然物象来比附人,通过自然物象中的元素来寄托文人高尚的人格精神,砥砺其品德修养,这也是工艺美术作品中运用类比元素进行创作的一贯传统。这些比德观,其思想根源被工艺美学家们称为"异质同构"的方式,所谓"异质同构",即通过山水、植物花鸟等元素发挥其伦理价值的一种依据和方式。

1. 山水比德

自然中的山水元素,在中国画以及工艺美术作品装饰中最为常见。孔子在《论语·雍也》中有云:"仁者乐山,智者乐水。"这句话既包含了对于自然中山川、河流之美的赞美,也包含了对于君子仁德、睿智等品德的赞美,形成了山水比德的观念。后来道家庄子的思想进一步拓展了"乐山""乐水"等观念,主张文人墨客进一步亲近自然、畅游山水之间,使文人士大夫阶级实现可居、可观、可游、可行的人与山水之美交融的审美境界,形成了一种古人观照自然物象的审美观照论,以及古人以情观物、情以物迁的审美态度。

在中国画论中有许多对于山水节序与人与社会之间伦理关系的论述。如北宋著名画家、理论家郭熙在其著作画论《林泉高致》中有云:"大山堂堂为众山之主,所以分布以次冈阜林壑,为远近大小之宗主也。其象若大君赫然当阳,而百辟奔走朝会,无偃蹇背却之势也。长松亭亭为众木之表,所以分布以次藤萝草木,为振挈依附之师帅也。其势若君子轩然得时而众小人为之役使，无凭陵愁挫之态也。"[3]北宋擅长于画山水窠石的画家韩拙在《山水纯全集》中对山川河流的形态有这样的描述：山者，有主客尊卑之序，阴阳逆顺之仪。其山布置各有形体，亦各有名。习乎山水之士，好学之流，且要知之也。主者，乃众山之中高而大者是也。有雄气而敦厚，旁有辅峰聚围者，岳也。大者尊也，小者卑也。大小冈阜朝揖于主者顺也。不如此者逆也[3]。清代文化名流布颜图在其著作《画学心法问答》中对群山的形态这样描述：一幅画中主山与群山如祖孙父子然，主山即祖山也，要庄重顾盼而有情，群山要恭谨顺承而不背。石笋陂陀如众孙，要欢跃罗列而有致[3]。从关于山水的传统文献中可以看出，山水以生生不息之德育化万物，山水中间也存在和人类社会一样的伦理秩序，大山宽厚仁慈，小山谦卑恭顺，长松亭亭为众木之表，山间藤萝草木依附，一切自然元素都遵守其秩序，山水之中的世界俨然成为一个充满伦理道德的社会，画家眼中的山水世界就是人间社会的典范。中国文人通过山水比德的方式观照自然，从自然山水的情景中发现人内在的精神价值和追求，并且上升到了仁德、德行的高度，"德化山水"的落脚点是完善人自身的人格，山水比德成为文人观照自然的一种思维方式，形成了古人思维中的山水情节，山水元素广泛地应用于绘画和工艺美术作品中，成为文人士大夫表达个人志趣的一种手段和方式（见图1、图2）。

 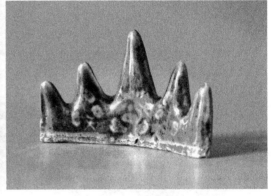

图1　（西汉）错金博山炉（河北博物院藏）　　　图2　（清光绪）青花山字形笔架

2. 岁寒三友与四君子等比德

北宋诗人苏轼在《题文同〈梅竹石画〉》诗中有云："梅寒而秀，竹瘦而寿，石文而丑，是谓岁寒三友。"[4]南宋之后，"岁寒三友"组合逐渐成为松树、竹子以及梅花的专称，松、竹、梅不畏严寒、遗世而独立的品格正与君子仁德的品德相契合。下面是文献中对于"三友"之德较为详尽的描述。五代时期荆浩在其山水画论著作《笔法记》中对松树有这样的描述：不凋不容，惟彼贞松。势高而险，屈节以恭。叶张翠盖，枝盘赤龙。下有蔓草，幽阴蒙茸。如何得生，势近云峰。仰其擢干，偃举千重。巍巍溪中，翠晕烟笼。奇枝倒挂，徘徊变通。下接凡水，和而不同[4]。元代李衎在《竹谱》中这样描述竹子的形态：竹之为物，非草非木，不乱不杂，虽出处不同，盖皆一致。散生者有长幼之序，丛生者有父子之亲。密而不繁，疏而不陋，冲虚简静,妙粹灵通,其可比于全德君子矣。画为图轴,如瞻古贤哲仪像,自令人起敬慕,是以古之作者于此亦尽心焉[4]。宋代墨梅画始祖仲仁在著作《华光梅谱》中对梅花的形态这样描述:梅有高下尊卑之别,有大小贵贱之辨,有疏密轻重之象,有间阔动静之用。枝不得并发,花不得并生,眼不得并点,木不得并接。枝有文武,刚柔相合。花有大小,君臣相对。条有父子,长短不同。蕊有夫妻,阴阳相应[4]。古人眼中的松树笔直、孤傲,松树的生长不仅能够完善自我的生命,而且能够做到"和而不同";竹子的形态体现了长幼有序、父子之亲;梅花的形态体现了君臣、父子、夫妻等伦理观念,这三种元素都体现了君子之美德,也体现了岁寒三友等元素具有比拟于人的情怀,实现自我与其他生命形态的共生。松、竹、梅的元素深受文人墨客的喜爱,反映了工艺美术作品成教化、助人伦的伦理作用(见图3至图6)。

图3 (清)青花松竹梅纹高足碗

图4 (清)粉彩松竹梅纹笔筒

图5 紫砂梅报春壶(朱可心制)

图6 (清)青花松竹梅纹碟

明万历年间黄凤池辑画谱类书籍《梅兰竹菊四谱》,文学家陈继儒称梅兰竹菊为"四君",而后又称之为"四君子","四君子"元素的可贵之处在于气节之贞烈、品行之高洁、韵味之飘逸。文献中关于"四君子"德行的描述比较有代表性的记载如下:元朝画家吴太素《松斋梅谱》中有云:"夫梅之为花,擢孤芳于冰霜凌厉之馀,清姿雅意,不可名状,予独知之深、爱之笃、写之不倦、至忘寝食焉。"[5]清代画家王概有云:"(兰)叶虽数笔,其风韵飘然,如霞裾月佩,翩翩自由,无一点尘俗气。"[3]宋代诗人郑思肖有《画菊》诗一首:"花开不并百花丛,独立疏篱趣未穷。宁可枝头抱香死,何曾吹落北风中"[6]。梅花凌寒独开,傲视俗世;兰花超凡脱俗,有隐世之感;竹子刚正不阿,且四季青翠,始终如一;菊花成为诗人陶渊明的化身,有隐者之风,又体现了文人墨客高洁的品格,这些元素作为装饰被广泛地应用于文房四宝以及器物陈设中。类比程式通过以物言志、以物寄情的方式,给文人高洁的品格以慰藉。儒家思想使工艺美术作品从注重外在的装饰、形式转向注重内在的情感寄托的伦理学等因素。

三、审曲面势、各随相宜

在工艺美术发展的历程中,关于如何使器物实现适用于人的目的,许多理论家提出了一个"宜"字,例如园林的布置设计强调"精在体宜"、民间服饰绣品的构思与制作主张"因其所宜"、日用陶瓷等生活用具的设计与制作提倡"各随其宜"等。我国著名工艺美术理论家田自秉先生曾提出:"所谓宜,就是和谐、就是适应、就是合理。"即匠人在创作时,根据不同的创作需求制作出相宜的器物造型,这种主张因才施艺、因地制宜的思想成为工艺美术创作的主要审美诉求,也决定了工艺美术作品的评价标准。

我国已知的最早的关于手工艺技术文献《考工记》在开篇便提出:"国有六职,百工与居一焉。或坐而论道,或作而行之,或审曲面势以饬五材,以辨民器……"[2]《考工记》提出的"审曲"指的是根据不同的情况以及需求创作出较为适宜的作品。道家学派的创始人老子的哲学思想对中国工艺美术的发展起到了很大的影响,如"天人合一"的思想,他认为追求自然的状态应该是人类理想的生产生活状态,提倡不背离自然规律去实现自己的目的,这就是"大巧若拙"。老子的思想虽然是朴素的,却阐明了审美过程中美的规律性与目的性的统一关系,解释了人与自然环境、个人与社会之间的辩证关系。西汉时期著名的道家著作《淮南子》在其文字中强调美的客观性,它继承了道家崇尚自然之美的思想,提出自然之美是任何技艺都无法比拟的,《淮南子》还提出美是有条件的,所谓美即因人因时因地而宜。《齐俗训》中有相关文字对于"宜"字进行了解释,即"马不可以服重,牛不可以追速,铝不可以为刀,铜不可以为弩,铁不可以为舟,木不可以为釜,各用之于其所适、施之于其所宜。"反映了根据不同的用途来选择不同材质的设计思想,将材质、技艺与造物活动的最终目的相统一,这就是所谓的"宜"。汉代技艺多考虑功能与环境的要求,恰如其分,无疑是对"宜"字最好的注释,即适应生活的方式。宋代史学家郑樵的著作《通志·器服略》中关于器物的论述为器物本身的造型及装饰来源于大自然中的万象,他进而提出了"制器尚象"的命题。[2]在宋代关于工艺美学的理论中,始终主张器物的设计与制作从"载道垂戒"向"备物致用"方向转型,并遵循"奇巧之禁"等原则,反映了宋代器物设计与制作中理性克制的思维,为后世工艺美术的发展树立了典范。明代我国关于古典园林创作的理论《园冶》,其核心主张为造园要"相地合宜,构园得体",在园林的设计与布置上要善于"巧于因借,精在体宜",实现

"虽由人作,宛自天开"的视觉效果,他强调造园之巧在于因地制宜,在造园的时候要善于借景,使园林的设计与周围的环境融为一体,造园的精妙之处在于体度适宜,体现了工艺美学的尺度之美。明代著名的理论家宋应星在关于农业与手工业的重要典籍《天工开物》中强调在进行农业与手工业的活动中坚持探究造物活动应遵循事理规律的特性,这反映出明代造物活动重视实践,重视观察试验,重视正确使用实用技术的科学精神,在思考造物行为中"和谐性"等相关伦理问题时,该书的核心思想与《考工记》一脉相承,强调"天人合一"等工艺美学思想,其中以讨论人与自然环境之间的关系为例,《天工开物》明确地提出造物活动要坚持"适应自然、物尽其用",反映了我国传统造物艺术一贯的伦理诉求,一是主张只有适应自然才能符合事物发展的规律,二是强调保证整个造物活动过程中的系统性、协调性和规范性,从而体现古代造物伦理思想中的"和谐性"。关注"人与自然""人与物""物与物"等多方面因素的协调,是我国古人关于社会生产生活等核心问题的智慧结晶。

四、结论

由此可知,工艺美术的发展过程在某种程度上就是建立在这一系列由程式构建的造型序列之中的。"程式"不仅仅指工艺美术艺术特征或创作个性,它还是通过创作呈现出来的相对稳定也更为内在和深刻的形态特征。工艺美术程式的形成,更多地蕴含了手工艺人的思想情感、审美理想与精神气质等内在因素,所谓"程式"是这些因素综合运用的一种"外显"形式。由于工艺美术发展有着特定的审美体系以及审美取向,所以工艺美术程式对于我们理解不同历史时期的工艺美术作品有着重要的意义与价值。"程式"的继承与发展构成了工艺美术史的主线或标识,它既是工艺美术作品外在特征的显现,又是认识和理解工艺美术的"工具",它本身具有阐释的功能。从"程式"的角度,即从创作本体的层面上去观察和探究工艺美术发展的历史,是理解工艺美术史学的本质途径。

20世纪七八十年代以来,中国设计学科研究开始受到西方现代设计运动及思潮的影响,在研究方法上逐渐脱离了工艺美术的研究范式,如系统设计方法论、直觉设计方法论、以用户为中心的设计方法论以及用户研究方法论等研究方法逐渐兴起,西方设计学科的研究方法借助经济全球化的浪潮在中国设计学界的影响逐渐增大。所谓"应用于现代设计的研究方法",就是对世界设计发展和演进的一种认知和定义,即对客观存在的世界现代设计发展演进体系进行全球视角下的探究和阐释。这种研究范式的转型逐渐对中国设计学科的发展产生了广泛而深远的影响,这意味着西方现代设计的研究方法在很大程度上仍然是中国设计学界进行理论研究的参照体系和框架,这种趋势往往使我们无法认识到中国设计发展历程的全貌以及设计发展过程中的诸多核心问题,例如传统表现形式的来源、社会审美趣味的转变以及设计伦理思想的转型等,因此在"引西释中"的过程中出现难以调和的矛盾与冲突是不可避免的。这些问题的存在源于中国设计学界尚未形成和确立自己现代性的、本土化的研究模式,对于中国设计的研究最根本的是建立中国设计的本体意识,如果没有对于传统工艺美术特殊性的深刻梳理以及总结,放弃或较少地关注工艺美术自身的本体特征及其产生连续性发展的本质性因素,简单地套用西方现代设计的研究框架与方法会使对于中国现代设计发展历史的研究陷入非连续性的、碎片化的误区。因为,以他者的理论框架和体系来研究中国设计学科的发展历程,既无法让我们真正认识到中国工艺美术的原貌和内在价值,也会使对于中国现代设计的研究偏离了科学性及系统性。

传统工艺美术的程式创新与发展彰显了中国设计未来连续发展的内在动力,也成为中国设计学科建构的重要基础。基于对中国设计发展中出现的问题的观察与研究以及对于现实问题的思考,应该更多地从传统工艺美术的本体角度去审视,从其独特的历史进程与伦理思想上来认知,从而使中国当代设计的发展与理论研究逐步走向自立与成熟。

参考文献

[1] 邵琦,李良瑾.中国古代设计思想史略[M].上海:上海书店出版社,2009.

[2] 于民.中国美学史资料选编[M].上海:复旦大学出版社,2008.

[3] 俞剑华.中国画论类编(上)[M].北京:人民美术出版社,1986.

[4] 吴企明.历代名画诗画对读集(花鸟卷)[M].苏州:苏州大学出版社,2005.

[5] 王伯敏,任道斌.画学集成:六朝—元[M].石家庄:河北美术出版社,2002.

[6] 张晨.中国题画诗分类鉴赏辞典[M].沈阳:辽宁美术出版社,1992.

（林美玲,辽宁何氏医学院艺术学院讲师。）

城市美学文化与公共空间中
视觉艺术的语言形式研究

孟昕 林迅

摘要: 如今当代城市美学的构建主题发生了重要的转折,城市与人之间的关系得到了重新的审视,"以人为本"的生活空间得到全方位的发展。新的城市美学反对肤浅的流于表象的城市美化运动,而是更加注重人在城市中的参与性。城市美学对于城市文化建设比以往每一个历史时期都更为重要。但是,伴随着经济全球化,每个城市的同质化越来越严重,城市公共空间逐渐被商业元素占领,许多当地文化被丢弃,而公共空间作为城市的表情,对居民和游客有着很大的影响。城市美学离不开创新,为避免城市个性的丧失,各地都开始加强城市公共空间中的文化建设。作者通过对城市公共空间与城市文化要点的分析,并且基于视觉艺术在信息传递中的优势,探寻未来录像艺术为城市公共空间中文化建设带来的更多可能性。

关键词: 城市文化;生活美学;公共空间;视觉艺术设计;录像艺术

城市是时空交汇的地方,是一个充满意义的多面体。不断流动的城市文脉,承载着市民的荣耀与梦想,丰富而独特的城市景观,镌刻着市民的情感记忆。城市作为"文化的容器",积累着人类的审美体验,弥漫着居民的人文情怀。19世纪美国著名作家爱默生说过,城市是靠记忆而存在的,人们也可以说依靠城市的文化符号来铭刻记忆。文化对于公共空间和城市形象的重要性已经不言而喻。可如今城市中独特文化表达自己的能力受到限制,这是因为商业文化的传播占据了大众传媒。根据弗里德曼的说法,全球化意味着自由市场资本主义几乎扩散到世界的每个角落。但是,全球化也是挑战和机会并存的。全球化增加了文化的传播强度,人们可以从生活的各个方面和角度去了解和感受文化。作者不断思考视觉艺术作品能否作为一个桥梁为特殊的公共空间带来识别性,从而增加游客和居民在特定公共空间中的文化体验。艺术是一个文化概念,是地域之间、城市之间最大差异化及最独特文化的体现。无论是建筑艺术、自然景观,或者是雕塑艺术,城市公共空间内所有种类的艺术形式都是构成城市美学的重要部件。对于融合了文化、商业和日常生活的公共空间而言,艺术是将它们融合在一起的一种理想媒介。

一、城市文化危机

全球经济的发展伴随着城市的快速发展,每个城市都越来越注重其商业部分的发展。当发达地区的城市建立了一些城市建设的规则以后,发展中地区的城市不断效仿和抄袭,好像这是让自身保持国际化的法宝。城市的同质化是全球化带来的主要影响之一,同质化在城市的主要公共空间和商业中心中是显而易见的。高楼已经成为经济现代化的象征,标志着每个城市在全球金融投资竞争中的地位。为了使这些地方对于富裕的人更具吸引力,开发商将办公楼附近的公共空间与昂贵的商店和休闲景观相结合。当同样的想法应用于世界上许多城市时,它会产生一种过于明显的同质化。城市的同质化不利于生活质量的提升和城市身份的认同,这与后现代社会提倡的创新城市精神背道而驰。

经济是城市的支柱,没有经济就没有城市。这导致政府更重视商业在城市空间中的发展,城市的各个角落都渐渐变得以商业为导向。根据公共空间项目(PPS)的报告,在纽约,当奔驰纽约时装周(Mercedes Benz New York Fashion Week)搭起帐篷,举行半年一次的高级定制时装展览时,市中心的布莱恩特公园(Bryant Park)暂时禁止公众进入。包括设置活动所需的时间,每一个"时装周"实际上要花费45天的时间。还有更多的艺术形式被用到了公共空间的商业推广上,比如纽约中央公园的香奈儿艺术装置,广州的K11和北京的SKP。很多城市的艺术作品并没有将创造力与消费分开。城市公共空间中的商业比重远远超过了文化比重,比如各大城市的主要公共空间中的屏幕播放的都是商业广告。除此之外,城市中许多历史建筑和遗迹正在被各种各样的商业场所代替,一些特殊的文化和故事正面临着消失的危机。

二、城市公共空间与视觉艺术形式

(一)城市公共空间与艺术

城市本质上是关于人,关于人们去向何处,和人们在何处相遇,这些才是让一个城市成为城市的核心。所以在城市中比楼房更重要的是它们之间的公共空间。美国学者简·雅各布斯认为,城市最基本的特征是人的活动。人的活动总是沿着一定线路进行的,城市的公共活动空间是城市中充满活力的地方之一。城市公共空间是指由城市中的建筑物、树木、室外分隔墙等垂直界面和地面、水面等水平界面组合而成的城市空间。每天都有人在世界各地的城市建筑物中穿梭,在这种情况下,公共空间被理解为街道、建筑物、广场。空间的公共性与私人性是共生的,没有绝对的私人空间也就不可能存在绝对的公共空间,没有开放自由的公共空间也就不可能存在隐秘安全的私人空间。城市人口众多,空间巨大,有着普通的平房和耸立参天的大厦,尽管人们可能在一定区域内工作,但是人们之间的分工越来越细,不同的文化、教育、兴趣、职业等差异,阻碍了人们相互之间的了解和交往,这种状况很好地保护了私密性,加上人们在城市中居住的多是相互独立的房间,这样个人空间得到了更多的保护。但是人们有交往的愿望和需求,当这种私人空间严格地建立起来之后,他们就要寻找一个其他的场合去交往,这就有了对公共空间的要求。

城市公共空间是城市文化主要的承载物,是人与城市文化沟通的纽带。对于城市文化来说,如今正面临着一个上升期。因为随着城市旅游的逐步发展,有些城市利用艺术和文化所具备的创造力挖掘城市发展潜力。如今,很多游客希望得到特殊的旅游产品和旅游体验,独立的艺术馆、电影院、画廊和音乐场馆成为一些游客参观的主要景点。公共空间是城市的名片,因为其聚集了大量游客和居民。为了给城市一个独特的外观,越来越多的艺术形式被应用在公共空间中,比如由加泰罗尼亚艺术家约姆·普朗萨设计在芝加哥千禧公园的互动艺术装置《皇冠喷泉》。创造性的城市空间有助于增强其无形吸引力,迎合那些规避城市传统旅游区、追求创意新奇旅游区的游客的需求。创意性公共空间更加真实和富有体验性,能使游客在游览时,穿越时空,以获得体验"真正的城市"的感受。这些研究让作者看到了艺术可以为一个空间的文化传播带来更多的可能性,就像有学者说的,艺术家在某一特定地点的存在赋予了这个地方不可替代的感觉和区分性。

（二）视觉艺术的形式——录像艺术

录像艺术作为新媒体艺术中的一种存在形式,它具有与生俱来的实验性和先锋性的艺术意识。早在20世纪60年代,当电视开始成为一种具有广泛影响力的媒体技术,迅速占领了整个图像时代时,反商业电视的浪潮也随之兴起。被称为"录像艺术之父"的美籍韩裔艺术家白南准曾经说过:"电视在进攻我们生活的每一方面,现在我开始反击。"我们可以将其视为录像艺术的起源。视频作为交流媒介,对技术发展的依赖性很强。对于严重依赖技术发展的媒介而言,技术的发展必定导致美学的变化,艺术家的艺术表达受限于它依赖的媒介技术。伴随第三次影像革命的到来,数字影像的普及带给录像艺术更广阔的创作空间,首先是非录制方式的动态艺术作品。例如,3D和Flash或其他电子软件绘制的动画虚拟影像和一些将静态图像串联而成的逐帧动画。其次,录像艺术中产生了多媒体作品,这一类作品由计算机技术集成视频、语音、文字、图像和数据,再通过视觉、听觉和触觉等把对作品的一部分控制权交给观众。除此之外,计算机技术的运用使影片后期处理更便捷,剪辑方式由线性编辑转变为计算机工作的非线性编辑方式,以及网络作为新的传播平台,使得录像作品的实时互动性更强。这说明了无论在哪里制作,技术的发展始终都会对各个产品的性质造成影响。

三、录像艺术对于传播城市文化的优势

要选取合适的艺术媒介成为城市文化空间与观众之间的桥梁,可以从艺术媒介的种类

和特点上进行挖掘,当艺术媒介过于多样时,则需要选取更有吸引力,更为独特和有拓展能力的进行开发。下文对录像艺术和城市文化在形式和实践案例上进行匹配,并阐述为何录像艺术本身所带有的叙事属性,对于城市公共空间文化的讲述具有天然的优势。

(一)人体生理和视觉作品的表达

人类是视觉的生物,大脑致力于视觉处理。人们对图像的热爱取决于人们的认知和注意力。人们以惊人的速度处理图像,当看到一张图片时,人们会在很短的时间内分析它,了解其中的含义和场景。早在1986年,明尼苏达大学的研究人员就研究了如何通过视觉支持来改善演示效果。该研究将各种视觉支持的演示与没有视觉支持的演示进行了比较。总体而言,使用视觉支持的演示更有说服力。

黑泽明曾说过:"你需要特别注意的一个事实是:最棒的剧本里很少有解释性的段落。给解说性内容再加解释那是电影制作中你可能落入的最危险的陷阱。用词句解释角色在特定时刻的心理状态可能很容易,但用精巧微妙的演技来表达它会很难。但这不是不可能的。"

(二)录像艺术的特性与表现形式

录像艺术能够更好地为空间创作新的内容,当然这离不开视听差异性,时空异构性和语言的自由性。视听差异性直接触发知觉的吸引。录像艺术与纪实影像和真人表演相比,在表达方式上获得了最大限度的扩展,隐喻、夸张、变形的艺术手法辅以突出的色彩和叙事连接不断捕捉观众的注意力,增强文化传播能级。伦敦SOHO区是著名的商业区,录像艺术"购物的女人"用几何图形对人体外形进行高度概括,并用明亮醒目的颜色表现一个女人不停走路逛街的场景,这个作品已经成为SOHO区最受欢迎的合影对象,并增加了附近商户的客流量。录像艺术的时空异构性描绘了"未知之境",用艺术表现手法营造独特的平行空间,让观众能够短暂地逃离现实,在艺术空间渴望获得精神食粮。例如,艺术家Yariv Alter Fin创作了他的作品"*Burn*",这个视频的内容是一根蜡烛在缓慢燃烧。进入公共空间的录像艺术,以其符号特性补充、强化和异构着现实场景,为日常化的视觉对象增加了陌生化的审美特点,激发大众的知觉活性,并通过群体传播的模式促进情感共振和审美共鸣。录像艺术因其视觉语言自由多变的特性,常常被用来表现深刻而严肃的主题。录像艺术与纪实影像中线性具象的叙事方式不同,录像艺术在语言的表达层次上,更能够实现多个维度的准确性,可以在一个符号组合中表现直观的形象,同时又表现隐含的语意。例如,在比尔·维奥拉(Bill Viola)的录像装置作品《天堂与地狱》(*Heaven And Earth*, 1992)中,从天花板和地板上延伸出来的两个木桩上各镶嵌着一台电视机,上方的屏幕上播放着老妇人临终前的面部影像,下方的屏幕上播放着一个新生胎儿的面部影像,通过强烈而直接的表现手法将生与死的影像并置在同一空间中循环播放,原本令人畏惧或不敢直面的话题就这样被压缩在同一空间中。

录像艺术既能以独立艺术形式进行展示,也能辅助其他艺术形式,其表现形式的多样性为学科的跨界带来了更多可能性。因此,许多前沿艺术家都开始探索传统画廊环境之外的艺术场所,比如德国艺术家格里·舒姆(Gerry Schum)创立的电视画廊就是一个很好的尝试。在他的电视画廊中,舒姆认为艺术家应该开发一种新的艺术,这种艺术可以通过广播和电视与观众交流,这样才能使传播方法具有普适性。广播电视能够将那些在创作中遗失的成分瞬间呈现出来,移除"艺术对象"的材料,让观众可以直接接触到作品。法国后现代哲学家吉尔·德勒兹(Gilles Deleuze)对于影像曾有这样的论述:"影像价值的突破在于直接截获时间,而不是剧情。影像获得时间本身、时间的情感和道德。叙事在对时间的极端尊重中被消解、革命或者实验。影像或者彻底拒绝时间,它们只拥有时长而不是时间,它们是影像、时间和运动之外的影像,一种视觉说明书。"这一段话阐述了影像的意义,从中可以看出实验影像对时间问题的探索和对空间理论的反思,完全地超越了电视和电影的语言经验。越来越多的艺术家开始通过实验影像的方式完成自己的作品,而伴随着这一波新媒介艺术的革命,数字图像技术提供给了艺术家多样的创作手段,并且新的技术同时也打破了传统电视、电影的线性叙事模式,它用新的非线性的编辑手法及录像装置的立体拼贴和互动艺术对观众的视觉产生新的刺激,最后为观众提供了非线性的审美体验。

四、录像艺术未来的发展

随着诸如全息投影、幻影成像、雾幕成像和混合现实等新技术的飞速发展。融合了现实与虚构的艺术创作可以在展览空间中成功展示,并为展览空间注入新的活力。录像艺术使用新的数字媒体技术将其范围从传统的视频艺术扩展到虚拟形式的显示,并为艺术图像表达提供功能支持,例如空间创建、气氛渲染和时空转换。它成为公众、环境、视频文本和交互式设备的创新载体与新应用程序之间的连接。视频和现实世界的结合不仅扩展了场景的时间和空间,而且进一步激发了人群联觉的潜力。艺术是一种物化的情感,艺术创作的内容决定了表达的形式,表达形式将信息传达给听众,这形成了艺术作品从生产到再生产的闭环。城市文化的输出不能脱离叙事,叙事也不能脱离联觉。通感转移可以消除单感叙事的局限性,扩大叙事空间和自由度。多感官通道融合带来的信息刺激使大脑产生了一种幻觉,刺激了感官体验并动员了情感,使每个人都从艺术角度出发。

在自媒体背景下,人人都是城市形象的构建者,舆论宣传的主阵地已从电视和报纸等传统媒介渐渐转移到微信、微博、公众号、贴吧等自媒体。自媒体低成本、易操作、更新快、传递广的特性,为录像艺术在公共空间中与观众的交互带来更多的可能性。观众的移动设备作为连接录像艺术作品与观众之间的桥梁,赋予了观众更多生产内容的权利。正如上文所提到的,艺术作品基于一个有吸引力的传播形式引起观众更多的注意力,并传递更真实的情感与信息给观众,从而引发观众的思考,很有可能观众在自媒体平台中还会进行二次创作,由此艺术作品的表达内容也具备了被二次传播的可能性。一个可持续的创造与再创造的循环会随着信息传递技术的进步而发生调整,观众与媒介的交互是发展的主题。

未来,视频艺术将在技术发展的帮助下引导参与者在虚拟和现实之间过渡到更理想的虚拟艺术世界,使用交互式技术在物理环境和参与者之间的接触点上执行艺术强化,并通过某种叙述结构将作品整体包装,以产生连贯的体验。观众与影像之间建立的环境会在变化中呈现不同的交互关系,故事与情感的交相辉映为城市文化的发展提供了无限可能。

五、结语

每一座城市中的文化都是在长期的历史发展进程中经过不断的淘汰、沉淀而保存下来的,它们必然是富有内涵的独特文化精华,这值得人们深入地去保护和探索。在城市同质化日益严重的今天,设计师需要承担起自己应有的责任,用新颖的方法和观点,对城市文化深入挖掘,对各种艺术表现形式多多尝试,找准城市文化空间、观众和视觉艺术的结合点,必定能够用一种创新的形式在公共空间为城市文化和观众建立一座桥梁,从而以城市独特性战胜城市同质化,实现生活美学和创新设计的有机结合。

参考文献

[1] Anthony D K. Spaces of global cultures: architecture, urbanism, identity[M]. London: Routledge, 2004.

[2] Cowen T. Creative destruction: how globalizationis changing the world's cultures[M]. Princeton, NJ: Princeton University Press, 2002.

[3] Currid E. The warhol economy[M]. Princeton, NJ: Princeton University Press, 2009.

[4] Schreuder C. Pixels and places: video art in public space[M]. New York: Routledge, 2010.

[5] 仓恺延.自媒体背景下城市形象构建现状及发展研究[J].新媒体研究,2019(16):124–125.

[6] 姜沛勃,韩静华.未来影像发展趋势下的动画交互形态转变研究[J].艺术教育,2020(4):137–140.

[7] 亓国梁.新媒体语境下互动影像装置的艺术特征与类型辨析[J].视听,2019(4):82–83.

[8] 王珏.走向公众:赋能空间景观的动画影像场应用[J].当代动画,2020(1):119–123.

[9] 王强.城市美学的重构:从"城市美化"到"生活美学"[J].东吴学术,2017(4):101–107.

[10] 杨子越,周志高.听觉叙事与通感研究[J].九江学院学报(社会科学版),2020(2):88–92.

(孟昕,上海交通大学设计学院博士研究生;林迅,上海交通大学设计学院教授、博士生导师。)

论靳埭强海报设计中水墨元素的运用

聂　菡

摘要：靳埭强先生是杰出的华人平面设计师，其作品蕴涵着浓浓的中国文化气息，以独特的东方魅力屹立于当今世界设计之林。他同时也是一位水墨画大师，善于把中国传统的水墨元素加入自己的平面设计作品中，灵性的水墨总能出其不意地展现出东方意境之美的气质。本文论述了靳埭强海报设计中的水墨风格及其形成的原因，并通过对靳埭强海报设计作品中水墨元素的运用展开分析，以期我们更好地认识和理解大师的设计风格和设计思想，掌握中国传统文化元素在现代平面设计中的运用方法，这对平面设计的实践具有理论指导的意义。

关键词：靳埭强；海报设计；水墨元素

靳埭强，世界杰出华人设计师，国际平面设计联盟AGI会员。他的设计作品屡获国际大奖，富享盛名，以独特的风格在国际平面领域占有一席之地，其中，最经典的作品特征就是将中国水墨元素运用国际化的视觉语言加以表现。靳埭强曾在一次采访中说自己在几十年设计工作中最满意的事就是未放弃过自己本身追求的艺术，即纯粹的水墨画创作，而且每个阶段都去找寻新的方向，以完成新的作品。在靳埭强的设计语言中，水墨元素重新成为新的符号，从而使他的作品在浓厚的民族文化底蕴中更具有时尚特质，提高了现代平面设计本土化的品质。

一、靳埭强海报设计中的水墨风格及其形成的原因

（一）靳埭强海报设计中的水墨风格

靳埭强先生的海报设计颇负盛名，简洁的西方设计形式中含有浓郁的东方特色，让观者为之着迷的更是其中渗透出的中国文化底蕴。中国水墨元素主题是靳埭强设计风格成熟期海报设计的主要形式，他的创作灵感和元素是从源远流长的中国传统水墨画和中国书法艺

术中汲取的,在设计领域是一种未曾出现过的新鲜成分,还以一种富有传统东方美学意境美的,蜻蜓点水的形式融入海报创作中,取得了很大的成就。他的海报设计大多使用大面积留白,并且以白色为底色,延续了中国画中的虚实结合和强烈的空间感,相对应的水墨笔触线条通常简单轻巧,如行云流水一般渗透到整个设计当中,使之浑然一体,缓慢倾泻出气韵生动的生命力。例如1989年靳埭强为国际舞蹈学院舞蹈节设计的海报(见图1),用写意水墨画的笔法生动地描绘出一只翩翩起舞的蝴蝶,其身姿楚楚动人,犹如舞台上的舞蹈演员。是蝶,也是舞,他用道家天人合一的传统价值观诙谐地解释了自己的作品。再比如荣获美国CA大奖的文化招贴《汉字》系列(见图2),整个画面显示出强烈的东方神韵,容纳古今,将现代的感情和独特的意念赋予到传统书法中,尽情挥洒着书法的灵性。一阴一阳的黑白极色,天地万物皆藏于山、水、风、云四个字中,上下五千年博大精深而又只可意会不可言传的中国文化被他用西式最直白的手法展现了出来。

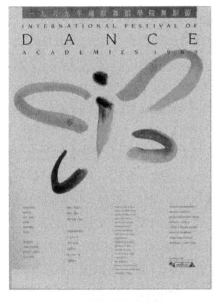

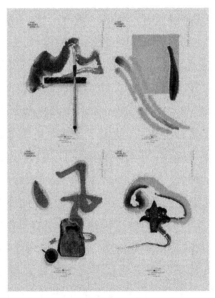

图1　舞蹈节设计海报　　　　图2　文化招贴《汉字》系列

（二）靳埭强海报设计中水墨风格形成的原因

在靳埭强的海报设计作品中,其水墨风格形成的原因有很多方面,但总结归纳起来主要有客观因素和主观因素两种。首先,从客观因素来看,中国传统文化对靳埭强的深刻影响推动了其海报设计中水墨风格的形成,从而影响到了其设计思维方式的转变。通过其设计的众多海报作品,我们可以明显地看出他对于中国文化的精髓有着自己深刻的理解与特殊的解读。其次,从主观因素来看,这与他的学习经历密切相关。在其伯父的影响下,他爱上了书法和绘画,并且对于水墨有着一种很敏锐的感觉,这为他在日后的海报作品中运用水墨元素起到了奠定基础的作用。其实,靳埭强水墨风格的形成并不是一蹴而就的,而是在长期的实践中慢慢摸索出来的。在20世纪60年代,他刚从事设计行业,那时他的设计手法还很西方化,使用的是波普、包豪斯等西方国家流行的设计套路,设计出来的作品没有独特之处,也没有得到设计界的认可。到了70年代,他通过不懈努力逐步获得了一些成就和肯定,之后开始钻研中国的传统文化,并在一些作品中融入了中国代表性传统文化的符号和元素,就是这时候靳埭强的设计风格开始转变。进入80年代后,靳埭强特有的水墨设计风格开始慢慢成形,对中国传统文化的思考和将其在海报设计中的运用也更加深入。如今,他已经是一名富享盛誉的著名国际设计师,不过,他仍在不懈地努力,希望通过自己的创新作品让中国的传统文化在世界的设计舞台上发扬光大。

二、水墨技法、构图和意蕴在靳埭强海报设计中的运用

（一）水墨技法在靳埭强海报设计中的运用

水墨的媒介材料以纸、水、墨为主导,在媒介特质中具有一定的艺术表现力。在西方现代设计中,主要运用计算机进行排版设计,从而设计出的海报含有一股明显的技术性气息,人情味稍显欠缺。而靳埭强将西方设计手法与水墨技法相交融,海报的文化特性在水墨肌理效果的衬托下明显增强,使得作品的人情味得以体现。例如靳埭强1999年在宁波海报展上以"服饰与文化"为主题设计了海报（见图3）,从他采用的设计手法来看,他运用了水墨技法中的焦墨枯笔技法,使用水墨绘制的线条进行事物造型的勾勒,将圆弧线和自由弧形作为衣架的支撑结构,并与带有漆绘的竹尺构成了衣架,以此来表现服饰与文化之间的关系。靳埭强很是钟爱"尺子"的造型,尺子代表服饰设计,能够加强设计和生活的联系,并且尺子与水墨圆弧形维持着一种平衡的关系,同时又相互生发和相互联系,不仅能够展现现代设计中的平衡方法,而且符合中国道家强调的万物阴阳平衡的观念。从整体上来看,通过运用该种技法,以及利用干笔蘸浓墨,行笔的过程中将有飞白出现,使得线条带有独特的肌理,加强了作品的文化感和历史感。再比如靳埭强设计的"运动、阳光与健康"系列作品（见图4）,利用简洁的或浓或淡的水墨线条勾勒出运动员或跑或跳等造型,借助"尺子"将整个系列串

图3 "服饰与文化"主题海报   图4 "运动、阳光与健康"系列作品

联在一起，如以尺子为跳板展现了跳水运动员的健美，又如以尺子为弓箭展现运动员的沉稳，突显奥运会的主题。从人物刻画的角度来看，借助简单的水墨线条和点的组合，既较好地展现了运动员卓越的身姿，也符合中国绘画以抽象画法展现物象骨气和灵动刻画事物外形的观念，西方追求的运动美得以完美体现。另外，在各个造型中隐含的"京"字，又体现了奥运会举办地的人文气息。因此，采用该种水墨点线表现技法，使民族精神得以凸显，同时加入了"运动""健康"等时尚观念，将中西方元素较好地融合在了一起。

（二）水墨构图在靳埭强海报设计中的运用

靳埭强在海报设计中，不仅巧妙地运用了中国水墨技法，同时也运用了水墨构图元素。构图又被称为"布局"，在传统水墨画中尤其重要，只掌握熟练的笔墨技巧，没有合适的构图很难画出好的作品，这是一种表达思想情感的艺术手法。靳埭强运用水墨构图的方式有很多，比如局部法、虚空局、点睛论等，最常采用的是点睛论，就是把一个朱红而鲜亮的红点作为作品重要的视觉元素。红点的本身是没有任何含义的，但是与其他元素结合起来能成为太阳、伤痕等事物的象征，从而传递出丰富的信息。如靳埭强在1989年设计的《名古屋香港著名画家十三人展》（见图5）海报中，运用红点来表示日本国旗中的旭日。从整体构图上来看，靳埭强运用焦墨和方砚这两个物体使它们构成了一个"中"字，利用红点代表日本，传达出中日艺术交流的寓意。红点自身有着向外晕染扩散的趋势，仿佛在画面上缓慢流动，使其形成了画面中的视觉焦点。以发散的红点为海报的中心，从而营造出虚拟而神秘的空间。在靳埭强的海报设计中，常常运用红点进行构图，每次都赋予其不同的含义。红点构图原本来自靳埭强老师寿琨的水墨蝉画，用于代表莲花和佛家思想。靳埭强在海报设计中引入了这种构图元素，不仅传承老师的画风，而且赋予了红点新的意义，同时在表达对老师的缅怀之情时，也可以体现自己对水墨元素的偏好。

（三）水墨意蕴在靳埭强海报设计中的运用

在文学艺术创作中，意境为作品中虚实相生的形象，同时也为情景交融的结果。水墨艺术因为能够运用简单的书法性线条、素净的黑白形象和渗透性的水墨来营造诗意的画面意境，并体现出作者大方典雅的人文情怀，所以被称为一种诗化的语言。借助水墨这一媒介，靳埭强巧妙地将中国古代哲学思想和现代美学融合在一起，完成了和谐美的意境营造。如靳埭强1999年的《九九归一·澳门回归》海报设计（见图6），视觉中心选取了澳门特区区花

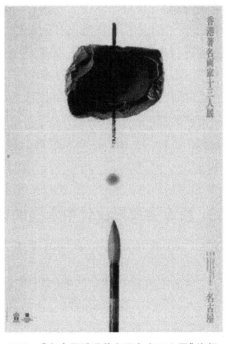

图5 《名古屋香港著名画家十三人展》海报

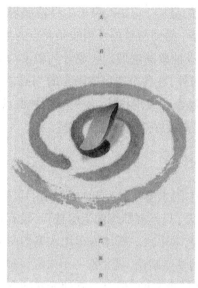
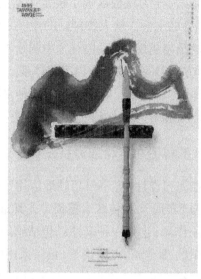

图6 《九九归一·澳门回归》海报设计　　　　图7 《汉字系列·沟通》

莲花的花瓣,将该花瓣看成是渡船,运用水墨元素将两个9环环相套,形成了一个"回"字,同时创造出涟漪的效果。而花瓣落在"回"上,寓意着澳门回归如同花开花落、叶落归根一样,并营造出莲花出淤泥而不染的一种意境。整个画面虽然简洁,存在大量留白,但是看似平静的画面给人以空灵的感觉,能够激发人很大的想象空间和激起人内心的涟漪,传递出作者对于澳门回归的喜悦之情。运用不多的墨迹,同时采用现代设计形式,增强了画面的现代节奏气息,并使得画面像是一幅古老的图画,不仅符合现代审美要求,也能对中国传统文化精髓进行融合,从而体现出和谐的意境美。靳埭强十分擅长运用带有传统文化象征意味的造型进行水墨意蕴的营造,如靳埭强参加"平面设计在中国96展"的著名设计作品《汉字系列·沟通》(见图7),就借助小山石、石砚等充满寓意的与水墨相关的造型表达两岸同宗人文环境,利用水墨线条勾勒出了"山"字,体现山脉起伏、蜿蜒绵长的特征,传递着两岸血脉相通的情感。在海报设计中,靳埭强并非是对传统元素进行简单的借鉴,而是能够采用虚实相结合的平衡方法对水墨神韵进行调动,将东方水墨意蕴与现代海报的材质美结合在一起。

三、靳埭强海报设计中水墨的创新运用

(一)传统水墨元素与西方设计观念的融合

在与西方设计理念交融的过程中,水墨情怀慢慢突显它的魅力,在现代文化背景下备受世人的关注。靳埭强的设计作品具有浓厚的传统文化特色,其海报设计的成功与他深厚的水墨画积淀和对传统文化传承的责任感密不可分。同时,传统的水墨元素在靳埭强的海报设计中带有明显的西方审美意味,这离不开他对西方设计理念的接纳和创造性应用。如

20世纪80年代中期,由靳埭强设计的现代水墨画展海报《水墨的年代》(见图8)是他在海报设计上的一次突破性转变,并被欧洲艺术博物馆永久收藏。一张宣纸映入眼帘,东方水墨与西方设计都展现在其中,运筹构图,意在笔先,一气呵成的境地在靳埭强的现代设计上体现得淋漓尽致,我们亲切地称之为"靳氏技法"。

图8　《水墨的年代》海报

(二)传统水墨元素的现代手法表达

靳埭强也对传统水墨元素进行了现代手法表达,结合中国传统文化内涵,融入了西方设计形式与观念,形成了极具个人特色的设计风格。例如《自在》系列花纹纸海报设计(见图9),获得海报系列最佳作品奖,其中所用的纸张不是传统的宣纸,而是现代的特种纸,水墨在特种纸肌理上的表现也体现了水墨现代化。靳埭强产生这种设计理念是与他个人的生活环境分不开的,香港是一座融合了东方与西方文化的国际化都市,中西方文化的碰撞成为这个城市独一无二的特征,同时,中国在面向世界开放的今天,与世界各地的交流也变得日益频繁,靳埭强的设计就顺应了这股融合的潮流,他的水墨不为古意所困,也不完全反映西方美学,而是创造性地将二者结合,既唤醒了人们对于本民族文化的热忱,又加入体现时代感的西方审美观,使得他的设计作品更容易被人们广泛接受。

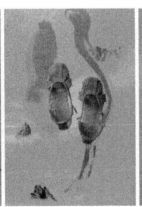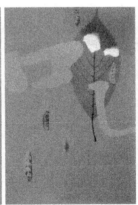

图9　《自在》系列

四、结论

中国作为世界四大文明古国之一,历史悠久,文化底蕴深厚。水墨元素作为中华民族传统文化的重要组成部分,传承绵延至今。如今,以靳埭强为代表的设计师们通过深入了解传统文化内涵,不断与时俱进、改良传统文化元素,将传统文化元素运用到现代海报设计中,在传统与现代、东方与西方之间形成有机的结合,使现代海报设计既传承民族传统文化又具有时代内涵,显示出传统文化对海报设计乃至平面设计的积极影响,并向世界传递了中国传统文化的独特魅力。

参考文献

［1］王序.靳埭强平面设计师之设计历程［M］.北京:中国青年出版社,1999.

［2］李沫.靳埭强作品的东方文化意境［J］.吉林艺术学院学报,2005(2):15-21.

［3］王丽芳.融汇与营造:靳埭强水墨海报设计新探［J］.装饰,2012(6):88-89.

［4］罗芳林.靳埭强平面设计作品水墨意境美赏析［J］.厦门理工学院学报,2011,19(4):109-112.

［5］靳埭强.设计心法100+1:设计大师经验谈［M］.北京:北京大学出版社,2013.

(聂菡,南京师范大学在读硕士。)

马勺脸谱的品牌视觉形象构建过程

苏金成　李　檬

摘要： 品牌视觉形象设计具有强大的传播能力和感染能力，笔者通过梳理相关文献后发现，目前学者们基本都在对马勺脸谱的艺术特色、传统纹样以及现代化设计应用进行研究，但并未从品牌视觉形象设计的角度出发，也没有建立一套合理完善的符合现代化发展的品牌形象而对其进行宣传。因此本文通过最直观准确的品牌视觉形象设计使马勺脸谱的艺术特色、文化内涵、艺术价值得到充分体现，对相关艺术设计进行规范化、统一化，宣传马勺脸谱的内在文化精髓，树立其品牌文化形象，并进一步分析品牌视觉形象设计在马勺脸谱传承和发展过程中的文化价值和经济价值。

关键词： 品牌视觉形象；马勺脸谱；传承发展；视觉符号

一、马勺脸谱的文化承载

（一）显性语意

对马勺脸谱的造型设计、装饰纹样、色彩语言等显性语境的研究是马勺脸谱品牌视觉形象设计最强有力的支撑。马勺脸谱的最初形态分为圆形马勺（见图1）和长形马勺（见图2）。此时马勺脸谱的功能单一，使用价值和文化价值相对较低。随后，马勺脸谱的造型艺术特色初露锋芒，绘制的人物脸型和五官的布局很有特点，颜色和图案都遵循对称法则，也不乏个性化设计，表现手法更加夸张，表现力更加丰富。其中不同的造型表达了不同人物的性格，也有着不同的称谓。主要分为以下五类。第一类是在马勺脸谱中应用最多的"对脸"（见图3）。这一类型最大的特征就是"对称"，以鼻子为视觉中心，两边脸颊和五官分别对称，它所代表的寓意也正如其规规矩矩的造型形式，用来形容正直、诚实的人物特点，如李自成、杨志、刘唐等。第二类是"破脸"（见图4）。破脸的造型特点与对脸的对称法则完全不同。其形容的是勇猛、果敢、无畏的人物特点，如颜良、祝龙、祝虎、祝彪、杨七郎等。第三类为"旋脸"（见图5）。旋脸的造型非常有特点，其眼鼻口均以"S"为路径来绘制，线条婉转有趣，变化多端，如李元霸、荆轲、猩猩胆等。第四类是"定脸"（见图6）。定脸的造型和绘制都是有严格规定的,与其他几类的意义和表达形式完全不同。表现的人物也是特定的,如赵公明、完颜章、关羽、周仓、包公等。第五类是"立体脸"(见图7)。这类脸型造型的最大特点便是塑造立体形,使其立体化,更加逼真。其大多表示怪诞的角色,具有凶横、狂暴的特征,如青龙、白虎等。

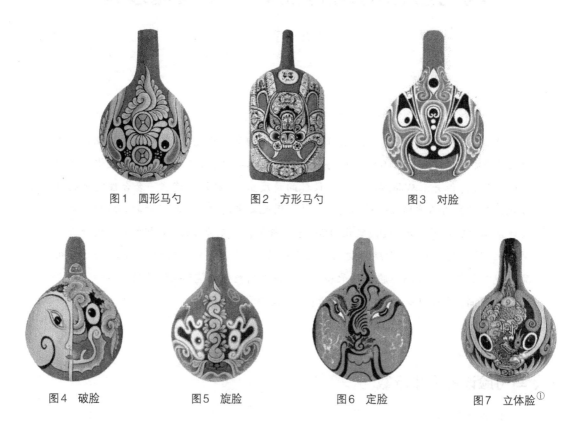

图1 圆形马勺　　　　图2 方形马勺　　　　图3 对脸

图4 破脸　　　图5 旋脸　　　图6 定脸　　　图7 立体脸①

马勺脸谱是用色彩语言来表达性格特征的翘楚,大多采用中国传统意识里最为喜庆的"红色",辅助色多为青、白、赤、黑、黄等五色,在这浓郁的色彩背后蕴藏着中国传统的阴阳五行,其所对应的方位是东、西、南、北、中,它们象征着各不相同的意义和内涵。这明快鲜亮却不失典雅大方,视觉冲击力极强的色彩语言也烘托出陕西关中人豪放、直爽、热情奔放的带有浓厚地域特色的性格。

(二)隐性语意

马勺脸谱在发展过程中所遗存的民风民俗、宗教信仰、神话传说以及马勺纹样内在的文化寓意等隐性语意对后期的品牌视觉形象设计有着指导性作用。"马勺"的产生要追溯至夏商时期,这一时期马勺的主要功能是给马喂食或者用于盛水,是一种民间起源很早的日常生

---

① 图片均为作者于2017年12月在宝鸡市凤翔县拍摄。

活用具——水瓢。如今的马勺脸谱,自20世纪80年代初开始逐渐产生、形成并发展起来。它实际上是把民间"社火"活动中最具有代表性的元素"社火脸谱"与"吞口蚩尤"结合后所产生的。其制作材料颇为讲究,需采用桃木、柳木、桐木这类上等木材作为原材料。在我国民间有桃木能压制百鬼的说法;民间传说中,柳木也是驱邪五木之一,因为观世音手中拿的是柳条;桐木象征着富贵,而且耐磨损、不易变形,所以后来很多手工艺人都选用桐木为原料制作马勺。笔者认为手工艺者在马勺脸谱材质的选择上主要考虑驱邪、祈祷的作用,从心理学角度来讲是由于当时人们的生活艰苦,对于生死、自然灾害没有抵抗的能力,想要通过马勺这样一种带有民间信仰的产物,来抵御灾害达到保护自己的目的,寄托内心追求美好生活的愿望。

由于人类的审美意识和艺术意志的提高,不论是在马勺脸谱的寓意上还是器型、色彩、纹样等方面都在吸收各类优秀传统文化元素,通过与之巧妙地结合,用视觉符号来表现,构成马勺脸谱独有的艺术特色和装饰寓意。马勺脸谱在不同时代有着不同的意义,两千多年前的"社火表演"承载了人类对美好生活的祈祷和除恶扬善的心理;如今的马勺脸谱所蕴含的意义在此基础上进行深化,不仅象征着人类的精神追求,更代表着人类对马勺脸谱的功能作用、文化价值、经济价值、社会价值的新发现,大力传承弘扬马勺脸谱的文化内涵对形成传承非遗的意识形态具有积极作用。

马勺脸谱的传统纹饰等艺术符号的形式语言使其更具魅力,也体现了深厚的民族文化特色。随着人们审美意识的提高,马勺脸谱在发展过程中,注重表达原始民族祭祀的祖神崇拜之外,更加重视装饰纹样的绘画。在原始马勺脸谱中常用的纹样多为仿生纹样。这些传统纹样都是为当时最为原始的辟邪、祭祀等活动所服务的。例如,"火纹"代表"火神","旋涡纹"代表"水神",伴随着社会发展,马勺脸谱本身的祭祀和原始崇拜的意义变得淡薄。民间艺人开始不断吸收吉祥纹样,发展马勺脸谱的绘制,常见的传统装饰纹样如压胜钱纹样(见图8)、桃纹样(见图9)、蝙蝠纹样(见图10)等①,这些代表着美好祝愿的吉祥符号来自"形意"与"音意"的演绎发展,也来自多种神话传说的抽象纹样。例如,压胜钱纹样是形意

图8　压胜钱纹样　　　　　图9　桃纹样　　　　　图10　蝙蝠纹样

① 图片均为作者于2017年12月在宝鸡市凤翔县拍摄。

的一种。马勺脸谱中压胜钱即为民间的货币铜钱造型,铜钱作为"八宝之一"代表着财源广进,富贵吉祥。形意的代表纹样还有桃纹,取"寿桃"的形象,表达长寿健康。蝙蝠纹样在音意中取"福"字的谐音。人们将马勺脸谱所特有的视觉纹样元素不断融合和发展,使马勺脸谱因其强烈的装饰意义被人们所偏爱,为马勺脸谱装饰美化功能的发展提供了巨大的潜力和空间。

(三)传承性和视觉化的发展形式

马勺脸谱有家族式传承、课堂教学、手工作坊生产等三种传承方式,在这三种传统的传承方式下,马勺脸谱文化得到一定的发展和继承。笔者曾去陕西省宝鸡市凤翔县六营村考察,当地马勺脸谱传承人胡新明先生介绍,目前马勺的传承是以家族传承技艺为主,以课堂教学、手工作坊生产传承为辅。现阶段有部分中小学对我国非物质文化遗产开展研习教学活动,老师带领学生到凤翔实地考察,在当地传承人的指导下充实学生的理论基础,引导学生参观、讲解、分析作品,让学生们在初步掌握马勺脸谱的文化内涵和工艺技术的基础上亲手绘制纹样色彩,完成不同角色的代表人物严谨的造型,让学生通过实操体验真正了解马勺脸谱的制作工艺,从而对民间艺术和非物质文化遗产的艺术特色有更深入的认识,同时研学活动对马勺脸谱的传承和发展也起到巨大的推动作用,让非物质文化遗产走进校园,走进新生代年轻人的视野。陕西乃至全国部分高校的艺术学院都与凤翔县签约"非遗研学基地",以艺术类院校为载体,通过与非遗传承人的深度长远合作,促进陕西非物质文化遗产的传承和发扬。

马勺脸谱作为一种传统的民间艺术,以自产自销的方式存在,它不仅仅只有观赏价值,还蕴含着来自人类心灵深处的情感意识,形成了独一无二的美学价值。遗憾的是,在现代生活方式与消费观念的冲击下,马勺脸谱的发展和传承呈现出一种江河日下的局面。如今精通技艺的老艺人大部分都已过世,在世的也年事已高,且因市场不景气,很多年轻人都会选择更年轻化的职业,由此造成了非物质文化遗产后继无人、传承中断的局面。还因宣传力度薄弱,导致马勺脸谱知名度低下,消费群体单一,传播形式有限,传播范围较小,未能充分利用现代化媒体技术创造出有创意的再生设计产品等问题的产生。

通过研究发现目前马勺脸谱的传承和发展并未从品牌视觉形象宣传的角度出发,没有建立一套合理完善的符合现代化发展的品牌形象,品牌宣传的研究尚且薄弱,也使其所蕴含的艺术特色和人文精神的传播和宣扬大打折扣。有相关学者和设计师对马勺脸谱的衍生品进行设计,但并没有将其发展成为一个具有独特精神气质的品牌形象设计产品。品牌是一种无形资产,也是最有价值的"增值"产品,是人们对某一件产品最根本、最真实的评价和认知,是品牌商与顾客之间的衍生物。在马勺脸谱品牌文化建设的过程中,如何突出其所具有的独特的艺术语言内涵,如何在现代化社会中传承马勺脸谱的文化价值是品牌视觉形象设计所要发挥的作用。

二、微观研究视角下的品牌形象设计原则

（一）民俗学：保持地域民俗性

陕西马勺脸谱作为民间文化的重要组成部分，高度集中概括了陕西关中一带的社会礼仪、风俗习惯和人文精神，这些不仅是马勺脸谱所要表述的内容，更是为传统民间艺术的形成与发展奠定了基础。笔者认为马勺脸谱的发展与民俗学中的内容精神有一定的契合度。因此，想要通过品牌视觉形象设计来传承马勺文化，就必须从民俗学的角度来探析其中的要点，在设计过程中必须遵循地域民俗性原则，保持马勺本身所蕴含的地域独特性、历史久远性的艺术特点。法国民俗学家山狄夫在《民俗学概论》一书中将民俗分为物质生活、精神生活、社会生活三种，同时又划分成诸多的子项[1]。从"社火表演"到"社火脸谱"再到如今的"马勺脸谱"的长远发展过程都是人类生产、社会劳动产物的体现，这与民俗学中的物质生活大致相同。马勺脸谱的本质是通过举办祭祀祈祷等神学信仰活动来反映人类的内心世界，充分体现了民俗学中的精神生活。马勺脸谱的社会生活体现在其以家族式带领手工作坊等传承方式上，更体现在马勺的社会影响力和社会文化价值上。马勺脸谱的品牌视觉形象的基础设计和应用设计，在采用现代简约设计元素的前提下，一定要结合马勺的历史发展和民俗民风等深层次的文化内涵，只有保持地域民俗性的设计原则，才能突出其品牌差异化，使其屹立于民间艺术之巅。总之，一个有灵魂的设计作品的背后必须有强大的文化背景等理论基础做支撑，只有这样才能真正实现设计的最大化价值。

（二）传播学：传统与当代结合

传播学是研究人类如何运用符号进行社会信息交流的学科。[2]马勺脸谱的图腾纹样具有极高的文化性和独特性，为马勺脸谱的品牌视觉形象设计提供了很大的文化价值，使其独立于其他普遍采用的艺术设计之上。传统文化为当代艺术设计提供了独特的视觉符号元素，奠定了丰厚的文化底蕴。当代艺术可为传统文化提供具有前瞻性、传播性的平台，为其开辟一条新道路。二者都为彼此的发展发挥着无可代替的作用。因此，笔者想从传播学的研究视角，透过传统和当代结合的跨时代传播来宣传马勺文化。实际上，在马勺脸谱的相关设计中遵循传统与当代相结合的设计原则，不仅是对传统文化的传播，即将陕西关中等地的地域文化，向大众传播和延展，也是对当代艺术的传播，使当代艺术设计兼具文化性和观赏性。如今，品牌需要探索全球化和本土化、传统艺术和现代艺术、国际性和民族性之间的关系，使品牌自身的含义和文化价值相一致。[3]

（三）心理学：符合现代人审美

追求美好的事物是每个人思想形态里特有的审美意识，但审美意识是会随着社会的变迁和进步、人类的物质和精神需求的变化而变化，每个时代产物下的审美标准都各不相同，这也促使新的设计风格流派产生。因此，笔者想通过消费者的色彩心理学来分析现代人的

审美原则。在此基础上,将色彩的特性和消费者的色彩心理联系起来,马勺脸谱的辅助图形采用黄灰、橄榄绿、宝石蓝等相对高级的色彩,冷暖结合,给人以既保留马勺热情不失典雅,奔放不失沉稳的情感表达,又符合当代消费者所追求的色彩心理,直接或间接地刺激人的感官知觉,达到一定程度后又会影响人的观念与信仰。在设计马勺脸谱品牌视觉形象设计中的标志、辅助图形、办公用品、包装时,设计师要掌握色彩心理学的方法,针对不同类型的消费者设定不同的方案,应结合时代的前沿性和艺术风格发展方向,把握人类的审美标准,设计出贴合时代和大众心理的作品。例如,女性大多较为感性,偏爱暖色系,暖色系会刺激女性内心深处的情感,容易使其产生消费心理。

三、马勺脸谱图形语境下的品牌视觉形象设计研究

(一)视觉符号基本形象设计

根据设计美学提取具有中国美学特征的马勺纹样,按照既符合大众审美又不失传统美学寓意的设计原则进行重新拆分,组合设计出新的视觉符号,为其塑造良好的品牌效应。最终是否能达到预期效应的关键在于品牌形象设计的基础部分"标志设计"。在某些时候,标志传达信息和博取眼球的功能是远远比语言文字强的。本次笔者设计的陕西马勺脸谱的标志,是经过了前期调查、研讨提炼、设计开发、修正定稿等四个重要环节。最终确定由"秦素"中英文、马勺脸谱外形印章组成(见图11)。"秦素"两个字为马勺脸谱品牌标识名称,"秦"字代表陕西,传达了马勺脸谱是陕西省省级非物质文化遗产的重要组成部分,有着深厚的历史背景和文化底蕴。"素"字代表着马勺脸谱中蕴含着传承人朴素、质朴的精神品质,凝聚了陕西劳动人民的辛勤劳作和古朴健康的思想情感。"秦素"同时也与"情愫"二字谐音,笔者想要通过对马勺脸谱的品牌形象设计,来表达传承非物质文化遗产的情感。色彩上采用了黑、红色两种标准色。以红色的马勺脸谱原型设计出印章的造型,传达一种来自传统文化品牌的信誉和威严。马勺应用的色彩背后蕴藏着中国传统的阴阳五行,在此采用黑色作为标志设计的主体色,黑色五行为水,水有滋润之性,在脸谱艺术中,象征着历史人物坚毅严正的性格。标志设计作为象征性的视觉符号,传达了马勺脸谱的文化观念,影响了观者的态度和情感等,从而达到树立品牌形象的目的。[4]

标准字设计作为视觉传达的关键构成元素之一,由于其极为广泛的应用,它所出现的频次甚至要比标志更高。[5]为了在广大消费者眼中树立文化自信,让消费者产生品牌认同感,以及更好地塑造秦素马勺品牌形象的统一性,所有的传播媒体、平面印刷等应用的中英文字均采用统一的指定字体。在特殊情况下,则选择相同或相近的字体(见图12)。一个成功的标准字设计能够帮助企业与

图11 标志设计

图12　标准字

品牌塑造出良好的形象,让企业品牌在当前日益强化的激烈竞争中树立更加明显的优势,进而带来更大的经济效益。

　　提取马勺脸谱原有的传统人物形象的纹样图案,将传统文化思想与时代精神相结合,设计出的延伸辅助图案使企业艺术风格、品牌整体形象在众多文化产业中独树一帜。遵循马勺脸谱的纹样对称法则,采用马勺脸谱中运用最为广泛的"对脸"表现形式,来表现正直、忠诚、勇敢的人物性格(见图13)。本次色彩设计打破传统用色浓烈的特征和一味追求视觉冲击力的表现手法,而是结合追求简约、舒适、温婉的审美需求,使得马勺脸谱的传统图案既符合大众审美又富有变化感和层次感,图案的视觉表现力得到新的展现。

图13　辅助图案设计

（二）应用系统品牌形象设计

　　基于马勺脸谱的视觉符号的提取,结合其视觉识别系统的基础部分和推广应用部分对提高马勺品牌的战略发展具有重要作用。企业形象识别符号系统中的重要组成部分之一

"名片",是企业与消费者、传播与沟通之间的桥梁,发挥着功能表达和意义传递的作用。马勺脸谱视觉识别应用部分的名片设计本着简约、淳朴的传统文化理念,以标志设计"秦素"为主体,附有马勺脸谱的重要信息,并与基础设计保持基调一致、和谐统一(见图14)。观者可以通过名片了解到,其整体艺术风格设计体现着企业的文化理念。另外,将马勺脸谱的辅助图形设计运用于企业的办公用品上,采用了传统与现代文化相结合的设计原则(见图15)。对内能产生清冽的企业形象力,对外能让消费者感受到马勺带来的传统古朴的文化气息。

　　随着艺术气息的大众化,人们对美的要求也有所提高。这时,产品的包装设计是否符合大众审美要求就是消费者着重关注的点,也是企业对外沟通的重要途径之一。将马勺脸谱的具有传统韵味的文化元素运用到现代包装设计中,既使现代消费者徜徉在时代前沿,也可使其感受中华传统文化的博大精深。

图14　名片设计

图15　办公用品

(三)马勺脸谱传统纹样的"形"和"意"

　　马勺脸谱的传统纹样的构成元素是形式元素,也是意象元素。也就是说传统纹样的重要构成元素无外乎是"形"和"意",对于传统纹样的继承和创新,关键是处理好二者的关系。[6]在"马勺脸谱"传统纹样的图形语境下进行品牌视觉设计研究时,要利用其"形",马勺脸谱的造型和构成形式独具特色,使其品牌形象设计的表现性更为直观和强烈,会提高消费者和艺术学者的兴趣和关注。利用马勺脸谱传统图形中的"形",并不是要一味地照搬照抄它的原始图样,而是以固有的"形"为参考进行的创新与结构变化,这种创新是在保证纹样筛选谨慎与认真分析的基础上完成的,可以利用现代化意识对传统纹样进行提取、改变与应用,从而赋予其较强的时代感。[7]马勺脸谱的包装设计正是体现了充分利用"形"的设计语言,在深入研究马勺脸谱的造型方法和表现形式的基础上,将其纹样图形进行创新设计,彰显了陕西关中地区的民族个性特征,体现了前沿的时代特征,也体现了传统艺术所固有的神韵。但重形式、轻内容对于设计的预期效果来说是不完善的,为了品牌形象设计的完整性,设计者还必须立足于马勺脸谱传统图形的"意",将马勺脸谱的传统精神内涵、风格意识都融入设计之中,使新的设计思路和创意灵魂出现。例如,马勺脸谱的标志设计"秦素"代表着马勺脸谱中蕴含的传承人朴素、质朴的精神品质,凝聚了陕西劳动人民的辛勤劳作和古朴健康的思想情感。马勺脸谱传统图形中的"形"和"意"是相辅相成的,"形"可作为传统美术图形中的直观化展现,是内在"意"的重要传达方式;"意"则是外在"形"的本质内容体现。因此,想要继承和发扬马勺脸谱,在品牌形象的设计过程中要把握好"形"和"意"的关系。

四、马勺脸谱品牌视觉形象设计的价值分析

品牌视觉形象设计利用马勺脸谱的艺术特征、地域性传统文化、人文精神等抽象理念,设计出规范的具体形象和视觉符号图像,在大众面前展现清晰明了的品牌形象,传达了马勺脸谱这一民间艺术精神内涵的同时也提高了知名度,更重要的是实现了马勺脸谱的文化价值和经济价值的最大化。品牌形象设计是马勺脸谱的文化承载,极大地体现了其文化附加值。即以标志设计、标准字体设计、辅助图形设计等多种视觉单元为依托,来展示马勺脸谱的艺术特色和文化内涵,从而实现自身的异质性,使其发展高于一般民间艺术。品牌视觉形象的应用设计将马勺脸谱传统艺术中的"意境美"表现得淋漓尽致。

构建马勺脸谱的品牌形象设计满足了艺术市场与消费者的需求,拓展了马勺脸谱发展传承的思路与方法,也实现了其经济价值。马勺脸谱的品牌形象设计自始至终都以文化本质内涵和人的精神需求为基点,结合当代艺术设计法则,遵循时代特色,通过把握消费者的审美情趣来进行再创造,只有这样才能真正打动消费者的内心,从而提升社会大众对马勺脸谱的认可度,提高其对马勺脸谱衍生品的偏爱和需求。

五、结语

马勺脸谱的品牌视觉形象设计作为最直观准确的视觉传达形式,是提升马勺脸谱品牌形象的利器,不仅实现了马勺脸谱的文化价值和经济价值,也是增强凤翔县乃至陕西省的文化特色和城市品牌效益的催化剂。本文提出马勺脸谱的品牌形象设计,不能完全依托现代设计法则,而是要从民俗学、传播学、心理学等微观研究视角来分析和确定设计原则,打开研究视角,打破学科间的壁垒,掌握马勺脸谱艺术的本质、特征和普遍规律,获得真实且有价值的理论知识,由此才能创作出有灵魂的视觉设计,实现一种高度自觉性的艺术实践活动。

未来民间艺术的传承和发展会追随着时代的脚步,充分利用互联网时代的数字技术和创作技能,品牌视觉形象设计就是一种有效的艺术手段,将会使我国民间艺术贴近时代的步伐、充分展现其文化附加值,推动我国民间艺术的本土化、民族化、国际化发展。

参考文献

[1] 邱扶东.民俗旅游学[M].上海：立信会计出版社,2006.

[2] 胡慧华.传播学概论[M].北京：人民日报出版社,2004.

[3] 闵洁.传统文化符号助推中国本土品牌形象设计[J].上海工艺美术,2019（3）：64-66.

[4] 程笑君,翟浩澎.浅析标志设计在视觉识别中的作用[J].美术大观,2006（11）：94.

[5] 高利军.浅谈标准字与企业形象相统一的重要性[J].青年文学家,2012（15）：145-145.

[6] 李爱红.传统图形语言[M].北京：北京理工大学出版社,2009.

[7] 连晓君.我国传统美术图形语境下的品牌视觉设计研究[J].盐城工学院学报（社会科学版）,2019,
32（2）：91-93.

（苏金成,上海大学上海美术学院副教授,博士生导师。李檬,上海大学上海美术学院硕士研究生。）

以迪拜世博会中国馆为例浅谈符号在空间设计中的意义

孙逸可

摘要：随着人们生活水平提高，物质经济日益富足，社会对于精神文化生活有了新的需求，越来越多的建筑空间不仅仅只需要服务于人们的居住需求。在这样的社会背景下，符号学对于空间设计而言就十分重要，符号逐渐成为建筑空间满足人类精神文化需求的重要载体，对现代空间设计有着重大意义，符号不仅为建筑中的生活美学提供必要元素，也为现代空间设计的创新提供更多可能。本文以迪拜世博会中国馆的设计为例，分析和论述其中的符号运用。

关键词：迪拜世博会中国馆；符号；空间设计；生活美学；创新设计

以"沟通思想，创造未来"为主题的阿联酋2020年迪拜世界博览会将推迟到2021年10月举行，而目前众多国家已经陆续对外公布了本国的展馆设计，引起各界讨论。迪拜政府将这场160年以来首次将于中东地区举办的世界博览会视为本国的重大发展机遇，更斥资数十亿美元建造和完善基础设施。各国的展馆设计可谓受到万众瞩目，这不仅仅为建筑界、设计界，更为全人类带来了一场视觉盛宴，为我们的世界带来创造力与无限可能。而在笔者欣赏到的众多国家展馆中，中国馆作为本届世博会占地面积最大的外国馆脱颖而出。这座外形设计取自中国传统灯笼的宏伟建筑，被命名为"华夏之光"。看似元素单一的外观中其实大有文章，因为给这座建筑注入灵魂，使其能够经得起反复推敲的关键就在于它的空间设计中融入了大量符号，而这些符号元素在空间设计中有着重大意义。什么是符号？比较文学教授赵毅衡先生给出的定义为符号被认为是携带意义的感知。而空间设计往往又刚好需要具有意义的可以传达情感的载体，这对建筑而言十分重要，是给一个平淡无奇的空间设计注入的生命。世博会上的国家展馆所属的公共空间设计，就其本质而言是一种需要满足信息传播的空间设计，而信息的传播需要符号作为媒介。

一、符号在迪拜世博会中国馆设计中的运用

（一）民族符号

在这座建筑的空间设计中最明显的民俗符号无疑是"中国传统灯笼"。建筑物如果有一个特殊的外形，会有让人一见难忘的效果[1]，灯笼是我国的传统元素，在本次迪拜世博会中国馆的设计中，设计师将灯笼这个代表着中华民族的符号作为建筑外观。不同的空间往往需要运用不同的符号来表达，并将装饰意图和装饰手段联合在一起，例如中国馆为打造显而易见的中国形象，直接取灯笼的外观作为建筑造型，如此运用民族符号的手法与意图相呼应，简约而大气的外观极好地迎合了大众审美观。而迎合大众审美观，正是建筑设计中生活美学的重要体现，生活美学即将审美与生活联系起来，让审美生活化，让生活审美化。由此反观灯笼外形的中国馆，清晰地表达了中国理念构想，却不至于繁杂得使人难以理解，这体现了设计师在运用符号时的缜密考量，在世博会的国家馆面向全世界各国人民展示的前提下，观众审美观宽泛、涉及文化繁多、审美能力跨度大，如果空间设计中符号的运用过于复杂就会导致受众狭小，无法达到雅俗共赏的目的。

灯笼造型的大胆用色、传统而具有新意的形象，充分表达了设计者的性格和对空间的理解。除此之外，灯笼型的建筑主体分为内外两层，外层的玻璃做成了中国传统灯笼上的龙骨造型，并运用花窗格等传统元素作装饰，充分展现了我们民族精湛的传统技艺。如此一来，主题灯笼就并非简单粗暴地做了个造型，而是有内容可深挖，有细节可推敲，使得看似单一的民族符号细腻饱满。我们可以将此理解为在完成生活美学基础上的创新设计，即一个建筑空间设计的点睛之笔。

（二）文化符号

而来到建筑内层，外部极具创意地运用了我国古代四大发明中的活字印刷术。以四大发明之一作为元素的确是一个极好的想法，选定了符号以后如何将之融入建筑中也是个需要考量的问题，设计者提取了用于活字印刷的字模矩阵笼罩于高墙，人们行走于矩阵高墙之间，身临其境，在透过字模的光影交错下深切体会到中华文化的魅力。符号是可以代表事物的东西，而此建筑空间设计中运用的文化符号，可以代表一种民族文化、一个国家，因此符号的选择在空间设计中也尤为重要，不仅要求放到建筑中要和谐美观，更要具有代表性。活字印刷术自发明伊始沿用至今，以此作为代表我国文化的符号运用到建筑设计中再合适不过，让参观者可以直观了解到，这是中国的建筑，以它作为玻璃板后的内层外部，使阳光可以透过镂空部分形成光影，光影之间使用电子投屏。到了夜晚，有灯光由字模之间透过，形成万里江山的水墨画卷，仿佛将我们的中国文字印到江山之上，所有参观者都能够见识到中国汉字的横平竖直、稳重端庄。文字与灯光融合，既有现代感又充满了民族特色，光影交错、美轮美奂。这种传统与现代的结合在此空间设计中的运用着实令人眼前一亮。

以上两种符号运用到建筑空间设计中,不仅做到了自然结合,使建筑仍然拥有比较偏向传统的外观,而且在基于传统的前提下进行了十分适度的创新设计,这座中国馆也因此获得一致好评。由此可见,空间建筑设计的好坏其实并非单由业内人士的认可度来评判,生活美学的体验对象是大众,我们的设计也是为大众而生,为大众的生活而生,我们的行业服务于大众,因此笔者认为尽量迎合多数使用者的审美习惯、生活习惯,是实现生活美学的重要因素。

二、符号在迪拜世博会中国馆设计中的作用

(一)符号对丰富建筑设计空间的作用

目前符号学在空间设计中的运用已经十分广泛,符号往往可以映射出空间设计中蕴含的设计思想和设计师的内在情感,打造丰富而具有层次感的建筑空间。例如迪拜世博会中国馆设计中最明显的民族符号和文化符号,民族符号(灯笼外形)套着文化符号(活字印刷矩阵),使中国馆不是一座单一建筑,而是有空间、有层次的。我们最早的建筑空间即用于遮蔽风雨的房屋,其构造就是由几个面包围而成的空间,简单而空洞,随着时代发展到今天,建筑空间不再单用于居住,不再仅仅满足遮风避雨,我们需要将建筑内容丰富化、形式多样化,灵活的空间布局可以营造丰富的远、中、近景观空间层次,可使小尺度的空间得以延伸、扩大。[2]符号元素的添加就可以很好地达到此目的。两种符号叠加使用的中国馆空间层次丰富、文化风格鲜明,不但增加了参观者对建筑的视觉审美效果,更丰富了设计者的创作手法。除此之外,当设计师运用符号元素使空间重叠的时候,又巧妙地为建筑外层的灯笼龙骨的设计选用了玻璃材质,使观赏者可以透过外层看内层,这就是符号的合理布局,使整个建筑从外观到内观都能形成多层次的布局,设计感十足而又不会过于夸张,恰到好处地照顾了全世界观众审美能力的最大公约数。

(二)符号对营造建筑设计氛围的作用

设计者运用好符号设计可以很好地渲染和营造建筑空间的艺术氛围、意境等,符号元素可以很好地弥补设计单调的空缺,如果运用合理无疑是给平淡的设计画龙点睛,给完美的设计锦上添花。以迪拜世博会中国馆为例,符号的运用增加了中国馆空间的设计元素,设计中采取融合中国风的符号元素,使观赏者站在馆内有亲临中国的切身感受。在运用符号的同时,中国馆的设计布局合理、宽敞明亮,由于外部是玻璃和镂空的文字矩阵设计,整个建筑透光性很好,建筑内部宽敞明亮,民族符号和文化符号双管齐下地运用,浑然一体,和谐相衬,符号运用恰到好处。值得一提的是,文化符号用到的活字印刷矩阵是双层设计,参观者站在其间,身体两侧都是文字组成的"红色高墙",十分具有渲染力,一阵阵强烈的中国风扑面而来,无论外观还是内部,都很好地营造了中国风的文化氛围,带给观赏者浓厚的文化气息,也让人感受到中国的文化底蕴。

（三）符号对注入建筑设计内涵的作用

一个建筑的设计如果仅仅被赋予功能和外观而没有自己的内涵，没有设计师自己的理解与观点，那么无论它的外观有多壮美，也实在谈不上是一件成功的作品。在空间设计中，我们想要表达、需要传递，那可以寄托情感和传达思想的载体就尤为重要。所有的思想都是借助符号表达的[3]，符号即思想的载体，以中国馆来说，其中运用的符号正充当了这样的载体。这些符号使这座建筑处处散发着浓厚的中国气息，如此丰富的符号中满是设计者流露出的对中国文化的敬仰和对国家民族的自豪感。灯笼寓意希望与光明，在钦佩过去的同时满怀对未来的憧憬，仿佛一盏巨大的明灯高悬于迪拜世博会现场，为人类的未来之路照明、领航。建筑设计内外都是设计者对本国文化的自信以及对迪拜世博会主题的深刻理解，十分具有深意，并不粗俗简单也不至于晦涩难懂，符号元素承载着这些设计者的中心思想存在于建筑中，使不会说话、没有生命的建筑空间能够向人们传达情感信息，这样的符号运用完美地为空间设计注入了灵魂，因而更加能够打动人。反之，如若建筑设计空有好的外观而没有内涵，它就无法向外界传达信息，那么这样一个空洞的房子是无生活美学可说的，更谈不上什么创新设计了。

（四）符号对引导空间设计主题的作用

在仔细思考、揣摩迪拜世博会中国馆的设计符号与主题关系时，不难发现两者之间有密切联系，笔者认为是引导与承接的关系。首先，本次中国馆的主题是"创新与机遇"，选用了"活字印刷术"作为文化符号，众所周知活字印刷是我国古代四大发明之一，而这恰好为馆内将要展出的中国现代科技及发明做了铺垫。据透露，本次中国馆内将展出许多"黑科技"，例如FAST、北斗卫星、5G技术、人工智能等。另外还有高铁的模拟驾驶、智能网联汽车等将会一一亮相。其次，两者都是创新产物，从时间线上来看，活字印刷术发明于古代中国，而即将展出的创新产物都属于现代中国或将实现于未来中国，以古代发明引出当代创造可谓是顺其自然，室内的内容如此重磅，外层有了可以与之相呼应的内容做好铺垫，就不会使内部空间设计显得突兀，反而产生了千年前与千年后人类创造力的激烈碰撞。最后从视觉感受上来看，参观者初入展馆便行走于赤色字模矩阵之间，给人敬畏之感，将人的情感带入对历史长河中的人类文明及创造力的叹为观止之中，此时继续进入馆内，各类重磅科技创新成果映入眼中，立刻将情感推入高潮，无论是在视觉冲击还是在内心感受上都令人无比震撼。在这里符号充当了文章中的引言，首先给了观赏者大概印象再循序渐进地引入主要内容，环环相扣、构思精巧，而这都要归功于设计师对于符号的选材之精和运用之巧妙。

三、结论

综上所述，观当今社会经济飞速发展，生活水平日益提高，人们将视线放到了更高水平的需求上,于是空间设计中的规划用途、风格理念都逐渐受到了人们的极大关注,而无论是公共空间、娱乐空间还是居住空间,要使建筑空间有生活美学、创新设计的出现,符号无疑是助其丰富内容、达到要求的重要载体。从上文对于迪拜世博会中国馆设计的分析中不难发现,合理地将符号学引入空间设计中不仅可以更好地诠释空间设计的视觉形象,也能够增添建筑空间中的艺术氛围,表达设计师在设计中寄托的情感和思想。因此从目前来看符号学的运用对建筑空间设计有着巨大意义。具有创新的建筑设计聚合到一起形成了建筑群,建筑群合并组成一个城市。建筑是凝固的艺术,更是建筑者精工技艺和艺术审美的完美表达和呈现。[4]分散的建筑美学合并成为城市美学,成为我们生活的一部分,成为生活美学的一部分。

参考文献

[1] 郭盾.建筑空间的创新设计[J].建筑工程技术与设计,2016(20): 854.

[2] 刘晓哲.景观空间中视觉空间的设计研究[J].居业,2017(2): 61-62.

[3] 皮尔斯.皮尔斯:论符号[M].赵星植,译.成都: 四川大学出版社,2014.

[4] 李云霞.现代城市的生活美学[J].今传媒,2019(5): 132-134.

(孙逸可,南京林业大学本科生。)

地域振兴背景下特色文化旅游商品的创意设计与开发

汪 斌

摘要：中国并不缺乏文化和创意，只是欠缺将这些文化和创意产业化、商品化以及服务化的能力。在过去三四年里我们不断研究文创产品的开发与落地，探索着地域特色文创产品的新机遇。对于地方政府而言，地域特色文创作为城市"软实力"的重要组成部分，其深厚的文化内涵不仅有助于提升城市的对外形象，更是促进地域振兴及后工业时代经济强劲增长的新动力。在新时代下，地域文化是印记，是乡愁，而目前国内绝大多数地域的旅游商品同质化严重，缺乏创意和个性，品质不佳，让游客不愿消费。从深层次来说，这是因为地域特色旅游景区和目的地没有及时了解和发现消费者的购物需求变化，没有针对购物需求变化及时调整旅游商品供给，也没有形成成熟的地域特色旅游文创商品开发与运营模式。由此可见，随着经济社会的进步和发展，旅游业必须进一步改变经营和管理的思路，结合当地的历史文化和特色，赋予当地的旅游和文化产品更多的文化内涵，从而促进和保证该地区旅游文化产业的蓬勃发展。基于此，本文主要研究基于地域特色传统文化下的旅游文创商品创意设计与开发。

关键词：地域振兴；特色文化挖掘；旅游文创商品；产品设计

自从1978年我国实行改革开放以来，人们的物质水平得到了不断进步和提高，文化产业迅速崛起，因此作为第三产业的文旅产业也开始得到了跨界整合和发展壮大。

2016年，文化和旅游部、国家发展改革委、财政部、国家文物局等部门联合发布《关于推动文化文物单位文化创意产品开发的若干意见》，对文化文物单位进行文化创意产品开发做了明确部署。2019年5月19日至20日，文化和旅游部举办全国旅游景区发展与文创产品开发座谈会暨全国文化和旅游资源开发工作会，围绕旅游景区发展与文创产品开发等工作进行阶段性总结和部署，交流最新发展经验。当前，文创产品开发在体制机制、创意能力、资源开发利用、创意设计人才培养等方面仍存在诸多障碍。目前人们已经很难满足于传统模式下的旅游体验,而旅游文化创意产业激发了更多人的兴趣,很多人在旅游中开始将关注的重点放在当地的旅游文创商品上。

一、旅游文创产品的来源

文创产品是个人智慧与灵感的一种实物化表现。旅游文创产品主要体现为将抽象文化融入具体的旅游产品之中,赋予具体旅游产品更多的文化内涵。从一定意义上进行分析,文创产品可以被看作一种艺术的衍生品,其产品主要是以文化和创意作为支持的。另外文创系列产品的构建建立在设计者对传统文化的理解以及对艺术解读的基础之上。

同时文创产品是设计者将传统文化内涵与自身的艺术创意相结合,充分利用原生现代艺术品的文化符号、美学特征、人文精神、文化内涵等元素形成的一种新型的文化艺术创意产品。在对文创产品进行构思设计之前,设计者应该充分提取当地独特的历史文化与地域文化原色,将两者融合,开发出具有策略性功能的文创产品。基于此,文创产品除了具有文化的属性之外还应该同时具有商业的属性,而商业属性是以消费者需求为市场导向的,功能元素是满足消费者需求的第一个构成要素,在此基础上,再考虑产品设计与开发中文化元素以及功能在意境上的相互融入。

二、旅游文创产品的开发

(一)结合当地风俗的文创产品开发(以长江中下游传统特色文化的旅游商品开发应用设计研究为例)

人们出去旅游的主要目的在于想要感受当地特殊的风俗。因此在进行旅游文创产品设计时,可以考虑将当地特殊的风俗作为主要创意,进行产品设计,这样当人们在该地区旅游时,了解到产品上所展现的当地特殊的风俗习惯,也会考虑购买该文创产品。例如当游客去客家地区旅游时,当地文创产品创意开发者就可以利用蓝色的扎染布是当地客家人的标志这一风俗文化,将用传统方法以及染料制作工艺制成的扎染布作为文创产品;或者直接安排游客们来到工艺染坊,亲手染制一件独一无二的扎染民族工艺品,体验民族传统工艺扎染的奇妙乐趣。将当地风俗文化作为文创产品开发的创意,可以激发游客们的购买欲望与购买兴趣。

长江中下游某些地区的旅游文化商品的开发就很具有当地风俗特色,比如杭州在举行G20峰会期间,主办方就曾经用一套以具有杭州特色的西湖文化为主题的餐具来招待别人。在此餐具的主题设计中,将杭州整体的历史文化作为大背景,展现了具有代表性的西湖文化。而且在画面设计上,主要应用了工笔兼写意的手法,巧妙地将西湖风景与其所代表的文化呈现在该餐具上。在餐具的设计中,设计者将西湖的独特景色"三潭印月"中的石塔形象创造性地设计在一个半球形的尊顶盖结构上，通过将中国独有的江南饮食传统文化与当地的瓷器工艺产品进行创意设计与艺术结合，整体展现了整个中国江南的传统文化与气韵。

再如，获得第十二届全国旅游文化纪念品便笺纸设计创作大赛一等奖的文创作品"徽派文化便笺纸"，将徽派传统建筑的设计元素与徽派水墨绘画艺术的整体风格元素进行了融合，展现了徽派建筑独特的风格。

（二）特殊地域的文创产品开发（以非遗视阈下的特色文创产品的开发为例）

从特定的地域文化中提取出核心元素，将其独具的地方文化特色与民俗风情通过艺术创意的转换，使其实物化、生活化，由抽象的文化概念、流传的文化故事、独特的传统文化风俗等逐渐地转化为商品和生活形态，从而研发生产出兼具艺术观赏、收藏、实用价值的文创商品。

要有意识地跟随历史和时代的发展变化，在工艺上有所突破，使地域文化特色与时代特征有机结合，使得旅游文化纪念品的结构更合理，工艺更先进。在设计和开发一系列旅游文化产品时，要深入调研和分析地域性的旅游文化，发掘当地本土文化特色，设计和开发出一系列独具地域文化特色的旅游文化产品，树立一系列旅游文化产品的重要地域影响力和品牌形象。

我们在为客户进行文创产品设计时，可以选取对文化认同度高或地域历史风情浓厚的文化元素和符号，进行一条龙式的文创产品系统设计和开发。如以南岳衡山标志——玄鸟图中的朱雀为典型的案例，可以将该标志设计为袖扣、胸针等多种装饰品，也可设计为工艺类摆件，还可将其形象应用于衣服、围巾、领带等。

（三）历史文化角度下的深度开发（以中国戏曲文化下的文创产品设计为例）

顾名思义，旅游文创商品的灵魂是文化。依托当地的历史人文资源，挖掘出当地独特性的文化元素，提炼出具有市场性和应用价值的代表性文化元素和符号，创作开发出一系列具有灵性的当地文化产品，其创作的精髓和意义就在于通过自己的创意"使静态的文化活起来"，一件文化商品本身就是一种动态的文化、一个历史故事，犹如一部"纪传体小说"，将商品中的具有当地文化特点的历史人文等以虚拟元素和实物的形式真实呈现给广大的游客。通过对当地的特色商品和文化内涵进行主题的转化和融合，同时也赋予游客对当地传统文化具有关联性的无限想象空间，使得游客想要带走的不仅是一件简单的小商品，更是一种独特的文化。

以脸谱为例，戏剧中的脸谱采用了夸张和变形的图形来展示角色的性格特征，很具有象征性，色彩十分讲究，每一种色彩的运用都有其原因，只有这样才能将所刻画人物的性格特征完整地展现出来。因此将脸谱作为中国戏剧文化下的文创产品就非常有代表性。

三、产品的形式

（1）长江中下游传统特色文化的旅游商品的设计与开发：以杭州为例，杭州的茶全国闻名，因此茶叶可以作为杭州地区具有代表性的文创产品。

（2）非遗视阈下的特色文创产品设计与开发：非遗视阈下的文创产品主要为非物质文化遗产的精神载体，比如乐清黄杨木雕技艺的木雕精品、泰顺提线木偶戏中的悬丝木偶等。

（3）中国戏曲文化下的文创产品设计：脸谱是我国戏剧的特色产品，因此将脸谱作为戏曲文化下的文创产品则比较贴切。

（4）民间传统手工艺文创产品的开发与应用：苏州的桃花坞木板年画是具有苏州民间传统手艺特色的文创产品。自古享有"南桃北柳"之称的桃花坞木板年画起源于苏州民间，具有一定的纪念意义以及文化代表性。

四、产品的市场应用

为了增强人们对旅游文创产品的满意度，本文认为旅游文创产品在市场应用方面必须把握以下几个重点：

（一）要具有文化性（以中国戏曲文化下的文创产品设计为例）

文化性是中国戏曲文化下的文创产品设计必须遵循的特点。中国戏曲文化下的文创产品设计是将中国传统戏曲文化和产品的文化附加值融为一体，让更多的游客通过旅游文创产品的附加值去深入了解人文风俗等。产品概念设计需要将深厚的中华民族文化底蕴和人文气息进行融合和提炼，以提升文化旅游创意产业持续发展的活力和价值，并为探索和发展文创产业的经营思路和商业模式提供一定的技术借鉴和价值。

产品设计创意是需要主观事物的元素作为其支撑，才能对生活中的客观事物产生明确的理解和认识，从而写出符合其客观事实的创意产品内容，这就是我们进行产品设计时必须理解和遵循的设计规律。产品设计的过程也需要有一定的思维性、逻辑性，才能共同铸造出多个不同的艺术作品。

（二）要具有创新性（以长江中下游传统特色文创产品的设计为例）

进行长江中下游传统特色文创产品设计时，要特别注意产品的独特性和形态创新。形态上的创新是传递中国旅游文创产品和信息的关键渠道和载体。既要促使设计者将旅游文创产品内在的质量、结构、文化以及内涵等基本要素通过形态展示出来，又要充分运用长江中下游地域的历史文化和地域特征进行设计以创造出新鲜别致的旅游文化产品形态，满足各地游客对于形态的审美和文化需求。

旅游产品的文化形态设计主要可从两个方面入手：一方面，分析长江中下游地域的传统旅游文化和内涵,提炼典型的地域文化设计符号,与旅游项目的文化形态有机结合,创造新的旅游文创产品,通过这种具有地域性的旅游文创产品,使地域的优秀传统旅游文化得到保护和发展传承;另一方面,旅游文化产品的意识形态的创新也需要与时俱进,打破常规,设计师可在深入了解地域文化审美需求的设计基础上,利用特有的产品理念和造型设计语言,将各种地域文化元素和符号完美地融入旅游文创产品的整体形态设计和创新理念设计中,研发设计出集鲜明的地域文化特色和丰富的文化气息于一体的文创产品。

（三）要注重产品的美感（以民间传统手工艺文创产品设计为例）

民间传统手工艺文创产品设计作为一种造物活动,同样要赋予它美的特质。因为旅游者在旅游活动中不断寻觅美、欣赏美的艺术心理与其在生活中是一致的,他们不断追求各种旅游文化产品的艺术文化性和艺术使用价值。基于此,要使旅游文创产品获得旅游者的青睐,首先要保证其美感。

五、销售渠道

文创产业发展作为一个战略性新兴产业,它主要以发展经济产业作为其基础和支撑,逐渐成为促进国家和区域经济快速健康发展的重要推动力量。文创产品本身在设计上具有很强的差异性、体验性与产品个性化等特征,在我们建设文化销售服务渠道时不仅要从设计上充分考虑我国文创营销的基本理论和实践内容,同时还要兼顾如何引发广大消费者的共鸣,以此为基础来推动和支持我国文化与创意产业的持续长足发展。

（一）线上销售与线下销售结合

在线下销售的渠道中,近年来,我国文化创意产业博览会在各地相继举办,吸引了大量消费者以及与创意产业相关的企业和制造商参加,逐渐成为文创产品销售的一种重要且有效的渠道。在线上销售的途径中,网络成为产品销售不可忽视的资源,文创产品的网络营销是对传统营销的重要补充。为了使网络销售的效用最大化,旅游文创产品相关工作人员应该通过市场调研,了解不同年龄层的文创产品消费者对网络渠道的使用喜好和对文创产品本身的偏好,再利用特定渠道进行营销策划,从而推动网络销售进一步发展。

（二）充分利用新媒体进行销售

在新媒体大行其道的当下,充分利用媒体等社会资源对文创产品进行宣传,对提升文创产品的社会影响力效果显著。一方面,伴随着社交媒体的快速发展,相关文创产品销售单位可以在微博、微信等平台上发布兼顾文化传播和产品营销的推广信息,吸引广大消费者的目光,鼓励其前往文创商店购买文创商品;另一方面,销售代理单位也可以结合当代热点,尝试推出现场直播进行促销活动,在现场直播活动中主办单位可以对文创产品进行内容性的总结,推荐一些兼具产品实用性和观赏性的文创产品。

六、总结

综上所述,随着我国旅游业蓬勃发展,大多数人对旅游产品的需求产生了一定的认知变化,人们普遍希望旅游文创产品能够在其原有特点之外具有鲜明的地域特色。而且文创产品的发展在一定意义上还能更积极地响应党的十九大发出的伟大号召,加快乡村振兴,促进城乡发展。基于此,本文的研究主要从地域特色出发,以该地区的传统历史文化为背景,研究具有地域特色的文化旅游产品的创新设计方法,这对旅游文创产品的研发具有重要的现实意义。在文创产品的设计与生产的过程中,设计者应该注意打破传统思维束缚,进行具有地域特色的文化挖掘与应用创新,通过研究大众的消费心理来构建具有地域特色和历史文化特色的文创产品设计思路与设计风格。

(汪斌,芜湖六好儿郎文化旅游产业有限公司总经理、北京文化艺术资源研究院研究员。)

汉绣元素与现代服饰的融合
创新设计研究

张新沂　陈　旭

摘要：汉绣是第二批国家级非物质文化遗产项目。随着时代发展，如何将这历史悠久的特色刺绣工艺赋予新的时代内涵，促进其创造性转化和创新性发展是当下亟待解决的问题。近年来，颇多国际品牌在服饰设计中，争相选用了中国传统刺绣元素，汉绣以其独特的造型、色彩和针法形成鲜明的地方特色，它与现代服饰设计的融合创新会为传承与发展积蓄新的动力。本文旨在研究汉绣元素精髓，探索其与现代服饰的融合共生，让带有东方汉绣元素的服饰设计，在中国创造和世界设计之间构架起良好的桥梁，找到传统与当代连接的意义，推动汉绣与现代服饰融合创新发展。

关键词：汉绣；现代服饰；融合；创新设计

在全球文化创意产业繁荣发展的趋势下，传承与发展非物质文化遗产，已成为一个炙热的话题，国家对于将抓住文化发展机遇、推动文化创新作为促进中华民族伟大复兴的重要战略目标十分重视，"文化自觉"逐渐激发了国人的共情与共识，得到从国家领导人到社会学术界的重视。习近平总书记于2019年8月作出"加强对国粹传承和非物质文化遗产保护的支持和扶持"的指示；中国艺术研究院方李莉教授提出"让非物质文化遗产的传承与保护走向新高度，从'文化自觉'转向'文化自信'"的观点。中国随着综合实力的上升，在国情激励下逐步由"中国制造"转变为"中国创造"，并一直在寻找传统文化的创造力，演绎着输出文化、设计、时尚的角色，成为领导世界新潮流的文化创新和输出地。[1]立足于手工艺类非遗的保护与传承视角，在创新性保护方面，国内学术界出现了徐艺乙、宋俊华等学者对手工艺类非遗创新与其原真性"保护"之间关系的探讨；刘德龙、朱以青等学者对手工艺类非遗创新与民众日常生活互动关系的讨论；田阡、钱永平等学者对手工艺类非遗创新与社会文化建构关系的研究三大主力方向。[2]近年来，汉绣元素的传承与发展，展现了汉绣的创新与保护并非"互斥"，乃是辩证与统一的，亦是群众文化活动、专业艺术生产和文化市场开拓工作目标的一部分。本文旨在研究汉绣元素精髓,梳理汉绣的文化特征,遵循汉绣本源艺术"和谐发展"的规律,探索其与现代服饰的融合共生,并对汉绣的传承与创新发展等问题进行了探讨,希望找到其创造性转化与创新性发展的策略与意义。

一、汉绣的概述

汉绣发源于战国时期的楚绣,迄今已有两千三百余年历史。《楚辞·招魂》描述:"翡翠珠被,烂齐光些。蒻阿拂壁,罗帱张些。纂组绮缟,结琦璜些。"《史记》亦云:"楚庄王有所爱马,衣以文绣,置华屋之下。"考古人员在楚地挖掘出土大量丝织品实物,这些都说明带花纹的丝织品在当时有广泛的应用。汉承楚绣,司马相如在《子虚赋》中这样描绘楚地的自然物候,其四季分明、植物繁茂,普及种桑养蚕,给丝绸业的发展提供了良好的外在条件。作为古楚之地,湖北省为汉绣的发展提供了文化土壤,纺织业的大力发展,也带动了织造技术、染色技术、刺绣技术的进步。

汉绣,兴于唐而盛于清,曾与苏绣、湘绣齐名,主要流行于荆州、沙市、荆门、武汉、洪湖等地带,被称作"荆楚艺术瑰宝,针尖上的传奇"。光绪年间,汉口的万寿宫形成了"绣花街",白沙洲还流传着"男当驾舟,女当刺绣"的说法,至民国七年,绣铺已达一百六十多家。然而,1943年汉口的绣花街在战争中不幸毁于一旦,为躲避战乱无暇顾及身外事业,使繁荣的汉绣市场急速萎靡,直至新中国成立后汉绣工艺产业才得以在复兴的道路上稳步向前。[3] 2008年,汉绣申报第二批国家级非物质文化遗产;2018年,入选第一批国家级传统工艺振兴目录与湖北省首批传统工艺振兴目录;2018年7月,江汉区举行了传统汉绣振兴方案研讨会,确立了汉绣振兴"三年计划",而后在江汉区打造了集设计、制作、教学、体验、展示、交流、销售于一体的国内唯一的汉绣聚集地"中国汉绣圈"。然而,生活方式的变化正在不断淡化着人们的传统观念,高速发展的科学技术与广泛的对外交流所带来的直接结果就是很多时尚感与潮流性的艺术品逐渐取代了传统民间美术,成为人们收藏与陈设的新宠。在汉绣的传承与发展过程中,存在着工业机械化生产与传统技艺保护之间,文化生态传承与创新开发的文化产品和文化服务、文化体验需求之间,不断更新的市场竞争与可持续生态发展之间多方面的冲突。

二、汉绣创新发展需求下的守与变

随着后现代社会的到来,"艺术哲学"逐步向"生活美学"转化,审美的生活化和生活的审美化让社会大众的生活品质与情趣有了提高。从生活品质和生活美学的视角出发,功能之于工艺美学,创新设计对于生活已成为不可或缺的部分,具有地域特色的传统工艺元素的传承与发展在具体的实际操作层面更离不开创新设计。为此,以"创新设计"为基点,适合性法则为准则的传统工艺美学和创新设计需要颉颃而行,功能或许是形而下的东西,但由功能而产生的美感在实践生活中可以使创作者的审美意识对象化、物质化,有时会意想不到地促进生活美学的发展。由此,汉绣传承者与创作者,不仅要提升汉绣传统工艺及美学意识,还需厘清汉绣工艺在创新设计层面上的理念,关注大众对生活品质和生活美学的需求,思考人性、社会与文化内涵之间的关系,强调主体意识的同时,遵循自然规律的"和谐发展",坚守传统而不被束缚,力图从其个性气质与时代精神等多个角度,来提升审美与设计创新水平。在与消费群体积极互动的过程中,共同维护其货真价实的"真"、雅俗共赏的"创"、坚守初衷的"承"、别具匠心的"技"。总之,基于后现代社会的时代背景,现代服饰设计不失为汉绣工艺元素面向现在和未来的行之有效的转化载体。

三、汉绣与现代服饰的融合创新设计

《国语·齐语》:"昔吾先君襄公……衣必文绣。"可见,刺绣与服装紧密相连,而汉绣绣品集实用与装饰为一体,可用于服装的生产制作,在古人的衣帽上,出现过不少汉绣的印迹。汉绣工艺所蕴含的万物哲理和生命智慧,透过思想、宗教、经济、民俗等因素,延续发展了几千年,而今我们欣赏汉绣工艺的朴素与真诚之美,有待以新的视角进行,现代服饰设计可作为阐释的生长点和发展点。现代服饰设计与传统工艺元素融合的审美风格,一方面是指由传统汉绣元素的装饰、色彩、工艺、造型、审美意蕴等综合反映出的传统生活美学,即汉绣装饰手法的夸张性融合、色彩表现的隐喻性融合、意象与适形造型法的运用;另一方面,凝合了时代文化背景与文化内涵,极具鲜明的辨识性与倾向性。

(一)汉绣的纹饰新颜

李泽厚先生在《美的历程》中讲述:"楚国文化从《楚辞》到《山海经》,从庄周到'宽柔以教不报无道的南方之强',在意识形态各领域,仍然弥漫在一片奇异想象和炽烈情感的图腾——神话世界之中。"[4]《尚书·益稷》记载:"《箫韶》九成,凤凰来仪。"《说文解字》亦有:"凤之象也……见则天下大安宁。"可见,最早的凤凰神话原型源于风神崇拜,为此,楚人崇龙尊凤,凤对楚人而言是吉祥的象征,是审美物化的反映及精神文化生活高度自由化、民主化的表征。毋庸置疑,凤纹迎合了人们对仙境的向往及对生命的渴望与尊敬,成为汉绣作品中运用最多的纹样,楚人用善于吸收借鉴多元文化并加以创新的精神,衍生出"龙凤呈祥""龙飞凤舞""福禄寿全""四季富贵"等图必有意、意必吉祥的传统纹样,创造出了《九头凤》《凤鸟花卉纹》等经典作品。[5]汉绣代表性传承人王子怡和黄春萍为传承经典,创作出了《东方神鸟》《前程似锦》等作品(见

图1 汉绣代表性传承人王子怡作品《东方神鸟》

图1)。笔者认为,这些展现浓郁的楚汉浪漫主义及美好寓意的传统纹样,借用新技术,新的表现形式、审美观念,合理地运用于现代服饰设计的创新中,可为汉绣纹饰平添新颜。例如,阿玛尼服饰中刺绣的运用、范斯 x Billy's Tokyo联名Slip-On花纹刺绣鞋款的精致释出、Dior纯手工万针立体绣面"刺绣鞋"的引爆全球、Nike与詹姆斯联名花卉系列刺绣鞋的畅销(见图2),亦都展现出刺绣工艺与时尚融合的魅力,使传统工艺重新获得经济价值。

图2　Nike与詹姆斯联名花卉系列刺绣鞋

（二）汉绣的色彩新韵

《雪宦绣谱图说》:"颜色是有一定的,而颜色的运用并没有固定的法则……有固定的标准就会僵化……过分拘泥于成法,就不会精致;讲求变化,但技术欠佳,也不能达到出神入化的效果。勤勉不懈才能在不变之中求万变,融会贯通才能在变化中又不失分寸。"[6]汉绣的色彩层次分明,繁而不乱,五彩缤纷的处理手法,给人强烈的视觉装饰冲击。一方面,汉绣的配色趋向"热闹"与"强烈",色彩与音韵大俗大雅,奇妙又绚丽,和谐的意象与主观意向相交融,构建出一个对美好生活祈愿的"境界"。此外,倘若借助优越的地理位置和国际化大都市平台吸收现代视觉语境设计风格,运用"生活艺术化,艺术生活化"的理念,将汉绣的色彩"境界"运用于服饰设计中,即可迎合当代消费者对美好生活向往的消费心理。另一方面,由于楚文化推崇"道法自然""平淡天真"等道家思想,崇尚黑色、红色等。在楚文化的影响下,汉绣具有另一番独特韵味,如"花无正果,热闹为先"。"花"指绣品中花草鸟兽与人物等纹样;"无正果"指设计创作中纹样不受现实法则及自然形态约束的布列方式。现代服饰设计的风格,可对汉绣的奔放无羁、五彩斑斓和绚烂至极归于平淡的传统美学色彩加以利用,进行当代审美转化。例如 ANGEL CHEN服装品牌创始人陈安琪,在其服饰设计中,运用了大量的"中国元素",以独特的东方美学标识,充满艳丽色彩的中性美和戏剧化的效果在时尚界脱颖而出,其颇具辨识度的艺术设计风格得到了国内外媒体和消费者的高度认可,引一众时尚大牌为其"翻牌"(见图3)。

（三）汉绣的针法新用

汉绣的针法,包括铺、平、织、见、压、缆、掺、盘、套、垫、扣等独创绝活。汉绣的主要表现形式"平金夹绣",讲究分层破色的层次感和立体感,使汉绣在绣业中拥有别具一格的艺术风格;汉绣还可以根据绣品的不同质地和花纹,灵活运用诸如齐针、垫针、铺针等70多种针法。[7]其中,最古老的当属"游针绣",被称为"楚天才女"的杨小婷,历时六年之久,学习了近百种绣法,展现了汉绣妙相夺天真,针针巧入神之姿。而后,经数年的筹备,她凭借大胆的

图3　ANGEL CHEN服装品牌创始人陈安琪的中国风系列

创意,使沉寂的汉绣成为T台上行走的风景线,由《龙凤呈祥》《龙飞凤舞》《水墨中国》系列组成的《秀绣——杨小婷汉绣服饰艺术时装秀》,轰动了服装界和绣界。

（四）汉绣的造型新展

图4　凤戏牡丹　王燕

汉绣的图案造型通过有限的可穷尽的外在言语形象,传达、表现出无限的内在神情,以达到"气韵生动,以形写神"的效果。李泽厚在《美的历程》中讲述:"楚地的神话幻想与北国的历史故事,儒学宣扬的节操与道家的荒忽之谈,交织陈列,并行不悖地浮动、混合和出现在人们的意识观念和艺术世界中。"[4]汉绣传承人王燕把汉绣的图案造型进行再创新设计,结合灵动针法,同时考虑面料的轻薄、贴附、舒适等问题。在其作品中,传统色彩与针法结合创作了新的造型,中西融合,创造出了具有现代审美的作品《凤戏牡丹》(见图4),并在武汉纺织大学指导学生将平金夹绣点缀在太空棉、PU等时尚面料上,赋予传统海浪纹与云纹新的观感,使汉绣在现代服饰中得到新生。

（五）汉绣的美学新延

非物质文化遗产传承至今,说明其审美水平和创造美的能力,得到历史上不同时代的人们的认可、接受、赞美、欣赏,因而具有颇高的审美价值,它们是文化史、艺术史的活化石,同样值得如今的人们赏析和研究。美学大师宗白华先生在《美学散步》中认为:"艺术的模仿不是徘徊于自然的外表,乃是深深透入真实的必然性。所以艺术最邻近于哲学,它是达到真理表现真理的另一道路，它使真理披了一件美丽的外衣。"方今，我们需要将公众对汉绣美学意蕴的种种误解和不准确的解读重新予以诠释。

《庄子·齐物论》中认为："物固有所然，物固有所可。无物不然，无物不可……道通为一。""道"的观点为旧事物的分解可以产生新事物，史料中"道通为一"的例子不胜枚举，楚绣作品呈现出大量植物之间、动物与植物之间、有机生命与无机生命融汇的新画面。譬如，龙凤虎等动物纹样与茱萸莲花等植物纹样进行"无缝衔接"。笔者认为，传统汉绣工艺元素可以与现代服饰设计进行衔接，借"时代风尚"的势，蓄"传统工艺"的力，使汉绣工艺回归生活，在当今时尚界的新风尚中实现创造性转化和创新性发展。当下，Marni、UNIQLO 等各知名品牌以及一些独立设计师也在积极地从传统技艺中寻求灵感和合作。著名服装设计师陈安琪的 2019 春夏系列从其家乡潮州的古法刺绣中汲取灵感，融入了颇多传统的金线立体刺绣技术，在国外《时尚的未来》服装竞赛节目中，用实力向外界传达出中国具有从"Made in China"向"Designed in China"转变的决心与实力。

四、传统造物思想在汉绣与现代服饰融合创新设计中的意义

《考工记》记载："天有时，地有气，材有美，工有巧，合此四者，然后可以为良。"在满足天时、地气、人和、材美工巧的同时，再加上"物宜"的条件，即可制作出精良优秀的作品。笔者认为，国情、国策和国风可谓天时；构建政府、企业、高校的支撑平台可谓地气；协会机构、民间作坊、绣娘的组织结构可谓人和；传统元素、现代设计、品牌营销、研发体系、生产工艺标准可谓材美工巧；销售渠道的竞争能力和产业特色可谓物宜。综上所言，方能为汉绣与服饰市场品牌的建立提供契机，继而使其融入我国文化事业和文化产业的发展与繁荣中。

（一）国策之天时

国家鼓励和支持发挥非物质文化遗产资源的特殊优势，在有效保护的基础上，合理利用非物质文化遗产代表性项目开发具有地方、民族特色和市场潜力的文化产品和文化服务。为贯彻落实习近平总书记关于统筹疫情防控和脱贫攻坚的重要指示精神，进一步营造非物质文化遗产保护的良好社会氛围，国家文化和旅游部还鼓励各地加强与电商平台合作，充分挖掘当地文化资源，开发文创产品和旅游商品，提高贫困人口从业技能，拓展就业收入渠道。2020 年，中共大悟县委为落实全县脱贫攻坚战略部署，帮助贫困和留守妇女传承汉绣技能，打造武汉"绣·悟"自主品牌，启动了"绣·悟 2020"汉绣文化活动。在巾帼脱贫示范基地活动启动仪式上，湖北胜人制衣、湖北悟丰五艾等 10 家公司被授予了大悟县巾帼脱贫示范基地，期间还无偿鼓励全县城乡妇女报名，免费参加汉绣技能培训、大悟文化之汉绣纹样征集大赛暨纹样作品展等活动，加强了众人对本土文化的价值认同感。"操千曲而后晓声，观千剑而后识器。"学问千种，悟者为上，培养更多熟练掌握汉绣制版、画稿、扎版、印花、配线、刺绣等工艺流程的后起之秀，不仅能为现代服饰设计提供工艺基础，还可以形象地表达出中

国特色、中国风格、中国气派的现代价值观。

（二）政府、企业、学校之地气

在科技迅速发展的语境下，为积极响应注重发展民间文化，倡导学术和教育传承的国情，政府因势利导，可促进汉绣的地方民族特色与现代服饰融合的市场潜力，帮扶部分有潜力的企业机构与传承人才；政府利用有形与市场无形的手，可有效促进传统文化的绿色传承与持续发展。田兆元先生提出"民俗经济从本质上讲是一种认同性经济"的观点，汉绣等传统手工艺消费属于民俗经济范畴，社会大众理性的认同感，会对其传承与发展产生不可低估的影响。因此对传统手工艺文化特征进行普及性教育，才会培养出认同性的消费群体，而有了认同性消费群体的基础，才能生发出富有生命力和市场竞争力的行业，有了"经济基础"的保障，才会有更多的人主动参与"技"的传承、革新与发展。具有地域优势的武汉纺织大学、湖北工业大学、武汉工商学院等一众武汉高校曾多次承办汉绣传承人的研培班、展览与学术座谈会，深入探讨汉绣人才培养、基地打造、产品研发、项目推广等方面的问题，学校将设计资源、教师科研、人才培养进行整合，把汉绣技艺与设计对接，服务当下生活，争取让更多师生掌握汉绣针法技艺，挖掘出汉绣的工艺价值属性与文化创造力，衍生出具有民族意味、传统文化内涵且与时代语境接轨的作品，还就打造公益项目、开发汉绣产品、搭建合作平台、提升脱贫质效等方面与汉绣基地签署了战略合作协议。

（三）机构、组织之人和

见人见物见生活是汉绣工艺文化传承发展的真谛。刘德龙先生认为："手工技艺是在漫长实践中形成的，它离不开当代社会民众生产生活的现实需要，保护传统与改革创新并重才是生产性保护的真谛。"随着科技的发展，汉绣的传承与创新有待协会机构、民间作坊、传承人组织结构和设计团队市场化项目等各行各业的协同推进。例如，2016年7月初，来自中国新疆维吾尔自治区哈密市五堡镇的工艺美术大师热娜古丽·素批的高级定制作品《花开了》，在时尚界著名的法国巴黎高级定制时装周的开幕酒会上惊艳亮相，其中一件腰间点缀手工刺绣的礼服更是吸引了众人眼球。此后在协会机构、民间作坊、绣娘组织结构和设计团队市场化项目的介入以及指导下，取得了丰硕的工作成果，为汉绣与服饰设计的融合发展提供了参考样本。

（四）新旧产业融合之材美工巧

在多元文化语境下，应把握汉绣手工艺传承者的有机互动和转型机遇，即传统文化资源的创造性转化，形成设计中的"再设计"，以重新演绎"材美工巧"的内涵。2020年5月，习近平总书记看望参加全国政协十三届三次会议的经济界委员并参加联组会时强调："坚持用全面、辩证、长远的眼光分析当前经济形势，努力在危机中育新机、于变局中开新局。"笔者认为，在多元化的文化语境下，任何文化都理应成为各民族共同分享的财富，因此作为汉绣工艺文化的传承者,更需消弭地域和国界的桎梏,借助文化交流与有机互动的方式,于变局中拓展汉绣工艺文化传承与发展的新局面。即科技融合示范基地、大数据产业联盟、科技企业、生产机构、设计公司等多方参与,将传统元素、现代设计、品牌营销、研发体系、生产工艺标准等在新旧产业中有效结合,撷取汉绣的传统元素作为国内外现代服饰设计中的要素,二者的融合创新是汉绣传承与发展的赋能通道。

（五）汉绣生态文化品牌之物宜

在文旅产业发展视角下,研判汉绣文化品牌发展趋势,寻找品牌基因与精神,才能在传承与发展过程中产生"合力",创建具有辨识度的汉绣工艺文化品牌。首先,"物竞天择"的过程,近似于将传统文化加以重构,既要考虑当下环境的协调性与生态性,精准定位汉绣工艺文化品牌的市场,以应对主观的复杂性、客观的多样性和环境的变换性;其次,面对传统文化的传承与创新,要持有"守破离"即"守护""打破""离开"的观念,将"共生美学观",即辩证的、唯物主义的观念,用于对汉绣的继承与创新之中。换言之,工艺和文化基因传承是汉绣发展的根基,要不断在基因上与传统保持互通性,对汉绣工艺品质和产品质量进行严格把控。设计师需对社会和生态变化负责,不能一味地盲从于市场的供需,尤其是生产实践中,不能仅是创作者的艺术个性与艺术观念的单一表达,还应学会在打破局限、引领需求、创造需求的同时保持不离本源、尊重传统审美心理的工艺追求。传统汉绣与现代服饰设计有机融合,将助力汉绣传承变"危"为"机",形成共同语言来激发汉绣产业链的新活力,实现人与自然的和谐相处及传统文化设计的可持续生态发展。

五、结语

汉绣历史悠久、工艺独特,具有浓郁的地域文化内涵,在审美、文化、教育、经济等方面具有重要价值。汉绣元素与现代服饰的融合创新设计,是行之有效的发展之路。依靠当代资源和技术优势,使之持续优化与传播,既能传承传统工艺造物思想,又能打破传统审美意识的狭隘框架,在体验民族内涵的同时,获得精神愉悦,使"悦目"转化为"赏心",达到"神怡",最终促成寓教于乐的功效。以开放式、网络式的互补,把汉绣文化的元素、内涵与全球服饰设计的流行风尚相连接,才能持续保障市场竞争力,继而让汉绣研究、设计、开发、营销、服务与现代服饰设计融于一体,在维系对原有基础传承的同时,实现对汉绣艺术的创新性发展,以实现共创共赢。

参考文献

［1］方李莉.探索非物质文化遗产保护的新高度:从"文化自觉"走向"文化自信"[J].徐州工程学院学报(社会科学版),2011,26(4):1-7.

[2] 季中扬,陈宇.论传统手工艺类非物质文化遗产的创新性保护[J].云南师范大学学报(哲学社会科学版),2019,51(4):59-65.

[3] 冯泽民,赵静.汉绣文化内涵及其传承发展[J].丝绸,2010(4):50-53.

[4] 李泽厚.美的历程[M].北京:生活·读书·新知三联书店,2009.

[5] 宗雯.非物质文化遗产汉绣的纹样特征[J].科学之友,2012(9):145-146.

[6] 沈寿,张謇,王逸君.雪宧绣谱图说[M].济南:山东画报出版社,2004.

[7] 洪琼,彭玮,任本荣.针尖上的艺术探索:汉绣针法新解[J].美术大观,2010(7):74.

（张新沂,天津科技大学艺术设计学院副院长、副教授。陈旭,天津科技大学艺术设计学院硕士研究生。）

编辑设计对于图书品质塑造的重要性

——以2019年度世界最美的书《江苏老行当百业写真》为例

周　晨

摘要： 编辑设计是书籍整体设计中的重要组成部分，也是关键的手段之一。通过对于书稿文本内容的深度理解，介入书籍体例结构的统筹调整，文本素材的优化，版面图文关系的精耕细作，大大提高书籍视觉表现力以及阅读的体验感，使内容与形式互为融合，有效提升图书出版物的整体品质，推动出版业的发展。本文以获得2019年度莱比锡世界最美的书《江苏老行当百业写真》为例，阐述编辑设计对于图书品质塑造的重要性。

关键词： 编辑设计；图书品质；最美的书

吕敬人先生在《书艺问道：吕敬人书籍设计说》一书中认为，编辑设计是书籍整体设计的核心概念，是过去装帧者尚未涉及的工作范畴。编辑工作过去只局限于文字编辑，今天提出的"编辑设计"对作者和责任编辑来说，是对"不可进犯的领地"的一种"干预"。编辑设计鼓励设计者积极对文本的阅读进行视觉化设计观念的导入，即与编著者、出版人、责任编辑、印艺者在策划选题过程中或选题起始之初，开始探讨文本的阅读形态，即从视觉语言的角度提出该书内容架构和视觉辅助阅读系统，并思考提升文本信息传达质量，以便于找到读者乐于接受书籍形神兼备的形态功能的方法和措施。这对书籍设计师提出了一个更高的要求，仅懂得绘画和装饰手段，以及软件技术是不够的，还需要明白除书籍视觉语言之外的新载体等跨界知识，学会像电影导演那样把握剧本的创构维度。设计者在尊重文本准确传达的基础上，投入自己的态度和方法论去精心演绎主题，完成书籍设计的本质——阅读的目的，以达到文本内涵的最佳传达。

在书中他还指出，"编辑设计"并不能替代文字编辑的职能，对于责任编辑来说同样不能满足于文字审读的层次，更要了解当下和未来阅读载体特征和视觉化信息传达的特点，要提升艺术审美水准。一位合格的编辑一定是一位优秀的制片人，是书籍设计的共同创作者。他还认为，"品"和"度"的把握是判断书籍设计师修炼高低的试金石。

笔者的理解，编辑设计是由内容文本出发，结合一定的编辑统筹经验、版式设计的规律，而自然生发的一种设计手法及手段。这样的设计与文本内容似骨肉相连，又如毛发之于肌肤。

编辑设计要解决哪些问题呢？笔者个人的经验是：设计师需要设想一个合理的整体的视觉塑造方案；编织一条紧扣文本并富有节奏的阅读逻辑线索；规划一个贴切合理的版面网格组织；定制一套合情合理的个性设计语法系统。这是笔者理解的，编辑设计需要做的工作。

整体的视觉塑造方案，其实是给人的第一感觉，高调还是低调，热烈还是冷峻，统摄全书，后面的工作会受此启发而顺利展开，难度在于是否能找到一个设计的制高点，这个点就像是一个魂，这个魂在文本中，在阅读里，在文本的"背景资料""家族档案"里。以往以文字为主的出版物，通常为单一线性的阅读线索，一路到底，小旁支无非一些注解注释，总体结构是直线推进的。然而在图文书日益增多的背景下，阅读线索的编织变得多元起来。可以单线，可以复线；可以平行，可以交叉，组合穿插等。版面组织系统的规划，不是先考虑技术规律与规矩，而是从阅读出发，从文本内容类型及体例来推理，先找对感觉和气息，而后与规律相合为上佳手段，至于一些理性的版面形态、构成、主次、疏密、虚实、配比等，都是气脉畅通后的顺理成章。所谓个性语法，在笔者看来，就像小说的语言风格，这个风格会给设计增加温度，有温度的技巧，会增加设计的识别度。

如何认识和把握人民日益增长的美好生活需要？专家是这样解读的：从需求性质来看，人类需要大致可划分为三个层次。第一层次是物质性需要，指的是保暖、饮食、种族繁衍等生存需要，这是人类最基本的需要。第二层次是社会性需要，它是在物质性需要基础上形成的，主要包括社会安全的需要、社会保障的需要、社会公正的需要等。第三层次是心理性需要，指的是由于心理需求而形成的精神文化需要，比如价值观、伦理道德、民族精神、理想信念、艺术审美、获得尊重、自我实现、追求信仰等。

落到图书出版业，就是要不断提升图书的品质，因为品质可以涵盖图书内容和形式两个方面。"内容为王"是铁律，然而单一强调"内容为王"，是远远不够的。随着社会发展和各领域产业的高度融合，图书生产走过了物质贫乏的年代，品种趋于丰富，技术趋向成熟，日益达到国际先进水平。图书的整体品质越来越受到重视，"品质为王"的提法更能与时俱进，正如飞鸟的两个翅膀，缺一不可，如果不平衡，就飞不远。然而对于内容的品质要求，有非常详细的规定，比如选题的申报论证机制，重点图书重大题材的申报制度，校对质量的抽检制度等，有力保障了图书生产环节的质量。但对于图书这种有意味的、创造性的形式生产，却没有太多细致的要求，或者现有的一些要求，要么理念过于老化，要么规定过于机械，并不利于图书品质的提升与创造力的开发。

图书内容之外的形式品质，可以包含三个部分：材质选择、技术保障、设计理念。从材质选择来讲,尽管每次做设计,受成本制约,选择纸张等材料都很痛苦,反复权衡,但总体来说我们的材料供给是比较丰富的,也能选择到性价比高的材料。从技术保障来讲,图像采集、彩色制版水平越来越高,印刷机都是进口的,各种配套的工艺手段也都能实现,也有高素质的技术人员。至于设计理念,随着改革开放,国力的提升,网络的流通,国外先进设计理念的影响,我们的知识面扩大了,我们对传统的认知更为深入,对当下设计的流行趋势更为了解。大型展览、出版物、民间交流等各种渠道的拓展让我们能够近距离地感受图书之美;中外的频繁交流,各种图书设计比赛、"中国最美的书"评选、"世界最美的书"评选,大大拓宽了我们对于纸质书表现形式的认知。日本设计大师杉浦康平认为:"书籍不仅仅是容纳文字、承载信息的工具,更是一件极具吸引力的'物品'。它是我们每个人生命中的一部分。每每翻阅书籍总会感到无比的惬意,这是因为我们会用心去感受它内容的分量,欣赏它设计的美感,有时就连翻书页的过程也觉得是一种享受。书籍是有内涵的,它的内涵超越了文字本身;展现给人们的不仅仅是一篇篇文章。近年来中国的书籍设计总让人不禁联想起这件'物品'与生俱来的美好本质。"德国图书艺术基金会前主席乌塔·施耐德曾在文章中写道:"评委会的工作重点在于评判图书中文字与图片的视觉组织与设计,具体包括设计构思、版式、插图及图片质量、封面设计和易读性,还包括装帧及其技术,如排字、排版、数码图像编辑、印刷、纸张和装订的质量等显著影响图书功能的因素。内部设计方面的评判内容是宏观版式、微观版式、图片设计和素材选择。而在外部设计方面,评委注重的是构图、简约性以及与书本内容的关联性。""文化自信"正是建立在知己知彼的基础之上的,时代呼唤最美的书,呼唤品质之书。

在《出版参考》杂志2016年第8期上,笔者发表了《中国书籍设计与出版核心力》一文,其中提到几个观点:① 书籍设计是出版编辑环节中从无到有的原创性劳动。② 书籍设计是当代纸质书突围创新的重要力量。③ 书籍设计是提升出版综合竞争力的有效手段。④ 书籍设计是当代编辑学的研究对象及重要组成部分。文章详细探讨了书籍设计在当今出版物生产过程中的价值,举证材料涉及面较广,本文将就《江苏老行当百业写真》一书的出版过程,来探讨"编辑设计"对于图书品质塑造的重要性。

一、参与选题前期策划与组织

这部书的缘起,要从2008年,笔者着手编辑设计《泰州城脉》说起。《泰州日报》有位年轻的摄影记者叫龚为,是位80后,《泰州城脉》中不少图片就是由他拍摄的。他业余一直在坚持拍摄老行当专题,还印了一本小图册,主题就是泰州地区的老行当,看了以后我很有触动。想到同为老行当研究,学者王稼句先生编撰的《三百六十行图集》对他一定有所裨益,回来后就赠了一套给他参考,希望他走出本地,并扩大拍摄门类,还介绍他到苏州拍摄多位老艺人。2018年,这部《江苏老行当百业写真》付梓,从缘起到出版,刚好十个年头。该书撰文作者潘文龙,对老手艺也很关注,曾经担任《手艺苏州》的编导,他爱好钻研文史,但笔调清新流利。本书写作难度不小，门类众多，涉及面广，文史、掌故、采访，一个都不能少。选题立项后，有些项目是我们三人共同去采访，获取一手资料。看到这些昔日的老行当，正在远离现代人的生活，也目睹了老手艺人的工作和生活状态。这些感性认识，对于编辑策划选题也十分重要。

二、介入书稿体例结构的规划

摄影家龚为，十多年寒来暑往，潜心拍摄，不辞辛苦，积累了数以万计的珍贵老行当照片资料，成为中华老行当最忠诚的记录者。目前，关于工艺和行当的书也不少，但如此体量的纪实类作品，尚未看到。至于书籍的体例分类，也是五花八门，或分为店铺类、服务类、匠人类和修补类；或以衣、食、住、行、商分类；或根据行当的材质而分为竹、木、牙、角、金、石；还有的文学性地以百业寻踪、市井写真、乡韵悠扬来讲述老行当，不一而足。我们反复研究，听取了王稼句先生的建议，依据行当的特点和旧时的传统，在书中将江苏的老行当分为衣饰、饮馔、居室、服侍、修作、坊艺、工艺、游艺八类，自成体系。每一项目，配专文一篇，叙述其背景历史及现状，纪实图片一组，反映行业手艺的基本面貌，图片附"采访手记"，记录拍摄时间地点等要素，"艺人心语"以第一人称口述手艺感悟。图文并茂，读者可依类别按图索骥。

三、全程把控设计制作品质

这些或许行将消失的老行当来自民间，朴素鲜活，笔者希望本书给人的感觉也有民间气味，有烟火气息，纯粹而自然，成为一部以设计师、摄影师、学者的"匠心"致敬老行当手艺人"匠心"的图书作品。图书以方正的12开本呈现，塑造民间气质，以形传神。全书放弃了机械化的装订方式，受古籍毛装本的启发，搓纸为绳，取代锁线，以纸钉方式敲击固定。四面的毛边效果，反复尝试很多种工具，效果不理想且没有效率，最后首创手枪钻加特殊钻头进行打毛，与毛装本的整体效果相协调，效果非常好，且效率高。内页用几种不同的纸张，黑白与彩色相间，最主体的一款纸张就是普通的包装纸（仿古土工纸），是纸张中的"灰姑娘"，几乎没有被用作书籍印刷的主体材质的先例。但这款纸张的颜色和质感非常吸引我，和我们表现的主题格外吻合，但粗糙的质感，给印刷带来不小的难度。以黑白方式印刷，图片充满了力度与岁月的沧桑感，并带有版画的质感。考虑到一些项目带有民间喜庆的色彩，有选择性地挑选部分项目以另外一款柔软的雅宣彩色印刷，体现其鲜活的场景与质感。书中正文全部为楷书字体，篇目标题也为楷体手书，篇章页吸取古籍书名页的视觉特点，满版民间色彩，书法大字，端庄大气。所有的篇目及页码均为书法手写，与全书气息相吻合。该书在制作环节的难度非常高，然而在出版社与上海雅昌的共同努力下，完成度非常高，为该书高质量的视觉呈现打下了扎实的基础。

四、深入挖掘作品文化内涵

本书配有一枚长长的书签，正是解读本书设计中的另外一个创意点的"秘笈"。本书设计重现了逐渐消亡的中国古代数字系统——"苏州码子"。笔者在着手设计《江苏老行当百业写真》案头功课的时候，偶然购买了一期《紫禁城》杂志，那期主题是"工巧推苏郡"，看到一则关于"苏州码子"的知识链接，十分好奇。打听了一下，在我的父母辈仍然见过这种奇特的字符。究竟什么是"苏州码子"呢？"苏州码子"是中国早期民间的"商业数字"，也叫草码、花码、番仔码、商码，脱胎于中国文化史上的算筹，可以胜任加、减、乘、除等计算工作，流行于明代工商业最发达的苏州，所以又被称为"苏州码子"。"苏州码子"是中国数字文化演变的产物，也是唯一还在被使用的算筹系统。苏州码子看起来像密码，其实十分通俗易懂。例如，中国汉字的小写：零、一、二、三、四、五、六、七、八、九、十；中国汉字的大写：零、壹、贰、叁、肆、伍、陆、柒、捌、玖、拾；以"苏州码子"则表示为：0、〡、〢、〣、乂、ゟ、亠、二、三、夕、十。

"苏州码子"在中国的香港特别行政区、澳门特别行政区的街市、旧式茶餐厅及中药房仍偶然可见，远在马来西亚的朋友也为我提供了线索，可见"苏州码子"的影响范围之广。英国电视剧《神探夏洛克》中也将这一神秘符号安排进了剧中的情节。香港连续剧《赌王天尊》的镜头中，我看到了茶餐厅老板结账时在单子上手写金额〢乂亠（24.6元），用的正是"苏州码子"。在新版连续剧《林海雪原》里，军人的领章上，也出现了"苏州码子"。笔者专门到京张铁路的青龙桥车站，寻访"苏州码子"的遗迹，几块用"苏州码子"书写的计程碑，完好伫立在那里。在苏州档案馆，笔者看到了苏州鸿生火柴厂的老工资单，用的正是"苏州码子"。汪曾祺《草巷口》一文，在回忆卖草情节时写道："给我们家过秤的是一个本家叔叔抡元二叔。他用一杆很大的秤约了分量，用一张草纸记上'苏州码子'。我是从抡元二叔的'草纸账'上才认识'苏州码子'的。现在大家都用阿拉伯数字，认识'苏州码子'的已经不多了。"当年"苏州码子"曾在民间各行各业交往中广泛使用，当阿拉伯数字成为社会主流后，"苏州码子"逐渐退出历史舞台。在设计《江苏老行当百业写真》过程中，设想运用"苏州码子"作页码，但心里没底，向藏书家韦力请教，他随手就拿出了一本带"码子"的线装书《天问天对解》，让笔者惊喜不已。之后笔者陆续得到几本带"苏州码子"的旧书，研究发现这些码子在标注页码的位置，但不是页码功能，应该是刻工标注书页序列的记号。后来，在另外一位古籍藏书专家处，看到了将"苏州码子"作为目录数字顺序的古籍稿本。于是，下决心将"苏州码子"这一古老的数字系统用作《江苏老行当百业写真》的页码。本书取材民间，页码未出现规定的阿拉伯数字，以手写"苏州码子"的方式，用作全书的页码，合情合理。希望以这样的方式回归民间，并以此唤起大众对古老数字文化和"苏州码子"的特别关注。

《江苏老行当百业写真》一书于2018年6月正式出版，入选日本东京TDC，相继获得"第九届全国书籍设计展金奖"，2018年度"中国最美的书"，2018年"第30届香港印制大奖全场唯一匠心大奖",《出版商务周报》"年度十大创新图书",2019年度"世界最美的书"荣誉奖,英国"D&AD石墨铅笔奖",美国ADC佳作奖,美国ONE SHOW佳作奖。

莱比锡"世界最美的书"的国际评委给《江苏老行当百业写真》的评语很深入,分别对书籍内容、书籍设计的特点、书籍出版的意义都有较为详细的分析与点评。评语中写道:"这是一本由灰棕色纸组成的厚书,四边都是粗糙的,在左边做了原始的装订。绳子的末端也由粗纸制成,类似于干花一样被压扁。整本书摸起来像一个柔软的枕头。包装纸上的黑白照片,以及超薄的黄白色平铺纸上的彩色照片,再加上折页,以一种细致入微的版式,展示了正在做旧手艺的人们。在完美的印刷和纸张触感变化的相互作用下,这些图片让人们对这些曾被认为几近消失的技术有了深入的了解。"对于该书的出版意义也表示了肯定:"本书流露出一种坚定的自豪感,来向这些老手艺人致敬,他们的精致、品性和勤奋可以作为当今中国这个繁荣省份(江苏)的参考。"

党的十九大报告中指出,要"推动中华优秀传统文化创造性转化、创新性发展",这句话为今后我国文化建设事业的发展指明了方向;《江苏老行当百业写真》的选题开发、创意探索,以及高品质追求,也正是践行了这一理念。该书获评"世界最美的书"之后,受到《人民日报》(海外版)头版头条的关注,美国《世界日报》整版篇幅报道,荣登江苏"学习强国",更成为当年多地的时政考题。强大的社会效益影响也拉动了图书的市场销售,该书在出版社网店首次以原价的方式销售;在京东网、孔夫子旧书网,更是长期超价销售,获得了社会效益和经济效益的"双丰收",这样的结果是始料不及的,我想这是源自大家对于中华传统文化复兴的心理需求,对于古老手工艺"匠心"的致敬,也是对图书整体质量的肯定。从购买留言里,我们看到了读者对于纸质书新的收藏需要、新的阅读体验需要,归根结底就是由内而外的品质追求,读者的这些需求就是给出版人提出的新要求,也是我们新的动力。

参考文献

[1] 吕敬人.书艺问道:吕敬人书籍设计说[M].上海:上海人民美术出版社,2017.
[2] 上海市新闻出版局,《中国最美的书》评审委员会.中国最美的书:2003—2005[M].上海:上海文艺出版社,2006.
[3] 上海市新闻出版局,《中国最美的书》评审委员会.中国最美的书:2006—2009[M].上海:东方出版中心,2010.

(周晨,江苏凤凰教育出版社编审、艺术出版中心主任。)

基于地域文化的区域品牌
形象设计方法研究

陈坤杰

摘要：区域的振兴与发展是国家的战略性发展要求，目前结合我国各个区域发展实情，真正实现地域振兴与发展的诉求，如何设计、构建区域品牌形象从而达到以品牌赋能地域相关产业发展与振兴就至关重要。本文从地域文化视角出发，探讨区域品牌形象的设计建构方法，旨在结合地域特色和文化差异性缔造区域品牌形象的文化内核，提升区域品牌的地域识别性和宣传传播力，从而彰显品牌形象特色与魅力，同时充分发挥区域品牌的经济效用，带动区域内相关产业的发展繁荣，最终服务于地域振兴。

关键词：地域振兴；地域文化；感性价值；设计方法

地域文化是一个国家或者区域特有的文化积累和历史沉淀，也是设计创新活动的重要灵感来源和设计支撑。立足区域发展，构建符合乡村地域文化实际情况的品牌，启动品牌文化引领下的相关产业生态链，才能让中国乡村更具吸引力[1]。基于设计创新视角，文化是品牌定位的基础和前提，同时，区域品牌的内容涉及地域内乡村旅游、特色小镇、田园综合体、文化创意产品等文化产业。所以，如何挖掘面向区域品牌设计的地域文化资源，形成区域品牌的设计框架，以及如何让地域文化赋能品牌设计正是区域品牌设计所需解决的内核问题。基于以上所述，本文将探究基于地域文化的区域品牌设计方法，希望能够使中国区域品牌尤其是乡村地域品牌形成"一村一品""一区域一特色"的品牌价值和魅力。

一、面向品牌设计的地域文化认知

（一）地域文化的概念界定

关于"地域文化"的定义及其界定，目前学者们大致有以下几个具有代表性的观点：地域文化可简单界定为"有地域特征、属性的文化形态"。地域文化亦称为"区域文化"，与文化地理学类似,是研究人类文化空间组合的地理人文学科。地域文化可以概括为一种传承至今的"文化传统"。其有广义和狭义之分,广义的地域文化特指中华大地不同区域物质财富和精神财富的总和;狭义的地域文化是指在特定地域范围内长期形成的历史遗存、文化形态、风俗习惯、生产、生活方式等[2-4]。

基于以上学者的研究定义,综合考量本文的研究内容,对地域文化进行研究界定,即地域文化一般是指在我国特定区域内,具有悠久历史和区域特色并一直流传至今的文化传统,包括该地域长期发展积淀形成的地理风貌、文化遗产、遗迹,当地生活传统、习俗、生活生产方式,历史文化、精神风貌、文化内涵等[5]。

(二)地域文化设计梳理

区域的品牌形象设计是指与地域的特征和特色紧密结合而形成鲜明的地域品牌形象。所以,所有的地域文化元素和意象原型都是区域品牌形象设计所需要的设计来源。这里根据上文地域文化定义,将地域文化中丰富的设计资源和要素具体化,即一个地域的自然风貌,人文传统,精神意义等。自然风貌包含此地域的山河湖海,草木、动物等客观存在的特征体现;人文传统更多地表现为该地域的文化与行为特色,如地域饮食特色、风俗礼节、生产工艺、艺术特色、建筑特色、语言文字等;精神意义则主要是指在特定区域内的文化思想、文化内涵、精神信仰、神话色彩、地域美誉等。这些地域文化的存在主要表现为三个层面,一是视觉表征层面:以文化符号、视觉图案、形态、色彩、肌理等特征表现;二是行为层面,以行为习惯、体验感受、欣赏学习等方式体现;三是精神情感层面,以感性认识和感受,情感共鸣和认同来表现。

(三)地域文化对区域品牌设计的价值

地域文化是地域品牌形象的内核,而品牌的创意设计又能够作为地域文化的媒介和载体,传播和发扬优秀的地域文化和特色。处于目前的市场背景下,人们更加注重以人为本,更加青睐能够产生情感共鸣的产品,如满足受众寻求趣味、归属感,猎奇等感性需求等。这些抽象需求的背后往往体现着各种各样的文化诉求,文化也恰恰能够提升品牌附加价值。此外,地域文化资源经过设计化、产品化和品牌化的提取,能够产生大量的设计元素来呈现和启发品牌形象。地域文化作为设计信息载体,其物化的过程就是地域文化符号化和具象化的一个过程。具体的设计案例有杭州的城市形象标志(见图1)。"杭"字笔触融入了当地的各种江南地域文化的代表性要素,像是建筑、园林、游船、城郭、拱桥等地域文化元素,使这个城市的形象与人们所熟知的园林文化特点和具象特征紧密联系,更具有文化底蕴和强烈的江南地域特色。再如日本吉祥物"熊本熊"(见图2),将九州岛中心的农业县城熊本县的地域特色提炼,抽取了该城市的色调"黑色",当地的火山色调"红色",这些文化色彩经过设计和品牌打造,造就了极高人气的"熊本熊",成功塑造了日本的城市品牌形象,不断推动着其向外界传递国家的核心价值观和文化信息。这些已有的成功设计案例都表明地域文化

图1　杭州城市形象

图2　日本"熊本熊"

大大提升了品牌形象的文化内涵,形成了独特的品牌审美特征,带来了深刻的品牌认同与共鸣,同时也彰显出了时代的特色。

二、区域品牌形象设计梳理

(一)区域品牌形象设计界定

美国杜克大学的凯文·莱恩·凯勒教授对城市品牌进行了定义:城市品牌与企业的产品相同,地理位置或某个空间区域也可以成为品牌[6]。因此,打造区域品牌形象,是需要将区域的品牌和区域的形象做融合的。在此,本文特别说明:第一,区域的品牌是丰富多元的,它可以是特定区域内的产业品牌、乡村品牌、旅游品牌等,这取决于该区域的特色和优势;第二,区域品牌和区域形象二者看似相似,实则是不同的两部分内容。区域品牌是某一地域内的劳动者建设和提炼所产生的区域特征,包含历史、文化、人文、地理以及产业等要素,这些差异化的要素就是不同区域所想要传达和建立的公众核心概念。而区域形象,是公众对该地域内客观事物的印象[7]。

(二)国内外区域品牌形象设计现状

国内外关于区域品牌形象的设计有很多,其中多数为市区、城市、国家品牌形象,设计的呈现形式多是城市标志形式[8]。如上文提到的日本"熊本熊",中国"杭"州;依托"桂林山水甲天下"美誉运用桂林独特的山水符号设计的桂林城市品牌形象(见图3);以"吴哥窟"文化原型创作的柬埔寨国家旅游品牌形象(见图4),并结合地域文化特色对其进行延展设计,创作了6个不同的形象,尽显东南亚风情。诸如此类的国内外典型案例还有很多。

我国文化积淀深厚,各区域具有鲜明的差异性、独特性,但是目前关于区域品牌的打造和构建还是比较单一,而且设计表征不够独特,形成了以下问题:一是区域品牌的诉求定位不准确,需求点不明确;二是区域品牌形象的设计形式和传播方式与现阶段的技术发展难以形成良好链接,曾经的媒体媒介宣传手段亟待进行调整;三是区域品牌的形象设计出现"同质化",不能形成区域特色和鲜明的品牌识别性;四是对于区域品牌的设计范畴缺少深

图3　桂林城市形象

图4　柬埔寨国家旅游标志

度挖掘，与国家的战略发展没有形成良好呼应，如乡村的品牌缺少挖掘，没有形成乡村地域特色品牌。综上所述，我国区域品牌形象设计是一片亟待开发的蓝海，尤其在现阶段地域振兴的趋势下，许多美丽的中国乡村、特色小镇都是亟待品牌加持发展的重点建设和设计对象。深入挖掘地域文化、地域特色，结合时代特征，集中去规避现有的问题，集中呈现区域优势与特色，必将能够做出好的区域品牌，起到引领地域发展的作用。

三、区域品牌设计方法思考

（一）地域文化要素的筛选提取

基于上文对地域文化的设计梳理，地域文化视觉化的过程是文化信息具象化表现的过程，结合文献研究和案例分析，设计者通常可以采用以下方法进行视觉化设计：一是归纳分析法，即通过对地域文化资源进行上文三个层面的设计提炼，抽取有地域代表性的设计元素，形成与文化相对应的视觉感知、行为体验、情感认同三个层次的设计元素，为区域品牌形象设计做好铺垫；二是图像表现法，即通过对地域文化的挖掘和了解，运用直观的区域图像进行品牌的设计创作，图像表现法更多地客观和直观地展现了区域的形象；三是元素解构法，即将最具区域代表性的文化元素进行提取，提炼好具体的设计符号后对符号以重组、叠加等形式进行解构；四是图文结合法，即图文并茂地展示区域形象，如杭州城市形象设计，"杭"字既有地域文化元素的塑造，也有文字的形象表现；五是概括抽象法，即归纳梳理完区域的特色设计元素后，对其更写实具象的元素进行更加精简地抽象诠释，用抽象的设计元素激发大众的文化和感性联想。

本文着重强调,在使用以上设计方法或者视觉化手段时,基于地域文化视角的思考是大有裨益的。此外对地域文化元素的设计筛选也是关键所在,并不是所有的地域文化资源和元素都具有设计价值,也并不需要对其进行一一分析与运用。关键是要紧紧联系区域的品牌发展实况,挑选真正能够体现区域特色,具有传播价值和传播影响力,能够引起大众感性共鸣的文化元素来进行设计衍生。即以地域代表性、文化传播力、文化感性共鸣为筛选原则,有选择、有重点地运用地域文化才能更具表现力。

（二）拓展品牌形象设计表现形式

品牌形象的设计形式是包含标志系统、色彩系统、照明系统、广告系统、街道道路系统、建筑系统等内容的表现,随之设计输出的有品牌主视觉LOGO、公共设施、吉祥物、品牌周边等形式,这些形式都融合了一个区域的外在形象和内在气质,展示了区域的文化特征,也与公众形成了呼应。但是随着现阶段传播技术和媒介的发展,设计手段和表现形式的多样化,笔者认为品牌的形象设计范畴也应该拓宽,区域的品牌形象设计还应该拓展到相关农副产品、区域园区、旅游小镇、文化创意产品等方面,形成一个在主要视觉形象引领下多方面形象视觉设计的区域品牌形象设计体系,这样的设计表现更加全方位和立体化,也更能够形成品牌体系,起到品牌效应。立足公众的视角,这样的设计形式能够做到人、情境、产品的和谐统一,也能让人们更好地融入此区域时间、空间的视觉认知,沉浸体验并随之产生感性认识。

（三）品牌感性价值的构建

如何让品牌的感性价值发挥出来也是区域品牌形象设计的重要诉求之一。从地域文化角度对区域品牌设计赋能,就是希望能够激发设计的灵感以及为品牌带来更多的内涵,而品牌内涵中感性刺激对受众是最明显和直接的。古人云:"感人者,莫先乎情也。"品牌所展现的感性价值一旦与目标群体产生共鸣,目标受众很容易形成情感依赖,这种感性依赖将大大提升品牌的价值和意义[9]。地域文化作为文化内容本身对受众而言就是存在感性价值和感性认同的,除此之外,构建区域品牌感性价值还应该在设计前做好用户市场细分与定位分析,更好地确定目标受众群体,如此才能有目标指向性地去定位地域文化和设计元素。关注区域范畴和地域文化中的感性主题,如城市美誉、地域口号、区域主流文化之类激发感性话题和感性认同的内容,都是能更好地帮助确立品牌感性导向的有效途径。现在是体验经济时代,品牌的感性体验也是必不可少的,那么与品牌形象设计相呼应的品牌体验过程中的一系列设计也是感性价值塑造的重要过程。所以,品牌形象设计时也要考虑如何与相关体验活动相呼应来呈现其感性价值。

四、结语

本文立足于地域文化和品牌设计,讨论和提出了相关的设计思考,希望能够启发相应的设计实践,构建区域特色品牌。目前,区域品牌的设计和构建呈现设计蓝海,建立区域品牌形象,形成具有地域特色的相关品牌是当下区域发展建设和品牌传播发展的要求。尤其在亟待发展的乡村地域,融合地域文化和乡村特色以形成乡村品牌也是地域振兴的直接有效方法。只有充分挖掘、认识和利用地域文化特色资源,才能归纳提取和抽象解构出具有区域特色的视觉表征意象,才能构建区域品牌形象,发挥出区域品牌的价值与效用。

参考文献

［1］ Wei Qi, Yu Deng, Bojie Fu. Rural attraction: the spatial pattern and driving factors of China's rural in-migration[J]. Journal of Rural Studies, 2019(3): 176−181.

［2］ 白欲晓. "地域文化"内涵及划分标准探析［J］.江苏社会科学,2011（1）: 76−80.

［3］ 路柳.关于地域文化研究的几个问题［J］.山东社会科学,2004（12）: 88−92.

［4］ 赵世瑜.中国地理文化概说［M］.太原:山西教育出版社,1991.

［5］ 陈坤杰.基于传播学视角的地域文化创意产品设计研究［D］.长沙:湖南大学,2018.

［6］ 凯文·莱恩·凯勒.战略品牌管理［M］.北京:中国人民大学出版社,2009.

［7］ 刘洋,王玲,解真,等.城市品牌形象创新设计方法［J］.包装工程,2020（10）: 235−241,273.

［8］ 朱仁洲.中外城市旅游形象标识设计比较及启示［J］.包装工程,2012（24）: 134−138.

［9］ 王松柏.品牌设计中的感性定位策略应用研究［J］.经济与管理研究,2013（9）: 121−123.

（陈坤杰,上海交通大学设计学院,博士研究生。）

下篇 乡村美学与乡村设计

乡村美学与乡村设计：
第二届中国乡村文化振兴高层论坛综述

周武忠　唐　珂

为深入实施乡村振兴战略，全面打赢脱贫攻坚战，促进农产品产销对接，提升农业品牌影响力，推动农业贸易合作，农业农村部于2020年11月27—30日在重庆市国际博览中心举办第十八届中国国际农产品交易会（以下简称"农交会"）。作为本次农交会的重要活动之一，第二届中国乡村文化振兴高层论坛于11月28日上午在重庆悦来国际会议中心相悦厅举行。本届论坛由中国国际农产品交易会组委会主办，农业农村部市场与信息化司、重庆市农业农村委指导，上海交通大学创新设计中心、中国农业出版社、中国乡村振兴服务联盟承办，重庆五九期刊社、濂溪乡居（上海）文化发展有限公司、中乡联（无锡）信息科技有限公司、重庆淘酒侠科技有限公司协办。

农业农村部市场与信息化司司长唐珂、农业农村部农产品质量安全监管司一级巡视员程金根、中国农业出版社党委书记陈邦勋、重庆市农业农村委员会副主任杨宏、江苏省农业农村厅副厅长黄非、上海交通大学创新设计中心主任周武忠教授、《世界农业》杂志副主编徐晖、南京农业大学园艺学院党委书记韩键教授、南京林业大学艺术设计学院党委书记薛冲教授、中社科测评技术研究院常务副院长徐尧、世界青商大会组委会秘书长张忠、碧桂园集团乡村振兴设计总监杨洋等领导、专家、企业代表和"乡村美学"征文获奖论文作者等共100余人出席。中国农业出版社党委书记陈邦勋主持开幕式。重庆市农业农村委员会杨宏副主任发表了热情洋溢的欢迎词。

中国乡村文化振兴高层论坛的提议者、农交会组委会秘书长、农业农村部市场与信息化司司长唐珂先生在开幕式上发表主旨演讲，并向大会推荐了中国农民丰收节推荐读物、原创少儿绘本《田野里的自然历史课——我爱我的家乡》。唐司长在题为《提升丰收节庆内涵，传承乡村多样文化》的主旨报告中，深情回顾了2018/2019/2020连续三届中国农民丰收节所取得的伟大成就和广泛深远的影响力，认为习近平总书记和党中央、国务院的高度重视是办好丰收节的根本保障，引导农民群众广泛参与是办好丰收节的立足点，点线面结合激发基层活力是办好丰收节的基本路径，发挥市场优势、吸引社会关注是办好丰收节的重要力量。同时指出，如何在全面推进乡村振兴进程中，遵循乡村美学，传承优秀农耕文化，保护乡村多样性，让中国乡村有涵养、有特色、有活力，是当下乡村振兴面临的一大课题，也是城乡社会的一大诉求。

上海交通大学创新设计中心主任周武忠教授介绍了"中国乡村（美学）评价标准"，推荐了《中国美丽乡村典型案例》。周武忠认为，当下的美丽中国建设需要美丽乡村、美丽城镇、美丽县域等典型案例引领，这次上海交通大学创新设计中心与中国农业出版社合作，首先建立了《中国乡村评价体系》，分为生态美、生活美、生产美3个主因子、17个指标和48个子指标，按生态、生活、生产三大类分类遴选了首批共50个美丽乡村典型案例，覆盖全国除港澳台以外的31个省市自治区。唐珂、程金根、陈邦勋、杨宏、黄非、周武忠上台为该两书首发仪式揭幕。

在开幕式上，举行了全国乡村设计教育联盟成立暨优秀论文颁奖仪式。发起高校代表、南京农业大学园艺学院党委书记韩键宣读《全国乡村设计教育联盟章程》，南京林业大学艺术设计学院党委书记薛冲宣读"乡村美学"征文获奖论文名单。发起全国乡村振兴设计教育联盟的上海交通大学创新设计中心、浙江大学风景园林学科、东南大学艺术学院、东华大学服装与艺术设计学院、江南大学设计学院、南京艺术学院、南京农业大学园艺学院、南京林业大学艺术设计学院、华中师范大学美术学院、扬州大学园艺与植物保护学院、苏州农林职业技术学院、北京林业大学艺术设计学院、《包装工程》杂志社、《世界农业》编辑部、华中科技大学、华中农业大学、中国矿业大学、重庆师范大学、高等教育出版社艺术分社、浙江工业大学等20家单位代表联手为全国乡村设计教育联盟揭幕，并为获奖论文作者颁发优秀论文证书。开幕式最后还举行了合作签约仪式。上海交通大学创新设计中心主任周武忠教授、中社科测评技术研究院常务副院长徐尧先生、中乡联（无锡）信息科技有限公司董事长袁锦洋先生共同签署战略合作协议，以便合法合规推进中国乡村的调研、评价和发布工作。

"乡村文化"主题论坛由周武忠教授主持。江苏省农业农村厅副厅长黄非介绍了江苏举办农民丰收节的情况，黄非等基于对全省农民丰收节举办情况的一系列调研，以实施乡村振兴战略为指引，提出要推动中国农民丰收节成风化俗必须做到"五个坚持"，即坚持行政推动与自发组织相结合，推进成风化俗；坚持以基层和农民为主，下沉办节重心；坚持开放创新办节思维，形成稳定常态；坚持因地制宜融合地方传统，丰富节庆内容；坚持与时俱进创新传播方式，提升传播效果。东华大学服装与艺术设计学院博士生导师陈庆军教授在《乡村设计，真正的大设计》报告中认为，乡村设计是整合农业文明、工业文明、信息文明的系统整合创新设计，其根本是立足于乡村本土资源，以设计创意、文创策略、IP思维等将乡村资源转化为美学空间、文创产品、旅游体验等新型业态。我们的实践和研究特别强调在地民众力量的创造性，以村民、设计师、大学生、志愿者等多方力量的联结与共创，进行地域资源的整合、地域形象的重塑，彰显地域特色，促进乡村产业升级、文化传承，以此实现城乡价值交换，促进城乡融合，赋能乡村振兴。毕业于上海交通大学的现宁夏回族自治区闽宁镇挂职干部王凤欣博士围绕闽宁镇史回忆录、政策扶持脱贫路、产业发展致富路以及兜底保障小康路四个方面展开论述，深刻详细地阐述了新时代闽宁镇的美丽画卷。24年前，宁夏与福建推动建立了"联席推进、结对帮扶、产业带动、互学互助、社会参与"的扶贫机制，从单项的扶贫解困到相互间的经济合作、产业对接，从单一的经济援助到教育、文化、医疗的多领域合作，从单纯的政府行为到政府、企业、社会结合的对口协作新机制，创造出了"干沙滩"变成"金沙滩"的奇迹。重庆淘酒侠科技有限公司董事长叶洪领就"酒文化与乡村文化振兴"做了精彩演讲，他认为，在中国的乡村文化中，酒文化是重要组成部分。他还结合巴渝文化、三峡文化、抗战文化、移民文化、忠县忠文化等重庆文化资源中的优势文化资源，从立足当地文化资源优势，推进相关题材影视节目和文学艺术创作；积极传承当地民间表演艺术和民俗活动，把非物质文化遗产保护工作与乡村文化建设工作有机结合；通过举办具有地方特色的文化活动带动地方经济发展三方面，谈了对乡村文化振兴的看法。

重庆《包装工程》和《工业 工程 设计》杂志编辑部主任唐瑶瑶主持了"乡村美学征文"优秀论文发表环节。由于时间和疫情防控等限制，因此只有10位优秀论文作者代表到场，围绕乡村美学、乡村美育、乡村设计发表了研究成果。华中师范大学美术学院副院长陈晓娟副教授借助在线数据库搜集了有关"乡村美育"的期刊文献，就我国历年来乡村美育研究论文中所反映出的研究成果和所发现的问题进行回顾和分析，并在此基础上提出了相关的建议，为乡村美育的后续研究和实践提供借鉴和参考。华中科技大学在读博士、石河子大学教师赵彦军以甘肃乡村民居建造和使用主体为例，把黄土高原民居建造主体和使用主体当下境遇作为切入点，将乡土民居营造和人、人的生活、生产实践结合起来，通过对乡村文化振兴语境下的黄土高原民居建造设计、使用主体现状的阐述和分析，进而探讨黄土高原民居建造主体、使用主体角色的还原与界定，最终上升到乡村文化振兴的实施与以人为主体的民居美学架构，以黄土高原个例阐释共性的问题。此外，重庆师范大学美术学院副院长罗晓欢

第二届中国乡村文化振兴高层论坛参会代表合影（2020年11月28日　重庆）

全国乡村设计教育联盟成立仪式（2020年11月28日　重庆）

的《川、渝乡村传统家族墓地的多维空间及当代价值》、泉州工艺美术职业学院孙斌老师的《论新兴产业化文化背景下乡村美学体系的构建》、中国矿业大学朱小军副教授的《乡村振兴视域下乡村博物馆面临的问题及设计策略分析》、重庆师范大学涉外商贸学院庞恒讲师的《乡村乌托邦、美育赋能、路径策略——艺术乡建的模式探索》、江西工程学院抱石艺术学院龚祖祥的《鄂西土家族聚落民居景观诗性美学特征研究》、上海交通大学设计学院博士研究生张羽清的《英国与德国乡村景观建设分析与借鉴》、南京林业大学艺术设计学院汪瑞霞副教授的《传统村落文化生态溯源与"五乡"赋能策略》等论文的观点也很精彩。

传承家谱孝德精神　丰富乡村文明内涵

曹国选

摘要：古人云：盛世修史，明时修志。近些年来，各地续修家谱蔚然成风。家谱作为史学范畴的谱牒，蕴藏着不可多得、不可复制的人文资源，是我国历史典籍和文化遗产的一个重要组成部分，是华夏大地上鲜活的文化遗存，是烙有"中国印"的正宗国粹。笔者有幸应邀为故乡宗族的《曹氏族志》写总序，从阅读家谱、撰写总序、编纂家谱的过程中感受到，孝德是家谱贯穿始终的主线。家谱因与孝德文化一样具有历史性、真实性、人民性和思想性的显著特征，而具有强大的生命力。笔者还就家谱传承孝德精神，弘扬时代精神，提升质量品位，丰富乡村文明内涵，努力实现最大价值进行探讨。

关键词：家谱；孝德文化；乡风文明；探讨

一、家谱文化的主要精神

在广袤的乡村，特别是传统村落中，我们都会发现两个特殊的文化遗存——祠堂和家谱。

家谱官称谱牒，俗称家乘、族谱，又称统宗谱、世谱、宗谱、房谱、支谱等。关于家谱的叫法，虽然各地不同，但本质内容一样，《辞海》释义是古代记述氏族世系的书籍。故家谱是中华先民血缘相亲、守望相助的实录，是以文字形式出现的按辈分排列的血缘宗族内的人际关系网，是记载以父系为主体的家族族源、繁衍生息的图集，是家史和宗族文化的重要载体。

每每翻开一部沉甸甸的家谱，孝德文化气息便会扑鼻而来。细心阅读每一部家谱的篇章，都会发现孝与德是贯穿始终的红线，分别是家谱文化的最大支点和最大亮点。

（一）家谱的最大支点为孝文化

对于作为国家基石、社会细胞的"家"，孝文化便是强力支撑。我国长期实行以家庭为主体的生活方式，以子女供养为主体的赡养模式，孝显得尤为重要。古人云："读尽天下书，无非一孝字。"孝被置于"百善之先，百德之首"的至尊地位。作为民间史记的家谱，更是孝文化的重要载体。正如《曹氏族志》总序中写道："叙族史、明血源、序世系、别亲疏，非谱莫属。""姓氏修谱，又曰家乘。盖其宗旨，正本清源，敬宗睦族，尊老爱幼也。"

古人将"孝"与"文"合成为一个"教"字，就是以孝为根，启迪后代深刻认识孝文化，知晓孝悌是五伦的中心，事亲、尊亲成为人最高的道德表现。观察一个人的品德和人格，最基本的是看其孝敬与否。孝是义务，又是责任，也是人们处理与家庭、与社会、与国家之间各种关系时应该具有的道德品质和必须遵守的行为规范。无论地位高低、富贵贫贱，孝敬父母都是天经地义的事。一个对给予自己生命的父母都不孝的人，不可能有健全的人格、高尚的品德，更不可能会对国家尽忠、对人民尽爱。因此，孝与忠历来就是中华民族的两大基本传统道德和行为准则，家谱就是将孝心与爱心、忠心紧密联系在一起，教育族人既做孝子，又做良民，更做忠臣。

每翻开一部涉及自己身世的家谱，最先见到的是本族的世系表，让后人知晓本族祖先，辈分排行，血脉渊源，了解家族中有过哪些历史名人、功绩等。家谱的这些重要记载，帮助人们实现寻根问祖的愿望，激励后人承前启后，继往开来，建功立业，光宗耀祖，这些无不是因为炎黄子孙尊崇的孝文化所致。

（二）家谱的最大亮点是德文化

家之谱，一个家族之行为规范也。《曹氏族志》开宗明义："先祖素以谱为训：说话要有个谱，做事要有个谱。有谱则誉，离谱则耻。"家谱中记载的大量家规族训，在国家不安定和国法不明确的远古时代，发挥了规范约束族人、稳定社会秩序的作用，成为当时的法制制度。家谱中记录的许多治家教子的名言警句，成为人们倾心企慕的治家良策。

我们今天所见到的每一部家谱，详记家训家规、家风家教、名言警句等以资子孙遵行的文字范例占据了相当篇幅，推崇忠孝节义、倡导礼义廉耻的主旨仍然十分明显，提倡什么、禁止什么仍然是族规家法中的实际内容，注重家规国法，和睦宗族乡里，孝顺父母敬长辈，合乎礼教正名分，祖宗祭祀、墓祭程序等，成为炎黄子孙的主要遵循。

家谱把这些最具道德价值的文献传给后代，极大地弘扬了道德文化。《曹氏族志》的总序中写道："谱在人的思想中，具有'楷模''规范''训条'等实义，国史地志，诸多引据。""对于遵纪守法、尊老爱幼、廉洁奉公、勤俭朴实、好善乐施的优良德行，全族大力提倡，树为楷模，刊入谱牒，为后人所式仰。对于一贯违法乱纪、不务正业、偷盗扒窃、赌博嫖娼、贩毒吸毒、虐待老人等恶劣行为，亦须录入贬册，引以为戒。"《曹氏族志》所记录的道德故事，饱含着深刻厚实的德文化思想底蕴。如曹氏先祖创建的敬老尊贤的"重九会"，奖学助学教学的"义学会"，保护妇女和儿童的"卫妇会""救婴会"，以及兴办公益事业、处理族务的"宗源会"和维护公平正义、惩治邪恶的"禁戒会"等"六会治村"经典，把"睦族人、和亲友、恤孤贫"以及"戒赌博、戒奢侈、戒懒惰、戒淫逸"等行为，作为子孙至今遵行的道德规范。而将违反道德规范的族人"除丁隔会"，这是最严厉的处罚，彰显了以德治人、治家、治族的威力，发挥了约束族人、稳定社会秩序的作用。

（三）家谱孝德文化充满正能量

家谱是传承孝德文化的经典。《曹氏族志》从始修开始，便遵循着这样的宗旨："谱贵于修，修贵于续，续贵于序，我谱续序的内容，一则详世系，二则纪懿行。详世系则昭穆有序，亲疏有别，本末斯明。纪懿行则人心以正，风俗以厚，世德斯昭。"

详世系，纪懿行，把孝与德紧密融合，成为为人处世的道德规范。每届续修的家谱中，都是以孝为主线，以德为标准，传递行善积德的主流信息，以培育善性善根、规范处事行为、和睦人际关系、激励光前裕后为重任，充满正能量。《曹氏族志》中就写道："溯源知祖，清流晓派，睦穆亲善，尊老爱小，育人才为己任，作贡献是目的。"

详世系，纪懿行，将大孝与大德予以升华，成为"修身齐家治国安天下"的最高准则。《曹氏族志》总序因此言明："国家集民族而成，民族集宗族而成，要想兴邦振国，必须团结一致，同心同德。尚书所载，克明德，亲九族，平章百姓，协和万邦之意也。我族兴修谱志，意在于此，使海外数千万炎黄子孙，向往祖国，促使江山一统，其力日增，其势益盛。我族后昆，放眼环宇，扬鞭神州。或凌云冲霄，鹏程万里，或学有专精，业有独树，相率融汇于全民族，群起而为祖国作贡献。"

二、家谱文化的主要特征

在续写《曹氏族志》总序期间，笔者经常思考一个问题，这些散落于民间、年代已久的家谱，为什么经历千百年的沧桑历史，尚能保存完美，得以传承？究其原因，孝德灵魂的强力支撑，使得家谱文化具有强大的生命力。

（一）家谱文化具有深远的历史性

参天之树，必有其根；怀山之水，必有其源。由记载古代帝王诸侯世系、事迹逐渐演变来的家谱，与国史、地志一脉相承、血肉相连，是中华五千年文明史中具有平民特色的文献。清代著名史学家章学诚把谱牒与国史、方志相提并论："夫家有谱、州有志、国有史，其义一也。"《曹氏族志》的总序中开宗明义："从有文字记载以来，国家就有史，省县就有志，宗族就有谱。"各地各族的家谱，就是民间的"史记"。特别是隋唐五代后，修谱之风从官方流行于民间，以至遍及各个家族，修谱成为同姓同族的大事，因此出现了家家有谱牒、户户有家乘的现象，并且无论历史风云如何变化，家谱都一修再修，成为最具中国特色的、在历史长河中经久不衰的民间文化形态。

修谱之风之所以能够盛行至今，是因为家谱贯穿始终的孝德红线同样具有深远的历史性，而且形成了生态链。家谱中各种道德规范、各类孝德故事，在中华历史长河中留下了深刻足迹，在炎黄子孙心中打下了深刻烙印。正如《曹氏族志》中所云，子孙后代自觉修编家谱，"旨在以谱为规，以谱为训，承上启下，继往开来，使优秀文化成果得到传承，发扬光大"。

家谱的编纂能够由官方垄断走向民间私修,更加体现了家谱历史文化的厚度,海内外传播的广度,官民认知的深度。

(二)家谱文化具有史料的真实性

具有浓厚平民特色的家谱,都是一姓一支的群英谱。家谱中真实记述的历代名人故事和凡人善举,既是先人精神支柱和道德准则的实践总结,又是后人修身养性、行善积德的学习楷模。《曹氏族志》的总序中写道:"为辨尊卑,明长幼,敬宗睦族。""谱明则子孙知亲。亲知亲,亲则知仁。子孙知仁,则知爱物。知爱物,知爱法,知守法,则趋向狱讼息,自然夜不闭户、路不拾遗,人民安家乐业,世代昌盛,皆有赖于谱也。述祖德,传后世,惟谱是赖,谱之为用昭昭矣。"家谱形成的行为规范和传统美德,普遍被后人所认同、所接受、所遵循。

家谱中记述的人物故事,均属于历史上的真人真事,不少虽然源远流长,却鲜为人知。后人得见祖宗先贤的美名,如同仰慕祠堂门前树立的旗杆功德碑,定会肃然起敬,必然产生知晓名人趣事的愿望和寻根问祖的行为,故家谱具有强烈的亲和力、诱惑力。

家谱是记述历史名人故事的文体,为人们喜闻乐见,且大部分人物小传是粗线条的,简练扼要,并没有过分的杜撰渲染,却真切感人。对于人物故事的编纂,也是朴实无华,充满土香土色的文风,具有一定的知识性、趣味性、可读性和感染力。《曹氏族志》中就有不少这样的人物小传,记述相当实在,格外精彩,如先贤积善行德、惩恶扬善之类的凡人俗事,让人过目不忘,深受启迪。因此,记述了大量孝德故事的家谱,普遍受到人们的喜爱,能够起到寓教于乐的效果。

(三)家谱文化具有广泛的人民性

由于几千年优秀文化的传承,"忠""孝"思想成为炎黄子孙共同的、强烈的认知愿望。始于事亲,中于事君,终于立身,齐家重在孝,治国重在忠,平天下重在明德,这是中华民族的最高思想境界和最佳行为准则。但是,如何理解理顺家国关系,忠实践行孝德文化,家谱便是最基础、最重要、最接地气的普及教材。

家谱中收集的史料具有丰富的知识性。其中的家规族训、名言警句、楹联牌匾、诗词歌赋以及名人故事,大都是概念化的,有的只知其然、不知其所以然。如家族中人对每天都可见到的本姓氏特殊标识的"堂号",却不甚了解。因此,这些珍贵史料披着神秘的面纱,往往能够引起后人追根溯源的浓厚兴趣,也增强了炎黄子孙的共同思想基础,成为人们研读孝德文化的稀缺人文资料。

家谱文化所维系的不仅是一个家族,还是一个民族,不止在中国大陆,而且遍及海峡两岸乃至全球华人的孝德文化根基。那些由于历史原因而客居海内外的众多炎黄子孙,更加具有"树高千丈,叶落归根"的强烈愿望,具有"寻根谒祖,认祖归宗"的需求。故祖先信仰和血脉意识,不仅是中华民族独有,韩国、日本、新加坡等受中国传统文化影响比较大的国家,也都存在这一浓厚的意识。韩国保存了很多完好的家谱,其两位前总统卢武铉、卢太愚都曾经到中国山东来认祖寻根。可见家谱作为一个家族血缘关系的总记录,与祖国亲人、与海外华人紧紧连在一起,形成了全社会、全民族、全球华人对于家谱的普遍保护意识和自觉行为,致使家谱文化经久不衰,不断发扬光大。

三、家谱文化的创新发展

在续修《曹氏族志》的过程中,也发现一些薄弱环节。尽管修谱是族中大事,但可自觉接受且参与的大都是中老年人,年轻人对于几十年才一次的修谱活动表现冷漠,甚至不乏误解和偏见。加之不少乡村农民进城务工经商,融入了五湖四海的城市生活,传统文化观念受到削弱,对于修谱之类的宗族意识随之淡化。此外还存在修编家谱史料不完善、不连贯,现行资料搜集不全面、不真实、不准确,编纂者素质不太高,选材偏颇,编纂粗枝大叶、漏洞百出等问题。特别是由于历史的局限性,家谱中有的内容观念陈旧、格调低下,因此在续修家谱中,应该大力弘扬时代精神,让蕴藏巨大正能量的家谱文化成为传承优秀文化、浇铸善性善根、启迪行善积德、促进乡风文明的乡土教材和文化精品。

(一)保持家谱文化的连续性

家谱如国史,续修家谱时限一般在一代人以上,这次续修《曹氏族志》与上一次相隔了整整50年,可见家谱具有明显的"代"的痕迹。集聚一届家谱的内容,不只是一时一事,而是整个一代人践行孝德文化的归纳总结。我国几千年孝德文化能够继承传播、发扬光大,靠的就是诸如家谱之类的载体,将一代接一代炎黄子孙努力践行孝德的成果,诸如凡人故事、家训家规、家风家教、名言警句记入史册,予以传承。当今弘扬社会主义核心价值观,从某种意义上讲,也是传承孝德文化的体现、延续和提升。因此,我们应该把修谱作为一项德政工程,不仅止在"民修",也可实行"官修"。修编家谱应该组织一支高素质队伍,实现应修尽修、精选精编的目的,以保持孝德文化传承的连续性,确保孝德思想理论的可持续发展。

(二)注重家谱文化的创新性

家谱作为传承传统伦理道德的载体,随着时代的发展、社会的进步,必须与时俱进、改革创新。《曹氏族志》的总序中写道:"由于事物并非静止,时代更新,家乘旧宗旨,难以适应新潮流。故谱之本身,要求变革。"故"谱贵于修,修贵于续,续贵于新"。而创新的主要手段是将"这一届""当地"人、"身边"人在经济、社会、文化各方面的人物和事迹,反复进行去粗取精、去伪存真的取舍,由此及彼、由表及里的研究,选择其中具有代表性、典型性、先进性,且具文化内涵、艺术魅力、地域特色和传承价值的文明成果,恪守史志规则,遵循史料真实,克服历届家谱仿古成分太多太滥的弊端,凝练现代人文精神,增强家谱文化的厚重度、感染力和可读性。此外,除打造纸质精品外,还要制作电子精品,将家谱打造成为现代化、大众化的传世精品,实现"发掘美、集成美、典藏美、传播美、享受美"的总目标。

（三）弘扬家谱文化的先进性

当代人续修家谱，必须在传承弘扬传统文化的基础上，及时吸收民主、自由、平等、科学等先进要素，使之成为一种代际平等、互助友爱的新型伦理文化。因此，续修家谱应该以取其精华、去其糟粕的态度，在吸取传统孝德文化精髓的同时，彻底拒绝封建伦理纲常礼教的消极内容，严防一些粗俗平庸、格调低下、与修谱无关的事例滥竽充数，特别要避免与时代发展精神相悖的东西进入史册，从而使新时代家谱文化大力彰显正能量，塑造正面形象，提升文化品位。如新中国成立后唯一一次续修的《曹氏族志》，便大量矫正了一些陈旧的家族观念和道德规范。如以宪法和婚姻法为指针，正确对待男女平权。抚子承桃，男到女方落户，同姓结婚和纯女户等与现行政策相抵触的问题，均已据实放宽调整。本届续修更是开宗明义，必须确保家谱文化、传统文化与时代文化高度融合，把家谱打造成为弘扬传统文化，丰富乡村文明内涵，培育一代又一代的善性善根的高质量高品位的民间教材。

（四）提高家谱文化的任用性

家谱过去是一种家族制度的行为规范，是对社会法律和制度的一种重要补充。对于当代来说，家谱作为一种与国史地志同样重要的宝贵资料和民间史料，具有广泛的使用价值，可供从事社会学、历史学、考古学、经济学、民俗学、人口学、民族学、文学、政治学、宗教学、法学、姓氏学的人员进行研究。我们应该搭建传播平台，通过各种媒体和信息技术，将家谱文化向整个社会传播，充分显示家谱的孝德力量和社会价值。

历史悠久、底蕴深厚、资料翔实的家谱文化，把千百年传承下来的农耕文化、祭祀文化、民居文化、语言文化、饮食文化、服饰文化等民间原生态文化表现得淋漓尽致。我们应该不断挖掘、充分利用家谱人文资源优势，打造精品力作和特色名片并将其运用于经济活动中，努力实现家谱的文化经济价值，促进经济社会大发展，促进乡村文明建设大进步，促使中华传统优秀文化发扬光大。

（曹国选，湖南省郴州市生态环境局退休干部。）

"乡村美育"研究综述与趋势展望

陈晓娟

摘要: 本文选取历年来国内期刊发表的有关"乡村美育"关键词的文章,通过各种数据分析手段,对乡村美育近年的研究内容和研究倾向做一个综述。从中可以发现乡村美育的进化过程、存在的问题以及今后发展的方向和趋势。

关键词: 乡村美育;数据分析;理论与实践;综述

本文借助在线数据库搜集了有关"乡村美育"的期刊文献,就我国历年来乡村美育研究论文中所反映出的研究成果和所发现的问题进行回顾和分析,并在此基础上提出了相关的建议,希望能为乡村美育的后续研究和实践提供借鉴和参考。

一、乡村美育文献资料数据分析

(一)数据来源

"读秀"(www.duxiu.com)是国内学者收集文献资料使用的学术搜索引擎和文献资料服务平台。本文使用读秀的搜索功能,对关键词"乡村美育"进行检索,检索时间截止到2020年11月18日,在"期刊"论文里得到226条检索结果,通过逐一检查,剔除重复、无效以及不相关的论文,最终收集得到124篇期刊论文,全部以PDF格式下载归档。采用同样的关键词"乡村美育"和相同的检索方法,在中国知网"CNKI资源总库"进行搜索,得到22条期刊论文,逐一比对后发现,这些论文全部包括在读秀检索到的124篇论文之中。本文最终使用读秀搜索后整理的124篇论文作为数据源。需要说明的是,这124篇论文肯定不能囊括"乡村美育"全部的论文,但是作为一个数据样本,能够从某个侧面反映历年来该领域的动态和历程。

(二)历年文献量统计分析

图1是124篇论文在各年度的汇总图。从中可以看出,第一篇有关"乡村美育"的论文在1987年提出,1990年到1995年、2000年到2005年这两个时间段内没有相关论文,从2014

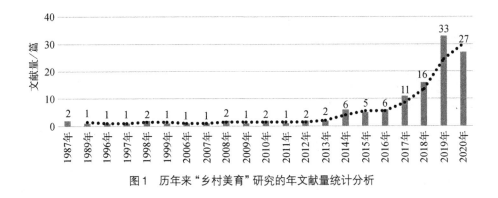

图1 历年来"乡村美育"研究的年文献量统计分析

年开始,论文逐渐增多。这个变化和2013年《中共中央关于全面深化改革若干重大问题的决定》提出"改进美育教学,提高学生审美和人文素养"有关,在2013年提出"美育教学"后,研究和实践就开始在乡村学校逐步展开。

（三）文献类别统计分析

本文将论文分为五类,包括乡村学校美育、乡村美术教育、乡村音乐教育、乡村舞蹈教育、乡村社会美育。乡村学校美育是指综合性的美育研究与实践,不指单一的科目。美术教育、音乐教育、舞蹈教育的论文只对该科目进行论述,所以单独区分出来。乡村社会美育特指在学校之外的文化艺术教育的相关内容,有论文称之为"艺术乡建"[1]。

图2是124篇论文中各类别的数量及占比,从中可以看出89%的内容都是关于"农村学校美育"的。根据占比也能看出,美术是农村学校主要关注的美育科目,占比36%;在34%的宏观学校美育论文中,也有很大一部分以美术来举例;舞蹈是很少提及的,只占3%。

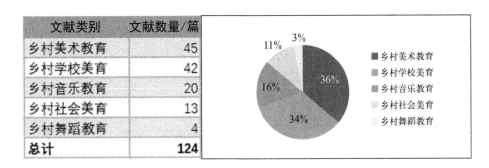

文献类别	文献数量/篇
乡村美术教育	45
乡村学校美育	42
乡村音乐教育	20
乡村社会美育	13
乡村舞蹈教育	4
总计	124

图2 文献类别统计分析

（四）文献作者职业类型统计分析

本文根据职业将作者划分为四种类型,包括中小学教师、高校研究人员、记者、文化工作者。其中,高校研究人员包括高校和研究院的学者,以及博士和硕士研究生;文化工作者包括文化站、文化中心、教育局等非学校机构的文艺方面从业人员。

图3是作者类型数据分布,从中能看出中小学教师实践方面的论文最多,占比52%,其次是高校研究人员,占比39%。记者和文化工作者占比相对较少,分别是6%和3%。

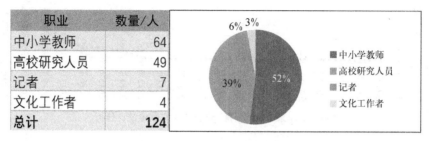

图3　文献作者职业类型统计分析

（五）文献作者地区统计分析

图4是作者地区分布图,从中能看出湖南、江苏、四川、广东、重庆相对而言论文量要多一些。

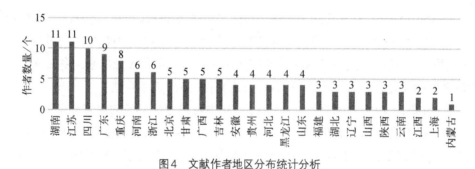

图4　文献作者地区分布统计分析

（六）文献发表期刊排名

全部的124篇文章分别发表在95个期刊上,数据非常分散。发表3篇论文及以上的期刊是《中国中小学美术》,4篇;《湖北教育》,3篇;《读写算（教育教学研究）》,3篇;《中国美术教育》,3篇;《美术教育研究》,3篇;《山西教育（管理）》,3篇。从中也能看出,这些主要是中小学教师发表教学实践的期刊。

二、乡村美育的研究内容分析

下文将从理论研究、现实问题及解决思路探讨、乡村美育行动计划和公益活动以及乡村振兴战略下的乡村社会美育这四个方面来分析文献资料的内容。

（一）理论研究

梳理"乡村美育"的相关理论,需要从最初的"美育"内涵再向"乡村"空间过渡和延伸。江宁《论美育观念的变革》提出"美育观念"的对象是人本身，首先要突破局限于"学校教育"的单一性和功利性，树立"全民教育和终生教育观念"。其次，要提倡"学校全方位美育观念"，美育的内容不仅仅是美术、音乐这些课程，而要渗透到学校的各门课程、各种活动中去。[2]朱春艳等的《基于日常生活审美化理论的新时代农村美育路径探析》揭示出日常生活的"审美泛化"和大众消费商品的"符号化特征"，期望改善农村人文教育，提升农村整体审美能力，有效引导农村群众的审美需求，帮助广大农村群众在人文艺术教育上实现"脱贫"，让农村群众发展为具有自主思考能力的审美主体，培育时代先进的审美文化与审美意识。这些全民美育、终身美育、日常生活美育的观点为"乡村学校美育"向"乡村社会美育"延伸的过程提供了理论支持。[31]蔡惠萌《乡村儿童的美育去哪了》提到"大美育"观念，即把校园、家庭、社会统摄到美育的范围之内，并在实践层面上做了应用。[3]对于乡村美育的目的，罗炜在《审美快乐：当下乡村学校美育的价值追求》中提到当下学校美育存在的两方面问题，一是"经验主义"，二是"感伤主义"。他指出，学校美育应该跳出精英时代的技能训练和"获奖"价值取向，定位于培养学生健全人格与公民基本素养。[6]

乡村美育应该保持自有的特色，这个观点在文献论文中多有提及。林清凉在《2015年中国美育研究述评》中对"美育思想研究"进行了梳理，从中国古代、中国近现代、西方三个维度，总结了"美育思想"的相关研究成果。对"乡村美育研究"中，乡村美育向城市美育看齐的"标准化"冲动表达了忧虑，觉得"是有违美育初衷的"。[4]从2015年到2020年的文献资料中，能够看出一线教师的论文都在突出乡村各种自然资源和社会资源的优势，从民族风情、民间艺人、自然环境、民俗、非遗等多个角度探索"乡村美育"在农村学校的实践，取得了不错的成果。张鑫的《农村美育的困境与路径研究》提到农村教育在"离农"与"留农"、趋同与差异的取舍之中徘徊，需要关注农村基础教育的文化性和伦理性。他认为，对于农村美育而言，挖掘美育特色，开展美育课程，更有助于回归乡土和守护传统。[5]

对于乡村美育教学中具体的美术学科，蔡惠萌在《民族艺术在学校美术教育中的传承与复兴》中，总结了尹少淳、钱初熹、朱敬东、范迎春、乔晓光、陈卫和、吴尚学、周春花、张杰等多位专家的报告发言。从乡村美育与美术师资的时代背景、课程内容、形式方法、培养模式、个案研究等维度，构建了当前乡村美术教育的大框架，并指出发展方向。其中，值得注意的关键词有"核心素养""批判性思维""传统文化智慧""乡情链接""高校、政府、小学，三地一体，协同培养""少年非遗"等。[7]

对于乡村振兴中艺术乡建如何激发村民主体的积极性，王孟图的《从"主体性"到"主体间性"：艺术介入乡村建设的再思考》针对"艺术乡建"中权力或资本导向的"去主体化"的乡村建设进行了思考，提出在"政府+艺术家+原住村民+新创客移民"的多元乡村建设主体中，构建"主体间性"色彩的乡建权力架构。文章认为，艺术介入乡村建设的宗旨不在于其审美建设，而在于其人心建设，在于"村民主体"之人心建设，在于"乡村建设多主体"之人心建设，在于对"主体性"及"主体间性"的综合性把握。[8]

124篇文献资料中有关理论讨论的文章相对较少，大体分布在上述乡村美育的观念、内

東方设计学研究

容与目的,乡村美育特色,美术核心素养,乡村建设等相关方面,体现了学者们在这些维度上的思考。

（二）乡村学校美育教育的现实问题及解决思路探索

对于农村学校美育教育的现状,文献资料中的观点都比较一致。总结起来,一般从思想观念、设备设施和师资力量三个维度,分析农村学校美育教育存在的困难。在思想观念层面,农村的学校领导和学生家长,一般都将美育课程作为"副科",长期以来不作为考试升学科目,所以相关科目在观念上不会引起重视。在设备设施层面,农村学校的美育场所和设备有所欠缺,不能按照教材要求进行正常的施教。在师资层面,专业的教师大量缺乏,有时采用其他课程老师兼职的方式,对于美育类课程老师的评价体系也不完善,很难激发教师的积极性。老师在教学的过程中,基本停留在"唱唱、跳跳、画画"的初级阶段,难以引起学生真正的兴趣。朱健在《"煎熬的行前准备":寻找乡村美育痛点的解决方案》中,将乡村美育现状总结为两低、三缺、八痛点,具有一定的典型性。两低指美育老师地位低、收入低;三缺指缺教具设施、缺老师指导、缺课程教育;八个痛点指升学本位思维的行政干预、乡村经济条件的制约、美育"无用"思维、用应试科目教师评价"生套"于美育教师、缺少有效提高老师专业能力的教研活动、教师职业发展通道长期不畅带来的职业倦怠、校外教育火爆带来的直接经济效益的吸引、"铁饭碗"固化思维影响下的教师主观不作为。[9]

对于以上的现实问题,一线教师都本着非常务实的态度,寻找解决办法。这从论文中可以体现出来。

对于解决师资问题,朱清朵在《化"三缺"为"四用":乡村小学艺术教育之路》中提到"用好家长",将有才艺的家长聘请为辅导员,形成"家校合一"的艺术教育模式,弥补师资不足的问题。[10]杨军的《关于临沧市乡村小学美术教育的几点思考》提到"建立以城带乡的学习和帮扶机制",通过农村老师到城市培训以及城市老师到农村支教来解决师资不专业的问题。[11]李广赞的《商丘市乡村小学音乐教育现状调查报告:以睢阳区冯桥乡为例》提议"重构升学考试机制",将美育纳入考试科目,同时提出师范学校可以向幼师培养模式学习,培养"一专多能的师资队伍",而不是将美术、音乐、舞蹈严格分科。[12]文海红在《"美教下基层"解乡村美术教学困境》中提出通过"美教下基层"进行支教活动,建立实践基地,"结对子"培养乡村美术教师,开发地方资源,研制校本课程。[13]

有两篇论文提到了以"走教制度"来解决专业师资短缺的问题。陈杰在《增城区中小学美术教育现状与对策研究》中提出尝试教师"走教"制度。以镇街、直属学校为单位,做好所在区域专业美术教师的统筹和管理,专业教师专职专用,政策上给予倾斜照顾,更好地补充其他学校师资的不足。[14]张苗苗的《协同育人盘活乡村教学点美育教学》也提出建立以乡镇中心学校辐射乡村教学点的艺术教育模式,实施艺术教师"专职专任、多校兼课"制度。区域内统一调配管理,实行艺术教师"走教""支教""巡教""定点联系""对口辅导"等办法,解决偏远教学点缺乏艺术教师的困难。[15]

对于改善美育教师评价机制，雍晓燕在《七彩课堂里有乡村孩子对艺术的渴望：宜宾市艺术教育发展剪影》一文中记载了其有益的尝试，"为保障艺术教师待遇，宜宾市在评优选先、进修培训等方面，保证艺术教师与其他学科教师同等待遇，艺术体育学科教师参评比例和指标不低于全县（区）总量的5%"。[16]杨章在《浅谈乡村小学美术教育现状及策略探索》中提到优化学校管理考核机制，"切实把美术课作为必修课对待，落实严格的考核制度，并出台一些有利于美术教师绩效考核的措施，让美术与其他'主科'同台评职晋级，让教师的努力有盼头"。[17]

高校也在定向和公费培养教师方面，对解决农村专业美育教师短缺的问题进行了探索。蔡惠萌在《乡村儿童的美育去哪了》中提到，2010年，湖南第一师范学院在总结小学教师培养多种模式实践经验的基础上，在全国率先提出并承担了湖南省"初中起点六年制本科层次农村小学教师公费定向培养计划"，为农村乡镇及以下小学免费定向培养本科学历的多科型小学教师，其中包括专职的小学美术教师、小学音乐教师、小学体育教师。[3]

对于农村美育中设施设备不全面的问题，有论文提出应充分利用地方文化、社会资源。唐毅在《美育视野下的彝族乡村小学音乐教学路径初探》中，提出"教学内容注重当地民族文化"，强调了民族文化传承的重要性。[18]周鸣鸣在《农村社区儿童美育实践探索》中，提出创立"兼善文化大课堂"，组织培训大学生志愿者编写具有本土特色的乡村儿童美育教材《我爱北碚》，发现民间艺人、文娱骨干，组织文娱活动。[18]在教学内容和组织形式上，应该突破学校以学科知识、课堂教学、教师为中心的教学模式，结合农耕文化，地域文化，农村社会、经济、文化发展和儿童发展需要，开展丰富多彩的乡村美育活动。另外，对于课外的儿童美育，有6篇论文提到了"农村少年宫"的作用。陈新满的《少年宫艺术活动对小学生艺术能力发展的有效性》对农村少年宫的目的、管理制度、聘任制度、激励机制做了较系统的论述，并说明了在学校美育中取得的成绩。[20]

当然，随着国内经济的发展，以及乡村扶贫工作的持续深入，设施设备的困难得到了很好的解决。陈静娇在《基于"新时代中华美育话语体系"谈农村校美育教师的角色与功能》中提到"农村学校，网络、电视、乐器基本上到位"。[25]2017年5月教育部深化学校美育改革督察报告也指出，各级各类学校包括农村学校过去十年间在美育器材、场地等硬件优化上也取得了令人瞩目的成效。

2020年的论文能看到有不少利用互联网技术和平台解决实际问题的思路。张思琴在《我国美育实践研究20年的回顾与前瞻》中提到，结合现代信息技术，关注乡村地区美育师资问题，利用互联网，整合现有优质培训资源，建立公益的乡村教师专业发展网络资源库。[21]李元欣的《浅谈核心素养下的乡村基础美育师资培养》提到利用"青少年艺术启发平台"，实践"线上＋线下"艺术教育新模式，开展"新艺术课堂"项目，进行线上美术鉴赏课程设计与录制、"双师课堂"师资培训工作，为我国乡村中小学美术教育普及、基础教育师资培训贡献力量。[22]达洁昀在《地方师范院校"美育浸润"支教服务有效策略研究》中提到陇南师专"美育援教"项目，利用"互联网"进行支教，"互联网＋支教项目"已经累计授课260

学时,其中同步互动专递课堂143学时,面授117学时。[23]

(三)乡村美育行动计划和公益活动

在乡村美育的实践过程中,能够看到有慈善机构、高校、企业、志愿者等组成的社会组织在其中做了大量的探索和实践活动。124篇文献中出现典型的美育行动计划和公益活动有4个。

1. 蒲公英行动

文献资料中,有9篇论文来自"蒲公英行动"的实践活动。"蒲公英行动"[25]是谢丽芳在2003年7月发起的,其目的在于通过课程开发实验和探索以创建一个能在少数民族地区美术教育中可持续发展的教学模式,用以缓解少数民族农村地区美术教育中急需解决的文化传承和教育公平问题。迄今为止,在团队成员的共同努力下,参与课题实验的学校已经有近百所,受益群体分别来自汉族、满族、苗族、藏族、侗族、哈尼族等13个民族。

2. 百年百校百村:中国乡村美育行动计划

2019年4月29日,由中国美术家协会指导,四川美术学院、重庆市美术家协会共同主办的"百年百校百村:中国乡村美育行动计划"[26][27],旨在邀请国内外百所高等院校,聚焦中国百座美丽乡村,以艺术之名,以教学之力,聚焦人民美好生活的需要,服务国家乡村振兴战略。

3. 新农村少儿舞蹈美育工程

"新农村少儿舞蹈美育工程"是中国舞蹈家协会自2006年开始实施的文化惠民项目,旨在缩小城乡儿童素质教育差距,让农村孩子享受到和城里孩子一样的艺术教育,该项目在繁荣民族舞蹈艺术,培养边远贫困地区少年儿童热爱祖国、传承优秀舞蹈文化传统的信念等方面做出了杰出的贡献,特别是为农村留守儿童创造了和城市孩子一样的舞蹈教育机会。毛雅琛等在《用舞蹈传递爱:关注"新农村少儿舞蹈美育工程"》中报道了2007年该项目培训出了5 000名农村舞蹈教师。[28]《用坚守织就乡村艺术教育的"中国梦"》报道了金淑梅借"新农村少儿舞蹈美育工程——少数民族舞蹈课堂"惠民工程,开启了"以舞之名"的公益之路,至2017年为酒泉培训农村舞蹈教师200多名,圆了无数孩子的"舞蹈之梦"。[29]

4. 青少年艺术启发平台

腾讯联合荷风基金会发起"青少年艺术启发平台"[22],希望通过已有的技术手段让农村孩子们也有更平等的机会享受艺术教育,让城市艺术工作者们和艺术大师们有更多的方式将他们对艺术的理解和能力传递给更多的孩子。

(四)乡村振兴战略下的乡村社会美育

随着国家乡村振兴战略的深化,乡村建设成为近年来的文化热点。在124篇文献中,有13篇是关于乡村社会美育的,这些论文分别对艺术乡建、祠堂文化、乡村美术馆、广场舞、文化消费、生态文旅、扶贫、非遗、乡村美术馆等多个乡村建设方面涉及的文化维度进行论述和思考。

《百年百校百村——中国乡村美育行动计划》(上、下)[26][27]是国内学者、专家对乡村建设和乡村美育最新动态和思想的汇总。黄斌首先提出乡村文化振兴是乡村振兴的题中之义和根本,艺术与乡村的融合既是国家的战略所在,也是艺术在新时代发展的内在要求。潘家恩的《乡村振兴的历史先声:中国乡村建设百年探索》提到乡村建设的内涵有三点:一是回流经济三要素——资本、人才和土地。二是教育回嵌乡土,经济回嵌社会,社会回嵌生态。三是发现乡村的价值。在总结时提到艺术乡建如果不和其他产业如科技、工业、服务业做整体联动,是难以成功的。

缑梦媛的《谁的艺术乡建?》通过追问"谁的艺术乡建"这一问题,探讨在此过程中,村民、艺术家、政府、企业等主体在不同诉求博弈下呈现的问题,邀请的专家、学者提出艺术乡建要注重乡村文化乃至中国文化整体性的重建,增强村民在乡村建设中的主体意识与自治经营能力,强调地方政府、村委会、村民与艺术家协同合作对项目实施及可持续开展的重要性,在此基础上也探讨了艺术乡建参与方式的新趋势、新探索等。[1]

乡村社会美育涉及乡村的多项公共文化设施建设。学者王韧在《中国乡村美术馆的理论构想与实践思考》中提出了乡村美术馆的概念设想、发展要素,以期"推进新时代之文化",为乡村文化建设提供智力支持。[30]基层文化工作者王文利在《活化祠堂文化　助力乡村振兴》中提出祠堂文化要充分发挥美育和礼教功能,要融入现代生活,把传统文化和现代先进文化结合起来,结合时代的要求继承创新。黄国栋的《振兴乡村扶贫之路、亦是育"美"之路》也提出,以美育带动村民的幸福感提升是一项重要的扶贫内容,通过育"五美",使村民感受到美,体验到美,增加乡村生活的幸福指数,并提出加强美育,提升幸福感的措施与对策,以期使村民更好地留在乡村、建设乡村。[33]

三、乡村美育的发展对策与趋势

根据上文的梳理,乡村美育在硬件建设、项目计划、思想观念等方面取得了长足的成绩。硬件建设方面尤其在不断地改善和进步,但是在思想观念和项目计划的深度和广度上仍然有很大的开拓空间。

第一,形而上的理论要落实到农村的现实环境,回到审美的根本。目前美育科目正逐步成为中考的考试科目,这将促进乡村美育的实质性进展。如果学校科目中不再存在实际的主科副科的区别,那么社会、学校、家庭才能真正达到以审美修养为必需,进入日常生活审美化、以美化人的境地,也在某种程度上实现了蔡元培"美育代宗教"的设想。通过相关的教育政策的扶持,改善教师的待遇和评估体系,同时缩小城乡差距,将不断改善乡村学校中专业师资不足的问题。目前,很多一线教师靠自己的热情和奉献,尽可能多地给学生以审美教育的传播,显得尤为可敬。

值得指出的是,在美育相关高屋建瓴的理论研究和一线教师务实的实践经验之间还需要一个强有力的承上启下的力量,这个力量目前主要表现为高等院校或社会专业机构进行的美育行动计划,由于计划实施的项目内容与组织方式总体较为趋同,且主要表现为向乡村输送成熟的艺术美的形态,在充分开发和整合当地美育资源方面尚显不足,在地性和创新性还有待提升。同时参与者的身份也比较单一,要逐步推动问题的解决和政策的落地,还有赖于更多的政府部门、社会机构和有识之士加入进来。美国农业部的农业合作推广体系所管理的"四健会"(4-H CLUB)有一些经验借得借鉴,"四健"指健全头脑(Head)、健全心胸(Heart)、健全双手(Hands)、健全身体(Health)。该会创立于1902年,会员从5岁到19岁约有650万人,其目标是通过大量实践学习项目来发展年轻人的品德、能力和技能。这一组织庞大的机构、年轻的成员构成和有趣味的活动内容,成为其他各类主题性行动计划的榜样。

第二,充分利用科技的进步必然是未来乡村美育发展的方向和趋势。已有的文献中不乏对互联网和新媒体的利用,但是在普及度和精细化方面还有不足。对于数据技术的利用也是解决目前师资不足的有效方法。优质教学资源的共享,专业教师的在线教学,农村教师的培训等在未来科技的推动下更有可能成熟。美育工作者也需要与时俱进,当代社会的艺术样式和评价标准越来越多元化,教师在校本教材开发和课内外的教学过程中不能墨守成规,除去讲授传统的常见作品之外,更要充分挖掘地方美育文化资源,紧跟时代发展,引导学生对美育课堂的兴趣。

当然,乡村美育的发展与农村的繁荣是分不开的,美育工作要在经济、政策和观念等各种因素协同作用下才能充分开展,要进一步改善农村空心化的现象,在乡村的经济建设、空间建设、文化建设等各项工作的支撑下,美育工作才能获得完善的条件,这依然是任重道远的。

综上,本文梳理了以"乡村美育"为关键词的124篇文献资料,对文献资料的数据量从不同角度进行了分析,并从理论、问题、社会活动和乡村社会美育四个方面对文献内容进行了梳理,从而通过对文献的回顾和总结,分析了乡村美育的发展对策与未来趋势,指出了在广大乡村开展美育工作所具有的观念、行动、技术和文化等方面的发展契机。

参考文献

[1] 缑梦媛,张译丹.谁的艺术乡建?[J].美术观察,2019(1):5.

[2] 江宁.论美育观念的变革[J].山东师范大学学报(人文社会科学版),1989(5):83-87.

[3] 蔡惠萌.乡村儿童的美育去哪了[J].教育家,2019(23):32-33.

[4] 林清凉.2015年中国美育研究述评[J].美育学刊,2016(4):31-46.

[5] 张鑫,赵彦俊.农村美育的困境与路径研究[J].教育参考,2018(3):182.

[6] 罗炜.审美快乐:当下乡村学校美育的价值追求[J].新课程评论,2018(6):22-29.

[7] 蔡惠萌.民族艺术在学校美术教育中的传承与复兴:全国乡村教育美术师资培养暨高校志愿者美育论坛综述[J].中国中小学美术,2019(1):56.

[8] 王孟图.从"主体性"到"主体间性":艺术介入乡村建设的再思考:基于福建屏南古村落发展实践的启示[J].民族艺术研究,2019,32(6):145-153.

[9] 朱健."煎熬的行前准备":寻找乡村美育痛点的解决方案[J].中国中小学美术,2017(10):4-6.

[10] 朱清朵.化"三缺"为"四用":乡村小学艺术教育之路[J].知识窗(教师版),2010(4):43.

［11］杨军.关于临沧市乡村小学美术教育的几点思考［J］.临沧师范高等专科学校学报,2012（4）：27-30.

［12］李广赞.商丘市乡村小学音乐教育现状调查报告：以睢阳区冯桥乡为例［J］.黄河之声,2012（11）：62-63.

［13］文海红."美教下基层"解乡村美术教学困境［J］.当代广西,2015（2）：55.

［14］广州市增城区教育局教研室,陈杰.增城区中小学美术教育现状与对策研究［J］.师道（教研）,2018（9）：150-151.

［15］张苗苗.协同育人盘活乡村教学点美育教学［J］.新课程教学（电子版）,2018（12）：76.

［16］雍晓燕.七彩课堂里有乡村孩子对艺术的渴望：宜宾市艺术教育发展剪影［J］.四川教育,2019（1）：30-33.

［17］杨章.浅谈乡村小学美术教育现状及策略探索［J］.南北桥,2020（12）：120.

［18］唐毅.美育视野下的彝族乡村小学音乐教学路径初探［J］.中国培训,2015（8）：163.

［19］周鸣鸣.农村社区儿童美育实践探索：以重庆北碚农村社区"兼善文化课堂"为例［J］.美育学刊,2016（6）：10-14.

［20］陈新满.少年宫艺术活动对小学生艺术能力发展的有效性［J］.中学课程辅导（教师教育）,2018（14）：25.

［21］张思琴,范蔚.我国美育实践研究20年的回顾与前瞻［J］.白城师范学院学报,2020（1）：94-99.

［22］李元欣.浅谈核心素养下的乡村基础美育师资培养［J］.美与时代（上）,2020（4）：59-61.

［23］达洁昀.地方师范院校"美育浸润"支教服务有效策略研究：以陇南师专"美育援教"项目为例［J］.林区教学,2020（9）：100-103.

［24］陈静娇.基于"新时代中华美育话语体系"谈农村校美育教师的角色与功能［J］.中国农村教育,2020（10）：46-47.

［25］李银云,汪旦旦.蒲公英行动,打开乡村美育的另一片天空［J］.课堂内外（好老师）,2018（4）：15.

［26］黄政,庞茂琨,黄宗贤,等.百年百校百村：中国乡村美育行动计划（上）［J］.当代美术家,2019（4）：66-71.

［27］渠岩,焦兴涛,张颖,等.百年百校百村：中国乡村美育行动计划（下）［J］.当代美术家,2019（5）：72-77.

［28］毛雅琛,林毅.用舞蹈传递爱：关注"新农村少儿舞蹈美育工程"［J］.舞蹈,2008（6）：10-11.

［29］金淑梅.用坚守织就乡村艺术教育的"中国梦"［J］.中国新农村月刊,2017（11）：15.

［30］王韧.中国乡村美术馆的理论构想与实践思考［J］.中国博物馆,2019（3）：37-44.

［31］朱春艳,赖诗奇.基于日常生活审美化理论的新时代农村美育路径探析［J］.美育学刊,2020（1）：58-62.

［32］王文利.活化祠堂文化　助力乡村振兴：关于创新发展祠堂文化的思考与建议［J］.神州民俗,2019（3）：60-62.

［33］黄国栋,马倩,包宜雄,等.振兴乡村扶贫之路、亦是育"美"之路：浅谈扶贫工作中的美育建设［J］.教育现代化,2019（91）：292-293.

（陈晓娟,江苏盐城人。现任职于华中师范大学美术学院副教授,硕士生导师。致力于中国美术史与艺术美学等方面的研究。）

杨柳青木版年画IP赋能乡村文化
振兴策略研究

陈　旭　张新沂

摘要: 随着现代化的推进,诸多作为非物质文化遗产项目的传统工艺文化发展受到冲击,而其传承对当代乡村文化振兴颇具现实意义,是可深入研究的重要课题。文章旨在研究生态视域下传统工艺文化的当代意义,挖掘当中所蕴含的思想观念、人文精神、审美价值、创作原则,以研究国家级非物质文化遗产天津杨柳青木版年画工艺美学为例,将其审美、教育、经济等价值赋予新的时代意义。基于生态文明对接群众文化消费新需求、释放特色文旅生态市场新活力,成为复兴传统工艺、促进乡村文化振兴的重要途径,也是天津杨柳青木版年画工艺美学创造性转化与创新型发展的重要手段。

关键词: 杨柳青木版年画; 艺术元素; 工艺美学; 乡村文化振兴

地域工艺文化习俗,是本土文化的载体之一,能充分展示文化元素,而非物质文化遗产是中国地域文化的重要组成部分。在"创新、协调、绿色、开放、共享"的新发展理念下,全球文化创意产业繁荣兴盛,传统工艺美学的传承与发展对当代乡村文化振兴的作用渐已成为国家及专家学者研究的重要时代课题。国家又竭力抓住文化发展契机,把推动文化创新作为促进中华民族伟大复兴的重要战略目标并加以扶持,"文化自觉"不啻激起了国人的共情与共识,且引起了从国家领导人到社会学术界的高度重视。中国艺术研究院方李莉教授指出,"非遗"时刻处于动态变化中。从整体论看,若将非遗放在动态的时间维度中来理解、置于复杂的社会空间中来审视,则它是后现代社会和知识化社会的产物,不仅是被保护的"遗产",还是参与新的社会建构的"资源"。人类社会从开发自然资源时代转向开发人文资源时代,与人文资源紧密相连的"非遗"正体现出其未来性的重要价值[1]。天津地处九河下梢,漕运发达,明弘治四年曾有"天津之地,水陆咽喉,所系甚重"之说。得天独厚的自然经济与社会历史条件,孕育出富饶且深厚的非物质文化遗产,天津杨柳青木版年画作为我国民间美术的一朵奇葩,是研究本国各地乡土民情、宗教信仰、风俗习惯以及民间色彩观念的图像宝库,有"民间大百科全书"之称,对研究天津地区民俗文化以及北方其他年画皆有举足轻重的价值,近年来频频受到政府和各界专家的关注及青睐,又正值社会文化生态处于转型的背景下,本文意在对杨柳青木版年画的工艺美学进行梳理分析,增添新时代的核心内涵价值,转化其工艺美学的创造思维,以探索传统民间美术的现代性问题,即生态文明视阈下,借助文化和旅游消费供给侧结构改革,刺激文旅消费市场的发展,谋求杨柳青木版年画工艺美学延续与革新的统一发展、产业开发,进而激活乡村工艺文化创造力,将文化资源转化为文化产业,赋能乡村传承振兴与扶贫产业双丰收。

一、天津杨柳青木版年画概述

　　年画,亦称纸画,发源于人们对物化自然的崇拜,后演化为人们对人格化的神灵的解读和祈福的载体,是我国传统民间绘画艺术中极具代表性的一种。其名称因地而异,有些地区称之为"画贴""消寒图"等,杨柳青木版年画,因杨柳青隶属于天津卫而得名。《辞海》中,"年画"条亦作"卫画",特指杨柳青年画,"中国的一种绘画体裁,新年时张贴,故名"。[2]多以门神的形式出现,具有悠久的历史,多含有较强的宗教色彩,从灶神的崇信起源,至少可追溯到殷商时代,汉代文献中也出现过门神年画之相关记载。蔡邕《独断》曰:"十二月岁竟,常以先腊之夜逐除之也,乃画荼、垒并悬索于门户,以御凶也。"可见年画在中国绘画史上历史久远。隋、唐两代,因佛教风行,年画形式渐增,融合儒、道、释等宗教色彩,逐显世俗化的端倪。直至宋朝,每逢腊月便有"近岁节,市井皆印卖门神、钟馗、桃板、桃符,及财门钝驴,回头鹿马,天行帖子"之现象。孟元老《东京梦华录》记,山水、花鸟、竹梅、兰草等绘画形式在宋朝风靡。明代,插图版画艺术的繁荣,促进了民间木刻画的发展,期间创作出反映社会生活和人民思想的民间年画,引起不少民众喜爱。明末清初,时局动荡,涌现出大量的《金男玉女满堂欢》《麒麟送子》等追慕美好生活的妇女娃娃题材的杨柳青年画系列。早年,画店请画师入戏园看戏,其必携带朽笔和纸,当场记下表演精粹的情节,回到作坊再加工。缘此,戏出年画的刻印,以戏曲人物作题材,刻画出不同戏中、不同表情动作的精彩年画,"生、旦、净、末、丑",跃然于方寸宣纸上(见图1、图2),博得大批群众的欢迎,在年画发展史上筑

图1　《狄青招亲》　清

图2　《四郎探母》　清

成这一时期的特色,尤以杨柳青绘刻最为传神[3]。

二、天津杨柳青木版年画IP的工艺美学

(一)杨柳青木版年画的工艺表现

讲究"大"和"全",是民间美术特有的造型原则,具体造型形态表现在:完整团圆,硕大丰满、对称偶数、动静结合、阴阳相守,且不受外在物象透视、解剖、比例、解构等因素的制约,呈现独特效果。杨柳青木版年画造型的表现手法也多符合传统美术的造型观念,形式设计的布局构思讲究"真假虚实,宾主分散"。异于其他地区的套色版印年画,杨柳青木版年画采用"半印半绘"刻绘结合,即勾、刻、印、绘、裱五道工序,古老雕版印刷技术的保留,使刻工精美与绘制细腻并行,表现手法在我国民间年画中标新立异,被公推为中国木版年画之魁。随着艺术风格日趋成熟,又融入了宫廷画、文人画、农民画和西方绘画元素,使得杨柳青本版年画形象生动、色彩鲜明、绘刻细致,既有变化又和谐典雅,富于装饰性,同时善用象征、寓意、夸张等手法表现不同题材的思想内容,有的还附有通俗的诗词和文字。据记载,在创作杨柳青木版年画过程中,因许多民间画师得以步入宫廷美术大门,使得作品吸收了文人画的长处,还采用了西方美术的焦点透视,并加入写生手法来刻画人物,这些艺术表现方式在中国年画中绝无仅有。王树村在其著作《中国民间年画史论集》中语:"我国木版年画产地广布全国各省,由于各地人民生活条件和风俗风尚的差异,形式上又都有各自的特色……"[4]

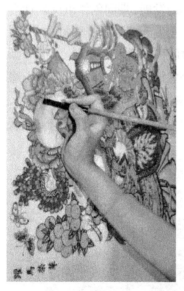

图3 彩绘

(二)杨柳青木版年画的色彩展现

杨柳青木版年画在众多中国民间年画种类中,以其丰富多样、生动有趣的题材,真实典雅的形象,装饰意味浓厚的构图和艳而不俗的色彩著称,不仅继承历史传统,且追随时代精神,彰显民族色彩,为历代人民群众所喜爱。其造型方式和艺术风格汲取了中国工笔重彩画和民间版画艺术的精华,既具版画刀法韵味,又有绘画的笔触色调。彩绘工序有上薄粉、染天地水、染脸、点眼白、醒粉等多达二十道,为使其人物形象与色彩表现细腻俊美,面部表现就需要至少六道工序手工绘制,绘制过程中将含有淡雅效果的"软色"与强烈鲜明的"硬色"兼施,互相呼应,整体协调的画面,堪称一绝。此外,画工将套印好的画坯子矾于"画门子"上进行彩绘填色的画法(见图3),是杨柳青木版年画有别于其他绘画的独有秘传,令人称奇。[5]

(三)杨柳青木版年画的艺术种类

杨柳青木版年画内容涉及广泛,囊括有艺术、经济、军事、宗教、文化、时事、民俗学、文学

等诸多范畴,包罗万象,可誉为一部"民间百科画典"。今朝尚存的画样就有两千种之多,其中,有称道治世明君、报国忠臣、圣贤清官良将等人物,亦有丧国昏主、弄权奸臣、贪赃恶吏等(见图4);有宣扬神话故事中善有善报以及作恶天谴的因果报应思想,亦有展示贤母教子、孝女救亲、英雄救难、侠客行侠仗义等场面;有活灵活现描画林林总总的世俗人物,诸如林泉高士、爱国仁人、僧道信徒、琴棋书画之名家高手,亦有描绘名山胜景、时事新闻等题材,勾勒出中华民族近千年的世俗民风,展现了民风习俗与精神文化的连续性。

从题材上大致可分为十一类:历史典故类、神话传说类、戏剧诗书类、世俗生活类、风景名胜类、时事新闻类、花鸟鱼虫类、吉语喜庆类、猜谜图样类、风筝纸类、仕女娃娃类,其中仕女娃娃类最具代表性,仕女类,如"十美画八仙""玉美人画风筝""仕女玩纸牌"等(见图5);娃娃类多达百种,因"有图必有意,有意必吉祥",取其"百子图"祥瑞之意,作品中多含有荷、莲、蝠、鹿、桃、鱼、戟、磬等物,取其谐音或比喻,形成吉祥用语,有"连年有余""莲生贵子""富寿绵长""子孙万代""加官进禄""五子夺莲"之意。年画品种大致可分为八种:喜画、福寿屏、祖师纸马、扇面画、西湖景和丈画、灯屏画、博戏玩具、岁时杂画。从体裁可分为贡尖、板屏、条屏、屏对、横三裁、立三裁、炕围、门画、历画、灯画、斗方、月光。[6]

图4　《渭水访贤》　清　　　　　　　　　图5　《仕女玩纸牌》

三、天津杨柳青木版年画IP赋能乡村文化振兴的思路

(一)杨柳青木版年画工艺美学的当代转化体验

2017年,习近平总书记强调,要贯彻新发展理念,建设现代化经济体系。文化创意产业成为国民经济支柱之一,经济文化化、文化经济化二者不可分割,是中国特色社会主义先进文化建设大背景下出现的新趋势。自身品类创新是发展现代化经济体系的核心利益点,基于当代市场环境和消费习惯,仍需努力研发满足当下消费者"利益"的新品类,即造型、

装饰、材质、文创、群体和营销等诸多不同价值的创新转化,收藏品、高端日用品、生活艺术品等产品输出。文化产业开始趋向个性化、品质化发展,出现了分众化、小众化市场,成为新时代供给侧结构性改革中的重要部分,文化替代品与衍生品的物质消费将不再能满足人们对文化体验和占有的精神需求,将传统的年画图案印在产品载体上,也难以满足消费者对文化体验的需要。相反,在节俗活动中,亲手感受工艺制作时的体验感已越来越受消费者的欢迎。为契合消费升级,杨柳青木版年画应该深挖其地域工艺文化的资源,创作出具有时代文化体验感和趣味性、互动性的创意作品。譬如,为紧跟时代步伐,"改造旧年画,创立新年画"的活动不断出现,在继承传统的基础上推陈出新了很多反映当下时代内涵与世俗生活的传世作品,诸如《孔雀恋歌》《五子爱清洁》《新麦香》《草原英雄小姐妹》等当代作品。

(二)技艺传承与工艺美学形象的重塑,打造强势品牌

以杨柳青木版年画技艺为代表的传统工艺振兴的重要基础是后继有人。杨柳青木版年画受到经济、节令、时间、地域、销售等诸多条件限制,加之生活方式的变化也在不断淡化着人们的传统观念,高速发展的科学技术与广泛的对外交流所带来的直接结果就是出现很多新材料、新形式的艺术品,这些充满时尚感与潮流性的艺术品逐渐取代了一批诸如杨柳青木版年画类的传统民间美术,成为人们陈设与装饰的新宠。传统工艺文化的传承与创新开发文化产品、文化服务和文化体验需求之间,不断更新的市场竞争与可持续生态发展之间出现了不可避免的冲突。

随着工艺文化复兴趋势增强,一方面,要完善传承人才培养和知识产权保护制度,搭建高校教育平台,遵循恒定性与活态流变性的统一规律,提升创新设计能力和产业化水平等行业服务体系。鼓励传承人创新创业,支持特色文化村、"双创"平台试点示范项目建设已成为技艺传承的重要手段。目前,已有很多国内外的年画爱好者加入杨柳青木版年画的保护与传承行列,更有天津诸多高校艺术设计学院的学生潜心挖掘学习杨柳青木版年画的工艺与美学内涵,年画传承人联合中小学、高校及社区居民,开发出一些技艺教学课程,通过普及性的兴趣培养,产生文化认同性。

另一方面,根据自身发展需要,结合"一带一路"倡议,遵循市场经济规律,发展多元经济组织模式,形成企业、文化局、区域行业协会等多方协作模式。扭转人亡技绝、资金困扰、市场观念滞后、产品创新落后的局面,将传统工艺美学元素创意转移,贯穿于理念、生产、传播、销售的产业化过程,将"产品创新、推广创新、管理创新"作为品牌塑造的具体支撑和行动落实,并以产品、品牌、文化走出去为重要落实点,以杨柳青木版年画工艺文化为主导产业,整合有利资源,形成杨柳青木版年画传承、展示、产品开发一体化格局,实现产品产销对接,促进工艺美术、娱乐、创意设计、网络文化等行业融创发展,变资源优势为品牌优势、文化优势为经济优势,从而打造具有包容性和历史责任感的强势品牌,这是提升杨柳青木版年画的文化价值,增强区域文化创意产业核心竞争力的关键所在。

（三）文旅消费融合,铸就乡村文化产业联盟

2014年,国家文化部、财政部明确指出:"特色文化产业是指依托独特的文化资源,通过创意转化、科技提升和市场运作,提供具有鲜明区域特点和民族特色的文化产品和服务的产业形态。发展特色文化产业对深入挖掘和阐发中华优秀传统文化的时代价值、培育和弘扬社会主义核心价值观、优化文化产业布局、推动区域经济社会发展、促进社会和谐、加快经济转型升级和新型城镇化建设,发挥文化育民、乐民、富民作用,具有重要意义。"文化和旅游消费方式是绿色低碳发展的重要途径,也为以手工制作为特征的传统工艺文化产业可持续发展带来契机,乡村文化产业创新发展将在把非遗保护工作融入乡村振兴国家战略、经济社会可持续发展中发挥重要作用。依托传统工艺文化开展美丽乡村、特色小镇建设蔚然成风,杨柳青镇也顺应"天时、地气",还"审曲面势",发挥文化产业特色优势,注重用户体验,提高服务意识,开发立足本体、守正创新,可行性、延续性、需求性相统一的吃、住、游全产业链。

民众日益提升的生活品质和趋向定制化、多元化的精神文化需求,是传统工艺文化振兴的根本动力,特色文化旅游产业发展是传统工艺从业者面临的时代课题与契机。在做好疫情常态化防控的同时,通过文化和旅游消费供给侧结构改革,刺激文旅消费市场的发展,进而推动绿色发展方式和生活方式。基于文旅消费需求的产业开发是天津杨柳青木版年画这一传统工艺振兴产业化发展的必由之路,也是实现经济和文化生态效益双赢的关键抉择。为进一步推动有效市场与有为政府更好结合,国家文化和旅游部鼓励各地传统工艺振兴与文旅市场深度融合,促进文化线下体验馆、文化共享机构与旅游景区、城市购物中心、社区的链接,致力于形成集开发、制作、销售、展览、服务于一体的杨柳青木版年画产业市场体系,以全面实施乡村文化振兴。

（四）筑造文化生态环境,构建生活美学

在漫长的历史进程中,传统工艺的存在、发展与自然环境、价值观念、宗教信仰、地域环境及经济技术形势联系密切,是人类社会历史演进过程中创造的物质、精神财富和相应的创造才能的总和,具有历史性、民族性、时代性,独特的艺术性和文化积累性、传承性。文化生态环境整体协调会为传统工艺文化振兴发展提供健全的生存基础,文化生态环境失衡则会造成传统工艺生存环境的失落,倘若文化生态环境缺少了传统工艺造物的文化、历史、经济价值支撑,也会俨然失去文化基础。探索人、物、社会、人文环境之间的关系,是对当下中国正在建设的传统文化中的和谐价值观,以环境效益和消费需求相结合的方式,全面、系统、整体的研究,最终使生态、经济、社会、文化效益同步提升,实现社会文化生态平衡。[7]

国人对文化的接受与消费,正从满足于文化替代品、衍生品阶段迈向更高阶层,直接体验真实而独特的文化母体成为新一代消费者的期望所向。传承杨柳青木版年画,仅有纯熟的技艺是不够的,需要对工艺审美蕴含的原生文化生态进行解读,了解背后承载的历史文

与审美价值,并时刻关注社会现象和动态,了解国内外市场需求,对当代审美进行融合,才能由此构建生活美学的日用之道,即传统工艺美学在逐渐融入现代生活的过程中遵循中庸之道,在传承创新的表现中,变的是时代色彩、造型元素,不变的应是传统工艺造物仍然以实用为主的日用之道,追求传统工艺的当代"实用"的设计价值,提倡"精炼而恰宜,朴素而别出心裁"。杨柳青木版年画作为"非遗"而"世代相传"且"被不断再创造",决定了其是动态的,延续向前的,虽然其所处的时代背景、气候、环境已经发生转变,但依然要追求"尚用、古朴、雅致、精良"的工艺手法,"原汁原味"的复古已不能圆融到当下社会发展中,打破陈规,才能推动杨柳青木版年画产品向特色型、创意型、精品化产业转化,运用新材料、新工艺、新设备、新模式,推进时代风尚与传统工艺的跨界融合,方能实现持续发展,为现代生活美学提质扩容。譬如,将杨柳青木版年画通过环境设计、视觉传达设计、产品设计等专业,服饰、游戏、动漫、影视剧等载体融入大众消费场景中,拓宽杨柳青木版年画走进日常生活的渠道,在跨界创新中实现传承,在传承中提升美学素养。

四、杨柳青木版年画的文化IP赋能乡村文化振兴的具体意义

(一)杨柳青木版年画的产业转型升级,激活地域文化产业新活力

基于地域独特的文化资源,凭借文化创意转化、全面科技平台提升和线上直播等网络市场运作,形成独具民族特色的文化服务产业形态。在新一轮国家扶持和乡村振兴战略的带动下,学校的教育将发挥思辨性的作用,培养更多掌握杨柳青木版年画工序流程的后起之秀,并为其提供创新、创业、就业,脱贫致富的平台。构建文化创意产业集群,建立高校或专业设计师等联合开发杨柳青木版年画文创产品的研发机制,协同推进协会机构、民间作坊、传承人组织结构合作发展模式和设计团队市场化项目的介入等多元工作,以人的市场需要为导向,打造"人文为根、创意为先、协同为依、融合为导、服务为本"的一体化转型机制,营造集群发展环境,助力杨柳青木版年画集群竞争力升级。

(二)适应文旅产业消费新需求,形成乡村文化振兴新路径

伴随着文化创意产业的繁荣发展,政府、企业、高校为传统工艺提供了支撑平台,政府因势利导,激发了地方文化特色与旅游市场融合的潜力。文旅产业本身具有的流通性规律会满足群众对文化的需求,需求的满足是产业消费的内在核心,同时遵循"传统工艺见人见物见生活"的传承理念,为传统工艺文化提供了多样化媒介载体,打开了活态传承的大门,使传统工艺成为当代经济力量之一。适应文旅产业消费新需求,形成政府引导、部门联动、社会群众广泛参与的文化发展模式,将为传统工艺文化的创造性转化与创新型发展赋能。文旅消费的市场,是新发展理念下民间工艺文化对接绿色消费新需求、激发文化创造力的催化剂,工艺文化产业的开发也会激发特色文旅消费市场新活力,成为乡村文化振兴的新路径。

（三）助推传统工艺产业革新与乡村经济的内循环

文化产业属于人力密集型产业和创意产业，在疫情防控常态化背景下，加大经济杠杆扶持力度，助推传统工艺产业联动，增添经济社会发展内循环的新动能成为关键抉择。从产业角度看，我国经济发展已然进入文化经济融合发展新阶段，杨柳青木版年画是富于地方特色的优质、活态文化资源，基于此打造文化繁荣市场产业，铸造杨柳青文化强镇，将为提升区域文化经济，增强民众幸福感、助力传统工艺产业复兴提供内部支撑。然而，目前杨柳木版年画工艺主要还是依靠天津杨柳青镇、古文化街的地域资源，商业运营主要还处于散户式发展，且在安全区域内没有形成统一标识性品牌，造成了行业内的竞争，尚未形成良好发展态势。疫情的爆发，更对原本依托线下区域环境引入经济消费的传统工艺造成了严重打击，基于线下产销的杨柳青木版年画亟待营销转型，形成产业集群联动，才能形成强有力的品牌效应，使杨柳青木版年画的资源整合而互补，优化而升级，在区域内形成更大的社会文化产业体系，为地方经济提供多元化、针对性的传播渠道，最终驱动内部工艺文化产业的提质、增效。

（四）加强城乡一体化文化的跨界合作与交流，助力乡村文化振兴

利用杨柳青木版年画的文化内涵，创建"创艺小镇"，推动城乡一体化的跨界合作与交流，顺应了时代潮流，将发挥资源整合、项目组合、产业融合效用，刺激新观念、新思想的拓展。对杨柳青木版年画工艺进行产业革新，通过参与工艺传承、培育传统工艺文化创意、融入民俗文化生活、提升可持续生计能力等方式，创造更多居家就业的机会；建立工艺工作站，引进一线城市的设计团队和院校资源，孵化传统工艺文化创造性转化项目，产生涟漪式效应与层递式联动作用；内外兼修，推动杨柳青木版年画的工艺美学向当代化、生活化、创意化、审美化转化，以激发传承与发展的内生动力。依托旅游业、教育业、制造业等多行业协同助力，产品创新与应用创新齐头并进，不断更新销售与推广方式，提升消费理念，提高年画走进日常生活的可能性，将杨柳青木版年画与旅游纪念品、城市礼品、企业礼品、博物馆衍生品、网红产品进行跨界融合，形成多模式发展，为杨柳青木版年画创造新的经济价值，助力乡村文化走出安全区域，实现文化振兴。

五、总结

随着现代化与城镇化进程愈发加快，致使地域性传统手艺的生产环境与社会环境发生文化变迁，文章从民间文化生态环境角度，梳理研究了杨柳青木版年画的IP特征，期冀探寻生态文明视阈下杨柳青木版年画IP赋能乡村振兴的思路与当代意义，即赋能杨柳青木版年画IP产业活力，激活乡村文化创造力，为实现乡村社会文明、文化振兴和绿色可持续发展，探索一条切实可行的工艺文化产业开发之路。

参考文献

［ 1 ］方李莉.人类学视角下的"非遗"保护理论、方法与路径［J］.中国非物质文化遗产,2020(1):5.

［ 2 ］王树村,王海霞.年画［M］.北京:文化艺术出版社,2012.

［ 3 ］陈旭,张新沂.天津杨柳青木版年画传承保护及创新开发研究［C］//天津市社会科学界联合会.天津市社会科学界第十五届学术年会优秀论文集:壮丽七十年　辉煌新天津(上),2019:8.

［ 4 ］王树村.中国民间年画史论集［M］.天津:天津杨柳青画社,1991.

［ 5 ］刘建超.杨柳青木版年画［M］.天津:天津杨柳青画社,2015.

［ 6 ］王树村.杨柳青年画资料集［M］.北京:人民美术出版社,1959.

［ 7 ］杨先艺.中国传统造物设计思想导论［M］.北京:中国文联出版社,2018.

（陈旭,天津科技大学艺术设计学院硕士研究生。张新沂,天津科技大学艺术设计学院副院长、副教授。）

日本乡村振兴战略中人力资源
培养路径的借鉴与选择

陈　云　周武忠

摘要：日本乡村振兴战略过程中一直被"农业边缘化、农村空心化、农民老龄化"这样的问题所困扰，围绕这一问题，他们不断研究如何吸纳新农人、吸纳哪些新农人，如何为这些人服务，并取得了一定的成效。同样，这些问题，也存在于我们国内农村。因此，借鉴日本经验，提出了我国应寻求政策扶持，完善乡村人力资源培养体系，重构乡村印象，树立城乡价值共创观，专门化与多元化相结合，扩充乡村人力资源等建议。

关键词：日本；乡村振兴；人力资源；培养路径

一、问题与背景

"农业兴，则天下安；农业衰，则社稷危。""三农"问题一直受到党中央的重点关注，自2004年至今已经连续17个年头发布中央一号文件指导"三农"工作。从党中央对"三农"工作的重视程度，也能看出乡村有序建设、良性发展是目前解决三农问题的有效途径。乡村振兴战略是在党的十九大报告中第一次正式提出的，中国经过对国外乡村建设经验教训的多年研究，在2018年发布中央一号文件对乡村振兴战略进行了全面规划。随后，2018年9月正式印发了《乡村振兴战略规划（2018—2022）》，进一步对乡村振兴战略第一个五年工作做出了具体部署，指导各地区各部门分类有序推进乡村振兴，至此，乡村振兴工作拉开了大幕。

截至2018年，我国总人口数为1 395 238万人，其中乡村人口总数为56 401万人，占全国总人口的40.42%。城镇居民人均收入39 250.8元，消费支出26 112.3元，乡村居民人均收入14 617.0元，消费支出12 124.3元[①]。城镇居民人均收入和消费支出分别是农村居民的2.69倍

---

① 数据来源：中国统计年鉴2019。

和2.15倍。

从2018年的"乡村振兴"到2019年的"农业农村优先发展",再到2020年的"抓好'三农'领域重点工作",不难看出国家一直在思考如何更好地建设农村,更好地为农民服务。动作不断,但收效甚微。因此我们不得不去关注身边比较好的乡村振兴战略做法。

"乡村振兴战略的提出,不仅是中国当前社会主要矛盾的内在要求,同时也是建设中国特色社会主义强国的必然要求。人民对于美好生活的向往和发展不平衡不充分的现实矛盾,最突出地体现在乡村,因此,乡村振兴战略是破解中国当前社会主要矛盾的重要抓手和突破口。"[1]

近些年关于国内外乡村振兴的研究成果有不少,学者们从经济学、社会学、公共管理学等不同学科角度研究了国外乡村振兴战略实施的背景、意义、理论支撑、实施政策,以及乡村振兴的特点、核心内涵、发展状况、实施路径等方面,并积极寻求适应中国的发展路径、方式。其中由于日本和中国"同属东亚国家,在地理环境、农业农村发展等方面有着很大的相似性,面临着人多地少的困境,都是在经济发展迅速,农业、农村、农民这三个问题(简称'三农'问题)突出的情况下开展的乡村振兴运动"。[2]加之日本的乡村建设模式早已形成代表性,可借鉴性非常大,因此国内学者对日本乡村建设运动的研究相对要多一些。

如何有效解决"三农"问题,如何落实乡村振兴战略,笔者认为所有的一切最终都要回归到"人"的问题上,"农业边缘化、农村空心化、农民老龄化"无不反映在"人",要有"人"真正投入乡村振兴事业中去,才能真正解决问题。重新审视现有研究成果,在日本乡村振兴研究成果中真正围绕"人"的问题研究的专题性文章还比较少,主要还是偏重于从某一角度或特定人群如新农民、小农户等去研究,而系统性研究日本乡村人才的成果相对较弱。

2018年的中央一号文件中还特意规划了"到2020年,乡村振兴取得重要进展,制度框架和政策体系基本形成"。在这么紧的时间里,我们更要重视和思考乡村振兴战略中用什么人、怎么培养人、怎么用人、怎么留住人等一系列的问题。因此,本文将积极梳理日本乡村建设运动过程中人力资源的培养路径,扬弃与创新相结合地寻求适合中国乡村人力资源的培养路径。

二、日本乡村建设运动实施过程

"'乡村治理''乡村建设'抑或是'新农村建设'是现代国家自上而下对农村进行宏观管理和传统乡村自下而上实行自我改造相结合的农村改革策略[3]。"乡村建设就是为了缩小城乡差距,改善乡村民生环境,留住当地农民,吸引外来人口,共同建设好乡村。

(一)日本乡村建设运动实施背景

日本的乡村建设源于二战之后的国内农地改革,工业化、城市化时代迅速到来,致使城乡发展差异日益增大,城乡矛盾日益凸显。主要表现在城乡居民的收入差距逐步扩大;农业人口快速向非农产业转移；进口农产品对国内农业冲击加剧；乡村生态环境破坏日趋严重；地方政府直接税收入减少[4]。日本此时不得不去重新审视城市与乡村之间的内在联系。经过多年的实践探索，日本将缩小城乡差距、振兴乡村发展作为目标，已经形成了成熟且典型的东亚乡村建设模式。

（二）人力资源视角下日本乡村建设运动实施的阶段性内容与特征

日本乡村建设运动更多地是在政府的主导之下，注重实地自有资源与特色的保护性利用与开发，提高乡村人力资源的参与性，来推动乡村的可持续性发展，其中以大分县前知事平松守彦推行的"立足乡土、自立自主、面向未来"的造村运动为代表的振兴乡村的举措对国际乡村建设产生了深远的影响。日本的乡村建设经历了几个发展阶段，大体可以分为：

第一阶段，第二次世界大战结束至20世纪70年代中期，城乡均衡发展期。

该阶段主要为扩大土地规模经营，合并村镇，改善乡村基础设施建设，推动农民互助合作，均衡城乡发展。从1946年"农地改革"，保护自耕农的佃农利益，确保解决二战后粮食短缺的问题，到1955年"新农村建设构想"，发挥农民自主性和创造性，完善农业基建设施，推动农民互助合作，再到1967年"经济社会发展计划"，强调推动农业农村现代化，推进产业均衡发展，缩小城乡差距。日本政府陆续出台了很多政策，用以保障改善乡村居民生活环境，提升乡村居民的生产技术及生产效率，使得城乡居民收入差距明显缩小，从而影响乡村劳动力的转移。

第二阶段，20世纪70年代中后期至90年代末，城乡协同发展期。

该阶段主要是继续强化政府引导，鼓励和扩大农业生产经营规模，推进农村产业融合发展，继续改善乡村居民的生活环境，注重乡村旅游资源的开发，促进城乡交流、协同发展。其中最为突出的亮点是20世纪70年代末的"造村运动"，即各个地区依托自身优势发展特色农业，形成以农业特色产品为主导的农村区域发展模式，增加农产品附加值，重视农协作用的发挥。该阶段从物质建设逐渐转向乡村人力资源的培养，通过开办免费补习班、委派专家学者下乡讲学、定期组织学生和家庭妇女外出考察等途径，在"造村"的同时兼顾培育"人"。1999年颁布新的《粮食、农业、农村基本法》，进一步明确21世纪乡村振兴运动发展战略及其基本的实施计划，主要包括粮食和农产品的稳定供给、农业的多功能性、农业可持续发展等。

第三阶段，进入21世纪后至今，城乡一体化发展期。

该阶段主要侧重于提升乡村居民的生活水平，基本消除城乡差距，实现城乡居民一体化融合发展，保障农业可持续发展。日本面临着老龄化、人口减少、乡村空心化等问题，激发乡村的持续活力成了日本乡村振兴非常重要的一个环节。2001年正式成立了农村振兴局，以确保各项乡村振兴政策的落实。2005年、2010年两次修订新农业法，强调提高农产品附加价值，完善乡村地区的观光、教育、社保体系，加强城乡人口流动与交流的质量,注重从城市人的角度实现对乡村的再发现与再评价。2014年推行"地方创生战略",促进加大吸引人(才)进村、创造新的就业机会、推进乡村振兴这三者之间的良性循环。

日本经历的乡村振兴战略是一个实时动态的过程,所经历的每一个阶段都体现了乡村发展的一个起伏过程。当一个新状况、新瓶颈出现时,日本政府就会采取新措施继续振兴乡村的发展。因此,伴随着日本乡村建设运动实施过程中的转型变化,日本的乡村建设在每一阶段都呈现出各自阶段的特征,而每个阶段之间又都存在着延续性,从最初的资金支持到培育乡村建设人力资源;从造村运动到乡村振兴;从留住乡村内部人才到吸引外部人才支援乡村振兴等,进一步巩固了乡村的可持续性发展。

三、人力资源视角下日本乡村振兴战略实施路径

面对整个社会人口减少、老龄化、乡村空心化等问题的出现,日本政府非常重视盘活乡村活力,振兴乡村,因此在大力推行完善的法制体系之下,不断研究乡村人力资源的培养问题。

(一)坚持政策扶持,构建乡村人力资源培训体系

日本政府通过不断修改完善乡村人力资源培养的保障机制,形成了比较成熟的乡村人力资源培训体系。早在1947年,日本便颁布《学校教育法》,首次明确了乡村人力资源的教育落脚点,要求设立农业综合高中,开展农业学科教育,将农家子弟培养成现代农业骨干。同年还制定了《职业安定法》,旨在加强农村剩余劳动力的职业技能培训。1960年之后,日本梳理清楚了国立、公立、私立三种模式,将基础教育、职业教育和职业基础教育进行了有效衔接。在政策明确、公共教育投资有保障的情况下(见图1),在乡村振兴战略实施的第一阶段日本就构建起了较为完备的教育体系,培养了大批现代农民。到乡村振兴战略实施的第二阶段已经形成了包括职业高中、实业学校、高等专科学校、职业技术大学在内的完整职教体系。1978年,日本通过了《职业训练法》,明确了企业教育的地位。当然乡村人力资源培训体系的完善还得益于其他以人为本的相关农业等方面的活化政策的支持和与时俱进的修订。

目前日本政府打造了以农业院校教育、农民职业教育、社会农业协作组织为主体的多元化教育培训体系,贯通了乡村人力资源的培养路径,确保了其培养的科学性和系统性。文部科学省为农民提供正统农业教育,农林水产省则更侧重实践,为农民提供专项职业培训服务。农协教育以讲座、短期培训等形式开展,为国家培养适应现代化经济所需要的新型农民[5]。日本还支持优秀的农业人才出国留学,有一年以下海外留学经历的农业人才接近50%,海外留学五年以上的农业人才比例高达10%[6]。

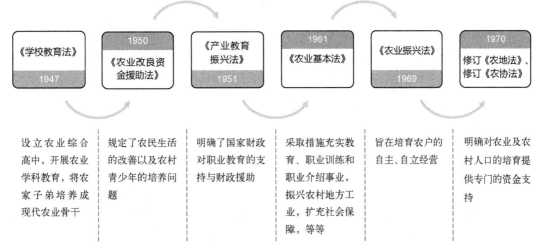

图1　日本乡村振兴战略第一阶段乡村人才培养系列法律法规

（二）探寻城乡融合方式，构建一体化乡村认知感

日本政府的乡村建设之路从最初的注重城市化、工业化城乡分离式建设，到以工哺农城乡协同式发展，再到现在的城乡融合一体化式建设。乡村振兴之路越走越符合可持续发展的理念。乡村既是当地农村人的乡村，也是城市居民的粮食产地、休闲之所，同样也需要得到城市人的认可。在城乡分离式建设时期，城乡差异带动了一大批乡村人口涌入城市，造成了乡村人力资源大幅度外流。以工业反哺农业城乡协同式发展时期，为了缓解乡村劳动力的缺失问题，日本政府引导国内的大型企业等到乡村寻求发展机会，给当地农民创造就近的就业机会，尽量稳定乡村人口的流动。在前两个乡村建设阶段，乡村人口的生活环境、收入水平等都有了明显的提升，但是依然有一种城市人要比乡村人高一头的感觉。

尽管方式方法在不断优化，但是依然抵挡不住人口总数降低的事实。单靠乡村自身人口来发展乡村依然不能解决实际问题。城市和乡村的发展均关系到国家的稳定繁荣，日本政府也希望构建城乡居民深度融合方式，让城市人再重新认知乡村。因此到城乡融合一体化建设时期，日本已经能够以城市人的乡村感知角度去建设乡村、再发现乡村、再评价乡村。通过各种方式的引导、宣传，构建了一体化城乡认知感，也吸引了大量的人关注乡村生活、参与乡村建设。

（三）稳固农业结构，引进多元化乡村人力资源

2019年主要从事农业活动的核心人数为140.4万，比上年下降了3.2%，平均年龄为67岁。面对整体缺"人"的问题，日本政府一方面尽量稳定现有乡村人力资源，另一方面通过发展农业管理实体、培育新农民等方式，引进多元化乡村人力资源，充实乡村人力资源体系，稳固农业结构。在农业管理实体方面，日本政府开始追求高效稳定的农业管理实体参与到乡村振兴战略中来，通过这些管理实体吸纳各类认证的农民、新移民，纳入商业农民，并积极

与社区农业合作社等合作维持农业经营的规模,促进乡村振兴。目前,日本从事农业生产或从事合同农业的农业经营单位有119万个,从事农业的家庭实体数量有115万个,主要生产农产品以供销售的商业农户有113万户[①]。未来总耕地面积的80%将由商业农民经营。在培育新农民方面,日本政府自2006年就提出了"青年务农计划",培养务农后继者,增加农业劳动力的供给。通过政策推动培育农业新力量,总体来说是成功的,每年都会有不少新鲜力量补充进来。

另外,日本政府在活化乡村人力资源方面,也一直积极致力于增强女性农民的权益,女性农民数量从1999年的2 000多名发展到2019年的11 000多名,获得认证的女性农民数量增加了五倍。同时这近20年间,获得认证的女性农民的比例从1.6%增加到4.8%,也增加了三倍[②]。日本政府还开始逐渐推广起"半农"(half-famer)半自由的从业模式,吸引更多的人加入乡村振兴的大营中。

四、我国开发乡村人力资源的路径选择

日本在乡村振兴方面做了很多工作,尤其在乡村人力资源培养方面下了很大的功夫,有很多成效是有目共睹的,但是我们也要清醒地认识到整个社会大环境中人口数量总体下降、老龄化、乡村空心化、耕地面积减少等问题依然存在。这些问题,在我国同样也存在。但是每个国家都有每个国家的自身情况,因此我们在借鉴其乡村人力资源开发路径时要慎重选择。

(一)寻求政策扶持,完善乡村人力资源培养体系

这些年来我国的乡村建设也发生了翻天覆地的变化,在乡村振兴问题上也出台了很多政策,给了很多资金扶持等,可以说目前我国乡村的生活环境都得到了很大的改善,但是具体到乡村人力资源开发时,又感觉还不够接地气。政府还需加大政策宣传的力度,专门开设乡村人力资源服务窗口,强化接地气的服务方式,并从法律法规的角度重点关注乡村人力资源培训体系的完善。我国现在有中职、高职、大专、本科、博士这一完整的院校涉农专业培养模式,但是选择这类专业的学生比较少,学生家长也不太认可这一专业的就业,该类专业的很多毕业生实际涉农就业的极少。我们还需要寻求乡村人力资源培养政策的倾向性扶持,在幼儿园、小学时就开始灌输农业知识、乡村认知,以指导学生形成正确的职业规划观;并政策扶持院校改善涉农专业实训条件、提升涉农专业教师技能,让院校培养出的乡村人力资源与乡村实际需求无缝对接。同时我国政府还需花大力气整合社会力量,让在职农民的专业培训能切切实实地开展。我国也有不少农业协会、合作社等,也开展了一些培训,但培训内容实用性不够,参训人员的满意度不高。日本的农协开办的培训得到了该国农民的实际

---

① 数据来源: *FY2019 Annual Report on Food, Agriculture and Rural Areas in Japan.*
② 数据来源: *FY2019 Annual Report on Food, Agriculture and Rural Areas in Japan.*

认可,还有涉农企业接受零基础的人力资源边干边学,反馈的效果也很不错。我们也需要好好借鉴,在落实好院校涉农教育的同时,兼顾好社会力量的在职涉农培训的补充,真正完善乡村人力资源培养体系。日本乡村人力资源管理中的一个很有效的抓手就是农民认证体系,我们国内也需要打造一个成熟的乡村人力资源认证体系,培养现代乡村人力资源,确保其专业性。

(二)重构乡村印象,树立城乡价值共创观

我国是农业大国,但是"面朝黄土,背朝天"的就业环境让很多国人不认可农民这个职业,甚至感觉只要跟"农"沾上边,就低人一等。那我们若要吸纳更多的乡村人力资源参与到乡村振兴事业中来,就有必要向日本学习,从城市人的角度重新审视乡村,打造乡村,培养各类人在乡村的归属感。创新型乡村发展的理念包含了"生态、文化、人才、技术、资金、政策"这六个方面,早已不是传统概念上的那个陈旧的乡村了,城乡居民可在实用性价值、情感性价值、社会性价值等方面共创归属感,并为此共同努力,共同建设好乡村。只有培养好城乡价值共创的理念,理解了城乡居民都是利益相关者,才会有人真正愿意扎根乡村,实实在在地为乡村振兴出力。当然高度统一的认知也需要有其他条件的支撑,比如乡村生活环境的提升,乡村收入的提升,乡村生活的教育保障、医疗保障等,以及现代化农业的推广。此外,高科技的介入既真正解决了劳动力紧缺的实际问题,又让全民感受到了涉农行业的高大上。可以说,只有这些条件的逐步满足,才能改变乡村在全民心目中的刻板认知,真正逐步渗透城乡价值共创理念。

(三)专门化与多元化相结合,扩充乡村人力资源

乡村振兴的主力军就是乡村人力资源,要在我国广阔的乡村中做好振兴事业就需要各行各业的人投身乡村,共同努力,一同发力,即需要多元化的乡村人力资源。而从乡村人力资源个人角度出发,每个人必须要寻找自己在乡村振兴中的位置,发挥自己专业知识和专业技能,专门化从事某一岗位或者某一职业,这才有利于自身能力的提升。这一岗位或职业的可持续性发展不光需要自己去做好、做强,还需要通过自己的子女、徒弟等不断传承下去。自己技能的精准专门化与乡村整体需求的多元化看似矛盾,其实都是乡村振兴可持续发展的必要条件。我国在扩充乡村人力资源的同时,还需要警醒地认识到要将懂农业、爱农村、爱农民的人吸纳进来,保持工作热情,保障乡村人力资源队伍的稳定。将懂农业、爱农村、爱农民的大学生、退役士兵、返乡农民、城市各类人才转变为新农人,培育新型的农业经营主体,让他们成为乡村振兴的骨干力量。

乡村振兴战略是造福全社会的战略,只有切实正确借鉴国际现有的好措施、好路径,少走弯路,才能打造好乡村人力资源队伍,让更多知农爱农人投身乡村、扎根乡村。政府部门应进一步落实各项政策,扶持乡村居住环境、各种社会保障的改善,为农人们安心扎根农村创造条件;重构乡村印象,树立城乡价值共创观;吸纳多元化的农业人士扎根农村,做精做

专自己的方向,专门化与多元化相结合,扩充乡村人力资源。

参考文献

[1] 邢成举,罗重谱.乡村振兴:历史源流、当下讨论与实施路径——基于相关文献的综述[J].北京工业
大学学报(社会科学版),2018,18(5):8.
[2] 王鹏,刘勇.日韩乡村发展经验及对中国乡村振兴的启示[J].世界农业,2020(3):107.
[3] 沈费伟,刘祖云.发达国家乡村治理的典型模式与经验借鉴[J].农业经济问题,2016,37(9):93.
[4] 曹斌.乡村振兴的日本实践:背景、措施与启示[J].中国农村经济,2018(8):119.
[5] 丁宁.日本职业教育发展历程、特点及启示[J].教育与职业,2019(4):82.
[6] 张雅光.乡村振兴战略实施路径的借鉴与选择[J].理论月刊,2019(2):128.

基金项目:本文为2019年江苏省高职院校专业带头人高端研修(团队)"新型城镇化背景下美丽休闲乡村旅游研究"(项目编号:2019TDFX004)的阶段性成果之一。

(陈云,江苏扬州人,江苏旅游职业学院旅游管理专业副教授,上海交通大学设计学院访问学者。研究方向为休闲农业与乡村旅游、旅游职业教育。周武忠,江苏江阴人,上海交通大学设计学院教授、博导,上海交通大学创新设计中心主任。研究方向为设计学、旅游景观学、地域振兴设计、中国花文化研究、休闲农业与乡村旅游。)

乡村文化振兴的媒介化路径刍议

封万超

摘要：乡村振兴是一个时代课题，而作为五大振兴之一的乡村文化振兴，则是一种"更基础、更广泛、更深厚"的力量，如何发挥其全体大用值得我们深入探讨。本文基于历史、实践、政策三个层面的分析，来探讨乡村振兴语境下的"乡村文化"，认为文化于乡村振兴是精神动力、生活方式和创意动能。在此基础上，本文从创新的层面提出媒介化路径是乡村文化振兴一条有实操意义和落地价值的拓展路线，并从在地性、在场性、在线性三个维度提供了初步的策略分析。

关键词：乡村建设行动；媒介化路径；在地性；在场性；在线性

2020年，突如其来的新冠肺炎疫情席卷了全球，在这场没有硝烟的战争中，中国取得了令人瞩目的阶段性胜利。为什么能做到这一点？这离不开党中央的坚强领导，离不开全国人民的共同努力，还有一个离不开，就是学者温铁军所说的"大疫止于乡野"[1]。因为乡村在我们中国社会中依然占据着相当大的比重，所以无论是面对疫情的挑战，还是谋求民族的复兴，广大农村始终是压舱石和蓄水池，是中华民族复兴的大国之基。乡村振兴战略，有别于以往任何一个农业农村发展政策，是站在新时代历史起点上对"三农"问题的再出发、再部署、再推进。乡村振兴需要"五大振兴"协同发力，而乡村文化作为更基本、更深沉、更持久的力量，对解决当下乡村价值失准、文化失调和社会关系失衡等深层问题更起着关键性作用[2]。因此，乡村文化的振兴非常重要。围绕这一课题的思考，本文从历史、政策、实践、创新四个层面展开。

一、问题的提出：乡村文化治理的媒介化转向

党的十九届五中全会审议通过的《中共中央关于制定国民经济和社会发展第十四个五年规划和二〇三五年远景目标的建议》，首次提出"乡村建设行动"，把乡村建设作为十四五时期全面推进乡村振兴的重点任务，摆在了社会主义现代化建设的重要位置。"乡村建设行

动"的提法,既体现出党和国家对乡村问题的高度重视和战略部署,也体现出与既往乡村建设探索尤其是"乡村建设运动"的历史渊源。

（一）历史面：乡村建设运动中的"文化"

早在20世纪二三十年代,面对工业化、城市化和现代化对传统乡村社会的冲击,梁漱溟、晏阳初、卢作孚"乡村建设三杰"就从不同方面开展了乡村文化建设的实验与探索,体现出对乡村"文化"的多维理解。

1. 梁漱溟：重视对固有文化的自觉

梁漱溟先生认为,中国文化的根本就是乡村。他的乡村建设实验,在山东邹平进行,针对当时中国传统社会的崩溃和文化失调,他以文化伦理和组织团体为基础来重构传统乡村社会的价值体系,希望用"自强不息,刚健有为"的文化精神,来提升农村的精气神儿。梁先生认为,中国传统社会是"伦理本位",而中国传统社会的崩溃,"其主要的直接有力的,还是因西洋潮流输入而引起来的中国人思想的变化",诸如以自己为重,以伦理关系为轻,从让变为争,从情谊的连锁变为各自离立等,而这种变化反映出的是中国士人"对固有文化缺乏自觉"[3]。他认为,唯有以乡村文化振兴为要义,走一条自己的乡村文化建设之路,才能从根本上解决中国的问题。

2. 晏阳初：重视对平民的教育

晏阳初先生是留洋博士,他对河北定县的乡村文化建设采取了对症下药的方式,以文艺教育治愚,以生计教育治贫,以卫生教育治弱,以公民教育治私,来开展平民教育运动。他提出"欲化农民,先农民化",并身体力行,脱掉西装,换上长袍,骑上毛驴,用老百姓听得懂的语言对他们开展平民教育。在他的带动下,90多年前掀起了一轮教授下乡、博士下乡的热潮。我们今天看晏阳初先生的平民教育运动,尤当注意他对受教育主体——"平民"的重视。在其文章中,晏先生对"平民"多有阐释,认为"民为邦本,本固邦宁""平民程度之高低,关系于国家努力之强弱"[4]。

3. 卢作孚：以人的训练为中心

卢作孚先生是位实业家,他在20世纪二三十年代,就提出了"以经济建设为中心""建设一个现代化国家"等理念,将重庆北碚从一个贫穷落后、盗匪横行之地,建设成为具有现代化雏形的花园城市。他进行的乡村文化建设,也体现出更多的现代化色彩,诸如以人的训练为核心,以青年为作用主体,重视实业和物质积累,重建公共秩序、树立善良风俗,吸收先进文化、铲除劣根文化,提振民族自信、学习现代科技,等等[5]。

这三位先生对乡村文化建设的实验,虽然已经成为历史,但他们所提出的问题、探索的路径、思考的理路,对我们今天理解乡村文化振兴中的"文化"具有深刻的启迪,如文化自觉问题、乡村文化的主体问题、文化与产业（实业）的关系问题等,都"示来者以规则",对我们今天的乡村文化振兴具有重大的借鉴价值。

（二）政策面：一号文件中的"文化"

每年的中央一号文件，都聚焦三农问题，对乡村文化也有相关论述。有关学者针对1980年以来一号文件的文本分析显示，40年来，我国在政策层面对乡村文化的认识经历了三个阶段。第一个阶段，文化作为舆论引导，处于配角地位。第二个阶段，文化受到了更多重视，但作为经济辅助，以经济建设为中心，文化搭台，经贸唱戏，文化更多是作为一种工具和手段，仍处于配角地位。第三个阶段，就是最近几年，"文化服务"被提到了更重要的位置，文化的主体性受到空前重视[6]。

这一点，在《乡村振兴战略规划（2018—2022年）》中也有具体体现："推动城乡公共文化服务体系融合发展，增加优秀乡村文化产品和服务供给，活跃繁荣农村文化市场，为广大农民提供高质量的精神营养。"在山东农村的实地调研中，我们也看到，很多地方政府就如何将乡村的公共服务资源转化为公共服务目标做了很多努力，如免费开放公共文化场馆、农村文化建设专项补助、广播电视村村通、农村电影放映、农家书屋更新维护、"送戏进万村"演出活动等。

（三）实践面：乡村文化振兴中的"文化"

打造"乡村文化振兴的齐鲁样板"，是习近平总书记赋予山东的时代命题。笔者在参与山东省委宣传部调研课题"乡村文化振兴的齐鲁样板研究"的过程中，实地调研了临沂、菏泽、烟台等地乡村文化建设的情况，接下来就以三个村庄的实例，看它们对乡村振兴中"文化"的不同认知和实践。

1. 代村：作为精神动力的文化

临沂市兰陵区代村，在20年前还是一个贫困村、落后村、问题村。经过20年发展，目前全村年产值达到了20多亿，村民人均收入达到六七万元，整个村的村容、村貌和村风都发生了翻天覆地的变化。在这一过程中，乡村文化建设发挥了举足轻重的作用。对于乡村振兴，十九大代表、"时代楷模"、代村党支部书记王传喜有他的冷思考，他认为乡村振兴不能一哄而上，不能急功近利，要一代人接着一代人去干。而对乡村文化建设，村里却是"热启动"，在推进上不遗余力。因为他们认为文化可以凝心聚力，可以提供精神动力和发展氛围。尤其值得一提的是，代村还提炼出了自己的"代村精神"，这在当下的新农村建设中是很有创新意义的。

2. 五里墩村：作为生产和生活方式的文化

从一个盐碱地上的"问题村"，到今天村美、民富、产业强的鲁西南地区农村发展样板村，菏泽市曹县磐石办事处五里墩村33年的巨变，是一部以文育才的乡村文化振兴史。五里墩村对乡民的文化教育，大致可以分为三种类型：一是对本村子弟的学历教育，五里墩村在1990年就实现了小学的免费义务教育，后来又出台针对本科、研究生的教育鼓励政策，人口仅有1 600余人的五里墩村，已先后培养出了200余位大学生，其中包括50多位硕士和博士人才。二是对本村村民的职业教育,30年间,村里先后请来600余人次的外国专家上门指导,分批次选送优秀农村人才赴荷兰等地学习现代畜牧业知识,帮助村民实现了从刀耕火种的传统农民到现代化农牧产业职工的角色转换。三是对"新农人"的道德文明教育,村里先后举办道德讲座30余期、家庭教育培训40多次,参与学习的村民超过20 000人次。这种良好的文化教育氛围,让五里墩村的风气积极向上,没有了赌博、攀比等不良现象,到处都充满着热爱学习、干事创业的氛围。

3. 濯村:作为产业新动能的文化

从高空拍摄的照片中看到的濯村,是一个阡陌交通、屋舍俨然、樱花旖旎、四季常青的花园式村落,让人很难想象23年前这里竟是一穷二白、污浊遍野!过去濯村流传着一个这样的段子:外村的姑娘嫁到濯村来,会收到公公婆婆送的特殊"礼物"———一双雨鞋,因为当时村里养鸡、养猪的比较多,一到下雨天就污水横流、满地泥泞,没法正常走路。有鉴于此,濯村在20多年前就高起点规划,并通过"三步走"的创新路径,走出了一条传统农业"接二连三"的产业创新之路:第一步,实施土地规模流转,大力发展高效农业;第二步,转变理念强化招商,加快工业强村步伐;第三步,培育特色产业,打响文化旅游品牌。2015年村里成功举办了首届濯村樱花节,至今已经连续举办五届,累计接待游客200多万人次,培育了一条以樱花游为主的特色旅游产业链。

通过这三个村庄的故事,我们看到,乡村振兴实践中的"文化"有不同的层面。第一个层面,文化是精神动力。乡村文化建设是在建构乡村社会的意义体系、精神家园,可以在文化自信层面为乡村振兴提供持久的动力源泉和发展氛围。第二个层面,文化是生产和生活方式。"一边富口袋、一边富脑袋",让村民成为有知识、有道德、有担当的新农人,乡村振兴,关键在人,只有实现这种以文化人,乡村才能有更好的出路。第三个层面,文化是产业新动能。美丽的生态环境扮靓了乡村外在的"颜值",而生态和文化的融合沁润则凸显着乡村内在的"气质"。可以看出,文化作为创意新动能,正在为乡村文化旅游、乡村文化产业提供更多生机。

通过历史面、政策面、实践面对乡村文化认识的深入考量,我们可以得出几个初步的认识:

一是文化于乡村振兴,是"更基本、更深沉、更持久的力量"。党的十九大报告指出:"文化自信是一个国家、一个民族发展中更基本、更深沉、更持久的力量。""文化自信,是更基础、更广泛、更深厚的自信。""中国有坚定的道路自信、理论自信、制度自信,其本质是建立在5 000多年文明传承基础上的文化自信。"而这5 000多年的文明传承,主要的文化积淀在乡村,所以乡村文化是一个富矿,也是我们今天在乡村文化振兴中亟待挖掘的富矿。在这一过程中,对乡村文化作为"更基本、更深沉、更持久的力量"给予充分认识,是非常必要的,这也是关系乡村振兴成败的关键。

二是2020年我国在实现整体脱贫的情况下,尤其要把文化建设而非仅物质层面的工作作为乡村振兴下一步的着力点。著名社会人类学家费孝通先生一生都在研究中国农民怎样解决自己的基本物质需要,即温饱问题,他认为这属于保证人类生存下去的"生态格局"。而在晚年,他提出未来更需要研究的是乡村百姓遂生乐业、发扬人生价值的"心态秩序"。

他认为突破方向就在潘光旦先生从儒家中庸之道中阐发的"位育论",位就是安其所,育就是遂其生[7]。这是很值得关注和拓展的方向,现在农业技术的进步使得农闲时间更多,农村群众亟待在文化、艺术、习俗、信仰、仪式等多方面文化活动中获得精神的愉悦和满足,这种文化软环境建设比硬环境建设更加迫切和重要。

三是在互联网成为母媒介、人与万物互联的今天,乡村文化治理的路径亟待实现从过去的以行政化、市场化为主到更开放的媒介化路径的转向。乡村文化建设的核心,是激发乡村建设的参与主体和受益主体——乡村群众的内生动力,但具体采取什么样的路径,也影响着实际效果。有学者指出,目前乡村文化治理的行政化和产业化路径,在某种程度上遏制了乡村文化的创造性,有违村民的文化主体性原则,以至于出现各类"送下乡"的文化服务受到村民"冷遇",文化产业对于乡村来说更多意味着民俗旅游的现象,因此需要以乡村文化治理的媒介化转向,来激活乡村文化振兴的内生动力[8]。这是很值得开拓的创新路径,也是本文探讨的重点。

二、理论工具：文化与社会的媒介化理论

本文关于乡村文化振兴媒介化转向的探讨,采取的理论工具是20世纪八九十年代兴起于欧陆、如今已经产生国际影响的"媒介化理论"。21世纪以来,在施蒂格·夏瓦、阿德里斯·赫普、尼克·库尔德利等传播学者的辩证之下,这一理论逐渐确立并在开放的语境中不断完善,成为媒介认识论方面一把虽有待完善、但不失锋利的利器。如施蒂格·夏瓦所说,这一理论的思考起点同样源自英尼斯、麦克卢汉等为代表的媒介环境学派,但在视角上有意识地规避了前者指点整个文明史的宏观叙事,而是定位于采取"中观"视角的"中层理论"[9],这一点使其在我们思考乡村文化治理的媒介化转向上兼顾理论高度和落地价值,具有较强的理论适配性。

但对于什么是"媒介化",目前学者却言人人殊,尚未定于一尊,归纳起来影响较大的有四个理论视角:一是物质化视角,着眼媒介本身运作过程的研究,更侧重于传播技术及其物质属性;二是制度化视角,作为这一理论主将的施蒂格·夏瓦,在其专著《文化与社会的媒介化》中认为,媒介以前所未有的影响力"融入"其他制度与文化领域的运作中,同时其自身也相应成为一种社会制度[10];三是建构化视角,认为"媒介化"研究应当将媒介置于人类文化和社会互动的实践中加以考察,"探讨作为总体的'媒介逻辑'是没有价值的,有价值的是厘清媒介如何在多样化的社会互动中被使用",学者埃里克·罗森伯赫认为,或许逻辑并不内在于媒介,而在于传播[11];四是场域化视角,施蒂格·夏瓦在《文化与社会的媒介化》中认为,"媒介扮演着制度和机构彼此互动的交界角色",夏瓦进一步说这一角色就是布尔迪厄所说的"场域",国内传播学者胡翼青教授认为这一论述"是全书最精彩的瞬间",并认为"场域说"或许不失为我们"理解媒介化社会的第三条路径"[12]。

应该看到,目前学者对"媒介化社会"的各种说法,如"盲人摸象"一样各执一词,各有

所偏又各有所见。当然,在这里"盲人摸象"并非是贬义,我们要认识一个理论和事物,恰恰需要细致入微地看清其侧面或局部,笼统地就"全体"一概而论,只能使这一理论或事物混沌不明。学者们基于不同视角的细致研讨,使"媒介化"这一理论因为开放而更具理论张力。本文立论的基础,就兼采四种理论方向的优点。

文化和社会的媒介化理论,是我们理解今天的文化和社会的一个理论利器,因为我们身处的正是"一个传播、技术和媒体互相融合,并深度渗透日常生活的时代"[13],像我们今天的人际沟通、学术探讨、市场营销、产业拓展,都更多地基于一种"媒介化生存"的状态,线下物理空间和线上虚拟空间更多地成为一种互嵌的融合结构。特别值得注意的是,城市和乡村在文化和社会的媒介化上可以说"同此凉热"。新榜发布的2020年内容产业年度报告指出,中国的城市和乡村是同时步入移动互联网时代的,随着各类内容平台的逐步下沉,乡镇、农村早已不是内容洼地,父老乡亲们的眼界被大大拓宽,他们跟城里人在内容上不存在级差,拿起手机,他们甚至还是内容生产的生力军。这为消弭过去壁垒分明的城乡二元结构鸿沟提供了全新的契机,借助媒介化的技术手段,传统封闭、落后的乡村正在发生空前的巨变。

本文就这一改变的策略探讨,将结合一个具体案例——朱家林进行。朱家林本是山东省临沂市沂南县岸堤镇一个传统村落,2017年起,这个村和周边其他9个行政村一起,成为山东省第一个国家级田园综合体建设试点,目前这一区域已经成为乡村振兴的"齐鲁样板"之一。这里有着丰富的文化资源,曾是山东省委党校的诞生地,也是沂蒙山红色资源的富集区。在文化和社会的"媒介化"上,朱家林也很典型:一是当地政府在朱家林田园综合体的建设上,旗帜鲜明地提出了建设"两个朱家林"的目标,一个是实体的朱家林,另一个是基于互联网的在线空间;二是互联网也给朱家林当地乡民的生产、生活方式带来了巨大的改变。我们在实地调研时,跟踪采访了一位名叫马光梅的大姐,马大姐是本乡本土的朱家林人,她抓住了田园综合体建设的契机,借助土地流转得来的资金补偿,投资30万三次翻建"农家乐",在创业过程中她注重对"互联网+"元素的运用,从无到有掌握了互联网支付、WIFI、微信等的使用,现在她的微信"朋友圈"已经有1 700多人,其生意逻辑就建立在社群营销基础上。

三、创新路径:在地性/在场性/在线性的价值打造

基于文化和社会的媒介化理论,笔者认为乡村文化振兴的媒介化路径,应重点打造三种价值:一是立足在地性,打造膜拜价值;二是强化在场性,打造展示价值;三是突出在线性,激活社交价值。

(一)立足在地性,打造膜拜价值

通过"在地性"塑造文化景观的膜拜价值,就需要找到这一个地域、这一方水土独一无

二的文化符号,将之打造成当地的文化IP、文化地标或区域公共品牌。在这一过程中,文化符号至关重要,就如詹姆斯·凯瑞所说:"我们先是用符号创造了世界,然后我们又栖息在自己所创造的世界里"[14],符号是我们认知世界的方式,也是我们今天打造乡村文化旅游、发展乡村文化产业、提炼乡村多样之美的创意起点。

这个不难理解,我们一想到某个地域,立刻会想到当地的一些符号。一旦我们找到这种独一无二、此地所有别处所无的文化符号,并着力将之打造成这个地域的文化IP、文化地标或区域公共品牌,就往往会赋予这个地方一种如瓦尔特·本雅明所讲的"光晕效应"。比如一说到延安,我们脑海中立刻会浮现光芒四射的延安宝塔,因为经过不断积淀,这种红色基因传承已经成为一种精神坐标。

红色,同样是朱家林的底色。朱家林位于沂蒙山区腹地,是山东省委党校的诞生地,周围有沂蒙红嫂纪念馆、红色影视基地、红色孟良崮、红色沂蒙山等历史文化资源。以红色符号来打造地域性的文化IP或文化地标,有着丰厚的土壤。

"红色基因就是要传承",党的十八大以来,习近平总书记反复强调,要把红色资源利用好、把红色传统发扬好、把红色基因传承好,让革命事业薪火相传、血脉永续。因此,传承红色基因,赋能乡村建设,以红色文化符号打造乡村振兴的"红色引擎",应该成为一个时代命题。对于红色符号,我们应该有一个更为系统的认识,即"红色基因"是共产党人的精神DNA,诞生于革命年代血与火的洗礼中,凝结于党和人民的血脉联系中,壮大于新时代建设中国特色社会主义事业的伟大征程里,"中国红"已成为当代中国人的精神本色。"红色传统"是中华民族的文化图腾,从原始先民的日神崇拜到汉唐盛世的大国雄风,从春联、窗花、红灯笼的春节习俗到红装、红被、红盖头的中式婚礼,从红装素裹的民族服饰到红红火火的百姓生活,"中国红"也是中华民族数千年农耕文明的文化原色。"红色资源"是创造性转换、创新性发展的中国符号,传遍世界的中国红瓷,张灯结彩的大红灯笼,无处不在的红色包装,更体现了"中国红"是大国工匠的设计底色。

发挥这种红色基因的"本色"、红色传统的"原色"、红色资源的"底色",来为乡村振兴提供真正的"红色引擎",是朱家林值得探索的方向。诞生于这里的"沂蒙精神"现在已经成为中国共产党四大精神之一,充分挖掘和发挥这一红色文化符号的原真性、唯一性、在地性等特点,并与当地红色文化景观建设结合,有助于打造和形成如瓦尔特·本雅明所说的艺术原作的"光晕"效应,塑造红色文化地标的膜拜价值。在这方面,当地已经有了一些探索尝试:英雄孟良崮、沂蒙红嫂、红色影视基地以及其他红色沂蒙山的资源正在得到整合,以打造一个"红色沂蒙山"的文化IP,这是一个非常值得探索和创新的方向。

（二）强化在场性,提升展示价值

所谓"在场",就不同于"在地",文化符号、文化元素、文化资源可以不是本地所有,但可以拿来为我所用。如前面所说,"红色"可以成为乡村振兴的底色,但正所谓"一花独放不是春,百花齐放春满园",乡村文化振兴应该是多姿多彩的。一种可行的路径是借助生态博物馆的创新理念,将"红色"文化传承与"黄色"乡村记忆结合、与"绿色"生态农业发展结合,形成"三原色"的乡村建设格局。

例如,日本山口县丰田田园空间博物馆,就着眼点、线、面的文化旅游布局,不仅规划建设了11处"主要卫星设施",还设置了20处"其他卫星设施",让游客徜徉其间,不仅可游览历史建筑、传统民居、古庙古寺、古树苗木、梯田阡陌,而且能够欣赏一些景区、聚落、仪式、文化遗存等,体验到乡村的多样之美[15]。

这对朱家林等乡村的文化建设具有借鉴价值。朱家林有富于地方特色的石屋民居,有传承千年的桑蚕产业,正在打造"看得见山,望得见水,记得住乡愁"的诗意田园,重构生产美、生态美、生活美的乡村生活美学。但田园综合体在我国还是一个新兴事物,需要借鉴外来的成功经验,像日本田园空间博物馆建设那样,综合考虑多方面诉求,整合人、文、地、景、产多方面资源,在系统性提升展示价值的层面推动农耕文化展示、乡村文创展示、手工艺研学传习等多种艺术形式介入乡村,形成整个田园综合体景观,满足游客在这里的观赏、体验、流连和消费。

（三）突出在线性,激活社交价值

现在是一个万物皆媒介、人人皆媒介的时代,这为乡村文化振兴的运营和推广提供了极大的便利,如何用技术玩转艺术,用创意打通一切沟通平台,来为乡村文化振兴赋能是一个创新性课题。朱家林田园综合体在从"规划主导"转向"运营主导"的过程中,如何让本地乡民"近者悦"、让外来游客"远者来",发挥媒介的社交价值至关重要。在实地调研中,我们看到朱家林在这方面不乏可以挖掘的传播资源:一是村里的故事讲述者,如91岁高龄的公丕汉老人,是朱家林村的第一长寿老人,被村民称为村里的"活字典",是村里近百年历史的见证者;二是村里的创业者如前面提到的"马大姐",本身就是借助"互联网+乡村旅游"实现事业和自身角色蜕变的典型;三是外来的创客,如主张自然农法的大学教师邵长文博士,承包100亩地建起了"邵博士"农场,每当到果蔬成熟之际,邵长文老师便会在"朋友圈"发起认筹,限时限量将果蔬送往全国各地……这些人物既是朱家林乡村文化振兴的故事主体,也给媒介化路径的拓展带来极大想象空间。

以媒介化路径来打通乡村的内在与外在,连接乡村的过去与未来,既富有想象力,又有经验可借鉴。举三个例子:

第一个案例是魔戒电影IP激活新西兰文旅小镇玛塔玛塔。玛塔玛塔小镇是新西兰北岛的一个盛产奶牛,人口仅有一万两千人的乡村小镇。电影《魔戒》的出现让这片祥宁的新西兰土地化身为"中土世界"的旅游胜地,每年有成千上万魔戒迷来这里参观,有很多专门的旅游攻略跟网红打卡地,以及等着人们带回家的IP衍生品。自2014年至今,电影产业为新西兰创造了数万个就业岗位和可观的旅游收入,真正实现了"影视拍摄"与"影视旅游"的良性循环、"文"与"旅"的联动发展。

第二个案例是日本岩手县远野村打造的"民间故事的故乡"。在20世纪70年代,日本开展"发现日本"旅游宣传活动时,远野村以此为契机,提炼和打造了"民间故事的故乡"这一核心概念,开展起展演故乡系列活动,打造"远野故事村""故事大厅",并举办"世界民间故事博览会",引领了体验民俗旅游的潮流。

第三个案例是2019年8月,四川省宣汉县举办起首届大巴山花田艺穗节,以"共生、连接、赋能"为主题,展开各种艺术介入乡村活动,为参与者营造了世外桃源的场景体验。值得注意的是,花田艺穗节是起源于1947年爱丁堡艺术节的一项活动,经过60多年的发展,已成为前沿、创意、民间、进取、多样性的节目合集。这种拿来主义的在场性和在线性景观、活动设计,为大巴山赋予了新的动能。

四、结论

互联网媒介的一大特点是"无处是边缘,处处是中心",在文化和社会高度媒介化的今天,传统的乡村与周边城市、与外部世界正在重新连接,如何助力乡村这一方希望的田野谱写"诗和远方",是一个值得探讨的创新课题。本文基于文化和社会的媒介化理论,提出通过在地性、在场性、在线性的策略路径来为乡村文化建设、文化产业创意赋能。目前只是极为初步的探讨,希望能够有更多的同人加入这一探讨和行动,共同将传统的乡村建设成为"近者悦,远者来"的诗意田园。

参考文献

[1] 李平沙.乡村振兴是中国生态文明建设的必由之路:专访中国人民大学乡村建设中心主任温铁军 [J].环境教育,2020(8):18-23.

[2] 贺雪峰.大国之基:中国乡村振兴诸问题[M].上海:东方出版中心,2019.

[3] 梁漱溟.乡村建设理论[M].上海:上海人民出版社,2018.

[4] 晏阳初.平民教育与乡村建设运动[M].北京:商务印书馆,2018.

[5] 孙金,卢春天.卢作孚乡村文化建设的理念和路径[J].浙江学刊,2020(2):232-238.

[6] 李少惠,赵军义.乡村文化振兴的角色演进及其实践转向:基于中央一号文件的内容分析[J].甘肃社会科学,2019(5):209-214.

[7] 费孝通.美好社会与美美与共:费孝通对现时代的思考[M].北京:生活·读书·新知三联书店,2019.

[8] 沙垚.乡村文化治理的媒介化转向[J].南京社会科学,2019(9):112-117.

[9] 施蒂格·夏瓦,刘君,范伊馨.媒介化:社会变迁中媒介的角色[J].山西大学学报(哲学社会科学版),2015,38(5):59-69.

[10] 施蒂格·夏瓦.文化与社会的媒介化[M].刘君,等译.上海:复旦大学出版社,2018.

[11] 侯东阳,高佳.媒介化理论及研究路径、适用性[J].新闻与传播研究,2018,25(5):27-45+126.

[12] 胡翼青,郭静.自律与他律:理解媒介化社会的第三条路径[J].湖南师范大学社会科学学报,2019,48(6):128-135.

［13］奥特姆·爱德华兹等.传播时代（第三版）［M］.龙思思,译.北京:清华大学出版社,2020.

［14］詹姆斯·凯瑞.作为文化的传播［M］.丁未,译.北京:中国人民大学出版社,2019.

［15］石鼎.从生态博物馆到田园空间博物馆:日本的乡村振兴构想与实践［J］.中国博物馆,2019（1）:43-49.

（封万超,山东工艺美术学院副教授。）

江南乡村遗产景观设计略论

冯欣茹　张羽清

摘要：乡村遗产景观是乡村的历史人文积淀，也是推动乡村旅游和促进乡村振兴的重要文化旅游资源。目前，江南乡村的遗产景观在防止过度商业化、增加体验感、挖掘文化历史故事等方面还有提升空间。本文总结了英国和法国最早对传统乡村进行的遗产景观打造经验，针对江南文化圈的水乡文化特色，从加强乡村遗产景观的学习和体验感及提升乡村遗产景观的创新能力等方面入手，提出江南乡村遗产景观打造思路，改善现有乡村旅游环境和改造遗产景观后带来的潜在产能经济，让江南乡村在实现"遗产文化"振兴中，以文化兴旅，文旅相融，为我国至今留存的众多乡村进行遗产景观提档升级和改造提供一定借鉴作用。

关键词：乡村遗产；遗产景观；江南乡村；乡村振兴

党的十九大提出的乡村振兴战略，是解决我国城乡、区域和社会发展不平衡的重要抓手，而乡村旅游是乡村振兴的重要手段[1]。据统计，近年来我国休闲农业与乡村旅游人数不断增加，2018年达30亿人次，较2012年增长了4倍多。2018年我国乡村旅游收入实现8 000亿元，占国内旅游总收入的13.4%，成为我国旅游市场的重要组成部分[2]。乡村景观遗产是乡村景观的重要组成部分，好的乡村景观遗产能带来可观的旅游收入。2018年10月28日在上海举办的中国古迹遗址保护协会年度会员代表大会上，公布了"乡村遗产酒店"首批示范项目，这有助于推动传统村落和民居保护利用，是促进遗产保护、乡村经济协调和可持续发展的重要举措。2020年1月21日，"中国意大利文化和旅游年"开幕，国家主席习近平和意大利总统马塔雷拉分别致信祝贺，习近平强调了文化遗产、旅游对构建"一带一路"的重要作用，说明乡村遗产是乡村旅游中重要的文化灵魂。

乡村遗产景观是指凝结了具有突出价值的民居建筑、村落分布、产业活动、手工技艺、文化节庆、民间习俗、土地永续使用方式等元素的地域综合体，它不仅是乡村景观的重要组成部分，也是乡村振兴的重要保障[3]。中国高品质乡村遗产景观旅游发展尚处于初级阶段，民众对乡村遗产景观的认知程度、乡村遗产景观接待设施条件、吸引游客能力和管理水平均有一定欠缺,造成了乡村景观打造的整体水平有限。如果不能因地制宜地发展、打造乡村遗产景观,提升乡村景观遗产的质量,便会引发许多美丽乡村、特色小镇、田园综合体项目的失败[4]。

江南文化圈是乡村振兴战略的重要先行区,也是我国经济的重要领头羊之一[5]。该区域乡村振兴发展战略中的乡村景观建设,不仅在保护"乡村遗产"、弘扬"遗产文化"、向外提升知名度和美誉度等方面起着重要的宣传作用,也是中国经济发达地区乡村振兴的重要组成部分。研究江南乡村遗产景观的打造,不仅是新时代江南乡村旅游提档升级的新需求,也为其他乡村旅游发展起到了示范性作用。

一、我国江南乡村遗产景观的示范作用

（一）乡村遗产景观资源和"遗产文化"延伸的产业链,是带来实际产能经济效益和实现乡村振兴的重要抓手

具有文化内涵的乡村遗产景观,是其游客量、旅游产业收入增速快慢的主要影响因素。而"乡村遗产"是中国传统村落集聚、发展的痕迹,是每个乡村独一无二的"性格"和展示不同地域遗产景观特征的特色"遗产文化"载体。在进入成熟的旅游发展阶段后,乡村遗产景观文化对旅游地而言具有引领作用,是一个地方（包括乡村）发展生产、生活的根。而缺乏文化内涵支撑的旅游地将很难获得长久的发展,因此融入和强调文化是旅游获得可持续发展的第一要务。

目前在乡村振兴发展战略下的乡村旅游产品变化趋势中,面对构建"一村一品""一村一业""一村一韵"的"多元化、特色化"文化村落这一诉求,具有深厚文化遗产的乡村更加受青睐。2018年国家统计局、地方相关网站公布资料显示,最受中国游客欢迎的十大乡村旅游目的地,均是具有深厚的"乡村遗产"资源背景或精彩纷呈的遗产景观之地,其所具有的不同地域特色的丰硕"遗产文化"给乡村旅游地带来了可观的经济收入（见表1）。

表1　2018年我国十大乡村旅游地"乡村遗产"、旅游收入、省内排名

地点	乡村遗产	乡村旅游收入	GDP在省（直辖市）县级排名
浙江桐庐	古村落、桐庐剪纸、钟山石雕、莪山畲乡红曲酒、新合索面	2019年1—11月桐庐全县旅游接待1 971.98万人次,同比增加20.81%,旅游总收入222.1亿元,同比增加23.7%	23/63
浙江安吉	安城城墙、独松关和古驿道、灵峰寺等景区	2018年游客接待量达2 504.5万人次,旅游总收入324.7亿元,旅游业增加值占GDP比重达13.5%	27/63
江苏兴化	千垛景区为全球重要农业文化遗产	2018年接待游客269万人次,实现旅游总收入20.66亿元	17/41

续 表

地点	乡村遗产	乡村旅游收入	GDP在省（直辖市）县级排名
江西婺源	徽剧、傩舞、三雕、歙砚制作技艺、绿茶制作技艺、抬阁、豆腐架、茶艺、板龙灯、甲路纸伞制作技艺、徽墨制作技艺等	2018年接待游客2 370万人次，门票收入5.1亿元，综合收入220亿元	76/100
安徽宏村	古村落为世界遗产，明清民居140余幢	2018年收入超亿元	60/61
福建南靖	南靖县境内的20座土楼于2008年被列入《世界遗产名录》	2017年接待游客403.6万人次，同比增长20.15%，创造门票、交通住宿等三产旅游收入达25亿元	41/84
云南元阳	哈尼梯田	2018年旅游总收入超过203 130.62万元，比上一年增长14.27%	103/129
湖北恩施	恩施土家族苗族文化、摆手舞、滚龙连厢、八宝铜铃舞等	2018年旅游综合收入46 715.477万元，较2017年同期增长25%	13/17
北京密云	番字石刻、蝴蝶会、五音大鼓、白乙化烈士纪念馆等红色资源	2018年国庆接待游客99.44万人次，实现旅游综合收入15 317.08万元	13/16
四川丹巴	四川丹巴罕额庄园、顶毪衫、抢头帕等嘉绒藏族风俗	2018年接待游客50多万人次，旅游收入达到1 700多万元	132/186

融合了当地特色文化和产业的"乡村遗产"，通过对其"遗产文化"资源深度挖掘和有效传播，使其可以不断转化为乡村的多种产能效益[1]，因此带来的经济效益具有可持续性。我国农村是中国文化的发源地，有着众多自然资源、文化底蕴，由此产生的"乡村遗产"十之八九是以乡村景观存在的。有效开发这些乡村遗产景观中蕴含的潜在"遗产文化"旅游资源，可全面带动乡村文化产业的产业链，从而促进乡村经济可持续发展。其主要途径有以下四大方面：

第一，乡村遗产景观会带来更多的客流量和收入。

乡村环境好，又有著名传统遗产作为乡村地标，自然会吸引有一定知识基础的新时代游客眼球。同时乡村遗产景观是乡村旅游向纵深发展过程中，开发与建设文旅性旅游项目和旅游产品不可或缺的内容。例如，浙江省湖州市安吉县的城墙、独松关和古驿道、灵峰寺等文化遗产组成了特有的遗产景观，2018年游客接待量达2 504.5万人次，旅游总收入324.7亿元，其旅游业增加值占该县GDP比重13.5%。在"乡村振兴"的提档升级开发与建设中，通过叠加游览、参观、体验等服务功能的综合性"遗产文化"旅游产品，使这种具地方特性的传统文化遗产景观，在深受游客喜欢的同时也能增加客观实际的旅游收入。

第二，乡村遗产景观可带动农产品销量和提升农产品附加值。

一些乡村遗产景观的文创衍生品，不但能满足游客购物留念的需求，也能起到地域传播的作用。例如,江西婺源在最初开发乡村自然景观旅游项目基础上,开发了农家乐型旅馆4 000余家,床位27 000余个,形成了严田古樟民俗园、李坑新村、浮溪村、江湾村等一批特色农家乐村点。依托旅游宣传平台,再进一步开发"歙砚、绿茶、工艺伞"等优秀传统非遗产品,使徽剧、傩舞濒危遗产项目生存环境日趋改善[6]。同时棕编、造纸、榨油、酿酒、漆艺、小吃、灯彩等一大批民间非遗,也通过旅游平台吸引了越来越多的游客前来消费,形成了"以文促旅、以旅彰文"的良好发展势头和应有的产能经济效益。

第三,乡村旅游是乡村产业升级的必然选择,是形成良好产能经济和产业经济循环的重要环节。旅游业是农村第三产业中综合性最强的一种,持续时间最长,影响力最长久。2018年,我国三大产业比重为7.1%、39.6%、53.3%,第三产业占比最多,是一产的7.5倍、二产的1.3倍。由此可见,乡村旅游业已成为乡村振兴工作中新的主要发展方向。通过发展乡村旅游业,建立相关产业链,运用智慧化管理和采用"旅游+""互联网+"等方式,推动发展休闲旅游、旅游电子商务、城镇旅游等业态,拓展乡村旅游产业链可以延伸的价值链。其中,开发"乡村遗产"和遗产景观资源蕴含的"遗产文化",是提升乡村旅游品质、提高旅游者文化素养、增强村民乡愁情怀和恋乡情结的有效举措,更是助推乡村旅游消费市场兴旺,实现我国乡村旅游向消费大众化、产品特色化、服务规范化、效益多元化方向发展,快速增加乡村经济收入和实现乡村脱贫致富的重要渠道。

第四,江南乡村遗产景观的"遗产文化"是乡村旅游产业兴旺发达的重要载体。

由表1可知:中国十大乡村旅游目的地,GDP排名在全省前列、产能经济真正发达的三个乡村(浙江桐庐、浙江安吉、江苏兴化)均属"江南乡村",都有丰富的乡村遗产景观开发经验。它们通过对乡村遗产、非物质遗产等遗产景观资源的保护、挖掘、整理、开发,及建立与其相关的产业链和有效宣传途径,既弘扬了该乡村旅游地对特色文化遗产景观采取有效保护的精神,也振兴了当地"乡村遗产"文化,可谓一举多得。而从其他七个乡村在旅游发展中所获GDP的大小可看出,深入挖掘"遗产文化"的乡村,其所获产能经济明显大于开发力度不大的乡村。因此研究江南乡村遗产景观,并找到更好、更有效的改造潜能的转型升级途径,是我国在乡村振兴战略中带动其他乡村进行产业结构调整,获得更多产能经济的不可多得的学习经验之地。

（二）乡村遗产景观是推动地域文化传播和激发乡村旅游的重要基础

"乡村遗产"所蕴含的"遗产文化"价值,是推动乡村振兴的无形资源,也是乡村振兴的内源性新动能[7]。乡村是中华文化的发源地,在经济发展中一直占有重要地位。江南"先秦、中原、海派和吴越"等不同流派文化,在辅以社会经济的作用下,形成了既相辅相成又相得益彰、各不相同的特色文化,使其丰厚的历史文化底蕴在全国占有重要地位。因此,乡村文化的发展和长盛不衰,对产业经济起着绝对的支撑作用,而文化产品的产能多寡又取决于该产品是否会得到享用者的喜欢,也即市场的认可度。

在乡村旅游中,民居、农耕工具、石刻、农家美食、刺绣、服饰、方言土语、地方特色饮食等反映不同历史文化时期社会生产、生活的乡村遗产实物,吸引着大量的游客前往感受"遗产文化"的魅力。面对新时代人们的新需求,如何将物质文化之"形"与非物质文化遗产之"神"融会贯通,使现代人在追随具有传承意义的"乡村遗产"和遗产景观的历史文化时,能够得以延续并感悟其中深邃的文化底蕴,是在深入挖掘乡村文化价值,融入生态文化、历史文化、民俗文化等元素,形成独具地方特色的文化品牌,实现现代乡村"遗产文化"可持续发展的过程中需进一步研究的内容。

在"十三五"规划与建设中,不少乡村在如何传承"乡村遗产"方面,做了比较好的尝试。例如,江苏省苏州市东山镇路巷古村,保留着较多古建筑遗址、古人故居宅邸、古井、河道等"文化遗产"。其中,明代古街、遂高堂、惠和堂、牌楼等记录着带有典型时代印记的传统文化,由于其优美的乡村环境和深厚的人文积淀,被称为"太湖第一传统村落",吸引了许多游客前来参观学习和互动性参与制作一些手工艺品,该乡村整体旅游环境则呈现出游人如织、车水马龙的生机盎然场景(见图1)。

图1　江苏省苏州市路巷古村

（三）乡村遗产景观保护性开发是提高居民、游客双重素质的重要手段

"乡村遗产"是一把打开农耕文明历史的钥匙,是一种地方文化图腾。它承载了人与自然和谐共生的方式及乡村淳朴敦厚的品质[8],它是乡村居民生活的缩影和精神的寄托。因此,千百年来"乡村遗产"成为不同地域彰显农耕文化和吸引游客的重要载体。

国家统计局数据显示,2018年我国农村人口为5.64亿人,比2011年降低了14%。乡村大量青壮年村民外出务工,导致乡村土地抛荒、宅基地闲置,农村人口主要为留守老人与儿童,以及大量空心村出现,从而引发了乡村文化道德建设的缺失。一方面,乡村农耕文化记忆随之消退,本土化文化价值守护的精神家园与文化记忆随着目前城镇化的加快而减淡;另一方面,当地村民很难接受外来文化,而一些陋习旧俗都与乡村振兴的文明之美相悖,这种现象的发生,单靠行政管理是远远不够的,随时都会反弹。

基于此,在提升现代乡村应有文化氛围之时,提高广大村民的教育可通过构建和谐美丽乡村遗产景观来实现。即利用乡村存留的千百年优秀农耕文明基因资源,将落实社会主义核心价值观内容与弘扬中华优秀文化相结合,通过乡村旅游的打造与宣传,让文化节庆、民间习俗等"遗产文化"家喻户晓。

此外,将"自强不息、敬业乐群、扶正扬善、扶危济困、见义勇为、孝老爱亲"等深刻影响中国农民行为方式的中华传统美德融入乡村遗产景观中去,让村民和游客都能感受到乡村文化的精神图腾,由此构建起和谐乡村旅游氛围,这对以人才振兴助力乡村振兴战略的全面实施有重大意义。

二、江南乡村遗产景观过度商业化导致"遗产文化"传承出现障碍

"乡村遗产"首先是由当地人创造,其次才被外来者认知[9]。江南悠久的传统历史形成了丰富的人文底蕴和文化内涵,其多数"乡村遗产"开发的旅游产品都将重点放在"认知"部分,而不是展示当地人如何创造特有地域文化的艰辛历程上,所以导致乡村直白性"博物馆化"倾向十分严重,同时为快速获得特色文化价值而进行了充斥大量浓郁商业化目的的改造。由此引发了乡村遗产景观在乡村振兴进程中暴露出的与产业结构调整和经济转型升级极不协调的系列问题。

主要表现为以下三方面:

（一）江南乡村遗产景观展示手法雷同,造成游客新鲜感、重游欲望下降

乡村博物馆,是一个地域集体记忆的集中展示场所[10]。许多乡村盲目地将博物馆作为展示"乡村遗产"的唯一途径,没有注重整体"乡村景观"的打造。在江南乡村遗产景观开发的旅游项目中,多数知名景点都有乡村博物馆、文史馆等"认知"性产品,这些已建博物馆虽给当地旅游发展带来了新机遇,但当新鲜感消退后,转而很快发生地域特色文化资源闲置、旅游产能经济停滞现象。

例如,江南的浙江西塘、乌镇等地根据当地乡村产业特色,都建有反映其代表性产业文化的纽扣博物馆、酒文化博物馆、酱鸭博物馆等,其展示的历史藏品、文物遗迹等"遗产文化"内容,大多只能隔着玻璃柜观看。这种展示方式让游客在走马观花式游览过程中,很难留下对古老乡村习俗和远古历史文化的深刻印象。久而久之,游客常在一次游览后便不再产生重游欲望,加之博物馆收费性经营现象更削弱了前往观摩的欲望。因此,对古镇旅游的回忆也仅是"某地有个乡村博物馆和对其中部分藏品"等的浅薄印象。由于更多古镇和乡村相继效仿乡村博物馆的产业经营模式,以致"千村一面"现象成为展示和弘扬乡村"遗产文化"的唯一手段,这也给地域特色性乡村遗产、遗产景观和历史文化得以永久传承和延续形成了无形障碍。

（二）江南乡村遗产缺失文化体验的"泛商业化"经营模式，不利于乡村旅游的可持续发展

对文化遗产的保护不力，会让乡村原有"遗产文化"逐渐衰落并走向消亡。乡村旅游在经济转型升级阶段有较好的发展潜力，至关重要的是其极具地方特色的"乡村遗产"文化资源价值。但"乡村遗产"在旅游开发中为了短期经济繁荣和光鲜外表进行了过度改造，让历史时期的乡野习俗丧失了原有的生活、商业、社会模式，使许多"非遗"成了"仿遗"替代品。而越来越多村民在积极投入追名逐利的资本运作之时，虽在短期可获有利益，但长此以往会使该"遗产文化"逐渐失去传承意义，最终走向消亡，十分不利于乡村振兴长久发展的夙愿。

例如，有2 500多年历史的江苏苏州木渎古镇，是汉族水乡文化古镇。千百年来，水乡村民形成的日出而耕、日落而息的生活习惯，已成为江南水乡文化独特的乡村遗产景观。在2008年8月该镇被评为国家级4A景区后，当地政府为应对日益增长的游客对旅游基础服务设施的需求，开始大刀阔斧招商引资并拓展道路、建造仿古建筑，使具有水乡风韵特色的乡村遗产文化景观逐渐暗淡，一个古镇成为现今"大夜市"，繁荣的现代商业和空洞的传统遗产文化形成了强烈对比。当游客带着期待的心情到江南水乡风情地旅游体验后，只剩下记忆深刻的古村落消费。久而久之，带着一堆所谓纪念品和未解之缘离去的游客，对古村落旅游产生了与超市购物一样的印象。这也是目前多数商业化严重的江南古村落，在旅游发展与经营中对具传承意义的乡村文化、遗产文化、遗产景观，不注重保护、深度发掘与弘扬而造成的不可持续发展的实际现状。这种传统古村落的过度商业化，严重影响了乡村遗产景观、"遗产文化"的传承和乡村旅游的可持续发展。

（三）对乡村遗产景观内涵发掘不够，形成的单一产业结构，不利于村民创新、创业发展

乡村景观的"博物馆化"和"泛商业化"带来了以当地文化为主的农产品、衍生品的快速生产。村民们单一的经营思路与模式使大量类同性纪念品、当地特色小吃充斥乡村旅游市场，这是因为村民对如何使乡村由一产农业向三产旅游业调整，实行多产业联动的创新等一系列问题缺乏足够认知。例如，一些古镇出现相同特色产品的多家分销店，让游客对其产品形成审美疲劳和消费疲劳；一些地方招牌商品使大量游客慕名而来，于是村民纷纷效仿，但未对其产品制作过程进行标准化的严格质量把控，使游客饱受当地特色产品滥竽充数之苦。这种致使村民仅靠一味模仿并且创新能力低下的产业运作模式，有悖于"大众创业，人人创新"的发展理念，也是乡村文化包括遗产景观、"遗产文化"无法正常延续和传承的主要诱因。

乡村是活态的综合体，"乡村遗产""遗产文化"所具有的综合性、系统性、实践性和经验性等，在产业运作和经营中有别于乡村文化中其他遗产类型的重要特征。乡村遗产景观不

应该以资本运作作为产业崛起的主要方式,它的产业属性应该是某个地方文化崛起的象征和创新的起点。因此,在乡村文化传承过程中对乡村遗产景观资源的有效保护和理性开发,是乡村农业转型升级和创新思维下的多产业融合、激发更多产能经济的有效方法之一。

三、因地制宜打造乡村遗产景观,推进政府保障、游客参与和村民创新融合

江南乡村由于其深厚的经济和文化基础,改造性易,落地性强,对我国其他地区的乡村遗产改造和开发具有指导和引领作用。可以通过学习与借鉴国外对乡村景观的成功开发经验,寻找到乡村高质量文化旅游产品、产业高效运作和发展的途径。

（一）国外经验启示：注重构建保护体系、完善法律规范、丰富文化遗产内涵

1. 法国——建立详细"乡村遗产"保护体系

法国对乡村遗产景观的开发可追溯到1994年的《乡村文化遗产政策》,有学者将乡村遗产拓展为乡村景观、风土建筑、特色物产、知识技术等方面,并将当地文化与景观作为乡村遗产的重要组成部分[11]。

法国采用可持续方法对乡村遗产景观进行全面保护。通过建立详细的"乡村遗产"保护体系,将乡村遗产景观环境融入当地游览、生活、学习和研究中,使法国原衰败的乡村得以复兴[12]。

一方面,根据"乡村景观"重要程度,针对乡村建筑遗产、乡村文化景观和历史村落,分别制定了历史纪念物、景观地和卓越遗产地三个系统,对乡村中具有一定历史价值的物件进行细分保护。除有历史纪念价值的遗产外,一些马厩、洗衣房等当地人日常使用的建筑也都加以保护和修缮,在当地被称为"小乡村遗产",由地方建筑、城市规划和环境咨询委员会(Conseil d'Architecture, d'Urbanisme et de l'Environnement, CAUE)进行保护和维护;另一方面,法国诸多乡村"博物馆"是当地小型的保护机构,营造了良好的乡村遗产环境氛围。除了对"乡村遗产"做陈列展示外,居民在其中参与遗产保护的相关工作(冶金,煤炭开采,陶瓷生产等),同时还有当地研究人员在博物馆做遗产研究,制成纪录片、馆藏和档案[13]。游客在旅游中可参与煤炭开采、陶艺制作、讲座等活动,做到游、学、产、研一体化发展,真正发挥了当地乡村遗产的潜能。博物馆犹如教堂一般,成为当地人物质生活和精神层面不可或缺的一部分,外来游客游览之后顿生敬畏且受益良多,内部居民按详细"乡村遗产"保护体系设定的标准悉心经营且不断进步。

2. 英国——完善法律法规系统和依法向当地居民公示并询问每户意见

英国用完善的法律法规系统规定对"乡村遗产"进行保护、改造、修建和拆除。从国家层面的《古迹保护法》《城乡规划法》《国家遗产法》、英国遗产保护名录制度,到地方性的《公园和庭院名录》等文件,都维持促进农村遗产旅游、引导公众更多参与到乡村景观保护活动中的原则[14]。例如,英国查尔斯顿庄园是英国典型乡村遗产景观,庄园在发展过程中

遵守相关法律法规,在热情欢迎游客的同时,遵循英国国家遗产基金会建立的良好规范的遗产阐释系统。庄园在法律上受建立于1983年的"英格兰历史重要公园和庭院登录制度"保护,并遵守保护制度下对文物古迹的使用规则。在规划上尊重牛津地方规划主管部门和遗产保护部门意见,涉及建筑修缮和遗产的开发、修缮等活动,依法向当地居民公示并询问每户意见。在当地村民监督下,进一步保障乡村文脉得以传承。

3. 法、英两国以有详细法律法规体系、第三方监督机构和注重"乡村遗产"再创造两种方式,传承"遗产文化"文脉资源

法国和英国都从两个方面保障了乡村遗产环境,让其在民众心中发挥着精神图腾的作用。一方面有详细法律法规体系和第三方监督机构支撑,让其在受国家法制管理的同时,考虑村民对遗产的需求,也让民众参与遗产保护工作,万众一心构建优美文化型乡村环境,这既能保障每家每户村民的切身利益,也符合国家对遗产的保护原则;另一方面则是对现有遗产设施的运用,不仅将乡村遗产作为乡村旅游部分的陈列展示内容,还注重乡村遗产文化内涵的再创造。

法、英两国注重法制原则和人性化管理及注重"乡村遗产"再创造的两种运作方式,是使乡村"遗产文化"得以传承的有效方法,也是保护地方特色文脉资源和保障地方居民、游客享有参与、体验权利的较好途径。

（二）注重对江南乡村遗产景观的体验感设计

江南乡村区别于其他乡村的最大特色是具有独特的水乡文化。其中许多珍贵的码头、船舶、水乡建筑群落等文化载体,体现了江南"鱼米之乡"的特色地域文化,因此让游客和当地居民体验当地遗留下来的水乡文化成为推动江南乡村旅游可持续发展的重中之重。因此在开发和设计规划时,要切合实际,注重人的体验感,使得乡村遗产景观改造既经久不衰而又深入人心,让当地人乐在其中,让外来游客流连忘返[15]。具体可以从三方面入手:

第一,加强游客对现有文化遗产的体验,开发创意农业。要把乡村遗产文化融入乡村农业,让其转化成丰富的、具有特色的景观环境、创意农业品牌和体验活动,凸显创意农业的地域特色[16],进一步提升农业资源和乡村遗产的价值。原有的乡村民俗离不开衣、食、住、行,可以对这些乡村场景进行还原,保留乡村文化的原真性。例如上海市金山区鱼嘴村,许多渔民日出而作,日落而息,保留下来了许多渔具和船只。除了陈列在博物馆外,适当参照或仿造遗产景观重建一些人文景观,针对游客设立一些捕鱼、垂钓、烹饪、烧柴等沉浸式体验活动,让游客能够享受到娱乐和劳动的成果,加深对江南水乡特色的印象,但是这些景观要同时兼具保护民俗文化的性质。

第二,提升乡村居民与当地遗产景观的互动。利用当地具有年代的民居改造成一些体验项目,让村民与游客共同参与到建设乡村景观的环境中去,让村民的日常生活成为向外展示的一部分,既保证了乡村遗产的创造与认知同步进行,又提升了乡村文化振兴的可持续性。例如江苏省无锡市惠山区曾有吃"船菜"的风俗,当地水网密集,出行基本靠船只。

船民在船上生活，每日随机捕捞太湖鱼虾而食。随着目前陆路交通的发展，现已鲜见"船菜""船肴"，一些邻近江湖的小乡村古镇可以将此开发为乡村旅游项目，在符合国家政策和法规基础上让当地渔民经营，让水乡景观重现盎然的生机。

第三，针对火热爆棚的旅游目的地可控制地区游客量，营造"小而精，多而广，潮而特"的乡村遗产景观。江南乡村遗产景观给人的感觉是一种细腻、秀美、包容的意境，过度商业化给许多乡村景点带来了粗犷的运作模式，车水马龙的背后体现的是快节奏的消费和走马观花的游玩体验。所以可以适当地控制客流，做好对乡村遗产景观游客的评估工作，积极反馈数据；在热门景区周边挖掘类似的乡村遗产景点，形成乡村虽小但产业专精，乡村遗产景观虽多但使用效率高的格局；利用乡村遗产结合互联网等现代开发模式，打造体现文化特色的综合型乡村旅游目的地。

（三）提升对江南乡村遗产景观创造性的保护传承是乡村旅游转型发展和产能经济发展的动力

提高当地景观的创新能力是对乡村遗产文化资源的最好保护与传承，也是乡村旅游转型发展、提升产能经济的保障。具体可分为以下几点：

第一，提升村民素质，开阔村民眼界，丰富村民学识。结合当地文化充分利用高校相关专业、政府相关部门、民间学术团体的力量，成立相关的学习小组和演艺组织，定期利用乡村遗产景观中的博物馆、祠堂、戏台等公众场合，为村民举办一些生动有趣的宣讲会和学习讲座。发挥互联网的作用，使村民能在网上学习和共建当地遗产网站，丰富当地村民的科学知识和生活乐趣，同时发掘当地特色民俗民风文化，吸引游客前来感受乡村文化景观的魅力。

第二，利用好乡村景观遗产，构建遗、学、游、产、研一体化的乡村遗产环境。在加强文化遗产保护的基础上，提高"乡村遗产"建筑景观的利用率。尤其可以将乡村展览馆扩展为当地乡村文化研究中心，与当地文化教育部门和大学研究所及专门设计单位合作，针对不同乡村风俗、祠堂、物产、建筑等文化资源进行详细研究和存档，在充分挖掘遗产景观内涵上下功夫，共同探索不同区域的文化遗产，因地制宜地科学发挥其不同历史文化应有的产能经济效应。例如，江苏省苏州昆山市锦溪镇祝甸村拥有华东地区分布最集中、保存最完整的古窑群遗址，当地将原有乡村砖窑厂改造成祝甸砖窑文化馆，即集餐厅、咖啡店、书店、文创市集为一体的综合乡村休闲文化中心，并依托"窑""水"特色文化，大力践行"文化+旅游"发展模式，发挥祝甸砖窑文化馆和古窑遗址公园的文化载体作用，使砖窑文化与水乡特色相映成趣，既留住了当地的特色乡情，也留下了特有的砖窑文化（见图2）。对该地民办博物馆可采用分馆制形式建到乡村去，将其打造成具有地域特色的品牌文化展馆，并安排村民担任保卫、讲解员，再结合当地商业、民居等文化景观进行综合打造，真正形成"一村一品"的产品效应和该产品应有的产业经济。

第三，构建完善江南文化圈乡村遗产景观文化的节庆活动机制。乡村各类文化活动采

图2 江苏省苏州昆山市锦溪镇祝甸村砖窑厂改造

用不定期、定期举办两种方式进行。乡镇政府分析管辖区内可以推出的系列节庆活动,规划部门设计推出节庆比赛与表演的内容、时间、地点和人员安排等,村民在节庆活动中通过比赛与表演展示带有本乡村自身文化内涵的小品、舞蹈、手工艺制作等。同时建立相应的奖励机制,以促使村民在原有文化基础上进行创新,也可以采用各村合作联动的方式加强各村间的文化交流与传承经验。这不仅可丰富当地群众文化生活,迅速打造一批文化旅游"硬件",也可以将蕴藏在民间的可移动文化遗产挖掘出来,使之"活"起来,助推乡村遗产景观文化在乡村经济产业结构转型中,彰显"历史文化"与"遗产文化"应有的产业与产能经济效益,使乡村旅游在为游客提供高质量文化旅游产品之时获得可持续发展。

四、结语

第一,江南乡村遗产景观是带动乡村旅游提档升级的有效手段之一。一方面,乡村遗产景观资源和"遗产文化"延伸的产业链,能为乡村带来实际产能经济效益,从而带来乡村的经济振兴;另一方面,乡村遗产景观能够反映乡村地域文化,是推动地域文化传播和激发乡村旅游活力的有力抓手,是乡村的文化图腾。

第二,江南乡村遗产景观最好的开发就是与时俱进的发展,要以文化带动相关产业发展,要依托乡村文化资源和物产资源,立足当地区位和传统优势,保护水乡生态特色,尊重历史记忆和风土个性。要充分吸取英国和法国对乡村遗产景观的构建保护体系、完善法律规范、丰富文化遗产内涵等建设经验,避免简单的建博物馆、卖农产品的商业模式,同质化景观的开发与复制,以及为片面追求经济效益而破坏乡村文化资源。一方面,从加强对乡村遗产环境的体验感入手,让游客和村民共同参与到与乡村遗产的互动中去;另一方面,为乡村遗产环境注入创新元素,从提升村民创新能力、充分利用乡村遗产、构建节庆文化交流三个方面入手,促进乡村遗产景观的可持续发展。

第三,乡村遗产景观要因地制宜地走特色化、差异化、多样化的发展道路,从而让乡村文化得到振兴。在经济和文化的双重发展下,势必能构建良好的乡村环境,带动乡村旅游业发展,做到真正的乡村振兴。

参考文献

[1] 杨建文.乡村振兴背景下的文化旅游发展研究[J].时代经贸,2019(36): 62-63.

[2] 我国乡村旅游发展现状和未来趋势分析[EB/OL].(2019-10-7)[2020-09-15].https://www.sohu.com/a/346270208_473133,2019.10.

[3] 周睿,钟林生,刘家明.乡村类世界遗产地的内涵及旅游利用[J].地理研究,2015,34(5): 991-1000.

[4] 魏小安.中国旅游业发展的十大趋势[J].湖南社会科学,2003(6): 91-98.

[5] 唐力行.从江南到长三角: 16世纪以来江南经济文化的整合与发展[J].都市文化研究,2018(2): 3-19.

[6] 江西婺源: 非遗让中国最美乡村更有 "味道"[EB/OL].(2019-07-17)[2020-09-15].http://www.ctnews.com.cn/art/2019/7/10/art_673_46462.html.

[7] 李宇军.用好乡村历史文化遗产[J].人民论坛,2018(33): 136-137.

[8] 范玉刚.乡村文化复兴视野中的乡愁美学生成[J].南京社会科学,2020(1): 12-19.

[9] 刘邵远.重新认知乡村遗产[N].中国文物报,2019-01-04(006).

[10] 陈航宇.乡村博物馆的地域性文化发掘实践: 以平凉市安国镇文博民俗馆为例[J].中国民族博览,2019(3): 221-223.

[11] Chiva Isac, Bonnain Rolande, etc al. Une politique pour le patrimoine culturel rural[J]. Ministère de la cultureet de la francophonie, 1994(4): 46.

[12] 万婷婷.法国乡村文化遗产保护体系研究及其启示[J].东南文化,2019(4): 12-17.

[13] Swanwick C. Landscape character assessment, guidance for England and Scotland[M]. Sheffield: The Scottish Natural Heritage and University of Sheffield Press, 2002.

[14] 周之澄,周武忠.中英旧城改造设计比较[J].中国名城,2012(7): 56-60.

[15] 李斌,黄改.秩序与宣泄: 乡村社区治理中的互动逻辑[J].理论学刊,2019(5): 130-140.

[16] 周武忠.基于乡村文化多样性的创意农业研究[J].世界农业,2020(1): 21-25.

基金项目: 本论文为农业农村部软科学委员会2018年度招标课题 "乡村文化多样性与创意农业推进政策研究" 成果之一(项目编号: 2018042),本论文为2015年度国家社会科学基金艺术学项目 "文化景观遗产的'文化DNA'提取及其景观艺术表达方法研究"(项目编号: 15BG083)的阶段性成果。

(冯欣茹,上海交通大学设计学院硕士研究生,研究方向: 乡村景观设计。张羽清,上海交通大学设计学院博士研究生,研究方向: 乡村景观,城乡规划设计。)

创意赋能打造文创乡村的策略研究
——以放语空文创综合体为例

郜　明

摘要： 旅游经济经历了多重迭代发展，如果说以自然景观与历史人文遗址为主要观赏点为1.0时代的话，那么，以开发都市景观，打造网红打卡地的都市旅游经济就可谓是2.0时代，目前，旅游经济正步入以创意打造乡村景点，振兴乡村经济的3.0时代。

我们从2.0时代的都市景观旅游的开发与发展中，可以形成许多有益的理论和实践，其经验性的措施往往可以借鉴并应用于振兴乡村经济中。本文在分析乡村旅游及其研究现状，探索相关政策与理论运用的基础上，结合放语空乡宿文创综合体案例分析，提出创意赋能打造文创乡村的策略意见。

关键词： 创意；文创综合体；乡村旅游

一、乡村旅游及其研究现状

近年来，乡村旅游发展势头迅猛。2017年，乡村旅游已达25亿人次，旅游消费规模超过1.4万亿元。2018年2月，改革开放以来第20个指导"三农"工作的中央一号文件发布，其中多次提及乡村旅游。然而，我国现阶段的乡村旅游存在的问题也是明显的。例如，多地乡村旅游项目单一缺乏特色，开发只是停留在观光农业，没有充分利用当地的民俗历史文化资源；在乡村，可供游客参与的活动内容和农村文化元素太少，对游客缺乏吸引力和体验感。传统的旅游项目主要提供观赏型、物质型的大众型旅游产品，无法满足知识经济体验时代下，消费者对乡村旅游精神文化的个性化需求。乡村旅游产品因为缺乏文化创意的参与，处于互相模仿、互相抄袭的状态，同质化现象严重。如何开发出满足市场需求、解决同质化竞争的旅游文化产品，如何开发乡村旅游新模式，是乡村旅游转型升级亟待解决的难题。

针对我国乡村旅游存在的问题，诸多专家学者近年来展开了充分的研究。金虹认为当前文化创意产业参与乡村旅游建设有服饰体验、餐饮服务、农家乐住宅、民间交通四种模式，指出其存在的漏洞和弊端并提出建议①。

杨柳通过分析文化创意产业与乡村旅游融合发展的重要性,从政府、人才、产业园、科技方面探索乡村旅游与文化创意产业统合的有效模式②。

赵华、于静基于国内发展的现状,从乡村旅游与文化创意产业融合视角出发,探寻中国目前旅游产业融合发展的途径③。

卢云亭等总结了创意旅游农业的发展模式,提出理念引领型创意旅游农业模式、文化传承型创意旅游农业模式、资源导向型创意旅游农业模式、市场引导型创意旅游农业模式、产业发展型创意旅游农业模式④。

王璇璇从政府支持、人力资本、社会环境、经济环境等视角分析了苏州文化创意产业与乡村旅游产业融合发展模式,并针对苏州文化创意产业与乡村旅游产业融合发展给出具体路径⑤。

高尔东、谢洪忠认为昆明市西山区在推进文化创意产业和旅游业融合的模式上可分为横向和纵向两个维度,在融合路径上可以与农业、体育业、会展业以及工艺美术品业这几个具有本区域代表性的产业相互渗透融合⑥。

刘海英、王海荣等以黑龙江绥化地区为例,分析了当地农民专业合作社休闲农业创意旅游发展概况、发展理念以及五种旅游类型⑦。

赵会莉集中探讨民俗文化,以河南为研究对象,分析了不同类型的民俗文化如何创新不同的农村民俗旅游模式,包括农业技术观摩、民间工艺品制作、参与自助式生活服务、文艺表演、特色节日民俗等⑧。

江振娜、谢志忠总结出八大农村民俗文化类型,并根据这些类型提出了农耕观摩型、节庆体验型、工艺品制作参与型等六大农村创意旅游发展模式。同时认为农村发展创意旅游产业还需要处理好"创意"与"通俗化"的关系、资源开发与农民利益的关系,并解决文化产品品牌化、产业化运营,开发形式多样的旅游纪念品等问题⑨。

石尚江以广西壮族自治区融水县安泰乡寨怀村为例,研究侗族民俗、民风如何成为杠杆撬动乡村旅游开发,并总结了文化创意产业对开发民族村寨旅游的促进作用⑩。

① 金虹.文化创意产业参与乡村旅游的建设模式及运作机制研究[J].农业经济,2016(8):32-34.
② 杨柳.我国乡村旅游与文化创意产业融合发展模式研究[J].农业经济,2017(4):57-58.
③ 赵华,于静.新常态下乡村旅游与文化创意产业融合发展研究[J].经济问题,2015(4):50-55.
④ 卢云亭,李同德,周盈.创意旅游农业开发模式初探[J].农产品加工(创新版),2010(1):36-39.
⑤ 王璇璇.苏州文化创意产业与乡村旅游产业融合模式研究[J].合作经济与科技,2015(24):28-29.
⑥ 高尔东,谢洪忠.区域文化创意产业与旅游及相关产业融合发展研究:以昆明市西山区为例[J].旅游研究,2016(6):74-79.
⑦ 刘海英,王海荣,赵淑娟,等.农民专业合作社休闲农业创意旅游研究:以黑龙江省绥化地区为例[J].沈阳农业大学学报(社会科学版),2016(1):101-105.
⑧ 赵会莉.河南农村民俗文化的创意旅游开发模式研究[J].重庆科技学院学报(社会科学版),2012(20):113-114.
⑨ 江振娜,谢志忠.基于农村民俗文化的创意旅游发展模式研究[J].中南林业科技大学学报(社会科学版),2012(2):22-26.
⑩ 石尚江.大力挖掘侗族民俗民风,以文化创意产业为杠杆,撬动民族乡村旅游开发:建设新农村、成就乡村旅游[J].现代装饰(理论),2013(1):107-108.

夏云山从创意思维、创意设计、文化活动、创意营销四个方面探索文化元素的挖掘及产品化表达如何成为乡村旅游开发及乡村旅游扶贫的有效路径[①]。

周锦乐以贵阳市非物质文化遗产展示馆为研究对象,对非物质文化遗产的发展策略进行深入研究[②]。

徐郑应探究乡村旅游创意产品开发的路径,重点分析乡村旅游文化创意产品、产业创意产品、养生创意产品、体验创意产品的开发方向[③]。

赵泽澜以农业观光园为研究对象,探讨如何在农业观光园规划设计中体现文化创意[④]。

康杰、杨欣从文化创意的视角,在分析中国乡村旅游开发的现状及存在问题的基础上,提出创意思维开发乡村资源、创意设计旅游产品、创新开发模式、创新文化主题活动、创新旅游营销等方面的策略[⑤]。

综上可见,目前国内学者对旅游产业如何发展,都有积极的思考和研究,尤其对特定区域的旅游资源的研究较为集中;许多学者也关注到了在旅游经济发展中,需要结合文化创意产业的思维,拓宽旅游产业内涵与边界,同时提供了诸多解决方案。但从这些研究发现来看,有关文创与乡村旅游深度融合,且具备样本复制意义的研究缺乏。本文希望通过放语空文创综合体的案例,提供一些这方面的思考,以求教于同仁。

二、相关政策与理论的运用

2016年12月,中国文化新经济开发标准研究委员会正式设立。文化新经济的核心概念是激活和利用传统文化资源,演绎主题文化元素,使之成为现代文化企业、现代高附加值产业的发展动能。文化创意产业被称为21世纪全球较有前途的产业之一,已成为许多国家和地区经济发展的支柱产业,文化产业与经济行业融合备受重视。文化创意参与旅游业本质上是文化和创意对旅游业价值链的渗透、辐射和延伸,促使旅游产业价值链增值和增殖,以实现资源、文化、生态、经济和社会的可持续发展。文化创意与旅游业之间的互动是旅游业发展的必然趋势和要求,是创造社会经济价值的重要方式。文化创意的思维方式和发展模式将为乡村旅游业的发展注入新动力,成为乡村旅游业新的增长极。

文化与旅游融合是文化新经济应用场景之一,文旅产业成为文化新经济下新的经济增长点。2018年3月国务院组建文化和旅游部,在行政机构上实现文化与旅游的全面融合,进一步推动文化与旅游原有产业边界的消融,促进文化事业、文化产业和旅游业之间的深度融合。文旅融合观念和文旅运营思维已经成为国家层面的战略思维,文化和旅游大融合发展

① 夏云山.文化创意撬动乡村旅游扶贫研究[D].开封:河南大学,2016.
② 周锦乐.非物质文化遗产的市场发展探索[D].成都:电子科技大学,2011.
③ 徐郑应.乡村旅游创意产品开发研究[D].福州:福建农林大学,2015.
④ 赵泽澜.农业观光园文化创意及实证研究[D].南京:南京农业大学,2012.
⑤ 康杰,杨欣.文化创意视角下乡村旅游开发的策略[J].农学学报,2015(5):232.

的全新时代已然揭幕。

20世纪90年代中期,景观都市主义被首次提出。针对都市旅游,景观都市主义提供了很好的解决方案。究其原理,景观都市主义的核心内容也能够为乡村旅游经济所用。故在此运用景观都市主义的核心内容,提出乡村旅游的一种解决方案,以飨相关研究者。

在景观都市主义研究中,哈佛大学景观设计系主任查尔斯·瓦尔德海姆提出,城市建设以景观为载体,同时景观成为展现城市发展的透镜,景观取代建筑成为当今城市的基本要素。在这里,景观都市主义把地域场所当作一个生态系统,通过景观基础设施的建设及完善,把基础设施功能与地域场所社会文化的需要相结合,从而实现地域场所历史街区的再生。需强调的是,景观都市主义将景观作为一种媒介,着眼于地域场所的生态系统性。在这个生态系统中,建设和完善景观基础设施,且使这些基础设施与所在场所的文化基因相结合,从而再造具有文化创意的新场所。

具体分析,景观都市主义的要点在于:

(一)主题定位、体验互动,创意再造全域空间

景观都市主义注重以景观作为媒介,体现人与建筑、建筑与环境、环境与文化的和谐发展。这就意味着其所在地域场所的重生,要更多地保留原有文化景观,并对其进行再利用设计,使其充分融入地域场所空间中。从场所整体空间着手,引入地域场所定位主题,且加强公众参与体验的可能性。

(二)塑造地域品牌,延续极具特色的地域文化

景观都市主义旨在通过景观加强人们对地域文化空间的感知,展示地方特色,重视地域场所的因地制宜,充分挖掘地域场所的历史文脉。在建设中融入地域文脉,实现建筑与场所之间的精神统一,实现基地肌理与场地事件的动态表现。

(三)融合所在空间,打造休戚相关的共生关系

景观都市主义主张从整体性角度出发,将景观、建筑、地域文化等方面进行整合,并将其看成统一的生态系统,强调各组成部分之间的紧密合作,共同发挥作用。

在全新的时代背景下,乡村发展方式正发生着巨大的转型。以景观主义的思维,将乡村理解成一个生态体系,将基础设施的功能与乡村的社会文化需求结合,实现乡村旅游的保护性发展,实现乡村历史场所的再生价值,最终实现乡村空间的更新、乡村品牌的打造、乡村形象的提升。

三、案例: 文创乡村的再造——放语空乡宿文创综合体

放语空乡宿文创综合体坐落于"中国最美画乡"桐庐县富春江镇蟹坑口村青龙坞,是中

国第一个乡宿文创综合体（见图1）。它是由上海风语筑文化科技股份有限公司历经3年投资打造，是风语筑在文旅方面的首次尝试和探索，是风语筑结合乡村振兴的一次实践，放语空汇集了10多个国内外著名建筑师、艺术家作品，围绕"IP大聚会"的定位，旨在成为自媒体时代的"现象级综合体"、复合型多元化的"网红目的地"，为乡村引流，打造参观体验经济，以多种艺术手段和方式唤醒乡村，以收获艺术振兴乡村的成效。

图1　青龙坞放语空乡宿文创综合体

　　放语空是一个民宿的主场，但又不仅仅是一个民宿的所在，它通过丰富民宿的功能业态，完善住宿的配套服务，以艺术的方式构建一个乡宿文创综合体的生态系统（见图2），在这个综合体的生态系统中，引进建筑师的优秀作品，为乡村植入文化艺术元素，在乡村做一些好玩的、网红的、爆点的作品，吸引游客打卡，为乡村引流，打造参观经济。

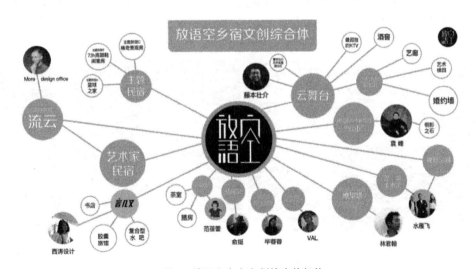

图2　放语空乡宿文创综合体架构

　　放语空乡宿文创综合体生态系统的中心位置,是该综合体的客厅,即"言几又胶囊书店"(见图3)。不过,它不仅仅是一家书店,更是一个集创意书房、餐厅、演出空间、会议空间、咖啡吧和胶囊旅馆于一体的复合型文化空间。既以胶囊书店的形式对外接纳游客,也以开放书店的形式作为村落和民宿的公共客厅和文化空间。

图3　放语空言几又胶囊旅社书店

　　青龙坞言几又胶囊旅社书店由当地村民三兄弟的民房改造而成,也是国内首家乡村胶囊书店。在建筑界"奥斯卡"Architizer A+ Awards大奖的评比中,言几又胶囊旅社书店荣获专业评审奖、大众评审奖。

　　以"胶囊旅馆"的形式提供书店的住宿,不仅解决了群体的住宿问题,更代表了一种环保轻量的住宿新理念。书店目前藏书2万余册,可同时容纳50人休闲阅读。一楼是公共文化空间,二楼、三楼是胶囊旅馆。

　　同时,作为该综合体的公共客厅和文化空间,言几又胶囊书店策划举办了多项文化活动,如放语空×草月流I高端插花课程,放语空音乐企划ISPARKLING LIVE,放语空×知宿I七夕活动,放语空×麻霖I夏日书店亲子游等(见图4至图7)。

图4　放语空×草月流I高端插花课程　　　图5　放语空音乐企划ISPARKLING LIVE

图6 放语空 × 知宿|七夕活动 图7 放语空 × 麻霖|夏日书店亲子游

综合体中的云舞台,是一个可以容纳500人左右的乡村梯田艺术舞台,它由竹枝编织围合而成屋顶以及下方的演绎空间,源于日本建筑师藤本壮介的设计灵感。这个场所适合举办一些小型的音乐演出、装置艺术展示以及草地婚礼等(见图8至图11)。

图8 云舞台-乡村梯田艺术舞台 图9 云舞台的音乐会

图10 无恙艺术展 图11 放语空的首场婚礼

放语空乡宿文创综合体的另一个场所，是举办讲座、会议、论坛和沙龙等活动的"展演空间"。整个展演空间是一个可以容纳80人左右的功能空间，非周末时间会邀请建筑师、设计师或者企业来这里办一些活动，例如讲座、论坛、沙龙等，通过会议经济来带动民宿非周末经济的发展（见图12、图13）。

图12　上海市朗诵协会的"祖国颂歌"　　　　图13　艺术家王忠升共享疗愈艺术工作坊

在富春江边的山谷内，历经百年风雨的夯土古村落，散落的公共文化创意空间，已经足以吸引热爱自然、热爱创意以及热爱旅游的人们前往观赏体验；而作为一个乡宿文旅综合体，其民宿也同样凝练了创意设计师的灵感。在青龙坞乡宿文创综合体这一生态系统中，除了上文介绍的文创公共空间外，10多位国内外著名建筑师、艺术家的作品，无论是主题民宿还是装置艺术作品，都成了吸引游客打卡、为乡村引流的网红艺术品，也使得放语空成为网红旅游乡村。

例如，"一个人的美术馆"，内有徐悲鸿的真迹展出（见图14）。每次只允许一个人进入参观，馆内是一个沉浸式的艺术空间。馆外是户外平台，可以俯瞰整个村落和峡谷的景观。还有英国建筑师Justin Bridgland的以西方视角改造的东方夯土民宿（见图15）。

图16为威尼斯双年展作品《瞭望塔》。它源自云南省昭通市一所废弃的房子，旧房屋拆除下来的木制部件被重新设计成一个庆祝中国新年的瞭望塔，安装在村落的一个公共广场。在建成后受到了当地村民的欢迎，有村民的婚礼也在此举办，成为村民交流的公共场所。

图14　一个人的美术馆

图15　主题民宿

图16　瞭望塔

这样以艺术家为IP打造的创意艺术品还有很多,汇集在青龙坞的放语空文创综合体中。

2021年,放语空还将引入北川富朗的"大地艺术节"。北川富朗在2000年创立的"越后妻有大地艺术节"已成为全球公认的,以文化艺术带动地域振兴的经典案例。大地艺术节作为世界知名的艺术IP,其模式被认为是以艺术带动地域振兴的国际经验和具有可持续发展价值的全域旅游和乡村振兴示范。大地艺术节落户放语空文创综合体,将成为结合国际经验、展开中国创造的艺术振兴乡村的崭新实践。

四、文创赋能,振兴乡村旅游经济的认知

（一）主题定位、体验互动,创意再造休戚与共的全域生态空间

在开发乡村旅游空间时,根据景观主义理论,需要注重以景观作为媒介,体现人与建筑、

建筑与环境、环境与文化的和谐发展。景观主义主张从整体性视角开发,将景观、建筑、地域文化等方面进行整合,并将其看成统一生态系统,强调各组成部分之间的紧密合作,休戚与共,发挥集群效应。

也就是说,当我们打造乡村旅游景观时,首先需要定位主题,根据主题,以原有场所的文化肌理作为基础,将景观、建筑和地域文化等元素整合,再利用创意设计,使场所中的每一个部分都围绕主题展开,最终打造出主题鲜明的生态文创全域空间。

在放语空文创综合体中,我们看到了一个以文创综合体为主题的乡宿空间,在这里,言几又胶囊书店作为综合体的核心灵魂,展示了诸多建筑家和艺术家的作品,既有充满艺术设计感的公共空间,又有设计独特的民宿,以及极具艺术张力的艺术装置,每一个部分同时考虑公众的体验和参与,从而形成一个融入青龙坞自然乡间,又通过创意设计而重塑再造的文创综合体。

（二）突出地域特色,打造地域品牌,差异化呈现乡村旅游景观

景观主义告诉我们,对景观的开发和再造,需要重视地域特色,充分挖掘地域场所的历史文脉;在创意设计和建造地域文化空间时,需要在整体空间中融入地域文脉,实现建筑与地域场所之间的和谐统一,实现基地肌理与场地事件的动态表现。

中国乡村幅员辽阔,各地乡村特色迥异,在打造乡村旅游经济时,要避免同质化千篇一律地设计乡村旅游景观,需要结合地域特色并充分突出地域特色,差异化地创意设计乡村旅游景观,从而打造地域景观品牌。

放语空的"一庭亭",由一个庭院以及一座亭阁组合而成,它在设计上非常注重与乡村环境相融合,突出了浙江山水的肌理特点。此外,许多艺术家的建筑艺术或装置艺术,如《流动之物》《倒影之石》《生命之果》,无不采撷了地域场景的内涵,成为结合场景再造融入地域场景的艺术作品。

（三）塑造文创乡村IP,拓展多元市场,打造网红级旅游目的地乡村

依靠强大的IP让受众清晰识别并唤起品牌联想,进而促进受众对其产品及衍生品的需求。IP的商业逻辑:一是通过持续优质的内容生产能力建立IP势能,二是通过IP势能实现与用户更低成本、更精准、更快速的连接。

品牌拥有者通过打造自己独特的IP,借由IP持续产出优质内容来输出价值观,通过价值观来聚拢粉丝,粉丝认可了价值观,实现了身份认同和角色认可,然后就会信任其产品;同时IP运营也是具有话题性和传播性的,具有庞大的粉丝基础和市场,是一种可以产生裂变传播的新型运营方式。

在塑造文创乡村的过程中,我们同样需要持续生产文创乡村的优质内容,完成形塑IP的过程;借由IP的势能,聚拢粉丝,实现更低成本的传播,从而使乡村成为网红级的旅游目的地乡村。

中国乡村幅员广阔，居住人口众多，振兴乡村经济，已然是一个不能回避的时代命题。在全新的时代背景下，乡村发展方式正发生着巨大的转型，结合当地乡村的特点，振兴乡村的途径和方法多种多样。本文以景观主义的思维，从文创的视角，将乡村理解成一个生态体系，将基础设施的功能与乡村的社会文化需求结合，打造文创乡村，实现乡村旅游的保护性发展，实现乡村历史场所的再生价值，最终实现乡村空间的更新、乡村品牌的打造、乡村形象的提升，并振兴乡村经济。

参考文献

［1］华晓宁.当代景观都市主义理念与实践研究［D］.上海：同济大学,2009.

［2］李睿煊,李香会,李永宝.从绿色城市主义到景观都市主义：技术理性指导下的欧洲城市建设变迁及其启示［J］.建筑与文化,2015(8)：111-112.

［3］杨锐.景观都市主义的理论与实践探讨［J］.中国园林,2009,25(10)：60-63.

［4］查尔斯·瓦尔德海姆.景观都市主义［M］.北京：中国建筑工业出版社,2011.

［5］王建国,吕志鹏.世界城市滨水区开发建设的历史进程及其经验［J］.城市规划,2001,25(7)：41-46.

［6］焦胜,曾光明,何理,等.城市滨水区复合开发模式研究［J］.经济地理,2003,23(3)：397-400.

［7］阮仪三.历史街区的保护及规划［J］.城市规划学刊,2000(2)：46-47.

［8］刘东云.当代景观都市主义的理论和谱系研究［J］.建筑与文化,2014(12)：133-135.

（郜明,上海大学广告学系副教授。）

鄂西土家族聚落民居景观诗性
美学特征研究

龚袒祥

摘要：乡村聚落承载了中国人民数千年的生产生活活动，孕育了丰富的民族文化。鄂西地区土家族聚落是我国乡村聚落中极具特色的一部分，由于其独特的传统文化及自然环境，形成了别具一格的建筑形式、美学情趣、生产生活方式。从聚落景观的角度来看，以其民居吊脚楼的建筑形式最具特色，它由最初的干栏式建筑形式演变至今。其与自然的完美融合等方面与中国传统的以"天人合一"为代表的诗性美学思想不谋而合。本文试从诗境的自然美、诗化的空间美、诗意的情感美三个方面来对鄂西土家族吊脚楼聚落的诗性美学特质进行探讨，挖掘出更多鄂西土家族吊脚楼聚落的美学价值，更好地传承吊脚楼聚落的艺术魅力，以期在工具理性化肆虐、中国传统文化精神失语的情况下启发当代中国特色的诗性美学设计思维。

关键词：鄂西地区；民居景观；诗性美学；土家族聚落

中国文化的发展始终与诗相伴。语言是思维方式的外表，中国古人以诗的方式抒情写志，可以发现中国人的思维方式、价值观念以及精神面貌进入诗化的境界，代表着中国人诗性的思维模式。何谓"诗性"？日常话语中的"诗性"，狭义地讲是指"诗歌的特性"，广义地说是指与逻辑性相对的艺术性和审美性[1]。德国哲学家卡西尔在其著作《人论》中将神话、艺术以及语言三者归结为诗性思维的产物，而宗教、科学、历史为逻辑思维的产物，从这可以看出，诗性思维是与理性相对的，代表着感性，它可以更好地展现人性的魅力。而意大利哲学家维科在《新科学》中认为诗性是一种凡俗的智慧，是灵魂和精神结合的产物[2]。千百年来，中国古典诗歌都是华夏民族文化交流与传承的重要方式，可谓是诗性智慧的重要代言人，对中华人民的精神产生潜移默化的影响，也孕育出中华民族独特的美学形式——诗性美学。诗可以渗入一切艺术类型和门类中，使一切艺术都带有诗的因素[3]，中华民族的这种诗性智慧和诗性美学也渗透到建筑、园林、聚落等人类栖居环境的各个层面，共同构成中华民族追求天人合一，人与自然、人与社会和谐的最高审美理想及对美好生活环境的追求。李先逵教授在其论著中将中国诗文化蕴染下的空间解释为与自然环境相容的，包含人文精神及情感灌注的，既满足生活需求又满足情感需求的，人与自然、时间与空间相融合的，有着中国诗性美学和心灵境界的空间环境。以此观照鄂西土家族传统聚落中的民居景观，便不难发现其作为土家族人民栖居生存的场所在各个方面体现出的顺其自然、天人合一、共生共息的诗性美学特征，是中国诗性文化在聚落及民居空间中的生动体现，也蕴含了鄂西人对诗意栖居的美好向往。

一、诗境的自然美

（一）天人合一的和谐之美

老子在《道德经》中写道："人法地，地法天，天法道，道法自然。"[①] "自然"为万物之根本。"诗者，天地之心"[②]，诗以天地自然为师，以此产生的诗性美学的首要构成元素就是"自然美"。庄子曰："天地有大美而不言。"他认为自然世界的美无法用言语来表达，美存在于"天地"，体现"道"的自然无为的根本性，一切纯任自然，不为利害得失所累，这样人的生活也会像"天地"自然那样有"大美"。老庄的道家哲学确立人与自然的和谐同一性关系，即"天人合一"，奠定了"自然"在中华文化语境中的重要地位。无论是"秩秩斯干，幽幽南山。如竹苞矣，如松茂矣"中描述融入自然山水的具有和谐之美建筑环境，还是"晚色将秋至，长风送月来"的拙政园美景，抑或是"卷帘唯白水，隐几亦青山"的传统村落之美，中国传统中那些诗意盎然的建筑、园林及村落无不依托于自然，在与自然和谐统一的基础上追求诗意的栖居之美。

鄂西土家族地区位于长江中游，地形变化多样，境内是以武陵山脉为主体的山地地形，重山叠岭，岗峦密布，河流众多，以清江、酉水流域为主，总体来看海拔高，平均海拔在1 000米左右，夹杂着少许的河谷、平原、盆地和坪坝等地貌类型（见图1）。土家族人民生于大山、长于大山，在长期与自然的山山水水相伴的探索中，十分注重人与自然、人与环境的和谐统一，在村落营造过程中，以师法自然、顺应自然为基本出发点，没有固定的形状布局，错落有致、鳞次栉比，形成了土家族独特的聚落肌理。在聚落的形态上依托地形，形成了山地聚落、平坝聚落等类型（见图2），但无论是哪种聚落形态，都体现了土家族人民因地制宜、师法自然的营造智慧与和谐之美特征。而土家族人民对于自然与民居建筑相和谐的摸索，产生了现在我们看到的中国民居建筑界的一朵奇葩——吊脚楼，村落民居布局自由灵活，无论多么复杂的地形条件，土家人靠着自己的勤劳智慧，都能用吊脚楼等建筑形式与之相适应，蜿蜒起伏，曲折有致。在民居建筑材料的选择上，虽然受交通、技术、经济实力等因素限制只能就

---

① 老子《道德经》。

② 《诗纬·含神雾》，《诗纬》是汉代《诗经》学研究的组成部分，其"诗者，天地之心"的说法从宇宙观高度对诗的性质做了重要认定。

图1　鄂西土家族地区地貌　　　　　　　　图2　麻柳溪村带状聚落形态

地取材,但以石、木为主的材料也能够反映出聚落与大自然的整体一致,体现了土家人民天生对自然的热爱与尊重,也符合中国人民渴望人与自然和谐统一的观念。

（二）共生共息的生态之美

20世纪70年代后,工业化所导致的地球生态危机愈发明显,在此背景下生发出了生态美的概念,它"实际上是一种人与自然社会达到动态平衡、和谐一致的处于生态审美状态的存在观"[4]。中国虽然对于生态美这个概念的引入时间较晚,但是中国的建筑、村落的风水营造法则都与生态美学的精髓十分契合。从前面提到的鄂西土家族聚落的选址布局上可以看出他们对于自然生态环境的重视,即尊重自然,与自然和谐相处,控制对自然的改造程度,保持自然的生态系统及自我修复能力,让自然可持续地服务人类的生存。鄂西土家族聚落的选址遵循中国传统的规划设计指导思想——风水,风水理论是将自然生态环境、人为环境做统一探析,指导人类选择居住环境的一门研究人与环境所有相互关系的实用型理论。我们在古籍中最早发现描述风水的是晋代郭璞所写的《藏经》,书中写道:"葬者,乘生气也。气乘风则散,界水则止。古人聚之使不散,行之使有止,故谓之风水。"在这个解释中,"气"是村落风水好坏的一个重要标准,也是主导该地区是否有旺盛生命力的核心,气最旺的地区就是人们理想中的风水宝地。"负阴抱阳、背山面水"是风水理念中选择理想人居的基本原则,是古人认为最能够藏得住"气"的山水格局。鄂西土家族聚落的最佳选点通常在山水环抱的中央,背山面水,背山可以凭借山体抵挡严寒,面水可以通过水面过滤空气,让空气变得清新凉爽,夏日则更为凉快。为了改善生态气候,土家族人民还会利用绿化及水体的调节,在民居的周围种植花草果树以形成小气候。民居院内多设有天井、水池,风水学中说道,"得水为先,藏气次之",院落中的天井空间则可藏水聚气。这种与自然环境共生共息的生态美学智慧产生于东方的审美思维,而东方审美思维同原始思维有着密切的关联,是原始思维的自然延伸与发展。[5]意大利哲学家维科将人类原始思维认知模式称之为诗性智慧。由此而言,鄂西土家族聚落这种蕴含在风水思想中的生态美诉求是鄂西人民生态思考与人类原始思维的诗性智慧相结合的产物。

二、诗化的空间美

诗人在对物质空间的思考及感悟基础上创作了诗歌,而诗歌描述的优美画面又影响着风水师、设计者的营造活动,二者相互影响,共同发展并完善。诗人在创作诗歌时的灵感往往产生于所处的现实空间,我们从诗歌的写作方式上可以看到,诗歌一般都有分章分节的描述,而这恰恰像一个个空间单元,整首诗就形成了一整个大的空间环境,并且能够使人获得一种精神的体验感。所以,虽然建筑环境与诗属于不同的艺术门类,但两者有着相通的美学特质,传达相同的精神体验。

(一)灵气生动的韵律之美

文字的诗可以简单地解说为美的有韵律的创造。[6]韵律是诗歌语言层面的基本形态之一,而韵律之美则是诗歌语形的基本属性之一。物质环境空间相较于诗歌是更加直观的三维立体的空间艺术,这种空间中韵律之美的体现也十分常见,表现为建筑布局、景观元素、建筑要素的重复及变化,韵律美在中国古代建筑空间中自然地产生,和谐地运用,使建筑空间始终处于一种运动的、变化统一的艺术层次,行走其间犹如诵读诗歌般浅唱低吟。

鄂西土家族聚落的营造过程中,因场地的地形因素,则不拘泥于对称的布局模式,按照山水骨架走势经营聚落的空间组合,随势赋型,顺应场地开合及地形起伏,总体空间布局及建筑天际线高低错落,曲折有致,呈现出"水无波澜不致清,山无曲折不致灵,室无高下不致情。然室不能自为高下,故因山以构室者其趣恒佳"①般的诗化美景,体现村落形态自由灵动的韵律之美。而在吊脚楼民居的建造上,由于地形气候以及屋主的需求所呈现出来的多样形式,随着时间的推移也呈现着动态的变化,按照平面空间的布局大致可以分为四大类:三开间的"一字屋",一正一厢的"钥匙头",一正两厢的"撮箕口"(三合水),一正两厢加朝门的"四合水"。"一字屋"也称扁担挑,这是吊脚楼最基本也是最常见的形式,其他类型的吊脚楼就是在此基础上增加左右两侧的厢房,厢房与正屋成垂直关系,此类型的吊脚楼一般都结合了山地地形,厢房下方为斜坡地形,用木柱支撑,使得厢房与正屋齐平,这些类型的吊脚楼正屋一般会扩大,值得一提的是鄂西土家族吊脚楼受汉文化的影响还形成了一种类似于北方四合院式的井院式干栏,也称四合水式吊脚楼,笔者调研时也发现一些"四合水"与"钥匙头"或"撮箕口"结合式布局的吊脚楼(见图3)。这些民居类型都是村民生产生活中根据实际情况自由灵活建造而成的空间,在前人的经验指引下,又不死搬硬套,且多数吊脚楼民居总是不断进行调整的,且不说天灾人祸的流变——回禄之灾、年久失修等,就是娶亲、添丁加口等也要增加房屋的扩充,而这种扩充往往需要顺应当时的条件,

① 清·朱彝尊撰《钦定日下旧闻考》(卷26)。

增加平面上形状奇异的显示形态,使建筑空间始终处于一种运动的、变化统一的律动层次(见图4)。

图3　高低错落的吊脚楼民居　　　　　　　　图4　变化多样的吊脚楼平面组合形态

(二)模糊含蓄的朦胧之美

"花非花,雾非雾,夜半来,天明去,来如春梦几多时,去似朝云无觅处",诗人白居易用雾、春梦、朝云几个朦胧的意境,表达了对生活中消逝的人与物的惋惜之情。戴叔伦叙述的"诗家美景,如蓝田日暖,良玉生烟,可望而不可置于眉睫之前也",则道出了空间中诗性美学的又一个特征——朦胧美。朦胧美所描写的境界往往是模糊的、不明确的,康德曾说过"模糊概念要比明晰概念更富有表现力,美应当是不可言传的东西"。无论是"庭院深深深几许,杨柳堆烟,帘幕无重数"的建筑空间,还是园林中追求宛若天开的石有层次、树有疏密、路有曲折的婉转朦胧之美,抑或是"曲径通幽处,禅房花木深"的山中寺庙的含蓄意蕴,这种虚虚实实,混沌模糊的朦胧美非常符合中华民族含蓄内敛的民族性格及诗词创作风格,也深深地影响着中国的传统聚落及建筑的营造,这种朦胧主要表现在空间虚实相渗、内外流畅、功能共享等方面。

鄂西土家族聚落一般在崇山叠嶂之间,海拔高,山林茂密,蜿蜒曲折的山形使得村落全貌很难一眼收入,民居建筑与山交融,在云雾及树林的遮掩下,若隐若现,宛若仙境,产生一种朦胧虚幻的美感(见图5)。很多村子出于防御心态,会在村口位置种植高大的树木从而使得村子更加隐蔽模糊。而建筑内外空间的流动性及模糊性则更加明显,鄂西土家族吊脚楼建筑采用的是穿斗式结构体系,承重结构仅为柱子和枋,在立面上是非常自由的,通过门窗及屋顶下方的镂空设计,使得内外空间可以转换,模糊了内外的界限,弱化了建筑的体量感(见图6)。特别值得关注的是吊脚楼民居没有自己的内院,两侧的厢房向前延伸形成了一个三面围合的空间,即造就了这个既非室内空间,也非完全室外空间的过渡性模糊领地。它是具有短暂会客,放养家禽,晒谷,堆放杂物等功能的复合场所。这块空间,我们可以借用日本建筑师黑川纪章对于建筑空间的认识与观念,定义其为灰

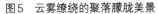

图5　云雾缭绕的聚落朦胧美景　　　　　图6　自由灵活的立面造型

空间①。这种灰空间,由于其中介、过渡的性质而产生的许多模糊性,使得人们可以自由地定义其功能而成为空间的主人,且丰富了建筑空间的深度与层次,产生了有对比效果的虚境与实境,从而延伸出含蓄和朦胧的美学特质。

(三)时空一体的意蕴之美

诗歌是时间的艺术,是中国文学作品中一种直接而强烈的表现时间意识与生命意识的形式。诗歌时间的诞生标志着在客观物理时间之外的诗人主体情感时间的展现。马致远的"枯藤老树昏鸦,小桥流水人家,古道西风瘦马。夕阳西下,断肠人在天涯",是通过空间性的景物描写时间的经典之作。陈子昂的"前不见古人,后不见来者。念天地之悠悠,独怆然而涕下"可以说在时间性与空间性的转化中,将以气写景、以虚写实的手法发挥到了极致。诗歌中的时间不断地引领人的想象,达成一种意识空间的形成,相对于现实的空间,诗歌中的空间更像是一种内心深处的空间理想。这种时间与空间共寓的观念,借景空间而怀古时间的手法,几乎已经成为中国古典诗歌文学的一种经典模式。"记住乡愁"是中华民族的美好愿景,而乡村的民居建筑空间更是收藏时间的容器。鄂西土家族聚落孕育了土家族人民,在城市化快速发展的时代,由于土家族聚落地貌的复杂性,交通极为不便,虽然阻碍了土家族地区的经济发展,但这些保留下来的传统土家族聚落则是保留土家族人民乡愁记忆的重要载体(见图7)。土家族民居古朴自然的营造方式,草木间的和谐自然,使得人们行走在吊脚楼民居中,能够感受到不同的空间体验,从而领略到不同的时空感受。房屋中呈现的点滴,一片瓦,一口古井,一棵古树,都让人能够感受到这儿曾经的生活场景,在溪边似乎还能感受到当年人们浣洗衣物的情景,郁郁葱葱的田间场景也似乎让人能够看到农民劳作的辛酸。习惯了现代社会的钢铁森林后,置身于古村落当中,仿佛穿越了时空,这时你才能迎接和感悟那种久违的古代之美、意蕴之美,这也是笔者每次进入村落考察时获得的非常深刻的一种体会。

---

① 灰空间是建筑师们试图通过创造一个既非室内又非室外,含糊、穿插的空间,使人们得到了一个感受街道上的公共空间和内部私密空间之特殊联系的体验。

图7　村落古朴的生活印迹

三、诗意的情感美

诗学中蕴含着丰富的情感，相较于其他文学体裁更加关照人的情感世界。诗与美的情感相通，"情感美"是诗学意境的生命。[7]赋予空间精神境界，就必须怀着诗人般的情感诉求来书写。正如柯布西耶在《走向新建筑》中所言："当建造房屋的时刻终于来临，那不是属于木工或者瓦工的时刻，而是每个人为自己作一首诗的时刻。"中国传统的村落风水师、建筑师、园林设计者多是文人墨客，其在中国诗性美学浸染下的营造手段多以心灵的情感体验作为主要动机，讲求人文关怀和精神超越，表达中国人生存的精神家园和理想的归属，从而呈现富有诗意情感的空间意境。

（一）哲学思想的审美悟道

建筑空间作为精神的容器，可以反映自我的哲学思考，反映了人们对于时空与宇宙的认知，对于人与自然关系的思考。海德格尔在《筑居思》中阐释了"筑"的概念，建筑需要具有四重整体，即天、地、人、神，以实现"诗意地栖居"，他认为诗在建筑当中的角色，是一种估量秉性，诗人是估量天与地、与神走到一起这个"之间"状态的人[8]。建筑作为联结天、地、人、神的一个空间，都切实地反映出个人对于人类、世界和宇宙的思考。唐代寒山《碧涧泉水清》中"碧涧泉水清，寒山月华白。默知神自明，观空境逾寂"描述的意境，让人从人生中悟道、从自然中悟道，使人与空间结合并升华，投向广袤的宇宙、苍茫的历史及幽微的心灵，去领悟人的生命意义和精神归宿，表达了古人通过现实的景色来参悟深层文化情感的宇宙观和人生观。而鄂西土家族民间的哲学思想，不管是跳丧反映出豁达洒脱的生死观，还是哭嫁这种独特的情感表达，或是摆手歌中描述的张果老、李果老的天地再造故事，都反映了鄂西土家族人民的哲学思想，即以天、地、人为一个宇宙大系统，追求宇宙万物和谐统一，且土家人以"天人合一"作为最高的理想和追求。这些哲学思想对村落选址和村民的生产生活都有着深刻的影响，特别是在吊脚楼的建造上，从建筑过程的敬山神、落成仪式的"众星踩门"，到建筑内外无处不有的神灵的栖息之地，都可看出土家族人的多神崇拜的宇宙哲学观，其中最重要的就是堂屋中设置的神龛,用于供奉天神地祇、本族祖先及师祖神灵等。此外,吊脚楼建筑营造的屋顶之上的空间,建筑正屋和厢房的落地空间以及架空的下方空间形成了天上人、人间人、地下鬼神三个空间格局,通过微观的建筑布局反映了土家族人民心中的宇宙格局模式。所以,吊脚楼的出现不单单是对于环境的适应,更是一种哲学意境的审美悟道心理,渗透着土家人的价值观念、处世哲学、生活方式和审美趣味。

（二）装饰意境的审美超越

中国诗学及美学以传达意境为核心,唐代诗人刘禹锡解释道"境生于象外",意为主观的境产生于客观的象,从而唤起情感共鸣,表达主观愿景,进入审美的更高层次。装饰是建筑的审美符号,通常以图腾纹样等装饰手法表现出情景交融、意蕴深远的艺术境界,从而超越建筑的物质性及功利性,转而关注人的审美需求,反过来也可以使人透过装饰本身,感受到建筑的精神品质与审美取向。[9]鄂西土家族民居中的装饰艺术反映了浓郁的地方民族特色,如本民族的白虎图腾、神话故事、名人典故等,土家族人民在经济实用的基础之上,通过金属工艺、石工艺、瓦工艺、木工艺、漆工艺等对民居中的各项构建位置进行艺术加工。门窗装饰是建筑装饰的重要组成部分之一,雕刻精美、做工考究,一般以花鸟鱼虫、万寿福字、平纹斜纹或井字为图案(见图8),文字通过谐音会意的方法而施之装修,所涉及的纹样图案都围绕着一系列的福寿、平安、如意、吉祥、开泰等寓意,不仅增加建筑的艺术特征,还反映了屋主人对美好生活的向往以及趋吉消灾的美好愿景。土家族吊脚楼最大特色无非就是沿厢房三面兜转的"签子"或"走栏",和复盖"走栏"的"丝檐"[10]。走栏主要可以分为两种形式(见图9),一种是直栏杆,这种类型基本只满足安全的需要,另一类是造型栏杆,有"回""千""万"字格等,典雅大方。挑柱的上下还会雕刻成各种造型,以"瓜"状为主要形式,整个吊脚楼有了走栏的修饰后富有腾空而起,空透轻灵,文静雅致的感觉。鄂西土家族民居的屋顶也极具张力,出于使用需求及地形的影响,土家族民居的屋顶形式变换多样,最具代表性的就是由"歇山顶"演变而来的一种类型,即在悬山顶的基础上加上一个披檐,屋角的起翘程度也各不相同,犹如一只展翅欲飞的雄鹰,有学者论证这种飞动的形态源于中国先民的凤鸟崇拜意识[11],使得原本庞大压抑的屋顶空间变得轻巧灵活,配合走栏以及

图8　丰富多样的窗花类型

图9 形式多样的走栏纹样

屋脊上的脊饰,整个立面空间显得十分丰富。

四、结语

　　风雅情趣、诗骚传统,孕育中华民族审美心灵数千年,诗性美学是其中最动人的精神智慧。鄂西地区土家族聚落吊脚楼民居是土家族繁衍生息、生产、生活的载体,它从巢居慢慢演变成这种半干栏形制,不仅完美地融入了山地地形,给土家族人民提供了遮风挡雨的藏身之处,也记录着土家族人民的悠悠往事,维系着土家族人民的骨肉亲情,寄托着人类对生活的感悟、向往和憧憬。从无数祖先图腾、神话所描写的刻骨铭心的家园之爱和对家园的眷恋中,我们可以充分地感受到这种令人心驰神往的建筑文化的诗情。鄂西土家族吊脚楼民居是天人合一、共生共息的自然哲学观的生动反映,空间中体现了灵气生动的韵律之美、模糊含蓄的朦胧之美、时空一体的意蕴之美,最后达到情感升华的审美悟道心理及审美超越意识,故鄂西土家族民居的诗性美学包含诗境的自然美、诗化的空间美和诗意的情感美。鄂西土家族民居中的这些美学意义都可以成为我们当今民居设计建造的准则,对于缓解当前的人居环境危机,突破设计工具理性的人文困境都有一定的启发。

参考文献

［1］李建中.古代文论的诗性空间[M].武汉:湖北人民出版社,2005.

［2］陈鼓应.庄子今注今释[M].北京:商务印书馆,2007.

［3］温海涛.山水诗词空间意境特征的建筑空间意境初探[D].西安:西安建筑科技大学,2005.

［4］曾繁仁.试论生态美学[J].文艺研究,2002(5):11-16.

［5］邱紫华,王文戈.东方美学简史[M].北京:高等教育出版社,2004.

［6］蒋德均,罗红.试论诗歌语言的节奏和韵律及其基本形式[J].攀枝花学院学报,2007,24(5):60-66.

［7］李先逵.诗境规划论[M].北京:中国建筑工业出版社,2018.

［8］马丁·海德格尔.诗歌·语言·思[M].张月,等译.郑州:黄河文艺出版社,1989.

［9］肖平西.探析创造性地传承建筑设计中的装饰因素[J].重庆建筑大学报,2005(4):15-19.

[10] 张良皋.土家吊脚楼与楚建筑：论楚建筑的源与流[J].湖北民族学院学报（社会科学版），1990（1）：98-105.

[11] 王鲁民.中国古典建筑文化探源[M].上海：同济大学出版社，1997.

基金项目：国家艺术基金2019年度艺术人才培养资助项目"鄂西土家族吊脚楼传统工艺传承与创新设计人才培养"成果（证书编号：2019-A-04-（131）-0673）。

（龚袒祥，江西工程学院抱石艺术学院环境设计专业教师，浙江师范大学乡村景观文化研究中心研究成员。主要从事乡村景观文化领域研究。）

泗水龙湾湖乡村振兴示范区探索
脱贫攻坚新模式

胡广才

摘要： 为全面贯彻落实党的十九大，十九届三中、四中全会精神，深入了解山东省委省政府关于推进乡村振兴战略实施的精神，响应国家号召，助力三农、服务三农，帮助贫困地区群众解决实际问题，泗水县充分利用龙湾湖乡村振兴示范区的有效资源，积极探索乡村振兴新模式，为其他地区乡村振兴事业提供模板。通过实地考察，针对龙湾湖示范区的运营模式、配套产业和其社会及经济效益等方面进行调查，总结分析使龙湾湖乡村振兴示范区成功运营并惠及农户的因素，并提供优化意见，为新农村建设事业、全国更多人口脱贫贡献一分力量。

关键词： 乡村振兴；脱贫攻坚；基础设施；文化生活

山东省泗水县曾是国家级贫困县，目前仍属于财政困难县，但是在近几年省市县多级政府的努力下，泗水县的经济社会水平有了质的提升，以泗水县龙湾湖示范区为代表的乡村振兴、脱贫攻坚的项目正在展开新探索，努力打造齐鲁新样板。

龙湾湖位于泗水县济河街道与圣水峪镇交接的山区，该区域村民长期以来的收入主要来源于农业和外出务工，年轻劳动力外流严重，为什么这里会被选中为打造乡村振兴的样板示范区呢？与其他区域的脱贫项目相比，龙湾湖又有什么自身优势呢？通过立足于泗水县龙湾湖示范区，走访示范区内的夹山头村和东仲都村，结合当地具体的生产、生活实际，以问卷调查、居民访谈及实地调研走访等方式深入调查了解该示范区带给村民的实际利益，对话示范区内的企业负责人，了解总结龙湾湖的发展模式，探访发展现状和经验。

一、示范区概况

龙湾湖乡村振兴示范区位于泗水西南部，规划面积7.9万亩，涉及18个村3 576户12 255

人。示范区区位优势明显,毗邻孔子诞生地夫子洞、尼山圣境景区,邻近高速出口、高铁泗水南站。生态环境优美,龙湾湖水面7 500亩,生态公益林2.8万亩,林木覆盖率64.7%。示范区内目前有乡村赋能电商平台1处,汇源矿泉水等涉农企业6家,等闲谷艺术粮仓、龙湾湖艺术小镇等文旅项目9个,一二三产业融合发展格局正在形成,被确定为省政府联系点和乡村振兴"齐鲁样板"示范区。该示范区统筹生产、生态、生活一体布局,推动示范区"三生三美"融合发展。龙湾湖示范区中的"等闲谷艺术粮仓"项目是该区最早的项目,可以称为该示范区的"星星之火",其项目集概念输出、文化文创、艺术设计、施工运营、影视制作及艺术品和工艺品原创衍生销售为一体,其驻地夹山头村已入选美丽村居省级试点村。2017年7月,泗水等闲谷艺术粮仓被授予全国第三批"中国乡村旅游创客示范基地"。现已有济宁设计师协会、圣源尼山书院、乡创学院、青岛科技大学、曲阜师范大学、济宁学院、悦读济宁读书会、泗水微公益等高校和团体入驻等闲谷艺术粮仓,建立工作室和研学实践基地。示范区按照建设"现代农业集聚区、圣源文化新高地、生态宜居新家园"的目标定位,集聚资源要素,整合工作力量,创新体制机制,着力打造乡村振兴齐鲁样板引领区,努力形成山区丘陵地区可复制、可学习、可推广的乡村振兴典型模式。

二、发展模式探索

(一)探索龙湾湖示范区的历史,发掘文化思想底蕴

龙湾湖示范区最早的项目是等闲谷艺术小镇,而等闲谷艺术小镇最早的项目是等闲谷艺术粮仓。在20世纪,龙湾湖片区是一个四面环山的普通山村,由于地理位置比较隐蔽,这里曾于1968年建造了一座粮仓,为战备之用,是鲁西南地区隐蔽在群山中为数不多的粮仓之一。粮仓曾经担负着战略粮食储备的历史重任,也见证了新中国一段特殊的历史,是一段宝贵的物质文化遗存和文化印痕。老粮仓的房屋整体是由就地取材的石块砌垒。

经历半个世纪的风雨,曾经的繁华散去,粮仓退出了历史舞台,离开人们的视线后,独守着历尽沧桑的古老山村。作为那个特殊历史时期的见证,粮仓宝贵的地理物质文化遗存和文化印痕,赋予它独特的内涵与价值,历久弥新。老粮仓完成了20世纪备战的时代使命,历经岁月洗礼,已是破败不堪,有些粮屋屋顶已经塌陷。2013年,一群怀抱着艺术与商业之梦的年轻设计师和艺术家们漫游到此,他们希冀在大山中可以寻找到安静创造艺术的栖身地,透过粮仓破败的大门,他们看到杂草丛生的院落,萌生改造的想法。2017年,艺术粮仓初见规模,随后得到政府的重视,开始重点扶持。2018年,山东等闲谷艺术粮仓文化发展有限公司正式成立并接受政府委托,助力乡村振兴,在龙湾湖地区开始建设艺术小镇,逐步成为当地新时代乡村振兴的起点。

(二)等闲谷艺术小镇,良性运营确保发展稳固

等闲谷艺术小镇作为整个乡村振兴项目的中心,其重要性不言而喻。龙湾湖乡村振兴

示范区规划设计于夹山山谷与龙湾湖水畔,跨济河街道及圣水峪镇两个区域。规划总占地面积五千余亩,包含艺术粮仓文创孵化核心区、艺术家村落、艺舍康养区、匠人集聚区、阅湖尚儒研学写生基地、乡村美丽新社区和立体休闲农业七大板块。小镇规划分三期建设,现已完成一期艺术粮仓文创核心区与阅湖尚儒研学写生基地的投资和建设。如今,龙湾湖示范区正在向着成为"齐鲁样板"而努力建设。小镇规划共分三期,现已完成一期艺术粮仓文创核心区及周边民宿和部分配套设施,二期人才公寓、阅湖尚儒研学写生基地正在建设中,未来三期工程还将建有文创街,吸引更多的艺术家和游客来此创作、参观。

目前,龙湾湖示范区等闲谷艺术小镇主要通过以下三种方式进行盈利。

1. 设计委托

等闲谷艺术粮仓公司拥有着艺术创作领域的相关人才,以艺术创意创作输出作为营收。依托"艺术粮仓"这一平台,通过承接各地的设计委托,实现营收。在各类委托中,也不乏类似"等闲谷艺术小镇"等乡村振兴项目的委托,等闲谷文化发展有限公司也积极利用自身经验,来为各地进行设计规划,输出乡村振兴的齐鲁方案。

2. 影视制作

除建造设计委托外,等闲谷艺术粮仓还承接包括影视拍摄、宣传片制作等项目的委托。服务对象既有一些影视公司,也包括政府的相关活动、景点的宣传。

3. 空间利用

所谓空间利用,包括场地租赁和民宿。等闲谷艺术粮仓附近也建有一定数量的民宿,在供游客体会乡村山水风光的同时,兼顾了创收。另外,等闲谷目前通过等闲书屋、乡村音乐厅、复兴广场等场地的租赁获得收益,租赁用途包括各类画展、艺术展,也会租给包括妇联、文联等组织用以开展各项公益活动。而在诸如音乐厅等场所开展如画展之类的活动时,村民也可免费进行参观,目前来看,村民对这类展览都具有浓厚的兴趣。这也潜移默化地改变着山村的精神风貌。由此,文化与艺术的价值得以体现。

(三)新型农村合作社建立,集中土地发展配套产业

龙湾湖乡村振兴示范区推进土地依法流转、托管,为现代农业产业发展提供土地保障,带动群众获得长期稳定的土地收益。推进农户以空闲宅基地、房产出租或入股方式参与项目合作,为项目方提供建设用地,增加农户租金或股金分红收入,让"死资产"变成"现金流"。推进集体房屋、建设用地、基础设施等经营性资产租赁、入股,增加村集体经济收入。发展订单农业,支持龙头企业与农户、新型经营主体形成稳定购销关系,确保群众"旱涝保收"。通过产业项目实施,为驻地村民提供在家门口的就业机会,增加群众务工收入,缓解留守儿童、空巢老人无人照料等社会问题。推动农村电商企业与村集体、农户深入对接,促进本地优质特色农产品上线销售,解决当地农产品销售难、价格低等问题。泗水夹山头村是艺术小镇项目的起点,为了了解该项目对村庄的影响,调查小组联系到了村主任岳书记。结合岳书记所给的信息,我们整理出以下内容:泗水夹山头村在几年前曾是当地有名的贫困村,

在各级政府和社会团体的努力下,该村于2016年正式摘掉贫困村的帽子,但留守村中的村民收入增长依然迟缓。年轻人多外出务工打拼,一些村民搬离村庄到了城镇生活,村中空置的房屋逐年增多,一些房屋因为长期无人居住打理,庭院杂草丛生,屋顶、院墙倒塌,因此村庄需要振兴、注入新的活力。等闲谷的艺术粮仓原本为20世纪废弃的老粮仓,其扩展的周边"良舍·山居"民宿主要占用的房屋也是闲置多年的老房,甚至有些房子破败到仅保留了主体结构。等闲谷艺术小镇项目对建设过程中占用到的宅基地房屋做出了合理的补偿,对长期空置的房屋采取租赁的方式使用其宅基地,租期30年,解决了房屋长期空置的问题,又予以房屋所有者合理的补偿。对尚有人居住的房屋,在村支部与公司进行充分沟通后,采取了宅基地置换的方式,在村庄西部给予每户168平方米的宅基地,不足的部分以每平75元的价格进行补偿,同时,对每户中无法进行移动的房屋附属物照价赔偿。夹山头村委与村民采取讨论协商的方式解决问题,赔偿方案明确合理,不做虚假承诺,在整个拆迁过程中,真正做到了零上访,切实保障了村民的权益。

夹山头村现有农户127户527人,在等闲谷艺术小镇建立的过程中,村委积极利用等闲谷"艺术粮仓"平台,创新渠道推广夹山头村的绿色农业产品。夹山头村通过成立新型农村合作社,将村中零散的土地以租赁的方式进行集中整合,实行集中管理,集中后的土地用于建立采摘园和种植经济价值较高的农产品。"艺术粮仓"平台根据外界需求,向村委集体提供农产品生产订单,村委安排集体合作社种植订单产品,并按照要求高标准生产,最后将生产好的农副产品提交给"艺术粮仓"平台,由平台完成销售。这种先下生产订单的预约式农业生产模式,实现了农村集体的稳定增收,既降低了种植风险,确保农产品可以顺利销出,也提高了单位面积土地的种植收益。同时,合作社采用雇佣制雇佣劳动力完成种植、生产任务,其中会优先考虑雇佣社员(租赁给合作社土地的村户即自动成为合作社社员)进行劳作,并以每人每天80~100元的价格支付薪酬。这样一来,合作社的社员既可以通过土地租赁获得来自合作社的租金收入,又可以受雇于自己原来的土地生产种植,土地租赁和雇佣劳作的两个途径使村民获得了双份收益。2019年,夹山头村集体合作社直接经济效益达到100万元。另外,在等闲谷小镇如火如荼的建设过程中,夹山头村集体合作社积极利用空间优势,鼓励村民开办农家乐,合作社帮助有意向的村民获取资质和办理相关合格证书,合作社负责为本村农家乐招揽游客,并将作为监管方对农家乐进行监督,避免出现类似"天价虾"之类的恶性行为和其他破坏乡村旅游名誉的不合规行为,从而为示范区的良性运营提供了保障。

截至2020年7月底,夹山头村新型农村合作社已发展社员38户(以家庭为单位),占本村户数近30%,集中土地50余亩。近期,在第一批农产品尚未成熟之前,便已通过"艺术粮仓"平台获得订单总价值超2万元的预售,经济效益显著。

(四)探索"带着订单教技术"的乡村振兴新模式

等闲谷小镇的"良舍·山居"民宿在建设中,采用了柳编的手工工艺制作篱墙。柳编是中国民间传统手工艺品之一，柳编经国务院批准列入第二批国家级非物质文化遗产名录。民宿建设中需要用到较多的柳编，而本地村民又对柳编的手艺相对陌生，建设团队想到了"带着订单教技术"的方法，先在村中开办柳编培训班教村民制作工艺，再招聘学员来制作柳编。在泗水县龙湾湖文创街方寸圆手工教室中，有30多位村民在这里接受"2020第一期泗水县创业培训"，培训项目邀请了柳编非遗传承人教授村民编织柳编围栏。该项目培训吸引了不少周围村庄的村民报名参加，参加培训学习柳编制作不仅不需村民花钱，还可以让大家掌握一门非遗技艺，本次柳编项目为学员们带来总价值40 000多元的收入。"带着订单教技术"的乡村振兴新模式，充分利用了村落里闲散、充裕的劳动力，为留守在村中的村民带来了非遗技艺，也带来了实实在在的经济利益，用技术教学提高了村民们的就业、创业能力，还守住了我们共同的非物质文化遗产技艺。

（五）招募乡村振兴合伙人，助力乡村新发展

2019年10月12日，《济宁市乡村振兴合伙人招募管理办法》专题新闻发布会在泗水县龙湾湖乡村振兴示范区举行，恰逢泗水县龙湾湖乡村振兴片区被评为"全省乡村振兴示范区"，成为乡村振兴合伙人招募试点县，近年来"泗郎回乡"扶持返乡创业项目也正在积极推进。济宁市面向海内外企业家、创业者、金融投资业者、专家学者、创业团队、种养大户、农村致富带头人、技术能手、非遗传承人等各类人才招募"乡村振兴合伙人"。什么是乡村振兴合伙人呢？乡村振兴合伙人是指在现代生态农业、农业生产和农产品加工流通等领域，采取资金合作、技术入股、专业服务等形式，与招募村"一对一"开展结对合作，助力乡村振兴战略实施的海内外企业家、创业者等各类人才。有招募需求的行政村，可根据本村实际需求和产业特色，围绕现代生态农业、乡村旅游、农业生产性服务业、农产品加工流通方面提出合伙产业方向，向市级乡村振兴工作站进行申报。想要成为乡村振兴合伙人，必须要热爱"三农"工作，有一定的优势和特长，在区域内有一定知名度和经济实力，能够帮助农民增收致富，为乡村振兴事业出谋划策。在产业链的每个环节上，让当地农民参与进来，共同分享收益。合伙人实行动态管理，市乡村振兴合伙人管理办公室将每年组织市级乡村振兴工作站的年度考核，不能认真履行合伙人义务的，取消合伙人称号和相关待遇。

打造乡村振兴的齐鲁样板，人才是基石。通过乡村振兴合伙人模式，泗水县把各方贤才"融合"到龙湾湖畔，好风凭借力，扬帆正当时。各方贤才，尽显其能，正以昂扬的斗志，共同谱龙湾湖畔乡村振兴曲。全县以龙湾湖乡村振兴示范区为重点，围绕现代生态农业、乡村旅游、特色农业生产和农产品加工流通等产业特色，积极实施"合伙人"招募政策。截至目前，泗水县龙湾湖乡村振兴示范区招募合伙人33人，合作项目30个，吸引资金投入2.5亿元。龙湾湖艺术小镇、艺术粮仓、特色种植基地、乡村民宿等投建项目已初步成型，其他招募项目正在稳步有序推进。这片和谐秀美的山村田园画卷也为当地农民带来了可观的收益，2019年农民人均预计收入达到14 000元，人均预计增收1 500多元。

（六）乡村基础设施升级，文化生活日趋丰富

泗水县政府投入财政资金2 000万元，对龙湾湖示范区内核心村东仲都、西仲都、南仲都三个村的污水处理、垃圾分类、立面改造、强弱电地埋和村庄绿化进行提档升级。项目建设做到村庄建设与景区建设相结合，旅游开发与生态保护相结合。当地政府对村庄建设保留原始风貌，不搞大拆大建，在保留山村特色的同时，还留住了乡愁记忆。村庄的面貌越来越干净整洁，基础建设不断得到完善，天然气入村到户，不必再去镇上才能收发快递，多条通往高速、城区的马路即将通车，村中的生活质量不断提高，村庄更加宜居。

同时等闲谷艺术粮仓吸引了清华大学美术学院、齐鲁工业大学艺术学院、济宁设计师协会、圣源尼山书院、泰山学院、青岛科技大学、曲阜师范大学、济宁学院等高校和团体纷纷入驻，泗水县图书馆还在此设立分馆，为大山中的村庄带来了精神食粮。等闲谷小镇会不定时举办中外艺术展、音乐会、知识政策宣讲会等文化活动，他们会提前向村民宣传文化活动信息，邀请村民参加活动、参观展览。在举办跨域交流活动时，等闲谷的主办方还会主动专门为村民预留座位，拓宽了大山村民的见识，将艺术文化带向大山。龙湾湖示范区已建成人才公寓和研学基地，每年会吸引一批又一批的外地研学队伍来到此研学，村委和运营项目负责公司会积极安排研学团队与当地村民进行交流。外来研学团队组织宣讲活动，为村民们带来了多种多样的文化知识，拓宽了年轻学生的视野。以往只能走出大山才能看世界，如今村民们在村中就可以走进艺术，体验不同文化的魅力。

三、结论

泗水县龙湾湖乡村振兴示范区正以全新面貌发展，立足于当地环境改造，加快乡村新模式和新格局设计。同时也希望龙湾湖示范区抓住区位新优势，结合旅游资源促进乡村振兴，加大宣传力度，提高示范区知名度，吸引更多的外地游客前来泗水，感受乡村魅力，体验乡村文化，留住乡愁，并且集中人才智略和积累人脉，为乡村振兴、脱贫攻坚带来新的血液和活力。

参考文献

[1] 冯人綦,常雪梅.基层代表热议十九大报告:乡村振兴 中国增色[N].人民日报,2017-10-22(1).

[2] 任一林,谢磊.习近平谈扶贫:必须多谋民生之利、多解民生之忧[EB/OL].人民网,2018年9月14日.

[3] 李森,宋福来,贾鑫,等.乘风破浪奔小康丨龙湾湖乡村振兴示范区:一条山区乡村生态振兴"泗水路径"[EB/OL].齐鲁网,2020年7月25日.

[4] 白少光,王楚齐.蹲点乡村看振兴丨"带着订单教技术",济宁泗水县积极探索乡村振兴新思路[EB/OL].齐鲁网,2020年6月15日.

［5］李志豪.推进乡村振兴I济宁在全省率先搞起"合伙人"制［EB/OL］.济宁新闻网,2019年10月13日.

［6］王心融.山中有个"艺术粮仓" 泗水龙湾湖片区打造"田园风情画"［EB/OL］.济宁新闻网,2019年12月28日.

［7］杜宗沲,包庆淼,郑慧康,等.济宁泗水县龙湾湖乡村振兴齐鲁样板省级示范区建设按下"加速键"［EB/OL］.齐鲁网,2020年3月5日.

（胡广才,四川美术学院本科生,设计史论专业。）

艺术乡建的中国范式实践
——基于若干案例的比较研究

黄　敏

摘要：本文旨在以我国艺术乡建作为本体，研究由不同角色主导介入的艺术乡建实践案例，对比分析其特点、优劣势及可改进方向，为我国艺术乡建提供经验和启示。根据主导者类型（艺术家、设计师、企业、政府、综合型）进行案例搜集与文献研究，从中抽取七个典型案例，采用个案综合分析和SWOT态势分析法进行案例对比的分析研究。从发起方角色背景出发，对比分析各艺术乡建案例的实践范式及其特性（经济性、社会性、环境性、文化性、可持续性），为我国艺术乡建整体的发展总结经验和提供启示。

关键词：艺术乡建；中国范式实践；可持续发展；多主体协作

一、我国艺术乡建现状

继梁漱溟先生提出西方现代化乡村建设路径，晏阳初先生提出教育启民智乡村建设路径以及现代新城镇化改造路径之后，渠岩以艺术家的角色介入乡村建设，成为早期艺术乡村建设理论的提出者，他提出了中国乡村建设的第四条道路——"艺术推动村落复兴"的理论和实践[1]。

随着渠岩的"许村计划"的开展，我国以艺术介入的乡村建设实践如雨后春笋般冒涌。艺术乡建以"人"为本，在对民风、礼俗、民居最大限度地修复保留基础上，借助艺术的形态，重塑当地核心人文传统，直观地将其以不同艺术形式再次展现，激发当地人对传统文化的重新感知与敬畏，调动乡村主体的积极性，提高村民参与度，吸引更多艺术家、设计师、企业、政府等多方参与建设，其核心大多是人与精神世界、物质世界的一种平衡和联系重塑[2]。各类参与者将建设地作为艺术实践、理论实践的试验场，实践成果推动当地的发展，大量外来人群为原本失活的乡村重新注入生命，带动当地的经济、文化、环境、基础设施、教育的发展，艺术家与乡村之间建立了互助互利的循环关系。

艺术乡建发展至今已出现了多方面的危机，投入乡村建设的角色方越多，乡村发展的机遇和挑战也就越大。艺术乡村建设能否保持纯粹的文化寻根、信仰留存、良性发展，而不是成为学术运动、政治运动、经济发展的工具；能否在快速发展的现代潮流中立定根本，保持文化独特性的同时持续保持活力，而不是昙花一现；能否平衡"艺术"与"乡村"之间的从属关系，而不是本末倒置，重艺术建设而非乡村建设[3]等问题已成为艺术家们和学者们讨论的重点。诸如此类，以艺术介入的乡村建设模式，在如今如火如荼地开展着，乡村给予人的印象也在随之不断改变。在现代化中保持原始乡土活力，打造中国乡村文化独特性是对我国当代艺术乡建最高的要求与期望。我国艺术乡建同时也在寻求发展之路，近年来相关艺术乡建实践案例研究已呈增加之势，而从主导者类型角度出发，分析艺术乡建实践范式的研究为数不多，本文通过综合整理近年来我国艺术乡建实践案例，分析不同类型主导者带领的艺术乡建实践特点，为我国艺术乡建提供可发展的经验和启示。

二、案例概况

根据主导者的不同类型，通过文献及案例搜索整理，从中抽取七个典型案例，主导方类型主要分为艺术家（2例）、设计师（2例）、企业（1例）、政府（1例）和综合型（企业与政府联合发起，艺术家、设计师介入，1例），案例概况如表1所示。

表1　案例概况

案例	时间	主导方	实践范式	结果及影响
许村计划	2007年至今	渠岩（艺术家）	通过艺术和节庆在乡村社区和地方发展之间产生有效的关联性和互动性	激活了乡土活力，成为我国艺术介入乡村建设的先行地之一
碧山计划	2011—2016年	左靖、欧宁（艺术家）	发掘研究当地手工艺及民俗，以此开展各项展示、交流活动	为当代艺术乡建的典型案例之一，现如今逐渐淡出人们视野，乌托邦式的当代艺术乡建范式在当时引起了学界大讨论
设计丰收	2009年至今	娄永琪（高校设计师）	通过小的、相互关联的一系列设计介入项目，激活城乡资源、人才、资本、知识、服务的交换和互动，激活乡村潜能，推动系统性改变	实现城乡互动、国际艺术互动、学术互动，为艺术乡建提供了一种新的借鉴模式
莫干山计划	2011年至今	朱胜萱（建筑设计师）	固有建筑的更新，乡村产业转型，乡村文化重构	实现了乡村产业的转型，激发了乡土聚落生活新的叙事方式

续 表

案例	时间	主导方	实 践 范 式	结果及影响
三瓜公社	2015年至今	安徽巢湖经济开发区与安徽淮商集团**（政府+企业）**	修复民居,恢复手工艺,改善环境,打造特色,商业化发展	企业与政府作为支撑,发展迅速,在恢复民居民俗的基础上商业化发展,主要以经济带动建设,艺术介入感被逐渐削弱
"100个美丽乡村"计划	2017年至今	华侨城集团**（企业）**	"文化+旅游+城镇化""文化+美丽乡村""特色小镇+美丽乡村""产业扶贫+乡村振兴"模式	结合企业资本与国家政策优势,建了多个中国传统民俗文化特色小镇,商业的活力带动乡村建设的发展
郝堂村	2011年起至今	孙君**（建筑、景观设计师,中国乡建院,政府）**	内置金融模式,乡村基础设施改善,以村民为主体,以金融合作为核心,可持续发展模式	政府撤资,无产业支撑,特色吸引力降低,发展缓慢。少有的全面整体的乡建项目,以艺术为核心,多方参与的当代艺术乡建典范

三、案例分析

选取案例按照主导者类型分为五大类(艺术家、设计师、政府、企业、综合型),运用SWOT态势分析方法对这五类案例进行四个维度的分析:S(strengths,实践优势)、W(weakness,实践劣势)、O(opportunity,面临的机遇)、T(threats,面临的威胁),结合主导者类型、发起方式、乡建结果三个方面进行案例对比分析,总结经验与启示。

表2 艺术家主导型艺术乡建范式SWOT分析

优势S(strengths)	劣势W(weakness)
• 观赏性 • 独特性 • 对精神文化的深入探索	• 在地性局限,经济效益不高 • 当地发展过于依赖艺术家的作用 • 乌托邦情怀而非实用主义
机遇O(opportunity)	威胁T(threats)
• 艺术审美成为消费趋势 • 国家乡村振兴计划	• 经济效益低,易被商业化模式冲击,导致传统文化的发展利益化而不纯粹

（一）个案SWOT态势分析

1. 艺术家主导型

艺术家主导的乡村建设实践(见表2)正在以循序渐进的方式影响着地方文化的存留与发展,主旨在于激发地方文化的自主能动性。一方面,艺术家介入乡建的优势体现在其独特的艺术语言上,艺术家创作一贯都秉承"独一无二"的特性,如渠岩的"许村计划""青田计划";左靖的"碧山计划""景迈山计划";靳勒的"石节子美术馆"。三位艺术家在艺术带动乡村传统文化发展的共同前提下,通过不同的介入角度与实践方法,展现出各具特色的乡建模式。"许村计划"通过极具观赏性的艺术文化活动、节庆、展览、艺术馆等形式,将本土文化淋漓尽致地展现在国人乃至世界面前,大幅度增强了本地村民的文化自信心与自豪感,并促使其积极参与乡村文化建设。现代人民生活水平从物质需求提升到精神需求,审美消费逐渐成为风尚,这为艺术乡建提供了经济发展的条件。在国家乡村振兴和美丽乡村政策的引领下,千篇一律的白墙红瓦正在瓦解我国乡村的个性,抑制文化多样性发展,城市复制现象层出不穷,城市特色大为削弱,习近平总书记在鄂州市长港镇视察时指出:"实现城乡一体化,建设美丽乡村,是要给乡亲们造福,不要把钱花在不必要的事情上,比如说'涂脂抹粉',房子外面刷白灰,一白遮百丑。不能大拆大建,特别是古村落要保护好。"有学者指出了绿色环保、有地方特色是未来乡村建设的方向,而这些美学视角的建构正需要艺术家的参与。[4]

另一方面,艺术家大都属于精英主义,其艺术作品在地性易被质疑,"雅"与"俗"之间存在矛盾[5],这也是精英文化与民俗文化之间的融合困局。这种局限性在左靖的"碧山计划"中得到了体现,对于艺术改造的民房民宿、乡镇酒吧、书局茶座,依靠经济利益带动发展了一段时间,而在艺术家撤出乡镇之后,这些作品沉寂了下来,当地村民少有光顾,当地发展过于依赖艺术家的作用,而这类模式并没有促成乡村的独立发展。艺术家关注乡村文化的保护与价值重启,希望通过艺术建设乡村,在当地创建一个共同生活的艺术乌托邦,再造乡村活力。这类乡建模式过于强调艺术家个人感受,弱化了当地村民真正的发展诉求,削弱了艺术作品的在地性。艺术家主导的乡村建设没有强大的经济支撑,大多乡村地区面临的主要是生存问题,马斯洛需求层次理论中,文化需求远在生存需求之上,所以艺术家主导介入的乡村建设,文化发展与经济发展易失衡,易被商业化模式冲击,导致传统文化发展利益化而不再纯粹。

2. 设计师主导型

设计作为一门交叉学科,在以设计师为主导介入的艺术乡建中表现出多元化、多发展、多覆盖的特点。其中最具代表性的是娄永琪发起的"设计丰收"计划,其核心为开发三农价值,"设计丰收"通过战略设计、环境设计、产品服务设计、产品设计、传达设计、品牌设计、商业模式设计等多种设计方式,激活实现了城乡资源、人才、资本、知识、服务的交换和互动。另外还有通过设计思维整合城乡资源,改善乡村社会环境、经济状况和社会关系的发展模式,以增进城乡之间的互动和交流[6],如在朱胜萱的"莫干山计划"中建立有机农园,增强城乡互动;在四川浦江县明月村艺术乡建计划中,通过陶艺学习与设计提倡城乡互动性,充分展示了设计思维主导下,艺术乡建的设计形式多样,覆盖面广,实践模式新颖,且不仅仅聚焦于独立的乡村发展、城市发展,而是通过设计、艺术的手段促进城乡互动,与现代生活、科技高度结合,体现其新颖性。第十届全国人民代表大会第三次会议明确提出,要适应我国经济社会发展新阶段的要求,实行工业反哺农业、城市支持农村的方针,合理调整国民收入分配格局,更多地支持农业和农村的发展。[7]其中强调了城乡互动的重要作用,设计师利用设计的方式协调城乡互动关系,与其他学科协同合作发展,为艺术乡建带来新的机遇。

设计师主导的艺术乡建实践中,普遍存在的问题是对于传统乡村文化研究得不够深入,乡村仅依靠农业、手工业特色与城市互动,而忽视了当地传统文化信仰。设计作为媒介吸引大量外来艺术家、游客,但依靠设计师、艺术家进行乡村艺术建造,当地村民参与度不高,长此以往,将会导致艺术乡建发展的主体人物由本村村民变为外来设计师、艺术家,所有进行的设计创作将覆盖原先流传的传统文化成为当地的新文化,"艺术乡建"的本质则可能成为"乡建艺术",从而变成一个恶性循环。同时,设计的投入需要大量的经济支撑,城乡互动模式在地理上对乡建的地点有一定的局限,这些都将成为该类型主导的艺术乡建发展的威胁因素(见表3)。

表3　设计师主导下艺术乡建范式SWOT分析

优势S(strengths)	劣势W(weakness)
• 设计形式多样,覆盖面广 • 创造力强,实践模式新颖 • 增强城乡互动,与现代生活、科技结合度高	• 当地传统文化发掘不够深入,村民依靠城乡互动改善经济条件,仅发展了普遍的乡村特色、工艺,而忽视当地传统文化信仰
机遇O(opportunity)	威胁T(threats)
• 设计学科与其他学科的协同合作发展 • 乡村振兴战略中强调城乡互动在乡村振兴中的重要作用	• 对实践地点的要求性高 • 需要大量的资金投入

3. 企业主导型

企业作为主导的艺术乡建实践范式具有统一化、商业化、地域覆盖率广的特点。华侨城集团"100个美丽乡村计划"秉承"文化+旅游+城镇化"的创新发展模式建设特色小镇,深度挖掘华侨文化、农耕文化、岭南文化、美食文化等特色资源,作为特色主体,既让人感受到乡野的气息、文化的滋养,又能让人享受城市生活的便利,这便是华侨城集团所崇尚的城市主义。从北京的京西斋堂小镇,到杭州塘栖古镇,从四川的安仁、黄龙溪、洛带等古镇,再到深圳的甘坑新镇、光明小镇、大鹏所城、凤凰古镇,海南和云南的古村落,华侨城遍布全国的数十个特色小镇和文旅项目齐头并进,结合各地地域文化及产业特色,打造出了独特的小镇成长模式和运营生态。实践范式统一,拥有稳定厚实的经济基础,实施速度快。华侨城的一系列城镇化建设,为当地村民提供了创业和就业岗位,城村一体共同富裕。"一带一路"文化建设与交流,也为华侨城大力发展美丽乡村计划提供了机遇。

企业主导的艺术乡建的最大弊端在于商业特色高于文化特色,在对本土文化发掘不够之外,还易对乡土文化造成破坏,城镇化的模式过高在一定程度上会破坏民俗民居礼仪的传承,导致艺术乡建失去特色。与同样是企业主导的艺术乡建,乐领集团的旗山计划相对温和,乐领生活是一家为中高端人群提供旅游度假服务的平台,对于艺术乡建的模式选择性较高,目前还处于探索阶段,但其表现的趋势则是个性化发展,其发展成本也与消费人群有着密不可分的关系(见表4)。

表4　企业主导下艺术乡建范式SWOT分析

优势S(strengths)	劣势W(weakness)
• 地域覆盖范围广 • 稳定厚实的经济基础 • 易打造统一化乡村建设模式,执行力强	• 易对乡土文化造成破坏 • 商业特色高于文化特色,本末倒置
机遇O(opportunity)	威胁T(threats)
• 乡建建设属于国家战略,有利于提升企业形象 • 互联网技术与科技发展,更便于施行乡建计划	• 城镇化和现代化程度过高一定程度上会破坏传统民俗民居礼仪的传承,导致艺术乡建失去特色

4. 地方政府主导型

由政府主导的艺术乡建具有在地性强,民众信任度高的特点。

以郝堂村为例,2011年,平桥区委、区政府将郝堂村列为可持续发展实验村,探索新农村建设,孙君所在的乡建院受到区政府和村干部邀请开展郝堂村乡建项目,由政府主导,设计师协作,主要活动在于改善乡村环境和基础设施条件。将农村建设得更像农村,是郝堂村建设规划设计的精神内核,设计师孙君非常注重老房子的价值和对农村传统元素、自然元素的利用。这种乡建模式在地性强,结合当地的生活习惯、民情礼俗进行基础设施的改造,保留了乡村的优良文化传统,剔除了乡村普遍的基础设施薄弱、环境脏乱差问题。且因为由政府领导,政府主导作用是巨大的,能够在乡村建设过程中,提供财政和制度的保障,有效合理地整合乡村资源,对乡村建设的计划有明确的发展目标和阶段战略规划[8],能够有序地进行乡村建设,建设计划关乎民众切实的生存利益,民众参与度高。政府还能够实行内置金融模式,以村民为主体,以金融合作为核心形成可持续发展模式。由于乡村振兴战略的提出,乡村建设的风潮兴起,政府可与艺术家、企业、设计师等多方面协作,共同发展。

由政府参与的乡村建设,多以提升乡风乡貌为主要目标,对乡土文化的重塑在表现形式上略微单薄,有所欠缺。部分依靠政府力量发展的乡村,一旦政府撤资,将会面临内部经济矛盾,文化特色无明显吸引力的后果,若无当地发展产业支撑,乡村建设将发展缓慢(见表5)。

表5　地方政府主导型艺术乡建范式SWOT分析

优势S(strengths)	劣势W(weakness)
• 在地性强 • 民众信任,参与度高	• 在重塑乡土文化的表现形式上有所欠缺 • 物质、环境生活提升大于民俗文化发展
机遇O(opportunity)	威胁T(threats)
• 乡村振兴战略,美丽乡村计划 • 乡村建设风潮兴起,可协作对象增加	• 乡村建设易发展成为政治角斗场

5. 综合型

安徽省合肥市巢湖经济开发区三瓜公社小镇是商贸文旅类小镇,也是在政府、企业综合型主导下,设计师、艺术家介入进行的艺术乡村建设(见表6)。

表6 综合型主导下艺术乡建范式SWOT分析

优势S(strengths)	劣势W(weakness)
● 资源丰富,发展速度快 ● 经济效益高,民众生活好 ● 社会各类角色协同发展乡村建设	● 多类型合作,艺术仅充当美化外观作用,商业发展占乡村建设的绝大部分
机遇O(opportunity)	威胁T(threats)
● 科技发展,艺术与产业类型增加	● 容易成为资本扩张的生意场,形成恶性竞争,逐渐丧失文化特色

三瓜公社发展迅速,安徽巢湖经济开发区与安徽淮商集团联合主导为其提供了政治和经济上的双重优势,以此吸引大批艺术家、设计师前来创作,通过改善当地民居建筑、生活环境,优化景观,结合当地特色农产品电子商务特色,实现"互联网+三农"经济发展,实现农民增收致富。吸引年轻人返乡创业、新农人入乡创业,激活了乡村市场,盘活了乡村资源,并以当地特色及农业景观,吸引大批游客,让乡村再次焕发出生命力。随着科学技术的发展,艺术与旅游、农业等产业相结合的发展类型也逐渐增加,这为三瓜公社的进一步发展提供了机遇。

仅以艺术乡建的角度来说,在三瓜公社多类型合作中,艺术仅充当美化外观作用,商业发展才是乡村建设的核心。三瓜公社现已发展成为乡村振兴的重要学习目标,且乡村经济的发展吸引了大量的外部资本,乡村建设易发展成为资本扩张的生意场,产业之间形成恶性竞争,外来创业就业人口逐渐增加,为当地发展注入活力的同时也容易对资源造成负担,导致小镇逐渐丧失当地的文化特色。而特色小镇遍地开花的现状也将会对三瓜公社的发展造成一定威胁。

(二)个案对比分析

根据以上五类艺术乡建实践案例SWOT态势分析,结合案例概况,进行个案对比分析,分析主导者类型与发起原因对艺术乡建实践范式结果的影响。

1. 在主导者方面

艺术家的实践范式偏向于传统文化的修复和延展,艺术家更关注人与物质世界、精神世界的关系,依托人的信仰而进行的艺术乡建是他们的宗旨,所以以艺术家为主导的艺术乡建在文化传承方面要优于其他,但艺术家的感性与精英主义易导致实践在地性弱,造成乡村建设的乌托邦结果;设计师主导的艺术乡建实践范式多关注在以设计为媒介的城乡互动上,乐于尝试新的方式，设计师的创造性与当地文化发展之间容易造成发展主体的偏颇；企业主导的实践范式则商业化大于艺术化，属于利益主导型，能够快速地在全国各地繁衍并复刻发展模式，同时存在对当地文化破坏的可能性；政府主导的艺术乡建的在地性和规划性强，稳步发展，在现今易成为政治力量的角斗场；综合主导型的艺术乡建结合各类优势，发展速度快，效果显著，但文化的传承性较弱。

2. 在发起原因方面

艺术家与设计师更像是将乡村作为实践的理想家园，奉献自己的学识为乡村建设添砖加瓦或是实现自己的个人理想；主导艺术乡建的企业均与旅游业相关，为了提升企业经济与名气，响应国家号召而进行乡村建设；政府主导型大多出于国家战略任务需要，能够得到国家财政资助，实施难度较低；综合主导型多以政治任务为核心，企业作为经济支撑，艺术家、设计师介入，发展与规模扩张速度快，但艺术的参与度容易被经济发展冲击。

综上，在艺术乡村建设中，文化传承效益最高者为艺术家主导型，经济效益最高者为综合主导型，由于发展特性过于明显，同时也是乡建结果最为两极分化的两种类型。由以上分析可得出，所有艺术乡建案例均表现出一个特点：经济效益是当地发展的基础动力。

四、个案经验与启示

迄今为止，我国艺术乡建进行了多种形式的实践尝试，以下围绕可持续发展、多主体协作发展、创造中国特色艺术乡建之路三个方面，浅谈以上案例及分析对当代我国艺术乡建实践范式的经验与启示。

（一）可持续发展

中国人民大学教授刘守英在《土地制度与中国发展》一书中为乡村建设提供了思路，即以"活业"带动"活人"，实现"活村"，全面复兴乡村空间[1]，这体现了乡村复兴的可持续发展之路。具体而言，"活业"即为经济、环境层面上的发展，"活人"即为文化层面上的发展，"活村"即为整体社会层面上的发展（见图1）。

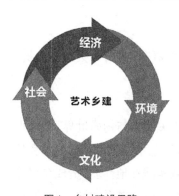

图1 乡村建设思路

经济效益是当地艺术乡建发展的基础动力，经济效益由人的活动产生，当地文化效益带动经济发展，艺术乡村建设中的"艺术"应被视为深嵌在地方社会中的一套观念体系，以及行为习惯、情感诉求与社会实践模式[2]。实践者通过田野调查，社会人类学的方式了解当地的文化体系，人的信仰世界、情感世界和审美世界是存在于乡村社会中的文化样式。环境建设在乡村建设中存在两种阶段：第一阶段，乡村原始环境现状的改善及基础设施建设，工欲善其事必先利其器，摘除传统乡村"脏乱差"的帽子，是开启乡村建设的第一步，在环境良好的前提下，才有条件在乡村说"文化"；第二阶段，生态环境建设，依靠外来艺术家、学者带动经济发展后，乡村涌入大批外来参观者、游客及创新创业团队，解决了大量的资源消耗和环境过度消费的问题。而社会建设主要指解决农业、农村、农民方面的"三农"问题，通过恢复乡土文化，重新唤醒村民对当地文化的信仰，复兴当地民俗、手工艺，发展当地特色农业；通过城乡互动促进生态农业形成产业化发展；通过建筑修复、特色民居建造保留本土民居特色，发展不同于"千村一面"的新型乡村面貌；通过文化、社会建设带动经济提升，实现经济、环境、文化、社会的循环可持续发展。

（二）多主体协作发展

在乡村建设中，明确村民为艺术乡村建设的中心主体十分重要[9]。村民承载着当地历久以来的文化血脉，精神信仰、民风礼俗、手工技艺、县志家谱、风俗特点是烙印在这一代代人身上不可磨灭的印记。乡村建设依靠村民提供文化资源，也依靠村民宣扬文化信仰，这是外来艺术家、设计师所不可代替的，本末倒置或是新文化覆盖旧文化，则丧失了艺术乡建的初心。案例分析中，不同主体引导下的艺术乡建呈现发展方式不一的特点，各有长短。这也证实了以村民为中心，多主体协作发展的必要性。

多主体协作发展，让所有艺术乡建参与者都参与到一个开放、互联的平台，乡建的形式多样，能够得到充分的讨论，艺术家提供创作艺术，设计师提供设计思路，企业提供发展成本与资源，政府提供政策支持，村民提供集体智慧及当地文化历史脉络，从而多方形成互助的整体，合力进行乡村建设[10]。同时，以村民为中心主体，能够充分激发村民的参与性和能动性，缩小村民与艺术的隔阂，探讨出其中的共性，便于村民对艺术作品、形式、实践方式的理解，由多方共同实践出的艺术成果，更能激发村民的文化自信与自豪[11][12]。在协作发展中，各主体之间的协调性也是至关重要的，若艺术家、设计师有所偏颇，个人主义高于集体主义，则会降低村民的积极性，艺术作品也得不到当地充分的认可，若企业、政府有失偏颇，则不利于其本身信誉的建立，所以，只有各司其职，利益合理分配，多方协作，才能互利共赢，提升艺术乡建的社会价值。

（三）创造中国特色艺术乡建之路

中国乡村建设从民国伊始就已经在文书上出现，梁漱溟先生作为我国早期乡村建设研究的实践者，为我国乡村建设奠定了基础。梁漱溟先生认为，解决中国问题只有走自己的路，即创造性地转换中国文化。"求中国国家之生命必与其求之，必农村有新生命之后中国国家乃有新生命焉。"中国如果能通过乡村重建成为世界率先进入生态社会的国家，中国就将成为新一轮社会变革的强国，由此导出的价值观也将会影响世界，唯有如此中国的文化才能真正走向世界[4]。梁漱溟先生的观点之于当代乡村建设，仍具有先见性和指导性。

现代发展的四个艺术乡建推动力为：一是乡村振兴战略的提出，二是逆城市化浪潮来袭，三是艺术学科的融合发展，四是创意经济的兴起。我国艺术乡建最早源于渠岩"许村计划",放眼现今许村的计划和实践,是在中国特殊历史进程中的一个艰难的尝试,在严峻的"城市化"和不可阻挡的"新农村建设"面前举步维艰[13]。而由于中国文化历史悠久和多样,在这片广阔的土地上实行艺术乡建,是挑战,更是向世界展示中国文化的机遇。世界各地不乏形式各样的乡建之路,对比我国现状,不难发现我国部分艺术乡建范式遵循的是西式化发展,其根本原因在于,中国独特的符号和艺术语言在时代、科技的发展下逐渐被淡忘,特别是在中国大部分称不上十分偏僻的乡村,西式的机械生产、大工业化产品、审美形成了长期的影响,导致现在再反过头回去挖掘以及普及和宣传中式审美,尚还需要一定的时间。所以,创造中国特色艺术乡建之路是时代和社会的要求,是我国文化发展的要求。

五、结论

乡村是中华文明的最后一方净土,艺术乡建最根本的问题是处理人与周围世界的关系。村民如何理解艺术乡建,取决于其参与度和相关联系,艺术乡建不仅要建设乡村的可观性,也要保证其可持续性发展,同时明确村民的建设中心主体地位,协调村民与多方主体、与艺术、与新模式、与新思维之间的关系。每一种乡建模式都存在着或多或少的缺陷,但只要发挥其优势主体的积极作用,多方协调改进,在众多艺术乡建实践中,终能找到一条属于中国特色的乡建之路。

参考文献

[1] 梁毅.艺术乡建之径:网红、技术派和慢功夫[J].艺术市场,2019(8):20-23.

[2] 渠岩.艺术乡建:重新打开的潘多拉之盒[J].公共艺术,2018(5):30-32.

[3] 邓小南,渠敬东,渠岩,等.当代乡村建设中的艺术实践[J].学术研究,2016(10):51-78.

[4] 方李莉.论艺术介入美丽乡村建设:艺术人类学视角[J].民族艺术,2018(1):17-28.

[5] 张静静.艺术乡建的在地性困境及方案探索[J].文化产业,2019(22):55-56.

[6] 唐超.设计与丰收及远方:专访同济设计创意学院院长娄永琪[J].中国广告,2015(3):18-20.

[7] 杨璐,韩阿润.许村复兴,用艺术的力量[J].三联生活周刊,2013(27):100-105.

[8] 李耕,冯莎,张晖.艺术参与乡村建设的人类学前沿观察:中国艺术人类学前沿话题三人谈之十二[J].民族艺术,2018(3):71-78.

[9] 王元泽.艺术造乡村,还是乡村造艺术:艺术乡建主体性的本质探索[J].大众文艺,2019(19):22-23.

[10] 何佳宁,丁继军.设计师视野下的浙江艺术乡建[J].艺术与设计(理论),2019,2(4):31-33.

[11] 林卓.艺术介入乡村建设模式研究[J].公共艺术,2018(5):96-103.

[12] 王宝升,尹爱慕.艺术介入乡村建设的多个案比较研究[J].包装工程,2018,39(4):226-231.

[13] 渠岩."归去来兮":艺术推动村落复兴与"许村计划"[J].建筑学报,2013(12):22-26.

(黄敏,广东工业大学艺术与设计学院硕士生,研究方向为信息可视化、用户研究、服务设计。)

论乡村振兴背景下的美丽乡村设计

嵇雅娴　谷　莉

摘要：在新农村战略大力引导下，"美丽乡村"建设已经成为解决"三农"问题、拓宽农业发展的重要途径，更是"美丽中国"建设过程中的重要组成部分，应该予以更加广泛的重视。如何在新与旧，地域与国家之间寻求完美的统一与结合，探寻地域文化及美丽乡村建设的发展之路，使地域文化特色与美丽乡村景观有机融合，使人们对本土文化的特色有更加深刻的认识，使民族意识增强，人们的文化认同感提高；同时，如何在文化传承、文化自信的大背景下，保持美丽乡村景观的独特性，是每一位设计师都要不断克服的一个全新课题。

本文对个别地区的美丽乡村建设进行分析，旨在让更多的人从不同的角度去看待乡村的发展，关注美丽乡村建设，复兴乡村美学。

关键词：文化；生态；美丽乡村；乡村美学

一、乡村设计的实践意义

（一）乡村发展战略

就目前而言，我国关于乡村振兴战略的总体要求大致围绕：产业兴旺、生态宜居、乡风文明、治理有效、生活富裕这几条要求[1]。乡村的发展如何重新恢复生机，需要寻找出一条区别于城市发展历程的独特道路，而乡村文化是乡村治理的重中之重，也是乡村振兴发展的主要动力之一，因此如何发挥当地人民群众的智慧、如何活用当地的文化资源就成为乡村振兴的关键问题。深入探究乡村建设就必须加强对乡村本质问题的研究，不断发现并挖掘乡村在设计方面发展的可能性，从各类设计以及设计与本土资源结合的可能性入手，将乡村文化、乡村工艺、乡村资源等与设计有机结合起来。

（二）乡村美学的内在要求

美丽乡村之美应是"内"在美与"外"在美的结合，具体地说，美丽乡村建设应该实现乡村经济、乡村文化以及乡村生态发展的有机统一。首先,在环境方面,"绿水青山就是金山银山",环境是我们在发展中必须坚守的底线,必须坚持环境的可持续发展。在进行基建的同时,要注重乡村原本自然风貌的维护,当地的农耕文化或古老建筑都渗透着当地村民的语言特色、审美情趣以及生活方式,集中体现了独特的历史文化。其次,在经济建设方面,美丽乡村建设,首要目的应该是人,要建成一个美丽富裕的乡村,要让当地村民能够吃得饱、穿得暖、有房住、病有所医、老有所养。要同时抓住经济发展与生态建设,两者相互促进,切不能抓一放一。要深度挖掘当地村庄优秀民俗文化的精髓,将文化与产业相结合,讲好当地故事,更好地吸收、传播和发展当地文化精髓。最后,在文化建设方面,要建立起乡风淳朴、人文气息浓厚的村庄。美丽乡村不仅美在环境,更美在人文。文化是一个国家、一个民族的灵魂,我们实施乡村振兴战略,迫切需要文化来进行支撑。文化是当前美丽乡村建设格外需要的一种软实力,也是实现乡村美、村民富的重要保障因素。文化的力量是润物细无声的,是一种延时满足,当前人民生活水平提高了,乡村文化也应该同步提高,不能成为乡村振兴的软肋。美丽乡村建设,归根到底是为了村民,乡村文化的建设则是村民自身建设的重中之重,可以肯定地说,优秀的乡村文化是乡村振兴的灵魂,也是乡村在长期发展中的核心竞争力。

二、乡村设计中的理论支撑

（一）视觉艺术

在乡村振兴的背景下,视觉艺术有机会与乡村文化相融合。而乡村文化也赋予了视觉艺术新的生命力,因此视觉艺术以高度的包容性和独特的审美性承载着保护与传承乡村文化的新历史使命。

1. 包容性

艺术一直以来就以强烈的"包容性"与其他文化有机结合、创新发展。例如,艺术与宗教的融合,就有了《牧羊人的礼拜》《创世纪》《基督降生》等这样经典名作的问世;艺术与历史的融合,就有了中国长城、古巴比伦空中花园的诞生;艺术与科技的融合,就有了令人啧啧赞叹的AR技术、仿真材料等。而我国的乡村幅员辽阔,有着大自然眷顾的"自然美",有着岁月沉淀的"传统美",有着中华传统文化滋养的"心灵美"。这些"美"吸引着、激发着视觉艺术运用艺术思维、艺术语言、艺术手段去逐层解读,大力传播乡村文化的"美"。而我们也坚信,视觉艺术与乡村文化的融合发展,将大力助推乡村振兴发展的步伐。

2. 审美性

"在这世间一切事物发展与生存的最本质特征就是美,社会的向前发展,就是人类对于美的追求的产物。"我国乡村的美不言而喻,而视觉艺术在乡村振兴中的应用绝不应仅仅停留在挖掘乡村美和传播美的形式上。艺术给人价值引导、精神引领、审美启迪,而视觉艺术发挥现实主义,用结构后重组的艺术视角帮助村民重新认识乡村文化的价值;发扬浪漫主义，用美的作品重塑村民的审美观念；守望理想主义信念，用"艺术美好生活"的效益增强村民的身份认同和文化自信。

视觉艺术包括绘画、雕塑、工艺美术、摄影、设计艺术等几大门类。它们虽有其各自的表现语言，但均属于视觉艺术的造型工具，都以传达视觉美感、启迪思想智慧为目的。村民通过对根植乡村文化内涵的视觉艺术的审美体验，在其艺术功能的熏陶下，与创作者在思想上产生共鸣，进而焕发村民思想、精神、面貌的活力。

乡村文化的振兴，离不开村民这一主体，只有村民心系乡村，才能焕发乡村的新活力。而绘画无疑是启发村民用艺术的眼光去发现乡村美，又通过视觉艺术的绘画造型传达他们内心对乡村的热爱之情。

以福建省屏南县甘棠乡漈下村为例，这是一个有着700多年历史的古老村落。2014年，正是因为一名叫林正碌的本土艺术家组织了一个关于绘画的公益项目，让村民们了解绘画，并且免费教授村民们绘画。几年发展下来，漈下村的村民普遍一边手拿锄头，一边手握画笔，围绕自己的乡村生活，用油画的形式表达心中所想、生活所做，并将自己的作品转化成了文创产品。由此可见绘画不仅美化了漈下村的乡村文化，也美丽了村民的心灵，丰富了村民的精神生活，同时也增加了村民的经济收入，激活了漈下村的新文化基因。现在的漈下村因浓郁的艺术气息和悠久的历史文化内涵，吸引了很多外来游客和绘画爱好者。在绘画的影响下，曾经贫困闭塞的古村落也因绘画艺术变身为时尚之村，实现了乡村振兴。

（二）环境艺术

在居住环境设计中，空间艺术占有很大优势，空间艺术在视觉设计上的无限延伸和在表达意蕴的效果上有不可替代的作用，满足了当前村民改善居住环境、工作的新要求（见图1）。农村人居环境是人与自然和谐相处下的农村居民居住环境的总称，而空间艺术的本质正是对造型艺术存在方式的把握，运用空间艺术将农村的自然元素如植被、河流、地形地貌等融入环境设计中，可以从视觉角度创造出更加立体、更加丰富的空间层次。随着农村基本建设和一系列综合设计的实施，村容村貌显著提升，农民的审美素质得以提高，因此人居环境的设计也不能仅仅停留在物理空间的简单组合，而应合理运用空间因素来进行更好的设计表达，提高设计质量，构建多层次的立体化的复合空间。推动农村人居环境与生态文明协同发展的同时，更要挖掘当地特色，保留乡村历史，使得居住环境整体的艺术性更强。

农村人居环境的改善对于农民生活质量提高具有重要意义，是实现乡村振兴的必然要求。农村人居环境的空间艺术是在科学的规划指导下进行的艺术创造，覆盖了当地传统文化，呈现农村真实的生活。运用空间艺术改善农村人居环境，为整体设计带来了更多的空间，为实现美丽乡村提供了巨大的帮助。空间艺术不仅可以创造视觉美感，在美化环境、提高空气质量、建立良好生态系统等多个方面均有很大的设计空间。

乡村旅游是乡村振兴战略的重要推进器和着力点，农村人居环境的质量直接决定乡村

图1　亭廊的延伸与地面相衔接，形成了变化丰富、参与性强的公共空间

旅游能否长足发展。农村是广大城市居民的一大休闲场所，但当前乡村旅游同质化问题严重，各地需要开发独具特色的旅游项目来吸引游客。空间艺术能够更好地将自然生态性、地域空间性和人文气息性相结合，将农村带给人们的各方面感受正确表现出来，不仅丰富了人们的视觉体验，也展现出当地的趣味性和娱乐性，使得整个居住环境的文化氛围更加浓厚。空间艺术的引入留住了农村的自然美，成功实践了"绿水青山就是金山银山"的理念。

　　因此在环境设计规划的初期，就应考虑到要体现村庄的传统文化特色和自然景观特点，根据乡村所在的实际地形和建筑特点进行灵活性规划设计，避免风格千篇一律的情况。在保护好原本乡村建筑与景观的同时，结合当地土地情况，因地制宜，合理规划，做到借助地形特点进行综合设计，从大自然中获得相应的设计灵感，在加入城市新设施的同时重视树林、河流、沙土等原有资源的利用，贯彻与大自然环境共存的理念，凸显乡村文化观念。

　　陕西省的油坊坪村，就是通过对房屋建筑的改造设计，从而实现乡村的创新发展。油坊坪村位于陕西省蓝田县九间房镇内，这个小山村地处山区，因此每逢盛夏时节，会有很多前来避暑的人，而平常人烟稀少。原来村委会门前的一片广场是村子里唯一宽阔的空间，并且作用十分单一。而新建的亭廊，在保留了部分原场地的基础上，给人以更加舒适的感觉，而且为此处的空间使用提供了更多的可能性。

（三）公共艺术

当代艺术家袁运甫先生在其著作《中国当代装饰艺术》中指出："公共艺术是艺术家将外在环境与风格的艺术语言相结合进行创作的艺术形式，是为公共空间进行设计的艺术作品，其中包括壁画、雕塑、园林景观设计等表达形式。"而公共艺术是由"公共"和"艺术"两个词语所组成的，其中"艺术"是中心词，"公共"则是限定词。这表达了公共艺术是艺术，而公共属性是其自身的核心。

对于公共艺术的阐述通常从两个角度进行，即广义的公共艺术和狭义的公共艺术。广义的公共艺术范围相对广泛，即公众可以参与的艺术形式，包括环境设计、视觉传达设计和行为艺术等与公众发生交互关系的艺术行为；而狭义的公共艺术则通常要在特定的空间进行设计创作，例如雕塑、壁画、装置艺术等。

公共艺术介入乡村设计需要在乡村公共空间条件的限定下传承延续乡村文化，为乡村发展建设提供可持续的发展契机。要实现当代公共艺术介入乡村设计，就要从多层面获得村民认同，重新塑造村民受到城市文化影响的价值观。乡村的历史文化、地域场所、自然景观等都为当代公共艺术介入乡村建设提供了资源与灵感，将公共艺术的地域特性与艺术性结合起来有利于促进村民参与到公共艺术当中，有利于实现公共艺术介入乡村设计的良性发展。

1. 历史文化要素

在公共艺术介入乡村设计的过程中，乡村独特的历史文化要素是公共艺术设计的重要元素。从乡村的历史文化中提取独有的文化元素，并从中提炼出具有地方特色的设计元素，以此元素为中心进行公共艺术活动的设计，同时凸显出村落独特的文化特色，对于打破城市建筑文化影响下的乡村均质化，凸显乡村地方特色具有重要意义。传统的乡村文化、乡村习俗与特色建筑等能够唤醒乡村的集体记忆。提取乡村独特的文化元素来创作公共艺术作品使得作品本身具备了村落特点，也增添村民的归属感。

2. 场所特征要素

提取特定的乡村历史文化元素作为公共艺术介入乡村设计的重要因素，对于一些不具备特定历史文化要素或者历史文化出现断层的村落并不完全适用，所以将反映乡村场所特征、居民的生活状态作为公共艺术创作的因素，也是公共艺术介入乡村设计的一种重要方式。通过对相应场所特征的分析，运用公共艺术将乡村的农耕文化进一步展现，并且将现代乡村风貌融合其中，将农业生产活动作为公共艺术的一部分，创作符合乡村地域特征的公共艺术作品或行为。在乡村景观的众多基本要素中，要保留具有典型特色的农村风光，因为对于乡村旅游来说，耕地、农田更具典型，也最能体现乡村风貌与城市景观的不同。在偏向于人文资源的挖掘的同时，也需要保留许多向往乡村游的旅客对记忆中村庄的追溯。因此，以运用场所特征元素的公共艺术介入作为主要形式的乡村环境改造，对发展乡村文化艺术产业，带动乡村经济持续发展，实现乡村振兴有着积极作用。

3. 自然景观要素

当代公共艺术介入乡村建设需要以乡村自然环境为基础，并将公共艺术与自然风貌相结合，包括地理地貌、自然植被、原有的建筑形态等。当代公共艺术在介入乡村建设的过程中，不应对乡村自然景观要素进行过度干预，应当结合当地的自然景观，如在乡村原有的山体上根据地形进行艺术创作，或者利用村落原有的水体资源进行公共艺术的创作，抑或在村落自然植被多样化的村落环境中，可以利用植物自然属性进行艺术创作。总之，利用乡村自然景观要素的艺术化元素进行创作可以增强乡村整体风貌，丰富乡村整体空间环境，提高村落辨识度。公共艺术介入乡村建设，要结合当地现状与发展趋势，以公共艺术结合乡村文化、场所、景观元素，激发乡村特色，而不是单纯模仿、照搬城市建设模式。

三、乡村设计中的现实探索

乡村设计目标的核心就是将乡村的生产生活进一步展现，把人的需求放在第一位，把人类行为与自然演替有机结合，考量生产生活需求，对接中国传统文化，引水修塘，随坡开田，依山就势，筑宅建院，培养村民的审美欣赏、审美表现和审美创造能力，提升其人格品质、行为、智力和能力、身体等综合素质，促进乡村人、自然、社会全面和谐发展。

（一）还原空间原型的乡村设计

以杭州富阳东梓关的回迁农居为例，这是一个非常典型的江南村落，为了改善居民的居住与生活条件，当地政府决定外迁居民，并且在老村落的原址附近及南侧进行回迁安置。

本次设计试图从类型学的思考角度抽象共性特点，还原空间的原型，尝试通过规则的基本单元实现多样性的聚落形态，同时形成带有公共院落的空间设计，改造过的设计与传统行列式布局相比，在土地节约性，庭院空间的层次性、私密性，以及环境友好性上都有显著提升（见图2）。

图2 富阳东梓关的农居设计

（二）风景内化的乡村设计

一民宿位于浙江省莫干山镇庾村原蚕种厂的西侧，旧有的建筑零落分布在场地上，其中有的建筑早已老旧坍塌，树木则填充了村落肌理之间的剩余空间。

本次设计采取了风景内化的风格，这不仅增强了建筑对于外部的防御性，反之也让被渗透的内部成为建筑和自然景观中一部分（见图3）。同时民宿也为小镇提供了可共享的活动空间，从而造就了公共区域与居住区域之间特殊的重叠关系和多样的游走体验。

图3　风景内化的村落设计

（三）生态友好的乡村设计

原场地位于广州莲麻村生态雨水花园内，空间局促单调，缺少活动区域以及休憩设施，并且常年积水，影响周围环境和村民的生活质量。由于沿用建设城市的惯性思路，导致地面过度硬化，忽视了必要的生态措施，使得自然生态的乡村水循环系统遭到破坏[2]。

因此本次设计以水为切入点（见图4），针对场地问题，试图塑造出亲切闲逸的邻水生活空间，重拾岭南乡村以水叙事的传统，探索乡村公共活动与生态景观的可持续发展[3]。

图4　生态友好的乡村设计

四、乡村设计中的国内外优秀案例研究

（一）利用本土资源进行设计，实现绿色发展

乡村区别于城市的一个重要特点在于城市可以凭借交通、贸易、港口、人才等条件进行发展，而乡村则是自然资源的供应地。作为原料的生产地，乡村常常被认为是产业链的最末端而被低估。实际上，乡村的自然资源能够充分与设计相结合，在原有的基础上不断地提高乡村资源的价值。

以南京的不老村为例，不老村隶属于南京市浦口区江浦街道，地处浦口区江浦街道珍七路103号，位于老山国家森林公园南麓，在风光旖旎的象山湖西侧，与古刹七佛寺毗邻，地理位置十分优越，是浦口区着力打造的美丽乡村八颗"珍珠"之一。由于当地自然条件的优势,不老村的旅游资源与其他地区相比,具有较大的发展潜力。

为了发展旅游业,不老村打造了一家集私家菜园、农耕体验、科普基地、亲子活动于一体的创新生态农场,发展出一条完整的产业链。不老村收集当地具有特色的代表性的形象元素来开发不老村特有的品牌,宣传物料齐全,确立了以文化、艺术、禅意为主题,着力发展"人、自然、文化"完美结合的慢生活区域。将自身定位为针对城市中高端度假人群,形成集"吃、宿、游、购、娱"一体的"城市轻度假"解决方案。在当地富有情调的民宿定期举办各种文化教育活动等。

不老村是利用本土资源进行思维的发散,设计出各自对应的发展方向。与此同时,从整个产业链入手进行创意设计,除了本土旅游资源本身的扩建和翻新之外,增加适当的可以提供的服务,并将产品与服务两者有机地联系起来形成闭环,这有助于活化乡村。

(二)利用文化资源进行设计,实现文化兴盛

人类生活是从游牧状态往定居生活逐步转变的,生活方式的变迁带来文化的转变,在衣食住行等各个方面体现出来。其中,手工技艺一直贯穿于人类日常生活和活动当中,技法通过家族与聚落得以传承,并通过交易、移居、集会等群体活动对外传播,不断地完善并发展。因此,手工技艺是一种村落文化生态不可或缺的相关变量。在当今乡村振兴背景下,提升乡村地位、发展乡村经济,汇集手工技艺资源仍旧是一个重要的切入点。

中国河南省兰考县是国际知名的琵琶制作地。改革开放后,兰考县的范场村从原来的生产乐器配件逐步发展成为生产民族乐器的乡村。范场村有40多户拥有古琴作坊,每年人均产量达到80多件,并且年产古筝、古琴、琵琶等乐器20多个系列,约5万件。从地理优势上考虑,范场村当地已经有种植泡桐的历史,且种植技术相当成熟,泡桐本身又具有塑形性好、透音性好的优点,从材料本身而言适合制作乐器。从供应链而言,工艺产品的生产已经占据前端的优势。除了原料本身,琵琶、古琴的制作还需要一系列复杂的手工艺工序。乡村工艺的发展需要整个乡村形成技术集聚优势,提高对外宣传效应并形成市场竞争力。手工艺在乡村发展中常见的方式是从一个龙头企业发展起来,通过不断的普及和推广让乡村里的其他村民学习到相关的工艺技法,逐渐发展出一条产业链。

(三)利用品牌设计,扩大乡村影响力

通过标识设计传递品牌形象与品牌文化。通过字形与图形设计将手工、传统、品质等品牌价值表现出来,便于在包装、网页、界面、环境等载体上应用,及时且充分地传递品牌形象,传播品牌文化,展现品牌凝聚力。线上平台的优势和消费趋势使线上平台成为农户必选的销售渠道,只有这样才能获得更大范围的销售群体。界面设计要符合产品品牌形象,易于操作,符合用户对农产品的体验需要,同时后台系统设计需要简洁化,方便用户操作。

1. 手工艺品品牌设计

以湖南省常德市赛阳村设计的土特产包装为例,赛阳村拥有丰富的竹林资源,且素有竹

编的传统,因此包装设计主要采用竹编的制作工艺,还使用了当地著名的桃源绣图案,赛阳村物产资源丰富,并且土特产是当地经济收入的重要来源,但是经营土特产的农户各自分散,同时由于缺乏专业人士的指导,产品包装十分简陋,且没有形成统一的品牌形象。因此,设计师从赛阳村的花瑶文化中汲取元素,运用竹编和染色工艺设计了土特产包装系列。从当地女性服饰中抽取特色元素,将竹编材料染成红、黄、蓝三色:湖蓝代表脚踩的山峦,红黄色彩的圆帽代表头顶的太阳。竹编盒盖的螺旋纹编织与花瑶圆帽具有共同的审美构造。设计师还设计了竹编产品的挑花布包装。本设计主要提取花瑶文化的视觉符号,人类对视觉符号极其敏感,只需提取最有效的视觉符号,就可唤醒人们的记忆共鸣,使用户和产品产生情感关联[3]。同时,该包装系列体现了竹编、染色、挑花等手工艺的创新结合。

　　不同于现代批量生产用后即弃的包装方式,基于当地自然材料和手工艺的土特产包装本身是精细的工艺品,可以保留下来用作其他用途。这非常符合生态包装设计的概念,即采用自然环保材料,在全部包装的整个生命周期内做到了循环再利用(见图5)。

图5　生态包装设计

2. 乡村旅游品牌设计

　　隆回花瑶族村落风景优美,物产丰富,过去长时间与世隔绝的历史反而造就了其纯朴的民风和原汁原味的少数民族文化传统,所以该地区非常适合发展乡村生态旅游产业。在此背景下提出了乡村第三产业发展规划建议,运用设计创新综合打造本地生态旅游产业品牌。具体来说,设计主要通过以下方式:① 通过设计创新打造特色乡土景观和公共设施,从而为生态旅游业的发展打下良好的基础。② 设计科学合理的乡村旅游商业模式,即一个好的乡村服务设计可以保护当地生态环境免受商业化的破坏,避免城市文化对乡村文化的冲击,向外来者传播本真的特色乡土文化,增进城乡之间深入的互动交流,同时增加村民就业机会,从而实现村落增收。③凭借花瑶族村优质的旅游资源,如石瀑、古树林、大峡谷等自然资源,以及火把舞、特色婚俗等人文资源,设计合理的规划旅游服务项目以及让游客沉浸式地深度体验花瑶族村的民俗文化。同时,设计师利用本土自然材料与当地匠人协同创新,设计具有鲜明花瑶族文化特色的文创产品。

（四）利用设计教育实现乡村振兴

设计是一门涉及多学科的专业,需要将不同方面的知识进行整合从而使设计更加完整,更加贴合目标对象的需要。设计教育从本质上来说是要求教育对象保持各个方面的敏锐感、判断能力与整合能力。设计过程从一开始就是从寻找需求的方向入手,寻找之后则在于找准问题,这一步骤是问题解决的关键。设计方案不能够完全解决设计对象的所有问题,在有限的资源条件下需要设计师针对问题提出有效的解决方案,并进行下一步的创意构思。创意的形成离不开思维的发散与聚合,设计师需要在循环往复的设计过程中利用发散性思维,找出各个限制条件之间的关系并为设计对象提出适合的且符合时代审美的解决方案。

乡村的产业规模不足、生产方式较为落后,对人才的吸引力不足,大量劳动力、人才的外流是乡村发展的主要障碍之一。同时,对乡村文化熟悉的中青年会受到"农村发展前途不大,收入低"的观念影响,而优先选择到城市等地区生活工作,从而导致发展乡村经济的人力不足,乡村的价值也难以得到挖掘与继承发展。

培养乡村发展人才,设计教育是其中的关键。丰富的自然资源、人文资源是乡村经济的重要基础。未来产业的融合将会变得更加普遍,因为增强了相互之间的关联性,产业之间的边界不断收缩。在人才的培养上,除了专业性要求之外,还需要将不同专业的知识整合到一起的复合型人才,这意味着发展乡村经济、振兴乡村事业需要在当地培养有发散性思维的人才。以乌镇为例,乌镇具有丰富的历史文化资源,近年来因为乌镇戏剧节而成为国际知名乡镇。在戏剧节举办的过程中,人们体会到的不仅有戏剧节的魅力,更在体会戏剧的过程中感受到这个乡村的独有文化与历史渊源。这是中国乡村振兴的成功案例之一,利用艺术设计的力量挖掘当地文化的潜力,通过产业之间的融合使得当地经济获得具有突破性的成就以及知名度,成为有效避开"千村一面"难题的解决方法。

（五）"他山之石"给我国乡村振兴的启示

乡村振兴是全球探索的共识,东方的代表性发展模式主要为日本的"一村一品",以及韩国的"新农村建设"模式;西方具有代表性的发展模式是德国的"村庄更新"、荷兰的"农地整理"以及美国的"乡村改进"模式。

1. 一村一品

日本的马路村面积广阔但是四面环山,林地面积达到96%,相比之下人口稀疏,这种自然条件不利于当地发展农耕。由于当地自然条件的优势,马路村当地盛产的柚子比市场上其他柚子的营养价值高很多,具有较大的发展潜力。为了振兴当地的经济,马路村以柚子为中心发展出一条完整的产业链。

在品牌宣传上,马路村有自己统一的宣传口号与品牌形象。以柚子为中心,在视觉传达上利用漫画来展现当地原生态的生活习惯以及生活状态,色彩十分鲜明而清新,呈现出自然无公害且童真、有趣的形象,形成马路村独特的风格。设计不仅存在于品牌视觉上,还在于整个品牌的运营上,通过品牌价值的延伸扩大品牌的影响力。在用户体验上,马路村的产品十分注重细节,这体现在环保意识的细节上——外送的包装采用的是毛巾而非有污染性的塑料泡沫,利用柚子废弃物做化妆品原料,这种方式符合当代消费者的新兴意识与消费趋势。在产业运营上,马路村将场景化、社区化、情感化营造的手法发挥到极致。马路村将自身定位为一种现代人解放的地方:为外来者提供无添加剂的饮料、当地的温泉、富有情调的民宿,举办柚子节等,活动具有可持续性。在累积效应下马路村的关注度不断上升。

日本马路村的"一村一品"做法除了将本土的柚子资源作为设计的中心之外,设计师还把乡村元素提取出来,利用平面设计、产品设计、服装设计等形成统一的对外形象,设计出具有较高辨识度的完整品牌宣传物料。乡村的未来发展建设也按照同样的思路,使马路村乡村形象具有完整性,形成对外宣传的高效率。

2. 村庄更新

第二次世界大战结束后德国大兴建设,由于乡村廉价的劳动力和富余土地资源以及国家财政补贴政策,大量工业建设在乡村拔地而起,使得乡村地区原有风貌被严重破坏[4]。20世纪50—60年代进行农地整理,改善乡村土地的原有结构,实现农业现代化,其中,1954年正式提出"村庄更新"的概念,明确"村庄更新"的任务是以乡村规划建设和农村公共基础设施建设为主。70—80年代,重视村庄内外道路交通规划,关注村庄传统聚落形态、生态环境整治和文化脉络传承,并且强调农村自身特色和发展潜力。90年代,村庄更新融入可持续发展理念,强调生态、文化、旅游和休闲价值的重要性及其与经济价值的融合发展。其思路是侧重乡村规划和布局,保护区域风貌特征、资源和文化特色,有限度更新和保护传统建筑,完善农村基础设施;遵循生态优先的原则,注重环境保护,强调村庄更新与周边自然环境协调统一,推动农村地区产业结构调整和改善,鼓励发展现代特色农业,实现乡村可持续发展[5]。

在城市化进程不断加快的步伐中,如何应对乡村发展危机,逆转乡村没落的现象,促进乡村繁荣发展、村民幸福生活,是大多数国家曾经或将要面对的一道难题,以上案例或多或少能为我国的乡村振兴设计带来启示。

五、总结

在现代城市化浪潮的冲击下,乡村没落成为一个不可回避的现实问题。乡村被大量的拆迁,使得很多乡村居民离开自己赖以生存的土地,到城市中去讨生活。为了保持文化记忆,传承原本的非物质文化与风貌特色,复兴乡村的任务十分艰巨[6]。实现乡村文化振兴,就必须因地制宜,立足于乡村的实际发展现状,既要看到乡村之间的共性,也要意识到不同乡村本身所具有的个性。其中艺术设计在乡村振兴中发挥着不可替代的作用,艺术设计能够培养人们发散性的思维,打造乡村品牌、复兴手工技艺、融合文化产业、利用艺术文化吸引人才的回笼等都是可供参考的方向。

新时代背景下,国家高度重视乡村社会未来的发展,乡村文化在乡村发展的过程中有着十分重要的作用,是推动乡村振兴战略顺利开展的关键所在,关系到是否能够满足农民群众在精神文化方面的需求。美丽乡村建设是美丽中国建设的重要组成部分,是早日实现我国社会主义现代化目标的重要一步。本文所举案例在传承传统文化、实现文化自信中起着引领和示范作用,希望能够带给大家启发与参考,促使我们加强对美丽乡村建设的关注,以我之所学为美丽乡村建设出谋划策,结合我国实际情况促进产业之间的融合。

参考文献

[1] 孙云霞.新时代中国特色乡村振兴战略分析[J].南方农业,2018(30): 115.

[2] 傅英斌.聚水而乐: 基于生态示范的乡村公共空间修复: 广州莲麻村生态雨水花园设计[J].建筑学报,2016(8): 3.

[3] 王宝升.立足本地社区的开放式乡村振兴设计[J].包装工程,2018(2): 7.

[4] 袁艳华,朱跃华,王晶,等.国内外乡村建设分析及其对特色田园乡村建设的启示[J].改革与开放,2018(21): 88−92.

[5] 王宏侠,丁奇.德国乡村更新的策略与实施方法: 以巴伐利亚州Velburg为例[J].艺术与设计(理论),2016(3): 3.

[6] 叶兴庆,程郁,于晓华.产业融合发展 推动村庄更新: 德国乡村振兴经验启事[J].资源导刊,2018(12): 52−53.

(嵇雅娴,南京工业大学艺术设计学院硕士研究生。谷莉,南京工业大学艺术设计学院艺术研究所所长。)

乡村振兴战略背景下云南省传统村落保护和发展研究

贾新平　刁新育

摘要：传统村落是指在悠久的农耕历史下形成且应加以保护的聚落形式，具有较高的历史、文化、科学、艺术、社会和经济价值。在全球化、现代化和城市化的进程中，造成大量传统村落的衰落、消亡或破坏。实施乡村振兴战略是党的十九大做出的重大决策部署，确立了全新的城乡关系，激发了传统村落新活力，为推动传统村落的保护发展提供了战略支持。云南省传统村落历史悠久且资源丰富，但在保护发展的过程中面临着不断被破坏和濒临消亡的困境。本文在充分调研的基础上，对云南省传统村落的概况、分布特点、保护措施以及发展面临的主要问题进行了分析，并从活化利用资源、发展乡村旅游、完善监管机制、编制保护发展规划、鼓励多方力量参与等方面提出有效和全方位的策略，以期为我国传统村落保护、利用和发展提供理论支撑。

关键词：云南省；传统村落；乡村振兴；保护发展

传统村落是指形成较早，拥有较为丰富的文化与自然资源，现存比较完整，具有较高的历史、文化、科学、艺术、社会和经济价值，应予以保护的村落[1]。传统村落不仅保存了大量的传统民居、文物古迹等物质文化遗产，而且积累了丰富的乡土风情、民俗文化、历史古迹等非物质文化遗产，是中华民族智慧的结晶。我国传统村落数量庞大，分布广泛且类型丰富，不仅拥有优美的自然景观，且具有多元化的价值。然而，在经济全球化、工业现代化、城乡一体化、乡村旅游化的冲击下，传统村落数量急剧下降，一些传统村落正在衰落、消亡或遭受"建设性、开发性、旅游性"的二次破坏，因此加强传统村落保护、利用和发展刻不容缓[2][3]。

党的十八大以来，党中央高度重视中华优秀传统文化的历史传承和创新发展，强调树立文化自信。2018年中央一号文件《中共中央国务院关于实施乡村振兴战略的意见》，提出要传承发展提升农村优秀传统文化，保护好文物古迹、传统村落、民族村寨、传统建筑、农业遗迹、灌溉工程遗产。党的十九大报告提出了实施乡村振兴战略,为推动传统村落的保护和发展提供了战略支持。传统村落是一种特殊乡村聚落形态,是我国乡村重要的组成部分,乡村振兴必然包含传统村落在内的广大乡村振兴。加强传统村落保护和发展,不仅有利于延续各民族独特鲜明的文化传统,保护物质文化遗产和非物质文化遗产,而且能增强国家和民族的文化自信,保持农村特色和提升农村魅力,促进农村经济、社会、文化的协调可持续发展。

云南省是我国少数民族数量最多的边疆省份,聚居了苗族、彝族、布依族等多个世居民族,至今保留着各少数民族原始古朴的民族文化,是我国少数民族的摇篮和文明的发祥地之一[4]。在漫长的历史发展过程中,云南地区形成了分布广泛、数量众多、极具特色的少数民族传统村落,是我国传统村落分布最为集中的区域。为了解我国传统村落保护和利用情况,2019年农业农村部联合文化和旅游部、住房和城乡建设部赴云南省就加强传统村落保护、乡村文化保护等问题开展专题调研。笔者全程参与考察调研工作,结合调研分析结果,就云南省传统村落现状、保护措施、主要问题及对策建议等展开论述,以期为全国传统村落保护、利用和发展提供理论支撑。

一、我国传统村落概况

为贯彻落实党的十八大关于建设优秀传统文化传承体系、弘扬中华优秀传统文化的精神,促进传统村落的保护、传承和利用,2012年住房城乡建设部联合文化部、财政部印发《关于加强传统村落保护发展工作的指导意见》。截至2019年底,全国已有5批共计6 819个村落被纳入中国传统村落名录(见图1),涵盖全国所有省(自治区、直辖市),极大地促进了传统村落的保护工作。

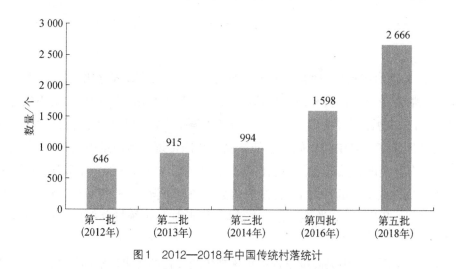

图1 2012—2018年中国传统村落统计

从表1中可以看出,我国传统古村落主要分布在云南、贵州、湖南、浙江、山西、福建等地,总体上呈现出南方多、北方少的分布特征;从气候上看,大多数位于亚热带地区;从经济

表1　各省(区、市)入选中国传统村落名录统计　　　　　　　　单位：个

省(区、市)	第一批	第二批	第三批	第四批	第五批	总　计
北京市	9	4	3	5	1	22
天津市	1	0	0	2	1	4
河北省	32	7	18	88	61	206
山西省	48	22	59	150	271	550
内蒙古自治区	3	5	16	20	2	46
辽宁省	0	0	8	9	13	30
吉林省	0	2	4	3	2	11
黑龙江省	2	1	2	1	8	14
上海市	5	0	0	0	0	5
江苏省	3	13	10	2	5	33
浙江省	43	47	86	225	235	636
安徽省	25	40	46	52	237	400
福建省	48	25	52	104	265	494
江西省	33	56	36	50	168	343
山东省	10	6	21	38	50	125
河南省	16	46	37	25	81	205
湖北省	28	15	46	29	88	206
湖南省	30	42	19	166	401	658
广东省	40	51	35	34	103	263
广西壮族自治区	39	30	20	72	119	280
海南省	7	0	12	28	17	64
重庆市	14	2	47	11	36	110
四川省	20	42	22	141	108	333
贵州省	90	202	134	119	179	724
云南省	62	232	208	113	93	708
西藏自治区	5	1	5	8	16	35
陕西省	5	8	17	41	42	113
甘肃省	7	6	2	21	18	54
青海省	13	7	21	38	44	123
宁夏回族自治区	4	0	0	1	1	6
新疆维吾尔自治区	4	3	8	2	1	18

发达程度上看,传统村落所处位置大多数离发达的城镇中心距离较远,大多数位于经济发展水平较低的地区。

二、云南省传统村落概况及特点

(一)云南省传统村落概况

云南省地处西南边陲,因地理位置偏僻、地形复杂、交通不便、经济发展落后等因素的影响,受到现代化冲击相对较小,城镇化发展速度相对较慢,村落原始状态保存相对较好,因而大量村落传统民族风貌得以保存。自2012年以来,云南省申报传统村落2 614个,共708个村落列入中国传统村落名录(见图2),占全国总数的10.38%,数量位居全国之首(见表1)。

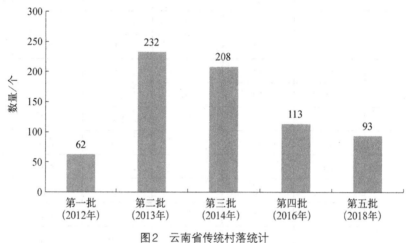

图2 云南省传统村落统计

(二)云南省传统村落特点

1. 分布不均匀

云南省各市(州)均有中国传统村落分布,保山市(130个)和大理州(130个)的传统村落数量最多,怒江州、昭通市、曲靖市和西双版纳州的传统村落数量较少(见表2)。从传统村落分布上来看,空间上分布不均匀,云南西北部和东南部少数民族聚居区是传统村落密集分布的区域。其中,西北部以大理州、保山市和丽江市为传统村落密集分布中心,占全省传统村落总数的44.29%;玉溪市、普洱市、红河州、文山州、西双版纳州共有传统村落256个,为东南部传统村落分布中心,占全省传统村落总数的33.42%。相对而言,云南东北部是全省传统村落分布最为稀疏的地区,如昆明市、昭通市、曲靖市共有传统村落51个。

2. 民族特色突出

云南省是少数民族高度聚集区,传统村落主要依附于当地少数民族文化资源而存在。据统计,云南共有708个中国传统村落,其中少数民族村落占传统村落总数的70%以上。传统村落分布与少数民族聚集区吻合程度较高是云贵地区传统村落分布的共同特征,云南省

表2 云南省各市（州）入选中国传统村落名录统计 单位：个

市（州）	第一批	第二批	第三批	第四批	第五批	总 数
昆明市	0	7	13	0	0	20
曲靖市	2	5	3	5	2	17
玉溪市	1	7	6	14	9	37
保山市	5	59	30	8	28	130
昭通市	1	7	1	3	2	14
丽江市	10	18	20	4	2	54
普洱市	8	20	9	2	0	39
临沧市	8	12	8	6	2	36
楚雄州	1	6	13	2	1	23
红河州	6	10	51	40	17	124
文山州	1	8	5	3	3	20
西双版纳州	3	12	0	0	2	17
大理州	15	42	37	17	19	130
德宏州	1	5	4	6	3	19
怒江州	0	1	1	2	4	8
迪庆州	0	13	7	1	0	21

表现得尤为突出。云南下辖16个州市，其中8个为少数民族自治州，共分布52个少数民族。因此，十分丰富的民族资源是云南省传统村落区别于全国其他地区传统村落的首要特征。尤其是云南省西部及东南部的大理州、红河州、丽江市等地区的少数民族人口占当地总人口的半数以上，而这些地区所分布的传统村落较多，绝大多数为少数民族聚居村落。

3. 文化遗存丰富多样

云南省文化遗存的丰富是当地民族文化资源多样性的外在体现。传统村落包含各类物质及非物质文化遗存，如民族特色的民居建筑、民俗活动、传统技艺、民族语言、传统音乐舞蹈等。云南地区是中国西南地区"非遗"分布密集区，涵盖非遗项目的各个种类，内容十分丰富。

三、云南省传统村落保护和发展措施

（一）开展传统村落普查和编制保护发展规划

云南省将历史文化名村、少数民族特色旅游村寨、省级重点村等村落作为调查的重点对象，有序开展传统村落全面普查工作。目前，云南省国家级传统村落的县（市、区）覆盖率超

82%。按照"一村一规"原则,确定村落保护发展规划编制机构,开展了规划编制及项目实施一体化模式探索。截至目前,已完成614个国家级传统村落的保护发展规划编制工作,获得中央财政资金支持18.39亿元,用于传统村落农村人居环境改善及"一事一议"财政奖补项目实施,有效改善了传统村落的道路建设、污水治理和垃圾处理等。

(二)加强文物和非物质文化遗产保护

在文物保护方面,云南省政府安排中央资金1.2亿元,用于通海秀山古建筑群、元阳哈尼梯田、太和城遗址等16个文物保护利用设施项目建设,重点支持全国重点文物保护单位完善保护性基础设施,整治核心区域环境,建设宣传、展示等配套设施。在非物质文化遗产保护方面,云南省政府安排中央资金5 660万元,用于泸水傈僳族刀杆节、双柏彝族老虎笙、石林彝族萨尼刺绣等8个国家级非物质文化遗产保护利用设施项目建设,通过项目实施有效地改善了非物质文化遗产保护性基础设施条件,有力提升了遗产资源的社会教育和公共文化服务能力。

(三)形成云南特色保护模式

云南省传统村落研究起步相对较早,经过多年的保护实践与探索,构建了有效的保护和利用模式。通过对不同特色传统村落的差异性打造,涌现了一批在全国具有一定示范效应和影响力的村落保护发展典范。如通过对建造古法的细致研究,原模原样恢复古建及街道的以原貌保护为主的"沙溪模式";通过对民居的详细调查分类制作村民建房手册,指导村民新建、修建房屋的以分类保护为主的"景迈模式";引导村民自发开展村落傣屋升级改造和生态环境提升的以升级改造保护为主的"勐景莱模式"等。

(四)建立传统村落数字博物馆

传统村落数字博物馆是集中展现优秀中国传统村落的数字化平台,是向世界宣传中国传统村落的舞台。云南省高度重视中国传统村落数字博物馆建设工作,推动中国传统村落数字化工作,组织各地制作完成了腾冲市银杏村、大理州剑川县寺登村、红河州泸西县城子村等20个中国传统村落数字博物馆建馆工作。传统村落数字博物馆充分展示了中国传统村落风貌,对提高村落地位、扩大村落影响、推动村落保护发展具有重要作用。

(五)实施乡村旅游富民工程

2017年中央一号文件提出大力发展乡村休闲旅游产业,支持传统村落保护,维护少数民族特色村寨整体风貌,有条件的地区实行连片保护和适度开发。近年来,云南省积极争取国家资金扶持,安排专项资金5 000余万元用于临沧市云县昔宜村等56个乡村的旅游富民工程项目建设,大力改善乡村旅游扶贫重点村的基础设施、道路建设、休闲配套设施等,提升乡村旅游接待能力和服务水平,带动农村商贸、交通运输、乡村民宿等产业的繁荣,促进了农民就业增收和农村经济发展,有效地解决了传统村落空心化的问题。目前,云南省获农业农村部认定了多个中国美丽休闲乡村,其中包括了云南省勐海县勐景来村、云南省剑川县寺登村、大理州云龙县诺邓村等15个传统村落。

(六)加大传统村落宣传力度

邀请国内知名媒体开展了包括村落采风、专家采访等多种形式的传统村落宣传工作,举办了"云南最美传统村落"大型宣传报道活动,在社会上引起了广泛关注。充分发挥云南自然与文化遗产保护促进会、云南传统文化研究会等知名社团协会力量,通过开展实地走访、论坛讲座等活动为传统村落保护发展献计献策,发动社会公众共同参与,全力推进传统村落保护与发展工作。

四、云南省传统村落保护发展面临的主要问题

(一)长效机制缺乏对传统村落保护发展的影响

一些地方政府"重申报、轻保护",在所辖村落被公布为中国传统村落之后,提不出相应的保护管理措施,不编制符合传统村落保护发展的保护规划,或者编制了规划但不执行不实施,或者随意编制各种非法定规划,给保护工作实际带来困难。一些地方政府"重营造、轻文化",在美丽乡村建设中,不致力于提高传统村落的保护发展水平,而是热衷于建设大规模的建筑群、大体量的建筑物,甚至为了提高土地利用率,不惜在文化遗产密集区域或周边大搞开发建设,耗费巨资打造没有文化根脉的"假古董",破坏了传统村落与山、水、田之间的有机联系,也没能给当地村民带来实惠。

(二)城镇化建设对传统村落保护发展的挑战

伴随着城镇化建设和经济快速发展,乡村城镇土地资源调整和政策性搬迁,导致不少传统村落渐趋消失或衰败[5]。城镇化的快速发展吸引着乡村资源要素不断向城镇转移,村落长期无人或仅有老弱妇孺留守,云南传统村落的民居以木结构为主,经多年风吹雨打不断倒塌废弃,传统的生产生活方式遭到瓦解,老龄化、空心化现象十分严重。另外,传统村落保护包括物质与非物质文化遗产,乡村人口流失造成传统工匠和民间艺术的传承者后继乏人,传统村落保护发展面临巨大挑战。

(三)资金政策短缺对传统村落保护发展的牵制

云南省传统村落大多交通相对闭塞,资金筹措困难,中央财政资金主要用于基础设施建设,没有有效的社会资本对其进行系统性保护发展。目前,传统村落的保护发展现由多个部门进行指导管理,责任主体不明确,职能划分不清晰,监督与评估机制也不健全,工作开展很难得到落实。

（四）过度商业化对传统村落保护发展的破坏

传统村落需要发展，越来越多的商业资本和社会力量通过多种途径渗入传统村落，盲目对传统村落进行旅游开发[6]。一些管理者与建设者缺乏对传统村落的价值认同，导致传统村落基本上保持了原来的布局形态，但是大量历史建筑被拆除，修建仿古建筑商业街蔚然成风，传统村落的商业气息浓厚，严重破坏了传统村落的原生风貌。如大理双廊村、喜洲村等国内享有盛名的历史街区、古镇、传统村落都被开发性破坏，面临过度商业化问题。同时，随着传统村落休闲旅游产业不断发展，大量游客涌入乡村观光体验，但村落环境空间容量与承载能力有限，保护发展面临巨大挑战。

（五）现代生活方式对传统村落保护的冲击

传统村落虽然承载着悠久的村落发展历史，但其陈旧的设施和落后的居住条件难以满足村民现代生活的需要。为了改善居住条件，村民用水泥、瓷砖等现代建筑材料对原有民居进行修缮和改扩建，更多村民追求现代化的楼房建筑样式，拆旧建新，甚至任由原有民居建筑坍塌，另选新址新建。这些以新代旧、以洋代土、以今代古的建设方式，严重破坏了传统村落的历史风貌格局。

五、乡村振兴战略背景下云南省传统村落保护发展的对策建议

（一）活化利用是传统村落保护的重要措施

加强传统村落的保护和发展，不应局限于修缮保护方面，而是更加倡导多种形式的活化利用。云南传统村落具有丰富的生态多样性和文化多样性，蕴含旅游、文化创意等许多新型产业发展的巨大潜在价值，创造性地活化利用这些文化景观资源，能够形成经济效益、社会效益和文化效益三位一体的良性发展。传统村落是物质文化遗产和非物质文化遗产的综合体，活化利用就是要对村落原始建筑等物质文化遗产和传统技艺、民俗等非物质文化遗产盘活再利用[7]。对建筑修缮也要最大限度地保持原有景观的建筑特色，维持村落整体空间布局，突出传统村落的景观和建筑特色，避免大量仿古新建筑与传统古建筑插花式的存在，导致新建景观与原始建筑格格不入。活化利用要坚持适度开发和适度利用原则，竭泽而渔式的过度开发和利用是绝对不可取的。

（二）发展乡村旅游促进传统村落保护

传统村落展现其美丽的自然风光、独特的建筑风貌、深厚的文化底蕴与淳朴的民风民俗，从而吸引大量的游客，为传统村落注入新的发展动力。乡村旅游的发展切实推动了偏远传统村落基础设施的改善，增加了村民的就业机会和收入，产生了良好的经济带动效应和社会效益，推进了对传统村落的保护，发展乡村旅游对促进传统村落保护具有重要的现实

意义[8]。如丽江市促使周边农村富余劳动力从传统农耕农业向餐饮、住宿、导游、民族歌舞表演、民族工艺品销售等服务业转变,增加了当地村民的经济收入。传统村落在发展乡村旅游产业的过程中,要高度重视非物质文化遗产的重要价值,最大限度地将旅游产业与传统村落非物质文化进行融合创新,通过对村落的传统技艺、民间工艺、传统音乐、地方民俗等进行场景化和有形化的开发利用,充分发挥文化资源的价值,打造新型文旅创意产业。在带动传统村落经济增收和农民脱贫致富的同时,保护好、利用好、传承好文化遗产,推动中华文化创造性转化、创新性发展。

（三）引导多方力量参与传统村落保护

运用财政、金融、市场等多种手段,使传统村落保护与经济发展、市场繁荣、居民增收等结合,引导多方力量参与传统村落保护发展,充分调动企业、团体、村民等社会力量参与传统村落保护的积极性。一是地方政府在传统村落的保护中,充分发挥主导性的作用,把握传统村落保护的方向。发挥监管和调控作用,在资金上加大支持力度,在监管上设立一套动态完善的监管机制,以实现对传统村落的全方位保护。二是坚持以村民为保护主体的原则,确保村民在传统村落保护发展中的知情权、自主权和选择权,实现保护的有效性。传统村落保护发展的规划、设计等要充分征求和听取当地村民的意见和建议,相关修缮、建设等要创造条件让当地工匠积极参与。三是将改善村民的生活水平放在首要位置,通过加强传统村落基础设施建设,为村民提供就业机会,不断增加村民收入,留住年轻人才,让有技艺的工匠发挥才能,使传统村落非遗传承后继有人。

（四）因地制宜做好传统村落保护发展规划

在实施乡村振兴战略的大背景下,统筹做好云南省传统村落的保护发展规划工作,为传统村落保护发展奠定坚实基础。一是必须深刻认识到传统村落内在的丰富价值,传统村落是一种典型的乡村聚落形态,规划中对传统村落组成要素的构成现状、演变规律及发展趋势进行认真剖析,因地制宜,探索具有云南少数民族特色的传统乡村保护发展之路。二是要坚持以人为本的理念,在保护好传统村落自然环境、建筑风貌等物质遗产及风俗习惯、民间艺术等非物质遗产的同时,以当地居民的利益诉求为出发点,着力提升乡村基础设施建设和公共服务水平,改善村民的生活质量。三是在制定传统村落风貌和历史建筑的修复与保护规划时,应充分尊重传统建筑本身及其承载的地域历史文化,以传统建造技艺对其进行修复和维护,确保传统村落的风貌格局和乡土文化得以完整、真实地保护和传承。四是发挥村民民主参与、决策、管理和监督的主体作用,加强保护发展规划的宣传工作,提高全社会参与传统村落保护发展的积极性。

传统村落承载着中华传统文化的精华,是乡村历史、文化、遗产的活化石,是农耕文明不可再生的文化遗产。党的十九大报告提出实施乡村振兴战略,为云南省传统村落保护发展带来了契机。乡村振兴战略是传统村落保护发展实践的新时代背景,传统村落保护是乡村振兴战略实施的内在要求。保护云南地区少数民族传统村落的完整性、真实性和延续性，留住文化的根，守住民族的魂，让传统村落成为云南少数民族村民生存发展的美好家园任重而道远。

参考文献

［１］ 张正秋,许凡.中国农村中的传统村落保护面临的时代与政策背景分析［Ｊ］.遗产与保护研究,2018,3（3）: 5-11.

［２］ 陈淑飞,许艳.乡村振兴战略下山东传统村落保护发展研究［Ｊ］.山东社会科学,2019,289（9）: 162-167.

［３］ 罗云,陈庆辉,常贵蒋,等.乡村振兴战略背景下广西恭城传统村落发展新思路［Ｊ］.安徽农学通报, 2018,24（11）: 5-8.

［４］ 颜梅艳.云南传统村落空间分布及发展路径探究［Ｊ］.城市地理,2017（20）: 24-25.

［５］ 张丽,王福刚,吉燕宁.新型城镇化建设进程中传统村落的保护与活化探究［Ｊ］.沈阳建筑大学学报（社会科学版）,2016,18（3）: 244-250.

［６］ 李欣鹏,司洁,李锦生.传统聚落保护与发展中的过度商业化问题浅析: 以台湾九份聚落为例［Ｊ］.华中建筑,2016（9）: 180-183.

［７］ 张行发,王庆生.基于遗产活化利用视角下的传统村落文化保护和传承研究［Ｊ］.天津农业科学, 2018,24（9）: 35-39.

［８］ 陈修岭.基于乡村旅游市场发展的传统村落文化保护研究［Ｊ］.昆明理工大学学报（社会科学版）, 2019,19（2）: 110-116.

基金项目：农业农村部农业行业基本业务管理项目"休闲农业品牌体系建设与行业发展跟踪分析"（项目编号：161721301124031008）。

（贾新平,江苏省农业科学院休闲农业研究所副研究员,博士,主要从事休闲农业和乡村旅游政策研究。刁新育,农业农村部乡村产业发展司副司长。）

新型农村社区绿化建设设计探讨

姜伟萍

摘要： 为进一步优化提升新型农村社区绿化建设，针对绿化配套建设过程中存在的简单套用城市规划设计手法、绿化建设成本高、后期绿化管护难、与农民生活方式不相适应等问题，梳理了各地新型农村社区绿化建设值得推广和效仿的做法，面对乡村的独特地理和环境，进一步思考如何发挥村庄的优势，营造属于自己的文化景观，形成风格别致、独树一帜的特色村庄面貌。探索新型农村社区绿化建设的设计方法，通过利用民俗文化，保留乡村肌理，倡导生物多样性防治病虫害，栽植寓意美好的树种等多种方式，展现乡村的特色风景。同时对新型农村社区优秀案例进行了分析，从农村社区的实际出发，鼓励新型农村社区绿化采用本地适生树种，充分利用房前屋后空间，与农田生态系统有机融合，运用花、树、禾、果、菜等自然景观，打造富有地域特色、自然生态、亲切宜人的乡村风貌。

关键词： 新型农村社区；绿化建设；特色风貌

乡村风貌凝聚着丰富的人文精神，厚载着时代更迭的历史文明，关系着文化的传承和社会的和谐发展。新型农村社区利用农村当地资源，同步推进农村建设与生态文明，在农村的自然肌理上合理布局，科学规划。它是农民居住形态的物理集中，更是农村发展形态的同步升级，是一种可持续的农村居民聚居的模式，新型农村社区建设营造了一种新的社会生活形态，让农民既保留了土地耕种的习惯，又跟城里人一样享受到便利的公共服务和优美的自然环境[1]。

新型农村社区的发展建设是衡量城乡整体建设水平的重要标志，是一个地方生态环境和多元文化的精华所在，直接体现了该地域文明程度和村貌形象的塑造[2]。绿化景观是农村社区建设的重要内容，对改善自然生态、优化景观环境、提高人民的生活质量、促进城市经济社会的可持续发展有重要作用。

一、概述

2018年9月,江苏省盐城市贯彻党的十九大精神和中共江苏省委十三届三次全会精神,以实施乡村振兴战略为指引,以苏北地区农民群众住房条件改善为契机,同步推进新型农村社区建设[3]。为指导各地因地制宜、科学规划美丽宜居乡村建设,提升农房设计、建设、质量水平,盐城市在规划新型农村社区建设时遵循《江苏省美丽宜居村庄规划建设指南》《农房建设设计师手册》《农房建设咨询与建造单位手册》《农房设计方案汇编》《江苏省2018农房设计竞赛获奖作品选编》《江苏省2018宜居乡村紫金奖创意设计大赛获奖作品选编》《苏北传统民居调查案例选编》等系列技术指引和图集,加强技术指导;同步开展专题调研,实地了解农村住房现状、农村基础设施和公共服务设施配套,积极推动各地社区建设有序开展。

盐城共11个县(市、区),全市2 110个行政村,14 500个自然村庄,集聚提升类村庄2 185个、特色保护类村庄289个、城郊融合类村庄60个。2019年建成新型农村社区260个,其中2019年新建项目197个,9个镇村获评省级示范项目(见表1)。2020年开工新建或续建项目114个,30个项目被命名为江苏省特色田园乡村。盐城顺应村庄发展规律、演变趋势和人口流向,确定集聚提升、特色保护、城郊融合、新型农村等四类村庄发展类型。

表1 盐城市镇村布局规划情况一览表(2019版) 单位:个

县 (市、区)	现状情况		规 划 情 况				近期(2022)规划情况			
	行政村	自然村	新型农村 社区	集聚提升 类村庄	特色保护 类村庄	城郊融合 类村庄	新型农村 社区	集聚提升 类村庄	特色保护 类村庄	城郊融合 类村庄
大丰区	218	1 280	356	328	25	3	72	53	18	1
盐都区	192	1 219	157	136	17	4	69	56	12	1
亭湖区	120	930	98	70	21	7	36	22	10	4
东台市	365	2 794	336	272	58	6	45	26	15	4
建湖县	223	1 573	172	121	46	5	59	40	16	3
射阳县	220	1 553	218	180	25	13	165	155	10	0
阜宁县	341	2 026	408	382	24	2	36	34	2	0
滨海县	265	1 816	561	497	53	11	137	113	18	6
响水县	166	1 309	228	199	20	9	103	94	5	4
合 计	2 110	14 500	2 534	2 185	289	60	722	593	106	23

二、引导新型农村社区发展的相关政策文件

2018年盐城市制定出台《农村人居环境整治三年行动实施方案》的通知,重点加强村庄

规划设计,建设地域特色鲜明的农村社区。

2018年印发《关于加快改善苏北地区农民群众住房条件推进城乡融合发展的意见》,遵循小城镇和乡村发展规律,积极引导有意愿群众进城入镇,推进新型农村社区建设。

2019年印发《盐城市农民集中居住点配套设施建设"十有"标准》《关于在改善农民群众住房条件工作中加强"美丽庭院"创建工作的意见》《盐城市新型农村社区绿化建设指导意见》,按照城乡融合发展和全面建成小康社会的总体要求,出台《住房和城乡建设部关于在城乡人居环境建设和整治中开展美好环境与幸福生活共同缔造活动的指导意见》《盐城市新型农村社区规划建设与管理的规定》等政策文件,积极探索新型农村社区建设模式。

2020年印发《关于加强新型农村社区治理与服务工作的通知》,提出优化城乡空间布局,提升城镇化水平,推进城乡融合发展。

三、盐城新型农村社区绿化发展的现状

盐城在推进新型农村社区建设的同时尤为注重特色老村庄景观的保护,将持有传统田园乡村意境的老村庄保留下来,延续村庄传统肌理,借鉴古村落、古民居,提炼传统建筑元素,传承"白墙黛瓦、飞檐套窗、红门庭院、绿篱花香"的特色建筑风格。同时,根据新老村庄融合和产业布局,挖掘风情水乡、典雅古韵、盐渎渔家等地域特色,营造"一村一品",体现农村个性印记。

盐城坚持高水平规划,以特色田园乡村为"标杆",围绕"有形象、有韵味、有故事",结合各地不同的地域风貌、产业发展、村落文化、旅游资源,充分挖掘"百河之城"地方文化内涵,彰显"河居"特色,积极塑造不同风格的新型农村社区。新型农村社区的规划设计,注重传承地域风貌特色,保持乡村自然肌理,让农村更像"农村",更有乡村的味道。"两层联排、自带院落、白墙黛瓦、绿树繁花",这是如今盐城新型农村社区面貌的真实写照,在此基础上,盐城2019年建成第一批省级示范创建项目(见表2),并于2020年申请第二批省级示范创建项目(见表3)。

表2　2019年第一批省级示范创建项目

序　号	第一批省级示范项目名称
1	盐城市东台市安丰镇
2	盐城市射阳县特庸镇王村新型农村社区
3	盐城市射阳县海河镇旭日新型农村社区
4	盐城市建湖县九龙口镇收成新型农村社区
5	盐城市建湖县建阳镇西尖新型农村社区
6	盐城市盐都区尚庄镇塘桥新型农村社区

续 表

序 号	第一批省级示范项目名称
7	盐城市盐都区大冈镇佳富新型农村社区
8	盐城市盐都区学富镇蒋河新型农村社区
9	盐城市盐都区秦南镇千秋新型农村社区

表3 2020年第二批省级示范创建项目

序 号	第二批省级示范项目名称
1	盐城市建湖县冈西镇顾顶新型农村社区
2	盐城市盐都区尚庄镇民胜新型农村社区
3	盐城市射阳县千秋镇沙港三组新型农村社区
4	盐城市阜宁新沟镇小徐庄新型农村社区
5	盐城市大丰区风华街道朝荣新型农村社区
6	盐城市建湖县卢沟镇联星新型农村社区
7	盐城市滨海县八巨镇前案新型农村社区二期
8	盐城市东台市梁垛镇临塔新型农村社区
9	盐城市盐都区大众湖旅游度假区倪杨新型农村社区
10	盐城市射阳县洋马镇贺东新型农村社区二期
11	盐城市亭湖区黄尖镇花川新型农村社区二期
12	盐城市滨海县坎北街道长法新型农村社区二期

四、新型农村建设发展中的薄弱环节

传统文明的"村庄"和城市文明的"社区",构成了人类社会两个具有本质差别的基本单元[4]。与城市发展的规划重要性相比,村庄由自然发展和漫长演化而来,形成了一系列纯自然的特色[5]。新型农村社区建设属于新事物,新型农村的建设没有现成的经验可以借鉴,发展过程中有求快、照搬现象出现,总结为以下几点:

(一)简单套用城市规划设计手法

绿化建设模式、规划观念仍模仿大城市园林绿化布局,未充分考虑当地地容地貌、人文特色和乡土绿植,导致出现"农村住房、城市绿化"的现象;新型农村社区绿化建设过程中追求快速成景,绿化景观千篇一律,使得社区在发展过程中无法形成自己独特的地域个性和鲜明的地域形象。

（二）建设成本过高、后期绿化管护难

很多社区采用香樟、桂树等价格昂贵的苗木,盐城水位较高,土质盐碱化,很多喜酸土壤的苗木不宜存活。有些地方追求立竿见影的景观效果而选择移植大苗木,移植、运输、栽植、养护需要高昂的绿化建设成本,新移植的树木需要专业的园林养护知识,夏季酷热、冬季严寒等恶劣环境及后期养护不当极易造成移植苗木死亡,造成资源的浪费。因此,需探索镇村包干、居民自营、园林知识科普等多种模式来解决绿化管护难问题。

（三）生物多样性缺失,易引发病虫害

自然生长的植物群落,抗病虫害能力强,营养结构复杂,生态系统稳定。而人造景观的种类单一,基因多样性流失,生物多样性减少,种群自动调节能力下降,植物抗病虫害能力减弱,易发生区域内的大面积病虫害。景观园林养护后期需要投入大量人力物力进行维护,需要多次喷洒农药进行灭虫,这既增加了病虫害对农药的耐药性,又使植物群落的自我调节能力减弱,生态系统不稳定。

（四）忽略了目标居住人群的生活习惯

新型农村的居住人群是农民,一直保持着浓厚的耕种情怀,喜欢自给自足的供给模式[6]。新型农村社区改善了村民的居住条件,借鉴了城镇住宅小区的绿化配置方式,绿化品种也如出一辙,植物的景观观赏性得到很大提高,但是景观特色不明显,泡桐、椿树、槐树、榆树等富有乡土气息的树种几乎看不见。院子面积狭小,门前花坛为公共绿化带,村民门前种植,自给自足的生活习惯得不到满足,植物的观赏性和食用性无法平衡[7]。

五、探索新型农村社区绿化建设的设计方法

自然环境是农村环境得以成型的基础条件,农村因自然条件和地域分布的影响[8],多数保留着当地特有的风俗习惯、文化特色、空间布局及建筑文化。新型农村社区大部分是新建或者在之前村庄基础上扩建的。绿化需要重新规划和建设,各县应根据地域风貌、产业布局、村落文化、旅游资源,塑造不同风格的新型农村社区,形成各自的绿化建设风格。

（一）民俗文化与植物景观融合

利用拴马桩、石槽、石碾、缸瓦盆罐等传统农耕工具或生活用品,将体现里下河地区的民居风貌以及渔乡特色、蚕桑文化、造盐工艺等的旧农具、老物件融入景观,增加乡土民俗文化意境,鼓励采用朴树、榉树、槐树、枫杨、榆树、楝树等落叶大乔木作为社区道路的行道树,将乡土果树、自衍花草、瓜果蔬菜等植物结合,营造地域特色显著、个性鲜明的绿化景观。

（二）利用农耕作物进行植物造景

运用农村水、田、禾等自然生态营造绿化景观，建设生态节约型社区，避免大广场、大模纹、大草坪，倡导立体绿化等手段，增加社区绿地生物量[10]。阜宁新涂村新型农村社区农耕文化广场采用花生、黄豆等农作物绿植，社区道路两侧均统一种植黄豆、玉米，绿化景观效果明显，与农耕主题遥相呼应，展现了阜宁地区悠久的耕种文化（见图1、图2）。

农村绿化的特殊性需要各地新型农村社区充分考虑建设投入和后续管护成本，尽量选用乡土品种和造价低、粗放型管理的植物，以降低建设和养护成本。花生、大豆、玉米等农作物管理粗放，不需要精细化养护，玉米肌理感粗放、大豆肌理感粗糙、花生肌理感细腻，利用三种不同植物的高低差和肌理差营造景观层次感，从视觉上给人耳目一新的感觉。

图1 阜宁新涂村社区街道统一种植黄豆、玉米等农作物　图2 阜宁新涂村社区农耕文化广场绿化以花生作为广场底色

（三）保留乡村的底色和肌理

运用河流、树林、农田、道路形成自然边界，社区周边绿化与耕地合理区分，在社区道路、沟垄田埂等公共土地进行观赏性植物造景[11]。尊重村民种地习惯，为村民在家前屋后或社区周边安排日常生活所需的"微菜地"，种植青菜、韭菜、大蒜、萝卜等绿叶蔬菜，墙面、栅栏攀爬丝瓜、扁豆、葫芦等藤蔓类作物，保留住农村特有的自然风貌和生活习惯。公共景观和私家菜地和谐共生，展现新农村社区的新面貌。

（四）倡导生物多样性，增强植物群落的稳定性

生态系统中生物的种类和数量越多，生态系统的自动调节能力越强，生态系统越稳定。例如南方的马尾松林常常是山林经砍伐后种植的人工林，其基因多样性流失，生物种类的多样性减少，森林的自动调节能力和抗病虫害能力下降，所以较易发生严重的松毛虫害。如果将马尾松林与其他树种形成混交林，则能增加生物种类的多样性，增强森林的自动调节能

力,减少病虫害的发生。因此,应丰富植物群落的多样性,增强植物群落的稳定性,掌握好生物的种类、数量与生态系统稳定性之间的关系,强化植物群落的抗病虫害能力。坚持"适地适树"的原则,选植时注意乡土植物和耐粗放管理、少病虫害树种优先。以下推荐8种适合粗放管理,病虫害少,为鸟类栖息提供充足食源的树种(见表4)。

表4　推荐粗放管理的乡土树种

序号	名称	拉丁文名	推荐理由	景观效果图
1	泡桐	*Paulownia*	病虫害少、适合粗放管理、乡土树种,冠大荫浓,树姿优美,主干端直。泡桐的花为漏斗形,像一个个小喇叭,特色鲜明,花有芬芳	
2	香椿	*Toona sinensis*	病虫害少、适合粗放管理、乡土树种,冠大荫浓,树姿优美,主干通直,春芽可食用	
3	枣树	*zizyphus jujuba*	病虫害少、适合粗放管理、乡土树种,食果树种,寓意"早生贵子"	
4	山核桃	*Carya cathayensis Sarg*	病虫害少、适合粗放管理、乡土树种,冠大荫浓,树姿优美,果实可食用	
5	柿树	*Diospyros*	病虫害少、适合粗放管理、乡土树种,冠大荫浓,树姿高大,寓意"事事如意",果实可食用,为鸟类提供食源	

序号	名称	拉丁文名	推 荐 理 由	景观效果图
6	马尾松	*Pinus massoniana Lamb*	常绿树种、病虫害少、适合粗放管理、乡土树种,冠大荫浓,树姿优美,主干端直,为鸟类提供食源	
7	国槐	*Sophora japonica Linn*	病虫害少、适合粗放管理、乡土树种,冠大荫浓,树姿优美,主干通直	
8	楝树	*Melia azedarach L*	病虫害少、适合粗放管理、乡土树种,冠大荫浓,树姿优美,主干通直	

(五)生物防治病虫害

立足乡村地域自然条件,尊重自然规律,倡导绿化植物多样性与本土性[9]。利用自然界中各种有益生物(天敌、鸟类、虫、病菌、蜘蛛等)来控制病虫害的种群数量以压低或消除其危害的方法,包括天敌的保护和利用两方面,其形式有种间竞争、招引、忌避和不育等。依靠种间斗争,在天敌害虫间建立相对平衡,从而对害虫起较长期的制约作用,促进生态平衡和环境保护。立足农村物种丰富的优势,依靠生物链相互制约、互相促进的关系,种植食果植物群落,如榆树、枸骨、火棘、楝树、乌桕等生产肉质梨果、肉质核果的乔灌木,吸引灰喜鹊、乌鸦、山斑鸠、大山雀等鸟类取食,为鸟类提供栖息场所和丰富多样的食物来源,减少农药使用次数,降低植物虫害的发生,走出一条生态、粗放、可持续发展的绿化建设之路。

(六)栽植寓意美好的树种

植物与人类的日常生活关系密切,不仅是人类赖以生存的生物种类,而且还以其特有的属性成为人与人之间传递信息、表达情感的媒介与工具。园林树种寓意丰富,古人常以花草树木来比喻人的美好品质,也借植物的美好寓意保佑家族运势更加兴旺,家庭平安幸福。列举几个寓意美好的树种:银杏树又称长寿树,可以生长一千年,甚至更久,象征着长寿,保佑家中的老人健康长寿;竹子亭亭玉立,婆娑有致,不畏霜雪,四季常青,且"未出土时先有节,及凌云处尚虚心",有君子之风,种竹子可以改变运势,让运势向上而去,节节攀高;槐树在风水上与禄相关,古代朝廷种有三槐九棘,公卿大夫坐于其下,三槐即是三公,九棘即九卿,所以槐树在百树之中的地位很高，还有很好的镇宅作用，它的寓意是崇拜和保佑平安之意，除此之外，槐树还寓意着一种思乡之情；梅花开五瓣，有梅开五福的意思，可以明显提升家庭的福气，花开的时候还有一种特殊的意蕴，寓意不畏风雪的傲骨精神；海棠树象征着兄弟之间深厚的友谊，寓意富贵满堂；石榴树寓意着多子多孙，是一种很受欢迎的吉祥树木；枣树也有很好的寓意，枣的谐音是早，既是早得贵子，又可以代表凡事快人一步；桂树是常绿阔叶乔木，寓意"富贵"，盛开时芳香四溢，是天然的空气清新剂。这些树种因为寓意美好而深受人们喜爱。

六、优秀案例分析——阜宁县蟠龙村绿化新模式

盐城阜宁县益林镇蟠龙村在新型农村社区的绿化景观建设工作中，将原来按照城市小区理念设计的绿化方案进行调整：除了在小区主干道两侧、广场边选用法桐作为行道树之外，路牙的边沿采用红叶石楠灌木走边，房屋前后绿化全部调整为农户菜地，其余绿地栽植的乔木调整为桃树。按照每户10棵树进行分配管理，签订管理承包协议，农户负责施肥、除草、治虫、看护，物业和马家荡实地旅游景区合作，为游客提供采摘基地，收入由农户和集体按照7：3进行收益分成。桃树下面的空地由承包桃树的农户自主种植应季蔬菜（见图3至图6）。

图3　阜宁县蟠龙村农村社区栽植桃树进行绿化

图4　桃树下由村民种植应季蔬菜

图5　桃树采用规整式布局

图6　春季赏花，秋季摘果的经济效应

这种绿化新模式的优点，一是尊重了农民原有的生活习惯，通过农民承包果树、树下种菜这种模式，真实展现出农村的生活风貌，应季蔬菜基本能保证街道绿化常年见绿；二是节省了栽植绿化的投入成本，按照常规绿化理念设计的工程招标价198万计算，现模式的绿化栽植成本为50万元，节省了近70%。桃树树形优美健壮，春季赏花，秋季观果，观赏性强，能彰显出乡村的个性和特色；三是减少了绿化的日常管理成本，通过将菜地分包给农户种植管理，集体不仅节省了每年预计5万元以上的景观绿化养护费用，而且通过发动群众自觉管理，实现了杂草、杂物的及时清理，一年四季见绿，绿油油的蔬菜作为可食地景，为村庄增色不少；四是增加农户的收入，种植桃树和蔬菜的收入，可为每户增加年收入500元以上。这种绿化模式一举多赢，更接地气，深受农民群众欢迎，桃花源式的新型农村社区让入住农民群众有更多的幸福感和获得感。目前在阜宁蟠龙桃花村的带动下，角巷杏花村、东方桂花村已初现村庄特色。

七、新型农村绿化建设发展的展望与建议

（一）景观融合产业，凸显特色田园乡村

依托自然禀赋和特色资源，充分挖掘农村的多元功能和价值，将植物景观特性融合到村庄村貌中，例如盐城市盐都区潘黄镇仰徐村将草莓水果产业与村貌结合，打造草莓小镇的独特村貌，利用草莓绿植、小品雕塑、草莓村口标识、草莓手工艺品等强化特色田园乡村风格（见图7至图10）。

（二）改善生态环境，完善配套设施

基础设施的建设与管理是保障和改善民生的需要，与群众的生活质量息息相关。盐城水系众多，有"百河之城"的美誉。新型社区的建设应充分挖掘"水文化"，打通河道、沟塘，建设自然生态岸坡，实施荷塘淤积疏浚，保持水体清洁，栽植净化水系的水生植物，例如菖

图7　盐城盐都区仰徐村草莓主题入口景观　　　　图8　仰徐村草莓造型座椅

图9　盐城盐都区仰徐村草莓工艺品　　　　图10　草莓造型景观小品

蒲、荷花、睡莲等，改善水系生态环境，增添水面景观的层次性，让"荷塘月色"成为生活里的常态，道路临水路段完善安全生命防护设施；注重公共交流空间的营造，完善基础设施建设，例如在公共空间增设景观座椅，通过座椅和植物结合的方式，增加公共空间的利用，创造围合空间，增加村民之间的沟通交流，增强社区活力和居民的归属感；建立高效、有序的标识导向系统，为人们提供可靠的视觉导视信息，村庄道路标识、标线，村口标识，候车亭标识是体现村庄特色的重要方式。

（三）延续村庄肌理，融入乡愁记忆

新建的农村新型社区要避免机械的兵营式、行列式布局，延续富有意境的田园乡村景观格局，有机融合社区与周边自然环境，将村庄闲置的旧农具、老家具、古宅、古树等承载历史积淀的古物件用于村庄建设，因地制宜使用本地乡土材料，采用传统营造方式进行精细化处理，形成历史底蕴丰厚的乡村景观，将故土的乡愁和记忆一代代延续下去。

新社区从平面布局、院落布局、建筑装饰、建筑色彩等多方面来继承和发扬传统民俗文化，深挖和展示民俗文化内涵。合理改造和利用闲置传统建筑或公共空间，展示传统文化，利用传统民间习俗、传统技艺、地方戏曲、名人典故、手工制作等特色资源发展乡村特色产业。如盐城盐都区三官村将村名的历史由来通过彩绘方式刻画在院墙上，从而留住历史（见图11）。

盐城市滨海县坎北街道长法新型农村社区借鉴古村落传统建筑，延续"白墙黛瓦、飞檐套窗"建筑风格，将提炼的传统建筑元素应用在路灯、垃圾筒、小品景观等基础设施上，体现社区的个性印记（见图12、图13）。

图11　盐城市盐都区三官村墙面彩绘

图12　长法新型农村社区鸟瞰图　　　　　图13　使用传统元素的道路街灯

（四）绿化手法乡土自然，避免"城市化"

乡村绿化采用本地适生品种，借鉴国外"可食地景""蔬菜花园"绿化建设理念，使用瓜果蔬菜、自衍花卉进行景观布置。农村建设可与休闲乡村旅游相结合，瓜果飘香，蔬菜现摘现吃，让更多的人能体验农村质朴的文明特色。

绿化景观的布置设计结合各村实际发展重点，挖掘传统农耕文化、里下河人居文化等所蕴含的优秀思想观念，在开发保护中按照"修旧如旧"的原则，形成一村一景、一村一业、一村一特色，彰显美丽乡村别具一格的乡土特色。在建设过程中，注重特色风貌塑造，保留与田园自然镶嵌的肌理，保留古树名木、宅前屋后河溪景观，采用原生态本土材质，体现出地域的独特风格。

八、结语

新型农村社区是盐城农村生产生活的新形态，社区在发展的过程中推广好的做法和案例，改善薄弱或不足环节，不断总结经验，提升景观营造水平。新型社区宜采用本地适生品种与老村庄生态系统有机融合，打造出风格富有特色、田园自然生态、村庄肌理明显、乡愁有所寄托的景观。在保留、继承和发展原有农村肌理的基础上，营造出具有归属感和富含乡愁记忆的特色新型农村社区。

参考文献

［1］王琛，郝玉林.关中地区新型农村社区设计问题研究：以咸阳市白村新型农村社区为例［J］.城市建筑，2020，17（6）：22-24.

［2］闫文秀，李善峰.新型农村社区共同体何以可能：中国农村社区建设十年反思与展望（2006—2016）［J］.山东社会科学，2017（12）：106-115.

［3］李冉,聂玉霞.村庄合并后新型农村社区治理的行政化导向及其矫正[J].中国行政管理,2017(9):48-51.

［4］王晓芹.改善农村住房条件 建设宜居乡村:大丰、海安、常熟调研村情况报告[J].经济研究导刊,2020(8):26-27.

［5］许璐璐.江苏北部地区改善农民住房条件路径与政策研究:以淮安市为例[J].安徽农业科学,2020(2):264-267.

［6］丁新华,范忠贤.苏北改善农民住房条件四种类型的实践与思考:以连云港市赣榆区为例[J],江苏城市规划,2020(4):3-7.

［7］武中哲.市场与行政:合村并居重构乡村秩序的两种形式[J].理论学刊,2020(2):135-143.

［8］刘泽照,李锦涛,单心怡.风险感知视域下苏北农村集中居住政策接受度研究[J].南京工程学院学报(社会科学版),2019(4):24-29.

［9］周铸.推进苏北农村住房改善要讲究辩证法[J].群众,2018(18):16-17.

［10］许雅慧,杨春原,刘守义.农村居民参与新型农村社区建设研究进展[J].河北北方学院学报(自然科学版),2019(3):53-60.

［11］曾莉,周慧慧,龚政.情感治理视角下的城市社区公共文化空间再造:基于上海市天平社区的实地调查[J].中国行政管理,2020(1):46-52.

基金项目:盐城地区新型农村社区绿化景观优化研究,2020年度市政府社科奖励基金项目立项课题(项目编号:20szfsk39)。

(姜伟萍,硕士,盐城市城乡建设与园林科学研究所工程师,研究方向为城市规划、村镇建设、园林设计。)

基于TPB模型的游客乡村旅游
意愿影响研究

蒋依伶

摘要：乡村旅游发展促进乡村振兴战略实施。乡村旅游者旅游意愿不仅受态度、主观规范、知觉行为控制的影响，还受生态社会、旅游经验的影响。本文通过线上与线下问卷调研方式采集潜在乡村旅游者数据，基于计划行为理论（TPB）与结果方程模型（SEM），运用 SPSS 24、AMOS 25 对数据进行整理与分析。结果发现主观规范、知觉行为控制、生态社会、乡村旅游经验均对乡村旅游意愿有显著正向影响；态度、生态环境、生态系统对乡村旅游意愿不具有显著影响。四者对乡村旅游意愿影响的程度中，主观规范对乡村旅游意愿影响程度最高，其次是生态社会，最后是乡村旅游经验与知觉行为控制。最后，本文提出以下建议：政府与旅游经营者应更加关注有过乡村旅游经验的游客，制定与执行广告与促销策略；为服务提供者设置更高的服务标准；改进交通设施的通达性，创新开发一揽子旅游服务，增加短途旅游项目，提高旅游的效率与旅游参与的机会。

关键词：乡村旅游；TPB；生态社会；旅游经验；旅游意愿

乡村振兴战略是党的十九大以来我国关于农业、农村、农民工作的基本国策，是习近平新时代中国特色社会主义思想在"三农"工作中的具体体现。在乡村振兴战略实施过程中，乡村旅游在挖掘乡村自然和文化资源潜能，盘活乡村休闲资源，提高传统乡村经济附加值，调整优化传统乡村经济结构，促进农业增产、农民增收、农村发展等方面发挥了重要作用。乡村旅游背景下，诸多特色地方乡村旅游发展落后，经济发展缓慢。由于消费对经济发展具有刺激作用[1]，因此有必要研究乡村旅游意愿影响因素，为刺激乡村旅游消费提出相关政策建议。纵观国内外文献，乡村旅游行为意愿研究成果不少，主要包含关于乡村旅游意愿[2-3]、乡村旅游消费者购买意愿[4-5]、游客重游意愿[6]、景区门票支付意愿[7-8]四个方面的研究成果。但有关生态环境、生态系统、生态社会、旅游经验对游客乡村旅游意愿影响的研究成果极少。本文基于计划行为理论（TPB）增加生态因素，对乡村旅游意愿进行研究，从而为政府制定相关政策及旅游经营者制定营销战略提供参考,促进旅游经营者经营能力的提升与乡村经济的发展。

一、理论与假设

代表性旅游消费者行为分析理论包括:"需求—动机—反应"模式、"刺激—反应"模式[9],以及计划行为理论(TPB),本文主要采用TPB理论探析乡村旅游潜在游客的行为意愿及其影响因素。

(一)TPB理论

计划行为理论是对理性行为理论的拓展,并提出行为意图是个体行为的关键影响因素。在这个理论中,行为意图受到三个因素的影响:态度、主观规范、知觉行为控制。态度指对于特定行为的积极或者消极的倾向。主观规范指个体感受到对参与或者停止某种行为的社会压力。知觉行为控制指个体有能力表现某种特定的行为(如游览旅游目的地)[1]。

1. 态度

态度承载着主要信念,它一般由观察、二次信息或者推理过程形成。人们基于这些信念会对行为结果形成支持或不支持的态度。态度对行为意图具有持续的影响作用。在旅游的背景中,许多研究发现态度对行为意图有显著正向影响[2]。

乡村旅游游客对旅游消费结果的信念可能不同,因此无法得知基于这些信念的态度是积极还是消极的,进而对旅游消费行为产生不同的影响。因此本文提出以下假设:

H1:态度对乡村旅游行为意愿具有正向影响。

2. 主观规范

主观规范是TPB理论模型中影响个体行为意图的又一重要影响因素。主观规范指身边人对其行为的看法,个人感知到并主动遵从这些信念和期望。即重要的参照群体同意其行为,个人将感受这些社会压力并采取行动[2]。

在市场营销与旅游文献中,容易发现主观规范对行为意图的驱动作用。在旅游业背景下,重要的参照群体同意或者反对个体选择去某个地方旅行,将影响旅游者的信念[2]。但是没有证据显示主观规范是否对乡村旅游消费意图具有正向影响。因此提出以下假设:

H2:主观规范对乡村旅游意愿具有正向影响。

3. 知觉行为控制

知觉行为控制是行为意愿的另一影响因素。知觉行为控制通常指行为执行的容易或者困难程度。知觉行为控制指的是个体相信自己有能力实现某种行为。知觉行为控制尤其指个体感知到自己如何很好地管理促进或者限制特定行为的因素。

已有关于旅游目的地选择的研究显示,知觉行为控制对行为意图具有正向显著影响。在进行预测时,能力、时间和资源都对行为意图具有显著影响作用[2]。但是知觉行为控制是

否对乡村旅游意愿具有显著正向影响仍难以确定,因此提出以下假设:

H3:知觉行为控制对乡村旅游意愿具有正向影响。

(二)生态因素

TPB模型忽略了生态对行为意图的影响,因而本文增加了生态因素对行为意图的影响,即生态环境、生态系统、生态社会对乡村旅游意愿的影响。

1. 生态环境

生态环境质量影响消费者的购买意愿[5],生态环境较好的乡村对游客具有一定的吸引力。城市居民在选择乡村旅游目的地时非常重视旅游地的生态环境,并且愿意为此支付一定的货币[8]。基于以上结论,提出以下假设:

H4:良好的生态环境对乡村旅游意愿具有正向影响。

2. 生态系统

本研究的生态系统包含:植被覆盖、生物多样性、耕地面积。生态系统安全是旅游目的地可持续发展的一个重要领域,是一个确保旅游生态正常运转的稳定状态。因而旅游、经济、生态有效发展的平衡状态可以满足旅游可持续发展[11]。在这种稳定状态中,秀美的森林、绿色植被对游客具有吸引力[11-12],增加动物物种也是吸引游客的重要因素[13],部分游客选择体验农耕文化乡村旅游是为了参与农业劳动过程、体验劳动快乐[14]。基于以上研究结果提出以下假设:

H5:良好的生态系统对乡村旅游消费行为具有正向影响。

3. 生态社会

尹正江等提出乡村气息(乡村田园风光、乡村生态环境、农事生产活动场景、农民日常生活等)吸引旅游者(主要是城市居民)前往观赏、休闲、度假、考察、体验、学习、购物等[15]。本研究将具有浓厚的乡村气息,邻里和睦归纳为乡村生态,基于以上研究结论,本文提出以下假设:

H6:良好的生态社会对乡村旅游消费行为具有正向影响。

(三)旅游经验

低碳乡村旅游是我国农业发展、旅游产业发展在低碳经济时代的重要组成部分[16]。游客年平均旅游次数对低碳旅游的认知程度具有正向影响作用[17]。基于以上研究结论,提出以下假设:

H7:乡村旅游经验对旅游意愿具有正向显著影响。

根据以上的概念发展,自变量与乡村旅游意图的假设关系的完整模型如图1所示,这些因素既基于TPB模型,即态度对行为意图、主观规范对行为意图、知觉行为控制对行为意图都具有显著正向影响;又根据理论研究对TPB进行拓展,即生态环境对行为意图、生态系统对行为意图、生态社会对行为意图都具有显著正向影响。

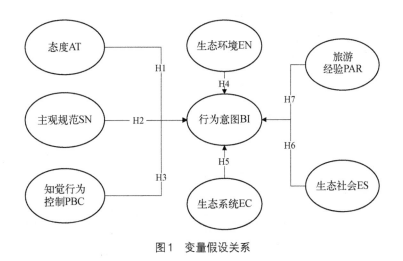

图1　变量假设关系

二、研究方法

本文通过线上线下结合方式进行问卷调查。问卷正式发放前根据旅游管理领域5位在校教师修改意见进行过修改。问卷主要采用李克特七级量表(1代表完全不同意,7代表完全同意)。第一部分问题是让被试者提供人口基本信息,比如性别、年龄、收入、教育水平、是否有过乡村旅游经验。第二部分的问题是让被试者评估构面(态度、主观规范、知觉行为控制、生态环境、生态系统、生态社会、乡村旅游意愿七大方面)。

(一)人口统计特征

通过SPSS 24分析本次调研数据,结果显示:男女性别比例相近(分别为49.4%与50.3%),其中有一位被试者未回复性别。被试者的年龄集中在35岁以下。大部分的被试者受教育水平较高,40.1%拥有本科学历,34%拥有硕士及以上学历。月收入数据显示,未回复的被试者占比22.4%,2 000元以下的占比最高(32%),第二是月收入5 001~8 000元(13%),第三是8 000元以上(12.7%),第四是3 501~5 000元(12.2%),月收入为2 001~3 500元的人数最少(7.7%)(见表1)。被试者中参与过乡村旅游与未参与过的比例接近(48.9%、50.3%),极少部分被试者未回复。

表1　人口统计特征

特　征	频数/人	占比/%	特　征	频数/人	占比/%
性别			**受教育程度**		
男	179	49.4	小学或以下	7	1.9
女	182	50.3	初中/中专	28	7.7

特 征	频数/人	占比/%	特 征	频数/人	占比/%
未回复	1	0.3	高中/职高	17	4.7
年龄			大专	40	11
24以下	138	38.1	本科	145	40.1
25～34	137	37.8	硕士及以上	123	34
35～44	28	7.7	未回复	1	0.3
45～54	19	5.2	**收入**		
55～64	7	1.9	2 000元以下	116	32
65+	2	0.6	2 001～3 500元	28	7.7
未回复	27	7.5	3 501～5 000元	44	12.2
			5 001～8 000元	47	13
			8 000元以上	46	12.7
			未回复	81	22.4

（二）结构测量

调查问卷的变量设计是根据已有的计划行为理论完成的。大多数背景下的旅游研究已经使用过这些构面进行相应测量,已有的研究显示了这些测量工具的有效性[18]。参考Bo Meng（2015）[19],结合中国实际情况,本文通过李克特七级量表使用4个指标测量游客参与乡村旅游的态度,比如"您认为参与乡村旅游非常愉快"（Cronbach's alpha = 0.935）。

主观规范是通过3个指标进行测量,评估重要参考人物（亲朋好友）对参与乡村旅游的主观影响力[2]。比如"对您很重要的人影响或建议您参与乡村旅游"（Cronbach's alpha = 0.936）。参与乡村旅游的知觉行为控制,通过3个指标进行测量,比如"您是否参与乡村旅游,完全由您自己决定"（Cronbach's alpha = 0.935）。生态环境主要参考肖轶（2020）[20],通过4个指标进行测量,比如"您认为乡村旅游目的地的水资源很洁净"（Cronbach's alpha = 0.934）。生态系统以肖轶（2020）为主要参考,通过3个指标进行测量,比如"您认为乡村旅游目的地植被覆盖率高"（Cronbach's alpha = 0.934）。生态社会主要以陶长江（2014）[21]为主要参考,通过2个指标进行测量,比如"您认为乡村旅游目的地乡村邻里和睦"（Cronbach's alpha = 0.933）。以上问题答案均设置为从1（完全不同意）到7（完全同意）（各构面的所有测量指标如表2所示）。

表 2　变量指标描述、均值、标准差与 AVE

构　面	项　目　描　述	总体数据	
		均值	标准差
态度 $\alpha = 0.825$ AVE = 0.573 Yi-Man Teng,2015	您认为参与乡村旅游有益身体健康	5.536	1.155 5
	您认为参与乡村旅游可以放松心情	5.837	0.972 4
	您认为参与乡村旅游可以增长见闻	5.330	1.220 5
	您认为参与乡村旅游非常愉快	5.436	1.146 5
主观规范 $\alpha = 0.827$ AVE = 0.624 Constanza Bianchi,2017	对您很重要的人影响或建议您参与乡村旅游	5.097	1.273 7
	对您很重要的人认为乡村旅游很有意义	5.169	1.277 0
	对您很重要的人同意您参与乡村旅游	5.371	1.177 2
感知行为控制 $\alpha = 0.719$ AVE = 0.527 Yi-Man Teng,2015	您是否参与乡村旅游,完全由您自己决定	5.671	1.160 1
	您相信如果您想,您有能力参与乡村旅游	5.597	1.266 6
	您有足够的资源、时间与机会参与到乡村旅游	4.886	1.481 5
生态环境 $\alpha = 0.839$ AVE = 0.557 肖轶,2020	您认为乡村旅游目的地水资源很洁净	5.163	1.351 5
	您认为乡村旅游目的地噪声小	5.522	1.141 4
	您认为乡村旅游目的地空气清洁	5.718	1.049 0
	您认为乡村旅游目的地固体废弃物较少	5.033	1.361 9
生态系统 $\alpha = 0.818$ AVE = 0.618 肖轶,2020	您认为乡村旅游目的地植被覆盖率高	5.663	1.082 3
	您认为乡村旅游目的地生物多样性好	5.470	1.124 1
	您认为乡村旅游目的地耕地面积多	5.258	1.173 3
生态社会 $\alpha = 0.787$ AVE = 0.650 陶长江,2014	您认为乡村旅游目的地乡村气息浓厚	5.494	1.186 8
	您认为乡村旅游目的地乡村邻里和睦	5.317	1.193 1
旅游意愿 $\alpha = 0.894$ AVE = 0.743 Bo Meng,2015	您正在计划在不久的将来参与乡村旅游	4.881	1.418 0
	您将努力在不久的将来参与乡村旅游	5.086	1.368 8
	不久的将来一定会投入时间和金钱去参与乡村旅游	5.077	1.354 0

三、研究发现

本文使用SPSS 25与AMOS 24,构建两步建模流程对测量模型与结构模型进行分析[22]。采用结构方程模型检验模型中的假设关系[23]。通过比较来验证已有的概念模型与可选择的模型的不同优势。对所有构面,通过SPSS 25、AMOS 24构建测量模型,测量指标间的关联度、标准化的克朗巴哈系数,进行探索性因子分析、验证性因素分析。基于探索性因子分析,所有的测量指标均可用于测试本文提出的概念模型。基于结构方程模型,态度、环境、生态系统均未通过本文提出的假设检验。

由表3可知,KMO度量值为0.917,大于0.8,巴特利特球形度检验近似卡方值为4 988.04,自由度为351,显著性p值为0.000,小于0.01,通过了显著水平为1%的显著性检验。由此可知乡村旅游意愿量表数据非常适合进行因子分析。

表3 KMO和巴特利特检验

KMO和巴特利特检验		
KMO取样适切性量数		0.917
巴特利特球形度检验	近似卡方	4 988.04
	自由度	351
	显著性	0.000

根据乡村旅游意愿量表27个题目的主成分提取统计表可知,初始特征值大于1的因子一共有5个,累计解释方差变量为60.255%,说明27个题目提取的5个因子对于原始数据的解释度较为理想。其中因子1的特征值为9.750,解释方差百分比为36.112%,因子2的特征值为2.264,解释方差百分比为8.383%,因子3的特征值为1.734,解释方差百分比为6.422%,因子4的特征值为1.431,解释方差百分比为5.300%,因子5的特征值为1.090,解释方差百分比为4.037%。根据碎石图可知,折线在成分6以后趋向平缓,并在之前急剧下降,说明27个题目提取5个公因子较为合适。根据旋转成分矩阵可以判断其各个题目的因子归属关系,EC1、EC2、EC3、EN1、EN2、EN3、EN4、ES1、ES2与因子1有着对应关系,根据其内容将其分成3个分因子并分别命名为"生态系统EC""生态环境EN""生态社会ES"。AT1、AT2、AT3、AT4、SN1、SN2、SN3与因子2有着对应关系,根据其内容将其分为2个分因子并分别命名为"态度AT""主观规范SN"。PB2、PB3、B1、B2、B3与因子3有对应关系,根据其内容将其分为2个分因子并分别命名为"知觉行为控制PB""行为意图BI"。受教育程度、年龄与因子4有着对应关系。月收入与性别与因子5有着对应关系,以上每一项对应的"因子载荷系数"的绝对值均大于0.4。

表2展示了每一个构面对应的每一项测量指标的均值、标准差、克朗巴哈系数、提取的平均方差。构面的克朗巴哈系数范围为0.719～0.894。所有的综合可靠度(AVE值)在0.557到0.743之间,超过了建议的0.50的临界值[24],表明内部一致性良好[25]。表4展示了各个构面之间的标准差、相关系数。文中样本数据总共362个,通过结构方程模型(SEM)对假设进行验证(AMOS 25)。已有旅游相关研究通过SEM对TPB模型进行了验证[26]。

在结构模型中,为了检验特定的(假设)路径是否显著,用拟合指数确定模型是否可接受。如果标准拟合指数(NFI)与增量拟合指数(IFI)超过0.9,塔克-刘易斯指数(TLI)超过0.9,比较拟合指数(CFI)超过0.93,近似均方根误差(RMSEA)低于0.06[27],那么认为模型具有可接受的拟合度。分析结果揭示了总数据集的CFA模型值呈显著性($\chi^2 = 419.352$, df = 200, χ^2/df = 2.097, $p = 0.000$)。因此,分析结果支持了对旅游意图的假设模型,表明了总体数据的良好适配度(IFI: 0.953; TLI: 0.934; CFI: 0.952; RMSEA: 0.055),假设检验结果如表5所示,同时见图2。

结果显示,态度对乡村旅游意愿不具有显著影响($\beta = -0.017$, $p = 0.876$),因此假设1不成立。主观规范对乡村旅游意愿具有显著影响($\beta = 0.272$, $p = 0.002$),因此假设2成立。知觉行为控制对乡村旅游意愿具有显著影响($\beta = 0.161$, $p = 0.042$),因此假设3成立。生态环境对乡村旅游意愿不具有显著影响($\beta = 0.152$, $p = 0.333$),因此假设4不成立。生态系统对乡村旅游意愿不具有显著影响($\beta = -0.132$, $p = 0.424$),因此假设5不成立。生态社会对乡村旅游意愿具有显著影响($\beta = 0.433$, $p = 0.006$),因此假设6成立。已有乡村旅游经验对乡村旅游意愿具有显著影响($\beta = 0.094$, $p = 0.029$),因此假设7成立。

表4　构面的标准差、相关系数

	标准差	AT	SN	PBC	EN	EC	ES	PAR	BI
AT	0.096	1.000	0.762	0.686	0.654	0.622	0.603	0.162	0.595
SN	0.101	0.762	1.000	0.608	0.475	0.520	0.523	0.244	0.611
PBC	0.159	0.686	0.608	1.000	0.533	0.527	0.593	0.245	0.607
EN	0.127	0.654	0.475	0.533	1.000	0.879	0.839	0.128	0.616
EC	0.091	0.622	0.520	0.527	0.879	1.000	0.866	0.147	0.607
ES	0.107	0.603	0.523	0.593	0.839	0.866	1.000	0.174	0.691
PAR	0.019	0.162	0.244	0.245	0.128	0.147	0.174	1.000	0.272
BI	0.592	0.595	0.611	0.607	0.616	0.607	0.691	0.272	1.000

表5　假设检验结果

假　设		总数(N = 362)	
		β	p
H1	AT→BI	−0.017	0.876
H2	SN→BI	0.272	0.002
H3	PBC→BI	0.161	0.042
H4	EN→BI	0.152	0.333

续　表

假　设		总数（ N = 362 ）	
		β	p
H5	EC→BI	− 0.132	0.424
H6	ES→BI	0.433	0.006
H7	PAR→BI	0.094	0.029

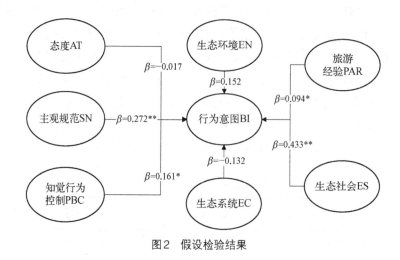

图2　假设检验结果

四、讨论与研究结论

本文基于TPB模型进行研究，发现得出的结论与传统结论有所差异，即态度对行为意图不具有显著影响，而主观规范与知觉行为控制对行为意图具有显著正向影响。在此基础上对TPB模型进行拓展，增加生态环境、生态系统、生态社会、乡村旅游经验四个构面。最后发现生态社会、行为意图具有显著影响。因此得出结论，在本研究中，主观规范、知觉行为控制、生态社会对乡村旅游行为意愿有正向显著影响。四者对乡村旅游意愿影响的程度中，主观规范对乡村旅游意愿影响程度最高，其次是生态社会，最后是乡村旅游经验与知觉行为控制。

（一）结论及理论意义

本研究采用并扩展了TPB模型，将生态社会和旅游经验纳入了原有的TPB模型，结构模型的结果显示了数据有着良好的适配度。

（1）实证结果显示，游客的主观规范、知觉行为控制的确对旅游意愿具有显著的正向影响。而且主观规范是对行为意愿具有最大影响的指标，本结果对乡村旅游研究领域的发展起到了促进作用。

（2）本研究中态度对行为意愿的影响不显著，即与预期假设不一致，这一结论与部分已有研究具有一致性[28]。在线上与实地调研的过程中，发现原因主要有以下三个方面：① 许多被试者来自农村，与城市出身的被试者相比，对乡村旅游给自己带来的身心健康、见闻增长、愉悦心情具有更加不敏感性；② 被试者趋于年轻化，正处于奋斗学业与事业期间，虽然有着很强的乡村旅游认可度，但是缺乏足够的资金支持，而上班族则缺乏足够的时间资源；③ 老年人则由于身体不方便，依靠忙于上班的年轻人赡养，虽然有着充裕的时间，但是缺乏出远门旅游的便利支持，即他们需要年轻人随时照看，但是年轻人没有足够的时间来带着老年人出去旅游。由于以上三个方面的原因，态度对他们乡村旅游意愿的影响具有不显著性。

（3）在TPB扩展模型中，生态社会（乡村性）与已有的乡村旅游经验均对乡村旅游意愿具有显著的正向影响。已有研究表明，游客对乡村性（乡村景观、乡村文化、农业经济、社区参与）的正向感知影响其对旅游目的地的满意度，进而影响其对该地的忠诚度[29]。一些研究表明乡村旅游的重游次数对重游意愿具有显著影响[30]，受到启发，本文尝试探索乡村旅游经验对乡村旅游意愿的影响，并得出确实具有显著正向影响。本文的生态社会主要通过浓厚的乡村气息、乡村邻里和睦两个指标进行测量。调查发现，生态社会构面正向影响旅游意愿，主要是因为游客更多希望从繁忙的生活和工作中脱离出来，到乡村观察美丽的乡村景观，感受农村发展与农户的生活状态以及更加舒心的乡村邻里和谐氛围，从而达到放松的目的。已有旅游经验对乡村旅游意愿具有正向影响，主要因为：① 大多数已经到乡村进行旅游的游客获得了良好的旅游体验；② 由于经历过乡村旅游，已有的经验会让潜在游客具有更多乡村旅游经验，从而感知到进行乡村旅游的可控性、实施性较强；③ 自己的旅游经历受到亲朋好友的支持。

（二）结论及管理意义

本研究可为旅游政策制定者和旅游管理者提供一些重要的启示。

（1）乡村旅游经验对乡村旅游意愿具有正向显著作用，主要原因是潜在游客从已有的旅游经验中可以减少风险感知，从而更愿意参与乡村旅游。因此政府与旅游经营者需要更加关注有过乡村旅游经验的游客；尽更大努力开发与执行广告与促销策略，让乡村旅游目的地在已有乡村旅游经验的游客中得到曝光；针对有旅游经验的人群，设计广告与促销策略提升乡村旅游目的地的吸引力，如人文特色、自然景观、历史遗址、农户参与的文化活动等，提高乡村在有乡村旅游经验的潜在游客中的认知和熟悉度。

（2）来自亲朋好友的影响即主观规范，对于乡村旅游意愿是一个重要的影响因素。如果乡村旅游者对乡村旅游过程有一个良好的体验或者更加积极的情感，那么他（她）会影响自己重要的相关者进行乡村旅游。地方政府与乡村旅游经营者，应该大力制定交流、教育政策来创造令人愉快的印象，并且为服务提供者设置更高的服务标准，以提升并确保乡村旅游者得到积极的旅游体验。

（3）感知行为控制对旅游意愿具有显著正向影响。如果游客对乡村旅游的行为实施充满信心，那么他就会有强烈的旅游意愿，进而采取行动进行乡村旅游。地方政府与乡村旅游经营者,应该改进交通设施的通达性,努力开发更多的一揽子旅游项目,设置更多的短途旅游服务项目,提高旅游的效率与旅游参与的机会,促进旅游者积极参与和更好地开展旅游活动。

五、不足与展望

本研究的不足之处在于,虽然大量的研究显示TPB模型的运用具有很强的说服力,但本文对游客旅游意愿的研究是基于扩展的TPB模型而非游客真正的旅游行为,因此应该注意的是游客真正的旅游行为与其旅游意愿依然具有差异性[31]。这表明未来可以通过纵向研究方法研究旅游者的实际旅游行为,探索旅游意愿与实际旅游行为的耦合性。此外,研究可以关注为什么在TPB模型的运用中,潜在的乡村旅游者的态度对旅游意愿不具有显著的影响作用。再者,未来的研究可以通过更多调查对象的数据搜集探索生态社会与旅游经验对乡村旅游意愿的影响,从而强化扩展的TPB模型的有效性。未来的研究还可以探索其他的旅游意愿的影响因素,比如探索乡村旅游目的地农户行为、情绪、自我概念等对旅游意愿的影响。

最后,应该注意TPB模型使用的局限性,本文没有考虑游客产生意愿以后的实际行为,而其实际行为也是TPB模型中的一个构面。本文的目标是证实、理解潜在游客乡村旅游意愿的驱动因素。为了和目标保持一致,本研究通过线上线下结合的方式对潜在游客进行问卷调研。采用TPB模型关注旅游意愿主要基于以下因素:① 旅游研究者与经营者的重要目标是证实、理解潜在游客的旅游动机,以开发有效的策略吸引新的游客。② 在调查市场营销、消费者行为与旅游研究中的行为意图时,大量研究广泛采用了TPB模型[32-34]。③ 考虑到时间的紧迫性,本研究的调研是将旅游意愿而非实际的旅游行为作为独立变量,以概括乡村旅游目的地的旅游行为影响特征。但是,未来的研究可以使用纵向研究方法,探索消费者行为意愿是否对实际行为具有预测作用。

总之,在乡村旅游行为意愿影响研究中,除了TPB模型中已有的构面——主观规范与知觉行为控制对旅游意愿具有正向显著影响以外,生态社会与旅游经验也对旅游意愿具有正向显著影响。而且,旅游经营者和政策制定者如何将这些因素运用于决策制定与市场营销策略中,本研究为其提供了清晰的方向和建议。

参考文献

[1] Bianchi C, Milberg S, Cuneo A. Understanding travelers' intentions to visit a short versus long-haul emerging vacation destination: the case of Chile[J]. Tourism Management, 2017, 59(APR): 312-324.

[2] Park J W, Choi Y W, Yoon Y C, et al. Estimation of willingness to pay of rural tourism[J]. Journal of Experimental Biology, 2012, 18(2): 56-70.

[3] 唐德荣,杨锦秀,刘艺梅.乡村旅游意愿及其影响因素研究:基于重庆市497位城市游客的调查数据[J].农业经济问题,2008(12):47-52.

[4] Martin H S, Herrero A. Influence of the user's psychological factors on the online purchase intention in rural tourism: integrating innovativeness to the UTAUT framework[J].Tourism Management, 2012, 33(2): 341-350.

[5] 王苏.基于消费者购买意愿的乡村旅游民宿环境友好特征建设研究[J].农业经济,2019(3):142-144.

[6] 赵雪祥,骆培聪.乡村旅游目的地游客旅游动机对重游意愿的影响:交往意愿的中介作用[J].福建师范大学学报(自然科学版),2019,35(6):108-116.

[7] Price C. Donations, charges and willingness to pay: aesthetic values for cathedrals and countryside[J]. Landscape Research,1994,19(1): 9-12.

[8] 李玉新,乌兰,靳乐山.乡村旅游景区门票的定价研究:基于北京市延庆县游客支付意愿的调查[J].价格理论与实践,2014(8):115-117.

[9] 黄娅,龙鸥,严兴.旅游者消费行为理论实证研究[J].商业时代,2010(17):21-22.

[10] Ruan W Q, Li Y, Zhang S, et al. Evaluation and drive mechanism of tourism ecological security based on the DPSIR-DEA model[J]. Tourism Management, 2019(75): 609-625.

[11] 李云,郭兆晖.基于马克思主义经济学的林业循环经济研究[J].北京林业大学学报(社会科学版),2008,7(4):44-47.

[12] 李军红.基于低碳旅游的夜空公园开发研究[J].地域研究与开发,2014,33(3):106-110.

[13] 徐永山,王晓春,黄春华.扬州茱萸湾风景区改造设计[J].中国园林,2013,29(12):103-106.

[14] 杨佩群.潮州市体验式乡村旅游的农耕文化发展研究[J].中国农业资源与区划,2017,38(9):226-230.

[15] 尹正江,李颜.对海南乡村旅游发展模式的探讨[J].中国市场,2006(44):34-36.

[16] 邓爱民,黄鑫.低碳背景下乡村旅游功能构建问题探讨[J].农业经济问题,2013,34(2):105-109.

[17] 唐明方,曹慧明,沈园,等.游客对低碳旅游的认知和意愿:以丽江市为例[J].生态学报,2014,34(17):5096-5102.

[18] Science E. International Journal of Hospitality Management[J]. International Journal of Hospitality Management, 1999, 30(2011): 468-476.

[19] Meng B, Choi K. Extending the theory of planned behaviour: testing the effects of authentic perception and environmental concerns on the slow-tourist decision-making process[J]. Current Issues in Tourism, 2016, 19(1-7): 1-17.

[20] 肖铁,尹珂.乡村旅游开发中农户生态风险认知对其参与保护意愿的影响研究[J].中国农业资源与区别,2020,41(4):243-249.

[21] 陶长江,付开菊,王颖梅.乡村旅游对农村家庭关系的影响研究:成都龙泉驿区石经村的个案调查[J].干旱区资源与环境,2014,28(10):203-208.

[22] Anderson J C, Gerbing D W. Predicting the performance of measures in a confirmatory factor analysis with a pretest sssessment of their substantive validities[J]. Journal of Applied Psychology, 1991, 76(5), 732-740.

[23] Hair J F, Black W C, Babin B J, et al. Multivariate data analysis: a global perspective[M]. New Jersey: Pearson Education, 2010.

［24］ Bagozzi R P. Evaluating structural equation models with unobservable variables and measurement error: a comment[J]. Journal of Marketing Research, 1981, 18(3): 375-381.

［25］ Kline R, Kline R B, Kline R. Principles and practice of structural equation modeling[J]. Journal of the American Statistical Association, 2011, 101(12): 172-173.

［26］ Chen M F, Tung P J. Developing an extended theory of planned behavior model to predict consumers' intention to visit green hotels[J]. International Journal of Hospitality Management, 2014(36): 221-230.

［27］ Li-tze Hu, Peter M Bentler. Taylor & Francis Online: cutoff criteria for fit indexes in covariance structure analysis: conventional criteria versus new alternatives[J]. Structural Equation Modeling:a Multidiplinary Journal, 2009, 6(1): 28.

［28］ Cheng, S. Negative word-of-mouth communication intention: an application of the theory of planned behavior[J]. Journal of Hospitality and Tourism Research, 2006, 30(1): 95-116.

［29］ 魏鸿雁,陶卓民,潘坤友.基于乡村性感知的乡村旅游地游客忠诚度研究:以南京石塘人家为例[J].农业技术经济,2014(3):108-116.

［30］ 尹燕,周应恒.不同乡村旅游地游客重游意愿的影响因素实证研究:基于江苏省苏南地区[J].旅游科学,2013,27(6):83-92.

［31］ Belk R W. Determinants of consumption cue utilization in impression formation: an association derivation and experimental verification[J]. Advances in Consumer Research, 1981(8): 15.

［32］ Lam T, Hsu C H C. Theory of planned behavior: potential travelers from China[J]. Journal of Hospitality & Tourism Research, 2004, 28(4): 463-482.

［33］ Quintal V A, Thomas B, Phau I. Incorporating the winescape into the theory of planned behaviour: examining 'new world' wineries[J]. Tourism Management, 2015(46): 596-609.

［34］ Sparks B, Pan G W. Chinese outbound tourists: understanding their attitudes, constraints and use of information sources[J]. Tourism Management, 2009, 30(4): 483-494.

（蒋依伶,重庆工商大学工商管理学院硕士研究生。）

基于卡诺模型的农村公共设施需求分析
——以安徽长丰县陶楼镇为例

经恩贤　方　敏　周　敏

摘要： 本文旨在对农村的公共设施需求进行分析，得出生活在农村的人对于公共设施真正的需求。特以安徽省长丰县一乡镇为例，运用卡诺模型和问卷调查相结合的方法分析农村居民真正的需求类型。研究表明，居民的年龄和使用时间段是影响农村公共设施被使用的主要因素，而居民需求类型则集中于基本型和期待型。本文还进一步得出，居民更注重路灯、健身器材、路口警示灯等公共设施的建设。这些研究结论能够为农村的基础公共设施建设提供一定的参考。

关键词： 农村；公共设施；需求分析；卡诺模型

党的十八大提出，2020年我国需要全面建成小康社会，这一年正是这一目标实现之年。党中央多年以"三农"主题印发重要文件，明确表示国家重农强农惠农的决心，同时全面部署了国家围绕脱贫攻坚和全面建成小康社会的相关工作，且明确提出要"对标全面建成小康社会加快补上农村基础设施和公共服务短板"。这一重大决策深刻影响着国家如期实现全面小康社会以及加快乡村振兴相关工作，同样也顺应亿万农民群众对美好生活的新期待。

在全面建成小康社会的工作中，可以直接反映出建成质量的因素包括：一是农村公共基础设施的建设，二是公共服务的质量。近些年中国经济社会发展已从高速发展转变成高质量发展，而当前存在的一大问题就是城乡发展不均衡。其中发展不均衡最明显的就是基础设施的建设状况以及公共服务的质量，所以习总书记也明确表示，必须重点建设农村公共基础设施，同时提高农村公共服务质量。在全面建设小康社会的近些年来，国家先后出台了多种政策措施，其中乡村振兴战略就重点提出建设农村公共基础设施以及提高公共服务水平。2020年中央一号文件对加强农村公共基础设施和公共服务建设进行了全面部署，既一脉相承，保持了政策的延续性，又不断创新，与时俱进地做出系统安排，顺应时代发展、呼应百姓需求,抓住了全面建成小康社会的关键环节[1]。

同时随着国家的快速发展,城镇人民生活以及人民健康水平都得到了显著的提高,年轻人口持续不断向城镇迁移,这也导致农村人口老龄化现象更为严重。在第四次中国城乡老年人生活状况抽样调查中,近六成的老年人认为存在居住环境不适合养老的问题,其中农村地区该观点占比高达63.2%,由此可见当下的农村养老缺失问题尤为严重[2]。老年人群作为农村内部主要使用群体,对于本地的公共资源及生活环境具有较大养老依赖。现阶段大多数农村地区在经历了新农村改造及美丽乡村基础建设后,居住环境得到了显著改善。然而村内的公共设施并未考虑到老年人的使用需求,环境养老功能还不健全,相关适老性需求问题并未得到解决。因此在农村公共设施建设的同时,也需要考虑居民年龄这一重要影响因素。本文将基于卡诺(Kano)模型对农村公共设施的需求进行分析,这将会为公共设施的建设提供一定的参考。

一、研究设计

(一)研究采用的技术

本文采用卡诺模型为基本分析方法,卡诺模型最初由日本学者狩野纪昭提出,其综合考虑产品的客观属性以及顾客对产品的主观感受,从而去研究顾客需求,并将产品质量特性分为必备质量、期望质量、魅力质量、无差异质量和逆向质量。此外,卡诺模型还将顾客需求划分为基本(必备)型需求(M)、期望(意愿)型需求(O)、魅力(兴奋)型需求(A)、无差异型需求(I)、反向型需求(R)这5种类型。现实生活中,企业在对用户满意度的调查研究中,利用卡诺模型对顾客需求进行分类,准确找到影响顾客满意度的因素,从而提升产品的市场认可度[3]。

(二)问卷设计

基于卡诺模型的研究方法,我们设计了与之对应的问卷。卡诺问卷分别通过正、反两面对一个需求项进行提问,得到群众对于需求项的评价。问题的提问方式是:如果提供该需求,用户是否满意;如果未提供该需求,用户是否不满意[4]。卡诺问卷调查的目的就是通过群众评价去确定用户需求种类。我们通过前期调研,深入乡镇去了解居民对于公共设施的需求分类,并进行了第一轮问卷调查(见表1)。

表1 第一轮问卷调查部分样题

题目/选项	不需要	无所谓	必须要
健身器材	7(2.99%)	44(18.8%)	183(78.21%)
棋牌桌	47(20.09%)	117(50.00%)	70(29.91%)
休息亭	6(2.56%)	53(22.65%)	175(74.79%)

续 表

题目/选项	不需要	无所谓	必须要
球类器材	8(3.42%)	51(21.79%)	175(74.79%)
儿童娱乐设施	5(2.14%)	55(23.50%)	174(74.36%)
自动贩售机、售水机	24(10.26%)	101(43.16%)	109(46.58%)
小型超市	15(6.41%)	51(21.79%)	168(71.79%)
村组布告栏	9(3.85%)	54(23.08%)	171(73.08%)
村电子信息屏	15(6.41%)	82(35.04%)	137(58.55%)
路口警示灯	9(3.85%)	43(18.38%)	182(77.78%)
WiFi亭	17(7.26%)	87(37.18%)	130(55.56%)
公交车候车亭	8(3.42%)	49(20.94%)	177(75.64%)
公共自行车	25(10.68%)	89(38.03%)	120(51.28%)
电动车充电桩	29(12.39%)	88(37.61%)	117(50.00%)
停车棚	23(9.83%)	82(35.04%)	129(55.13%)
休息椅凳	7(2.99%)	48(20.51%)	179(76.50%)
铺装图案	16(6.84%)	120(51.28%)	98(41.88%)
地灯	15(6.41%)	104(44.44%)	115(49.15%)
路灯	6(2.56%)	28(11.97%)	200(85.47%)
景观灯	22(9.40%)	101(43.16%)	111(47.44%)
移动花架	22(9.40%)	125(53.42%)	87(37.18%)
垃圾筒	8(3.42%)	26(11.11%)	200(85.47%)
清扫车	10(4.27%)	51(21.79%)	173(73.93%)
洒水车	12(5.13%)	82(35.04%)	140(59.83%)
垃圾分类回收装置（可回收垃圾有偿回收）	11(4.70%)	58(24.79%)	165(70.51%)
闲置共享设施（衣物、工具、玩具、书等）	15(6.41%)	88(37.61%)	131(55.98%)
少量农作物晾晒或者衣物晾晒设施	14(5.98%)	82(35.04%)	138(58.97%)

根据第一轮调研最终筛选确定所要研究的10个需求项，分别为健身器材、休息亭、球类器材、儿童娱乐设施、村组布告栏、路口警示灯、公交车候车亭、休息椅凳、路灯、垃圾筒，并按照需求项制作了第二轮卡诺问卷（见表2）。

表2 卡诺问卷部分样题

措施/态度	不喜欢	能够忍受	无所谓	理所应当	喜欢
政府增加建设健身器材	1	2	3	4	5
政府不会建设健身器材	1	2	3	4	5

问卷调查分为线上和线下两个部分,线上设置线上问卷,线下问卷发放地主要集中在安徽省长丰县陶楼镇新丰村附近,以此提高数据的可靠性。问卷内容分为居民基本信息和卡诺模型问卷两个部分,其中卡诺问卷的问题是基于已经获取的需求项,对同一个需求项从正反两个方面设定问题,回答的答案分为喜欢、理所应当、无所谓、能够接受、不喜欢这五个等级。以此分析居民对政府提供与不提供同一需求设施的满意度。数据收集完毕后,再汇总整理形成判断结果表,判断结果依据该表进行查询(见表3)[5]。

表3 卡诺模型评价结果分类对照表

		负向				
		喜欢	理所应当	无所谓	能够忍受	不喜欢
正向	喜欢	Q	A	A	A	O
	理所应当	R	I	I	I	M
	无所谓	R	I	I	I	M
	能够接受	R	I	I	I	M
	不喜欢	R	R	R	R	Q

注: 表中M表示基本型需求,O表示期望型需求,A表示魅力型需求,I表示无差异型需求,R表示反向型需求,Q代表有问题的异常回答[6]。

（三）卡诺问卷调查

针对之前设计的问卷,线上采用的方式是使用专业问卷调查网站"问卷星",对设计的问卷进行本乡镇之间网上转发填写;线下是去往乡镇设有公共设施的公共场所进行问卷分发填写以及入户调研填写。通过线上线下问卷收集,最终收到填写的问卷量为234份。去除地域因素影响和低质量填写的问卷,得到有效问卷216份,有效率为92.3%[7]。

二、结果分析及建议

（一）居民基本信息分析

在收集的问卷中,男性为146人,占比为67.72%;女性为70人,占比为32.28%。在公共设施使用频率中,从不使用的占比9.81%,很少使用的占比34.09%,偶尔使用的占比35.07%,

经常使用的占比21.02%。由此可看出,现在的公共设施对于居民的吸引力不算太大,在以后的建设中更应该建设具有吸引力的设施,真正满足居民的需求。在锻炼季节中,春、夏、秋、冬各自占比为55.12%、57.48%、35.43%、50.37%;在锻炼时间段中,清晨、上午、下午、傍晚各自占比31.5%、29.92%、45.67%、63.78%。可见,由于傍晚锻炼人更多,所以要考虑到路灯的安装等问题。

另外在一些交叉分析中,例如在年龄段与健身器材需求的交叉分析中(见图1),可以看出随着年龄段的增加,他们对于健身器材的需求会有所降低。那么在基础设施建设中,可以根据居民的年龄分布情况完善健身器材的建设[8]。

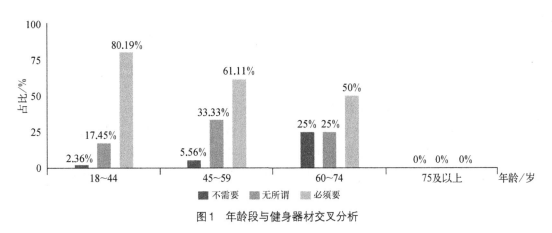

图1 年龄段与健身器材交叉分析

(二)居民需求分析

根据关于农村公共设施需求调查的卡诺问卷结果进行汇总分析,并以此得出居民对于公共设施的需求归类表(见表4)。这10个需求项又可以归纳为4种居民需求类型(见表5)。

表4 居民需求归类表

需求项	M	O	A	I	R	Q	归属项
健身器材	36	54	98	18	5	5	A
休息亭	38	66	44	35	16	17	O
球类器材	40	38	67	42	11	18	A
儿童娱乐设施	23	17	36	94	20	26	I
村组布告栏	19	25	44	102	14	12	I
路口警示灯	24	67	54	46	12	13	O
公交班次	29	71	47	49	6	14	O
休息椅凳	33	63	55	48	8	9	O
路灯	68	43	45	37	10	13	M
垃圾筒	70	39	52	33	7	15	M

表5 需求类型分类

		需 求 项
需求类型	基本型需求（M）	路灯
		垃圾筒
	期望型需求（O）	休息亭、路口警示灯
		公交班次、休息椅凳
	魅力型需求（A）	健身器材
		球类器材
	无差异型需求（I）	儿童娱乐设施
		村组布告栏

根据居民需求调查问卷结果统计分析可得,居民的需求大致有四类:

（1）基本型需求也可以称为必备型需求,是顾客认为产品或者服务必备的属性,是对产品或服务最基本的要求。当此要求属性可以满足顾客需求时,顾客会认为这是理所应当的,并不会变现出满意;但当其属性不够满足顾客需求时,顾客会很不满意。居民的基本型需求有路灯和垃圾筒。对于生活在农村的居民来说,这两个设施无疑是最贴近生活的,基本每天都会用得到。所以在农村公共设施的建设中,这两个是必不可少的设施。

（2）期望型需求也可以称为意愿型需求,此类需求的属性与顾客的满意程度呈现正比例关系,如果此类需求属性表现良好,客户就会感觉很满意。产品或者服务水平超出顾客期望越多,顾客的满意度就越高。而当此类需求如果表现不好的话,客户对产品或者服务的不满程度也就越高。居民的期望型需求有休息亭、休息椅凳、公交班次以及路口警示灯。由于这些公共设施与生活比较密切,如果在居民某次需要使用时,未能达到想要的需求,这会使居民反感,对于整体的公共设施也会感觉不满。

（3）魅力型需求也可以称为兴奋型需求。此类需求一般不会在顾客的期望之内,或者说顾客不能对其期望太高。如果产品或者服务提供了此类需求,顾客会感到满意,并且随着此需求对于顾客的满足度的提高,顾客的满意度也会迅速提升。只要顾客感到满意了,哪怕产品或者服务表现并不完善,顾客也不会有明显的不满。当然,即使不在期望内,顾客也不会有很不满的表现。居民的魅力型需求有健身器材和球类器材,对于生活在农村的居民来说,由于平时的不停劳碌,很少有闲余时间去健身或者进行球类运动。所以这两个设施对于他们来说有就行,如果能做得更好那居民肯定更乐意,毕竟还有一些年轻居民或者回农村度假的年轻人对于这两个设施的需求度还是挺大的。

（4）除了上述的基本型需求、期望型需求和魅力型需求外,还有无差异型需求。顾客一般不会考虑这类需求项,即不管这类需求是否得到满足,顾客都不会表现满意或者不满意。居民的无差异型需求有儿童娱乐设施和村组布告栏这两个设施。由于这两个都是无关紧要的公共设施,而且实用度也很低,所以居民对此的态度都是认为其无关紧要。

(三)农村公共设施建设的建议

伴随着全面建成小康社会目标实现之年的到来,党中央高度关注农村公共基础设施的建设以及公共服务水平的提高。在全面建成小康社会工作中,农村公共基础设施的建设又直接反映出全面小康社会的建成质量,因此农村基础设施的建设工作必须保质保量完成。根据本次的调研以及基于卡诺模型的分析,给出以下几点建设建议。

(1)基于必备需求,提高已有设备服务质量。经过第一次问卷调查筛选出的10个需求选项中有路灯、垃圾筒2个必备设施需求。所以政府在建设以及后期的保养中,都应该将这两个作为重点关注的对象,不仅使其要达到一定的数量,而且必须保证其质量始终达到居民的需求。

(2)基于期望属性,增加居民需求的服务。在居民的需求中有4项都是期望型需求,所以首先我们得继续将这些设施的基本优点延续下去,同时我们还需要调查这些设施有哪些是可以继续提高服务质量的,有哪些是需要修改的,由此可以不断提高居民的正向情感,并消除他们的反向情感。

(3)基于魅力属性,打造更加有吸引力、有特色的设备。卡诺模型向我们表明:个性化特色服务是最能打动顾客、给顾客带来惊喜的品质属性,因此被划分为魅力需求,而个性化服务在农村公共设施中可以由健身器材以及球类运动器材表现出来。许多农村中要么缺少球类运动器材或者运动场地,要么就是由于健身设施单一且由于长时间暴露于室外,很多已经损害或十分脏乱,很少有人使用。如果政府部门可以丰富这些器材,引进有特色的健身运动设施,并且修缮室内运动场所,则将大大提高居民对于公共设施的满意度。

三、结语

本文以安徽省长丰县陶楼镇为例,运用卡诺模型和问卷调查相结合的方法研究当地居民对于农村公共设施的需求。研究表明现有的公共设施既有优点也有缺点,且缺失一些必备设施,而有的设施是多余的。所以我们必须提高已有的设备质量,引入有特色的设备服务,使得农村的公共设施更加符合居民的需求,从而提升居民对于公共设施的满意度,提高农村居民的生活水平。

参考文献

[1]李伟国.加快补上农村基础设施和公共服务短板[J].农村工作通讯,2020(5):22-24.
[2]董璐.农村公共设施适老性改造设计研究:以浙北地区为例[J].设计,2019,32(17):56-59.
[3]黄丽,余娅婷,付丽萍,等.基于Kano模型分析法的老年公寓服务改善策略研究[J].攀枝花学院学

报,2020,37(3):58-63.

[4] 樊根耀,安天娇,李武选.基于改进Kano模型的服务优化研究[J].重庆理工大学学报(自然科学),2020,34(5):233-237.

[5] 严思敏,汪可欣,高子萱,等.基于Kano模型的博物馆文创产品顾客需求分析[J].现代商贸工业,2020,41(5):64-66.

[6] 梅正午,谢舜.农村公共文化服务需求识别方法的缺陷及其优化研究:基于Kano模型的分析[J].湖北行政学院学报,2019(3):67-72.

[7] 王恺珍.基于Kano模型分析法的高校图书馆服务质量提升研究[J].曲靖师范学院学报,2019,38(6):117-123.

[8] 赵雅婷,顾东晓,赵树平,等.基于Kano模型的养老服务机器人功能需求研究[J].合肥工业大学学报(自然科学版),2019,42(10):1419-1423.

[9] 张勇.基于Kano模型的文创型重庆火锅产品消费偏好研究[J].商场现代化,2020(8):4-6.

（经恩贤，河南理工大学建筑与艺术设计学院硕士研究生，主要研究方向为工业设计理论与方法。）

乡村振兴背景下广西少数民族地区乡村特色景观修复研究

鞠洋洋

摘要：本文以乡村振兴与脱贫攻坚有机融合视角探究少数民族地区特色景观存在的外向度、内向度现象问题，提出"双循环"新发展格局下修复广西少数民族地区居民对乡村聚落景观、立体滨水景观、农业生产景观、民族旅游景观与乡村休闲美学方面的特色景观基因的存续模式。以多元化来提升特色景观的复合功能并促进广西少数民族特色景观永续发展，实现美丽广西、生态乡村，拓宽广西少数民族地区扶贫发展的新路径。

关键词：乡村振兴；少数民族；乡村特色；景观修复

广西是多民族聚居区，少数民族主要集中在广西西部和北部，这些地方有独特的文化特征，但因经济相对不发达成为国家扶贫开发重点区域。随着自然条件的恶化以及经济发展带来的环境问题，少数民族地区面临着生态系统严重退化和特色景观破碎等一系列人居环境问题。特色景观修复是解决广西少数民族地区乡村景观问题和矛盾的有效途径之一，乡村特色景观修复是少数民族传统民俗、文化的艺术性载体，目的是让广西少数民族地区乡村特色景观资源可以持续利用，充分发挥景观保育方法，修复受损的自然生态系统和破坏的人文景观环境，实现人与自然环境关系的持续共生、协调发展，实现地区经济、生活的提高和生态环境的和谐。

一、广西少数民族地区乡村特色景观现状分析及发展诉求

广西少数民族地区乡村特色景观的现状存在两个向度。一方面，特色景观的外向度层面主要体现在当地相关部门没有一个系统合理的规划及引导，乡村振兴与脱贫攻坚支持资金的来源渠道单一。随着经济社会发展和城市化进程的快速推进，传统的人口结构和城乡地域空间形态被打破，建筑空间布局无序发展，导致少数民族乡土特色景观破碎化程度高。

另一方面,特色景观的内向度层面凸显为年轻群体对本民族文化缺乏情感,以及对特色景观保护意识薄弱,对文化的适应性较差,舍近求远地去追求外来价值观念。

通过对广西少数民族地区现状的分析发现,产业扶贫是促进当地经济发展提高居民生活质量的有效途径之一。"广西各民族在长远的发展进程中产生了独特而深邃的历史文化特征,其中壮族文化、岭南文化、广府文化最为突出,在这些丰富的特色民族文脉中,传统农耕文化景观、原生态手工艺品等都是广西少数民族所特有的文化品牌和形象",[1]依托这些文化内涵和品牌形象修复传统建筑景观,恢复新增特色的立体滨水景观,发展良性循环农业生产景观,从而达到产业扶贫的新路径。

以各民族风俗活动和休闲美学的概念与特征为基础,对少数民族乡村聚落景观、立体滨水景观、农业生产景观、民族旅游休闲景观的修复路径进行规划。为了让居民更好地享受乡村休闲美学带来的愉悦,不同的景观要带有本民族的元素,既满足休闲主体对自由、轻松的渴望与需求,也能唤起人们对少数民族乡村特色景观的追求。

二、广西少数民族地区乡村特色景观修复策略

人们过于追求经济发展造成了广西少数民族地区乡村特色景观的破坏。修复广西少数民族地区乡村特色景观时需要结合乡村地域特点,保证在留住青山绿水的同时深度发掘休闲美学的深层含义,有针对性地将少数民族传统聚落景观及人文精神与休闲美学以及社会美、自然美和艺术美交叉融合;在促进立体滨水景观生物多样性保护时,要以实现多元互补、和谐共生的理念为基础进行规划;农业生产景观则是要注重创建传统风、民俗情的特色农耕文化体验模式,以此来推动乡村产业的发展与文化的活态传承;民族旅游休闲景观的保育发展是要在融入少数民族乡土情感的同时坚持差异化发展,每个少数民族都有自己的文化传承方式和特色,应该凝练出符合本民族旅游休闲文化的符号,并将它打造成产品品牌加以推广,从而形成可持续发展的复合型产业链。

少数民族特色景观修复的目的是,在乡村振兴与脱贫攻坚有机融合理念的指导下借鉴其内生动力与外延价值,激发广西少数民族地区的内在活力及向心力,发挥广西少数民族乡村特色景观修复在脱贫致富中的重要作用。广西各少数民族文脉是乡村特色景观的映射,例如乡村聚落景观中三江少数民族以木质鼓楼为主,龙胜瑶族以半干栏式建筑为主,融安苗族以吊脚楼为主;立体滨水景观则体现在壮族分布较多的柳州,他们的生产、生活主要围绕柳江开展,富川瑶族则靠近龟石水库,隆林彝族也是多靠近天生桥水库周边繁衍生息,大部分少数民族聚居区都建在河流、湖泊等靠近水源的地方;农业生产景观表现最为突出的龙胜梯田在古老的耕作文化中非常具有地方少数民族的乡土特色;民族旅游休闲景观在广西的发展优势明显,各少数民族乡村地区自然景观资源丰富,民族风俗表现形式多元化。无论何种形式的少数民族乡村特色景观在保育策略方面都要遵循少数民族赋予自然景观、人文景观的不同表达含义,妥善解决并修复乡村地区特色景观与空间、生态、经济和社会的融洽

关系。总而言之,应结合广西少数民族地区独具特色的传统文脉活动内容及形式特点,从宏观、中观、微观3个层面,施行与之相匹配的旅游空间要素保护与利用策略。

三、少数民族乡村聚落景观肌理再生营造

基于乡村振兴与脱贫攻坚有机融合背景研究广西少数民族地区特色景观修复存在的问题。以科学规划引导乡村聚落景观肌理再生营造,还原少数民族传统聚落文化,打造特色建筑景观群。乡村聚落文化空间的基本构成要素包括人、建筑、空间。广西少数民族乡村聚落景观作为肌理再生的承载空间,因自然、地理、经济、社会和人文条件差异而形成物质文化遗产的风貌特征,经再生营造特定的文化表现形式,通过少数民族传统文化活动的集中地或文化表现活动的特定场所实现或展示出来。只有互为兼容且协同一致,才能实现少数民族农村聚落景观的可持续发展。

由于广西自然环境和地理位置特殊,拥有较多保存比较完整的少数民族古村落,因此各民族厚重文化积淀的不同造就了民俗风情与建筑特色的区别。随着社会的发展,传统村落空间构成中的屋建筑、庙宇宗祠、乡村道路等难以满足现代人的需求,以及乡村地区未形成系统性规划,在本不适宜的地形上建造新房,使得传统民族聚落建筑风格混乱,导致传统乡村聚落景观的统一性遭到破坏。例如黄姚古镇中的老建筑多青砖石板,带有岭南特有的镬耳墙元素,但当地人为了满足旅游需求无序地建造;三江少数民族的建筑多为木质结构建筑,最为明显的就是聚落中心位置建有鼓楼,鼓楼作为少数民族聚落的核心建筑是必不可少的,但现在出现了很多砖木混搭的建筑造型;龙胜瑶族的半干栏式建筑,多为竹木结构二层建筑,长脊短檐式的屋顶以及高出地面的底架,都是为适应多雨潮湿天气的需要,但人们为了满足需求未考虑实际情况,多采用砖石水泥浇筑,破坏了传统聚落景观的风貌。

农村聚落景观肌理修复再生时要重点完善乡村聚落的基础设施并规划乡村聚落人文精神场所,优化乡村内部聚落景观功能结构的合理性,修复外墙立面的样式、颜色和铺贴材质,兼顾少数民族历史文脉和社会关系的融洽,运用少数民族传统材质与技艺进行修缮和装饰,引领聚落景观活力复兴,保证少数民族地区特色聚落景观的可持续发展。

四、少数民族立体滨水景观的空间重塑

由于历史原因,广西少数民族多居住在靠近水源的群山或丘陵地带,这也导致少数民族乡村地区传统民俗与滨水景观及地形互相影响、息息相关。同时随着社会快速发展,陆地交通变得越来越便捷,从而导致众多少数民族地区水系景观破碎,进而影响了滨水景观的生物多样性保护。

立体滨水景观常用于山脚或丘陵地区的乡村。灵渠位于广西兴安县,地处南岭山脉西段、湘桂走廊之间,灵渠中现存的还有渠首、陡门、堰坝这些立体滨水景观,由于年久失修、缺

少维护,这些立体滨水景观已经不能很好地适应自然环境以及为生态景观平衡发挥作用,因此必须通过了解特色景观材质及构造,在遵循原貌的基础上融入现代人们生产生活所适应的方式进行合理修复,以实现可持续发展的重要目标。柳江流域是壮族聚居较多的地区,前些年由于该地区环境保护意识不强,导致柳江水质污染严重,立体滨水景观遭到严重破坏,人居环境越来越差。后来经过对该地区滨水景观的立体空间修复和重塑,使柳江既兼具了当地自然生态和少数民族人文元素,又让滨水景观的空间功能和生物多样性明显提升。

利用地形的高低落差优化空间结构,对立体滨水景观进行科学合理地规划,增加亭台水车、钓鱼亲水区、滨水漫步系统和水生植物等元素,改善对水源的涵养和对生物多样性的维护,以及防风防沙和保持生态平衡,将有助于拓展乡村景观的游憩空间以及滨水景观价值的高效发挥。

五、少数民族农业生产景观的生态系统构建

广西少数民族地区农业生产景观是文化精神和物质财富的融合,具有较强的地域性。农业生产景观的构成元素主要包括农田林地、草场植被等系统。这些农业生产景观场所展现了少数民族传统耕种文化,通过开发新型农业生产景观,打造传统特色农耕文化品牌,增加乡村劳作体验、民俗风情体验和农业稻田广场等特色模式,形成特色农业种植观赏基地、农耕文化体验学习基地、农副产品加工基地、农业商品展销中心等。农业生产本身就是自然景观中的一部分,少数民族乡村可根据地域环境和实际情况种植相关农作物,例如贵州的从江侗乡稻鱼鸭系统,云南的普洱古茶园与茶文化,以及广西龙胜的龙脊梯田,气势磅礴、规模宏大,其复合稻作梯田生态系统是典型的文化景观遗产和农业生产物质遗产,体现了人类农业活动与自然景观以及农耕文明与少数民族民俗的完美融合。"这些农业生态景观都是根据当地实际情况保留并继承了传统的生产方式,保护了生物多样性的同时也使生态景观可持续发展,形成了独特的土地利用系统。"[2]

在发展特色农业生产景观的同时也要推进少数民族优秀传统文化和农业生产景观的深度融合,以期助推脱贫攻坚。并且通过构建农业生产体验、田间管理、市民农园的模式,充分整合利用土地资源,注重植物品种的质量和多样性,提高游客参与度。最终,将农业生产景观与生态系统的构建相融,让村民能享受到更多实惠并成为广西地区促进经济增长的有效途径之一。

六、少数民族旅游休闲景观的文化载体拓展

少数民族旅游休闲景观以少数民族传统文化为根本,旅游休闲是附加于其上的功能。少数民族旅游休闲景观的实践与探索,是本民族文化自信的彰显和提升,是新时代乡村经济的客观反映,而与旅游空间紧密结合的文化空间是透视传统村落非物质文化遗产活态传承

现状与困境的重要视角。

广西多地少数民族文化已经渗入旅游景观项目中,并成为传统旅游扩容提质与升级转型的方式之一,应进一步把握少数民族旅游休闲景观物质文化遗产与非物质文化遗产之间的内在逻辑关系,拓宽文化载体的内涵与外延。从旅游背景的文化空间要素对历时性维度进行分析,了解文化载体事项在当代的存在方式和存在过程,以及提高游客对民族旅游休闲文化的原真性体验,施行与少数民族社会生活方式关联的日常化组织管理策略。壮族三月三的民族"歌圩节",龙胜瑶族的"晒衣节",贺州富川的"上灯炸龙节"以及"盘王节"等少数民族传统民俗节日与旅游休闲景观的相结合既产生了载体,又达到以少数民族传统文化促进当地旅游业发展的目标,同时又以旅游业来带动广西少数民族地区经济的发展。当地旅游休闲业的发展过程按广西少数民族地域来规划,"可以分为郊野休闲度假型、民族村寨文化传承型、山区林地综合开发型、湖区湿地保护利用型和老区产业扶贫带动型等"。[3]

根据乡村振兴发展背景下少数民族旅游休闲景观的文化载体活态传承及利用体现出的新动力、新方法、新形式、新模式,从少数民族文化载体延续性与旅游休闲景观文化延续性的角度,提出少数民族旅游休闲景观活态传承及合理利用的两大路径——静态保护和动态保护并存,舞台化生存和生活化生存并重。尤其要发挥少数民族的活态性特点,将非遗的展现、使用、保护和传承完全融入当地民众的日常生活,实现少数民族传统手工艺制作等特色旅游休闲景观方面的文化载体方式的拓宽。

七、结论

在乡村振兴与脱贫攻坚有机融合背景下通过广西少数民族乡村聚落景观、立体滨水景观、农业生产景观、民族旅游休闲景观这四方面的修复方式,形成新时代发展下广西地区与少数民族文化独特融合的复合发展景观。基于整体综合性、部分因地制宜、生态优化原则,以及便于发展居民生产生活和生物景观多样性的原则,融合广西少数民族地区独有的自然遗产景观和人文物质遗产景观,依托各地民族手工特色景观产业实现"一域一品",为生态乡村下的广西少数民族地区的居民生活状况带来改善。

参考文献

[1] 张莉.中国东西部地区扶贫协作发展研究[D].天津:天津大学,2016.

[2] 张安录.论中西部农业可持续发展的生态环境支持体系建设[J].农业技术经济,2000(6):54-58.

[3] 俞孔坚,王志芳,黄国平.论乡土景观及其对现代景观设计的意义[J].华中建筑,2005(4):123-126.

（鞠洋洋,北部湾大学陶瓷与设计学院助教。）

乡村振兴战略下乡村文化振兴的路径研究

李 琳 张存杰 梁 骁

摘要：2019年，国家发布"全面振兴传统文化"的重大国策，为文化振兴提供了良好的契机。近代以来，乡村文化在与现代社会的碰撞中经历了被动变迁与逐渐衰落的过程。在城市化、现代化进程中，乡村文化发展陷入了极大的困境之中。乡村文化是中华文化的源头，无论在过去、现在还是未来都是中华民族的宝贵财富。新时期，乡村文化振兴是乡村振兴的灵魂。在深刻认识乡村文化振兴重要意义的基础上，作者认为应通过增加文化自信和认同、发展乡村产业、发挥互联网及新媒体作用以及构建多元化主体乡村文化建设模式等途径破解乡村文化无人继承、无人愿意继承以及制度方面的困境，实现乡村文化振兴。

关键词：乡村振兴；乡村文化；文化建设

城市化和现代化的快速推进及其向乡村地区的渗透，迫使乡村文化被动变迁，导致乡村文化衰落。乡村文化是中华民族智慧的结晶，是中华文化的源泉，乡村文化衰落是中华民族的重大损失。2018年，《乡村振兴战略规划（2018—2022年）》提出加强农村思想道德建设，传承发展乡村优秀传统文化，丰富乡村文化生活，加强乡村公共文化建设，重建乡村文化自信。这为实现乡村文化振兴提供了契机。

一、乡村文化的历史变迁

乡村文化是农业生产生活实践的产物，是乡村共同体中人与人、人与自然、人与社会长期互动的结果，不同地域乡村文化的区域性造就了乡村文化的差异性。长久以来，乡村文化不仅维系着乡村社会的日常生产生活，也规范着人与自然、人与社会的基本关系，在乡村社会中发挥着不可替代的作用。但随着现代化的发展和城市化的快速推进，乡村封闭格局被打破,乡村文化受到外来文化及新秩序的冲击,经历了被动变迁与逐渐衰落的过程。

（一）新中国成立前：乡村文化固守阶段

鸦片战争是中国近代化开端,乡村文化变迁也由此开始。但由于乡村社会的封闭性以及小农经济的自给自足性,乡村文化依然呈现出超强的稳定性,因而乡村文化在第一次遭遇西方现代化冲击的时候,依旧能够不紧不慢地实现自身的传承和发展,继续维持着近代以来的乡村社会秩序。

随着西方列强的不断侵入,乡村文化赖以生存的小农经济逐渐解体,乡村社会的封闭格局逐渐被打破,乡村文化伴随乡村社会结构的变迁而变迁。随着民族危机加深,近代知识分子纷纷把目光瞄向西方,学习西方科技、政治制度等,这在一定程度上促进了西方现代观念在中国的传播。1911年,辛亥革命爆发,推翻了清王朝统治,成立了中华民国,新政府提出了移风易俗政策,如禁止缠足、割辫等,在一定程度上促进了社会风尚的现代化。但这一时期,乡村文化依然保有稳定性,依然是人们进行生产生活的重要价值遵循,乡村文化依然在维持乡村社会秩序中发挥着重要作用。

（二）新中国成立至改革开放：乡村文化的二元化

新中国成立后,我国乡村社会结构经历了巨大的变革,乡村文化变迁加速,并形成乡村文化二元化格局。这是一个"有计划的社会变迁"阶段,是"从自然村落到集体共同体社会"的过程[1],"皇权不下乡"的乡村社会治理模式已经成为历史。这一阶段,国家权力不断向农村延伸,国家意识形态及文化也通过各种文件、规范等全面渗透进乡村,逐渐影响着乡村文化。

改造乡村文化、教育村民是新中国成立后我国文化工作的重要内容。"政府不仅通过'破四旧'来摧毁农村的大众文化设施,并且不断地攻击祭祖和宗族组织、风水信仰和父权观念、夫权观念等封建迷信,而且力图通过社会主义教育,树立新人与新文化。"[2]在这一社会背景下,乡村文化急剧变迁。新文化受到国家权力支持而在乡村快速发展,但村民未能深刻理解新文化和新的价值观念,依然用传统的乡村文化指导生产生活,就形成了新文化与传统文化共存的局面,即乡村文化的二元化。当时"改变农村及农民传统文化政策至多是表面上获得了成功,最多是使这些传统习俗由明显而正式的合法形式转变为暗地的非正式的'非法的形式',某些传统信仰及价值观念仍不断流传。"[2]

（三）改革开放后：乡村文化逐渐衰落与保护

改革开放后,城市化和现代化快速推进,国家开放程度逐渐提高,乡村社会结构进一步解体。在现代观念及市场经济影响下,乡村社会逐渐由"熟人社会"变为"陌生人社会",村民转变为市民,乡村文化也逐渐沦为边缘文化。首先,工业相对于农业的高收益性,导致乡村青壮年纷纷背井离乡流入城市,乡村主体大量流失;为适应现代生活,这些人不得不接受现代观念,乡村文化也就在"人的现代化"进程中逐渐被遗弃。其次,城市文化及现代观念源源不断地向乡村渗透,严重挤压了乡村文化的生存空间,乡村文化发展陷入困境。"现代性不仅体现在器物层面,而且在观念(灵魂)和逻辑层面,在根本的行为动力和人生目标上面改造和重塑中国农村。现代化这一次不只是粗疏地掠过传统,而是细密地改造和改变传统,是彻底地消灭传统。"[3]在这样一种背景下,乡村文化快速衰落。

面对乡村文化衰落的局面,国家对乡村文化的保护力度逐渐加大。一系列围绕乡村文化保护的实践也快速展开。但由于盲目开发及不合理开发,乡村文化保护走上了"文化搭台,经济唱戏"的道路,在某种程度上造成了乡村文化的扭曲和失真,乡村文化保护任重道远。新时期我国提出乡村振兴战略,强调乡村文化振兴是乡村振兴的灵魂。2020年,中共中央发布"全面振兴传统文化"的重大国策,乡村文化振兴迎来良好的契机。

二、乡村文化振兴的必要性

优秀的乡村建设并非简单的城市复制,更在于乡村内在的生命动力和活态品质的挖掘与提升。乡村文化作为乡村的内在灵魂,对乡村文化的挖掘与发展是乡村建设的重点。从历史的角度出发,乡村文化是中华文化的源泉,是城市文化的根基,是中华民族的宝贵财富;从现实角度出发,乡村文化给予工业文明以启迪,乡村文化振兴势必会推进乡村振兴的进程。

（一）乡村文化是中华文化的源泉

在五千年的农业生产生活实践中,中华民族以其勤劳、智慧、勇敢创造出了灿烂悠久的历史文化,这些文化以乡村文化为根基,不断丰富和发展并传承至今。乡村文化有"天人合一""顺应自然"的人与自然和谐共处的自然观;有诚实守信、尊老爱幼的道德观;有与人为善、守望相助的交往原则以及对"大同社会"的美好追求等[4],为中华民族提供了基本的价值遵循,构成了中华民族的核心价值观,中华文化在乡村文化的基础上不断丰富和发展。正如梁漱溟所说:"中国文化以乡村为本,以乡村为重,所以中国文化的根就是乡村。"[5]

在五千年的历史发展中,乡村文化深深扎根乡村,成为乡村社会的基本价值遵循,也为中华民族留下了宝贵的文化遗产。诸如剪纸、木雕、石刻等物质文化遗产以及农业生产技艺、农谚、民俗、礼仪等非物质文化遗产,这些文化遗产至今仍熠熠生辉。在漫长的中华文明史中,乡村文化源源不断地为中华文明提供精神营养,实现了中华文明不间断的持续性发展,使中华文明成为世界文明中最闪亮的明珠。尽管乡村文化中的部分内容不再适应当代社会发展,但乡村文化始终是中华文化发展的根基,失去乡村文化,中华文化将成为"无源之水",最终会限制自身发展。

（二）乡村文化是现代社会发展的有力支撑

部分人认为随着现代化的发展,乡村文化将不合时宜,终将会被社会淘汰,但乡村文化在当代社会发展中依然发挥着重要作用,尤其当面对难以解决的难题时,古人的智慧给予了现代社会莫大的引导与支持。

第一,乡村礼俗文化维持社会秩序。费孝通先生提出了著名的"差序格局"理论,认为乡土社会通过"差序格局"构建起了乡村社会的礼俗秩序。[6]乡村社会礼俗文化包含了伦理道德、价值追求、行为规范等,具体表现为乡规民约、风俗习惯、精神信仰等,具有调节、约束、规范村民行为,维持乡村社会的和睦与稳定的作用。当代社会道德观念滑坡,儿女不孝、老人碰瓷等社会现象频发,因此积极解读并运用乡村礼俗文化具有重要意义。积极弘扬诚实守信、尊老爱幼、孝敬父母、崇德向善等道德观念,能够发挥乡村礼俗文化的教化功能,促进个人道德水平提升,培育文明的社会风尚,进而维持社会和谐与稳定。新时代倡导"家风""家训"正是对乡村礼俗文化的完美运用。

第二,乡村文化为文化产业注入新动力。我国乡村文化历史悠久、内容丰富,不仅具有文化价值、社会价值,也能够带来巨大的经济价值。随着经济发展,文化产业迅速崛起,但在快速崛起的同时,文化产业发展雷同,特色不足的弊端日益显露,成为限制文化产业发展的瓶颈。乡村文化丰富、独特、差异化的内容,为各地文化产业注入了新的动力。例如,深入挖掘乡村传统文化资源,充分发挥乡村文化遗产在文化旅游发展中的积极作用,不仅能够丰富旅游活动,增加旅游产业的文化内涵,还提升了旅游产业附加值,促进了当地经济发展。临沂竹泉村作为特色鲜明的古式村落,通过近年来的旅游开发,极大地促进了当地经济发展。2019年,竹泉村入选全国乡村旅游重点村名单,实现村民人均年收入3万元。

三、乡村文化振兴困境

在城市化和现代化的快速推进下,乡村社会结构经历着前所未有的大变局,极大地改变着乡村文化的生存空间。城市工作的高收益性吸引乡村青壮年流入城市,导致乡村建设主体流失;乡村文化主体对乡村文化缺乏自信,纷纷放弃传统文化,接受和学习现代文化观念;现代语境下,乡村文化二元化等,导致了乡村文化面临无人继承及无人愿意继承的困境。

(一)乡村主体流失

一方面,当代国家对城市化的快速推进以及现代工业的高收益性促使乡村青壮年劳动力纷纷离开乡村,进入城市。据统计,1978年我国乡村人口占总人口的比重为82.1%,城镇人口仅占17.9%。及至2018年,我国乡村人口占总人口的比重仅为40.42%,城镇人口高达59.58%。在四十年的时间里,乡村总人口减少40%以上,并呈现持续外流的趋势。村民是乡村社会建设的主体,乡村青壮年大量外流的直接后果是导致乡村社会的空心化,造成乡村社会的单边衰落,再加上乡村文化以乡村社会为生存空间,这造成乡村文化的生存空间日益萎缩,乡村文化的再生产也大打折扣。

另一方面,村民既是乡村文化的使用者,也是乡村文化的传承者和创作者,乡村青壮年大量流失,使乡村文化陷入无人继承的境地。长久以来,乡村文化一直是维系乡村社会生产生活的基本价值遵循,乡村主体大量流失导致乡村人口骤减。随着乡村青壮年劳动力大量外流,乡村人口逐渐以老年人、儿童为主,而这部分人文化素质较低且对乡村文化的运用意识淡薄,乡村文化处于"无用武之地"的尴尬境地,且随着"村民的现代化",乡村文化逐渐被遗忘,进一步加剧了乡村文化生存和发展的困境。

（二）乡村精英隐退与村民缺乏文化自信

乡村精英是古代"乡贤"的现代化阐释。乡村精英具备较高的文化素质,历来是乡村文化的重要解读者。在"皇权不下乡"的传统社会,乡贤是乡村社会治理主体,维持着乡村社会秩序。一方面,随着国家权力不断渗透进乡村,乡村精英失去乡村治理权;另一方面,"利益"成为当代人参与某项活动的重要衡量标准,乡村精英为获得更高的利益,同时避免不必要的麻烦,纷纷放弃参与乡村社会治理,乡村精英逐渐隐退,乡村文化失去其解读者和重要传承者。

在西方"功利主义"及"金钱至上"思潮影响下,部分村民过度追求经济利益,乡村传统道德的约束和规范功能日益丧失,在这样一种背景下,有些村民少了敬畏之心,道德感丧失。另外,乡村村民自身文化素质水平较低,对乡村文化内涵认识不足,了解不深,缺乏乡村文化自信,在新奇的现代文化观念的引诱下,认为传统文化是腐朽的、落后的文化,纷纷放弃乡村文化价值观念,接受和学习现代文化观念,导致了乡村文化无人愿意继承的困境。

（三）难以充分发挥新媒体对乡村文化的传播作用

今天互联网技术及新媒体的快速发展极大地便利了信息的传播与共享,为乡村文化传播提供了新的更有效的途径,但由于主客观原因,互联网及新媒体对乡村文化的传播、共享作用难以充分发挥。

一方面,制约发挥互联网及新媒体对乡村文化传播作用的客观原因主要表现为:贫困地区的互联网基础设施供给严重不足,村民难以享受互联网提供的便利。2019年冬,西藏女孩爬雪山在外搜索信号上网课的新闻,让人们感动的同时,充分暴露了贫困地区互联网基础设施供给严重不足的问题。除此之外,无线局域网络覆盖率不足,无法实现村民随时随地上网;新媒体发展缺乏导向导致消极文化、负能量内容频出等问题也制约着乡村文化的传播。随着新媒体发展,"网红"层出不穷,不可否认,"网红"带货在扶贫消费中发挥了重要作用,但同时也应该清醒地认识到,新媒体发展若缺乏正确的社会导向,将导致部分人价值观扭曲,严重影响了社会风气。

另一方面,制约发挥互联网及新媒体对乡村文化传播作用的主观原因为:互联网作为新时代科技发展的产物,对村民而言存在一定的使用难度。首先青壮年、高素质劳动力外流,而留守村民学习新事物的能力较差,例如非遗传承人希望利用新媒体进行非遗文化宣传却难以真正实现,"心有余而力不足"是部分人在互联网时代的完美阐释;其次,村民对于互联网的使用仅局限于娱乐,未充分意识到互联网及新媒体在传播、共享、建设乡村文化中的重要作用。

（四）行政化的乡村文化建设模式难以满足村民文化需求

国家历来重视乡村文化建设,并积极探索乡村文化建设模式,党的十九大报告将乡村文化振兴列入乡村振兴战略规划中。不可否认,国家对乡村文化的积极探索极大地丰富了农民的文化生活,推动了乡村文化建设,但以国家为主导的乡村文化建设模式也造成了乡村文化发展的困境。

长期以来,政府作为乡村文化建设的主导者,过度强调政府在乡村文化建设中的主导作用,政府通过行政命令的方式对乡村文化进行"格式化"管理,忽视了农民在乡村文化建设中的主体作用,导致乡村文化建设不能迎合村民的内心需求,造成文化资源的浪费。政府通过自上而下的方式进行乡村文化建设,贯彻"一刀切"的文化政策,磨灭了乡村文化区域性、差异性的特点,导致乡村建设的同质化;另外,政府部门以行政命令进行的自上而下的乡村文化建设,便利了城市文化在乡村的传播,进一步挤压了乡村文化的生存空间。

农民作为乡村文化建设的主体,理应发挥乡村文化建设的主体作用,但在政府为主导的乡村文化建设模式下,农民很难参与到乡村文化建设中,只能沦为乡村文化建设的看客。在这样一种脱离农村主体需求的文化建设模式下,乡村文化政策难以发挥实效,同时导致农民的文化认知逐步改变,乡村文化建设渐行渐远。

四、乡村振兴战略下乡村文化振兴的路径

实现乡村文化振兴,即在保持传统文化自身特色的基础上,取其精华,去其糟粕,融合现代性因素,实现其现代化发展。要实现乡村文化的现代化发展,必须破解乡村文化无人继承以及无人愿意继承的困境,增加村民的参与感,将制度建设贯穿其中,切实推进乡村文化振兴。

（一）抓住信息化增强乡村文化生机与活力

中国互联网信息中心发布的第45次《中国互联网络发展状况统计报告》显示,截至2020年3月,我国农村网民规模为2.55亿,占网民整体的28.2%,较2018年底增长了3 308万[7]。中国新闻出版研究院发布的《第十七次全国国民阅读调查报告》指出,2019年我国农村成年居民的数字化阅读方式接触率达到79.3%[8]。两份报告显示出当前乡村网民占比较小,但村民对于信息化的需求日益强烈。

乡村信息化建设以及现代互联网技术的应用具有重要意义。一方面,为村民参与乡村管理提供了新渠道,例如,村民可以通过微信群、QQ群讨论关于本村的发展问题,包括如何

实现村庄面貌、如何脱贫致富[9]，同时加强了村民之间的联系；另一方面，促进了信息的快速传播，村民可以通过网络视频及新闻了解农村社会问题，如教育资源分布不均、环境污染等，以及了解国家现有政策，并及时表达诉求等。互联网、新媒体已经成为当前社会发展必不可少的一部分，乡村文化要振兴，必须充分发挥互联网技术及新媒体的传播、共享作用。

第一，加强农村互联网服务供给，完善农村互联网基础设施建设。完善农村互联网基础设施建设是实现乡村信息化的基础和前提，需要政府进行顶层设计，逐渐实现乡村互联网全覆盖，让村民随时随地"有网可用"。2019年，中共中央办公厅、国务院办公厅印发了《数字乡村发展战略纲要》，提出建设数字乡村的目标，对数字乡村进行了详细的、全面的顶层设计。

第二，开展互联网知识培训。为村民普及互联网知识，使其了解互联网在当代社会的应用及积极影响，增强村民对互联网的接受程度；同时，对村民进行互联网及新媒体应用培训，以真正实现村民"有网会用"。华中农业大学的教师们利用专业知识为定点扶贫的湖北恩施州建始县的农民开展农产品摄影技术培训班，专家们就农产品拍摄的关键要素、如何利用抖音等新媒体进行讲解并通过实践指导村民，受到村民的一致好评。

第三，加强引导，营造积极、正能量的互联网发展风气。政府部门出台相关政策，规范互联网及新媒体发展，加强互联网内容、风气整治，积极引导、宣传正能量。

第四，帮助鼓励非遗传承人及传统文化继承人积极运用新媒体（如抖音、快手等）宣传传统文化，增强传统文化吸引力及影响力。政府部门建立专业平台，实现本土特色传统文化的现代化保护以及信息化传播。

（二）增强文化自信和文化认同

在城市化和现代化快速推进的过程中，乡村村民由于主客观原因，主动或被动地接受现代价值观念，传统文化观念逐渐被遗弃。要实现乡村文化振兴，重拾乡村文化自信和认同是首要前提，只有对乡村文化充满自信及认同，村民才能自觉继承和发展乡村文化，自觉成为乡村文化振兴实践的参与者和推动者，从而实现乡村文化振兴。

发展乡村文化教育，传承乡村优秀传统文化。乡村教育具有无可比拟的优势，也是了解、认识乡村文化最直接的方式。村民乡村文化自信缺失的重要原因是对乡村认识不足，通过教育可以直接有效地帮助村民了解乡村文化的基本内涵、乡村文化的当代价值等，重新树立村民乡村文化自信。乡村文化教育的重点在青少年，青少年是乡村文化振兴的希望，用乡土文化培育好幼儿，筑牢青少年继承和发展乡村文化的意识，以乡村美德引领青少年成长，增加青少年的乡村文化自信和认同，使其自觉继承、发展乡村文化，成为乡村文化振兴的实践者；探索乡村文化教育新模式，注重乡村文化教育实践，让学生到实践中切实感受乡村文化。2020年，滨州石庙镇建立于王小学博物馆，展示我国优秀传统文化、民间传统工艺，潜移默化地将继承和发展传统文化的种子埋进学生的心田。

发展乡村文化事业，满足村民基本文化需求。政府要加大公共文化服务资源投入力度，建立乡村公共文化资源长效保障机制,切实保障乡村公共文化事业发展。习近平总书记指出:"一种价值观要真正发挥作用,必须融入社会生活,让人们在实践中感知它、领悟它。"[10]因此,政府部门应加大乡村文化基础设施建设,如图书馆、文化广场等,满足村民的精神文化需求;基层政府及社会组织应开展多样化的文化活动,使村民在参与文化活动的实践中感知和了解乡村文化所传递的价值观。例如,通过开展"家风家训建设"活动,宣传乡村文化中的孝道观念、人际交往原则、乡村传统美德等;通过开展传统手工艺培训及竞赛,感受乡村文化的艺术价值;建设农家书屋、乡村文化馆,健全文化供给,满足村民文化需求……通过日常化的文化体验活动,使村民切实感受和了解乡村文化魅力,唤醒村民乡村文化传承发展意识。

(三)产业兴旺是基础

实现乡村文化振兴,实现乡村产业发展是基础。乡村村民是乡村文化建设主体,要实现乡村文化振兴,必须破解乡村人口外流困境。经济因素是乡村人口外流的根本因素,促进乡村经济发展,才有可能减缓乡村人口外流趋势,吸引乡村人口回流。

发展农村产业。以农业为基础,促进农村一二三产业融合发展。首先,政府部门为村民提供针对性的技术培训,如为养殖户进行现代养殖技术培训,为种植户提供现代种植技术等,提高村民的技术水平和生产能力;其次,政府以优惠政策鼓励外出务工农民回乡创业;最后,扩大招商引资,针对乡村发展实际情况及乡村发展优劣势,积极寻求企业投资,如环境优美、历史氛围浓厚的乡村可以发展旅游业,自然资源丰富的乡村可以发展资源密集型产业等,通过招商引资实现乡村发展,居民增收。深圳大芬油画村着力打造"大芬油画"文化品牌,同时将油画元素与服饰等相结合,极大地提升了"大芬油画村"知名度。2004年11月,大芬油画村由国家文化部命名为"文化产业示范单位",成了全球绘画者集中的油画生产基地。巴坡村位于独龙江流域深处,面对耕地资源匮乏的现状,在政府支持下,因地制宜发展草果种植业,增加了村民收入。随着当地经济发展,草果业单一种植弊端日益显露,在村委会带领下,发展集体超市、养蜂、羊肚菌种植等产业,实现了巴坡村经济的多样化发展,留住了村民。

深挖乡村优秀传统文化资源。乡村文化资源是乡村文化的重要载体和表现形式。伴随着近年来文化扶贫事业以及文化旅游业发展,乡村优秀传统文化的经济价值日益凸显,曾经被视为落后的、低效的、落伍的传统手工艺及传统审美观,成为当今文化创意产业关注的热点,尤其对贫困偏远地区本土文化的创意开发成为振兴本土文化、促进经济发展的重要途径。在文创产品设计中植入当地的地域人文、风土、物产等内容,能够极大提高项目的附加价值,丰富项目的体验性,让项目品牌的内涵更加饱满,同时也有利于对外传播与推广。贵州黔东南丹寨县烧茶村对蜡染、编鸟笼、银饰、古法造纸、锦鸡舞等非遗项目进行合理开发,不仅实现了村民收入的增加,同时实现当地非物质文化遗产的现代化开发。2019年,丹寨县非遗手工产业营业收入达1.3亿元,有效带动了当地经济发展,其中,丹寨县烧茶村利用蜡染工艺制作的旗袍荣登伦敦和巴黎时装周，极大地宣传了当地非遗，增强了村民的文化自信心和自豪感。马西莫(Massimo)博士通过对横岭村的广泛调研，不断寻求传统与性能的统一点，成功将当地特色的竹材料和编织技术应用到鞋子设计中，获得了当地居民的广泛喜爱。武汉扬子江探索非遗传承、研学、旅游三位一体的非遗发展模式，将非遗体验贯穿旅游全过程，通过讲解员讲解、手工制作传统糕点、手工DIY等方式再现了中国传统礼仪文化，赋予了传统文化时代特征，极大地吸引了年轻人的兴趣，进一步弘扬了中国传统文化。深入挖掘乡村优秀传统文化的现代价值，实现其现代化发展，将推动乡村文化振兴向纵深发展。

（四）构建多元主体乡村文化建设模式

构建以政府为主导、农民为主体、乡村文化自治组织为纽带的多元主体乡村文化建设模式，不仅能够使乡村文化建设最大限度地满足村民需求，还能实现文化资源的有效配置，促进乡村文化的良性发展。

强化政府乡村文化建设主导作用。充分发挥政府主导作用，并不意味着乡村建设仍然以政府为主体，政府要重新定位自身角色，保证在乡村文化建设中不越位、不失位。充分发挥政府的主导作用，即政府要做好乡村文化建设的引领者，根据乡村振兴战略目标及要求，做好乡村文化建设的顶层设计，制定相应的政策、法律、法规，切实保障乡村文化建设；加大乡村文化资源投入；建立城乡文化交流机制，促进城乡文化融合；加强对基层文化建设部门的监管，切实保障乡村文化政策及乡村文化资源落地；积极弘扬乡村优秀传统文化，在全社会营造学习乡村优秀传统文化的氛围，增强乡村文化的影响力，增加乡村文化建设主体的文化自信。

强化村民乡村文化建设主体作用。村民是乡村建设主体，也是乡村文化建设主体，为此，必须增强村民乡村文化建设主体意识，深度挖掘乡村本土人才，调动村民参与乡村建设的积极性。深入挖掘身边优秀传统文化，积极表达乡村文化诉求，并参与到乡村文化振兴实践中来，原汁原味地讲好乡村故事，做乡村文化的继承者、传播者和建设者，形成以村民为主体的公共文化建设模式。

培育乡村文化自治组织。乡村文化自治组织在乡村文化中承担"上传下达"的纽带作用。一方面，乡村文化自治组织能够充分了解村民文化需求，向政府部门进行表达；另一方面，乡村文化自治组织能够促进政府相关政策的实施。同时，乡村文化自治组织是乡村公共文化建设平台，通过乡村文化自治组织能够最大限度地凝聚力量，整合乡村文化资源；依托乡村文化自治组织可以开展多样化的文化活动，丰富村民的文化生活，增强村民乡村文化建设参与感，提高村民文化建设的主动性。

陕西汉阴县依托独特的文化资源，积极打造现代公共文化服务体系，推动乡村文化理事会试点建设。通过吸纳村干部、新乡贤、退休干部教师、在职干部教师等进入理事会，聚集各类文化乡贤人才，最大限度调动乡村精英分子、骨干力量共谋、共建、共治、共享美好幸福家园，打破了有资源无人挖掘、有阵地无人员管理、有需求无供给的局面，实现了村民文化建设的自主性和内生性,将群众的文化需求与本地文化资源结合起来,推动了文化需求与文化供给有效对接,满足了人民群众日益增长的文化需求。

参考文献

[1] 吴毅.村治变迁中的权威与秩序[M].北京:中国社会科学出版社,2002.

[2] 陈吉元,胡必亮.当代中国的村庄经济与村落文化[M].太原:山西经济出版社,1996.

[3] 贺雪峰.乡村社会关键词[M].济南:山东人民出版社,2010.

[4] 赵霞.传统乡村文化的秩序危机与价值重建[J].中国农村观察,2011(3):82-88.

[5] 中国文化书院学术委员会.梁漱溟全集(第1卷)[M].济南:山东人民出版社,2005.

[6] 费孝通.乡土中国[M].上海:上海人民出版社,2013.

[7] 第45次《中国互联网络发展状况统计报告》(全文)[EB/OL].(2020-04-28)[2020-06-20].http://www.cac.gov.cn/2020-04/27/c_1589535470378587.htm.

[8] 第十七次全国国民阅读调查[EB/OL].(2020-04-25)[2020-06-20].http://www.199it.com/archives/1040053.html.

[9] 杨星星,唐优悠,孙信茹.嵌入乡土的"微信社区":基于一个白族村落的研究[J].新闻大学,2020(8):1-15+126.

[10] 习近平:使社会主义核心价值观的影响像空气一样无所不在[EB/OL].(2014-02-25)[2020-06-20].http://www.xinhuanet.com/politics/2014-02/25/c_119499523.htm.

基金项目:中央高校基本科研业务费专项资金资助项目"文创产业参与式稻种文化创新途径研究"(项目编号:2662018PY102);"体验经济时代下'双水双绿'虾稻米产业的转型升级发展研究"(项目编号:2020XCZX12)

(李琳,华中农业大学文法学院副教授。张存杰,华中农业大学文法学院硕士研究生。梁骁,华中农业大学文法学院讲师。)

乡村振兴的美学向度与朴门方案：
以浙江田园综合体实践为例

林国浒　尹雅莉

摘要： 田园综合体集合农业、旅游与社区等功能，围绕地域生态文化特色走可持续发展的道路，促进乡村产业的协调发展，满足回归自然的审美需求，成为新时期乡村振兴战略的重要平台。但在实践过程中，田园综合体仍存在过度开发、资源浪费、创新不足等问题，偏离了生产、生态、生活融合的目标，不利于乡村产业的绿色发展和持续经营。从文化研究的视角，运用生态美学与朴门永续的理念，以浙江田园综合体建设为例，探讨乡村振兴过程中产业、生态、文化与美学融合发展的路径，提出综合体综合发展、持续经营、区域互动的朴门方案。

关键词： 乡村振兴；生态美学；田园综合体；朴门永续

"采菊东篱下，悠然见南山"是千百年来人们对田园生活最质朴的向往。在现代社会生活工作压力日增而自然环境恶化的双逆行背景下，这种回归田园的美学理想愈加承载起文化和经济的双重意义。近年兴起的田园综合体结合田园风光观赏和种植体验，集农业经济、旅游休闲与文化体验功能为一体，满足了现代人纵情山水的田园生活诉求，同时也发展了乡村经济，成为乡村振兴道路上的新选项[1]。如何持续推进田园综合体建设，使其在农业、旅游和社区三者之间保持平衡，成为多元创新、综合开发利用、资源合理配置的可持续发展模式是乡村优质发展的核心议题。然而在实践中，部分项目出现产业、生态与文化的关系失衡的现象，生态保护与文化建设未获得足够的重视，导致一些地方热衷于建造景观、炒作概念、盲目"跟风"已建设项目[2]。此外，由于过度关注休闲旅游和田园社区的功能，对农业发展的关注和投入都不够，出现过度开发、资源浪费、创新不足等问题。[3]人才、技术与设施不足等原因固然存在，但发展理念和策略的短板，才是众多项目出现"早衰"的根本原因。有鉴于此，本文从文化研究的角度，运用生态美学与朴门永续的思路，以浙江田园综合体的实践为例，提出综合发展、持续经营、区域互动等路径和策略，推进田园综合体中农业、旅游与社区建设的联动,使其成为现代人真正回归田园理想的平台。

一、田园综合体与浙江模式

田园综合体是集农业、旅游、社区等功能为一体的乡村发展模式,利用乡村的资源,促进三产融合,实现乡村致富、自然与人和谐相处的理想。该模式最早可追溯到1902年英国社会活动家霍华德提出的田园城市理论,即结合城市生活在就业、教育、医疗方面的便利和乡村生活宁静、美丽、自然等优点,建设城乡一体化社会,成为乡村与城市之外的第三选择[4]。在过去的一个多世纪,各国一直在探索建设田园城市的道路和模式。到目前为止,影响力较大的包括日本的"乡村创生"模式、美国的"市民农园"模式、法国的"乡村旅游"模式以及中国台湾的"精致农业"模式[5]。在中国大陆较早提出类似概念的是陈剑平院士,他在2012年提出"农业综合体"的表述。在无锡阳山镇开发的"田园东方"是我国早期的田园综合体项目,创始人张诚在实践的基础上,先后提出了"田园综合体模式研究"与"新田园主义的10个主张"等论断,包含了田园综合体涉及的发展要素以及建设要点[6]。尽管田园综合体正式提出的历史并不长,但在江浙等地早已出现田园综合体的胚胎形式,20世纪90年代末兴起的生态旅游、农庄酒店、农园经济等,也已实践田园综合体的理念。2017年"田园综合体"一词被正式写入中央一号文件,"田园综合体"模式正式成为推进乡村振兴的重要举措。

虽然浙江不是最早践行田园综合体的省份,但其实践备受推崇,发展态势良好,成效突出。浙江山水资源丰富,自古产业格局多元,地貌特点不适合粗放型的经济发展模式,反而成为绿色经济、田园小镇发展的温床。在2017年全国18个省份的乡镇试点中,浙江安吉县"田园鲁家"和绍兴柯桥区"花香漓渚"田园综合体成功入选。仅在杭州,目前就有西湖区都市田园综合体、良渚文化村、双浦智慧新农旅田园综合体、建德田园综合体项目、鸬鸟漫行生活区、春风长乐田园综合体项目、径山花千里、汤家埠田园综合体、建德稻香小镇等建成或在建的综合体正在成为发展的样板。这些综合体项目大多立足本土,契合了浙江独特的地理地貌特征,摒弃粗放型的发展模式,鼓励因地制宜、量身定做、因势利导的个性发展模式。浙江田园综合体项目落地性强,所依附的地域潜力巨大。2018年,浙江省因试点工作成绩突出,成效明显,获得财政部田园综合体试点工作考核资金奖励。

改革开放与绿色发展是浙江田园综合体迅速崛起的时代背景。20世纪末,浙江凭借得天独厚的条件迅速发展,利用特定产业聚集,发展块状经济和县域特色产业,取得了巨大的经济成就。但随着形势的发展,原有产业结构相对落后,产业格局较为集中,不再契合新型经济的要求,急需通过改革创新、升级产业、优化结构来提高效益。围绕特定产业、地域或文化,发展绿色经济,走可持续发展道路是浙江发展的重要方向。田园综合体能够协调生活与生产、文化与自然、发展与保护的关系,是多个因素融合发展的产物;同时也是浙江人民在改革开放的时代背景下顺应潮流,发扬敢为天下先的精神,锐意进取,解放思想,创新发展的结果。正是这种"天时地利人和"的条件赋予浙江田园综合体难能可贵的发展机遇。

浙江田园综合体形成了独特的发展模式。一是走集群发展、相互支撑的道路。浙江的综合体数量较多,分布广泛,且能相互共享发展资源。综合体在数量和质量上都居于全国前列。仅杭州市建成和正在规划的具有田园综合体性质的项目就超过30个。浙江的大多数区县都分布综合体项目。二是潜力巨大、前景明朗。浙江具有综合体创建的天然和政策优势,现有的综合体项目也呈现良好的态势,未来的发展潜力无限。三是借助科技、多元创新。田园综合体利用所在地特有的生态资源,开展能耗低、品质高的农业生产活动,将现有闲置的资源重新配置和激活,为更多群体服务的同时,也实践着保护自然、呵护地球的使命。四是市场主导、政策引导。政府部门致力于乡村振兴和生态文明建设战略的推进,对田园综合体建设格外重视,积极出台相关保障政策。五是加强研究、智力支持。浙江在生态文明的理论与实践探索方面投入巨大,成效显著。社会团体、高校研究机构及个人积极参与到生态文化的研究与建设中,这些研究机构及其个人关注生态经济发展、生态科技创新和生态文化建设的研究,为田园综合体的发展提供智慧支持。

从目前来看,田园综合体仍然是个新事物,还存在不足之处。首先,在发展目标和定位上没有形成统一的认识,综合体建设的总量以及在乡村振兴中将发挥的功能和作用尚不十分明确,未经过系统性的评估。由于没有非常严格的认定标准,田园综合体的形式五花八门,内容庞杂,综合体和特色小镇、产业项目、农业基地的根本区别还未进行明确的区分。其次,综合体的产权关系有待进一步确认。很多综合体中企业资本占据了主导的地位,容易挤压乡村居民和乡镇集体存在的空间,项目的内容也存在过度商业化的倾向,普遍以旅游、娱乐、住宿等为主。虽然企业参与对乡村发展的投资有避险作用,但与此同时资本逐利的本性容易削弱综合体的文化和美学功能,偏离了乡村振兴的初衷。再次,田园综合体强调产业、环境与人的和谐发展,然而在实践中这三者的平衡往往很难达到,尤其是产业与环境的协调发展。在当下,不少地方经济发展仍然以短平快为目标,还有部分地区陷入了唯发展论的误区,为发展产业牺牲环境的例子依然存在,导致了经济与环境尖锐的对立。

二、浙江生态环境及其美学实践

丰沛的山水资源为浙江田园综合体的实践提供基础。浙江自古以来就是富庶江南的名片,虽然在改革开放的浪潮下未能像深圳、广州一样率先崛起,但是塞翁失马般地成为当今最具有发展潜力的省份。浙江的生态产业发展也是"摸石头过河",不断学习和总结经验的结果。随着浙江经济的加速发展,一系列问题也接踵而至。例如,城市人口急剧增加,荒芜的农村植物错乱丛生,农村人口流失严重,从事农业生产的人越来越少,城市垃圾越来越多,产业环境污染严重。可见,实现花园城市有众多挑战和障碍,而解决系列难题的压力使新的生活和生产方式呼之欲出。

　　浙江优越的自然条件、文化基础以及政策环境利于生态产业的实践。虽然浙江土地和矿产资源稀缺,但被赐予了充沛的林水资源和海洋资源。加上自古以来以多元文化并存的格局,使得浙江人舍不得走出这个世外桃源,走进"北上广"那样的大都市文化阵营,反而更想开辟一条兼有田园风格、国际化脉搏、独特品位的浙江独径。进入21世纪后,浙江开始逐渐走上中国经济发展的大舞台,并扮演起越来越重要的角色。作为省会城市的杭州率先打起"人间天堂"的旅游名片,再加上以阿里巴巴为主的众多高新产业的聚集,使得杭州集古韵与现代活力一体,吸引国内外越来越多的关注目光。另外宁波、义乌、舟山等城市开始迅速转型,重新定位,加入弄潮的先锋中。在浙江经济总量和人均收入双双进入全国前列,生态无须再为经济发展背书的现状下,经过科学规划的生态资源可以转换为经济优势,即浙江生态优势可转为绿色浙江的福利,实现经济发展的绿色转型。

　　在浙江推广生态产业正当时。浙江独特的地理地貌特征使得绿色产业有着更广阔的发展空间和潜力。在改善生态环境方面,五水共治,碧水蓝天工程,都在为绿色浙江铺路备航。以嘉兴桐乡为例,长期以来榨菜企业加工所产生的废水、废气和固废污染长期困扰老百姓生活。过去往往以如何治理三污作为突破口,加工手段落后、机器陈旧和污物处理技术有限曾为三难。[7]如今通过田间地头与车间加工双手抓,极大地改善了污物乱流的局面。例如让农民尝到采摘过程保持干净就高价的甜头(残枝败叶在地头就地变为有机肥),科学升级榨菜加工程序和专门污水处理网。舟山嵊泗借助于非物质文化遗产的盛名,将渔文化逐渐转换为经济效益,秉承天然的渔村要有天然景色的原则,聘请专业人员对村落整体环境进行设计,重新复活传统渔业手工艺文化,环岛公路就像文化长廊一样供居民原汁原味展示他们的渔业文化[8]。以上都是利用绿色经济理念推进田园综合体建设的典范。

　　生态农业在浙江农村大有作为。生态农业坚决反对大面积种植单一作物,反对采用非自然手段增加农业效能,鼓励因地制宜,量身定做。浙江乡村有越来越多的人从事精致农业,目前这种大面积单一作物作为主流农业种植的格局会慢慢得到改善,多元农业才是最经济的模式。浙江有崇山峻岭,河道湖泊纵横交错,在历史上确实鲜有大面积种植单一作物的先例,反而是生态的多元农业格局更深入人心。生态农业利用在地特有的生态资源,开展能耗最低、品质最高的农业生产活动。随着有机农业的高需求,精致农业必将成为高品质生活的供给保障后盾。生态农业开放、绿色的价值观是效仿自然最好的导航。例如,苜蓿最早产于西域,是霍去病从西域引进的良好的畜牧草料。一次种植,多年丰收,绿色的苜蓿人畜均可食用,营养价值颇高,在中国北方地区,特别是西北畜牧区种植面积广阔,然而这种蔬菜在中国的南方鲜有发现,于是借助于互联网的科普,一些农业实践者已经开始在浙江的农场尝试。

　　生态美学设计在浙江乡村具有优势。浙江独特的山水林海资源是生态美学设计的天然场域,智慧浙江和长三角经济带便利的物流体系为生态产业保驾护航。浙江是民营经济大省,近二十年来浙江的城市蓬勃发展,与此同时农村的"空心化"也日渐突出。农村有着众多闲置的农宅,有着大量无人耕种的优质田地,而低价优质农产品一直就是市场的宠儿。农民离开故土去都市创业是多重因素所致，如何盘活乡村的资源正是田园综合体建设的重要内容。只有吸引城市居民到农村养老，创业，旅游或者疗养，在政策上给予优惠和鼓励，才能在激活乡村闲置资源方面有的放矢。象山县的"一村一策"、绍兴的"一户一宅"等政策都旨在让沉睡的闲置农房再利用，这些举措既能让原房主增加收入，也能让新住户体验田园风情，让农舍实现其存在价值。农房能够借力于互联网找到新主人，农村的耕地也能找到它的新园丁。

生态产业将现有闲置的资源重新配置和激活，为更多元的群体服务的同时，也实践着保护自然的使命。这种一举多得的生态、生产和生活方式是浙江乡村正在努力的方向。当然，生态产业并非主张回归古代"房前种瓜，屋后种豆"的朴素农业模式，强调的是利用科学知识，借助于当地的生态、水、气候、土地和现有的设施来从事永续循环的农业生产。在选择植物栽培品种时，既要参考当地的农业文化经验，也可以引入适宜的新物种来实现多元化和杂交目的。随着物质生活水平的提高，人们不再满足于吃饱而是转向吃好，吃得更健康，住得更惬意，因而以美学实践为基础的田园生活必将成为城乡人民共同的追求。

三、朴门永续及其生态人文意涵

朴门指一套与自然共存、实现永续发展的方法，最早由澳洲的两位生态学家莫利森和洪葛兰在20世纪70年代提出。由于早期朴门实践较多地集中在农业，故经常翻译成永续的农业，发展至今，朴门还延伸出朴门设计和朴门文化等内容[9]。朴门的关爱地球、环境伦理、绿色经济的核心理念在生态文明建设实践中具有重要的借鉴意义，也将有利于乡村振兴中的田园综合体建设。

朴门理论自20世纪80年代开始在上百个国家的社区、社团、研究机构和农场得到迅速的传播。两位发起人在农场实践的基础上，不断总结经验和教训，并迅速将详细的资料整理成书籍供追随者参考。莫利森在80多个国家进行授课，学员们能够跟随他参与两周的设计课程。自从那时起这种有着实践支撑的理论开始被越来越多的人接受，并影响人们的思考模式。现代朴门原则提倡永续经营、保护环境、绿色经济和回馈盈余的理念，吸引了一大批追随者在世界各地开展着自己的生产实践和生活农场[10]。朴门成为实现与自然共存、永续发展的方法和原则，强调环境保护与经济发展的平衡，一般可分为朴门生活、朴门农业与朴门设计三类。

朴门体现了生态整体论的原则。实践朴门农业需要有科学知识和丰富的在地经验，并系统地考虑多方面的要素。当地的气候、物种分布、动植物习性，甚至民俗都要纳入考虑因素，将知识、技术、经验、实地特征综合考虑才能摸索出真正因地制宜的朴门生产方案。朴门还可以分为两大类：一是原始的朴门，这一支脉基本沿袭永续农业的核心内容，通过倡导道法自然、效仿自然来规划农业活动，发展出一个能够永续进行的生态系统。另一类则是设计的朴门，强调一种思考维度和模式，无论人类从事何种活动，均可仔细观察自然界的能量流动模式,从而发展出更为高效的永续系统。当前设计的朴门已经被广泛地应用到农业之外的更广泛领域,例如建筑、园林、工业、环境修复等众多领域。其实践也从最初倡导效仿自然规律,利用好自然从事农业活动,延伸到工业产品设计、建筑设计、人造景观,甚至基础教育上。尽管朴门不断被其他行业借鉴,但其宗旨始终如一,即最大可能地降低人类对地球的干扰和破坏,以期能够实现永续发展的终极目标。

朴门是传统生态智慧的继承与扬弃。中国传统文化本身就蕴含着与自然和谐相处、永续发展的朴门智慧。古代圣贤就提出了"天行健,君子当自强不息;地势坤,君子当厚德载物",说明远在古代,人们就尝试通过观察天地的运行规则来规范人的行为和思想。不难看出,这些传统智慧与朴门所倡导的朴素文化非常接近。古人在强调人与自然和谐相处的原则下,又引导人们仔细观察周围的"风水",在选择住宅时要将金木水火土等要素均纳入其中,重视各个因素的价值,努力将负能量的元素转化为正能量的元素。这种非二元对立的思考模式也影响中国人的思考习惯,促进其探索解决问题的多元路径。中国也有类似朴门的农业实践。中国是世界上最早大面积种植水稻的国家,当前杂交水稻技术正在造福全球。在未出现化肥之前,国人一直采用人畜粪便或者发酵物作为主要的有机肥;古人早就总结出猪粪肥力低,鸡粪肥力大,羊粪肥力太大结论,并通过实践得出不同的作物适合选不同的粪类的经验。[11]古代农人还发现农作物套种的学问,例如,蚕豆适宜与油菜籽套种,胡萝卜和小麦套种,玉米和豆角套种。同一块地要尽可能每年种植不同的作物。通过观察,靠阳面的土地适宜种植喜阳的作物,而靠阴面的土地则适宜喜阴作物。古人还根据降水量来补种作物,根据土壤墒情来决定来年作物的品种和产量。以上这些均是现代朴门农业中生物化学群落学的内容,却在具体的农业实践中代代相传。

如何在经济发展、乡村振兴与生态保护、诗意栖居之间保持平衡一直是决策者要思考的难题。而朴门的生活和生产方式提供了一种可以协调二者对立的可能性,让持续发展、永续经营成为一种习惯。但当前农业发展的环境并不乐观,我们有超过一半的河流是四类水,城市的空气质量堪忧,多个省份爆出土壤重金属超标的问题,这些都影响了农业的现代化以及乡村的振兴计划。对于此类系统性故障问题,"头痛医头,脚痛医脚"的方案肯定是行不通的。因此,需要设计出一个永续、健康与循环的长期治理方案才能实现整个系统的持续健康。

四、田园综合体的朴门方案及其评估

田园综合体的构建符合浙江城乡改革发展的要求,也是现代农业发展和乡村振兴的必然趋势,该举措具有与发展生态旅游、美丽浙江、特色小镇等战略同等重要的意义。如何利用朴门的理念发展农业,建设"以田园空间为载体,通过共生链系统整合空间中各类自然资源与农业资源,形成各产业持续、健康、循环发展的田园综合区域"是重要的时代使命。[1]遵循科学、稳健且多元的朴门方案是这一目标实现的前提和基础。朴门倡导人类参照自然法则,重视自然界中相辅相成的关系,摸索出能够省时省力的实践真理。

坚持政策与实践相结合的原则。结合改革政策,自上而下谋发展;立足实践,由下而上寻找突破口。乡村振兴是改革发展的必然,同时也是生态文明建设与小城镇建设等国家战略的重要内容。因此,通过田园综合体的建设推进乡村振兴必然要结合国家政策,走自上而下的发展道路。中央政府对各省的发展提出了新要求,不再以GDP作为唯一的衡量标准。习近平总书记更是提出"守住绿水青山就是金山银山"的伟大论断。保护浙江的青山绿水,开发利用好自然资源,不仅仅是造福当代,也惠及子孙后代。21世纪以来浙江坚持以"八八战略"为总纲,"两山"重要思想为指导,实施了绿色浙江建设战略、生态省建设战略、生态浙江建设战略,弘扬生态文化,大力发展绿色经济。[12]与此同时,实践朴门需要有丰富的当地知识,设计者和参与者必须熟悉当地的气候、物种分布、动植物习性和文化习俗。田园综合体建设要扎根农村,在乡村实践朴门的理念。例如,浙江安吉县深入践行绿水青山就是金山银山的理念,全力建设美丽乡村,实现生态和经济双赢的目标。经过10多年的孜孜以求,安吉摘取了首个"国家生态县"桂冠,实现了农村美、农业强、农民富的愿景,这个昔日曾被矿山、工厂的污染物蹂躏过的地区修复得十分及时,安吉的修复之路就体现了朴门的理念,因地制宜,选取适合乡村发展的产业[13]。安吉县真正落实呵护家园的责任,一些村规已经细化到建议每家每户使用菜篮子,弃用塑料袋。

遵循区域互联的发展路径。区域是朴门设计的重要概念,强调通过精巧的设计,减低生活和生产的能耗,避免不必要的人力消耗,实现高效的产出[14]。这个概念可以借鉴到浙江朴门产业的整体布局中。浙江区域产业特征明显,要真正实现农产品的消费多元化,仅仅依靠小规模的朴门农场是不够的。各地区可以依靠自身的独特优势,利用"互联网+"、智能服务等大平台,做到优势互补,区区获益。例如,临安丰富的竹林山货资源可以迅捷地送到需求者手里;舟山的海产品和临安的林产品可以在餐桌上实现互补。城乡互动才能产生活力。田园综合体建设的目标之一即是鼓励城市居民到乡村旅游、创业、居住和消费,从而带动城乡经济和文化的发展,也能促进城乡的交流和融合。浙江乡村有着优质的养生资源,合理的利用必将能够吸引城市居民到乡村发展。

采用循环发展、永续经营的策略。田园综合体建设思路和朴门农业的核心精神是一致的,即充分利用现有的、大自然中的各类要素,实现高效有机农业。朴门设计助力浙江的乡村振兴,首先要把握朴门永续经营的精髓,即实现多种元素的循环利用。进入21世纪后浙江各地区均开始为自己量身打造发展路径。杭州拥有数字经济、"互联网+"创新创业高地的先发优势;宁波能借助一带一路倡议发展贸易合作示范区;舟山利用自身海洋港口资源,做大国际油品与海产品交易;义乌升级小商品之都的品质,以小撬大[15]。以上发展之路都是各地区结合自身条件量身定做的,是永续发展理念的具体化。在浙江农村,发展理念秉承易景则景,易农则农,易渔则渔的导向,遵循总体设计、科学化细节的指导方针。以杭州临安为例,它的山核桃资源、长寿资源、旅游资源都正在转化成为经济资源,与此同时有节有度地培植新产品和开发新资源。绿色浙江最终要实现的是呵护好这里的山山水水,同时又能够让这些得天独厚的自然元素转换成经济红利,最终提高人民的幸福指数。20世纪曾出现过为了发展经济而牺牲环境的负面案例,在修复修补破坏之地的过程中人们开始清醒地意识到:先破坏再修补是得不偿失的。自然不容凌辱,要借助于自然之道来设计发展之道才是正道。

推进协调发展、跨领域融合的模式。一是推动工业、农业与服务业发展,坚持三产并进。无疑,经济发展和环境保护之间存在着内在的对立和矛盾,而运用科技力量和朴门理念能够协调二者之间的矛盾,将环境风险降到最低,最大限度地促进人与环境的和谐发展。通过朴门的策略,既能够保护生态环境,又能保证经济的持续发展,促进三大产业共同发展。二是加强生产、生活与生态"三生融合"。田园综合体的发展符合生态文明建设的需要,做到了生产、生活与生态的融合。而朴门模式又能巧妙地把三者融合起来,将互补的功能发挥到最大化,将负面的矛盾降到最小化,通过资源合理配置,完成生产与生活的最佳结合。和谐的人与自然生态循环系统的确非常重要。朴门可以被当成一个有效的"工具箱","用以创造出尊重大地和尊重大地居住者的生活方式,是从生生不息的大自然中汲取灵感的实用方式"[16]。因而从朴门入手,关注空气质量、食物与饮水等基本问题,是田园综合体要首先关注的要素。

浙江有着独特的气候资源优势。充沛的林水资源、广阔的海域面积赋予了浙江特有的气候资源,海陆并存的地理特征决定了其气候调节的功能。各临海县市的"靠海吃海"则演变成渔业、旅游业、电业、运输业多业并举的格局。在朴门实践中只有坚持多元、有远见的发展路径,并发挥浙江的优势,才能助力乡村振兴和田园综合体建设。只有应用共生、共荣、创新、融合的朴门思维,通过永续经营、三产并进、三生融合与三位一体的策略合理开发山水资源,才能实现田园综合体的建设目标。

五、结论与展望

无论是海德格尔提出的"诗意地栖居",还是陶渊明的"开荒南野际,守拙归园田",抑或是海子的"面朝大海,春暖花开"无不传达出普通个体回归自然、重温田园清新与简约生活方式的朴素理想。田园综合体的产业、文化与生态协调发展的模式契合当下我国生态文明建设提出的人格文明、生态文明与产业文明的发展方向,因而发展田园综合体上接国家政策,下接地气,有着强大的依附性。朴门农业、设计和文化能为乡村振兴和田园综合体建设的伟大愿景提供多元路径和策略。朴门也由最初的农业文化演绎为跨行业、跨领域的多重奏,延伸到农业、建筑、能源、城市规划、环境、教育等众多领域。此外,朴门永续、生态美学与田园综合体的交汇,也是乡村文化和生态文明建设的必然。从某种程度来说,生态兴则人民兴,生态恶则生活悲,自然万物息息相关、相辅相成。因此,进一步发挥生态优势,扩大生态文化创新发展的空间,借鉴国外先进的生态理念,汲取东方传统的生态智慧,打造生态人文乡村不仅是乡村振兴的必然选择,也是振兴乡村的务实之举。

参考文献

[1] 吴敏,张智惠."田园综合体"共生发展模式研究[J].合肥工业大学学报(社会科学版),2017,31(6):115-119.

[2] 吴明华,胡心玥.体系思维下农业综合体之路:专访中国工程院院士、浙江省农业科学院原院长陈剑平[J].决策,2017(7):30-32.

[3] 李琴,周超,董桥锋,等.创新田园综合体规划设计的探索[J].安徽农业科学,2017(34):222-224.

[4] 埃比尼泽·霍华德.明日的田园城市[M].金经元,译.北京:商务印书馆,2010.

[5] 利伟.欧洲的创意农业模式[J].中国商界,2010(8):96-97.

[6] 张诚,徐心怡.新田园主义理论在新型城镇化建设中的探索与实践[J].小城镇建设,2017(3):56-61.

[7] 沈明敏.桐乡榨菜行业整治再升级[N].嘉兴日报,2016-09-13.

[8] 胡昊,林上军.把非遗融入小城镇环境综合整治 嵊泗渔村遇蝶变[N].浙江在线,2018-05-10.

[9] 杰西·布鲁姆,戴夫·伯赫伦.实用朴门农艺[M].路遥,等译.昆明:云南科技出版社,2017.

[10] 李捷,李奋生.朴门永续中的可持续发展思想研究[J].中国石油大学学报(社会科学版),2017,33(4):52-55.

[11] 富兰克林·金.四千年农夫:中国、朝鲜和日本的永续农业[M].程存旺,等译.北京:东方出版社,2011.

[12] 沈满洪.生态文明建设的浙江经验[N].浙江在线,2017-06-06.

[13] 沈晶晶.山美 水好 业兴:安吉深化美丽乡村建设纪事[N].浙江日报,2018-06-08.

[14] 瓦里斯·博卡德斯,玛利亚·布洛克,罗纳德·维纳斯坦.生态建筑学:可持续性建筑的知识体系[M].南京:东南大学出版社,2017.

[15] 来逸晨.奋斗新时代 开放谱新篇[N]:浙江日报,2018-05-10.

[16] 佩里娜·埃尔维-格吕耶,夏尔·埃尔维-格吕耶.诗意的农场[M].徐晓雁,译.北京:新星出版社,2018.

本文系浙江省社会科学界联合会研究课题"浙江田园综合体建设的朴门路径与策略研究"(项目编号:2019STZX40B)。

(林国浒,福建泉州人,杭州电子科技大学讲师,哲学博士,主要从事生态批评与文化研究。尹雅莉,淮阴工学院外语学院。)

以用户体验为中心的C2M农业供需新模式
——浅谈数字化体验设计助力中国农业农村振兴

刘逸青

摘要：随着互联网信息技术在各行业的发展和广泛应用，数字农业领域正在迅猛发展，信息成为农业的关键生产要素。用户体验设计作为与东方文明"以人为本"理念高度契合的设计体系，也正在中国数字农业的振兴道路中发挥举足轻重的作用。基于精准用户洞察的数字营销和用户增长体系建设催生了种草经济和文化现象。未来，这种以用户体验为中心的C2M农业供需新模式，将为农业农村振兴掀开新篇章。

关键词：数字化；农业振兴；用户体验；数字营销；种草经济；C2M

有学者说，中国的问题根本上都是农业和农民的问题。进入21世纪后，工业化和服务贸易的快速发展，也使得农业在国民经济中所占比重越来越低。同时，快速的城镇化也导致了很多农业农村的问题集中爆发。而随着移动互联网的崛起，数字化也为农业农村的振兴带去了巨大的机遇。近年来我国农业得益于水利、交通、邮政、通信等基础建设水平的不断提升，为开展以互联网信息技术为驱动的数字化农业农村振兴奠定了坚实基础。另外，在推进中国数字农业发展的过程中，体验设计也在其中扮演着重要的角色。

一、中国数字农业发展的机遇、挑战和"体验设计"理念发展的背景

（一）中国数字农业发展的现状

2019年1月，《中共中央国务院关于坚持农业农村优先发展做好"三农"工作的若干意见》发布。这个中央文件提出深化实施数字乡村战略：深入推进"互联网+农业"，扩大农业物联网示范应用；推进重要农产品全产业链大数据建设，加强国家数字农业农村系统建设；继续开展电子商务进农村综合示范，实施"互联网+"农产品出村进城工程；全面推进信息进村入户，依托"互联网+"推动公共服务向农村延伸。

在国家对于数字农业的政策指引和市场化的需求拉动下,中国数字农业在近些年得到了长足的发展。中国互联网协会发布的《中国互联网发展报告2019》显示,我国2018年农业数字经济占行业增加值比重为7.3%,农业数字化水平逐年提高,发展潜力较大。预计到2020年左右,我国智慧农业潜在市场规模有望增至2 000亿元。目前全国已建有电子商务服务站点的行政村为28.34万个,覆盖率达到64.0%。这说明,我国六成以上农村居民不出村就可以享受到和城镇居民一样的购物体验,物质生活条件有了极大改善。

数字农业的发展,目前主要集中在农业物联网、农业大数据、精准农业和智慧农业四个方面,通过软硬件结合,以数据资源和智能算法系统对农业全产业链进行生产力和生产效率的双重提升,促进农业生产向高度专业化、规模化发展,从而使农业生产经营体系更加完善。

当下,中国的互联网产业已经在全球具备极强的竞争力,并且持续赋能其他产业的数字化转型。2019年的天猫双十一活动,农产品销售也有了历史性突破,阿里全平台农产品销售额突破70亿元,比去年增长53%。阿里现有13个事业部从事农业,包括阿里云农业大脑、农村淘宝、电商农产品线上渠道(见图1),也推出了淘宝村、淘宝大学等,为创业者提供培训,让他们更了解数字时代的农业知识。客观来看,中国的数字农业发展还处于早期阶段,其发展前景虽然非常具有吸引力,但由于农业生产涉及的品类和品种繁多,生产过程漫长和复杂,不可控因素多,变量多,因此数字农业从单点突破到全面进步和应用还需要假以时日。

图1　互联网行业助推农业数字化发展,以阿里兴农为例

(二)中国发展数字农业的机遇与挑战

2020年突发新冠疫情后,国内外的社会与经济形势发生了极大的变化,国家也做出了以

内循环为主,内外双循环结合的战略判断,并相应出台了"新基建"等战略规划,围绕信息化和数字化能力,为各行业的发展提供新动力指引。农业作为一个国家社会民生最重要的稳定器,也将受益于其信息化、数字化系统能力的提升和发展。除了国家政策和规划的支撑引导外,我国的数字农业发展还有下述多种机遇因素。

1. 中国互联网生态完备性和数字平台化技术成熟度

跨入21世纪以来,经过二十年的快速发展,中国的互联网生态已经具备相当的完备性,形成了具有中国特色的互联网生态,并诞生了影响全球的企业巨头。在近些年,依靠巨大的流量红利和具备高度复杂性场景的市场,中国的互联网创新能力得到极大提升,已经摆脱了模仿国外产品的模式,开始孕育全新的创意并影响全球的互联网发展,比如短视频、社群电商、共享单车等,这意味着中国的数字平台化技术逐渐成熟并且独树一帜,各类SaaS(Software-as-a-Service)服务能够快速响应市场需求的变化。

中国的传统农业正获益于国内完备的互联网生态和数字平台技术,向数字农业转型(见图2)。2019年,由农业农村信息化专委会推出的《中国数字乡村发展报告》重点提及了通过数字技术,促进新型农业经营主体数字化监管水平的提升,强化种植业数字化技术应用,构建种植业农情监测体系,丰富种植业技术指导服务;提升畜禽养殖数字化水平,创新畜禽养殖精准管理模式,大力推进兽药"二维码"追溯管理,完善动物标识及疫病可追溯系统;推进渔业数字化技术发展,实施渔业资源环境动态监测,探索渔业装备数字化技术应用,完善国家水产种质资源平台。另外,完善农业资源数据库建设,推进农业装备数字化技术应用以及农产品加工业数字化升级,都将助推中国农业从以人力驱动为主向数据驱动转型。

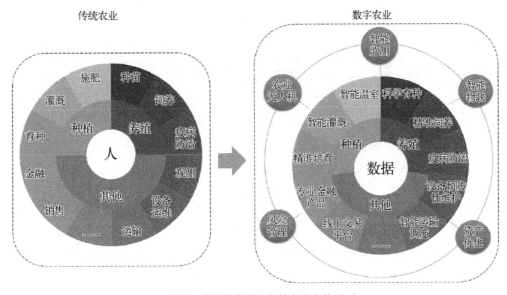

图2 中国传统农业向数字农业转型

2. 中国工业为数字农业产业链与物流供应链提供软硬件结合的保障

在加入世贸组织之后，中国成为全球制造领域最大的引擎。2017年中国工业产值达到3.558万亿美元，位居世界第一，接近排名第二、三、四位的美、日、德三国之和。同时，中国是目前世界上唯一一个拥有完整工业门类的国家，可以大规模、低成本地生产出自身以及全世界所需要的几乎所有产品。强大的工业底蕴，为软硬件结合产业链与高效物流供应链提供了保障，从而反哺农业数字化的快速发展。2020年，在汹涌而来的新冠疫情背景下，中国以举国之力，迅速地采取了针对性严控措施，同时，也依托强大的产业链快速组织起防疫与生活物资，尤其是农产品的供给，保障了全国人民的正常生活秩序。

数字农业在生产和流通环节所构成的物联网体系，需要大量、多种类的硬件设施和设备，比如探头、传感器、摄像头等，是数字系统和硬件的能力整合（见图3）。农业物联网体系主要用于实施农业生产过程的自动化作业和管理，也用于农产品的加工、仓储和物流管理等。通过农业物联网积累的大数据，将在传统经验和智能算法的支撑下，为更大范围的农业生产规划提供决策依据，也从数字的视角为农业提效，给予农民增收信心。

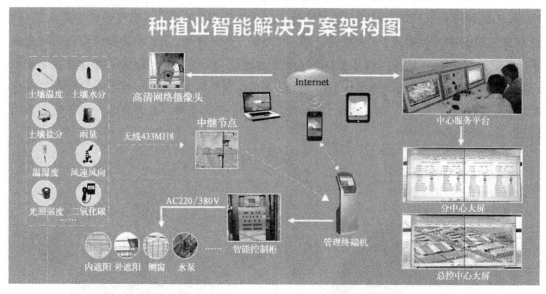

图3　数字农业背后的工业体系能力支撑，以种植领域物联网体系为例

3. 城镇化和居民消费升级对数字农业的推动

伴随着中国城镇化进程，传统农业人口持续减少，也倒逼传统"劳动力密集型"的生产方式向"资本与技术密集型"的生产方式转型。我国农村人口流失问题愈发严重，越来越多的务农人员离开农村，进入城镇就业，导致农村中出现"三化"现象，即农业副业化、农民老龄化和农村空心化。基于这一现象，我国农业生产方式更需要对生产力做出改进和提升，因此以数字化方式提升生产效率、推进传统农业生产方式的转型升级是大势所趋。

近几年，农村居民人均可支配收入实际同比增速一直显著高于城镇居民，农村居民人均消费支出实际同比增速也高于城镇居民。由于房贷、房租、车贷等压力较小,三线城市与农村居民的消费信心更加强烈,下沉市场消费升级趋势明显。人们在农产品的消费上更加追求品质和多样化体验,农村文化休闲与康养旅游等项目也日益受到城镇居民的追捧。在这些领域,那些具有良好品质与体验的数字农业产品和服务,在整个消费与使用生命周期内,都起到关键的价值引导、承载与高效转化的作用。

在中国数字农业当下和未来面对众多发展机遇的同时,我们也需要清醒地看到行业领域客观存在的诸多不足和挑战。

第一,数字农业的群体认知和理念尚未普及。

由于农村人口的受教育水平以及农业领域依然存在的"靠天吃饭"的传统认知,数字化理念和相关的互联网信息知识普及尚有不足,这给数字农业的推进带来了挑战。只有加大数字领域的培训,加快数字农业产品和服务中的体验设计提升,才能够有效降低数字农业从业者的认知与学习成本。

第二,数字农业的区域发展不均衡。

与中国互联网技术能力在全国不同区域的发展差异同步,数字农业也体现了区域发展的不均衡性,具体表现为东部强、中西部弱,但由于数字技术在跨越地理限制上的难度较低,核心数字平台与能力的边际成本较低,因此未来基于平台化的数字体系在不同农业细分场景中实现不同应用解决方案的可能性更大。

第三,数字农业的应用广度和深度有待拓展。

目前,我国农业和农产品存在生产技术和流程标准不配套、不完善,农产品标准化的生产推广、培训和销售体系不健全,以"标准化生产"为核心的企业文化没有形成、品牌意识普遍不高等问题,导致数字农业的应用广度和深度受到了局限,其规模化经济效益无法得到完全施展。只有生产流程和产品达到标准化才能最大限度地降低质量上的不确定性,农业产品和服务的品质才能得到有效控制和追溯,数字农业的优势得到发挥,进而提升生产效率并赢得消费者信任。

第四,数字农业的用户体验价值短板。

用户体验在中国互联网行业快速崛起的过程中起到关键的作用,包括数字产品设计,前期的用户研究与洞察,产品开发阶段的交互体验,产品测试过程中的可用性评估,以及产品上线和迭代更新过程中的体验与用户运营策略,能够让用户以最小的代价熟练掌握产品。

（三）"以用户为中心"的体验设计理念与中国农业文化渊源

不同的民族创造出不同的文明,也产生了不同的社会关系、思维方式和生活方式。全世界几大文明脉络中,欧洲文明发展到现在,产生的社会结构关系主要是人与物的关系,致使欧洲文明的自然科学比较发达,物质力量占社会主导地位。印度文明发展至今,其产生的社会结构关系主要是人与神的关系,致使印度人民的数学、几何空间想象力和神学等方面的能力较强。中华文明发展至今,产生的社会关系主要是人与人的关系,因此人与人共生共存的学问特别多,人本思想有着深远的根基。

同时,中华文明以汉文化为主体,其基础是农耕经济。农耕经济要求社会和平稳定,相较其他文明,是温和的柔性文化。中华文明在外来文化的冲击下仍可以包容并吸收。当下,"以用户为中心"的用户体验理念在互联网等各行业领域得到了高度的重视,其本质就在于中国传统文化中"人本主义"思想与源自西方的信息科技的高度融合,诞生了符合中国社会需求特点的各类应用,而用户体验设计也更好支撑了中国互联网行业的整体崛起。

数字农业在中国的发展,需要与中国传统农业文明传承的内涵契合,重视对于用户体验设计的系统性应用,包括对于农业农村相关农业产品和服务等所有业务流内的用户、设备和环境,进行深度的用户研究与需求洞察;根据农业农村数字化的诸多落地应用进行用户思维导向的研究,支持相关产品和服务的体验设计以满足农业农村特定场景下技术可行性、商业闭环和良好用户体验的交集需求;借助先进的互联技术与数字平台,实现更加高效的农业农村行政管理和业务服务,打通农业农村全产业链与市场消费端的智能供给和匹配,提升农业农村产品和服务的持续迭代更新能力;通过线上和线下数字农业相结合的实践学习,提升农业人群的用户体验理念和数字业务价值认知,从长期绿色发展的战略规划高度,发挥数字农业的全方位系统优势。

二、基于精准用户洞察的C2M农业供需新模式

近二十年来,用户体验设计在互联网领域内的发展和商业价值贡献是有目共睹的,其相关方法论与模型主要来自"以用户为中心"的相关理论。用户体验作为一个广泛的概念,横跨信息学、心理学、人类学、社会学、行为学、设计学、商学等多门类学科,本质是和行业实践高度结合的应用学科。因此,本文主要从用户体验领域中的用户研究、产品设计以及数字化用户运营三大方面,来分析体验设计在数字农业上的发展策略。

(一)通过用户研究洞察数字农业核心价值

人是所有商业活动的起点与终点,用户研究是以用户为中心的设计流程中的第一步,它是一种理解用户,并将他们的目标、需求与企业的商业策略相匹配的理想方法,能够帮助企业定义产品的目标用户群和使用场景。用户研究重点工作在于研究用户的痛点,包括前期用户调查、情景实验等,会采用包括民族志、用户测试等多种方法与工具。用户研究与市场研究具有一定的关联性,但用户研究更具备前瞻性和洞察深度,同时研究的成本和模式更具灵活性,最终的研究输出对于产品和服务设计具有更强的针对性(见图4)。

在早些年的农业互联网创业浪潮中,不少创业团队在资本和技术的推动下,基于对中国农业市场的了解,套用消费互联网的运营模式,在发展过程中遇到了巨大的瓶颈或挫折。以国内最大的农产品电商平台—亩田为例,其早期通过先进的信息匹配系统,并在诸多资本加持之下发展迅速,但到了2015年便遇到了一系列经营问题,经专家分析认为其中很重要的

图4 民族志用户研究洞察农村用户支付行为变化以及产品设计评估

因素之一就是对农业的传统经营规律以及对农业用户的深度洞察不足。

中国农业的背后有着悠久的文化沉淀,但由于农村的生活形态、信息流通与社交模式,以及农民用户的心智模式和城镇居民均有较大的差异,这些重要因素往往通过常规的市场调研无法获得,因此也容易对企业的战略规划造成误导,并在数字产品、服务和运营等多方面暴露出问题。在克服经营困难后,一亩田公司高度重视用户洞察的战略价值,更新了业务模式和流程,抓住了2016年的内容运营、2018年的短视频和电商直播模式崛起的机会,对数字产品和运营模式进行了重大调整,满足了业务链路中各环节用户的体验需求,从而使企业发展重新走上健康的轨道。在2020年新冠疫情发生后,一亩田公司更是充分利用大数据优势,为国内农业产品的供需匹配和区域调度提供了巨大的助力。

用户研究可以在企业前瞻战略规划、产品设计开发与市场运营等多方面发挥重要的作用,用户研究与日益强大的中国农业大数据能力的有机结合,将是未来中国数字农业全面振兴的最强砝码。

(二)数字农业链路各环节助力用户洞察的案例剖析

在互联网领域,体验设计往往通过产品设计来实现,其中主要包括了产品架构设计、交互设计、界面设计以及新兴的内容设计等。在明确了目标市场和用户需求之后,设计师就可以通过对产品应用的场景进行深化剖析,结合业务模型和用户心智模型,采用针对性的技术解决方案和宜人的交互界面设计,构建支持用户价值转化的平台。在移动互联网全面普及的当下,手机也在农业农村被誉为"新农具"。移动终端的软硬件功能日益强大,用户体验也不断优化。同时受益于移动通信网络的全面普及,信息流通成本也大幅降低。

在数字农业的发展中,有一些重点领域的产品或服务设计,因其产品或服务所承载的业务模式、应用场景、用户特点和行为都存在非常大的差异,因此也需要结合不同的体验设计策略来反向助力用户使用产品或服务后的精准洞察和数据反馈收集,本文选择其中比较经典的产品或服务类别进行分析。

1. 农业大数据产品

当下，各地已建立起各类农业农村大数据产品，包括气候环境与作物种植监测、农产品物流调度管理、病虫害防治及农药化肥施用管理等产品。这些大数据产品，往往能够通过遥感卫星、无人机、农田农场设施感应器等设备从多维度获得信息。由于大数据产品的价值之一在于为重大农业事项提供决策依据，因此，对于数据量、数据精度以及数据管理合理性有着非常高的要求。从体验设计角度看，产品的动态信息可视化设计以及数据可达性是其中的关键，因此需要从整体页面布局、图形图表设计、色彩设计、动效处理、信息符号设计、模块化设计等多方面综合考虑。

2. 农业生产及流通相关设备产品

农业的生产和流通环节涉及众多专用设备，使用场景往往不同于城市环境，且对各类极端情况下的产品使用稳定性有较高要求，因此产品设计需要重点考虑人因工程、材质工艺和鲁棒性能。这类产品对于数字农业的价值更多是工具型赋能，从体验设计角度看，其产品背后的业务逻辑相对单纯，其交互设计方面要求注重效率优先和容错性。随着农村物联网发展的不断推进，未来的农业生产及相关流通设备的产品设计开发过程中，将会有越来越多的软硬件集成的情况，为用户数据沉淀和价值转化提供更多的机会。

3. 农业电商类产品

伴随移动互联网在全国的普及，以及中国物流冷链的体系能力持续提升，电商也在农业农村得到迅猛发展，成为链接农产品供给的重要平台。从淘宝、天猫、京东这类老牌B2C和C2C电商平台，到近些年依靠下沉市场迅速崛起的社群电商拼多多，农业电商的产品形态在不断地发生变化。由于农产品的客单价相对偏低、质量维持周期较短、标准化难度高等特殊性，我们需要在农业电商产品的交互设计过程中强化信任设计、消费行为设计等方面，重视其中的用户体验细节要素。同时，可以积极应用虚拟现实、增强现实、短视频、在线直播等新技术和新模式，针对农业产品和服务的消费场景体验进行创新。

4. 农村休旅体验类产品与服务

城镇化的发展，吸引越来越多的人口涌入钢筋混凝土的丛林，城市人群的工作与生活节奏持续加快，承受的生理和心理压力也相当大。由此，人们对于亲近自然、回归自然的需求持续升温。由于中西方在休闲旅游方面的用户行为和偏好存在较大差异，中国用户在农村休旅类产品和服务的具体场景体验过程中，相对更在意饮食品质、旅居环境、文化活动以及交通出行体验。因此，围绕农村休闲旅游体验类产品与服务的设计，重点关注用户在O2O（Online to Offline）线上消费行为到线下体验触点的无缝衔接，从以用户为中心的空间体验设计着手，对于体验旅程中的各阶段痛点进行精准识别，设计能够留下美好回忆的峰终体验策略，沉淀具有中国传统文化内涵的数字农村休旅品牌价值。

（三）数字营销和用户增长体系催生C2M数字农业供需模式

数字化和智能技术的发展，使得通过大数据智能匹配用户需求和心智成为现实。同时，基于中国传统文化中对于人际关系的重视，聊天通信、短视频等新形态社交产品的用户规模日益庞大，形成了以用户需求导向有力推动行业发展的新型公域与私域相结合的高效流量池。2019年短视频用户规模已经超8.2亿，其中短视频带货也成了一种流行。近些年，拼多多等社交电商的崛起便是依托低线城市和农村用户流量池而建立起了前所未有的"全民"数字化电商事业。

从精准的用户画像数据跟踪、收集和分析，到用户需求的预测、洞察和验证，再到依托圈层文化和内容设计、超级IP新物种的打造，一条数字化大背景下的用户增长产业链已经发展成熟。未来，农业农村产品和服务的用户端需求将通过高效的信息数字平台产品传递至生产种植端，直接推动产品和服务的价值定位和持续优化。2020年初，阿里巴巴旗下淘宝特价版上线不过几小时就登顶各大app市场排行榜，作为全球首个以C2M（Customer-to-Manufacturer，用户直连制造商）定制商品作为核心供给的全新平台，其目标是以核心数字化能力为依托，帮助产业带工厂升级为产值过亿的"超级工厂"，为产业带企业创造新订单，重点打造产值过百亿的数字化产业带集群。

数字农业近几年的发展，得益于新技术、新模式对于精细化用户运营的支撑，越来越多的农户农民，充分利用"智能手机"这一新农具，在抖音、快手等短视频和电商直播平台进行"种草带货"，小红书等社交电商平台上的"种草"已成为一种新型的广告模式（见图5）。76.6%的95后、00后会"种草"网红推荐的产品，其中18.8%在足够信赖的博主推荐后，会选择直接购买。95后也被称为"种草一代"，他们的典型特点是喜欢在抖音、快手、小红书、B站、微博、知乎等社交平台看大量的内容、帖子，热衷于各类体验晒单、好物分享文章。这些内容的分享甚至已成为他们的社交货币，成为生活中不可或缺的一部分。"种草一代"还有一个名字叫"Z世代"，"种草"已经成为"Z世代"人群中的一种文化现象。而种草经济的市

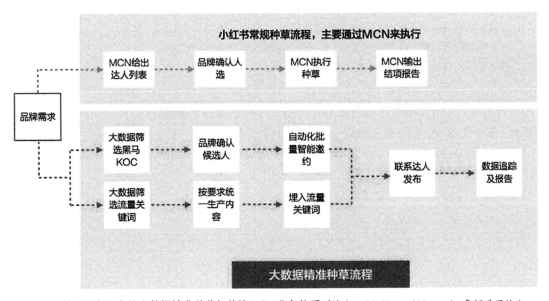

图5　基于用户洞察的大数据精准种草与传统MCN业务体系对比（Multi-Channel Network，多频道网络）

场规模还会越来越大,加上直播电商、短视频的风口,正要向万亿市场规模挺进。

在这一趋势发展的过程中,围绕用户体验的内容设计和用户增长策略也越来越向着多样化、创意化、精品化发展,同时,中国互联网行业已经逐步成熟的信用体系,也很大程度上支撑了这些全新的数字农业供需模式的快速演进,为消费者和农产品生产者均带去了实实在在的经济利益。

三、结论与展望

相比工业和服务业,农业具有明显的发展周期性,且较容易受到外部气候环境及供需关系等因素影响。新中国成立以来,国家特别重视农业的健康发展和安全稳定,在基础建设、农民稳收增收、农业用地保护、农业税收减免等方面,均有持续性的政策扶持和引导。

基于精准用户洞察的数字营销和用户增长体系建设催生了种草经济和文化现象。未来,这种以用户体验为中心的C2M农业供需新模式,将为农业农村振兴掀开新篇章。

在信息互联时代,相比过往的"家电下乡""汽车下乡",而今的"数字化下乡"更有利于长期赋能中国农业农村振兴,促进消费与再生产,国家更是重视对农业数字化的支持和推动。"要想富,先修路",农业农村人民致富需要依托"数字化道路"的全面建设。在"新基建"战略的春风下,我们应传播具有东方特色的用户体验理念,融合体验设计为农业数字化转型赋能,为中国农业农村的全面振兴,提供可持续的数字农业体验价值。

参考文献

[1] 中国数字乡村发展报告[R].农业农村信息化专家咨询委员会,2020.
[2] 全国县域数字农业农村电子商务发展报告[R].农业农村部信息中心,2020.
[3] 农业和农村地区数字技术摘要文件[R].联合国粮食及农业组织,2020.
[4] 数字经济创新助力乡村振兴[R].阿里研究院,2018.

(刘逸青,上海交通大学设计艺术学硕士,上海挖数互联网科技有限公司联合创始人,"鱼缸"社群发起人,前百度、唯品会高级产品经理。)

新时代我国乡村景观建设原则浅谈

倪诗昕　张羽清

摘要：在新时代背景下，乡村振兴在全国实行。乡村景观建设实则全面覆盖了乡村文化、经济、产业等各个方面。它的基本任务是增强乡村文化自信、改善农村生态景观和人居环境、促进乡村产业链转型升级。它的目标为在乡村旅游的带动下，使中国农村真正实现优质环境下生态与经济可持续发展，促使乡村面貌得到彻底改观，让我国由农业大国向农业强国转变。

关键词：乡村景观；乡村旅游；乡村文化

我国是农业大国，是世界农作物和农耕文化的最早起源地。农村人口众多、经济社会发展滞后是我国当前的一个基本国情。据统计，2019年农村人口为5.52亿，占全国人口的39%，农村面积占国土面积的90%以上[1]。改革开放40年以来，在中央为解决"三农"问题而出台的一系列需要认真贯彻落实的文件指导下，习近平总书记在党的十九大报告中提出乡村振兴战略，将乡村发展问题放到了全党工作的重中之重，并且指出要不断提升我国农业的竞争力和综合效益，实现由农业大国向农业强国的转变[2]。中国强则农村必须强，必须形成现代化农业经济体系，保护乡村绿色生态环境，提升村民生活富足感，扎实推进乡村全面振兴。这是实现我国第二个百年目标的战略要求以及实施乡村振兴战略的历史使命。

一、新时代乡村发展是我国社会主义现代化进程的重中之重

（一）乡村是中华文明的发源地

乡村是中国文明的发源地，正如梁漱溟所说，中国文化以乡村为本，以乡村为重，所以中国文化的根就是乡村[3]。农耕文化的保护与传承是实现中华民族伟大复兴的重要组成部分。农耕文化是与农业有关的物质和精神文化的总和，包括有形的民居、农具、药书、遗址等，也包括无形的农业科技、农业制度、习俗礼仪、农业思想、饮食文化等。我国的农耕文明源远流长、博大精深，从神农尝百草、伏羲作八卦到黄帝"艺五种"（麦、稻、黍、稷、菽）[4]，再

到裴李岗出土距今约八千年的农业生产工具。接着各地域吸纳了其他地区的农作物,例如从南方传入的水稻、从东北引进的大豆等,至明清时期我国引入了国外的烟草、玉米、花生等产物。在小农经济生产方式和宗法社会政治结构的基础上,我国形成了"天人合一、以人为本"的乡村文化精神,也形成了"尊道贵德"的哲学体系。我国的管理架构、伦理道德、宗法观念都是在农耕文化的基础上形成的,所以乡村农业景观是我国独特的、不可再生的文化载体,是我国社会得以发展的根基[5]。农耕文化以农业本身为出发点,立足于解决农民生活、农业生产、自然生态等问题,满足农业生产与民众精神的双重需要,所以农耕文明的振兴是我国中华文明薪火相传的必然要求,是乡村治理有效的重要支撑,也是乡村塑形铸魂的现实途径。

（二）乡村是我国生态保护的基础

乡村的自然生态环境是人类社会生态保护和修复工作的基础。自然生态是包括经济活动在内的人类一切活动的基础与前提,经过亿万年进化逐渐形成的自然环境维系着人类社会的正常运转,并影响着人类的生存与发展。自然生态与社会环境相互叠加互动,为经济增长与人类活动扩展提供了可靠的基础。从古老的农耕文化到现代工业4.0,所有社会化生产的要素都是依托自然生态系统,人类社会的进步和发展都依赖于生态环境的支撑、承载和包容。乡村的生态建设与脱贫攻坚密不可分。生态本身就是经济,2005年,时任浙江省委书记的习近平同志在湖州市吉安县考察时首次提出"绿水青山就是金山银山",良好的生态环境是宝贵的经济财富。要构建和谐美好的农村生态体系,实现生态平衡,推动城乡一体化进程,治理乡村环境的景观功能与服务功能是关键[6]。乡村有着丰富的生态环境,如何高效率加快推进乡村生态修复、在人与自然和谐共生的基础上实现绿色发展、科学处理经济发展与环境保护的关系、改善生态培育、打造新的经济增长点是目前我国现代化农村发展的关键点。

（三）乡村发展是我国打赢脱贫攻坚战的前提

乡村的发展已成为我国打赢脱贫攻坚战的重要因素之一。精准脱贫攻坚战是党的十九大报告中提出的三大攻坚战之一,农村的经济发展对全面建成小康社会,实现第一个百年奋斗目标具有重大意义。从脱贫攻坚任务来看,农村贫困人口从2012年的9 899万人减到2019年年底的551万人,贫困发生率由10.2%降至0.6%。由于农村的发展,我国将提前10年实现联合国2030年可持续发展议程的减贫目标。然而,一方面,我国还有52个未摘帽贫困县和1 113个贫困村,在2020年新冠疫情影响下,乡村农畜牧产品、生产复工、易地搬迁配套设施建设成为目前脱贫攻坚的重点,农村发展还面临艰巨的任务;另一方面,脱贫工作不是终点,而是农村新生活、新奋斗的起点。乡村的产业、人才、文化、生态、组织需要全面发展,乡村振兴战略是建立标本兼治、长短结合的体制与机制,有助于促进社会逐步实现共同富裕。

乡村生产、生活、生态的"三生"和谐发展是我国人民的美好愿景。统筹好生产、生活、生态三者的关系,既是建设生态文明的需要,又是人与自然和谐共生的必然要求。目前我国乡村处于全面提档升级的状态，乡村的生态环境保护、精神文明建设、供给侧结构性改革都是乡村振兴中需要重点解决的问题。

二、乡村景观是我国由农业大国向农业强国转变的重要因素之一

乡村景观是乡村文化、生态、产业的综合体现，是改善乡村环境和获得有效生态环境效益的重要前提内容。其不但在反映中华民族传统文化，提升农民舒适宜居、幸福和谐的生活空间中发挥着重要作用，更是我国所有乡村在新时代乡村振兴战略下，在乡村生态景观改变后，从农业向旅游业和加工业转化，从而形成提高农村实体经济收益的完整乡村产业链中的重要一环。乡村景观是我国乡村发展从量变到质变的关键因素之一，也是实现我国社会主义现代化不可或缺的中坚力量。

（一）乡村景观是体现中华民族传统文化，增强文化自信的关键因素之一

乡村景观是中华文明的缩影，打造良好的乡村景观是增强我国文化自信的重中之重。在《汉书》《帝王世纪》的记载中，上古的神话人物，从伏羲女娲到炎帝神农氏的谱系脉络清晰，历经十五代，神农炎帝对应的时段至少在五千年以上，之后的黄帝、尧、舜时代承前启后，直至夏商周。在距今五千年左右，包括神农文化在内的中华上古文明已经成熟，并形成了基本的文化系统，体现在乡村的物化形态、民俗形态、语言形态中。"经济基础决定上层建筑"，乡村赖以生存的基础就是农民所耕作的土地，长久以来的农业活动诞生了乡村的社会结构和文化结构，乡村聚落、街巷等文化景观孕育而生[7]。随着历史的演变，乡村景观的形成综合了人类社会活动、聚落空间演变、时间和空间的演替，反映出在该区域生活的居民的活动历程，揭示出生产实践等人在系统内部的相互作用与链接，成为乡村地区社会环境的呈现和代表[8]，人们在几千年的日常耕作中创造了一个又一个乡村农业景观，诞生了百花齐放、百家争鸣的地域文化，例如江南文化、中原文化、敦煌文化等。这些乡村景观是我国保持地域文化特色的最后一块净土[9]，为乡村文化的传承提供了有利途径，能有效延续中华文明的历史文脉。

（二）乡村景观是综合体现乡村人与自然和谐整体面貌的重要载体

马克思认为，"人是自然界的一部分，人靠自然界生活"，恩格斯提出了"人首先依赖于自然"的思想[10]。人与自然是生命共同体，必须站在人与自然和谐共生的角度来谋划和推动社会经济发展，并将生态文明建设作为发展的前提。乡村景观是以农业生产、生活为载体形成的景观，具有强烈的田园自然生态与农耕文化属性。乡村景观不仅提供了直接用于生活消耗的天然富源，还提供了农村活动创造的手段和材料[11]，它是在常态化田园生产发展过程中，该区域逐步发展形成的传统文化、民俗、民风、农业生产等多重元素进行有机叠加融合后，人与自然生存环境自觉产生互动的结果[12]。同时乡村景观也是人们去乡村环境中放

松身心时,对我国建设与展示新时代乡村风貌提出的新诉求。建设好乡村景观反映了时代与实践发展的客观诉求,也是坚持人与自然和谐共生、建设美丽中国的必然要求。

（三）乡村景观成为带动乡村产业发展,建立新的经济增长点的重要因素之一

乡村的产业是乡村振兴的发展动力。改革开放以来,农村第一产业也不一定会成为农村经济来源的主导产业[13],乡村的职能已经从传统农业转变为文化、产业、经济相融合的综合体。随着农业生产效率不断提升,农产品质量不断提高,农村的生产结构开始出现多样化,非农就业和创业机会随之增加,农村的生产服务设施不断改善,农村的产业结构由农业向工业和服务业开始转型。所以,提升乡村二、三产业及建立产业链,就成了新时代乡村振兴重点建设与发展的内容。乡村产业的兴旺与产业链的建立,在乡村振兴发展战略中取决于乡村景观改造与建设基础工作的成效,即塑造形神俱佳的乡村景观。它将是促动"三产"（如旅游业或服务业,包括养老、度假、养生等）发展的助推器,也是带动"二产"（如农产品加工业）发展的有力牵引机。

乡村旅游引导下的乡村服务业成为乡村振兴的关键之一。乡村旅游,顾名思义就是前往乡村和田野旅行,欣赏当地的乡村美景,体验民风民俗。它是以村庄野外为空间,以人文无干扰、生态无破坏、游居和野餐行为为特色的村野旅游形式[14]。第一,优质的乡村景观提升了乡村空间的人居环境,优化了乡村自然、人文景观的整体风貌,扩展了现代人可以前去休闲、娱乐、康养、度假等活动的旅游功能,让乡村的环境获得显著提升;第二,乡村旅游可以带来直观的收入,统计资料显示,2018年全国乡村旅游收入突破8 000亿元[15],且乡村旅游在全国旅游中的比例从2014年的10%快速增长为2018年的16%,中国休闲农业与乡村旅游营业收入增长十分迅速,农村旅游业处在潜力巨大的井喷式增长中[16];第三,优质的乡村旅游是乡村第一产业转型升级为第三产业中的旅游业的基石,在旅游业的带动下,农家乐、民俗村、休闲农庄等得到了快速发展,形成了多种旅游业态和农业产品品牌,使农家庭院变成了市民的休闲乐园,农业生产耕作区变成了市民享受田园风光的景区,农民变成了旅游从业者。由此看来,优美的乡村景观对乡村旅游的推动是巨大的,而乡村旅游使得乡村经济、文化、产业、生态全面提升,达到真正意义上的"乡村振兴"。

三、乡村景观的建设原则

乡村景观建设应该在保证生态优先的前提下,体现乡村文脉,加强乡村环境整治,完善基础设施建设,在乡村旅游的基础上全面带动乡村产业发展,推动脱贫攻坚与乡村振兴的有机结合。

（一）构建文化基因,增强民族自信

增强民族自信,构建属于自己乡村的"文化基因"是基础。不同地域下的景观产生了

不同的文化积淀,也在不同程度上体现了地域的经济、艺术、文化、宗教、社会习俗等内容。例如在北方乡村中挂在屋檐的苞米、辣椒,以及黄土堆砌的房屋、热炕、棉袄等,衍生出了北方豪放粗犷的景观文化特征;江南乡村的小桥流水、诗性文化、园林气息也成为当地吸引外来游客的重要因素。乡村景观建设中应挖掘和传承当地的"文化基因",在外来文化面前保持自己的文化核心竞争力,坚持自己的生活方式和乡村文化,让乡村景观成为历史的缩影。

(二)坚持生态优先,适度开发乡村

优美的自然生态环境是乡村区别于城市的重要特征,我国许多乡村有着以农业为主的自然景观和乡村聚落景观,例如福建、广西等地,它们保留了原生态的耕作方式、生活方式、淳朴的民风、优美的环境,成为城市人向往的胜地。在乡村建设中要以生态保护为优先原则,乡村发展不以城市为标杆,要提倡"慢生活"理念,注重对农业景观、乡村人文景观、自然生态景观的保护,留住"绿水青山"。在开发建设中应该避免对乡村的大拆大建,避免形成"城中村""村中城"的现象。管理者应该发挥主导作用,对于原始风貌保留较好的乡村,要维持乡村自然的生态特征,适度开发乡村;对于现代化程度较高的乡村,应该严守生态红线,建设乡村公园,提高乡村绿化率,确保乡村发展由现代化向生态化发展。

(三)完善基础设施,助力乡村旅游

乡村旅游是乡村振兴的重要前提[17]。乡村旅游的核心产品为风土(具有特色的地理环境)、风物(地方特有的特产)、风俗(地方民俗)、风景(可供欣赏的景象),这些乡村景观的自然景观、人文景观和综合景观内容[18],离不开乡村完善的基础设施建设。从服务主体来看可以分为两大层次,一方面是为当地的居民服务,提供基础设施、文化继承等,满足了居民的物质文化需求,提升了村民的富足感,也是脱贫攻坚中不可或缺的基础;另一方面为乡村旅游中的主体(游客)服务,让乡村更好地呈现在人们面前。无论服务对象是谁,完善的基础设施都是乡村发展的基础,使得乡村的风土、风物、风俗、风景更有发展韧性。

乡村旅游日益成为当下火热的休闲娱乐方式,对于一些经济相对落后的原始乡村来说,乡村旅游成为支柱产业,可以带来可观的收益,但是由于基础设施的缺乏,让火热的乡村旅游只能在重大节假日"昙花一现",造成了收益的不稳定。基础设施建设应该是乡村景观建设中的重中之重,完善的服务环境能给游客留下良好的体验和印象,产生重游的欲望和增加游玩的频率;对于经济条件较好的乡村来说,乡村基础设施建设应该考虑创新发展,融入公共艺术、视觉艺术等设计手段,增强游客的体验感,让游客产生差异化的旅游感受,更能促进形成乡村旅游"百花齐放,百家争鸣"的差异化发展模式。

乡村景观作为体现乡村生产、生活、生态的重要表现形式,已经与乡村的文化、经济、产业紧密相连,在乡村旅游的促使下,乡村景观的价值日益凸显。乡村景观的建设不应只停留于表面,应该从增强乡村文化自信、保护乡村生态环境、完善乡村基础设施等多方面入手,综

合提升居民的生活环境和乡村旅游的游客体验,让乡村景观和乡村旅游形成相互提升、相互带动的良性循环,实现真正意义上的"绿水青山就是金山银山"。

参考文献

[1] 国家统计局.中国统计年鉴[M].北京:中国统计出版社,2019.
[2] 中共中央党史和文献研究院.十九大以来重要文献选编(上)[M].北京:中央文献出版社,2019.
[3] 中国文化书院学术委员会.梁漱溟全集(第一卷)[M].济南:山东人民出版社,2005.
[4] 尚媛媛,杨会宾.中原农耕文化传承创新路径探索[J].河南农业,2015(8):24-25.
[5] 王堞凡.江苏地区农业景观的保护与更新[D].南京:南京林业大学,2017.
[6] 崔学勤,李亚鹏.国外乡村生态景观农业发展的经验及其对我国的启示[J].农业经济,2015(10):93-95.
[7] 孙彦斐,唐晓岚,刘思源.乡村文化景观保护的现实境遇及路径:基于"人地关系"的环境教育路径[J].南京农业大学学报(社会科学版),2020,20(1):117-126.
[8] 唐晓岚,刘思源.乡村振兴战略下文化景观的研究进路与治理框架[J].河南师范大学学报(哲学社会科学版),2019,46(3):38-44.
[9] 杜浩源.地域文化在乡村景观设计中的探讨[J].农村经济与科技,2020,31(4):270-271.
[10] 马克思,恩格斯.马克思恩格斯选集(第4卷)[M].北京:人民出版社,1995.
[11] 万丙策.论马克思主义哲学"人"与"自然"和谐的思想:兼论我国生态文明建设的哲学基础[J].青岛农业大学学报(社会科学版),2013,25(4):62-64.
[12] 尹利伟.乡村景观在风景园林规划及设计中的体现[J].中小企业管理与科技(上旬刊),2015(12):117.
[13] 范建红,魏成,李松志.乡村景观的概念内涵与发展研究[J].热带地理,2009,29(3):286-287.
[14] 周武忠.新乡村主义:乡村振兴理论与实践[M].北京:中国建筑工业出版社,2018.
[15] 2018—2023年中国乡村旅游市场前景及融资战略咨询报告[R].中商产业研究院,2017.
[16] 全国旅游收入与乡村旅游收入[EB/OL].(2018-08-28)[2020-06-12].https://finance.ifeng.com/a/20180828/16473329_0.SHTML.
[17] 张羽清,周武忠.论乡村景观对乡村振兴的促进作用[J].装饰,2019(4):33-37.
[18] 周武忠.景观学:"3A"的哲学观[J].东南大学学报(哲学社会科学版),2011,13(1):87-94+125.

(倪诗昕,上海交通大学设计学院硕士研究生,研究方向:乡村景观设计。张羽清,上海交通大学设计学院博士研究生,中级工程师,研究方向:乡村景观,城乡规划设计。)

乡村乌托邦、美育赋能、路径策略
——艺术乡建的模式探索

庞 恒

摘要：乡村文化振兴战略实施中，乡村美育是文化振兴的重要载体。目前乡村在治理过程中存在乡村乌托邦理想化、照搬同质现象严重、美育建设滞后、乡土文化打造牵强且内涵不足等状况。因此，亟待推进乡村美育建设的整体布局，以呈现地域标识、民俗风情与文化特质。本文探讨艺术乡建介入乡村美育建设的积极意义，以及如何协助乡村实现文化复兴或重生。

关键词：乡村乌托邦；艺术乡建；美育；乡土文化；乡村在地性

一、艺术乡建与乡村乌托邦的当代性

（一）乡村乌托邦的悲剧镜像

中国乡村经历百年之痛，现在的乡村症结是过度现代化产生的问题。乡村是中国文化之根脉，艺术对于乡村的介入与推动不应只是经济的建设，更要注重精神文化层面的需求。如何能够从其原初的残损中衍化出新生的多重身份，又能够从审美资本主义旧病复发的焦灼中撤退，是艺术乡建在迈向审美经验的自治以及艺术当代性的过程中正面临的问题。在城镇化的快速进程中，很多具有地域文化的乡村聚落被拆迁、被改造，取而代之的是具有现代化气息的乡村建设。在这浪潮中，出现了过度城市化、建设不均衡和混乱等状况，将乡村与城市作为两种不同的生活方式甚至意识形态对立起来，这是现代性割裂的征兆，以至有蔓延扩张的趋向。在当代艺术乡建中，乡村正在重新被感知与构塑，其中交叠的诸多复杂问题亟待理论与实践的反思与重建。

乡村乌托邦含有一种叠合性的情怀，具有悲剧镜像的情感结构和本体美学范式，与中国的现代化历程和对于现代性病症的阵痛性修复之间有着密切的关系。在乡愁美学的发掘和阐释过程中，乡村在传统与现代，落后与文明，土气与时尚的审美等级序列中所遭遇的被抛与掠夺,都是对其的致命击溃,并埋下了病根。因此,在乡村进入新的治理实践中,它需要一个较为漫长而柔和的修复时期,这也是一个自我审美教育的良好契机。从艺术社会学和人类学来讲,正确的关系是相互认可与尊重、互为他者,不能以精英主义般高屋建瓴的方式进行"现代化的抢救与整治"。

(二)碧山计划遭遇困境——乌托邦未能照进现实

碧山村是安徽省黟县距离县城不过三四公里的徽州古村落,这里山高田广、阡陌如绣,白墙黑瓦的明清时期的古民居和祠堂鳞次栉比。2007年,徽州农村的策展人欧宁和左靖就被这里深深吸引。在考察了若干省市的村庄之后,他们决定在这里创建"碧山共同体"。通过知识分子回归乡村的方式,激活对农村地区公共生活的构想,邀约众多国内外的艺术家、建筑师、乡建专家、作家、音乐人等,致力于一起挖掘当地乡土文化,以期能搭建起"共同生活的乌托邦艺术计划"。希望借此抵抗城市化和资本过度膨胀引发的社会心理危机,最终改变农村地区的经济文化生活,真正实现农村的复兴之路,欧宁将这一计划命名为碧山计划。

最初的碧山计划,因为活动富有创意、规划有序,并有着浓厚的知识分子反哺农村的理想情怀和宣传造势,吸引了大量媒体和艺术界的关注,比如通过村民穿着原始的"稻草装"表演祭祀舞蹈、展示黟县的民间手工艺作品,邀请诗人在祠堂为当地的孩子讲解诗歌和文学等,旨在传续当地的祭祀传统,期望恢复和重建这种由来已久的乡村公共生活。在这里,没有资本崇拜,也没有领袖,人们共同劳作、有机种植、互助生活、自主自由。更重要的是,它要接续20世纪初晏阳初开创的乡村建设传统,吸引知识分子离城返乡,以各种方式为农村政治、经济和文化奉献才智,这也是欧宁头脑里理想的退居之地和乡村实验场地。

乡村建设,其目的是回归乡村本体,注重生态建设,保留小农传统和文化价值,而眼下乡村的现状是不可逆的城市化进程和资本化运作的经济模式。2014年,碧山计划遭受公关上的巨大危机,起因是哈佛大学社会学博士周韵作为南京大学中国研究国际暑期班的一员来到碧山后,连发十余条微博质疑"碧山计划",并发文《谁的乡村,谁的共同体?——品味、区隔与碧山计划》,直指碧山计划在本质上是极精英主义的,计划发起人对于乡村的想象犹如西方对于东方的凝视,是一种对他者想象的构建,体现了精英阶层"充满优越感的自我满足与自我崇高化话语",却让农村自身在整个过程中噤声。碧山计划其实存在于两个世界的缝隙之中:一面连着贫寒淳朴的农村生活,一面连着飞速发达的商业社会。这也是20世纪以来,建设乡村过程中所面临的共同困境。

民国时期有晏阳初、梁漱溟的乡村建设在先,而今有欧宁发起的碧山计划。只是起初斗志昂扬、寄托无限希望的"碧山共同体",最后仍以失败告终。梁漱溟则认为,中国的乡村问题并不在于愚、贫、弱、私这些具体的环节,而在于如何以中国固有文化为基础,吸收西方先进技术,建立民族新文化。于是他主张以中国传统的乡约形式建立中国新的礼俗,并大办村学和乡学,从中分化出乡村基层政权组织与民间团体,将农民组织起来。其中,知识分子的介入,让乡村建设的维度更为广博而复杂。很大程度上揭示出所谓理想主义的乌托邦与现实之间无法弥合的鸿沟。失败似乎是乌托邦的共同命运，这涉及它与所要反抗的事物之间的摩擦程度和力量对比，它所主张的替代方案的可持续性，以及乌托邦实践主导者的个人能量和大环境的接纳度。

乡村具有文明系统，乡村的传统习俗、生活节庆、宗教信仰、乡风乡情等，都具有十分丰富的社会现实，如果不长期亲历现场，不去真正深入了解村民内心的诉求，就无法体验其中的繁杂，任何理论层面的认识，都只是纸上谈兵。这种在地性、复杂性的乡村现场也要求建设者们、艺术家们必须深挖到乡村里层症结，强调艺术实践的在地性生成，并试图消除主体、客体二元论距离，对症下药治疗痛点。此外，如何创造推动公共利益发展的机会，使乡村成为支持文化和理想观念表达的公共领域还有待进一步的思考与完善，或许以后在这种在地的艺术实践关系中，能使双方共同构成主体，开启一场具有典范意义的地域革新。

二、艺术乡建与美育赋能

（一）艺术乡建——乡土文化与美育的交织

一方面，乡村衰败凋敝，城乡发展失衡已成为无法逃避的社会现实弊病；另一方面，乡村地域文化迷失问题严重，在城镇化的快速进程中，很多具有地域文化特质的乡村标识被拆迁、生硬改造，不少承载着乡土文化和历史记忆的传统村落面临着被边缘化和被忽视的状态。传统古村落的房屋由于自然与人为的因素，部分已经出现损毁老化、无序修葺，基础设施条件不完善等情况。随着农村居住生活需求和生活方式的改变，传统村落的淳朴风貌也会随之受到破坏。由于历史的原因，传统村落独特的景观环境和历史文化遗产是极其薄弱且不可再生的，出现了传统建设方法与新的发展需求不适应的撞击，导致乡村记忆缺失与乡村文化传承面临矛盾。乡村建设需要有新文化的注入、新嫩芽的培育，但是今天的乡村在一定程度上出现了异化转型，呈现出衰败与繁荣、散乱与集中并存的情况。乡土文化蕴藏着一个民族的集体记忆，在这个时代背景下，乡村复兴建设实际上成为平衡城乡关系的时代需求。如何把当代审美认知输入乡村血液中，改变乡村文化的封闭保守、滞后僵化的面貌；如何更好地保留传承乡土文化，维系好乡村与城市、传统与现代之间的纽带是迫在眉睫的问题。

在中国的社会文化状态与历史文化状态下，乡村的发展有着自己的秩序和理论，在不同的历史阶段也面临着不同的问题。亲历乡村社会的现场，会发现乡村社会有着复杂的人情网和保守的思想观。与艺术交锋时，传统与当代的断层，历史文化的空白，使得乡土文化发展与现代文明产生强烈的矛盾与摩擦，这些矛盾点有其各自的历史性与遗留性，这些历史与问题也就构筑了当下乡村社会发展的差异化。在建设者的眼中，乡村的发展一直是被拿来同城市做比较。然而，乡村的结构逻辑、建造逻辑与秩序逻辑同城市对照又是完全不同的，这样的城乡建设比较就会很容易导致乡村发展方向出现偏移。由于乡村是传统文化栖居的残留地，同时又是传统文化同现代文明断层的牺牲物。个体性和差异性导致了乡村隔阂，文化断层导致了乡村自身问题的凸显。

现在不少承载着乡土文化和历史记忆的传统村落面临着被边缘化和被忽视的状态,由于自然与人为的因素,传统古村落的部分房屋已经损毁与老化,基础设施条件不完善,因而村民热衷于建造宽敞明亮的新宅而轻视对老宅的修复保护。随着村落居住生活需求和生活方式的改变,传统村落淳朴的风貌也会随之受到破坏。同时,由于社会文化进程等原因,传统村落独特的环境和历史文化遗产是极其脆弱和不可再造的。

艺术乡建是当代中国乡村建设的一个重要分支领域,具有文化寻根、文化自省、文化建设的多重使命。艺术乡建工作者借助丰富的艺术想象力、创造力,结合当代乡村振兴发展实践的广阔需求,为美丽乡村建设提供强有力的助推和支持。与此同时,艺术乡建更是美育的重要实施环节,也是对现有文化的重生迭代,旨在以艺术唤醒传统文化,以艺术推动乡村教育的活跃性,以艺术介入的方式联结村民与乡村聚落之间的关系,建立符合乡村性格的审美范畴的构筑形式。艺术是让乡村底蕴苏醒、恢复村民对于"美"的追寻的有效途径,具有审美启蒙、村民美育干预的重要作用。没有精神文化就没有健全的乡村社会,仅仅满足"丰衣足食"的乡村无法呼唤心灵对于美的渴望。

若要艺术真正在乡村的土壤里生根发芽,我们还需探析乡村社会的历史文化背景。若从社会学的文化滞后理论来分析,文化的变迁要迟延于政治经济的变化。因此,在城市文明与现代文明的进程中,乡村被远远地抛在后头,尤其是乡村文化的变迁,留下来的各种观念与旧俗,看似与这个时代格格不入,却仍旧刺眼地扎根在那里,无法拔除。而在一些偏远乡村依然有如世外桃源般的村落,充满了原生态的文化魅力。随着城镇化速度的加快,人们愈发怀念农村的生活节奏和乡土气息,传统村落的魅力正逐步为越来越多的人关注和重视。用艺术适度改造乡村,要尊重保护好当地村落的地域文化,促进当地村民的参与意识,并形成一整套完善的运行机制,同时发挥艺术家的引导作用,通过艺术自身的软实力,带动文创产业,实现乡村美育产能经济发展。

让艺术参与到乡村文化的建设中,要思考艺术与乡村之间的关系该如何建立。艺术参与和介入乡村,重要的并不是艺术本身,而是通过艺术方式以及艺术行为的影响,共同建造互惠互利互助的行为准则。艺术一旦介入乡村,便会潜移默化地影响美育层面的渗透,当地民众的文化思想与价值认同也会随之改变。

（二）乡村美育——石节子美术馆的影响力

艺术乡建作为一种助推剂,不同于传统意义上的"乡村旅游开发",应注重乡村文化乃至区域整体性的构建,增强村民在乡村建设中的经营能力和审美意识,强调当地政府、村委会、村民与艺术家协同合作对项目实施及可持续开展的重要作用,在此基础上让美育的开展模式多样化。石节子村是当代艺术介入乡村美育的典型案例,又名"石节子美术馆"。它是个特殊的美术馆,它由整个自然村庄的山水、田园、植被、树木、院落、家禽、农具、日用品及村民构成,村庄里每一个空间场景都是艺术的一部分,十三户村民的院子分散在八层阶梯状分布的高岗平台上,构成了美术馆的十三个分馆。村口设立广场为村民提供公共活动的空间,并为平时喜欢手工艺、农具作品、刺绣、编织的村民们提供一个有艺术性和创造性氛围的场地,让村民能够一起参与艺术创作。这些所有的行动与方式都十分贴切与朴实,也都贴近乡村社会基本的生活面貌与乡民的实际需求。这里原本文化稀缺,没有祠堂,没有村落族谱,然而,就是这样一个没有文化资源、自然资源的乡村,却走进了国际视野。这一切靠的是艺术乡建带来的实质改变,全民参与到美育的实际活动中,解决村民的诉求,使人们不得不用审美的眼光去凝视它,并在过程中探寻到乡村的原生美与本体价值。石节子村的活力被激发,原本闭塞的村庄与艺术、艺术家产生联系,越来越多的外来人来此参观学习(见图1),农民也找到幸福感,并且其创造力、美育能力得到最大限度的提升,为乡村的后续建设指引了方向。

图1　石节子美术馆研学活动

这一切告诉我们,乡村建设绝不仅仅是物质经济的单一方面,还要有美育建设、精神文化建设,它们是艺术乡建的关键所在。虽然这几年石节子美术馆的发展,带来了一定的名气与机遇,但是当代艺术与本土文化还是存在裂痕,与村落特质的关联性略显生硬,这也是后续乡村发展转型需要解决的决策性问题。

(三)乡村美育——越后妻有大地艺术祭

被称为"大地艺术节之父"的北川富朗,于1996年开始深入研究越后妻有地区。在这里,艺术不是目的,而只是表达自然、文明和人类关系的一种方法。以"人类属于大自然"为主题,每一届艺术节有来自世界各地的数百个艺术家走进社区,以山村和森林为舞台,与农村的年长者以及来自世界各地的年轻义工共同改造、创造出数百件散落在村庄、田地、空屋、废弃学校里的艺术品(见图2、图3)。"越后妻有大地艺术祭"十余年来的实践累积,协同合作的社群共同治理模式,撑起了可持续发展的网络,新的信任与文化、新的生态与经济,带来重生的希望。艺术成为路标,人们恢复了对土地的信心,充满笑容的"新故乡""新乡土"正在逐步形成。在越后妻有760平方公里的广袤田野间,随处散落着200多件脑洞大开的艺术作品。当你漫步在梯田、山林、废旧的房屋中,你会惊喜地发现各种天马行空的装置,它们和大自然形成奇妙的互动。这场日本的乡村振兴实践行动以农田作为舞台、艺术作为桥梁,连接人与大自然。艺术作品与乡村之间建立了浑然一体的关系,不再是艺术家的自娱自乐,而是将艺术的力量植入村民心中,透过艺术的感染力提升了当地居民社区的影响力,重新激活了越后妻有地区的潜力,使乡村复兴之路的步调愈发有序稳健。

图2　草间弥生作品《盛放的妻有》　　　　　图3　越后妻有SNOWART

艺术乡建作为诸多乡村建设中的一种方式,将人与自然衔接,结合当地特色及资源,用具有感染力的创作形式,像艺术展演、民艺开发、美育建设等,为土地提供诸多生机,让传统焕发新生。在乡村文化建设的进程中,要将美育塑造与乡村精神文明建设两者共生发展,相互嵌入、相互促进,重筑乡村的文化家园,并以自己的艺术母体来孕育滋养中国式的现代乡村与生活,让美育的乳汁浸透到乡村各个角落。

三、艺术乡建的优势策略

由于盲目的修建导致乡村自然资源和人文景观出现了过分毁坏的现象,美好的乡土文化面临着威胁,这些都是乡村整体形态发展背后的潜在隐患。整体形态需要综合治理,不断地加强对乡村风貌未来发展的研究,完善乡村居民生活环境,不仅可以改善乡村的人文环境,还可以树立一个良好的乡村风貌,对促进人与自然的和谐发展具有一定的积极作用。因此,留住乡愁,保护传统乡村文化脉络、整治乡村问题已经到了迫在眉睫的地步。艺术乡建是现阶段乡村建设的重要部分,包含着文化追根溯源等。乡建工作者需要借助相关艺术创造力,进行有计划性的适度设计,同时应该找出解决相应问题的策略。

（一）因地制宜,启动项目

以艺术的方式在最大化保全乡村原始文化的前提下以美育手段进行推动。有保留有根基才能有序生长,所以乡建要在保护乡村原有聚落形态的前提下进行因地制宜的发展,这是传统商业模式无法实现的,对此以艺术的方式来介入,以美育的思维来开发成为不二之选。通过对优秀农耕文化内蕴资源的充分挖掘,将乡村文化得以提炼,使散落在乡村的文化印记得到有力保护与延伸。

村落的空间布局与乡村农舍的物理分布高度吻合,艺术家无须报批土地及烦琐的手续,也无须做任何物理空间的开发,在不影响村民正常耕作与生活的前提下,可以将部分闲置的农舍变成工作室,既盘活了闲置房屋资源,又增加了村民的收入,逐步形成了初始文化业态,实现艺术与乡村环境的共生共荣、相互交融。

（二）游客引入,延续文化

乡村人气带动的过程中,可以先导入高净值、高黏性的客流,再自然延展至其他群体。艺术工作室的设立会为乡村注入一个活的生态和引入人流量,带来多元化艺术的内容与体验。每个工作室就是一个符号化的小型展览馆,借助艺术家自带的流量、社交能力及开展的免费公益活动,由一个专业团队来组织线上线下的推广,必然会吸引一大批年轻艺术文化爱好者接踵而至,由此聚集了乡村的人气,为后续乡村建设步调铺路。

乡村的文化形态较为丰富,折射出不同历史时期、区域文化、民风民俗和人居环境的演变过程,在那里蕴含着我们世世代代积累下来的乡村印记。对此我们所做的不是如何改变它,而应该是寻求到规律让其自然延续与发展,在原有乡村文化的基础上转化成新时代的乡村共同体。通过艺术工作室的人流量,使更多人持续关注乡村的变革,与当地艺术产业产生互动,同时艺术生态切入乡村也是推进这一进程的有力保障,以彰显区域特质,传承乡土底蕴文化。

四、乡村美育的路径分析

（一）采集乡村美学范式

艺术乡建需要把握村落历史文化的基调,在脉络走向上进行有的放矢地构建。乡村振兴不是机械化地粗暴重建,而是区域文化的延续、精神风貌的重塑。乡村自然生态下的乡土乡愁是美育的载体,也是村落持续建设基调的底子。乡村合理发展不同于城市建设模式,它不能成为现代文明的殖民地或城市社会结构的复制体,需尊重乡村文脉发展内核,延续本体的自然美。

艺术乡建不单单只是艺术家的乡建,而是为了农民和人民的乡建。随着文化进步和生活品质提高,人们越来越注重设计所带来的美学价值、生活方式和情感属性等。艺术乡建可以为乡村新的生活方式提供独特的美学追求和创意表达,也可以进一步挖掘乡村内在美学范式,让美育精神与村民认知水平相互平衡,为卓有成效实现乡村后期设计提供强有力的支撑,同时也是乡村文化振兴最活跃的新驱动。

（二）尊重地方文化传统

艺术乡建工作者需要在原有乡村文化脉络和机理上进行创造性的转化工作,需要强调各方面的融合发展。这里面既有物质与文化的融合,又有传统与现代的交织,呈现出人作与天成、城市与乡村等多方面的交融,需要在深度挖掘地方文化传统的基础上,通过在地化的文化参与和重建实现艺术乡建,而不仅仅是将乡村作为艺术家的试验场或者工作室。

艺术乡建的有序成长就在于将当地村落文化和人居环境生活紧密拧成一股绳,需要将艺术手法的魅力以春风化雨般的方式渗入乡建各个环节当中,再慢慢融合,形成合理的布局方式。同时艺术乡建也丰富了乡村美育的维度,对于把握乡村未来发展命脉,推进乡村规划的持续稳定发展具有促进作用。

（三）注重村民参与,增强合作

艺术乡建的范围不仅是乡村外貌的改造与设计,最重要的是要用艺术方式在当地乡村生活中推动经济向前,使乡村文化产业项目得以实施,使乡村美育文化建设与保护等得到重视。判断艺术乡建的成效情况,在于它是否真实带动村民的参与性与介入性,而当地乡土文化的活化策略是否起到助推作用,是衡量当地乡建是否成功的准绳。最终要凸显出对于文化的传承与活化,并且要加强乡村建设的保障措施,重视乡土建设人才资源的储备情况。同时乡土美育的活化力度对于乡村历史文脉的延续和乡村旅游业的发展有一定的参考和推动作用。

艺术乡建现在还未真正成熟起来,人们对它的后期建设期望值较大。实际上,艺术乡建不能囊括所有的建设方式,一般来说乡村区域美育构筑、乡村产业营造和其他项目发展等光靠乡建自身的能量显得力不从心,为了没有短板的整体建设,需要不同领域与泛专业的人员进行协调配合,共同打造乡建合作模式。同时艺术乡建不能一意孤行,需要多角度全方位地斟酌整体框架。不仅需要把握好边界尺度,明白本体的专长与限度,还要把各领域的力量聚合起来,让点连成线,线生成面,共同统筹乡建计划,形成稳固的乡建圈。其中当地政府的扶持是不可或缺的一个方面,需借力打力、相互合作。

总而言之,通过考虑乡村本土文化、环境资源和实地现状问题等综合因素,研究出比较全面的乡村整体设计的相关措施和实施方法,将有效引导乡村后续建设,促进乡村美育发展与居民生活的和谐统一。

五、结语

乡村乌托邦赋予了艺术家关注当代乡村文化建设的可能性,这条实践道路在当下中国方兴未艾。艺术乡建是乡村文化振兴的重要介质,乡村美育给予艺术乡建活力,艺术不应该是强硬介入,而是共同营造与规划。同时,乡建工作还需要反思艺术与乡村交汇所形成的矛盾。振兴乡村文化可以提升乡民生活质量和乡村文明,同时乡村美育的繁荣程度反映了乡村的宜居状态和民风民俗等情况。乡村美育建设离不开广大劳动人民的智慧结晶,艺术文化的复兴将释放出优秀传统文化活力,是美育赋能的重要建构部分,也能将乡村乌托邦的轮廓勾勒得清晰具象。

乡村兴,文化必兴。乡村美育赋能,客观上可以起到活跃经济文化氛围、构建文化传播环境等作用,可以达到提升乡民文化综合素养和精神境界的目标。乡村美育的实施落地,能进一步树立乡村文明新风,促进和谐美丽乡村建设的覆盖范围。相信乡村美育的进程会给未来的乡村建设带来更好的发展前景和机遇,我们的乡村乌托邦不再是远方的乡愁。

参考文献

[1] 梁漱溟.乡村建设理论[M].上海:上海人民出版社,2011.

[2] 维多利亚·D.亚历历山大.艺术社会学[M].章浩,沈杨,译.南京:江苏凤凰美术出版社,2013.

[3] 雷蒙·威廉斯.乡村与城市[M].韩子满,等译.北京:商务印书馆,2013.

[4] 钱理群,刘铁芳.乡土中国与乡村教育[M].福州:福建教育出版社,2008.

[5] 郭昭第.乡村美学:基于陇东南乡俗的人类学调查及美学阐释[M].北京:人民出版社,2018.

[6] 尼古拉·布里奥.关系美学[M].黄建宏,译.北京:金城出版社,2013.

[7] 鲁特格尔·布雷格曼.现实主义者的乌托邦:如何建构一个理想世界[M].北京:中信出版社,2018.

[8] 鲁思·列维塔斯.乌托邦之概念[M].李广益,范轶伦,译.北京:中国政法大学出版社,2018.

[9] 姚艳玲.艺术介入乡村公共空间的经济表现:以甘肃石节子村美术馆为例[J].吉首大学学报(社会科学版),2019(A1):107-109.

(庞恒,重庆师范大学涉外商贸学院讲师。)

川、渝乡村传统家族墓地的
多维空间及当代价值

罗晓欢

摘要："聚族而葬""阴阳杂处"是川渝等西南山区乡村聚落形态的典型特征。在"丧不哀而务为美观"的丧葬观念下，"湖广填四川"的移民后裔修建了大量高大精美的地上墓葬建筑，使得传统家族墓地成为一个多维度、多层次的地理、文化和精神空间，并在这样的空间中实现了审美娱乐、礼俗教化、乡村自治与社会整合。在当代中国实施乡村振兴战略的背景下，这些墓葬建筑不仅是有价值的历史、文化遗存，也是当代基于乡风传统，构建新型乡村文化、乡风文明的重要资源。因此，应该注重对传统村落中家族墓地，重要的传统墓葬建筑的保护、研究和利用，使之名正言顺地在当代"美丽乡村"建设中出场，并积极探索家族墓地服务于乡村振兴的可能路径。

关键词：家族墓地；阴阳杂处；乡村文化生态；乡村振兴

在四川、重庆等西南山区的乡村，常见规模不等、数量不一的家族墓地，多和民居杂处，甚至就在家居院落之旁，成为这一地区传统乡村聚落形态的重要组成部分。墓地中的明清地上石质墓葬建筑，包括墓碑、字库塔、陪碑、牌坊、坟亭、石狮、桅杆（望柱）等，不仅规模大、类型全，且雕刻装饰精美，历史文化信息丰富，成为这一地区独特的历史文化景观。不少墓葬建筑因其规模形制、雕刻工艺、碑刻铭文（书法）等已被确定为县、市甚至省级重点文物保护单位，它们"真实地反映了汉代以来四川地区典型的葬俗葬制，具有较高的历史、艺术、科学价值"[1]。其实，早在20世纪40年代，梁思成先生就对这些墓葬建筑进行过考察，并评价说："川省封墓艺术之千变万化，莫可端倪也。"[2]其工艺"妍妙天成""无比珍异""意匠灵活"。这都表明了这一地区明清地上墓葬建筑艺术的独特之处。

因此，各级地方政府和职能部门都在积极寻求这些文物的保护和利用措施，越来越多的考察研究也逐渐深入。本文试图从地理空间和文化空间的视角勾勒出川渝地区传统家族墓地在乡村聚落形态中的基本状况，并思考在当代美丽乡村建设背景下，家族墓地的可能去向。

一、家族墓地是川渝地区传统乡村聚落不可忽视的存在

墓地、祖坟既是家族成员的最后归宿，也是后世子孙祭祀先祖、回忆乡愁的重要载体，更是远离故土的人们"回乡"的终极理由。而在一些历史久远的乡村，古代精美的地上墓葬建筑甚至成为乡村独特的历史遗存和文化景观。

当代社会对墓地、对逝者遗体进行"工业化""标准化"处理，甚至不惜采取扒坟、烧棺等伤民心、背民俗的极端措施，导致尸骨难安，祖坟无存。这既不符合乡村聚落形态的客观现实，也是对乡村坟地生态的误读。同时，这一行为也使得本就被撕裂的乡村社会关系更趋离散，既不利于维系乡村有机和谐的社会关系，也难以传续乡村道德传统和民风民俗，更是难以构建社区民众及家族成员之间的认同感和凝聚力。尽管崇修墓葬充斥着迷信、攀比和浪费等不良观念，但其"孝悌忠信、礼义廉耻""孝老爱亲、敬业乐群"等传统美德是中华民族向心力、凝聚力的基础，联系着民众的精神命脉。

中共中央国务院印发的《关于加大改革创新力度和加快农业现代化建设的若干意见》中提出加强农村思想道德建设，提出"以乡情乡愁为纽带吸引和凝聚各方人士支持家乡建设，传承乡村文明"。这是针对目前广大农村渐趋"空心化"，传统价值观丧失，传统文化断层的严峻现实而提出来的应对策略。"以乡情乡愁为纽带"确实是抓住了问题的关键，但是倘若家乡再也没有什么值得挂念的，哪怕是祖坟都看不到了，根脉已经不存了，那又该去哪寻找纽带呢？毕竟"回乡""祭祖"是中国传统孝文化的基本情结，也是中国人重要的精神寄托之一，"地缘、血缘、史缘"恰恰是增强中华凝聚力和促进祖国统一的重要纽带。

坟地，在当代人看来是避之不及的场所，因此在很多乡村社会的调查和研究中并不愿意提及，甚至在当代美丽乡村建设过程中它们都被有意无意地忽略了。而殊不知在中国传统社会中，墓地就是家族的主要财产之一，也是社区竞争和显耀门庭的重要资源。阴宅与阳宅同等重要，"事死如事生"和祖先崇拜等传统观念使得人们对待先祖、对待墓葬修建相关的一系列活动格外重视，所谓"慎终、追远，民德归厚也"。因此，家族墓地及其墓葬建筑造就了独特的乡村聚落形态、空间格局和独特景观，这在西南地区的乡村中格外典型。

家族墓地是乡村聚落形态的客观存在，并经过历史演化，形成了其相对合理的空间分布和持续更迭的演化历程。阴宅作为"归宿"本身具有的相对稳定状态，在某种意义上更是人们持久的情感寄托之所在。人们可以不断地搬家，从一个地方到另外一个地方，但现代人始终有一个"回乡祭祖"的情结。

祖坟尚在，是现代人回乡的最后理由！

二、"聚族而葬""阴阳杂处"是川渝地区乡村聚落的突出特色

川渝地区的乡村聚落，一般都是在"湖广镇四川"这一特殊历史背景下演化而来的，从"插占为业"到"五方杂处"逐渐形成了同姓家族聚居为主，多姓杂居为辅的居住形态，而在

人们的聚居空间中，家族墓地的占有和分布也呈现类似的情况。一个村落往往会有多处规模不等的家族墓地散落于房前屋后、田边地角、路旁林下。在一些历史较为久远的村落常常可见到阳宅与阴宅毗邻，甚至出门即见坟的状况。

"聚族而葬""阴阳杂处"的聚落形态在这一地区比较常见，也是最典型的家族墓地形态。这种家族墓地会世代使用，并遵循一定的秩序埋葬。尽管数百年下来，坟墓的密度会逐渐增加，顺序也不是那么清晰，但是那些有一定规模并在墓前有较大碑、坊建筑的墓会得以更好地保护。另外，大墓的位置往往也被认为风水更好而引得后人愿意挨着埋葬。于是就形成了相对集中的大型墓地。但是这种墓地规模不会无限制地扩展，墓地的选择还是会考虑到土地的使用，一般会选择不太适宜耕种的土地，大规模占用耕地、林地的情况并不多见。在移民后期，人口增加，集中埋葬的情况也越来越少。移民后裔逐渐积累起了财富，也逐渐分家成为新的大家族，家族墓地也开始向新的地点迁移，这样就会形成相对分散的家族墓地。很多古老的墓地，因无人看管而逐渐又演变成可耕种的土地，甚至在旁边建起居住的房屋。

"阴阳杂处"是川渝地区家族墓葬空间形态的典型特征。一方面是主动选择，即将墓建在房前屋后；另一方面，是由后人将家居住宅修建在原有的坟墓旁边。这种情况并不少见，有开门即见坟的，有整个院子就建在家族墓地上的，还有墓地就在院子的堂屋之中。

类似于四川南江县赤溪乡岳家墓、广元市曾家山家族墓地这样（见图1、图2）的情形比

图1　广元市曾家山曾氏家族墓及周边民居（罗晓欢摄影）

图2　南江县赤溪乡岳中河墓（清嘉庆二十五年）（罗晓欢摄影）

较常见。墓地的前后左右都可能是民居院落，几乎将墓地包围了起来，墓前空地成为人们日常生活的必经之路，或为晾晒农作物，或为聚集休息之地。

位于巴中市清江镇石燕村的杨天锡墓是一座集祠堂与墓葬于一体的建筑（见图3）。如今祠堂和位于室内的墓碑主体完好。我们在院坝的好些石板上看到有文字，一问才知，这个院坝原来是杨天锡墓前牌坊和桅杆所在地，铺地上的那些都是原先家族墓地的碑版，早些年间还可以清楚地看到上面的文字和花纹。原来这座院落就是早年间的家族墓地，这实在令人吃惊。

其实，在川渝地区的乡村，这种现象很常见，好些有幸被保留下来的大型墓葬建筑，就是因为在民居的附近，甚至紧挨着人们聚居的院落才得以基本保全，如今它们已经成为偏远乡村不可多见的家族后人引以为傲的历史文化遗存，时常会有人前来观看。

这一地区对于阴宅的重视似乎格外不同，而事实上，他们的丧葬习俗与中国传统的观念信仰相比并没有本质的区别。或许因为土地权属，或者为了寻求祖先的庇佑，也或是为了祭祀的方便，当然也有避免使用好田好

图3　巴中市清江镇杨天锡墓（民国）
（何雅闻　罗丹　摄影）

地的原因……总之，这里的阴宅和阳宅便呈现出一种"左邻右舍，毗邻而居"的空间关系，这种"阴阳杂处"的乡村聚落格局在外人看来是不可理解和不可接受的，但在当地人看来是自然而然的。人们对于墓地，对于逝去的先祖，甚至对于死亡的态度，表现得更为灵活变通，更为亲近平和。

三、家族墓地是传统乡村教化之地和重要历史文化遗存

考察川渝地区的墓葬群，就极少有"千年孤坟"的凄凉感，相反显得特别热闹，村民似乎并不害怕这些墓，呈现在我们眼前的景象是小孩们会在家门前，绕着墓碑玩捉迷藏，衣服鞋袜晾晒在墓碑上，墓地前方空地上晒满了谷物……这种特殊的空间关系使得这些墓葬建筑成为乡村聚落中一道独特的文化景观。墓葬就在人们日常生产生活空间中，与生者，与后世

子孙有着较多的联系。墓地在乡村聚落中不仅仅是环境空间中的客观存在,对于传统乡村聚落而言,它还有着重要的文化意义。

墓地是乡村伦理道德和家族遗风等的教化之地。如果说祠堂有这样的功能,一般都比较好理解,至于说家族墓葬,是否有夸大之嫌呢? 当然不是,倘若对这一地区家族墓葬的形制规模、装饰雕刻、碑刻铭文、口传故事等有些了解的话,就会明白这一地区乡村的墓葬建筑与家居住宅成为"左邻右舍"的空间关系和文化意义了。

对于"湖广填四川"的移民而言,需要经过几代人的努力,才有可能积累出一定数量的家族人口和财富,祠堂才变得必要和可能,而墓葬是等不得的。传统的孝道观念、家族历史的表达和书写便转移到墓碑上。加上移民社区竞争和攀比,这股崇修墓葬建筑的风气越演越烈,最终留下了我们今天所能见到的这些已经被视为地方主要文物的牌坊建筑。这一地区一直极重视地下墓室的装饰,但在清季,地下部分就只是土坑墓穴,或只有青石板圹穴,而地上部分则越来越复杂精美,这就与前代那些极力避免外人打扰的地下封闭墓室不同,它们是让人"观看"而营建的。可以说,这些尺度高大、组合复杂、雕刻丰富的墓葬建筑部分承担了祠堂的叙事和教化功能。

四川省南江县马氏墓就是一个集祠堂与墓葬于一体的建筑群,始建于清嘉庆二十五年(1820)。整个建筑位于坡地上,为三层平台的三进四合院,最高一层平台就是墓地,包括墓前石牌坊、享堂式主墓碑,从石坊到主墓碑以茔墙连接。中庭竖立一对巨大的石桅杆,最前面为祠堂前殿(带戏台),整个建筑再以左右厢房合围而成封闭式院落。整个建筑就是一个集雕刻、彩画、书法等于一体的综合文化艺术空间。墓葬建筑的书法文字、雕刻图像、空间布局都以家族荣耀、宗教礼仪、道德教化为叙事逻辑。姚永辉考察过这一墓祠,"马氏墓祠相对保存完整,无论是其空间布局、建筑装饰,抑或族内禁令、族规、四至界畔等石刻铭文,都为探析南江山区的墓祠文化提供了一个颇具代表性的读本。此外,在空间布局上,墓祠、风水塔等链接着多姓杂居、各有分区、合作共存的乡村秩序网络,我们可借由对马氏墓祠的解析,探寻在一个经济落后、自然环境和文化都相对封闭、宗族财力和权势悬殊较小的山区,不同的宗族之间如何实现自治与共存的"[3]。由此可见,"生、养、死、葬"对于民间文化重建和乡村社会治理也有重要的现实意义(见图4)。

"丧不哀而务为美观"是明清民间治丧的重要观念。尽管这些遗存已所剩无几,但历史上在川渝地区的广大乡村,这样的墓葬并不难见到。即使是更大数量的中小型墓葬,也会竭力打造一座"花碑"(在墓碑上雕刻各式图像和文字)以承载家族的历史和子孙的孝道。于是,墓葬空间成为一个充满了故事、图像、文字的综合文化艺术空间,也是一个道德教化的空间。进入这样的空间,无论是远观,还是近看;无论是游赏,还是细读,戏台上演出的剧目,建筑上雕刻的图像,匾联碑刻上的文字都在共同述说着忠孝节义、渔樵耕读、吉祥寓意,传授着家族荣光、人情世故、道德伦理。严谨布局的建筑、精美热闹的图像、庄重富丽的书法共同营造出了一个传统乡村教化重地。

墓地这个对生者而言肃穆恭敬的祭拜之地,对亡者而言幽微深邃的灵魂居所,也因此

马氏祠堂正面建筑

马氏祠堂内墓坊建筑

马氏祠堂内廷

马氏祠堂内主墓碑建筑

图4 四川省南江县朱公乡白坪村马氏家族墓祠建筑群（罗晓欢摄影）

有着复杂的文化逻辑和艺术呈现。"至元日,清明,必祭于墓。均出于孝子追慕之心,虽非礼经,已蔚然成俗矣。"[4]正是在这祭祀和观看的过程中,后世子孙完成了对先人的缅怀和纪念,同时,通过这些视觉的图像符号和文字完成了文化传承和伦理教化。在"相对封闭的长江上游地区,尤其是中国西南山区实际上保留了有关中国古代社会对于图像及其观看、制作技艺、表达模式、展示方式、认知观念的最后传统。随即而至的现代文明很快会将它们撕扯为碎片。物理形态上的毁损和观念层面的遗忘,使这些记忆碎片越来越远离我们"[5]。如今,被纳入不可移动文物序列的家族墓葬建筑及其所在的家族墓地面临着越来越严峻的考验。除了自然风化损毁、新农村建设、住户搬迁以外,还有盗劫雕刻构件等对这些历史文化遗存形成新一轮的破坏。

四、保护利用传统家族墓地服务乡村振兴战略的可能路径

在"美丽乡村"建设背景下,家族墓地,特别是拥有历史文化价值的古代墓葬建筑如何安置、保护成为一个需要认真思考和研究的问题。家族墓地一方面是家族成员的归宿地,也是乡村聚落形态中不可忽视的存在,直到今天都依然延续其功能;另一方面,墓地中那些具

有历史和艺术价值的墓葬建筑需要更为有效的保护措施。目前看来,保护是孤立的,也是有限的。自然和人为的破坏时常发生,即使是省级保护单位,雕刻构件也常遭破坏和盗劫。不仅村民对这些墓葬建筑不太在意,即使职能部门也防不胜防。

中共中央国务院印发的《乡村振兴战略规划(2018—2022年)》中提出"统筹保护、利用与发展的关系,努力保持村庄的完整性、真实性和延续性。切实保护村庄的传统选址、格局、风貌以及自然和田园景观等整体空间形态与环境,全面保护文物古迹、历史建筑、传统民居等传统建筑"。这是针对目前乡村中出现的"照搬西方""盲目跟风"的问题所提出的策略,其实,这不仅仅是保护我国乡村传统文化,更重要的是保护文化的多样性,防止地域乡土文化的流失。乡村聚落在城市化浪潮中逐渐丧失了乡村的特色,因此,我们要留住乡村文化的原真性和特殊性,这为这一地区的家族墓地和古代墓葬建筑的保护提供了政策依据和方法论指导。

我们可以以万源市的两个村为切入点。万源石窝乡的走马坪村碾盘湾组的张家院子是一座独特的五角形四合院,布局奇特,房间众多,功能完善,非常有地方特色,万源市电视台还对此做过专题报道。在院子外侧的石基上还有当年红三十三军政治部留下的红军石刻标语,张家院子也是县重点文物保护点。以这一传统川斗结构的四合院建筑院落为中心,散布五六座木结构瓦房、土墙瓦房和现代砖混楼房,特点鲜明。周边是竹林、菜地和田地,一派田园风光。民居后面是一片坡地,为张氏家族墓地。一条马路从中间穿过,将院落分为两个部分,聚落开阔,景观别致,布局合理。在院落背后的菜地和竹林间保留了明代墓葬1座,清乾隆至民国时期的大中型墓葬建筑7座。菜地边的明代墓尽管只剩下洞开的石室,但人可进入,两个开间内的侧墙和里间精彩的花卉和装饰纹样保存尚好,只不过被秸秆杂草和垃圾遮去大半。该家族墓群自清代至民国时期的墓葬建筑类型多样,装饰精美,图像和书法碑刻保存完整,特别是张府君墓(清光绪二十六年)形制完整、雕刻精美(见图5),包括桅杆、石狮、四方碑亭和牌楼式的主墓碑,雕刻图像和文字保存得还比较完整,有关的传说神奇生动。笔者以为,这一座墓至少应该是省级以上文物保护单位,不知为何没有被列入其中,实在可惜!该墓的后面则是张氏家族墓地,其内多座乾隆以来的中型墓葬建筑,其雕刻也足可观之。而据明代墓仅200米开外的一座民国初年的墓葬建筑高大雄伟,雕刻丰富,墓前石雕供桌高约1.5米,长近2米,各面均线刻瑞兽,线条流畅,也极为少见。

万源市河口镇土龙场烂田沟(马家坪)的马氏家族墓则是另一个典型代表。沿马路一字排开十余座造型各异,雕刻丰富精美,代际关系清晰的家族墓葬建筑。笔者初步考察统计,该村约有清代至民国时期大中型家族墓葬建筑20余座,都值得一观,其中最重要的是马渚远墓,为省级文

图5 张府君墓(清光绪二十六年)(李芋霖摄影)

物保护单位。院落前的竹林中还隐藏一座高约6米的清代字库塔，塔上铭文丰富，书法颇有特色。距离字库塔不远还有造塔主人马渚远后人的一座牌造型奇异的"甑子坟"，坟前有墓坊建筑、石狮、供案等附属建筑。可以毫不夸张地说，该村就是一个特色鲜明的家族墓葬建筑博物馆（见图6）。

图6 万源市土龙场村家族墓群（王慧灵 张可欣摄影）

随着我国乡村振兴战略的推进，如何解决民间家族墓葬与乡村聚落之间的矛盾成为新时代乡村景观中最为棘手的问题。但是，在这里，它们不仅不是累赘和需要去除的对象，反而乡村因为它们的存在而颇具特色和魅力。因此，我们可以在乡村改造中改变观念，处理好墓葬群所伴随的文化问题，慎重地考虑如何保护家族墓地，特别是精美的古代墓葬建筑，让它们在乡村景观中体现出独特的视觉性和文化性，成为乡村旅游的独特看点。这样不仅可以利用好乡村自然资源的优势，更能够展现其历史和人文魅力。

朱启臻在《乡村振兴中的生态文明智慧》中说："建设乡风文明，不是要另起炉灶建设一套新文化，而是要在遵循乡村文化生态体系及其发展变迁规律的基础上，沿着乡村文化谱系实现传统与现代的融合……不顾乡村文化生态系统而简单复制城市文化或想当然地引入外来文化，往往难以融入乡村原有文化系统而成为项目'孤岛'——这也是当前众多乡村文化项目成为摆设的重要原因。"[6]他认为，乡村价值体现为生产价值、生态价值、生活价值、社会价值、文化价值和教化价值，但当代对于乡村的认知则较浅，甚至忽略其社会价值、文化价值和教化价值。因此，我们需要对这样的乡村聚落认真调研和论证，提出综合性的规划保护和合理利用方案，不仅从自然地理环境，更应该从传统乡村聚落形态、家族历史叙事、传统伦理教化以及乡村治理经验的角度去思考。

笔者甚至认为，在一定条件下，可以允许从乡村走出去的"乡贤"在家乡有一块墓地，让他们及其后人有一个可以回乡的理由。这不仅可以在很大程度上解决城市周边墓地拥挤的问题，而且还可以带动一定的文化、经济交流，特别是加强家族、亲友之间的情感联系和交流。总之，在心中留下关于家乡，关于美丽乡村的文化记忆，是缓解人口空心化和文化空心化的可能路径之一。中国传统社会的那种"可持续"的墓葬方式，远比现在的大规模的水泥墓地更环保、更智慧、更温情。

当然，不得不提及的是，近年农村修墓之风越演越烈，不仅在马路边不时可以见到大量的墓碑工厂，样式和雕刻越来越复杂，而且新建墓地规模也越来越大，占地也日渐增多，此风实不可长，也需要一定的管理和引导。

五、结语

　　民间艺术总是以民众集体参与的整体性活动事项而存在，正是在这种整体的艺术语境中，民间艺术通过审美娱乐、礼仪教化等完成观念、习俗和信仰的传承，实现社会治理与整合，将中国传统社会"黏合"为一个有序稳定的有机社会。对于川渝地区的乡村而言，墓葬建筑花碑，就是这样一种重要的载体，它们与会馆建筑、祠堂建筑一起，共同构成了一个多维度、多层次的物质、文化和精神空间，并在这样的空间中实现了审美娱乐、礼俗教化和乡村自治。在当代中国实施乡村振兴战略的背景下，这些墓葬建筑不仅是有价值的历史、文化遗存，也是当代基于乡风传统，构建新型乡村文化、乡风文明的重要资源。因此，应该注重对传统村落中家族墓地的保护、研究和利用，使之名正言顺地在当代"美丽乡村"建设中出场，并积极探索家族墓地服务于乡村振兴的可能路径。

参考文献

［1］邓霜霜.四川平昌县黑马山李氏墓葬建筑雕刻艺术研究［D］.重庆：重庆师范大学，2015.

［2］梁思成，林洙.梁思成西南建筑图说［M］.北京：人民文学出版社，2014.

［3］姚永辉.自治与共存：清代川东北南江山区的墓祠：以马氏墓祠为中心的研究［J］.民俗研究，2010（4）：180-189.

［4］袁寿昌，喻亨仁，廖士元，等.合江县志［M］.成都：四川科学技术出版社，1993.

［5］罗晓欢.四川地区清代墓碑建筑稍间与尽间的雕刻图像研究［J］.中国美术研究，2015（4）：51-62.

［6］朱启臻.乡村振兴中的生态文明智慧［DB/OL］.（2018-02-24）［2020-6-30］.http://news.gmw.cn/2018-02/24/content_27779827.htm.

　　基金项目：本文系国家社科项目"清代四川地区民间墓葬建筑艺术考察与研究"（项目编号：19FYSB045）；教育部人文社科项目"巴蜀地区明清石构建筑实测和口述文献数据库建设与研究"（项目编号：19YJA760042）；重庆师范大学重大重点培育项目"'湖广填四川'移民地区明清墓葬建筑艺术数据库建设与研究"的阶段性成果。

　　（罗晓欢，四川南江人，重庆师范大学美术学院教授，研究方向为中国古代美术史论，民间美术。）

论新兴产业化文化背景下
乡村美学体系的构建

孙　斌

摘要：与传统农业村落文化所不同的是，在现代新兴产业化文化背景下，解决农业问题、农民问题以及农业文化发展问题的出路，就是建立现代新兴的产业化农业文化，它是集农业综合性生产、生活，教育、科研、商品贸易与各种文化服务为一体的农业文化。乡村文化美学体系便是产业化农业文化的审美内容，它是集自然美、人工美及人文美的有机统一体。

关键词：新兴产业化文化；乡村美学；乡村美学体系；建构

最为原始的乡村美学是在原始社会新石器时代出现的。由于石器制作技术的进步，人类文明步入新石器时代，此时，陶器的发明、制作及其利用方兴未艾，原始农耕业、畜牧业替代了原始采摘、狩猎等人类谋生存、谋发展的方式，于是一个相对和基本稳定的农业文化环境形成。这个农业文化环境的显著特色，就是人们将生产方式和生活方式固定在一定区域中，各种生产活动逐渐具有了一定目的性、计划性、组织性，并且，人与人之间交互活动也因血缘关系、劳动关系、劳动成果占有和分配而开始了分工与协作，这样，不论从事农耕业，还是从事畜牧养殖业，乃至从事手工制作业，都是这个农业文化环境的有机组成部分。而后，虽然农业文化环境不断随着生产力水平的提升与社会其他文化的发展而变迁着，但是，以农耕业为主体的社会文化长期以来一直是人类文明的核心内容。

在漫长的农业文明演变中，乡村作为社会性生产基地和人们重要的生活环境，不断积累了各种各样的文化内容和具体表现形式，如在人类征服自然过程中形成的可歌可泣的史诗，在天地人之间逐渐构建了一种自然伦理观，在宗族及家庭生活演绎中也形成了一种"男耕女织"的生产和生活方式，在人与自然关系中逐步巩固性地形成了一种故土难舍的观念，在经历嘈杂的都市文化生活与激烈的角逐中不乏形成了"田园乐土"生活方式及其观念，以及形成了富有落叶归根含义的"衣锦还乡"观，等等，这些一并构成了中国传统乡村文化的基本内容及其审美体系。

然而,进入近现代社会以来,尤其历经了改革开放四十多年来中国社会的巨变洪流的洗礼,传统乡村文化及其审美体系日益被肢解,逐渐淡出人们的生活,甚至在人们视野中消失。

为此,在现代新兴产业化背景下,发展产业化农业文化与建构乡村文化及其审美体系必然成为主客观需要。

一、新兴城市文化背景下重塑乡村文化的客观必要性

在中国,随着20世纪50年代社会主义改造的结束,中国城乡都建立了以公有制为基础的崭新的社会经济制度,城市中的工人和乡村中的农民均得到实惠,尤其重要的是,社会生产力得到前所未有的解放,这极大地推动了社会生产力的发展与社会经济生活水平的提高。尔后,随着中国社会一系列重大事件的发生,尤其改革开放以来,中国工业化进程的快速发展,将中国社会文化发展推进到产业化时代,在中国城市文化产业化发展的同时,乡村文化的产业化也提上发展的日程。

更为重要的是,伴随着城市文化环境的建立与城市文创在广度、深度和高度上的发展,中国农村长期保持了传统农业文化的原创性内容、表现形式及其内涵,两者相比,城乡之间的差异日益在扩大,尤其城乡人文环境的差距使乡村文化的发展呈现出紧迫性和必要性。

(一)乡村文化及其可持续发展的客观性

乡村文化永恒地成为人类文明的有机组成部分,这是人类文明肇始时期文化雏形及其可持续发展的历史结晶。"民以食为天",农业种植及其培育的成果,为人延续生命提供着不可替代的食物资源,这是人类走向文明的首先认知,也是人类社会与自然界建立有机关系的重要方式及方法。原始的农业采集、渔猎、畜牧驯养,制作石器、骨器、陶器以及居所营造等,无不从自然界中获得材料、方式及方法,例如,制陶活动中的黏土、练泥、成型和烧制,以及仿生学方式等,都是大自然的赐予,是自然因素与人文智慧有机结合的重大成果。不仅如此,正常的农业生产需要逐步改良土地,设法除去杂草,使之适合稼穑的生长和发育,以最终获得粮食丰收的结果,这是农业定居文化生活的重要因素之一。还有,在农业定居之地,人们还建立了适合诸如加工制作石器、骨器、陶器等手工业的环境,以及供给人们进行居住,乃至从事各种文化活动的环境。这便是原始农耕业发明以来并与其他生产方式和生活方式共同构建的第一个乡村环境。

随着时间推移,中国传统社会文化虽然呈现上升趋势,生产力水平不断提升,社会政治制度与其运作模式不断完善,但以农业为基础,以乡村经济为民族乃至国家根基和命脉的传统文化的核心地位,从根本上看,是没有改变的。一方面,在社会文化分工中,农业的发展仍然是不可或缺的重要产业,它关系到全部人口粮食及其他副食品生产和供给问题,是维持人生命延续的资源性产业。另一方面,中国是传统农业大国,就国土文化的空间而言,乡村及

其文化的占有空间远比从事工业与其他产业的文化空间要大得多,农村既有广大的消费人口,又有潜在的劳动力储备。乡村人口构成了对于各种手工业和工业产品消费的庞大市场,乡村所储备的劳动力,经过技术及素养教育或者培训之后,均可以转化为各行各业的生产与从业大军。此外,延续传统耕读文化,在农村出生的人口,可以通过读书走出乡村到城市择业,进而成为城市人口。总之,乡村及其文化与城市文化有着天然的关系。

因此,乡村文化在社会文化发展进程中自然形成了客观存在性,它在可持续发展过程中既具有基础性的作用与自身的规律,又具有影响和决定全局的作用。

（二）乡村文化的人文延伸性

乡村文化是人类文化可持续发展最原始和最原创性的文化内容,"天行健,君子当自强不息",就是说自然界的发展有着自身的规律,而人应当建立一种自身发展的规律,即在自然规律中找到自身的发展路径。

在中国传统社会中,从社会文化分工肇始到社会出现士、农、工、商等社会文化阶层,乡村及其文化一直成为各种文化运作的基础及其有机构成部分。在原始社会,从最初采集食物的劳动中滋生、孕育、发展与成熟起来的农耕业及其文化成为乡村文化的雏形。阶层、阶级社会形成后,不论是社会文化阶级高层,还是其他社会文化各个阶层,均被纳入以农业经济为基础所建立的"男耕女织"的经济文化生活中。所谓"男耕女织",就是在一个从事农业劳动的家庭中,男子从事农业耕作,而女性从事手工纺织与缝制服饰等,这是家庭农业与家庭手工业相结合的家庭消费经济模式,它具有自给自足的经济特征,是中国传统乡村文化的核心。这种"男耕女织"的家庭经济生产和生活模式不仅客观存在于乡村文化中,也存在于城市传统文化中,例如,居住和生活在城市的地主阶级,仍然以这种"男耕女织"的生产为主要文化经济生活模式。

随着社会生产力的发展与商品经济的繁荣,尤其在社会文化综合发展的状况下,乡村文化中渗透了商品经济文化的内容,又逐渐融入了具有丰富和深刻社会语义的教育文化内容,于是,乡村文化在可持续发展过程,包含了耕读文化、商品经济文化,以及反映时代文化特色的教育文化内容等,这是乡村文化可持续发展的必然结果,也是乡村文化的主要内容。例如,隋唐时期,在中国教育史上出现与形成了完备的科举制度,即通过考试的方式来遴选管理国家及社会的人才,封建中央政府的教育政策规定农家子弟也可以通过考试的方式步入"士人"阶层,这不仅扩大了社会管理阶层的文化基础,也丰富了乡村文化,使之逐渐形成了乡村耕读文化的内容,乡村耕读文化将参与科举考试的读书人牢牢吸引到勤奋读书中,意在使自身实现人生理想与社会文化价值,即实现读书人"修身、齐家、治国、平天下"的理想。再如,在乡村家庭经济生活中,"小农意识"逐渐被打破,从集市贸易开始,不论物物交换,还是商品交易,都促使人们单调的物质文化生活具有了商品经济丰富的内容和表现形式。

市场经济时代,乡村文化发生了本质的变化,它远远超出了传统农业时代农村经济文化生活的范畴,逐步形成了与时代环境融通的大乡村文化范畴。中国乡村文化具有现代市场经济的内容及其特色,经历了漫长探索与发展的历程:20世纪50年代,随着中国社会主义改造的深入发展,原本在土地改革中分到土地及生产资料的农民,应时代需要组织起来,先后成立了互助组、合作社(由初级合作社到高级合作社),人民公社成了乡村文化最高的公有制文化形式。人民公社将乡村文化资源进行了综合集中与分配使用,乡村经济在生产力解放中释放出巨大能量,与农业生产蓬勃发展的同时,农民子弟普遍获得了受教育的基本权利,伴随着各种扫盲教育的开展,乡村文化主体在文化素养上快速提高。就在农业生产力解放、农村经济趋向公有制、农业经济文化生活繁荣、农业科技得到发展,以及农民文化素养普遍提高的过程中,改革开放揭开了农村又一次巨变的帷幕,这次巨变从土地承包到户开始,即"家庭联产承包责任制",它将产权、产出及收益统统下放到农民手中,这就使农业生产的自主权、经营权被纳入市场经济体系之中。

然而,这仅仅是农业改革与纳入市场经济体系的第一步。农民从集体所有制走向独立经营,在生产实力上显得势单力薄,市场竞争力缺失。另外,农民经营范围有限,劳动力分散而逐渐出现了富余劳动力,这导致了农民进城打工现象的发生。农民工现象的发生及其最终解决,是中国当今乡村文化发展的重大问题之一,农民身兼农业生产技术和城市务工技术,这给农民工技术进步与文化素养提高带来了难题,对于当今专业化和产业化发展要求而言,农民工处于十分尴尬的境地。从长远的角度看,这不仅影响到乡村文化的发展,也影响到城市文化的发展。更加突出的问题是,进城的农民工心系两地,一边心系工作,另一边心系父母双亲,心系妻子儿女。因夫妻常年分离,父子、父女长期分离,大量留守儿童得不到双亲关怀。还有,更为严重的问题是,当精壮劳动力进城后,不少乡村缺少必要的强壮劳动力,使得需要重体力劳动的工程得不到及时展开;乡村精英农民进城后,农业生产技术停滞不前,生产条件得不到及时改善,生产力综合水平提升缓慢,甚至处于停滞状态。因此,在市场经济竞争激烈的情况下,最为重要的核心问题就是要切实发展乡村产业化生产力,以全面振兴乡村产业化经济,最终繁荣乡村文化。

（三）乡村文化在人类文明进程中的不可替代性

"民以食为天",事实上,不论任何时代,任何社会阶层,都离不开这个"食"。从原始以采集方式觅食起,人们每天必须寻找与采摘到必要的食物,否则,就会面临饥饿,甚至面对死亡。因此,原始农耕业的发明,从根本上解决了人的饥饿问题,农耕业的发展充分保证了人们的生存条件。可以说,原始农耕业的发明,成为人类历史上划时代的发明,使人类学会了真正的生产劳动。

随着原始农耕业的进一步发展,原始动物驯养及畜牧业与原始手工制作业等相继发展起来,其中,更为突出与重要的是,人们开始走出森林、走出洞穴,建立了承接地气的住房、墓地等人文活动场所,这样,最初的原始村落出现了。原始村落的构建,旨在合理地解决人与自然的关系问题,即人类真正利用自然界合适的天然资源首次建立了一套与生产劳动和生活密切相关的文化体系。在原始村落中,包括了原始农耕业、原始畜牧业、原始手工制作业,以及围绕生产和生活所展开的游戏、娱乐、崇拜、祭祀等活动,还包括了劳动经验和劳动技术的传承、传播,以及在生产中不断提高的重要内容,也就是从这个时候起,教育开始萌芽并初具雏形。总之,原始村落文化成为乡村文化的孕育时期。

以农耕业为主体的村落及其文化产生之后,作为人类文明的基石,与其他各种文化不断融合发展的同时,其村落文化不仅没有消失,而且,还逐步演变并合情合理地延续下来,成为人类文明的重要组成部分。传统城市文化的建构,总是离不开农业耕作区,例如,最为古老的镐京(现陕西西安)、洛邑(现河南洛阳)、番禺(广东广州)、蓟(北京)等,均处于水资源丰富和土地肥沃的易耕作的平原地区。不仅如此,在传统城市居民中,不论阶层和阶级的本质属性如何,都与乡村及其文化有着千丝万缕的关系。总之,以乡村文化为起点的人文文化的发展,滋生了丰富的局部性文化,但不论后发性文化的内容、形式和规模怎样,总是以村落文化为根本,这种依赖性是人类文明进程永远不可或缺的。

二、具有现代产业化特征的乡村文化及其审美体系的建构

有史以来,中国乡村文化是以农业为主导的文化,中国农业文化大致经历了原始农耕文化、传统农业文化、现代农业文化几个阶段,而现代农业文化在土地所有制、经营权及劳动成果占有、支配等诸多方面,又经历了不同的发展阶段,呈现着不同的特色。就现状而言,乡村文化仍然沿袭了改革开放以来所形成的"家庭联产承包责任制"的经济模式,它与历史上任何时期农业的经济模式都有着本质区别:决定农业文化经济的土地采用公有制形式,而土地的经营使用权归农民所有,在土地使用上,农民既有权利又有责任,有权决定种植和产出,有权支配劳动成果,但是,经营土地的农民必须依照国家现行的农业政策,对国家繁荣农业经济与振兴乡村文化负责,成为发展乡村经济与振兴乡村文化的主体。

乡村文化及其审美,是自然美与人工智慧的有机结合,是传统"天人合一"思想在乡村文化发展中的延续,是新时代文化背景下乡村文化的崭新内容与表现形式。建构具有现代产业化特征的乡村文化,必然联系到自然与人工智慧,以及生产方式与生活方式的创造性发展。

(一)培养现代化的农业产业大军与建立农业产业文化的教育体系

中国不仅是传统农业国家,而且,现在乃至将来,仍然是农村人口占据绝对比例的民族文化国家。解决十四亿多人口的吃饭问题是国计民生的头等大事,因此,中央政府十分重视农业的发展,将发展农业看作头等大事。另外,就教育的源头及文脉来看,也是从农业及村落文化内容开始的:当人们发明了农耕业、畜牧业、手工劳动及制作业(后来发展成手工业),以及建构了住所等之后,这些劳动内容构成了以农业为主的村落文化核心内容,人们便将这些劳动内容一代接着一代传承下来,这便是人与动物的根本区别,人所建构的劳动体系与人所认知到的教育及其逐渐建立起来的庞大教育体系,是任何其他动物物种所没有的。

教育的最初方式和最原始的内容,就是这样发生与发展的。

进一步讲,人类就是通过劳动和教育这两种基本方式不断发展了人类文明,并在这个过程中催生了各种文化。人们在发明与制作劳动工具、使用劳动工具及展开劳动的过程中,不仅创造了巨大的物质财富,还不断积累了更多、更丰富的生产劳动经验,这便是社会文化最原始的内容和表现形式。在教育的具体实施中,人们便将这种种劳动及其相互之间的关系一代接着一代地传承下来。人们在一定的社会联系和关系中,形成了一定的劳动纪律和生活习惯,积累了社会生活经验。老一代为了维持和延续人们的社会生活,使新生一代更好地从事生产劳动和适应现存的社会生活,就把积累起来的生产劳动经验和社会生活经验以口耳相传的教育形式传授给新生一代。这是人类所发明与创造的教育的核心内容,也是最初发生在村落中的教育现象,它的延续性及其所构成的文脉毋庸置疑地说明,村落文化及其文明是所有人类文明的基石。

然而,在现代社会产业化背景下,乡村与城市一样,早已在客观上纳入市场经济体系,乡村产业化水平的高低,直接关系到乡村文化的市场参与机会及其竞争力的大小。对农业产业化程度的评判,是将以生产技术为核心的产业文化水平的高低作为评判标准的,农业产业是集种植业、加工业及产品品牌设计与塑造、产品营销、产品消费服务等于一体的文化产业。这样,农业产业化与市场紧密联系起来,成为产业文化的有机组成部分。正因为如此,农业产业化的发展,需要具有新型技术的劳动产业大军,它包括农业种植栽培技术、农产品加工技术,以及农产品设计与农产品塑造技术,还包括产业化整合及营造等,这一并构成了农业产业链。

此外,就乡村美学而言,包括自然环境美、人工环境美,以及人文主体美等美学内容,尤其人文主体美是乡村美学的核心,乡村美学是以人为中心的主体美与以环境为周边境遇的客体美的有机统一,即"天人合一"。在乡村环境建构中,特别需要具有一定的,或者特定的劳动技术,以及高文化素养的劳动者,尤其在当今产业化时代,更需要拥有各种技术及技艺的劳动者所组成的产业文化大军。基于此,发展以农业文化为核心的乡村文化教育及其体系,就成为当前,乃至今后必须着重思考与解决的重要社会课题。

乡村教育是原始教育有效保留、延续及其发展的结果,"人之初,性本善""智者乐水,仁者乐山",人的善心、善行及其智慧起源于自然,这也是人最为原始性的"初心",因此,原始教育是富有人本初心的教育,是富有创造智慧的教育。最初的教育,也是教育的本质,是培养人的一种社会活动,它的社会职能,就是传递生产经验和生活经验,促进新生一代的成长。于是,人在学会觅食、制作劳动工具、种植、手工制作、营造住所、缝制衣服,以及借助外力进行环境迁徙等事项之后,陆续将这些经验延续下来,并不断发展与演绎出新的内容、表现形式及内涵,这便是最初乡村教育的状况。

文化审美,与世推移。随着社会文化大分工的出现,在乡村文化中出现了农业、畜牧业、手工制作业、商业等文化内容及其相应的表现形式。最初,除农耕业和畜牧养殖业之外,还有石器制作、陶器制作、车舟制作、纺织制衣及建筑营造等,都发生在乡村。即便城市兴起之后,乡村文化仍然是农牧业与手工业及商业等数业并举的文化类型,例如,在传统耕读文化中,除去"男耕女织"及零星的商品交易之外,重要的是从政文化的教育也从城市延伸到乡村。自隋朝采用科举取士制度以来,历朝历代逐渐将参加会考的生源扩大到农家子弟,这样,耕读文化在乡村骤然兴起并成为一种惯性文化。从此,不论时代和社会如何变迁,乡村文化教育面向城市发展的趋势成为主流之一。

因此,在乡村文化建构中,至关重要的是培养农业产业化的劳动力,并使之具有综合性的产业文化素养。

（二）以现代农业产业文化重塑乡村文化,建立产业化农业文化的就业体系

与过去相比,不论是原始农业,还是传统农业,乃至计划经济体制下集体所有制农业与改革开放之后所秉承的"家庭联产承包责任制"农业等,已经不适应现代产业化文化环境的需要。现代产业化不仅在工商业发达的城市盛行,而且,随着产业化及其文化的延伸,业已发展到乡镇及偏远的农村。为此,农业产业化文化势在必行,建立农业产业化文化体系,就是重塑现代乡村文化。现代产业化文化是以一定的产品及其品牌为媒介的市场经济文化,这不仅是城市文化的内容及特色,也是乡村文化的内容和特色。

现代产业化农业文化,是以生产技术为核心,以产品及其品牌为媒介,以市场为传播与流通方式的商品文化产业链,它的建立,必须从国家战略角度将整个农业及其相关资源进行规划与整合,在纳入市场经济体系中赋予其全球化的内容及特征,从产业文化设计到产品生产及文化产品品牌塑造,从产品产出到产品销售,从产品销售到产品消费及市场开拓等,构成一个有机的体系。这个体系的建立,需要培育与整合两方面的资源,一方面,依托自然环境大力发展可利用及可开发的自然资源。史前原始农业、传统农业及集体所有制农业、"家庭联产承包责任制"农业等农业经济模式主要以自然资源挖掘与利用为主,发展农业种植和栽培技术,以粮为主兼顾林、牧、渔等,这些农业经济模式一般以自给自足为主,在兼顾消费中辅助以商品经济。现代产业化农业文化是纳入市场经济体系的产业文化,它以技术研发及利用为核心,以产品及其品牌塑造为目标,以参与市场交流及竞争为方式,以获得最大的经济文化效益为根本目的。另一方面,就是大力发展农业产业劳动力及建立乡村就业体系。原始农耕等农业经济模式均以耕作、种植及栽培技术为主,来展示农业生产力水平,而现代产业化农业文化则不然,它以农业产业化水平与产业文化的综合实力来彰显农业文化品牌及其市场竞争力。因此,在现代产业化农业文化的发展中需要建立农业产业文化链,建立乡村文化就业体系。所谓乡村文化就业体系是围绕产业化农业文化链展开的,它是由农业生产技术、技术研发、产品及其设计、产品营销及其管理、市场开发、农业产业文化传媒,以及乡村文化环境设计、乡村文化环境建构与对应的教育及其体系的建立和运作等构成的有机体系。农业生产技术,不论传统方式,还是现代方式,都是农业发展的核心,是农业生产力水平高低的标志。只有提高农业生产技术,才能提高农业劳动力生产的水平,才能发展与提高农业经济。农业生产技术研发与农业产业化文化教育密切相关,在乡村文化中建立与最

终形成产、学、研相结合的农业文化体系,一方面需要提高农业生产力,提高产业化农业文化的市场竞争力;另一方面,需要提高农民文化素养,以最终建构适应时代产业化需求的乡村人文环境。具有文化价值的农产品是市场准入和参与市场竞争的物质实体,是产业化农业文化的物质载体。发展农业产品设计及加工,将农业初级产品研究、设计、加工生产成更高一级的具有产业化水平及特征的农产品,是产业化农业文化发展的主客观要求。建立现代产业化农业企业需要农业企业的各种人才,包括农产品设计人才,从事各种农产品生产加工的技师、工人,企业各级管理人才、产品营销人才及农业文化传媒人才等。只有全方位完善产业化农业文化的人才体系,才能更好地发展产业化农业文化。总之,在乡村文化建构中,至关重要的是发展产业化农业文化的就业体系。

乡村文化的产业化模式塑造,是一个亘古未有和划时代的伟大创举,它摒弃了传统农业以粮为主的主题内容、表现形式及特色,全面开创了一个具有综合性产业文化内容、表现形式及特征的农产品文化品牌,这是反映乡村文化丰富内涵的新文化形式,而与之一致建立起来的产业化农业文化就业体系,既能保证农民充分就业,并全面提高农民的文化素养,又能成为乡村文化建构的人文资源保障。

(三)因地制宜发展现代产业化的农业生产技术与建立农业产业链

中国农村地域辽阔,气候条件复杂,地形地貌千姿百态,地表植被丰富多彩,这为发展具有不同内容及特色的产业化农业文化提供了丰富的自然资源。另外,在中国各地,由于生产方式不同,生产的内容与生产的形式也是千差万别的,这就从根本上决定了乡村农业人口基本的生产方式和生活方式,决定了不同地域的民俗、信仰等存在着巨大的差异性。因此,因地制宜发展具有现代产业化特征的农业生产技术与建立相应的农业产业链成为客观需要。

中国大陆的地形地貌相当复杂,既有平原、高原、山地,还有几乎接近全封闭式的盆地,这是影响与决定农业耕作的重要因素,海拔较高的山地呈垂直分布气候,山脚下是亚热带种植带,山腰属于温带种植区,再往上属于寒带耕作区。总之,特殊的地理位置与复杂的地形地貌造成了中国农业耕作千姿百态的布局。

历史上中华民族经历了数千年的民族发展与文化融合,以及人口迁徙等,各地人文相当复杂,故此,乡村文化区域特征明显,地方民俗、民风显著,这是发展特色产业化农业文化的又一个重要条件。地理和人文的不同,尤其地区差异造成了发展基础农业的技术和生产方式也存在巨大差异。

因此,在各地发展现代产业化农业文化过程中,根据地域条件和人文需要建立适合当地地理因素与人文因素的农业产业链,是十分必要的。

(四)扎根农业文化的教育体系

以农业生产技术为核心驱动力建立可持续发展的农业产业链,离不开教育的支持及支撑,尤其现代产业化农业文化,就是以一定的技术及持续不断的创新为核心及牵引力的社会化生产与生活方式的总和。

20世纪50年代以来,随着中国社会的巨变,教育也在内涵建设上发生了根本性的变化。由于发展生产与繁荣文化的需要,党中央一再调整教育方针与制定相应的教育政策,旨在从宏观上构建中国教育的格局,诸如,"教育必须为无产阶级政治服务,必须与生产劳动相结合",于是,中国教育在乡村和城市相继兴起,并得到相对协调发展,这在一定程度上促进了社会生产与文化事业的进步;改革开放以来,在原有教育基础上,党中央十分强调教育的战略意义,因此,又提出"百年大计,教育为本",即教育是最为根本的事业;在国际形势错综复杂与市场经济文化驱动的背景下,产业文化的国际化及全球化趋势日益鲜明,教育发展目标又一次被肯定:"教育要面向现代化,面向世界,面向未来。"教育"面向现代化",就是面向社会生产的产业化发展方向;教育要"面向世界",就是面向国际化和全球化;教育要"面向未来",就是要紧跟时代变化,建立可持续的教育体系及其运作机制。

发展农业产业化,教育是驱动力。幼教、小学教育,为乡村文化教育打下扎实的基础,中学教育贯穿农业常识教育,大学教育执行专业化教育,而硕士、博士研究生教育需要建立科学的研创体系。扎根于产业化农业文化的教育体系,需要建立在乡村,而不是城市,这不仅是传统办学思维及其表现形式的转换,也是教育面向乡村文化及美学体系的战略性转化:① 扎根乡村的产业化农业文化教育体系的建立,能够就近利用农业产业资源,包括自然资源和人力资源;② 扎根乡村的产业化农业文化教育体系的建立,能够为乡村培养最合适的梯队式的劳动力资源及发展产业化农业的高级人才,以及组建发展专业化、产业化农业文化的团队;③ 扎根乡村的产业化农业文化教育体系的建立,解决了农民子弟上学难的问题,促使农民直接、快捷地学习与掌握农业产业技术,既从根本上为解决"三农问题"找到了出路,也能从根本上解决农村的"扶贫"问题。长期以来,存在的三农问题,尤其"贫困农民"问题,从根本上说,是知识问题、技术问题、文化素养问题,以及由之综合形成的认知问题。历史上,由于农民缺乏必要的农业专业化教育及文化素养教育,不仅导致生产技术落后,而且造成了农民知识欠缺,文化素养不高等问题,这都在一定程度上影响到农业文化及文明程度的发展。

因此,建立现代产业化农业文化的教育体系是从根本上解决农业问题,乃至最终解决"三农问题"的重要战略举措。

（五）建立适合农工商学研及其服务、管理、信息传媒的乡村文化体系

在传统乡村文化中早已建立与成熟起来的乡村文化体系,自然地包括了农业、手工业、商业及家庭和社会文化教育事业等,这是乡村文化最为基础的文化产业。随着20世纪五六十年代中国农村变革的发生、发展,尤其20世纪80年代中国改革开放的发展,农村土地所有制及农业经济生活方式发生巨变,获得土地自主权和经营权的农民,在基本解决温饱问题的前提下,若生活有余,则大部分选择倾全家之力送子女就学,子女学业完成后基本留在

了城市,成为现代城市人口,从事非农职业,而居住在农村或从事农业的人口的文化素养仍然没有得到根本的改变,即便就学农业大学,或者学习农、牧、水产的学子等仍然选择在城市择业,这种教育择业和就业的结果既违背了教育的培养目标,又形成了专业不对口的结果。总之,农村人口及其生产力水平依然不能迅速提高,乡村文化建设依然缺少必要的各种专业化和专门性人才,尤其农村人口的文化素养提高缓慢,这些都在一定程度上制约着农业生产的发展,影响着乡村文化建设的速度、规模和水平。

因此,在乡村建立与健全农、工、商、学、研,以及服务、管理与信息传媒的文化产业体系,就自然成为刻不容缓的头等大事。

发展农业是农村社会生产力提高与文化经济生活水平提高的根本要务,融入工商业是农村初级产品加工,提高产品品质,以及产品进入产业化和市场化体系的必由之路。以教育及科研为内容的文化事业的兴办,直接关系到乡村社会生产力,农民文化知识、素养的提高,乃至关系到乡村文化繁荣。归根到底,在乡村建立适合产业化农业文化发展的乡村文化体系,是优化人文环境的必然选择。

(六)适合乡村广大人口生产和生活方式的环境设计及其营造

乡村广大人口不仅是乡村文化建设的主体,也是乡村文化生活及人文环境展现的主体,甚至成为影响城市人口及文化发展的重要因素之一。长期以来,农村人口以各种方式进入城市,成为城市人口,不仅使城市人口在数量上增长,而且,还影响着城市人口素质的发展,乃至影响着城市文化建设的发展。

农村环境建构及乡村文化建设,走过了漫长的历史之路。从原始社会稳定的农耕业出现开始便拉开了乡村环境建设的序幕,传统农业社会男耕女织、自给自足,除了农业耕作布置在庭院,乃至村落之外,手工制作与部分商品贸易皆布置在家园之内和村落范围内进行。因此,传统村落文化,或者说乡村文化是集农业生产、手工业制作、商品贸易及文化教育等数业于村落内部的文化范畴。随着商品贸易在范围上的扩大,文化交流及互动在广度上的扩大,商品交流及商业文化超出了传统村落文化的范畴。

现代产业化农业文化早已远远超出历史上任何时代的乡村文化范畴,就适合现代产业化农业文化发展的环境而言,它既是农业种植与发展农业产业化技术的环境,也是综合发展以农业生产技术为核心的,以农业产品设计、生产、营销及消费等为综合内容的农业产业文化创意及其运作的环境。不仅如此,现代产业化农业文化环境还是集居住、生活、学习、娱乐、休闲等于一体的人文环境。进一步讲,现代产业化农业文化环境还是吸引广大具有专业化水平的人才就业、居住与生活的环境。

总而言之,建立适合产业化农业文化的环境是建构乡村美学的重要内容,它不仅优化了农村环境,还必将吸引更多关注乡村文化建设的力量及资源,为进一步发展乡村建设与建构乡村美学服务。

三、结语

乡村文化,源远流长:原始社会新石器时代农耕业、畜牧业与制陶业的出现及其并举,劳动和居住生活环境的建构,为了生产和生活上的互通有无而伴随着的物物交换,以及为新生代的谋生而出现的生产经验和生活经验的传承等,一并构成了最为原始的村落文化的内容、表现形式及内涵。

乡村文化,不断发展,内涵建设水平渐次提升:以血脉筑成的亲亲传承,从母系氏族开始到父系氏族形成,确立了人文伦理的内核,而后,又逐渐形成了宗法制的家族,直到出现了男女婚配的家庭组织及其生产方式和生活方式,这充分体现了村落文化建构在人文内涵建设方面的显著提升。

城乡文化,互为犄角,乡村文化起着基础性功能:社会管理制度及其体系的建立,在开启与建立城市文化的同时,进一步强化着乡村文化的作用。

乡村文化,与时俱进;文化审美,因时而制:乡村文化的生发、成熟,及其内容、形式及审美内涵的变化及丰富,皆因时代客观社会文化所构成。现代产业化农业文化乃是乡村文化及其审美体系的核心内容,它以现代农业产业化技术为核心,以综合生产力水平为标志,以具有产业化特征的文化创意产品为媒介参与市场流通及市场竞争,从而在全球化和市场化环境中取得最大的价值。

参考文献

[1] 王道俊,王汉澜.教育学[M].北京:人民教育出版社,1989.
[2] 叶朗.中国美学史大纲[M].上海:上海人民出版社,2005.
[3] 风笑天.社会学导论[M].武汉:华中理工大学出版社,1997.
[4] 张之恒.中国考古学通论[M].南京:南京大学出版社,1991.
[5] 佚名.考工记[D].俞婷,译.南京:江苏凤凰科学技术出版社,2016.
[6] 薛凤旋.中国城市及其文明的演变[M].北京:北京联合出版公司,2019.
[7] 王文章.非物质文化遗产概论[M].北京:教育科学出版社,2013.

(孙斌,泉州工艺美术职业学院讲师。)

传统村落文化生态溯源与"五乡"赋能策略

汪瑞霞

摘要：乡村振兴是系统性的民生工程，涉及生态、生产、生活、生命主体之间的相互融合关系。追溯传统村落文化生态的形成环境与特点，实施乡村文化振兴"人地共生育乡、产业融合兴乡、各界人才归乡、社会资源援乡、政策统筹护乡"的"五乡"赋能策略，让传统村落的文化生态"活"起来，具有特殊的现实意义。

关键词：传统村落；文化生态系统；空心化；"五乡"赋能

传统村落是一个有机的文化生态系统，闪耀着先民们与自然人地相依的智慧，蕴含着中华民族传统文化深厚的物质文化与精神内涵。一般意义上说，文化生态研究关注的是文化与其自然地理环境之间关系的发生与发展规律，本文针对传统村落的"文化生态"，分析文化景观与文化群落诸内部要素之间深刻的渊源关系，深度剖析区域文化的特点及其真实的生态位。但是，随着我国城镇化的快速推进，大规模的农村劳动力涌入城市，乡土社会的"土"成为"落后"的代名词，城乡之间呈现二元对立，人们对千年积淀而成的传统村落文化集体失忆，传统村落"老龄化"与"空心化"问题突出，回溯传统村落文化生态的形成特点，能为当代传统村落文化振兴的内涵提升、理念创新、路径优化等方面提供可参考的依据与赋能路径。

一、我国传统村落文化生态的主要特征

我国传统村落文化生态的形成与极富变化的自然环境密切相关，包括山岳、平原、江河、湖泊、丘陵、盆地、岛屿、沙漠等，从北国常年积雪到海南的四季如春，无不影响着村落的选址、形制与发展。地形地质也是影响聚落形成和建筑风貌的基本因素和载体，古代祖先针对不同的地形地貌和地质基础，采取了不同的技术手段和防护技术。如广泛分布于鄂、湘、黔、

渝、桂、滇、琼、粤、闽、赣等地的房屋干栏结构体系,普遍采取底层架空、二层人居的模式,就是为了适应居住地崎岖不平、岩石坚硬的特殊地形地貌,考虑到诸如雨季多、潮湿、炎热等气候因素,借助底层结构的支承,使二层以上层面平坦和舒适,不同的地质环境和自然条件还为当地村落和民居建筑提供了就地可取的建材和构筑技术。以"聚落考古学"理论为指导,长江下游地区发掘了许多史前聚落遗址,其中新石器时代晚期的"良渚文化"[1]聚落遗址多达110处,崧泽、瑶山、反山等遗址群的自然和人文背景资料、遗址概况、考古资料及历年出土文物情况和早期研究成果使得学界不但能够观察江南地区部分史前城址的规划布局,也能进一步考察聚落之间、聚落与城址、城址与城址的联系,并由此进一步思考江南地区早期城邑起源和发展的独特道路,以及早期城邑与城市产生、国家起源之间内在历史联系等重大问题,也反映出长江下游地区水域环境的动态变迁与断断续续的发展历程。

（一）传统聚落选址"人地相依"的多态性

传统村落不是自然环境单向作用的结果,而是长期以来人与自然形成合力相互作用而成的,人地之间相互影响、互为因果,水岸相依、共生共荣。《长江下游考古地理》认为长江下游考古时代的聚落演化和文化发展过程以"断裂模式为主""跳跃型的异化模式为辅"[2],是一种具有非连续进化特征的模式;长江下游地区有地穴式、地面式、干栏式和台基式四种建筑结构形式,前三种形式具有乡村聚落的"居址属性",台基式与中心遗址群的都邑有关,具有"宫殿属性",与长江下游的地势等"硬环境"相比,气候、洪水、海侵等"软环境"对文化发展的制约力更强。"江南地区地形地貌的多样性,造成了古人在选择生存场所上的多态性,分为坡地型、岗地型、台墩型、湖泊型、复合型等。"[3]远在新石器时代的马家浜文化（距今7 000余年的历史,到公元前4000年左右发展为崧泽文化）,多分布在太湖流域苏、锡、常、沪、杭、湖地区[4],从出土的器物和遗迹看,生产工具中磨制石器较多,生活用具中有夹砂红陶素面腰沿釜等,在罗家角、草鞋山和崧泽遗址下层都发现稻谷,居地有房基残迹,圩墩遗址出土有榫卯结构的木柱,在邱城遗址发现的居住面用砂土、小砾石、陶片、贝壳和骨渣等混合筑成,还发现在居住区内挖的小型沟道,附近有石筑的长条形公共烧火沟。

高蒙河在《长江下游考古时代的环境研究》一文中以量化研究方法,分析了长江下游考古时代诸文化发展进程,以及地域文化与环境之间的互动关系。"马家浜时期聚落面积的绝大多数数据在1万至6万平方米之间;而崧泽时期聚落的规模除最大遗址面积外,总体变化幅度不大,规模变小趋势明显,1万平方米以下的达15%左右;与崧泽时期相比,良渚时期聚落的规模出现了两个标志性的变化,一个是规模变小的趋势加大（1万平方米以下的数量达到了35%左右）,还出现了个别小于1 000平方米的遗址;马桥时期,聚落规模向两极分化的现象更为明显,其中1万平方米接近这一时期总数的65%,比良渚时期几乎又翻了一番。"[3]因此,我们要辩证地思考不同时期文化对环境的影响力,如长江下游考古时代分为上升期、激增期、衰退期、回落期四个阶段,在文化强势期聚落扩张,而在文化衰退期出现聚落迁徙;早期长江下游传统村落遗址时空分布、疏密程度、高程落差,都与古地理环境变迁有关,形态规模小的传统村落的总数增加,聚落面积却趋小。聚落结构一般为封闭式圆形构造,以聚落中心为核心,中心区空间作为存放氏族共用的食物和工具的仓库以及举行公共宗教仪式的场所,内聚力很强,周围是半穴居的圆形住宅组合,满足了人类抵御侵害的基本需求。

(二)传统村落空间布局"因地制宜"的融合性

地域建筑形态的选择与定型,往往是该地域自然地形地貌与人文生态环境综合塑造的结果,长江下游地区传统村落景观空间的格局与江南水乡人们的生活情态,当地社会政治、经济、文化息息相关,"街巷是江南水乡空间的骨骼和脉络,承载其内部及其与外界的交通和交流"[5]。其中街市是水乡主要交通干线,同时也是水乡商业活动的主要地带;巷道把各家各户联系起来并与街道相连接。江南水乡聚落在建设中更多地带有自发性,不同于古代城市的规则布置,建筑布局上多表现为自由式发展,其特征为主街市顺应自然地理地势布置,巷道曲折多变,多为不规则形态。[6]相对而言,千百年来,长江下游地区大部分采用木构架的建筑,内外没有根本性差别,上至宫殿,下至民居住宅,同样都是用这几种有限的单体组合而成。在长江下游传统村落中,天、地、人、建筑是最重要的空间结构组合要素,常常分为以下三种形态:一是中心空间形态模式,在自然的山水环境中,山呈敞开形,山岛环水;二是线型空间形态模式,依托一个集聚中心按照一定的方向往两侧展开,形成具有深远延展性的空间界面;三是围合空间平原水网村落形态模式,传统村落总是选择有一定闭合度的空间环境,有种心理上的安全感、庇护感和认同感。长江下游环太湖地区传统村落布局形态多呈鱼骨状,由街、巷、弄分级递进;交通空间以桥、码头为特征;建筑特征多与河相关。为加强平原水网地的防御,史载村落多设圈门、敌楼,常州焦溪村则就地取材营建"黄石半墙"[7],体现出"因地制宜"的营建思想。如常熟李市村,无锡礼社村、严家桥村,常州焦溪村、杨桥村等五处的村落,水网发达、傍水而居、依水而建是它们的共同特点。

因河而生的长三角传统村落空间,常常按"一河两街"或者"一河一街"线型布局,"水陆平行、河街相临"的线型空间形态模式随处可见,在山区也会常常出现两山夹水或两山夹路的狭长线型景观,把空间美的营造与自然景观的选择有机融合,其中典型的村镇如周庄、同里、乌镇、南浔等,街巷交融,拓宽了村巷空间的复合功能。在山水地形比较复杂的江南,村镇的总体平面布局与水道的关系密切,村镇聚落受地形地貌限制,与水网密布地形巧妙结合,呈现出"一面临水""背山面水""两面临水""三面临水"、河岸"两面街"、河流汇集"三叉、四叉河口"等自然生动的风貌类型,中国传统村落以区域群落为核心区辐射周边,在动态的变化过程中形成了各自不同的营建方式、建筑技术、生活方式、审美情趣等,成为中华民族传统文化系统中一个个活跃的有机体,传统聚落空间布局、形态和结构逐步呈现相似性,也就具有了群落自身的类型特征,表现出不同地区传统村落景观面貌的差异性和独特性。

(三)传统城乡网络结构"村落—市镇—城市—区域"的系统性

传统城乡聚落形态在空间上表现为一定的网络结构关系与土地利用关系的重合,它们的发展变化是影响聚落形态空间特征的直接因素。网络结构关系包括如村落、市镇、城市、区域等组成的聚居形式网络、交通通信网络及自然环境网络等。土地利用关系主要包括居住地、就业地、农田、交通联系等物质系统及其相对应的人口分布、居住就业、人的流动、物的运输流等动态系统。对于一定区域内的乡村聚落形态而言,其空间内容表现为乡村、城镇以及城乡之间的相互关联。

　　传统城乡关系的基本模式是:一方面城市的成长依赖于乡村,乡村的发展则依附于城市;另一方面城乡之间又存在着二元的经济和社会结构,乡村在相对封闭于城市的发展环境中,始终处于被动的境地。村落是人类最早出现的聚落单位,是社会的基层组织单位。在中国传统社会,村落是村民自组织的基础,是国家征收地方赋税的基本单位。在传统乡村,血缘关系是农民之间主要的社会关系纽带;在传统江南乡村社会,村庄往往是由一个或几个大姓聚族而居的区域,村与村的关系也就指不同宗族间的关系。对土地的依赖形成了农民聚族而居的习惯,务农这一经济活动需要以父子兄弟组成的群体为工作团队,家庭这种持久而稳定的小群体就成为农业生产的基本单位。

　　学界将"家庭""家族""宗族"概念区分开来,"家庭"是指以夫妻为核心组成的经济和社会生活单位,是社会构成的细胞,承担着生产与消费、生育与教养、赡养与祭祀等多种功能,它是农民个人生活的堡垒,家庭是家族的基础,而"家族"是人类组成的社会组织,拥有自己的权力体系,原始社会组织先后经历了前氏族社会组织(原始群和血缘公社)、母系氏族和父系氏族三个发展阶段,之后家族成为家庭内父系血缘关系世代聚居扩展而成的"宗族"共同体[8],共同的经济利益使得农民对自己所属的家族这一血缘共同体具有高度的心理认同,具有鲜明的宗族意识,这里"家族"与"宗族"同义。家族机构一般是由宗祠、族田、族谱、族规、族学、族墓地等构成,在以血缘伦常为纽带的封建"家天下"政治体制所主导的古代宗法社会,人们奉崇"修身齐家治国平天下"[9]的政治人生理念,追求以此来实现个体生命的自我价值,从而光宗耀祖,使得整个家族绵延昌盛,万世流芳。中国作为一个农业国家,宗族的团结、力量的整合在其发展时期带来了社会生产及文化的进步;宗法家族制度的出现是中国古代农村社会组织的历史性选择,在减缓社会震荡、稳定社会局面、凝聚社会力量方面,具有其他社会组织无法取代的地位。家族及其衍生出的家族文化,曾在中国古代社会发挥了巨大作用。家族文化是家族成员约定俗成的用以约束和规范族人的宗族法规,是家族成员的共同理念和行为准则。

　　农业耕作的定居要求以及小农经济自给自足的性质,必然导致村落具有高度的封闭性,这种封闭性表现为村落和外部世界较少联系和往来,没有经济、文化、人际,甚至婚姻的交往。因此,传统村落就是农民的全世界,而在地缘基础上建立起来的邻里关系和地缘关系就成为除血缘以外最重要的社会关系。血缘与地缘关系构筑了乡村社会内部独特的联系纽带;而在乡村外部,自国家产生之日起国家与乡村的互动关系就成为左右乡村生活的又一重要因素。由于乡土和家族意识的影响,决定了中国传统村落的政治文化具有鲜明的"区域性"[10]特点。具体到行为层面、日常生活中,规范普通农民言行举止的不是体现国家权力的王法,而是维系乡邻情感关系的礼俗。宗族观念影响下的理想化村落结构模式和以血缘关系为纽带的传统村落往往表现出较大的封闭性、稳定性、对传统的延续性以及浓厚的祖先崇拜意识。虽然在大多数村落中,这种清晰的对应关系已经荡然无存,但宗族观念对村落结构的影响是不容置疑的。

传统村落的文化生态构成除了有人与环境和谐相处的人地关系之外,还包括各种社会组织、生活方式、生产经济活动、物态与非物态要素在村镇区域空间内的分布状态、组合方式和群落内部人与人之间的平衡关系。威廉斯在《乡村与城市》中把文学表现与"历史事实的问题"[11]相比较,揭示出支撑乡村与城市二元分立的意识形态根源。传统村落文化生态的构成强调事物之间的联系,其空间范围可理解为城市之外的所有地区,包括乡村和集镇,是在地理和文化空间上共同组成的一个有机联系的整体,一方面需要把分散在地理空间上的相关要素组织起来,形成特定的生产生活过程;另一方面强调人在村落发展过程中的能动作用,将各种物态与非物态要素之间相互联系、相互配合,形成一个大的村镇网络运行系统。

二、传统村落文化振兴的赋能策略

党的十九大报告中提出了乡村振兴战略和《关于打赢脱贫攻坚战的决定》,2020年是我国决胜全面建成小康社会、决战脱贫攻坚之年。对传统村落的"文化诠释""文化建构""文化振兴"的关键在于"价值重塑"[12]。中国古代传统哲学致力于人地相依的空间关系,"天人合一"的思想中包含一个"广大悉备、生成变化的""神圣、幸福的"境域[13],是一个和谐的体系。"生生"是万物生命之源,是中华民族一种内在的自强不息、执着进取的道德精神,体现出生态文明发生、繁衍的规律和"生生融合"的审美意蕴。这里的"生"就具有普遍性,既包含动植物有机体的"生殖""生存""创生"等生命常态,又是关于整个宇宙运行规律的深刻思考和抽象概括。"生生之谓易"体现了《周易》之"生"的绵延性和对生生不息生命精神的推崇,是在创生中绵延,在变易中创新。"生生之德"是中国儒家文化和哲学的基本精神,也是新时代传统村落文化振兴、融合共生的价值追求。正如周武忠在《新乡村主义论》提出的"三生和谐"[14]观,在保持农村"乡村性"的前提下,加大对人们乡愁情感的深层关怀,及时弥补广大农村,尤其是传统村落的人力、物力等资源要素的短板,采取相适应的文化复兴赋能策略,让"空心化"的传统村落生态生机盎然地"活"起来,具有特殊的现实意义。

(一)生态优先,人地共生"育乡"

传统村落风貌延续至今是一个自然生长的生命培育过程,人的行为活动与山水田园等要素构成了传统村落各具特色的生态空间,"扎实推进生态文明建设"是党中央提出的总要求。传统村落景观生态系统以水环境为核心,人类活动是造成河流、沼泽等水环境变化的重要原因,从而影响到农业景观的类型和格局,并对生物多样性、文化多样性、生态系统服务功能以及不同时代人的生存方式和审美观念都产生深远影响。江南传统村落环湖通江，水网密集、星罗棋布，文化底蕴深厚，尤其在长三角世界级城市群这一历史坐标之下审视江南传统村落，其作为一个重要的文化整合维度在未来区域经济社会建设中的潜在价值更加突显，江南传统村落为长三角城市群提供了共同的文化记忆、文化体验和文化认同感。考古证明：太湖是随着其东部地区农业程度的加强而汇水成湖的，耗时千年甚至更长，东、西湖形成时间相隔千年，"太湖平原在战国和西汉时代没有形成统一湖面，有大量的旱地与居民点"[15]，是运河连通了长江与太湖，对东部河网的影响巨大，运河与东部平原几乎融为一体。最接近人居空间的乡村和农田是生态环境系统的核心层，中国古代传统聚落的选址和发展都遵循一种"风水模式"[16]，陶渊明笔下"桃花源"式的理想模式成为当今人们渴望回归的乡愁记忆。当代传统村落的再生设计其实是关于人与环境相处关系的科学和艺术，包括分析、保护、恢复、规划、布局、创意设计、改造、管理等策略和方法，所有的这一切都在大地上进行，在创造的过程中闪耀着人的智慧。人、文化与自然等系统要素间达到一种动态的平衡，人类生活其中，处处散发着动人的激情和情感，这是实现生态、生产、生活与生命主体之间"生生融合"的终极追求。

（二）功能复合，产业融合"兴乡"

现代功能滞后的乡村难以承载人们对农业景观及乡村美好生活的向往。与工业景观、城市景观等相比较，农业景观包括稻田农耕、水池鱼塘、桑基养殖、间作套种、水利灌溉、花园苗圃等农事，具有自身的地域性和特质性，其蕴含的文化多样性是乡村旅游开发的活力源泉，保护和合理利用农业景观的特质对乡村产业发展具有重要意义。农民是农业景观的主要建设者、经营者和享用者，主体的参与性和受益面是实施产业振兴的前提，产业融合用地制度是产业振兴的保障。在我国，科技迅猛发展推动了都市化农业的快速发展以及农业结构转变，从耕地到果园、林地和草地等的转变，没有破坏区域生态过程与生态系统的结构，反而促进了农产品供给能力的普遍提高，促进了农作物结构的多元化与生物的多样化，以及区域农业景观的生态服务供给上升。村镇产业景观规划可分三步走，第一步要反思村镇的产业发展、结构优化、结构转换与升级等可持续发展问题，从分析当地产业的信息、资源、技术、资金、人力、经验等综合要素入手，发展循环农业、创意农业和休闲农业等，实现农业发展模式的多元化；第二步注重功能分区规划，农业景观是一个复杂的系统，其设计规划并不是简单地分地，而是需要了解综合因素，尽可能满足乡村景观在生态、社会、经济、空间等方面的多维要求，实现农业的产业化；第三步采用"乡土文化+"模式，发展乡镇工业，带动传统农业景观改造，以创新思维促进一二三产之间的融合和城乡协调发展。一方面鼓励农民创新创业，因地制宜，继承发扬绣、剪、编等传统工艺，实现乡村工业化，打造具有地方特色的产品，实现一镇一业、一村一品的发展格局；另一方面加大对新兴产业的重视与投入，文创、现代物流、电子商务产业与休闲观光农业成为农村三产融合的主要发展领域，根据地方民俗、集市、农事、十二节气、花期等定期创设的节庆或者情境，如丰收节、财神节、插秧节等，将植物培育过程与亲子成长教育结合。通过产业的结构调整与升级,村镇未来产业更加注重文旅融合,旨在实现住宿、康养、休闲、美食、农事体验、农产品牌、乡村振兴论坛等多功能的复合。

(三)跨界协同,各界人才"归乡"

在城镇化、现代化的进程中,人对景观的适应和改造方式与社会经济和科技发展密切相关,以人为核心的新型城镇空间满足了不同的功能与用途,构成了一个个适合人们日常生活且相互关联的小系统。现代化造成了乡村社会的"去村落化",近十年来,中国互联网和物流的高速发展让农村加入了城市发展的行列,多方社会力量共同组成的生命主体参与其中,整个村镇空间就构成了一个有机统一、多元共生的联动系统。传统村落景观空间离不开以人民为中心的价值观,对当地百姓的尊重是乡建基本点,当地居民是乡村振兴的主要力量,首先应加强对当地居民的技能培训,从做饭、接待、卫生、日常管理等方面给村民技术赋能;其次坚持多方参与,本着凝聚共识的原则,通过原籍人才返乡,智库专家、技术志愿者下乡与资本入乡等途径集聚资源。随着逆城市化的热潮,从建设主体来看,主体参与乡建的情绪是空间与地方的感情生发的主要内因。城市市民涌向乡村寻找失去的乡愁,城市精英下乡援建的成效日益彰显,激发了社会各界回归乡土的情怀,未来乡村发展既要展现乡村自然地理、地方资源的独特魅力,又要满足现代人对未来生活的精神向往,体现着对人类乡愁的终极关怀。具体实施办法:利用节庆活动等形式,强化情感纽带,吸引社会各界精英返乡,为乡建智力与物力赋能;构建生态宜居的创业就业环境,留住已经还乡的原籍乡民与乡贤;联合大学培养选调生和志愿者,为乡村基层组织、乡村教育、乡村医疗等领域提供源源不断的乡村社会治理人才库,促进文化共同体之间的沟通与融合,这是一个大于经济指标的社会效应和人才工程;建立完善的制度和机制来引导多元资本进入乡村复兴工程,例如"万企帮万乡"的援建行动,创新开发农村金融产品,建立农村现代化流通体系,降低农村市场准入门槛,让返乡回流的人们保持持续的乡建热情。

(四)城乡融合,资源集聚"援乡"

近年来,国内乡村新建与改造如火如荼,有的照搬照抄城市建设模式,有的简单套用城市新建小区图纸,有的全面打造仿古建筑,用一套"涂脂抹粉"的表象化整治来错误理解"美丽乡村"的号召,浅层求新的审美意识致使乡村景观出现异质化倾向,形散神离的拼贴符号令乡村精神家园的归属感缺失。城乡空间结构和人口分布不合理、农村空心化老龄化等倒逼城乡基本生活圈空间布局模式和公共服务配置要求等持续调整优化。随着社会经济的迅猛发展,特别是疫情以来,互联网改变了城乡居民的日常生活方式,促进了公共服务的供给方式与市场化机制的创新,不同类型公共服务产品之间联动发力,确保公共服务资源供给质量和规模双向提升,促进了城乡内部资源的循环,以及跨地区、跨种族、跨国界之间的文化流通。传统村落的文化生态与老百姓的生活戚戚相关,乡村生活空间结构的优化与"活化"，不能只重视农作物的经济价值，天、地、人、建筑也是传统村落中最重要的资源要素，要针对本村镇现有资源因材施艺，重点依托一些具有传统村落地域特征的有形资源，如江河水系、崎岖山道、农宅街市、寺观建筑、村镇空间等景观要素，巧妙结合历史变迁遗留下来的粮站、蚕室、影院、码头、村口大树、学校、车站、老井、戏台、节庆、集市等保留着丰富集体记忆与传统精神的地方元素，营造旅居空间，创新乡愁记忆的重要载体和表达方式，促进千年古村古镇的历史文化与现代景观结合，以各种乡村民风习俗形成特色景区和原汁原味的传统村落生活体验，吸引更多游客；集聚社会资源，构建财政、基金、银行、保险等多方面助力的财政金融协同支农机制，促进跨地区不同特色的传统村落在文化旅游、乡村民间艺术、传统手工艺产业等方面的深度交流与融合；通过文化创意设计开发具有乡村特色和工匠精神的纪念品，延长农副产品产业链；利用好科技资源，借助展览展示、乡村研学、文化节庆、淘宝网络等方式，打造集农业、加工、服务、销售于一体的乡镇品牌创新创业平台；集聚社会资源，挖掘与社会主义核心价值观相匹配的传统优秀文化基因，诠释传统村落传说故事，借助跨界媒介，拓展城乡社区文化活动形式，整体激发乡村文化活力，增强文化自信，推动乡镇经济的可持续发展。

（五）系统循环，政策统筹"护乡"

按照乡村振兴、城乡融合发展的国家战略部署和城市功能现代化要求，新一轮村镇可持续发展，需要新的建筑空间、交通、教育、医疗、养老等复合功能设施来满足日益增长的社会需求，需要推进生态环境一体化的保护与治理，构建"多规合一"的国土空间规划体系。从主体功能区规划、土地利用规划、城乡空间规划、产业规划、环境基础设施投入来看，当前我国城乡一体化发展机制尚未完全确立，乡村人居环境长效管护机制不合理，管护资金和人才队伍严重缺位。因此，亟待提高全域国土空间综合整治水平和效果，建立全域全要素的用途管制制度，建立"一张图"实施监督系统，正如地理学家哈格特提出的"发展极核"[17]理论，将空间结构分为"运动、路径、节点、节点层次、地面、扩散"六要素，试图以"中心地"的繁荣带动周边地区的发展。传统村落发展规划是为当地人的生活而进行的统筹与科学设计，要深度把握经历了千百年来时空变迁的乡土景观的特点及风俗民情，尊重自然、尊重地方、尊重人的生存方式是新时代农业景观设计所要面对的重要参照系，也是设计的起点。首先要树立生态观，从景观尺度重视对残留自然、半自然生境的保护，那些千百年来积淀形成的、未经过设计师刻意规划的传统村落景观记录着一定区域生态环境系统的历史模式，包含着在地性的人居最佳方式和文化资源，能促进生物和文化多样性保护及其相关生态服务功能的提升。其次要保持系统观，要更深层次、更为透彻地了解地方的气候条件、地理环境、生活传统和行为方式，关注农业景观要素的生长特性、形态、空间组合方式等对景观系统生态功能的影响，针对不同地区生物、地理环境、历史文化实行相应的保护策略、措施，制定适宜生物和文化多样性的景观结构环境计划，将景观规划设计与生态保护、乡村旅游品牌发展系统整合。同时，自下而上，强化社会治理体系和农村基层党组织领导的核心地位，推动党建、村建

"两建"相互融合,实现网络、网格"两网互通",加快形成法治、自治、德治"内外兼修",执法、监督、服务"部门联动"的村镇基层治理模式,利用长江、大运河河道、高铁、公路等交通运输动脉,打通东西部、南北向不同地区传统村落与城市之间内循环的输送带。另外发达的互联网与物流也加速了区域之间以及国内与全球信息、资源之间的大循环,未来的乡村振兴可以整合科技创新成果和互联网平台,提升区域的产业策划与规划,拓展传统村落特色品牌向外部有效输出,维护城乡"村落—市镇—城市—区域"网络结构的系统平衡,构建国内、国际双循环相互促进的新发展格局。

三、结语

乡村振兴是系统性的民生工程,让传统村落"活"起来,要以中共中央国务院印发的《乡村振兴战略规划(2018—2022年)》为纲,依托"人地共生育乡、产业融合兴乡、多方人才归乡、社会资源援乡、国土政策护乡"这个"五乡"乡村文化振兴赋能策略,更加深入挖掘传统村落的本土资源禀赋,突出传统村落的本土特色和原生态民俗文化体验;依托本土乡建主体与多元外力的相互协同集聚,形成乡建合力;还要通过文化创意、艺术科技等手段,在强化乡村自身品质优势的基础上去扩展乡村生活的多元功能,要让人们在回味乡愁记忆的氛围中体验到传统村落日常生活的愉快感和趣味性,体悟到人与自然天人合一的博大意蕴,真正实现生产、生活、生态空间营造与对人的生命关怀的有机统一。"生生融合"是一种境界,更是一门生命哲学与践行方法。传统村落是一个"生生融合"的文化共同体,一个从文化认同走向文化自信的全新精神家园,只有在乡村振兴国策的全面推动下,通过科学合理的基层之治,才能实现城乡可持续发展和"生生融合"的理想之境。

参考文献

[1] 黄爱梅.江南城镇通史　先秦秦汉卷[M].上海:上海人民出版社,2017.

[2] 高蒙河.长江下游考古地理[M].上海:复旦大学出版社,2005.

[3] 高蒙河.长江下游考古时代的环境研究[D].上海:复旦大学,2003.

[4] 王建革.太湖形成与《汉书·地理志》三江[J].历史地理,2014(1):47.

[5] 陈怡.重塑江南传统水岸建筑空间的设计手法:以绍兴市迪荡湖北园概念规划为例[J].建筑与文化,2016(1):176-177.

[6] 周晶,李天.传统民居与乡土建筑[M].西安:西安交通大学出版社,2013.

[7] 周岚,朱光亚,张鑑.乡愁的记忆:江苏村落遗产特色和价值研究[M].南京:东南大学出版社,2017.

[8] 高奇,等.走进中国民俗殿堂　插图本[M].济南:山东大学出版社,2005.

[9] 刘志伟,史国良,李永祥.齐梁萧氏文化概论[M].上海:上海古籍出版社,2015.

[10] 李立.乡村聚落:形态、类型与演变　以江南地区为例[M].南京:东南大学出版社,2007.

[11] 雷蒙·威廉斯.乡村与城市[M].北京:商务印书馆,2013.

[12] 汪瑞霞.传统村落的文化生态及其价值重塑:以江南传统村落为中心[J].江苏社会科学,2019(4):213-223.

[13] 方东美.生生之德[M].北京:中华书局,2013.

[14] 周武忠.新乡村主义论[J].世界农业,2014(9):190-194.

[15] 王建革.江南环境史研究[M].北京:科学出版社,2016.

[16] 俞孔坚.景观的科学与艺术[J].规划师,2004,2(20):15-17.

[17] 高军.青岛城市发展战略探讨:从经济增长极核理论与规模效益理论角度[J].规划师,2005(9):96-98.

基金项目:本文系国家社科基金艺术学一般项目"'特色小镇'建设与传统村落文化传承发展研究"(项目编号:17BH173)的阶段性研究成果。

(汪瑞霞,南京林业大学教授,博士生导师。)

地域文化下设计扶贫的思路探析

——以山西后沟村为例

吴　琼

摘要：设计扶贫是基于国家精准扶贫的重要战略安排之一，设计作为一种智慧参与扶贫工作，具有良好的服务潜力和发挥空间。目前，政府和社会各阶层正在大力推进的"设计扶贫"在思想和方法上都有普遍化的趋势。本文通过案例研究，探索在特定地域文化下设计扶贫的关键所在，即方法和特性的差异性。当"设计扶贫"落实到不同地域时，应了解"贫"的成因，"贫"在何处，并找到对症下药的理论和方法，明确设计在扶贫工作中的准确定位，使"设计扶贫"能够真正实现其功能。

关键词：设计扶贫；地域文化；案例分析；差异性

扶贫工作是国家重要战略部署之一，是全面贯彻落实中央《关于打赢脱贫攻坚战的决定》《"十三五"脱贫攻坚规划》《关于支持深度贫困地区脱贫攻坚的实施意见》《关于打赢脱贫攻坚战三年行动的指导意见》等部署要求的具体行动，是需要动员全社会力量参与的宏伟任务。设计界在扶贫工作中，作为一种脑力活动，往往能起到出谋划策的作用。

李晓园的《中国治贫70年：历史变迁、政策特征、典型制度与发展趋势——基于各时期典型扶贫政策文本的NVivo分析》一文中提出，从2013年到2020年，关于"贫困"的词频搜索显示为"地区，开发，发展"，说明我国的贫困主体主要还是存在于乡村以及偏远地区[1]。唐绍祥在《扶贫的机制与制度选择》一文中指出制度因素在我国扶贫工作中的重要性，提出应该加强扶贫制度建设，相应调整我国的扶贫战略、制度设计和政策，以及农村扶贫有待制度创新[2]。在《当代乡村建设中的艺术实践》的学术研讨会上，邓小南等教授指出在中国的现代转型中，乡村付出了沉重的代价，设计艺术介入乡村的实践，即是重新探索城乡建设与社区营造的各种可能性，并实现对文明传统的再追溯及当下社会的再修复。制度的创新和设计的介入显然成为乡村这一目前贫困主体地区的解决方案。

一、设计扶贫实施问题

设计,即创造,安排。扶贫的目的是脱贫,扶贫不是给钱,而是授之以渔。在特定地域文化下的设计扶贫,首先要对"贫"的成因有正确的认识,有可能是物质性的贫穷,有可能是文化和精神上的偏差。作为新生事物,不完善之处必然存在,当前"设计扶贫"工作在概念的界定上还存在一定程度的"泛设计"倾向,表现为消解设计的边界、夸大设计的适用范围、过分强调设计的跨界属性等。虽然这些表现可被理解为是设计界强烈的社会责任心,但在局部工作中可能会出现过于强调设计的唯一性,而有意识、有目的地塑造设计"精英地位"等偏离主旨目标的现象。这些现象的出现,背离了"设计扶贫"的第一要义,即提升贫困地区群众的生活水平、解决生活需要,当前在"设计扶贫"工作的推进中还存在几个方面的不足:一是简单地将旅游开发等同于设计扶贫,在村口造一些文化建筑以及在村内建农家乐的场景比比皆是,但未考虑到包含人数更多的偏远地区、贫困山村;二是只关注物质层面的扶贫,如帮助当地设计相应的文化物件、周边以及农产品包装等。

二、案例研究:山西后沟村——走近"乡愁"产业

位于山西晋中榆次区的后沟村,可考历史可追溯至唐代,地理位置十分偏僻。未进行扶贫开发之前无法驱车前往,属于深山中的村落,全村共有75户250余人。由于地处偏远,保留着农耕文明的特性。后沟人自古就过着自给自足的农耕生活,村中设有制作各种生活必需品的传统作坊,如酒坊、油坊、醋坊、酱坊、豆腐坊、米面坊等,村民不出村就能享受基本生活所需。虽然农业机械化程度越来越高,但后沟村由于地形的限制,只能采用古老的耕作方式,现在的村民还是靠牛耕地(见图1)。由于保存着原生态的生活环境,后沟村的文化旅游资源丰富。

图1　后沟古村

（一）后沟村文化生态特色分析

文化是人类改造客观世界的成果，分为物质、制度、精神三个层面。在一定的环境条件下，古村落文化通过与周围环境相适应而形成独特的文化生态系统。这种文化具有地域性、传承性、创造性。后沟古村承载着中国传统的农耕生产文化以及特定的地域文化和民族文化。优越的自然环境、合理的空间布局、典型的民居建筑、完善的风水体系以及浓郁的民俗风情构成了后沟古村特有的文化生态。

后沟古村落不仅保留了黄土高原几千年的农耕文化传统，而且继承了北方汉族自给自足的自然经济发展模式。浓郁的民俗风情和乡土文化通过婚丧嫁娶、庙会戏曲、民间艺术等生产生活方式得以展现。百姓的生活方式也依然保留着浓厚的古风。仅就民间手工艺术而言，种类繁多，形式各异，剪纸、纳鞋底、面塑、布老虎在后沟古村较为多见，充分体现了农耕生活的多姿多彩。这种悠然恬静、丰富多彩的小农生活依旧是后沟村民现在的生活写照。民俗文化是广大劳动人民创造和传承的民间文化，是在共同地域经历了历史沉淀和传承的文化传统，是历史发展的产物。它的产生和发展与人们一定的物质生活水平、生活内容、生活方式、自然环境、政治气候以及经济发展等因素有一定的关系。这种具有民族和时代特征的文化不仅具有象征符号、制度规范，而且是具体社会行为和时尚习惯的生动体现。受中国传统农耕文化的影响，从耕读织作、婚丧嫁娶到节气庆典等诸多方面，后沟村民们形成了一整套形式繁复、极具特色的风俗。民俗文化的流传属于代代相传，后沟古村保持着其原有的生活习俗，具有一定的稳定性和连续性，有助于后沟古村旅游资源的深度挖掘。后沟古村的民俗文化资源不仅可以带来可观的经济效益，还可以产生广泛的社会效益和深远的生态环境效益。

（二）设计扶贫政策内容分析

2002年，冯骥才率领的负责"中国民间文化遗产抢救工程"的专家小组一到后沟，便被这个沉睡在黄土高坡上的古村落吸引。大家一致认为这是中国北方难得一见的古村落，浓缩保存了千百年来黄土旱塬农耕文明的传统经典。2003年，中国民间文艺家协会宣布后沟村为中国民间文化遗产抢救工程、古村落调查保护示范基地。随后，榆次区委、区政府开始对后沟村进行保护抢救、旅游开发，并于2005年对外开放。[3]

在设计扶贫与开发上，榆次政府与相关旅游部门对后沟古村进行了一系列的政策设计规划，如基于原生态和可持续发展进行科学规划、保护性开发等，并在对后沟古村的保护开发中，将遗产分层和遗产活化的原则贯彻始终。针对该地不同的遗产赋存的状态，采取了不同的活化策略并规范旅游市场，保护文化原真性，重视文化生态理念，科学发展旅游文化产业。为确保建筑群整体风貌的和谐，实现后沟古村落自然景观、生态景观、文化景观的有机协调统一，开展了古村落特色建筑的全面保护，坚持"修旧如旧"的原则，尊重历史的真实性，加强对古建筑的保护和定期修缮，开展民居、戏台、祠堂等各类古建筑的小规模整治。为了满足现代乡村居住生活和旅游活动的需要，对损毁严重的民居在保持原貌的基础上进行适当修复。

　　从政府的角度而言,以保护当地文化完整性和文化原真性为基础,对后沟古村的旅游进行引导和调控,制定相应法规来规范旅游市场;从旅游景区管理机构的角度而言,以当地文化特色为主题,形成具有地方特色的产业链,满足游客多样化的需求;从旅游经营者的角度而言,在景区经营店铺或者农家乐,既保证自身利益,也与景区整体环境相一致、相和谐。总而言之,从不同的角度对旅游市场进行有效的规范,在确保文化延续的前提下,加快后沟旅游业的发展,并且以文化生态理念为指导,科学发展后沟古村旅游。深度挖掘以建筑文化为特色的“物态化”文化,强化古村落旅游的吸引点,如借助了《于成龙》等影视作品拍摄地,做好宣传工作,增加了古村落知名度;深度挖掘古村“文化内核”的非物质文化遗产,构建以民俗文化为特色的古村落旅游,增加体验活动,如剪纸、采摘、社火、酿酒等。后沟古村文化生态旅游的发展离不开古村特有的“文化生态”,因此保有古村良好的文化生态是后沟古村旅游发展的前提和基础。

三、设计介入扶贫的思路

　　“设计事理学”将设计行为理解为协调内外因素关系,并将外在资源最优化利用并创造性发挥的这一过程,即设计者无法改变外在条件,只能最大化地应用现有资源并进行合理创造[4]。但此处的“外在”只是相对而言,并不能仅仅理解为某一个地区外部环境的恶劣和偏远,它是一个着眼于目标系统来界定的概念,在“设计扶贫”这一行为中,我们更应关注的是内在目标,将设计行为视为针对“扶困”这一内在目标对各种复杂制约因素的相互关系的理性调节。

　　在解决问题的思维方面,可以应用一个二元结构“应用生产与社会文化的融合”,从策划、设计、营造、归化几个维度进行思考。对外部因素的可调节性“策划”,进行合理的资源调配的“设计”,对外部因素与内在目标的共生共处的“营造”,将成果转化为常态的“归化”。可以这么理解,为其改善当地居民的生活条件,即“策划”;农耕文化的全方位宣传和展示,即“设计”;构建人与人之间淳朴交往,人与自然之间和谐共处的氛围,即“营造”;让当地人愿意留在家乡,发展家乡,即“归化”。通过上述几个方面,共同打造受人们喜爱的具有地方特色的旅游产业区,既留住了本地人,又能吸引外地人,同时拉动了周边道路、设施等的建设,从而实现脱贫。以后沟村为例,一个村落对于生活在其中的人意味着什么,当今来看是落后、偏远的代名词,因此只有让设计参与进来,让人们意识到村落是其生活的家园,唤醒村民对于“家乡”的文化内涵的认知,把这一文化内核理清楚,乡村文化才能发扬,才能展现其千年来婀娜多姿的一面。

　　在环境的营造方面,当地政府需要做到尽量保证当地作为一个古村落的原汁原味,这取决于人们更希望看到的是真实的能唤起自己心中那份“乡愁”的情境。从两个维度考虑,显现的是规划设计时的因地制宜,就地取材并实际应用在村民并未觉得改变的生活中,而隐现维度是采取“超以象外,得其环中”的手法来暗示,唤醒民众的记忆或联想。经过研究发现,后沟村的设计扶贫规划并不是大刀阔斧进行重建、发展旅游业,也没有以农产品为主体进行产品设计的脱贫战略。要使扶贫设计能够长久持续地发展,成为真正能够解决当地人民贫困问题的一个方案,仅仅一时的经济发展是不够的,更需要吸引当地,甚至外地人前往并能心甘情愿地参与和共同建设,由此形成一个良性循环。

设计对于扶贫工作所起到的作用远不止锦上添花,充分发挥设计思维,可以在统筹阶段发挥引领全局的作用。同时设计参与扶贫也是在当今社会语境下,设计团体和个人的社会责任意识不断强化的结果。在扶贫落实到特定地域时,作为设计工作者也应该多思考,应当使用其智慧型的生产力发挥力量。我国的扶贫任务任重而道远,绝不能一蹴而就,需要的是设计团体和个人强烈的社会责任意识和公益情怀,从扶贫的对象、内容、任务等方面,分别进行理论层面的深入剖析和实践层面的目标定位,从而制定近期、中期、远期的目标和明确的计划和措施,将治标和治本有机地结合起来,以治本为主,实现贫困区域和贫困群体从"被动帮扶"到"主动脱贫"这一"归化"过程的转换;配合其他社会力量最终完成"扶贫—脱贫—富裕"三级目标的跃进,但绝不能有形而上的思想,杜绝对设计在扶贫工作中的主体地位和精英身份的强调,甚至在其中掺杂有功利成分的不当行为。在这项复杂的社会工作中,设计的角色既不能被低估弱化,也不能好高骛远。只有在明确了自身的能力和定位之后,设计才能更加积极、有效、健康地参与到扶贫工作中去,设计的社会效能和价值才有可能最大化地获得认可和发挥。通过设计的指导与转化,改善贫困区域和贫困群体的生活质量,使文化得到活化,生活得到美化,才不会泛化"设计扶贫"的概念。

四、结语

精准扶贫之下的设计扶贫,需要思考,需要智慧。一个几乎没有现代经济的贫穷农耕山村,在设计政策和方法的介入下,实现脱贫,整体改善当地面貌,唤醒人们心中那份对家乡的认同感和"乡愁",同时起到文化的宣传和促进作用,可以说无论是内在需求还是外在环境都得到了满足和改善。

参考文献

[1] 李晓园,钟伟.中国治贫70年:历史变迁、政策特征、典型制度与发展趋势:基于各时期典型扶贫政策文本的NVivo分析[J].青海社会科学,2020(1):95-108.

[2] 唐绍祥.扶贫的机制设计与制度选择[J].经济地理,2006(3):443-446+455.

[3] 向云驹.后沟村调查[J].中国文化遗产,2015(4):98-102.

[4] 柳冠中.事理学方法论[M].上海:上海人民美术出版社,2018.

[5] 辛贝妮.扶贫攻坚,设计在行动[J].美术观察,2020(5):14-17.

(吴琼,广东工业大学硕士研究生。)

建设美丽乡村，实现永续发展

——河南鄢陵花卉农业研究

张　敏

摘要： 本文的研究对象为河南鄢陵县，鄢陵历史上以种植粮棉为主体，如今不仅成为中国北方最大的花木生产基地，产生巨大的经济效益，而且产生良好的生态效益，两者相互促进、相互结合，一起为农业环境的审美价值奠定了良好的基础，促使农业旅游的快速兴起。只有生态空间良好，生产空间集约高效，才能给农民营造更宜居的生活空间，新农村建设才会更有活力。鄢陵"美丽乡村"的发展给"美丽中国"做了最好的阐释。

关键词： 环境美学；鄢陵；花卉农业；可持续发展

中国当前城市化发展很快，城市人口已经超过了农村人口，据不完全统计，2008年我国小城镇的数量已经达到19 234个。我国已经进入了以城镇化为主要力量推动社会、经济发展的新阶段。

小城镇位于城市与乡村之间，加快小城镇发展不仅有利于我国现阶段城乡社会经济一体化统筹发展，有利于推进城市化建设，也是构建和谐社会的一个重要组成部分。当前，中国有数以万计的小城镇正在建设中，建设过程中也出现了一些问题，主要体现在五个方面：其一，贪大求全。贪大是指片面地向大城市看齐，小城市变成大城市，大城市变成超大城市；求全是指所有的城市都朝着政治、经济、文化、教育诸多功能齐全的模式发展。其二，重经济，轻文化。城镇成为经济巨人，而文化相形见绌。其三，缺乏特色。所有城镇一个模式，个性泯灭，特色消失。其四，生态环境差，片面追求短期的经济效益，不顾忌对环境造成污染和破坏，与可持续发展道路背道而驰。其五，没有起到良好的沟通城乡的纽带作用，与城市相比，农村凋敝，城乡两极分化严重。

以上存在的问题提醒我们，不经过深思熟虑而盲目进行建设会带来许多负面效果，会与我们城市化的初衷背道而驰。农业特色城镇作为一种城镇建设理念提出，是应对城市化弊病的一种对策。农业特色城镇就是要找准城镇定位,发挥城镇优势,扬长避短,培育小城镇特色。

鄢陵县位于中原腹地,隶属河南许昌市,地理位置优越,交通便利。全县辖7乡5镇382个行政区,全县耕地面积90多万亩。鄢陵地处亚热带和北温带的过渡区,属暖温带季风性气候,四季分明,阳光充足,年平均气温14.3℃,年降水量为700毫米,无霜期215天,具有得天独厚的地理气候优势。鄢陵历史悠久,文化灿烂。约8 000年前,先民们便在此繁衍生息。周初封为鄢国,东周周平王初改为鄢陵,汉初置县,至今已有2 000多年,郑伯克段于鄢、晋楚鄢陵之战、唐雎不辱使命、李白访道安陵(古鄢陵)等著名历史事件均发生于此。县内文物古迹遍布,主要有乾明寺塔、尹宙碑、曹操议事台、曹彰墓、许由隐耕处、许由墓、醉翁亭碑、兴国寺塔、甘罗古柏等。

近年来,鄢陵走出了一条以花木产业引领县域经济发展的特色之路,先后被命名为"全国花卉生产示范基地""全国重点花卉市场""中国花木之乡""中国蜡梅文化之乡""中国花木之都""全国休闲农业和乡村旅游示范县""国家可持续发展实验区""国家级生态示范区"等。走进鄢陵,我们不禁由衷赞叹,这里是"花的世界、草的海洋、树的故乡、鸟的天堂、人的乐园"(见图1、图2)。

图1 生产基地　　　　　　　　图2 全国重点花卉市场入口

一、改善生态环境、营建平原林海

鄢陵过去是有名的穷县,生态环境恶劣,历史上洪、旱、风、沙、蝗、盐碱等自然灾害连年不绝。产生较大影响的十二次河流泛滥的时期分别为:弘治九年,正德七年,嘉靖十五年,隆庆三年,崇祯八年,顺治十五年,嘉庆十一年,道光二十三年,光绪十三年[1]。尤其是1938年,蒋介石下令炸开花园口黄河大堤以阻挡日军,致使黄河水沿贾鲁河注入鄢陵彭店以东、张桥以南地区。自1938年黄水泛滥至1946年堵住花园口溃堤止,全县受淹耕地15.5万亩。持续八年的黄泛灾害,使境内部分土地受黄河决堤冲击影响,沙荒主要分布在彭店乡、马坊乡、柏梁镇,特别是鄢陵东北部的彭店乡,沙土约占全乡土地面积的五分之二。1949年后,县委、县政府带领广大鄢陵人民,从改善生态环境入手,提升生产和生活条件,取得了良好效果。

为减少风沙危害,1952年,县人民政府开始动员县北沙区人民栽树固沙,以防风害。到1963年,防风林已初具规模,彭店沙区已营造防护林带70条,总长13.79公里,形成林网19个,共栽树12.79万株,占地670亩。至1969年,县北沙区风起黄沙弥漫的局面已被基本控制。

1970年,绿化内容由防风固沙转为农田林网建设,并在部分大队开始实行。1973年,县委发出"实行大地园林化"的号召,并制定了农田林网的整体规划。至1986年,全县村村实现了农田林网化,林网面积达80万亩。

1990年开始,为了彻底改变沙区的落后面貌,鄢陵县主要实施三项精品工程:一是营造康沟河、双洎河、贾鲁河、引黄干渠等防风固沙林带,长200公里,面积3.2万亩,植树260万株。二是以彭店乡、马坊乡、柏梁镇为主阵地,建立3.5万亩以大枣、苹果为主的杂果基地和果粮间作基地,栽植大枣、柿树2万株。三是建立"莲鱼共养"工程,在彭店乡大力推广"池中植藕,水中养鱼"模式,开发沙地2 000亩,筑塘2 000余个,从根本上治理了风起沙扬、跑水、漏肥的现象。沙区的森林覆盖率由1990年的8%提高到15%,林网控制率达到90%以上。鄢陵县成功治沙,实现沙区综合治理的新突破,得到国家、省、市林业部门的肯定和社会各界的广泛赞誉。

1995年,县委、县政府站在改善生态环境、实施可持续发展的战略高度,提出建设生态林业,实现"生态美县"的响亮口号,开展"绿色工程杯"竞赛活动。至2000年,全县累计植树135.25万亩,路、河、沟、渠绿化率达96.2%,完善农田林网90万亩,林网控制率97.6%。昔日黄沙飞扬的灾区变成了葱郁的绿洲。

本区地势平坦或低洼,雨量集中,地下水位较高。土壤质地因受沉积影响,故常有夹胶泥层存在,也影响土壤水分的补给和排泄。在1949年前,这里是"大雨大灾,小雨小灾,无雨旱灾"。1949年后政府在防风固沙的同时,积极组织力量兴修水利设施,建立排灌系统,采取开河网、挖池塘、修水库、筑台田等一系列措施,改善了农业水利设施[1]。如今,鄢陵的生态环境得以根本改善,他们的做法为平原地区绿化提供了经验,成为全国平原绿化的先进典型。

二、由粮变花:以花木农业为主体的生产空间集约高效

早在盛唐时代,鄢陵境内就出现了大型综合园林植物的栽培。明代鄢陵花卉迅速发展,私家花园众多,人称鄢陵"花都"。清代,一些明朝遗民入清不仕,纷纷隐居乡间,以养花为事,鄢陵花卉行销全国各大都市,人称鄢陵"花县"[2]。李白、苏轼、范仲淹等历史文化名人,曾多次来鄢陵寻古赏花,留下千古传诵的绝唱。清朝刑部尚书王士禛作诗:"梅开

腊月一杯酒,鄢陵蜡梅冠天下。"清代诗人汪琬曾有诗云:"鄢陵野色平于掌,也有江南此景无。"

鄢陵花卉农业的发展经历了以点带面、从低到高的发展阶段。说起鄢陵县域花卉农业的发展,不能绕过姚家村,因为整个鄢陵花卉农业的起始点就从姚家村开始,姚家村花卉种植历史最久、起步最早。姚家村位于鄢陵柏梁镇西南两公里处,辖姚家、孙家、陈家三个自然村,8个村民组,435户,1982口人,2743亩耕地。

姚家村又称"姚家花园",相传最初为唐代三朝名相姚崇所建。清初,兵部尚书梁延栋的弟弟,太学生梁延援在此隐居,对姚家花园进行重新修建。梁延援无子,死后无嗣,他的花工——太康县人姚林祖便定居此园,养花为生,后来人们称这里为姚家花园。村民大多姓姚,多为姚林祖12~15代孙。

姚姓人家自迁居此地以来,世代以培养花卉为业。不仅如此,他们还在实践中,创造了闻名全国、自成流派的桧柏造型。到清代中期,姚家花园已闻名天下了。花工开始被召入皇家御园当花师。花木远销到北京、武汉、南京、西安、开封等大城市。清末,花工的足迹已遍及全国。"至民国时百业萧条,姚家花园花卉种植也随之衰落。1933年前后,反动军阀强行将姚家花卉大量外移,仅蜡梅一种一次就滥移2000余株,用150辆牛车运往武汉,致使姚家花园花卉栽培一蹶不振。临解放前夕,花卉已寥寥无几。"[2]

新中国成立后,姚家村的花卉生产在党和政府的重视支持下,迅速发展。1958年,县政府为了使鄢陵"遍地花香、春色满园",动员姚家花农离开家园,携家带口分别迁往城关、彭店、马栏、张桥、陶城五个公社开辟花园,直到1961年春才返回原籍。1959年,北京林学院师生104人,在陈俊愉教授带领下,来到姚家村考察实习,以姚家村花卉栽培技术为基础,著有《鄢陵园林植物栽培》一书,此书成为当时全国园艺专业的教材用书,影响很大。"文化大革命"中,姚家花园被毁坏殆尽。"割尾巴"割得全村只剩下几十株花木,还藏于厕所中见不得人。党的十一届三中全会的东风,把春天带给了姚家花园,花卉生产有了新的突破。1982年,全村家家花卉相连,出现了全县第一个花卉收入超万元户。1984年,该村一批种花能手率先在责任田里种花养树,次年便获得了较好的经济效益。在他们的带动下,姚家村花木种植骤然升温,并从庭院转向责任田,种植面积不断扩大。1992年,全村花木种植面积600多亩,花农年人均收入达2000余元。同时,一部分头脑灵活的姚家人突破客户上门求购的销售方式,主动出击,开始将眼光投向省外的市场,销售范围扩展到山东、河北、北京、天津等周边省市,并参与园林、城市、荒山等绿化工程,初步形成了较为稳定的花木销售渠道。

近年来,姚家人依花致富,借花扬名,成为带动全县花木产业迅猛发展的专业村、示范村。大批昔日的种花人,如今勇闯市场,输出劳务技术,承揽绿化工程,足迹遍及国内外,有"花农"变成"花工""花商""花董事"。目前,全村2743亩耕地全部种植花木,部分农户还外出租地5800多亩,用于花木生产。全村有花木经纪人280多人,在外花工420多人,并有4名花工传技国外。

姚家村靠花卉发家致富,并带动了周边村镇的花卉种植。鄢陵县委、县政府及时看到这一情况,审时度势,认为花卉是鄢陵的优势和特色,他们积极调整农业产业结构,大力发展花卉种植,不断推动鄢陵花卉农业迈上新台阶。

该县有60万农业人口,多数农民以种植粮棉为主,"由粮变花"绝非轻易之举。自1985年以来,县委、县政府采取多种措施,鼓励花农发展花卉生产。领导班子一届接着一届干,一张蓝图绘到底。标志性的事件有:① 成立花卉办公室。从事全县花卉生产的规划、花事活动的筹办、技术培训与指导、新品种的引进与信息服务等,花卉办成为该县的特色部门。② 亲自示范。县里提出了"干给群众看,带着群众干,风险干部担,领着群众富"的指导思想,全县县直、乡村干部百分之九十以上都先后建起了自己的"花园基地",总面积达一万多亩。干部的示范带头作用使农民亲眼看到了发展花卉业的可观效益。③ 出台政府文件、加强政策引导。1999年,鄢陵县出台了《关于全面实施"以花富县、依花名县"战略,加快建设花卉园艺大县的决议》,把花卉园艺业作为鄢陵的一大支柱产业来培育,把种植花卉作为农业结构调整、产业升级的重大战略部署,精心策划,强力推进。花卉生产进入一个快速发展的新阶段。2000年县政府制定了《关于建设30万亩花卉生产基地的实施意见》。2001年提出实施"突出农、强化工、加速城"战略。2008年,县委、县政府提出"花木上档次"发展目标,做出了建设名优花木园区的科学决策。④ 抓科技。为了提高鄢陵花木产品的科技含量,先后组建了鄢陵县花卉科学研究所、组织培养中心,成立了国内知名花卉专家组成的顾问团,并与30多所科研单位开展协作,开展了一系列多层次的技术培训。此外,县委、县政府在土地、税收、工商、融资、基础设施建设方面制定了一系列优惠政策。在政府的强力引导下,鄢陵花木种植面积达到60万亩,鄢陵花木正向着规模化生产、标准化种植、产业化发展的目标迈进。

三、鄢陵农业景观的特点

早在18世纪的德国,美学家希施菲尔德把农地列为审美的对象,他认为广阔的农田、牧场和林地,一方面是生产用地,另一方面它们所处的"景观是美的事物"。鄢陵县把良好的生态环境和大规模的苗木生产融入生态旅游的发展当中,把农业生产和旅游业结合起来,开创出一片新天地。鄢陵的农业景观有五个特点。

特点之一:鄢陵农业景观以集约高效的农业生产为基础,实现生产价值和审美价值的统一。鄢陵观光休闲农业的发展是在花木生产达到一定规模和高度的基础上起步的,沿着生态旅游与农业生产相结合的一体化趋势发展,这和许多开发乡村旅游的地方不同。国内许多地方开发乡村旅游,很多是为了美而美,比如划定一定的面积,营造油菜花田、向日葵田,来吸引游客观光。这些做法的弊端在于农民收入的增长缓慢。如在北京郊区开发的许多农家乐项目,一年之中游客来此休闲观光的旺季非常短,相当长的淡季农民没有旅游接待收入。江西婺源的乡村景观虽吸引了许多游人,但大部分的门票收入并没有到老百姓手中。鄢陵乡村旅游是乡村农业与旅游业相结合的产物,乡村的生态农业是其发展的根基,乡村旅游的吸引力正源于农业和乡村资源中不同于城市人工雕琢的自然特色。农业生产是乡村旅游的主要方面,且高科技农业是未来乡村旅游发展的方向。所以,以规模庞大、从业人员众多的花木产业为依托,既可以保证乡村农业生产效益的提高,又可以促进旅游业的发展。

特点之二:农业景观的多样性。鄢陵依据不同的农业资源形成不同的农业景观,如鄢陵北部的彭店乡,沙土区占了全乡总面积的三分之二,不适宜种植粮食作物,是鄢陵地区主要的低产田区域,鄢陵因地制宜地在沙地上发展莲鱼共养项目和开发经济林木。目前,以流经该乡境内的双洎河为主线开发特色休闲农业,由千亩樱桃园、千亩赏荷园、万亩红枣园等组成农业景区,游客可以在此垂钓、采摘。位于柏梁镇的中原花木博览园(见图3),占地面积1 600亩,是举办每年一届花博会暨鄢陵生态旅游节的主会场。花博园成功地把花木观赏与地域文化结合起来。园区内栽植苗木500万株,苗木品种达2 000多种,在分区展示花木的同时,花博园也是鄢陵历史文化的浓缩。如新建的曹魏文化园,将移驾许都、许田打围、割发代首、建安风骨等三国历史,通过景墙浮雕、人物群雕等生动呈现,让人们在穿越历史时空中尽享地域文化的魅力。花木种植和人文景观的完美结合,构成了一幅如诗、如画、如梦、如幻的美丽画卷。陈化店镇拥有丰富优质的地下水资源,陈化店镇以水为核心,开发花都温泉度假庄园和茶楼一条街,以温泉泡汤、品茗赏花为特色。

图3　花博园内天鹅植物造型

特点之三:空间层次丰富而富于变化。就鄢陵花卉种植老区而言,花农种植结构按照短期、中期、长期相结合,短期是指花木种在地里一两年就卖,实现经济效益,长期是一些乔木类的苗木,往往经过八年、十年才卖掉。由于受市场供求关系影响,每年滞销和畅销的苗木品种都有所不同,时间一久,一亩土地常常种植好几样植物,景观层次非常丰富,这是鄢陵农业景观的一个特点。置身于这样的景观之中,景观的体验也是非常美妙的,它不同于通常所见的农作物景观。以一种农作物为主体形成的农业景观,其景观构成要素单一,虽视野开阔但不免单调乏味。这里高大的乔木、低矮的灌木高低错落,品种繁多,当我们走进其中,全身心的感官都被调动起来,深吸一口气,仿佛进入天然氧吧,露珠从树叶上跌落,淅淅沥沥,这是大自然的声音。霜降以后,田地的色彩更丰富了,让人目不暇接。与传统农作物农业景观相比,花木农业更能让植物自然生长,保留的自然要素更多,更容易拉近人与环境的关系,因而也更符合人们的审美需要(见图4、图5)。

图4　一亩地常常种植好几样植物　　　　　图5　景观色彩丰富

在鄢陵花木名优示范园区，一些龙头企业开展林禽一体化养殖项目：地上种植樱花等各类花卉苗木，花木下养殖白鹅、鸭、土鸡或其他珍禽。鄢陵县是花木名县、畜牧强县，花木产业为发展林禽一体化养殖提供了得天独厚的资源优势。林地养殖的禽类不仅具有驱虫、除草、增加土壤肥力的作用，而且环保，提升了单位土地面积的承载力和附加值，由此衍生的无公害畜产品和农业生态观光游，融合了一产和三产，市场前景广阔。

特点之四：土地的高效利用与新农村建设结合起来。中国特色的城镇化道路突出表现为和解决"三农"问题紧密联系在一起，它是在新的历史时期对新农村建设提出的指导性决策。这就不难看出，小城镇的发展与大中小城市是不同的，它肩负着解决农民就业，增加农民收入，繁荣农村经济的重担。当前在不少地区都开展了新农村建设，建设新农村社区仅靠政府出资是不行的，仅靠单个企业也存在不少风险，如有的新农村社区就因为企业的资金链中断而停止。鄢陵的新农村社区建设走的是依托一、二、三产相结合的道路，给流转土地的农民营造了较为充分的就业环境。比如鄢陵名优花木示范园区，流转了农民十万亩耕地，这些流转土地的农民可以在示范园区当花工，可以在中原花木市场营销花木，做花商，也有的做花木经纪人。如陈化店镇花都温泉项目的开发流转了一部分农民的土地，这些流转土地的农民可以在花都温泉务工，进入旅游服务行业。鄢陵以第一产业为依托形成的加工业也发展较快，如玫瑰油提炼加工、板材加工等。总之，鄢陵一、二、三产的相互依托和充分发展，给新农村社区的建设打下了较为良好的基础，既高效利用了土地，也充分吸纳农村剩余劳动力，同时改善了农民的居住条件。

四、存在的问题和未来的展望

当前观光农业、休闲农业发展的势头迅猛，鄢陵在这一方面具有得天独厚的优势，如果想进一步做大做强，提升层次，还需要注意以下方面：

（1）发挥传统优势。如鄢陵的蜡梅和桧柏，不仅种植历史悠久，而且当地花农会利用蜡梅和桧柏做各种植物造型,这是一个优势(见图6、图7)。如今,传统的蜡梅种植面积大幅度缩减,主要原因在于销路。园林和绿化用途中需要的蜡梅数量少,常常一个订单只要几棵,种植多了卖不出去赔钱,花农一而再减少蜡梅生产面积。其实,蜡梅可以进一步加工,如做成蜡梅盆景供各种场所摆放;蜡梅也可以切枝,进军鲜切花市场;蜡梅还可以生产蜡梅精油,开发蜡梅园吸引冬季赏花的游客等。鄢陵还有许多村子有自己独特的景观植物,如靳庄月季、西许梅花、半百岗柑桔、王敬庄菊花、于寨桂花等,可以依据各个村庄的特色,搞一村一品的景观营销模式。

图6　蜡梅盆景造型　　　　　　　　　　　　　图7　桧柏龙造型

（2）增加花木的科技含量。鄢陵花木虽然生产数量大,但质量不高,总在中低档次上徘徊,高档花木少;从业人数众多,但高端的技术、管理人才缺乏;企业的科技研发能力很差,具有自主知识产权的企业更少,企业的创新发展动力和花木产品的开发能力十分薄弱。花卉是科技含量很高的产品,对花卉市场、生产手段和技术、管理水平要求较高。科技支撑体系的建设滞后于生产发展的需要,这已经成为我国花卉业顺利发展的瓶颈之一。近年来,国际花卉出口大国强调知识产权保护,设置技术障碍,如果没有自主研发的拳头产品就很难进入国际市场。不仅如此,国外花卉产品大量涌入国内市场,国内的市场份额也会丧失。加大科技研发,打响品牌,创出名牌,是必然要走的路。增加花木的科技含量,不仅会获得丰厚的经济回报,而且会吸引更多的游人来此观光。

（3）景观营造以人为本。作为一种重要的现代休闲方式,农业在当代对现代人的生活产生了新的意义,观光农业、生态农业、休闲农业等新的农业类型迅速崛起。发展观光农业、休闲农业要深入研究人在农业环境中活动的环境心理和行为特征,只有这样,才能创造出不同性质、不同功能、不同规模、各具特色的农业景观,以适应当代人多样化生活的需要。以人为本的景观设计原则要求景观具有丰富性、多样性,能够吸引人积极参与。从游客的心理和行为需求入手,提炼、创造出与本地特点、条件相适应的景观特色,这是农业特色景观的基本前提与首要任务。如可以进一步调整花卉种植结构,目前的鲜切花只占花木产业的5%,加大鲜切花的生产,一方面可以满足城市市民日益增长的日常鲜花消费需要,增加经济收益;

另一方面也可以进一步推动生态旅游业的发展,使观光农业的优势进一步凸显,多方面增加收益。

（4）坚持可持续发展的生态原则。生态的含义有广义和狭义之分。狭义上所讲的生态多指生态环境的保护和生态环境的改善,如我们在第一节所讲的鄢陵持之以恒地坚持植树造林,形成平原林海,就是狭义上的生态含义。广义上的生态观还包括一种节约的生产方式和生活方式。可持续发展的生态原则的核心是节约和综合利用。我国尚属发展中国家,在符合功能要求的前提下,必须立足国情,注意节地、节能,有效而又经济地使用人力、物力、土地和能源,贯彻落实国家建设"节约型"社会的总精神。鄢陵的林禽一体化发展模式和莲鱼共养模式,就是农业低碳发展、绿色发展的一个案例,把修剪花木丢掉的树枝加工成各种板材也很好地体现了农业循环经济的精髓。今后,鄢陵可以在此方面进一步加强,不仅仅是卖苗木,还要增加农业的附加值,只有大力开发花木的药用价值、文化价值和审美价值,才能更充分实现环境的经济价值,也会更有力地促进农民增收和营建更美好的生态环境。

五、结语

进入20世纪以后,农业扮演的角色发生了显著的变化。以前,农业用地只是作为生产性的用地,现在,人们在农业特色城镇中找到一种与城市不同的生活方式。人们在农业环境中,更能深切地感受到人与土地之间的联系,与土地相联系的生活也焕发出了诗意。

无论老城镇还是合并产生的新城镇,都应当对自己的特色和发展目标有一个准确的认识和定位。这需要依据历史,根据传统、气候和地理条件,因地制宜地发展,克服特色不明显、个性不突出的倾向,办出城镇特色。鄢陵就是因为找准了位置,扬长避短,以花木产业为支柱,从而在城镇化大潮中独领风骚。

鄢陵60万亩土地种植花木,不仅成为中国北方最大的花木生产基地,产生巨大的经济效益,而且产生良好的生态效益,两者相互促进、相互结合,一起为农业环境的审美价值奠定了良好的基础,促使观光农业、休闲农业的快速兴起。只有生态空间良好,生产空间集约高效,才能给农民营造更宜居的生活空间,新农村建设才会更有活力。

参考文献

［1］北京林学院城市及居民区绿化区.鄢陵园林植物栽培［M］.北京:农业出版社,1960.
［2］鄢陵县地方志编纂委员会.鄢陵县志［M］.天津:南开大学出版社,1989.

（张敏,河南郑州人,哲学博士,现为郑州大学美学研究所副所长,硕士研究生导师,研究方向主要为环境美学。）

英国与德国乡村景观建设分析与借鉴

张羽清　周武忠

摘要：自党的十九大提出乡村振兴战略以来，乡村旅游成为乡村振兴的重要抓手，乡村景观的打造能够体现乡村文化，展现乡村生态，是乡村旅游的重要因素之一。英国和德国作为老牌资本主义强国，是目前世界上发展休闲农业与乡村旅游的先驱国家，其乡村景观也成为吸引世界各国游客的因素之一。本文从两国乡村景观的发展史、各个时期政府制定的乡村景观政策、乡村景观的特征进行探究，总结出英国乡村景观是以文化为驱动力的综合田园景观，德国乡村景观是以重视生态为主的复合型乡村景观；并提出我国乡村景观应该加强乡村文化驱动力和坚持生态优先，要从完善景观建设策略、管理者的法律法规和提升乡村主体的意识等入手，为我国乡村振兴中的乡村景观建设提供借鉴意义。

关键词：乡村景观；乡村振兴；英国乡村；德国乡村

乡村景观近年来成为国内外关注的热点。景观（landscape）一词源于德语"landschaft"，是地理学中的重要概念，它是产生并持续塑造社会、经济、环境变迁的过程。通过描绘独特的风景、人文、地貌，并尝试重构过去的文化。景观不仅被解释为周边环境，还是思考、描绘地域，并赋予地方特定意义的结果[1]。2002年联合国粮农组织（FAO）将乡村景观定义为农村发展与其所处环境长期发展而共同形成的特有土地利用格局和景观系统[2]。2019年，国际古遗址理事会（ICOMOS）科学委员会将年会主题定为"乡村景观"，并在摩洛哥举办了"乡村遗产：景观与超越"的学术研讨会。同时，乡村景观已经被联合国教科文组织纳入《保护世界自然和文化遗产公约》[3]。这些都说明乡村景观和其可持续发展已经成为国际学术界的研究热点。自党的十九大提出乡村振兴以来，乡村景观已经成为提升乡村产业链、展现乡村文化、带动乡村生态发展的重要因素之一[4]。由于我国乡村振兴相对于欧洲国家起步较晚，许多乡村处在从脱贫攻坚向乡村振兴的转型升级中，因此学习和借鉴国外乡村景观的案例是提升我国乡村景观建设的重要途径之一。

英国和德国作为老牌资本主义强国，其乡村的发展经历了漫长的发展，目前已处在较为成熟且稳定的发展状态。英国与德国也是目前世界上发展休闲农业与乡村旅游的先驱国家,是发展得比较好的国家之一[5]。为了更好地融入国际语境,本文深度分析英国文化驱动下的田园乡村景观和德国生态保护下的城乡一体化景观,探究田园景观的发展史、各个时期政府制定的乡村景观政策、乡村景观的特征,并总结出对我国乡村景观构建的借鉴意义。

一、英国乡村景观——文化驱动下的田园景观

英国属历史悠久的岛国,具有奇特自然风光下衍生的多彩历史人文景观,尤其在乡村景观与产业高度融合的建设与发展方面经验丰富。从英国北部苏格兰高地到西部威尔士山地,从农场到庄园,从花园到城堡再到村舍,各地区自然景观、民族风俗差异明显、特色鲜明。它也是世界上发展"乡村旅游"较早的国家之一。本文从英国乡村景观的发展历史、理论研究史、对乡村产业(乡村旅游)的促进作用三个方面来阐述。

(一)英国乡村景观发展史

英国乡村景观发展轨迹大体可以分为五个阶段:

一是原风景时期,在1世纪中期及以前,凯尔特民族在这片土地上游牧、定居[6],并存在畜牧业与耕种相结合的农业生产方式[7]。此时的英国没有真正意义上的乡村景观,人类生活在自然风景中,根据记载,英格兰地区北部多山,北高南低,南部平坦,海岸线长而粗犷。在湖区分布着以榆树、榛树、无梗花栎、白蜡和赤杨为主调的森林[8],石楠覆盖了广阔而平坦的地面,土地上河流众多,有许多湖泊和沼泽[9]。田野由于视野开阔,便于观察和放哨,从而被认为是安全地带,所以早期英国原住民种植石楠,在森林中以畜牧为生,很少有人去沼泽、荒野。随着凯尔特人退出历史舞台,生活景观发生改变,但是这种开阔式的景观形式根植在了后期发展的景观偏好之中[10]。

二是敞田时期,在1—7世纪。"敞田"一词来自一种公社制的土地制度——"敞田制"(open field system),盛行于英国的罗马时期和日耳曼时期[11],当时的英国景观形成狭长形的条田,穿插于聚落建筑之间,在自然景观中形成一片片连续耕作的区域。此时英国社会推行公有制,农村公社的农田、草地都为公社成员所有,实行"集体耕作制"和"休耕制",休耕的土地被用于放牧。此时的聚落景观和农业景观交织在一起,田地中分布着居民建筑,部分林地用于放牧和采集,构成了当时的乡村景观(见图1)。但是随着时间的推移,敞田制的弊端开始显露,实行敞田制的自然资源开始减少,敞田制下条块

图1　英国北爱尔兰遗留的敞田景观

分割的占有制阻碍着农业生产的进步，集体占有的土地权属阻碍着土地资源的合理开发和有效利用[12]，之后敞田制开始转型。

三是庄园景观时期，在8—16世纪。庄园一词源于法语"manoir"，含义是庄园的房舍。在敞田制进行改革之后，英国逐渐进入了分封土地时期，国王将土地分封给贵族，贵族分给小贵族，各个阶级将自己的土地建成庄园，形成了独特的私人庄园景观，并形成了庄园制。庄园制是英国封建社会经济的支撑物，统治者通过庄园从农业劳动者中榨取财富并维持社会的秩序[13]。根据贵族的身份地位，所获得的土地大小不一，随着社会的发展，一些从事工商业的新地主取代了旧贵族，他们大量购置庄园，使得庄园的密度增加[14]。庄园景观体现出明显的阶级性，分为领主地、农奴地、公共水塘、公共牧场等，各领主对自己土地控制力加强，乡村园林景观开始诞生。

四是圈地运动时期的景观，在17—19世纪，英国革命胜利以后，英国展开了圈地运动，并在1801年通过了《一般圈地法》，允许人们将私人土地围合[15]。圈地制代替敞田制，使得农业生产方式发生变革，并让农牧业经济在商品化过程中实现了现代化，畜牧业发展超越种植业，每家每户都拥有划分明确的牧场土地，牧场景观取代了耕地景观。在快速发展的经济背景下，乡村园林发展迅速，17世纪出现了许多依附在建筑上的小花园，景观中的耕地、牧场、水域都被"园林化"[16]，展现了英国贵族的奢华。

五是现代化景观时期，从19世纪至今，随着工业化的加快，大量的铁路和公路建造在乡村中，乡村景观在一定程度上被分割，出现了现代工业的气息。乡村已经不只是满足农业生产的场地，而是一种兼具多功能生产的社区，包括集"商业园区、工业园区、休闲农业、乡村住宅、乡村旅游"等多功能于一体的社区。

纵观英国乡村景观的发展史，景观的变化与地区人为活动紧密相连。英国文学家泰勒认为，英国乡村景观的变化主要受到文化驱动力的影响，即知识、艺术、道德、法律、信仰、习俗、政治等因素[17]。例如庄园景观受到社会制度影响而形成，私有制让景观被分割成小范围私人庄园；乡村居民对现代化、消费和游憩的需求让目前乡村景观转变为旅游目的地[18]，最终形成了能够调节社会矛盾、适应生产生态与人们消费需求的新型多元化景观。

（二）英国乡村景观理论研究史与政策发展

英国的乡村景观理论横跨了规划学、地理学、美学等多个领域。克利福德·达比为20世纪英国历史地理学做出了卓越的贡献，他的许多著作为乡村景观奠定了地理学基础，例如《英格兰的新历史地理》（ *A New Historical Geography of England*，1973 ）、《清册地理》（ *Domesday Geography of England*，1986 ）、《1800 年前的英格兰历史地理》（ *An Historical Geography of England Before A.D.1800*，1936 ）等为后人对乡村景观的研究提供了理论与实践支撑；威廉·乔治·霍斯金斯在1955年出版的《英国景观的形成》（ *The Making of the English Landscape* ）从历史学的角度出发，审视人类与自然景观的关系，总结了人类活动如何形成了景观的细节特征等；迈克尔·里德及其所著的《英国景观：从起源到1914年》

（*The Landscape of Britain: From the Beginnings to 1914*）中提到景观的形成离不开人们生产生活中对环境的改造、重塑和创新，我们身边的景观就是一部记载了人类发展的传记。他描述了英国景观从史前到罗马时期不同的变化，将人类活动定义为景观发展的重要因素，并提出景观也能记录思想文明的进步发展。英国艺术家们还构建了"如画性"的乡村景观美学，在工业革命之前，风景画家们描绘的田园牧歌式的乡村景观，充满了宁静和平的氛围，让人向往，自19世纪以来，英国的"乡村景观绘画"创作已经蔚然成风，乡村景观还出现在戈尔德·史密斯、蒲伯、司各特等诗人的创作中，成为游客魂牵梦萦的旅游场所。

　　根据政府出台的政策，可以大致将人们对乡村景观的需求分为四个时期：美学时期、生产时期、消费时期、多元化时期（见表1）。在美学时期，受到英国当时流行的"如画性"美学影响，当时的贵族专注于构建乡村田园风光来象征英国当时的民族文化，政府出台的法律主要用于保护乡村自然景观；到了生产时期，经历过第二次世界大战后，英国经济、政治地位日趋下降，并且遭受了严重的粮食危机，引发了以农业为主导的景观变化，政府法规开始向农业事务上转移；消费时期出现在英国经济复苏和公共资源优化的背景下，人们对乡村环境日益重视，工业化向乡村发展，现代农业生产带来了"逆城镇化"发展，引发了乡村地区文化内涵与物质景观的重构[19]，政府不得不重视工业活动在乡村中的规范性；20世纪以来，由于农业的衰退，乡村开始向旅游、休闲、消费、文化等多元化发展，英国政府开始颁布《乡村白皮书》《乡村地区的可持续发展》等相关政策文件，来指导乡村旅游科学合理的发展。

表1　英国乡村景观特征演变及相关政策

时间	1900—1945年	1945—1970年	1970—1982年	1982年至今
发展阶段	美学时期	生产时期	消费时期	多元化时期
颁布政策	1909年《住房与城镇规划法》 1919年《森林法》 1925年《城镇规划法》 1929年《地方政府法》 1935年《限制带状开发法》 1944年《土地利用控制白皮书》 1944年《城乡规划法》 1944年《阿伯克隆比大伦敦计划》	1945年《新城镇法》 1947年《城乡规划法》 1947年《农业法》 1949年《特殊道路法》 1950年《总发展令》 1950年《风景名胜区法令》 1951年《河流法》 1952年《城镇发展法》 1955年《绿化带建设法》	1972年《地方政府法》 1979年《关于加强农村环境保护工作的意见》 1979年《农田灌溉水质标准》 1981年《地方政府和规划法》 1981年《野生动植物和乡村法》	1986年《农业法》 1990年《环境保护法》 1991年《规划和补偿法》 1993年《国家公园保护法》 1995年《环境法》 2001年《乡村白皮书》 2004年《乡村发展计划》 2004年《规划与强制性购买法》 2006年《英格兰及苏格兰景观特征评估指导书》 2010年《2010—2015乡村经济和社区政策》
景观特征	"如画性"美学影响，当时的贵族专注于构建乡村田园风光来象征英国当时的民族文化	以农业生产为主导的景观变化	工业化向乡村发展，现代农业生产带来了"逆城镇化"发展	农业的衰退，乡村开始向旅游、休闲、消费、文化等多元化发展

从英国景观理论史和政策发布可以看出，乡村景观现象是其与人类社会实践活动互动形成的结果，景观是融合了地理学、美学、植物学、历史学、法律法规等多领域而形成的社会状态，也具有极大的社会作用，从最早的原始自然景观到目前乡村景观多元化发展，社会从对"地"的关注转变为对"人"的关注，呈现出从重物质景观的发展到重视非物质景观中的社会、经济、文化和人等方面的发展趋势，英国的乡村景观诠释着乡村自然发展的状态，而目前火热的乡村旅游成为乡村的自然发展走向。

（三）英国乡村旅游背后文化的推动力

从史前原生态乡村自然景观到目前风靡一时的乡村旅游，乡村充斥着文化文学、社会改革、生活文化的气息，各个时期英国乡村特有的文化价值融入城市文明中，所以才诞生了乡村景观不同时期的不同特征[20]。主要从三个方面来推动乡村旅游的发展：

第一是文化文学中塑造了乡村景观的美好愿景。浪漫主义文学极大地推动了英国人对乡村生活的向往，在济慈、华兹华斯、柯勒律治和拜伦等浪漫派诗人的影响下，自然不仅成为一个被动的欣赏对象，而且成为一种健康生活的积极力量。城市与乡村地理、经济和文化功能的分离让诗词中所歌颂的乡村成为一种文化的寄托和延续。在维多利亚时期，工业化社会的快速节奏和巨大压力让许多英国人远赴他乡，乡村成为当时英国人舒适的避风港，并且形成了独特的审美价值。在诗词和绘画的驱使下，乡村成为英国民族文化认同的重要部分。

第二是英国社会发展中的土地改革为乡村景观做出了良好的铺垫，政府也为乡村文化的延续注入了大量的精力。在不同时期的土地制度下诞生了居民对乡村的不同需求，如提高生产力、巩固私有制、功能多样化等要求，政府也在不同时期出台相关政策来规范对乡村不同时期的发展需求。此时乡村景观已经成为历史的缩影，在乡村旅游中可以激发人们对历史的追忆和过去的怀念，是历史意义上的"乡愁"。

第三是极具特色的民众生活的传承。英国有着强大的民族文化自信，在外来文化面前一直保持着文化核心竞争力。英国农民的住房条件长期以来都按照当地人的需求和社会的需要发展，充满了原汁原味的英国文化，从14世纪中期开始，封建贵族都用石料和砖块来构建府邸，一般为拱柱结构和桁架结构；到了中世纪晚期，茅舍（cottage）和长型房舍（longhouse）开始出现，在经历了霍乱和鼠疫之后，英国人开始重建房屋，并更加珍惜乡村的一草一木，原先的建筑形式被保留下来，单在肯特郡就有2 500多栋房屋幸存至今，至少有500年的历史[21]。物质文化的变迁让农民更加坚持自己的生活方式和乡村文化，在乡村旅游带来的利润、国际影响和人流量的条件下，乡村发展和乡村旅游在各种文化驱使下形成了良性循环。

英国乡村景观是建立在自信的民族文化下的产物，是历史发展的文化遗产。其乡村景观的特点受到文化发展、政策引导、乡村旅游的推动等多方面的影响，充满田园气息的英国乡村已经成为欧洲美丽乡村的热点之一。

二、德国乡村景观——生态保护下的城乡景观

德国乡村景观展现出来的一大特色是生态环境十分优良,没有绝对意义上的乡村与城市。德国位于欧洲的中部,领土面积近36万平方公里,人口为8267万,百万人口的大城市只有4个,50万人口的城市不超过10个,几乎有三分之一的人生活在10万人口的小城市,大部分人生活在人口为2000至10万人的小城镇[22],总体来看德国更像是一个"大农村",约一半人住在乡村,并且农村与城市的距离几乎都在半个小时到一个小时的车程。作为一个老牌工业强国,德国十分注重乡村的生态保护,据统计,德国森林面积为10.9平方公里,森林覆盖率常年达到30%以上,乡村被称为"天然氧吧"。德国的农业和农村,除了提供食物以外,还有以下三方面重要的功能:一是生态环境保护;二是美化乡村环境,为当地居民提供舒适的生活和休息场所;三是为工商业提供原材料,提供能源[23]。其中生态环境的保护贯穿于德国乡村的发展史和政策史。

（一）德国乡村景观发展历程

经历过第二次世界大战后,德国经济迅速发展,城乡差距开始扩大,此时推进城市与乡村协调有序发展成为德国社会重要的课题[24]。德国政府提出了"重塑乡村"的重大改革举措[25],主要制定了相关乡村地区的发展规划和策略来改变乡村人口下降的现状,德国的乡村景观也因此而发生变化。德国乡村景观发展大概可以分为三个阶段[26]:

第一阶段是德国乡村的"逆城镇化"阶段,时间段为20世纪60—70年代。此时的德国由于工业化发展较快,工业和服务业开始向乡村地区扩散,大部分城镇居民开始流向乡村,乡村的道路、电网、铁路等设施随之完善,为乡村生态化建设提供了有力的基础条件[27],并形成了初步的乡村聚落形式,但是此时的乡村景观处于在建设模式,工业化也给乡村的土地、空气带来了污染。由于德国在城市和乡村的生态景观保护上实行相同的政策,因此在20世纪,德国科学家洪堡德和珀萨格提出了"综合景观"的概念。1950年代经济复苏后,开始了满足现代功能需求的乡村振兴运动,提出了恢复乡村传统建筑特色等要求。

第二阶段为德国乡村现代化建设阶段,时间段为20世纪70—80年代。在第一阶段长期以来的工业化进程给乡村环境带来了污染,导致生态退化、动植物减少、土壤不适宜耕种等问题,政府开始意识到生态保护的重要性,并在1961年开展"我们的乡村应该更美丽"的全国性乡村生态竞赛(见图2),并在之后更名为"我们乡村有未来",现每三年举办一次,并作为"联邦乡村发展计划"的组成部分而得到了扩大。2016年夏天,德国有33个乡村参与这项传统赛事。德国政府通过对乡村的评比、表彰和激励,既促进了德国各地先进乡村发展经验的交流,也引导了政策方向。在此阶段德国乡村的生态处于恢复过程中,乡村原有的形态、自然环境、聚落形式和建筑风格开始按照各乡村的特色进行合理规划和建设[25],政府已经意识到污染带来的生态环境影响,并逐渐由乡村现代化向生态化转变。

第三阶段是德国乡村由现代化转向生态化的阶段,时间段为20世纪90年代至今。德国

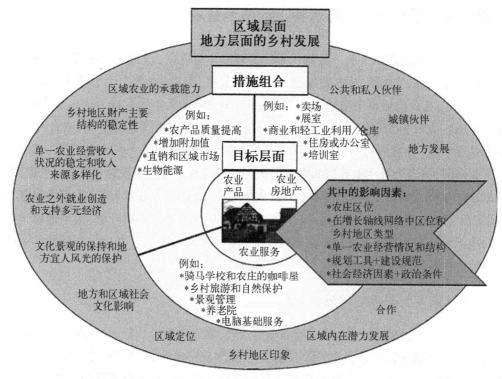

图2　德国西部"我们的乡村应该更美丽"发展规划主要内容和措施[25]

居民的环保意识在政府政策引领下不断增强,可持续发展观念教育从国民小学阶段便开始展开,随着"乡村更新规划"的深入开展[28],以及一系列法律出台,乡村景观逐渐恢复了绿水青山,其生态价值、经济价值、文化价值、旅游价值不断凸显[29],社会上一些学者甚至认为"乡村是国家的未来"[30],由于城乡协调发展,乡村活动与城市活动并无明显差距,形成了真正意义上的"城乡一体化",例如德国联邦政府在2018年宣布投资500万欧元支持乡村电影院发展,支持人口不足2.5万人的村庄开展电影业[31],用于翻修场地、提升放映和售票等方面的科技水平等。

（二）德国生态保护政策为乡村景观提供了良好保障

德国十分重视农业和农村的生态环境保护,通过多种措施大力促进生态农业的发展,一共有9 000多个联邦和各州的相关法律法规[32],并且从1957年至今推出了各项针对环境保护的法律法规来规范乡村开发(见表2)。生态环境保护领域的法律措施主要体现在以下几个方面:① 土壤保护。由于在20世纪70年代,德国对垃圾处理采用填埋的方式,造成了土地污染,因此颁布相关法律来保护土壤再生。② 环境信息。为了增加环境信息的透明度,政府制定了关于信息公开的相关法律,让每个居民都有监督权和举报权,全员参与到生态环境保护中。③ 垃圾处理。德国政府将垃圾作为回收利用的重要来源,很早就实行垃圾分类处理,妥善处理垃圾而不产生污染,并且将垃圾作为生产能源。④ 水利。欧洲国家的水源

表2　近代德国生态保护相关法律政策[32]

年份	法规名称	措施特征	规范内容
1957	《水法》	规制	生态介质
1959	《核能法》	规制	物质相关
1968	《植物保护法》	规制	生命
1971	《汽油及铅法》	规制	物质相关
1972	《废弃物法》	规制	物质相关
1972	《动物保护法》	规制	生命
1974	《联邦污染防治法》	规制	生态介质
1975	《洗涤剂法》	规制	物质相关
1976	《联邦自然保护法》	控制、规制	生命
1976	《废水收费法》	激励、规制	生态介质
1980	《化学制品法》	规制	物质相关
1990	《环境责任法》	规制	生态综合
1990	《基因技术法》	规制	物质相关
1990	《环境影响评估法》	控制	生态综合
1991	《电力输送法》	奖励	物质相关
1994	《环境信息法》	规劝	生态综合
1995	《环境审计法》	控制	生态综合
1998	《土地保护法》	规制	生态介质
1999	《生态税改革法》	激励	生态综合
2001	《可再生能源法》	激励	物质相关
2002	《环境审计法费用规定》	规制	生态综合
2002	《保护波罗的海修订条例》	规制	生态综合
2004	《环境信息法》	规劝	生态综合
2004	《挥发性有机物排放限制规定》	规制	物质相关
2004	《温室气体排放交易法》	规制	生态综合
2005	《废水缴费法》	规制	物质相关
2006	《公众参与法》	规制	生态综合
2006	《回收与清除证明条例》	规制	生态综合
2006	《埃斯波合同法》	规制	生态综合
2006	《环境上诉法》	规劝	生态综合

续　表

年份	法 规 名 称	措施特征	规范内容
2007	《废物运输罚款条例》	规制	物质相关
2007	《化学制品—臭氧层条例》	规制	物质相关
2008	《可再生能源优先法》	规制	生态综合
2008	《化学制品—气候保护条例》	规制	物质相关
2009	《水资源法》	规制	物质相关
2009	《电池法》	规制	物质相关
2009	《垃圾场条例》	规制	生态综合
2010	《放射性物质污染条例》	规制	物质相关

基本上达到饮用水标准，德国对水源的要求很高，这与政府对河床、湿地保护区、水路的保护是分不开的。

为了实现经济、环境、社会综合利益的最大化，德国制定了《空间规划法》(*Spatical Planning Act*)，与美国不同的是，德国的空间规划主要以非经济发展为目标，坚持城乡等值化、一体化发展，极度注重对生态环境的保护，节约利用土地资源，并且把保护开放空间，改善居住环境和发展文化景观作为城乡建设的重中之重。在《空间规划法》实施中，德国一共规划出580个天然林保护区，12个国家公园，12个生物圈保护区，85个自然公园和5 000多个自然保护区。在实行政策的同时充分将土地生态功能发挥了出来，例如柏林州在其土地规划中明确要求自然保护区的比例从1.6%提高到3%，景观保护区面积从11%提高到20%。可以看出德国的政策规划是以生态优先，自然环境的可持续发展和与经济的协调发展是并存的。好的规划可以减少和避免生态环境污染的产生[33]，德国对乡村生态景观的保护与城乡规划很好地结合起来，从顶层设计层面杜绝了乡村生态环境的恶化。

除此之外，德国还出台了一系列生态与环境保护规划，并利用科学技术对遭受工业和军事污染的生态环境进行修复。例如为了监测企业排放污水情况，政府在企业排污口设置传感器和实况录像系统，公众可以通过手机或者电脑查各种排放数据和画面，参与生态环境的监测和管理；德国的家庭从幼儿就开始进行垃圾分类教育，"联邦自然保护协会""青年环保联合会"等社会环保教育部门和环保网站都对生态环境的宣传做出了极大贡献。

（三）"生态优先"的发展理念使得城乡形成了良好的生态景观

在贯穿"生态保护"观念的德国乡村发展史和政策支持下，目前德国乡村的生态环境取得了显著成效（见图3）。每年有众多游客前来体验纯天然的自然景观，享受清新的空气和"绿水青山"。德国美丽乡村景观背后是政府常年对生态优先发展理念的把控，形成了显著的乡村景观特征：

图3　德国贝希特斯加登州拉姆绍村的生态环境

一是乡村的生态可持续性。毋庸置疑,德国乡村生态环境十分优良。大力发展农业成为德国乡村的新趋势,通过采取建立国家森林公园、农业自然保护区和杂草保护区来保护农业生物的可持续性。一方面德国始终将生态优先作为农村发展原则,例如德国成立了生态农业促进联合会,生态农业企业禁止在自己土地上使用化肥、化学农药和除草剂,以保证农田的生态稳定性;通过多年的土地整治,德国已经将自己的土地变成适合农业生长的"福地",已经成为生态农业发展较快的国家之一[34]。另一方面,生态优先的理念也为德国乡村产业取得了可持续的多方面发展,包括生态可持续性、经济可持续性和文化可持续性。生态政策下的德国推行生态友好型农业技术和产业发展,让乡村的农业时刻保持生态性,例如慕尼黑郊区的赫尔曼斯多夫生态农场于20世纪80年代末开始探索养殖业与销售相结合的绿色农业发展模式,获得了政府在绿色产品生产、技术培训、品牌宣传、标准控制等方面的补贴,经过30年的发展,该农场已经成为欧盟知名绿色农产品供应商,农业产品竞争力十足[35];经济可持续性体现在德国每个乡村都在结合自身生态农作物打造属于自己的主导产业,例如北威州施特拉伦小镇紧邻荷兰,积极学习荷兰花卉种植技术,大力发展花卉种植业,在美化乡村生态的同时取得了可观的经济效益,目前该地区已经成为欧洲第二大花卉生产基地;在文化可持续性发展方面,大部分德国乡村在工业时期得以保留,在生态环保理念的驱使下几乎很难看到这些建筑被拆除重建,都是经过改造之后成为城乡的基础设施,从而城乡文化得以保留。

二是乡村居民的环保理念深入人心。德国在培训村民的环保意识上下了很大的功夫,不但要求农民掌握一定的生产技能和专业知识,还培养家庭经营者、农业技术人员、农艺师、高级农业技术人员和管理人员。德国农民对自身居住环境的绿化十分注重,例如沃尔克马斯豪森村的绿化率极高,更像一个小规模的园艺世博园[36],其中每家每户都进行庭院绿化,民居院落由木栅栏围成,内部充满了人工装饰性的小景,整体乡村景观崇尚自然野趣,养护相对比较随意,以粗放管理为主,整体形成多层次、多树种、多色彩的庭院园林景观。生态环保的理念让这个乡村的公共绿地绿化、路网水网绿化、闲置地绿化、村庄外围绿化都发展良好,村民定时去维护绿色生态的环境,长久以来形成良性循环。

三是德国乡村工业化与生态化高度结合。德国是世界少有的"乡村发展不以城市为标杆,但同样美好"的国家,这种等值化的发展理念激发了乡村的发展活力。乡村和城市共同经受了工业化进程,并且在共同努力下使被污染的土地重新恢复生态,所以德国所有的乡村都纳入了市政水、电、气、暖供应系统,医疗卫生、中小学教育等补贴,做到了和城市相同的标准,所有的公共设施都延伸到农村,强调充分民主。这样"自上而下"和"自下而上"相结合的论证方式,让村民作为村庄的主人,全面参与村庄所有事务的管理和决策,国家和地方政府作为服务者和管理者来保障村民合理意愿的实施[37]。德国采取城乡同一发展战略,稀释了城市拥挤的交通和建筑布局,让人口平均分布在国家各个区域,城在村中,村在城里,形成了良好的人口缓冲和产业分布,让城市不再拥挤,乡村不再凄凉;城乡中大量遗留的工业化建筑也按照生态环保理念被改造成住房、饭店、购物中心等,繁华的城乡周围便是森林、田野、河流,展现出生态与工业完美结合的美丽景象,令人神往。

三、英国与德国乡村景观的启示

（一）英国乡村景观的启示

英国乡村景观为文化驱动下的田园景观,与地区的人为活动和自然活动紧密相连。英国文学家泰勒将乡村景观变迁原因总结为"文化驱动力",包括信仰、知识、艺术、法律、道德、政治、习俗等因素,这些驱动力如同生命体细胞中的基因,构成了动植物的不同形态,在英国的田园景观中表现得尤为明显。在英国乡村景观形成过程中,有以下几点值得我们借鉴:

1. 强大的民族自信提供内生动力

英国乡村景观是建立在自信的民族文化下的产物,是历史发展的文化遗产,并在日后的乡村景观发展中保留了这些优秀的文化基因。例如在英国乡村的庄园景观时期,领主、私有的概念成为当时的文化基因,由政治体现在乡村景观的格局中,由于低生产力诞生了合作式的生产方式,农奴和庄园主相互依赖,各自领地相对独立,形成了分散、统领的乡村景观。在之后的发展中景观也保留了这种制度的影子,并没有让城市化取代这些优秀的制度文化。所以要从乡村起步,构建属于自己的文化基因,增强民族文化自信和民族凝聚力。乡村作为文化的发源地,更应该发挥稳固文化根基,构建文化基因的作用。景观文化的渊源都会追溯到当地及周边自古以来的自然环境,自然环境的烙印是文化发展的基础,并决定着乡村景观的形态和类型,充满自信的文化能够渗透到乡村景观中,在乡村的建筑、民俗、方言、格局中体现,供游客参观和学习。

2. 完善的政策注重对乡村文化的保护

英国通过对乡村规划的不断革新,综合考虑了地理学、美学、植物学、历史学、法律法规等多领域而形成的社会状态,社会从对"地"的关注转变为对"人"的关注,形成了英国乡村景观的美学时期、生产时期、消费时期、多元化时期,发挥了政府对乡村文化的保护和推动作用。我国地大物博,许多乡村拥有丰富的旅游资源,但是由于这些村落地处偏远,特别是远离北上广和东部经济发达地区等这些消费能力强的客源市场,因此政府在制定乡村旅游政策时应该优先考虑保护这些乡村的文化特色,让旅游市场注重文化的竞争力,响应地区文化的保护机制。借鉴英国的经验,充分发挥政府和民间组织的作用,构建属于乡村的文化基因特性。

3. 重视文化对乡村旅游的传播作用

从最早的原始自然景观到目前乡村景观多元化发展,呈现出从重视物质景观的发展到重视非物质景观的文化推动趋势,例如圈地景观时期的乡村生产变革受到艺术、文学等文化意识形态的影响,保留了英国乡村美轮美奂的田园状态,并且推动了圈地景观的形成。直至如今,对景观的"文学性""传统性""民族性"的综合需求诞生了多元化景观格局的发展方向。英国的乡村景观与乡村自然发展、文化作品描述下的美好愿景、社会意识形态的融合,导致了目前火热的乡村旅游成为乡村的自然发展走向。

构建文化基因、增强民族自信是我们需要向英国学习的重要经验。英国乡村发展经历的五个阶段与当地社会的人为生产、生活活动紧密相关,其乡村景观的特点受到文化发展、政策引导、乡村旅游的推动等多方面的影响。由于受到文化基因的影响,乡村居民对乡村景观的现代化、消费和游憩的需求也促进了乡村旅游的发展,最终形成了能够调节社会矛盾、适应生产生态与人们消费需求的新型多元化景观。

(二)德国乡村景观的启示

德国对乡村的生态保护是严格的、综合的、自发的。从生态保护理念、法律规范程度、民众对生态的重视程度来看,生态保护是形成乡村生态文明的重要基础。

1. 乡村发展不一定以城市为目标,要大力发展生态农业

德国乡村发展理念的最大特征是城市和乡村在形态上差距并不大,这样的乡村状态在很大程度上受到生态优先的发展理念影响。德国的生态农业注重对本地天然物种资源,特别是有价值的群落的保护。当乡村的生态逐渐恢复了绿色之后,生态价值、经济价值、文化价值、旅游价值随之凸显,形成了与电影产业、旅游产业、农业等其他领域的良性互动,这与德国长期以来坚持的生态优先原则是分不开的,所以德国认为"乡村才是国家的未来"。

我国目前也逐渐重视乡村生态的保护。乡村发展中也提出"绿水青山就是金山银山"的口号。但是,城市化对乡村的开发、土壤肥力下降、野生动物减少、动植物病虫害、极端恶劣气候等内在因素以及经济贸易全球化对农业和粮食带来的冲击等外在因素让生态建设一再妥协。我国部分地区区域整体经济较为发达,例如江阴华西村、长江村等乡村生产、生活

方式已经与全国二三线城市十分接近,因此可以借鉴德国乡村的发展经验,并不一定追求高度现代化、城市化,而是在保护生态前提下适度开发,寻求属于我国生态特色的乡村发展目标。

2. 政府为生态保护制定细致的法规

在德国乡村景观的建设中,完善的法律法规是实现生态稳定、有序发展的重要保障。从《土地整治法》到《空间规划法》,各类法律法规的保护已经对乡村景观的生态发挥着不可或缺的关键作用,甚至已经成为乡村景观的"特色"之一。

德国乡村景观法律规范的最大特征就是"细",从水质、电力、运输到废物处理,都一一在相关规范中体现出来。并且德国对乡村生态景观的保护与城乡规划很好地结合起来,从顶层设计层面杜绝了乡村生态环境的恶化。

我国有关乡村规划的法规相对城市较为缺乏,在政策引导和市场调节中,乡村建设困难十足。乡村管理者在制定政策的时候往往以提升地区的经济指标为第一要务,从而忽视了生态保护的重要性,造成了许多自然资源和生态平衡的破坏。并且我国很少有关于乡村生态公园的规划和建设,管理者应该借鉴德国对生态保护细致的法规政策,加快制定和完善法律法规,保证在乡村开发过程中有法可依,在保护生态环境的基础上,适当对乡村进行开发。此外,政府还应做好对乡村居民的宣传和教育工作,促进乡村聚落景观建设的实施和发展,保证政府相关部门能切实履行相应的监督管理职能。

3. 传播生态优先的重要性

德国除了有生态优先的发展理念和详细法规之外,对乡村民众的生态理念教育也与乡村实践紧密结合。一方面,政府加大对生态理念的传播,提出"我们的乡村应该更美丽"的社会活动,让民众都参与到生态保护中来;另一方面,生态保护让乡村实现了经济、旅游、文化的价值,让村民获得了富足感,并在社会中得到认可,从而更加稳固了生态优先的发展趋势。总之,在优美的生态环境中进行生产、生活,从真正意义上达到了"三生"和谐。

我国的乡村应该积极推进公众参与制度,加强生态教育力度。可以学习德国一系列的乡村振兴活动,选取部分生态较好的试点乡村,进行生态优先的保护和开发,并增强宣传力度。虽然生态保护是一个长周期、高投入的过程,但是当生态逐渐融入乡村的旅游、生活、生产中,形成良性循环时,村民的生活质量便会得到改观,村民自然便会自发地重视生态的重要性。

四、结语

乡村景观是乡村面貌的体现,是一个乡村发展到各个阶段的直观形象,也是国家的文化之源、产业之根、生态之本。英国和德国对乡村景观的重视与打造成就了乡村独特的魅力,并成为全世界学习的榜样。

第一,英国的乡村注重文化与景观的融合。英国乡村在长期发展中,注重将景观的变化与地区人为活动紧密相连,并且很好地保留了社会发展的痕迹。在对文化的不断保留和挖掘中,乡村居民对现代化、消费和游憩的需求让乡村景观转变为旅游目的地,最终形成了能够调节社会矛盾、适应生产生态与人们消费需求的新型多元化景观,并在政策的保护下逐渐走向乡村旅游的繁荣。在强调文化自信的乡村旅游背景下,英国文化文学中塑造了乡村景观的美好愿景,英国社会发展中的土地改革也为乡村景观做出了良好的铺垫,在极具特色的民众生活的传承中,英国乡村发展拥有很强的文化传承性和可持续性。

第二,德国的乡村注重生态保护,其发展历程体现了乡村与城市不同的发展理念,乡村性是德国乡村景观建设强调的重点。从法律法规政策上,德国乡村管理者注重乡村的生态性保护,使得乡村居民的环保理念深入人心,并且德国乡村工业化与生态化高度结合催生了德国美轮美奂的自然生态景观,做到了人与自然的和谐共生。

第三,根据英国和德国的经验,我国的乡村景观建设应该增强民族自信,让村民成为乡村的主体。由于我国农村人口众多,大部分农村发展相对落后的国情,我们应该增强民族自信,完善政策,注重对乡村文化的保护,重视文化对乡村旅游的传播作用,积极推进公众参与制度,加强生态教育力度,让乡村主体增强生态意识,做到乡村的生产、生活和生态的共生。

参考文献

［1］Nash C. Introducing human geographies[M]. London: Hodder Arnold, 2005.

［2］闵庆文,钟秋豪.农业文化遗产保护的多方参与机制:"稻鱼共生系统"全球重要农业文化遗产保护多方参与机制研讨会论文集［M］.北京:中国环境科学出版社,2006.

［3］文化部外联局.联合国教科文组织保护世界文化公约选编［M］.北京:法律出版社,2006.

［4］张羽清,周武忠.论乡村景观对乡村振兴的促进作用［J］.装饰,2019(4):33-37.

［5］廖立琼,肖杰夫.英国休闲农业与乡村旅游的发展对湖南省该产业发展的启示［J］.旅游纵览(下半月),2019(5):147-148+150.

［6］美国不列颠百科全书公司.不列颠百合全书［M］.第3卷.北京:中国大百科全书出版社,1999.

［7］陈金锋.中世纪不列颠群岛凯尔特人及与英格兰的关系［J］.石河子大学学报(哲学社会科学版),2006(6):40-43.

［8］Voysey J C. Forests and woods of the English lake district[J]. Forestry, 1985, 58(1): 85-101.

［9］伊恩·D.怀特.16世纪以来的景观与历史［M］.北京:中国建筑工业出版社,2011.

［10］梁双新.英国地理环境对其国民性的影响［J］.黑龙江史志,2013(11):150.

［11］邱谊萌.16—19世纪英国土地制度变迁研究［D］.沈阳:辽宁大学,2008.

［12］石强.论英国社会转型时期农地制度的改革［J］.社会科学家,2010(2):41-44.

［13］Whittle J. The development of agririan capitalism[M]. Oxford: Clarendon Press, 2000.

［14］朱正梅.浅谈英国近代土地问题的解决［J］.盐城师专学报(社会科学版),1987(1):94-98.

［15］邱谊萌.16—19世纪英国土地制度变迁研究［D］.沈阳:辽宁大学,2008.

［16］肖遥,李方正,李雄.英国乡村景观变迁中的文化驱动力［J］.中国园林,2015,31(8):45-49.

［17］爱德华·泰勒.原始文化:神话、哲学、宗教、语言、艺术和习俗发展之研究［M］.桂林:广西师范大学出版社,2005.

［18］袁青,马彦红.将景观历史作为开启景观规划的一把钥匙［J］.中国园林,2013(1):55-59.

［19］Urry J. Consuming place[M]. London: Routledge, 1995.

［20］任有权.文化视角下的英国城乡关系［J］.南京大学学报(哲学·人文科学·社会科学),2015,52(6):111-122+156-157.

［21］杨杰.从下往上看:英国农业革命［M］.北京:中国社会科学出版社,2009.

［22］万博,张兴国.和谐之城:德国小城镇建设经验与启示［J］.小城镇建设,2010(11):89-95.

［23］国土资源部土地整治中心.德国土地整理研究［M］.北京:地质出版社.2016.

［24］叶剑平,毕宇珠.德国城乡协调发展及其对中国的借鉴:以巴伐利亚州为例［J］.中国土地科学,2010,24(5):76.

［25］孟广文.二战以来联邦德国乡村地区的发展与演变［J］.地理学报,2011,66(12):1644.

［26］Deisenhofer P. Die Dorferneuerung nach dem Flurbereinigungsgesetz und die staetebauliche Dorfsenierung[M]. Bonn: Domus Verlag, 1996.

［27］黄斌,吴少华.欧洲乡村景观建设对我国新农村建设的启示［J］.安徽农业科学,2012(12):72.

［28］曲卫东,斯宾德勒.德国村庄更新规划对中国的借鉴［J］.中国土地科学,2012,26(3):91-96.

［29］昆斯,唐卫红.联邦德国乡村空间的新规划［J］.武汉大学学报(信息科学版),1990(4):1-5.

［30］Milbert A. Wandel der Lebensbedingungen in ländlichen Raum Deutschlands[J]. Geographische Rundschau, 2004, 56(9): 2633.

［31］德国将投资500万欧元支持乡村影院发展［J］.世界知识,2019(14):76.

［32］海贝勒,格鲁诺,李惠斌.中国与德国的环境治理:比较的视角［M］.北京:中央编译出版社,2010.

［33］孟广文,尤阿辛·福格特.作为生态和环境保护手段的空间规划:联邦德国的经验及对中国的启示［J］.地理科学进展,2005,24(6):21-30.

［34］刘英杰.德国农业和农村发展政策特点及其启示［J］.世界农业,2004(2):36-39.

［35］詹慧龙,刘洋.德国乡村发展的做法与启示［J］.古今农业,2019(4):1-5.

［36］韩丽君,郝向春,武秀娟,等.德国乡村绿化景观特色及其启示［J］.林业科技通讯,2015(3):56-58.

［37］迈克尔·克劳斯,霍尔格·马格尔.以土地整理和村庄革新促进农村发展［J］.中国土地,2016(5):8-13.

基金项目:本文为农业农村部软科学委员会2018年度招标课题"乡村文化多样性与创意农业推进政策研究"成果之一(项目编号:2018042),同时为2015年度国家社会科学基金艺术学项目"文化景观遗产的'文化DNA'提取及其景观艺术表达方法研究"(项目编号:15BG083)的阶段性成果。

(张羽清,上海交通大学设计学院博士研究生,研究方向为乡村景观,城乡规划设计。周武忠,上海交通大学设计学院教授,研究方向为环境与景观设计,东方设计学,地域振兴设计。)

黄土高原民居营造中乡土情怀
建构主体的当下境遇
——以甘肃乡村民居建造和使用主体为例

赵彦军　冷先平

摘要：将黄土高原民居室内外建造、使用主体"人"的境遇作为研究和关注的对象，既是对传统技艺承载的情怀的传承，也是对当下乡村美学新范畴建构的一种思考。面对当下乡村振兴发展的困境，以主观"人"为出发点和回归的最终原点，把乡土民居本身和人结合起来，作为乡村民居美学塑造的重要方面和内核引力，重点探讨当前的现状，提出对应的策略。通过对使用和建造主体的关注、研究、分析，提升乡村美学的内涵，从而服务建设美丽乡村和文化振兴的新时代。

关键词：民居建造；乡土情怀；建构主体

根据国家统计局官方网站公布的数据，2019年中国乡村人口55 162万人。近年来，农村外出进城务工者占据农村青壮年劳动力的90%左右，这一部分人大多数以从事建筑行业为主。作为一个传统农业大国，乡村文化振兴成为关注的焦点，以及国家未来发展战略的重要方面和方向。民居作为一个生活场所，也是一种文化的存在，承载一种特定区域的乡土情怀，其历史积淀形成默许的美学范式及认同。甘肃黄土高原民居在西北民居形态中的风貌自成一体，民居室内空间更是当地生活、生产实践、历史人文的活化石。如果说村落布局、机理是当下乡村规划和设计的外在体现，那么民居室内空间更多体现内在的涵养。对其本身参与主体"人"和内部材料、空间、技艺等的思考和考究，对新时期乡土情怀的建构、美学素养的提升有着重要的意义和价值。

一、乡村文化振兴语境下黄土高原民居建造设计、使用主体现状

（一）新时期黄土高原民居建造设计主体的现状

中国乡村在新时期的发展处于一个关键节点和十字路口，伴随着城镇化的大规模建设，承载黄土高原祖祖辈辈情感记忆的民居，在传承传统中与时代带来的这种巨变形成分庭抗礼之势。甘肃黄土高原一带，部分群体既是民居的建造者也是使用者，边界变得愈发模糊。传帮带的学徒制从业者越发成为稀有群体，传统技艺面临失传。传统农业经济维系的传统建造、营造方式，在咄咄逼人的现代主义浪潮下岌岌可危。以前主导民居建造的工匠逐渐成为夕阳职业，日益没落。

走进大山深处的黄土高原，有针对性地对木匠、泥瓦匠等传统民间艺人进行访谈和实际生活调研，不难发现，这些人过去是主要的建造主体和乡村记忆的传承者、推动者。但发展到现在，伴随城市化过程中成长起来的建筑工人逐渐替代传统建造主体，工匠手艺被批量化的工业产品替代。以下表1是访谈和调研甘肃省天水、通渭一带的统计数据。

表1　黄土高原民居建造主体（工匠、工人）从业者的情况统计

类　别	特　点
传统工匠	掌握传统的工艺和技艺，遵循礼制，采用学徒传帮带形式
现代建筑工人	掌握现代的营造方法和技术，新时代乡村建造的主力军
传统工匠年龄结构和建造主体从业比例	50～60岁，25%
建造工人从业年龄和建造主体从业比例	30～50岁，75%

从以上从业者的类别、特点，以及当前占总从业人数的比例可以看出：在年龄结构上，30～50岁的建造工人是现代民居的建造和设计者主体，部分直接成为民居的使用者，他们大多数是进城务工的农民工。这一部分伴随城市化形成的群体，易于接受新事物，也是当下对于传统民居建造影响最大的群体。50～60岁的是传统工匠从业者，大部分已经步入老年，仍然是主要的传统工匠坚守者。受经济因素影响，其中一部分不再从事这一行业，造成这部分从业者越来越少。大力发展和振兴乡村文化，50～60岁的民间艺人和工匠是其主体，是让传统留得住根脉，建构原生态的乡土民居的主要推动者、实践者，大力扶植这部分群体，培养传承下一代至关重要。这一群体大多本身就是半工半农的从业者，受到老龄化和行业收入等各种因素的影响。

（二）新时期黄土高原民居营造、使用主体的现状

真正决定黄土高原民居价值和发展演变的是民居的使用主体，这是一个充满无穷智慧的创造群体，不断为民居的发展提供源源不断的动力和经济支撑。这一主体随着改革开放的步伐和城市大规模建设，因黄土高原人口急剧增长，加之有限的耕地、土地贫乏因素，大量

涌入城市,成为现代城市的建造者,民居的使用主体在组成结构和生活方式上发生了微妙的变化。我们可以对生活在甘肃甘谷县、通渭县村落的使用主体在审美价值趋向上做一个部分访谈统计,表2是这一带当下乡土民居审美价值趋向的统计。

表2　黄土高原民居使用主体的审美价值趋向

类　别	比　例
支持完全保留传统风格	约25%
支持现代民居风格	约45%
支持现代和传统兼容风格	约25%
无所谓	约5%

其中,支持完全保留传统风格的占到总比例的25%左右,这一部分长者居多,大部分以老年人为主,对于传统有一种特殊的情感,可以归类为民居原生态文化的坚守者,这部分群体生存空间越来越小。支持现代民居风格的大约占到45%,这是目前乡村民居新生派,也是主流,主要受外来城市现代建造技术影响,也是反映黄土高原民居使用主体群体现状变化的一个很好的标杆,主要是农民向建筑工人转换的年轻人群。支持现代和传统兼容风格的约占25%,这是未来的一种风格趋势,也是这一群体的生存现状,即对于传统和现代有所扬弃、有所选择。审美价值认同趋向的比例关系在一定程度上可以反映出生活在黄土高原乡土民居中使用主体目前的一种生活状态、现状和精神诉求。这一因人口的巨大迁徙流动,造就的对于不同地域文化、城市现代建造技术等的认识变化,对于黄土高原民居的现代建造产生巨大影响,客观上也是目前促成西北黄土高原使用主体审美风格兼容并蓄的外因。

（三）黄土高原民居建造形式、材料的应用现状

乡土材料,不仅能够折射出当地的历史文脉,同时还具有成本低廉、施工简单等属性。[1]甘肃黄土高原民居所使用的材料,与其说是建造主体的创造发明,不如说是民居使用主体长期生存于黄土地,对于改造自然必然选择的结果。土坯制作因技艺的简单可操作,和地域的建造材料联系在一起,在民间非常普遍,很多居住主体本身就是建造主体,选择在墙体上大量使用泥巴砌墙技艺,就地取材,工艺简单,造价低廉。因土坯砌墙等技术容易掌握和普及,所以在这一带形成的邻里间相互协作、互帮的建造模式极为普遍。土坯堆砌的墙面和营造的室内空间有冬暖夏凉的特性,对于少雨的西北内陆,是比较可靠的建筑材料。在当前的建造形式和材料中,木工变得尤为特别,尤其是工艺的后期处理中,与建造主体有着直接的联系性。

在20世纪90年代,木材是甘肃省通渭、甘谷一带主要的材料,正符合民居对于特殊材料和技艺的需求,在这一带支撑了当时一批以此谋生的木匠进行相关传统工艺的传承。民居的精华部分体现在门和窗户上的雕刻,也包括局部青砖上门类庞杂的砖雕饰品,朴素而内

敛。近年来,民居的建造形式和材料明显发生了变化,我们对县城钢材、铁艺和铝合金等需求进行统计,不难发现,民居材料使用的改变,影射出建造主体发生着微妙的变化。传统的工匠学徒制没落了,代代传承的手艺面临重大挑战,砖、钢筋混凝土广泛应用在民居中,传统的砖瓦匠也被新时期建筑工人取代,出现了以材料为媒介的乡村民居使用和建造主体的大变动。

二、黄土高原民居建造主体、使用主体角色的还原与重新定位

(一)新语境下对于民居建造主体身份、角色的认定

首先是工匠身份的认同和工匠精神的回归。不同于西方工艺美术运动时期的传统手工作坊制下的学徒、行会,中国传统工匠作为农民和工匠的双重身份,大多数既工又农。面对现代建造工艺带来的不同生存境遇,表现出不同的处世态度。作为传统文化、技艺的传承者和推动者,甚至是过去建造民居的文化引领者,这一部分人的现状直接决定未来乡村民居传承的方向和形式。因此应抢救性地对来源于民间的这一群体进行传承性保护。通过政府扶植专项资金支持,对一些民间工匠和手艺人,进行口述史的记录,保证这种文化的传承者根正苗青。国家对于当前这部分人的生存境遇的关注,是维系生态民居长远发展的关键,有助于民居文化技艺的有效传承和延续。必须探索一套适合当下乡村工匠的培养模式,把这一部分人重新聚集起来,在生活、经济上给予扶植。

另外,建造者是有时代的,必须面对当下,对新成长起来的占绝对比例的新时期乡村建造者,给予角色和地位的认定。这部分群体有着特殊的乡村情结,掌握着现代建造技艺,也是在传统与现代间立场摇摆的行业从业者。充分利用大量的科研机构和高校创新团队,通过一批优秀民居作品的创新示范,带动整个乡村民居建造者在审美素养方面的提升。

(二)新语境下对于民居使用主体身份、角色的认定

民居的基本功能是为满足居者的居住和生活,这也是其真正存在的价值和意义。使用主体既作为空间的体验者,也是重要的民居室内空间营造者。其现状和生活状态对于乡土情怀的建构和建造本身的形成有很大的内在联动性。诸如民居陈设中的一个小物件,和使用主体的审美情感、生活情趣交织在一起。使用者是民居实际产权的拥有者,在政府主导乡村振兴的大语境下,统一规划和自主建造之间存在不可调和的矛盾。应正确处理、衔接好政府统一规划和民间居住主体自发设计营造之间的关系,认定使用主体身份,发挥使用主体的自觉意识,这是新时期推行乡村文化振兴的关键,当然这也离不开全民审美文化素养的提高。要短期内实现这一突破,必须充分发挥政府、高校科研机构的引领导向和示范作用,充分调动民间的积极性,帮助村民形成自觉意识,这也是政府主导和村民自觉找准定位的重要契合点。

村民往往因自身在审美价值认同上的局限性,从众心理比较强,好的经典民居设计和建

造很容易引发共鸣。当下,必须找准定位,根据村民实际需求,依托科研和高校为乡村文化振兴提供强有力的支撑,建立一批典型的示范民居,以政府政策为主导,以经典民居示范为引领,以使用者为主体,积极推动民居的前期建造和后期生活营造。

（三）形式材料、造价对建构主体、使用主体的影响

在历史上,因材料、技术的革新而带来对建造本身以及相关从业者的深刻影响,甚至因某一种材料的发明应用,撼动整个建造形式,造成从业者更细的结构分工。对于建造材料的不断完善和雕琢,是一个建造者和使用者最基本的操守。材料在民居室内空间建造主体、居住使用主体角色的还原与重新定位中扮演着不可忽视的角色,尤其在地域性民居建筑中至关重要。这些材料的选择是长时间在特定地域人为创造的结晶,和人的生存相适应。另外,预算是决定房子盖到什么级别、什么规模的关键。材料造价决定建造民居的成本,取决于使用主体的经济条件,甚至可以成为民居使用和建造主体身份回归认定的重要参照因素。

三、乡村文化振兴的实施与以人为主体的民居美学架构

（一）构建立足于传统、地域的民居审美价值导向

英国工艺美术运动精神领袖倡导拒绝工业化和机械化,着眼于本土乡村历史,以此作为灵感的来源[2]。从狭义上来讲,本土就是当地民居中所呈现的地域性特征。这其实本身渗透着对传统和工匠精神的推崇,避免"千村一面"的窘境,在甘肃黄土高原的民居设计、建造中,找回本身具有的传统与特色,回归到与地域人文以及当地人生活相适应的原生状态中。土坯砌成的墙面机理在民居营造中裸露的本色,就是一种真实的存在。英国工艺美术运动对某些细部装饰的重视和手工本身就是对传统的一种回应,对当下我们重新唤醒对传统工艺的重视,以及乡村振兴和美学塑造有积极的借鉴意义。

工艺美术运动把乡村元素带入城市,并对20世纪上半叶独特住宅区的打造起到很大作用[2]。中国城市化过程中农民工是建造的主体,这部分人对于现代建造技术的掌握,反过来带动乡村民居的发展,进而重塑和改变乡村美学。借鉴英国新艺术运动对于色彩规划的重视,我国乡村理应避免过度规划,而应在尊重地方文化生态基础上立于传统和地域寻求突破和创新。

（二）构建立足于现代生活的民居内空间审美价值导向

中国文物学会会长单霁翔先生在西北大学的讲座中提道:"城市的魅力来源于不同的文化、历史、园林、山水、宗教等各类景观……如何将这些融入现代生活,是当下文化遗产保护亟待解决的问题。"[3]民居是村民长时间生活的场所,充满历史厚重感的传统民居也是人类的遗产。对于这种遗产的保护、改造和再利用,因其本身参与居住其中的人的生活,而和

一些公共纪念性建筑有所不同,这种建筑文化遗产的保护必须考虑在其空间中生活的人,必须和当下的现代生活相联系、相适应。

对于构建民居内空间审美价值导向,现代生活是一个不可回避的重要因素,在此基础上,可以派生室内空间,产生各种以生活功能为基础的形态,进而进一步追求愉悦身心,让人赏心悦目的精神文化诉求。在这种体系的架构中,生活成了形态的基础。我们可以以此进一步解释、列举时下乡村文化语境下乡土民居的很多反面案例。诸如,江南格调的乡村民居,如果出现在西北黄土高原,对于当地人在情感和记忆上是一种错位。传承发展农村优秀传统文化,须立足乡村文明,吸取城市文明及外来文化优秀成果,在保护传承的基础上,创造性转化、创新性发展,不断赋予时代内涵、丰富表现形式。现代生活的民居美学导向应符合地域,符合当地人的生产生活。这样的民居才是有温度、有情感、有生活情趣的。千城一面的民居和多样的生活形态是矛盾的,规划中切忌一刀切,而是要充分尊重民居主人的生活需求,以此来派生出民居内空间的形态。

(三)构建以民居建筑为载体、以人为主体的审美价值体系

美国约翰·派尔曾提到,关注人的需要,关注环境的建造因素与它们服务的人之间的良好关系,已成为发展中的问题,全球设计的构想——为适应所有人的需求而设计,正变得越来越重要。富有社会责任感的设计将一如既往地为人类文明建立美好环境,并对将来生活的性质产生影响[4]。人的需求就是构建以人为主体的审美价值体系的最基本出发点,这里提到的需求有对室内空间设计中功能性的需求,也包含以民居建筑和室内空间为载体,从建造者、使用者角度,服务人的生活、复活传统的记忆等需求。民居为建立美好环境服务,对提升生活品质和实践生活产生影响。

民居内空间环境是一个变化发展的动态过程,人的审美认知不是一成不变的,建立与之相适应的审美价值体系有其客观的必然性。内空间的功能性、人为活动的适应性、居者的主体性,这三者不是对立的关系。避免政府过度干预和统一规划而破坏乡村文化生态,遵循多元的生态观,以人的参与和生活为衍生室内空间形态的基础,坚持提高人的审美素养,依托高校科研机构,进行统筹的规划,逐步推动与地域和生活相适应的美学体系的建立。民居,作为一个极具生活气息的场域,汇聚着民间最朴素的耕作观念、伦理民俗,包括内空间的构成、物件、规制,其背后涵盖了某些文化隐喻,乃至一种情怀。

四、结语

乡村美学的建构和塑造,作为乡村文化振兴的重要部分,是一个全方位的整体的系统性工程,离不开民居建造主体和使用主体,人是初衷也是最终目的。对于建造主体和使用主体的关注,是两者审美价值大趋向和大认同上的同构同步。在其建构中不能只注重民居的设计和营造,而忽视人的存在。应立于传统,培养一批有担当、有修养、有内涵的新时代乡村建

设者,逐步普及、提升使用者的乡村审美素养,让乡土情怀的回归最终下沉在民间,在自在和自发的状态下焕发生机。

参考文献

［1］李梅.当代乡土审美语境中的农村环境艺术设计仿真分析[J].北京印刷学院学报,2019,27(8): 31-33.

［2］特雷弗·约克.工艺美术建筑艺术[M].潘艳梅,译.武汉:华中科技大学出版社,2018.

［3］传承·融合·新生|单霁翔教授西北大学讲座实录[EB/OL].(2020-11-04)[2020-12-15].https:// mp.weixin.qq.com/s?__biz = MjM5NTE3NDYzOA = = &mid = 2857389279&idx = 1&sn = 14327bdc 38f1f2439551068ed1da6a20&chksm = 89586d5ebe2fe44805e506aa571bdc0865097ae01c644af8e366ab 8f8c26ed7c1d0dbae5793e&mpshare = 1&scene = 23&srcid = 1104MfnC4H11ZKybxrO4HPcy&sharer_ sharetime = 1604539255155&sharer_shareid = 2281e566c91779e08433b6502bf400f1#rd.

［4］约翰·派尔.世界室内设计史[M].刘先觉,陈宇琳,译.北京:中国建筑工业出版社,2007.

(赵彦军,男,华中科技大学建筑与城市规划学院在读博士研究生,主要从事室内设计及其理论研究。冷先平,华中科技大学建筑与城市规划学院,博士生导师。)

地方创生思路下水车之乡生态设计构想

周　丰　姜鑫玉　许莉钧

摘要：本研究基于地方创生思路，提出了追寻乡愁"原风景"的水车之乡设计的构想。以安徽黄山市休宁县源芳村及安徽青阳县洞泉村为考察原型，围绕水车建设展开养老福祉等一系列服务于地域创生设计的讨论。希望构建一个能引起今天人们内心共鸣的惬意舒适的原风景地方创生的模板，为留守的乡村注入文化情愫与活力。

关键词：地方创生；水车之乡；生态设计；乡愁

今天，世界各国政府均重视乡村生态及文化的保护。传统的风水车、郁金香成了今天荷兰的国家名片；欧洲乡村水车很多，其中比利时的乡村至今还有几千座水车磨坊被当地人们所利用；美国华盛顿庄园的水车是重要的观光景点；遍布日本乡村的各式各样的传统水车被人们所喜爱……优质的生态环境、得以保护的地域历史和人文，是今天世界各国乡村维护及发展建设上的主流设计思路。

然而，在21世纪的今天，当工业文明取得长足进步的同时，自然环境正遭受前所未有的破坏，人类社会需要实现可持续的发展。并且，由于大规模的过度开发所带来的物种灭绝、温室气体排放、污染横行、水资源枯竭等危机频频出现，世世代代赖以生存的田园牧歌般的风景正从我们的视野里迅速地消失，取而代之的是高大的钢筋混凝土建筑矗立于地平之上，人类社会面临着生态美的危机。

今天，世界各国政府均重视乡村生态及文化的保护。在我国的乡村景观改造和自然生态修复实验中，周武忠于2016年提出了"新乡村主义"的概念，即从城市和乡村的角度来谋划新农村建设、生态农业和乡村旅游业的发展，通过构建现代农业体系和打造现代乡村旅游产品来实现农村生态效益、经济效益和社会效益的和谐统一。此外，获得普利兹克建筑奖的王澍先生在浙江富阳文村打造了14幢民居，用灰、黄、白的三色基调，采用夯土墙、抹泥墙、杭灰石墙、斩假石的外立面设计，呈现美丽的宜居乡村，这是以乡村的生态建筑设计体现地域人文风情的案例。在欧洲，继意大利发起的慢食文化（slow food）之后，慢城运动（citta slow）也逐渐兴起。近代工业革命的起源地——英国，也在推进乡村慢节奏生活。在英国的乡村,能触摸到历史和传统文化,体会到随意闲适的生活,感受到人和自然的亲近融合。

总之,保护优质的生态环境、地域历史和人文,是今天世界各国乡村维护及发展建设上的主流设计思路。

一、呼唤乡愁的时代

然而,在中国急速的城镇化建设进程中,出现了环境污染、儿童留守、方言危机等诸多乡村问题。[1]这种变化既有城镇化的必然性,也有过去对古村落价值缺乏认识的原因。学者冯骥才调研后指出,近十年来中国有将近90万个村落消失,平均每天消失200多个村落。[2]"它们悄悄地逝去,没有挽歌、没有诔文、没有祭礼,甚至没有告别和送别,有的只是在它们的废墟上新建文明的奠基、落成仪式和伴随的欢呼。"[3]

乡土艺术研究者潘鲁生指出,乡村文明是中华民族文明史的主体。乡村文化的传承,影响着文化载体的续存乃至中华民族精神家园的回归与守护。乡村也是历史记忆、文化认同、情感归属的重要载体,蕴藏着丰富的文化资源[4]。人们呼唤乡愁,回忆起童年时的乡愁,是你在水的这头,你的玩伴在水的另一头;乡愁又是一架架悠悠的水车,记忆的翅膀带着父辈们穿越回童年的时光。在父辈的记忆中,安置在乡村的一架架中华传统水车是手艺人的智慧与自然的对话,是美丽的乡村歌吟,是难以再现的精湛与灵动……更是始于看得见摸得着,却又仿佛无影无踪的如梦般的乡愁。

中华传统水车中所蕴含的经验知识与智慧,是先民们几千年来屡遭灾难而生存下来的依据。然而,伴随现代工业化的发展,人们千百年来在固定的地域、社会、生态的环境下形成的传统知识和技能正在迅速丧失,许多技能及详细的运用方法,在博物馆或古文献中才能见到。清华大学教授柳冠中在2004年以"器以象制,象以圜生——明末中国传统升水器械设计思想研究"为主题,研究了水力机械原理并进行哲学探讨;南京艺术学院承担"中国传统造物智慧启迪现代产品创新设计"项目,运用传统智慧进行现代产品的创新。水车之乡需要从工业设计的角度出发,从工艺、材料、清洁能源、人机以及用户的角度去进行产品的优化和创新。

世界的发展越发依赖现代科技文明所带来的便利,例如,以使用电力、石油为能源的现代农田水利机械对于化石能源有绝对的依赖;横行于食品领域的转基因,暴露了人们为摆脱困境所采用的单一的解决问题的途径和方法。任何单一的解决问题的途径和方法,都会在未来的某个时间点存在不可预知的风险,拥有多元化的解决方案才是人类应对未来所应有的方法。因此,对包括中华水车在内的传统知识技能的挖掘、保护、保存和再创造,会丰富人类多重解决问题的途径和方法。

长期以来,中国设计史崇尚华丽的设计,所讨论的对象以考古挖掘的古代王侯将相墓葬的陪葬品或精美的宫廷器具为主,忽视了素朴的民具——中华传统水车,也即忽视了与农村田园风景融合的儒释道的生态设计美学。作为中华民族传统的生活美学,不仅有着农民们在夕阳下收割庄稼的美,傣族姑娘打糍粑的曼妙,还有一类充满设计的智慧、灵巧、飘逸之美,传统的中华水车之美就是这种美的类型——形制/设计及生态美。中华传统水车从制作到运行,是那时乡村里不可或缺的组成部分,更是一道风景,是心中无法抹去的一段回忆,也是中华民族历史上劳动创造美丽的华彩乐章。

乡愁不仅是中国社会学研究的范畴,也是政策研究、设计艺术学等多学科融合领域所关注的焦点及热点课题。中国城镇化步伐的持续,使广大乡村年轻人外出务工,老年人和孩子们留守乡村。空寂的山村失去了原有的文化和活力,探索中国乡村的地方创生(placemaking)之路迫在眉睫。以地域资源活性化的视角及"地方创生"的思路,针对南方山村提出的"水车之乡"生态设计构想及其完善,有望带动我国部分山村的文化复兴与健康发展。

二、地方创生的思路与山村调研

(一)地方创生的必要性

地方创生(placemaking)原本是日本政府为应对(东京)一极化发展而制定的国家长期战略。今天,在我国的广大乡村,年轻人外出务工,老年人和孩子们留守,使得空寂的山村,失去了原有的文化和活力,这种情况与邻国的日本极为相似。

以北京、上海、深圳为中心形成了首都经济圈、长三角经济圈、珠三角经济圈。三大经济圈分别以三个特大城市为首对全国的人才、资本、社会资源形成吸附效应。随着中国城镇化步伐的持续,传统田园牧歌式乡村呈现衰败凋敝乃至消失。因此,有必要探索中国乡村的地方创生之路。

(二)山村调研

围绕"地方创生的生态设计构想"及"水车之乡"建设的可行性,笔者对地处皖南山区的源芳乡、涧泉村进行了多次走访和考察(2006—2018)。作为传统的山村聚落,地处皖南山区的源芳乡、涧泉村是沿山谷地形形成的自然聚落,环境优美,水资源丰富,历史上由于利用水碓碓米、水磨磨面,因此对传统水车颇为依赖。据老一辈人回忆,过去这些山村聚落都是典型的水车之乡。但现在由于缺乏地方创生的途径,乡民的经济收入很低,老年人和孩子留守、青壮年外出打工的"空村化"现象严重,导致房子宅院长期闲置,因无人整理而蔓茎荒草丛生。

考察1:源芳乡地处休宁县的东南,全乡绝大部分是郁郁葱葱的林地,境内有源芳大峡谷的漂流景区,茂林修竹,环境优美。农作物有茶叶、竹笋、箬叶、贡菊等。由于没有地方创生的途径,10年前的源芳乡经济十分贫困,乡民的经济收入很低,仅有村头几家小卖部。近些年,随着村里的年轻人纷纷外出务工及源芳峡谷漂流的开发,乡村经济发生了显著变化。本乡外出务工的子弟积累了一些收入之后大多回乡建屋,房屋建筑样式多为现代平顶洋楼,缺乏徽派建筑特色和文化气息。源芳村是自然聚落，由于植被繁茂，水资源丰富，小河沟渠的落差明显，因此可以发展生态智慧水车，也可作为开发生态旅游的理想场所。

考察2：安徽省池州市青阳县杨田镇涧泉村，坐落在杨田水库的尽头。该村由水库边的狭窄山路进去，交通闭塞，不为外界所熟知。涧泉村有良好的自然风景（见图1），水资源丰富。经年长的乡民口述，历史上的涧泉村是水车之乡，村民们在日常生活中更是对传统水利机械极为依赖。今天，该乡的

图1 水车遗址调研

年轻人对本村过去使用水车的历史已闻所未闻。涧泉村的夜晚非常宁静，一年中只有春节期间才开路灯。

像类似源芳乡、涧泉村这样的全国许许多多美丽的山村，其本身原有的乡村文化逐步消失，可以引入"地方创生"的生态设计构想，进行"水车之乡"的改造，将有益于乡村文化的重建与健康发展。

（三）地方创生的案例

对于乡村"地方创生"，中外都有很好的案例可以借鉴和参考。例如：著名的日本德岛县的上胜町"装饰树叶"产业，给全日本料理店提供80%的用于拼盘装饰的树叶，不仅给地方带来了巨大的经济收益，还建设了美丽的山村；中国台湾池上稻作之乡通过每年举办艺术节，让年轻人在稻海之间舞蹈，游客可以感受自然之美和秋收的喜悦，推动"地方创生"；2017年的"当艺术邂逅乡村"是淄博桃花岛探索中国乡村复兴、推动"地方创生"的新模式，是"用现代艺术实现地方创生"的探索。

（四）水车之乡地方创生的构想

"水车之乡"生态设计的构想是希望能让旅行者寻找到带乡愁的、感觉惬意舒适的乡村原风景模板，以地方创生与现代乡村景观设计融合，体现出自然（生态）、文化（形态）、人情化（情态）的合理管理与营造精神，构建出传统与现代乡村相承接的衍生机制。汉斯·萨克塞（Hans Sachsse）曾指出："自然生态美即自然美，是由众多的生命与其生存环境所表现出来的协同关系与和谐形式。""人工自然美是人类在完全遵循生态规律和美的创造法则的前提下，借助于技术和工艺手段，加工和改造自然，从而产生的原生自然生态美。"推动地方创生的生态设计"水车之乡"，应具有与自然环境融合的"自然生态美"中"人工自然美"的特质。本文所提出的"水车之乡"生态设计构想与贵州省黔东南苗族侗族自治州施秉县城"水车小镇"的单一旅游文化节目是有所区别的，通过以下内容进行说明。

三、"水车之乡"的5种生态设计提案

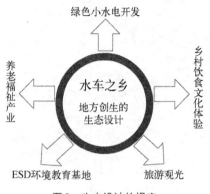

图2 生态设计的提案

（图中文字：绿色小水电开发；乡村饮食文化体验；养老福祉产业；水车之乡 地方创生的生态设计；ESD环境教育基地；旅游观光）

"地方创生"需建构与培育人和所在环境的相互关系，广泛且专注地经营地方品质，打造地方的共享价值、社区能力和跨领域合作，这是提升地域与活力社区韧性的基础。基于调研与论证，如源芳乡、涧泉村这样的山村可以根据地势的落差和当地丰富的水资源，建设"乡愁的原风景"的水车小屋等系列水车文化。"地方创生"理念的"水车之乡"生态设计可从以下5个提案入手提出地方创生的生态设计的具体内容，这5个提案可以互相补足（见图2）。

提案1：乡村生态智慧水车的开发

水车之乡的生态设计并非是为了简单地怀旧或复古，也并非认为古老的东西皆有价值；在传统文化、知识或技能中，只有那些具有能够向未来延展的某种特质的传统，才配得上真正"传统"的名号。智慧水车的开发，与互联网+、绿色发展相适应，利用当地丰富的水资源将电力提供给乡村用户。从类型上说，低落差水车、未来型现代水车等都能丰富乡村生活和文化。

在各地景观设计中也有不少水车的景观设计，然而，所有的这些水车景观，往往是做个并无实际用处的水轮，而生态智慧水车的开发可以同时兼顾景观与电力的供应。在日本京都府京丹波町地区，冬季积雪压倒树木，导致停电时常发生，当地利用丰富的水资源和传统的水车进行发电以解决乡村居民的用电问题[5]。

2012年中华人民共和国水利部提出"绿色水电"的口号。2017年5月5日，由水利部水电局主持、国际小水电中心主编的《绿色小水电评价标准》发布，并于2017年8月5日正式实施。该标准诠释了绿色小水电的内涵，明确规定了绿色小水电评价的基本条件、评价内容和评价方法。其中景观应采用"景观协调性"和"景观恢复度"指标进行评价，整体布局、外观、色调等与周围环境的协调情况是景观协调性评价的标准[6]。木质水轮外观的绿色小水电有着景观协调性的优势。

在水车景观建设的同时，加入发电机和发电机控制装置等，可以作为乡村的生态智慧水车，将电力供给周边用户或为附近浴室提供热水。

提案2：水车小屋与乡村食文化体验

中华传统水车的设计、制作与运行，承载着我们祖辈对自然的感应共鸣和透彻理解，体现了人与自然的和谐相处。中华传统文化的根脉在乡村，故乡山水，对乡音乡情的记忆，总是能够触动人们的心弦，唤起人们的乡愁。传统的水车小屋不能仅仅做个摆设，可以与当地的食文化有机结合，发挥出意想不到的作用[7]。

今天，在水车房中建设水碓这样的设备已不现实了，但可以采用水轮磨米、磨面、筛谷子

等劳作。水车的水轮外观采用木质结构,车轴则可以采用现代防腐的金属轴承以增加润滑效果。水车小屋内部可采用皮带传动的方式,与磨面机相结合进行磨面制粉或磨豆浆。同时,可以配合当地的食材,如干笋、蕨菜、葛根、菜籽油、石鸡等,让水车小屋为餐饮店提供当地独有的传统的绿色食品,如玉米粿,豆制品,荞麦面等,还可以让游客参与食材制作的体验活动,在劳作体验中找寻乡愁。

弯弯曲曲的小沟渠,是设置洗芋水车的场所。村民可以利用山间狭小低洼的田地种植芋头,通过洗芋水车刮去芋头外皮(见图3[8])。

图3　洗芋水车

提案3:乡愁原风景的福祉养老产业

乡愁是一首歌,流淌在父辈们记忆的小河里。随着老龄化时代的到来,许多老年人并不习惯快节奏的城市生活,而是向往乡村的田园慢生活,晒晒太阳,做点轻微的劳动,在悠闲中打发时光。水车之乡的一架架水车,可以吸引城市的老年人,唤起他们内心深深的乡愁。

由于国家有不能拍卖乡村土地的相关政策规定,因此,不能进行以发展养老福祉产业为目的的房地产开发,但可以采用租赁的方式与当地农民签订契约。由于山村许多农户家的房子长期闲置,可以采用全部租赁或部分租赁的方式,为城市居民提供养老服务。在我国南方一些地区已有企业家对具体的操作方法展开探索。

提案4:ESD环境教育基地

可持续发展教育(education of sustainable development,ESD)源于20世纪80年代的可持续发展运动。环境教育(environmental education)是以人类与环境的关系为核心,以解决环境问题和实现可持续发展为目的,以提高人们的环境意识和有效参与能力、普及环境保护知识与技能、培养环境保护人才为任务,以教育为手段而展开的一种社会实践活动过程。与水车文化相关的ESD环境教育的开展,对于培养孩子们爱护青山绿水,加深对生态水利、环保等理念的理解具有得天独厚的优势。

今天,联合国所倡导的环境ESD教育在各国纷纷开展,各国根据自身的历史与国情在校园组织学生进行各种增强环保意识的创新实践。例如:西日本工业大学学生利用河川场所进行传统水利机械"洗芋水车"的制作(见图4[9])。中华民族拥有悠久的传

图4　日本学生"洗芋水车"制作

统水利机械的使用历史和文化,因此,在我国校园开展传统与现代相结合的水车、水磨、水碓等工具的设计与制作,对于提升学生的生态观念及环保意识,理解和学习水利机械的原理大有裨益。笔者曾在河海大学开展了以"筒车制作"为题的ESD环境教育的试行项目(见图5)。

图5 制作的筒车外观

ESD环境教育同时培养孩子们的生态审美能力。庄子云:"天地有大美而不言",自然之美需要在有意识的引导下感悟,而这种感悟又来自孩子们对自然的正确认识和热爱。生态审美建立在"真"(客观规律)与"善"(符合生态道德)的基础之上,是对生态美的一种价值认识。

通过ESD环境教育培养孩子们以感恩之心与自然对话,通过水车的制作去思考人与地域环境、人与大地的联系,以及对传统技术与自然素材的有效利用,在内心埋下一颗爱护环境、保护生态的种子,这也是"水车之乡"构想中ESD环境教育基地的意义所在。

提案5:旅游观光中的地方创生价值发挥

在20世纪50年代之前,中华民族独有的八椟立式风车,从苏北到塘沽都是"九九那个艳阳天"歌谣中的一道风景线,是祖辈们的乡愁记忆,现如今随着传统工艺和匠人的消失也随之消失。福建南靖的"长教村"原本是个默默无名的村落。在2005年底,一部根据《寻找》台胞乡愁的剧本改编的电影《云水谣》在此取景拍摄,当年拍摄《云水谣》时建造的水车,成为今天人们寻找乡愁的旅游景点。2013年底,广西马山县古零镇乔老村决定将小都白综合示范村打造成集休闲度假、美食、观光旅游于一体的"水车之乡"新型农村。这些操作对于弘扬中华水车文化有积极的意义,但仅仅是以加入水车外观元素为特色的单一的旅游模板,并没有与水车的实用性等多方面结合进行生态创新设计。

前面介绍的源芳乡、涧泉村这样的山村,平地面积狭小,大规模游客的涌入会打破山村的宁静。合理的维持少数的游客,对山村的旅游观光有正面的促进作用。未来将是个小受众的时代,水车之乡是意气相投的驴友们选择的好去处。

水车之乡的打造,可以结合当地的旅游资源,如涧水山泉、瀑布、漂流等进行整体规划。春季可以欣赏到美丽的油菜花;夏季可以推出洗芋水车、萤火虫、漂流等项目;秋季可以欣赏红叶等秋景及举办烧烤、钓鱼等活动;冬季可以欣赏山村雪景。对游客而言,一架架水车就是他们乡愁的情感寄托,传唱着祖先的祝福,保佑漂泊的孩子找到回家的路。有关水车的每一幅图画、每一段讲述,就像一幕幕歌剧的宣叙调和咏叹调,用美丽的形式展现在你的眼前。

同时,完善山村的散步道、路灯等基础设施的建设,结合水车小屋的人文景观改造民宿,可以为驴友、钓鱼者、画家等提供温馨舒适的休憩场所。

四、以"社区"为基础的乡村治理

由于"地方创生"是通过当地人们的共同合作,重新创造的公共空间。因此,"地方创生"的过程必须以"社区"为基础,基于最大化共同价值来合作。当地乡政府在推进"地方创生"过程中扮演着提供各类政策咨询及各项支援的角色。乡村居民能够在行政部门的支援(并非管制)下,根据乡村实情自主实施居民自治,从而实现乡村文化振兴及存续。"水车之乡"的构想包含了"支援型政府行政+自律型居民自治"的乡村治理模式,以此推动地方创生。

未来"水车之乡"的地方创生成功的关键在于:有优质的乡民共享经营价值、共创优质的人文环境。2014年中共中央一号文件提出:"创新乡贤文化,弘扬善行义举,以乡情乡愁为纽带吸引和凝聚各方人士支持家乡建设,传承乡村文明。"作为优质的乡民,未来"乡贤"等社会精英在乡村治理中扮演着不可或缺的角色;"水车之乡"的地方创生需吸引部分外出务工子弟归乡,进行福祉设施改造、维护山林、建设山间散步林道、实行垃圾的严格分类处理等各项细节工作;同时,培养优质的工程技术人员负责水车及相关设备的定期维护和修理。

五、留住乡愁的原风景

地方创生的生态设计的奥秘是把人们内心追求的真、善、美以某种方式体现出来。设置于风景中的水车应与当地景观相协调,并重视细节制作。然而,笔者查阅了全国各地有关水车的景观设计后发现,各地水轮的设计形式较为单一,水车小屋的建设缺乏生态美感,许多水车是仅作为摆设的庸俗设计。

图6　乡愁原风景中的水车

中华民族虽然有丰富的水车文化，但就水车人类学方面的研究积淀颇少。笔者参阅了日本学者前田清志的《日本の水車と文化》，书中记载了可以找到的56种水轮样式。建设我国的生态水车文化，需要挖掘历史上丰富的水车形制的内容，兼顾生态美学进行改良设计（见图6）。

"水车之乡"的生态设计，包含了"乡愁"的人文情愫，有着"良田美池桑竹之属，阡陌交通，鸡犬相闻"的世外桃源般的意境，具有人与自然和谐相处的慢时光特色，赋予人治愈心灵的人工自然美环境。

儿时记忆中的故乡，有小溪流水，还有一架架悠悠的水车……倘若，你试图回去寻找时，却发现徒有乡愁，乡村已难觅踪影，此时就会有种巨大的惆怅包围着你。因此，水车之乡的原风景的生态设计，就是为了不让乡愁褪色为在地图上不复存在，只在梦中存在的地名，而是让乡愁的诗歌继续吟唱。

六、结论

本文提出的地方创生思路下水车之乡生态设计的构想是基于对地域及中外文献的调研后所做的深入思考。中华民族有悠久的水车文化，也有强烈的呼唤乡愁的民意心理基础，在提倡可持续发展的今天，中华传统的水车还有其重要的生态价值。以源芳村、涧泉村为原型，提出"发展水车之乡"的地方创生构想，为振兴乡村文化、促进地域经济的健康运转提供了借鉴。相信在今后，独具匠心的"水车之乡"建设必定能推动地方创生事业的发展。

参考文献

［1］何坤翁.聚焦大变局中的中国乡村（一）[J].武汉大学学报（人文科学版），2016（2）：5.

［2］陈曦.与冯骥才对话：古村保护不能只为"旅游"[N].人民日报（海外版），2014-04-01（8）.

［3］李培林.村落的终结[M].北京：商务印书馆，2004.

［4］潘鲁生.乡土文化根不能断[N].人民日报，2017-12-10（10）.

［5］辻大地，竹尾敬三：《日本古来の水車による発電と地域活性化》，《技術リポート》，2009（10）。

［6］水利部水电局主持、国际小水电中心主编：《绿色小水电评价标准》，2017-05-05。

［7］小坂可信：《地域の食生活を支えた水車の技術一野川を中心に》，とうきょう環境浄化財団，2009。

［8］東京理科大学・小布施町まちづくり研究所：《芋洗い水車で知る水路の魅力》，次世代ワークショップ，2011。

[9] 野瀬秀拓、池森寬:《水車大工のESDものづくり授業を振り返って—昔の技術と生活に学ぶ『芋洗い水車づくり』》,日本機械学会,2014。

基金项目: 本文系2019年国家社科基金冷门"绝学"和国别史等研究专项"消失的碓匠技艺及中华水车文化的保存"(项目号: 19VJX160); 2020教育部新农科项目"走进乡村的生态设计教育与实践"的阶段性成果。

(周丰,东华大学副教授;姜鑫玉,东华大学讲师。许莉钧,南京工程学院艺术与设计学院副教授。)

乡村振兴视域下乡村博物馆面临的问题及设计策略分析

朱小军　王瑢瑢

摘要：随着乡村振兴政策的引导，乡村地区博物馆建设逐渐兴盛。通过梳理乡村博物馆的发展脉络，归纳出乡村博物馆的概念范畴，分析现有乡村博物馆设计的代表性案例，总结出其在形式、内容、展示方式及发展定位等方面的特点和存在的问题，有针对性地指出改进建议与措施，以期对相关设计提供借鉴与参考。

关键词：乡村振兴；乡村博物馆；设计

"中华文明植根于农耕文化，乡村是中华文明的基本载体。"21世纪以来，党和国家越来越重视对乡村文化的保护和传承，提出了多个有利于乡村建设发展的政策。2017年10月18日，在党的十九大报告中提出了乡村振兴战略，乡村振兴是包括产业振兴、人才振兴、文化振兴、生态振兴、组织振兴的全面振兴，2018年中共中央一号文件又着重强调了实施乡村振兴战略必须振兴乡村文化，加强乡土文明建设。2020年中共中央一号文件指出，要深入挖掘传统文化遗产，保护好传统村落，推进乡村公共文化服务。多个政策文件指出，文化振兴是乡村振兴的灵魂，实施乡村振兴战略，必须振兴乡村文化，推进乡村文化繁荣昌盛，激发农村发展的内在动力和活力，文化振兴对乡村振兴起到了重要的作用，文化振兴能够促进乡村经济发展，改善乡村社会治理，增强乡村人才吸引力。

我国作为传统的农业大国，农村和农业是其中一大组成部分，基于农业衍生的文明和遗产也具有极其重要的分量。随着新中国的成立，改革开放和城市化进程的推进，乡村风貌焕然一新。但是随着科技的发展和现代化的推进，乡村传统的生产方式逐渐被现代科技代替，传统的农耕方式逐渐消失。随着城镇化的加快，大量农村人口选择进城务工，乡村空心化现象越来越严重，现代化的农村普遍应用模式化的乡村空间格局也使得许多乡村文物古迹、民风民俗、乡土建筑逐渐被破坏甚至消亡。随着旅游业的发展，乡村之间在建筑设计上相互抄袭，导致千篇一律，失去了原本的地域特色与文化。因此，乡村文化的重塑与构建就显得尤为重要,乡村博物馆作为乡村文化的重要组成部分,成为实现乡村文化振兴的重要途径。

乡村博物馆作为最基层的文化活动建筑以及村庄重要的公共空间,是村民活动的载体,也是乡村文化振兴的载体。乡村博物馆能够直观地反映乡村的地域特色和文化特色,能够增强村民的文化自信。同时乡村博物馆也作为一个对外展示的窗口,使外来游客可以更清晰地了解当地文化,起到很好的宣传作用。乡村博物馆同时也作为乡村重要的活动空间,能够为村民提供休闲娱乐的场所,可以改善村民的生活质量,提升乡村活力。

一、乡村博物馆的概念辨析

乡村博物馆的概念一直没有明确的界定,其含义随着具体环境的不同而有所变化,本文根据现有关于乡村博物馆的文献来对乡村博物馆进行解读。

关于乡村博物馆概念的解读包括几下几点:刘凤桂在《关于创建乡村博物馆的思考》中认为乡村博物馆是一个新的博物馆学概念,是将农耕文化、生态文化、习俗文化融为一体的新的博物馆模式。徐欣云在《乡村博物馆的界定和社会价值研究》中认为,乡村博物馆是由社区居民自主来做而不是由专业管理者建立和管理的博物馆。薛云勇在《浅议乡村记忆博物馆的建设》中认为,乡村记忆博物馆是保护物质和非物质文化遗产、弘扬中华优秀传统文化的重要平台,是见证乡村历史的活化石。

通过对已有文献的梳理与总结,乡村博物馆的概念可以从广义和狭义两个角度来加以理解。广义上的乡村博物馆即是从地理上来区分的,存在于乡村的一切类型的博物馆或展览展示馆,其中包括历史博物馆、专题博物馆、生态博物馆、各类纪念馆等,主要展示的内容是乡村历史上存在过的一切习俗、传统技艺以及事件或者乡土人物故事、传说等。

狭义上的乡村博物馆即是与乡村生活有关的,主要展示的是乡村的农业、村庄、本土文化以及新中国成立后的乡村社会变迁等。从地理角度来看,它主要分布在农村地区;从展览的内容来看,展品主要涉及乡村的衣、食、住、行、生产生活工具以及民风民俗等,主要展示的是一些随着社会的发展逐渐淡出人们视野的物件或习俗,以此来留住乡村记忆;从辐射范围来看,主要是影响以该乡村博物馆为中心的周边乡村地区,范围非常有限;从管理的角度来看,主要是基于村民的独立管理,辅以政府支持和专门的管理人员,调动村民的自主参与意识;从开放程度来看,是免费面向全体民众的,但主要的参观主体是当地村民。

狭义上的乡村博物馆更能够充分展现出乡村本土传统文化的特色和吸引力,能够起到传承乡村文化的作用,推动乡村文化振兴,因此本文主要是探讨狭义上的乡村博物馆。

二、乡村博物馆在中国的发展历程

中国博物馆的发展是随着中国特色社会主义的发展而不断进步的过程,主要经历了三个发展阶段，20世纪30年代是我国博物馆的第一个发展阶段，这时期的博物馆建设主要是向西方学习。1949年之后，我国博物馆的建设迎来了第二个发展阶段，这时期的博物馆建设主要是向苏联学习。1978年中共十一届三中全会召开后，中国进入改革开放的新时期。在改革开放的背景下，中国博物馆进入了第三个发展阶段。这时期中国开始将注意力转向了对自身特色的研究，开辟建设中国特色博物馆的道路。

乡村博物馆作为博物馆的分支，其发展历程随着我国博物馆建设的发展而变化。在新中国成立前，我国的博物馆建设还未关注到乡村领域。新中国成立后，我国的乡村博物馆发展经历了起步、调整和发展三个阶段（见图1），现在迎来了乡村博物馆发展的黄金时期。

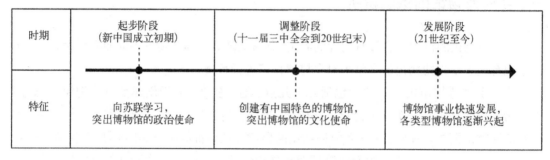

图1　乡村博物馆发展的主要阶段

（一）乡村博物馆建设的起步阶段

1. 乡村博物馆建设的起步

1949年后，向苏联学习博物馆建设成为我国的一项国策，这个时期博物馆建设的主要特点是突出其政治使命。

1958年，文物局通过的《文物博物馆事业五年发展纲要》中要求各地大办展览和博物馆，实现县县有博物馆，社社办展览馆的目标。在这个背景下，截至1958年9月，全国共有937座博物馆（原有72座），其中县级博物馆有856座，各社展览室85 068余间。乡村博物馆高速发展的状态持续了一年多，1960年农村兴办博物馆的浪潮逐渐减弱并消退。

2. 乡村博物馆建设的低谷期

"文化大革命"时期是乡村博物馆建设发展的低谷期，博物馆的建设出现停滞和破坏，博物馆作为意识形态领域成为"破四旧"的主要冲击对象，这时期的许多博物馆停止开放，有些被合并或撤销，我国博物馆的总数也在此影响下减至171座。

（二）乡村博物馆建设的调整阶段

1978年召开了党的十一届三中全会，恢复了实事求是的思想路线，我国进入了改革开放时期，博物馆事业取得了蓬勃发展，同时，国务院也颁布了一系列法规文件，使得博物馆建设有了法律依据。这个阶段的博物馆事业改变了之前的混乱局面，建设经验也逐渐丰富，开始创建具有中国特色的博物馆。

镇江茅山镇新四军纪念馆于1985年建成开放。1998年又在原有基础上进行了翻建,馆内展出的实物和图片共计三千余件,并采用了各种高科技手段(如声、光、电)来还原当年新四军英勇奋战的英雄场面,吸引众多游客前来参观游览。其对当今的乡村博物馆建设也有极大的参考价值。

（三）乡村博物馆建设的发展阶段

进入21世纪,博物馆迎来了新的发展高潮。这一时期,在新博物馆学的影响下,在新型城镇化建设、农村扶贫开发、乡村振兴战略等的促进下,伴随着现代公共文化服务事业的推进,乡村博物馆建设掀起了新的浪潮。21世纪为乡村博物馆的建设带来了很多有利条件,一是政府有组织的建设,二是企业和个人的加入,三是乡村博物馆与乡村旅游紧密相连,许多乡村景区建立了博物馆。

三、我国乡村博物馆的发展现状和存在的问题

（一）发展现状

我国乡村博物馆仍处在探索阶段,尚未建立系统化、理论化的发展体系。但是乡村博物馆的建设已经在全国付诸实践,也收获不少成功的案例。目前看来,我国的乡村博物馆存在着地区分布不均的问题,经济文化发展较好的地区乡村博物馆覆盖率较高,反之乡村博物馆的覆盖率较低,整体上呈现东多西少、北多南少的局面。相比之下,山东省的乡村博物馆的实践案例较多,2014年山东省开始实施乡村记忆工程,该工程的核心在于充分结合不同地区的传统文化资源建设乡村博物馆,在其公布的第一批"乡村记忆"工程名单中,乡村博物馆共计56个,为乡村博物馆的发展做出了正确的示范引导。2015年,山西省也启动了乡村记忆工程,通过保护和展示具有地域特色的文化生态,推动全省的特色旅游和文化建设。除了山东、山西外,其他各省份也有了不少实践案例,但相对较少。从整体上来看,21世纪为乡村博物馆的建设提供了很多有利条件,民众对乡村文化的重视程度也日渐提高,乡村博物馆的发展形势一片大好。

（二）案例分析

我国乡村博物馆的实践案例种类较多,从生态博物馆、民俗博物馆、社区中心型博物馆三大类中选取较有代表性的案例来进行分析,总结其可学习借鉴之处及其所存在的问题,为后续乡村博物馆的发展提供经验。

1. 安吉县的生态博物馆

浙江安吉生态博物馆建成于2012年10月,立足于安吉独特的地域文化,由一个中心馆、十二个专题博物馆、多个地域文化展示馆组成(见图2),形成了由村落到乡镇、由乡镇到整个县城的点线面式的辐射网络,以此来全面系统地展示安吉特有的文化遗产。中心馆主要

图2　安吉县生态博物馆

以展示安吉的辉煌历史以及民风民俗为主,十二专题馆和其他地域文化展示馆则分布在各个乡镇,以展示不同主题的乡村地域文化为主,展示形式千变万化,展示内容丰富多样。博物馆自开馆以来,也受到居民以及游客的热捧,起到了很好的文化展示和宣传的作用。

安吉生态博物馆先进的办馆模式引起了我国其他农村地区的广泛关注,有以下四个方面值得我们学习借鉴:一是其能够有机整合乡村的各类文化资源,如生态资源、历史资源、人文资源、产业资源等;二是当地居民和政府的积极参与和通力合作;三是"点、线、面"式构建博物馆群的创新理念;四是完善的制度与良性的运营模式。

2.齐河民俗博物馆

齐河民俗博物馆是山东省第一座县级民俗博物馆,是齐河县重点打造的以展现鲁西北地区农耕文化为主题,以保护和传承优秀民俗、建设人民群众精神家园为宗旨的博物馆(见图3)。从展示主题上来看,分为"春种、夏管、秋收、冬藏"四个篇章,有利于区分管理,更利于游客参观游览。但仍存在一些不足之处,在展示方式上,齐河民俗博物馆仍然以静态展示为主,没有结合当下科技,没有为观众提供更丰富的游览体验。

图3　齐河民俗博物馆

3. 西河粮油博物馆及村民活动中心

西河粮油博物馆是社区中心型博物馆，整个中心由一个微型博物馆、一个村民活动中心和一个餐厅组成（见图4）。在选址上，它是由废弃粮仓改造而成，能够极大地保留当地特色。在展品上，它主要展示传统的榨油手工艺并创立自己的品牌，保留原有特色。此外，它还被打造成一个公共空间，供村民日常交流活动。

图4　西河粮油博物馆及村民活动中心

这个项目有很多值得学习的经验，但仍存在一些不足。首先，西河村位于山区，交通不便。其次，西河粮油博物馆是一座微型博物馆，可容纳展品数量少。还有西河村是一个留守村庄，缺乏青壮年劳动力，在新兴科技的运用上较为落后。

在乡村文化振兴政策的引领下，乡村文化遗产的保护越来越受人们重视，越来越多的乡村博物馆建立，但是仍然有很多地方缺乏文化保护的意识，乡村博物馆发展存在着地区不均衡的问题，同时相当多的乡村博物馆存在着场地缺乏，经费困难，展示内容、形式单一，缺乏专业人员等问题。我们应当借鉴学习乡村博物馆案例的优秀之处，在建设乡村博物馆的时候取长补短，构建可持续发展的乡村博物馆。

（三）现存问题

进入21世纪，乡村博物馆的建设迎来了发展的高峰期，各个省市都开始了乡村博物馆的实践，其中以山东省最为活跃，山西省其次，其他省份发展相对较慢。当然这其中也不乏很多优秀的案例，其中较有代表性的案例包含西河粮油博物馆及村民活动中心、安吉山川乡村记忆博物馆、山东省的乡村记忆工程等。通过分析现有的乡村博物馆并总结其现存问题，

图5　乡村博物馆的问题组成分析图

主要有以下几个方面（见图5）：

1. 展馆形式单一，缺少特色

从目前乡村博物馆的建造案例来看，或利用乡村现成建筑整理修缮、装饰陈列便可开馆，或参考其他先进案例而不考虑自身因素进行模仿修建，由于对乡村地域文化的了解还不够深入，导致在乡村博物馆的设计上缺乏对于地域文化的符号提炼，因而未能简单明确地将地域文化进行分析并运用到乡村博物馆的建筑和室内空间设计中。在乡村博物馆内外空间设计风格上缺乏对于地域文化运用的有效指导，导致大多数乡村博物馆并未对地域文化进行梳理并选取代表性文化元素进行表达，而是胡乱拼凑、杂乱无章地贴放文化符号，使得空间的地域文化代表性不足，缺少特色和吸引力，不能起到很好的展示和传承作用。

2. 展示方式单一，互动性弱

当前多数乡村博物馆还是以传统的文字、图片、物品的展示方式为主，属于静态的、单向的展示方式。然而，随着科技的快速发展，人们的生活水平日益提高，乡村博物馆传统的陈列方式已经无法满足人们的多元诉求，人们对博物馆的追求已经从"物"转变到"人"，传统静态的展板、物品陈列的展示方式缺乏生动的表现力，不能满足人们的精神需求，当下图文结合、声画结合的多媒体已经成为信息传播主流，人们更加倾向于通过图像、虚拟互动等形式来获取信息。因此，乡村博物馆急需通过与新科技、新技术相结合，来满足不同群体的多样化需求。

3. 陈列主题单一，缺少吸引力

在展示内容上，乡村博物馆往往抄袭、借鉴其他经典案例的经验，未能结合当地特色，未能将乡村地域文化进行主题性的展示，未能起到很好的传承和发扬传统文化的作用。很多乡村博物馆的展陈内容和形式由于受到资金、办馆者和工作人员素质等多种因素的限制，仅仅是将主题和内容随意堆砌，没有对展品进行深入挖掘，导致其艺术性没有得到很好的展现。另外，观者的目的也比较单一，只是抱着了解知识、开阔眼界的目的来参观，没有深入探索其内在的美感，也没有带着思考和研究的目的去参观博物馆。

4. 发展定位狭窄，缺少多向的交流和合作

当下的多数乡村博物馆仍是作为传统的保存和展示乡村文化的空间，缺乏多向的交流与合作，这其中包括了馆与馆之间、馆与校之间、馆与社会相关组织之间、馆与当地居民之间交流合作。首先，馆与馆之间的交流合作，乡村博物馆不仅仅要重视与同级别乡村博物馆之间的交流合作，更要加强与更高级别的博物馆间的联系，吸取并学习其成功经验。其次，乡

村博物馆本质就是进行文化的宣传,那么更应该从学生抓起,通过与当地中小学建立合作,使乡村博物馆走进课堂,建立学生的博物馆意识。再者,乡村博物馆与社会组织之间的联系不足,使得外界对乡村博物馆的认识不够,不利于乡村博物馆的发展,也不利于乡村博物馆进行文化宣传和教育。最后,乡村居民是主人,而目前乡村博物馆与当地居民之间尚缺少联系,以致居民对于乡村博物馆缺乏了解,认同度低。

四、乡村振兴引导下的乡村博物馆设计策略

乡村博物馆是博物馆向民众的回归,是乡村文化重塑与构建的重要载体,对乡村振兴的发展具有深远的意义。近年来,乡村博物馆在国家政策的支持下取得了较好的发展,但是多数乡村博物馆未能尽如人意,仍处于摸索阶段,没有形成系统、完善的发展体系。

乡村博物馆当下存在的问题有以下四个方面:一是形式问题,乡村博物馆为了吸引游客,大拆大建,贪图速度,没有与地域文化相结合,没有针对性地设计好每一个博物馆的独有特色,导致千馆一面的现象。二是内容问题,许多乡村博物馆并没有表现出当地独特的文化,而只是复制其他地方的先进经验,进行本地化的建设,没有融合当地特色,失去了乡村博物馆建设的原始初衷。三是展示方式问题,乡村博物馆的展陈水平普遍较低,展示方式单调,主要以“物”为核心,多为静态、单向的展示,对于新科技、新技术在展览中的运用较少,未能结合当下时代发展,未能结合当地村庄特色,同时也难以适应人们的参观需求。四是发展定位问题,乡村博物馆依然停留在传统的物理展示空间,未能转变为文化传播的媒介,未能与地域振兴形成系统。

针对乡村博物馆的四个问题,特提出以下几方面的建议:

（一）场馆建筑与地域文化相结合

乡村博物馆的展馆建筑不能一味地抄袭其他典型案例的形式,导致缺乏地域特色,难以进行文化传承。乡村博物馆展馆应当与地域文化相结合,首先,选取当地材料进行设计,是最直接的与地域环境相结合的方法;其次,对地域元素进行符号化提取,并对其进行解构和再设计,将最具有代表性的地域符号严谨有序地呈现在乡村博物馆的空间设计中,这也是一种直观地展现地域文化的方法;最后,色彩也是传达地域文化的重要部分,通过色彩的搭配与当地环境相统一,也能够增强人们的文化认同感和归属感。通过充分挖掘地域文化特色,修建具有唯一性的特色乡村博物馆,来引发观众的兴趣。

（二）运用多种展示手段

新科技使博物馆的展陈方式受到了很大的冲击,乡村博物馆要适应新时代的发展,结合多媒体技术,改变原来传统单调的文字、图片、实物相结合的静态展示方式,加入全息影像、VR模拟技术等新科技,与观者形成互动,激发观者的兴趣。同时也要积极开展“互动式”的

展览。随着人们生活水平的提高，单一的以物为基础的展示方式已经无法满足人们的需求，乡村博物馆可以开展一些参与性的活动，将展览与活动结合起来，能够有效地吸引参观者参与其中，更有利于其深入了解有关知识。

（三）充分挖掘地方特色

乡村博物馆发展的必然趋势是建立特色突出的博物馆，乡村博物馆的设计要因地制宜，结合当地的实际情况及特点，深入挖掘地方特色，做到人无我有、人有我优。要注重发掘乡村特有的文化遗产或农耕文化、传统手工艺以及独特村史等，设立小型专题馆，对乡村的独特文化进行重点详细的介绍，使观者对当地的特色文化有充分的了解。比如陕西省洛川县民俗博物馆、河南省内乡县的县衙博物馆就是充分发挥地方特色的成功例子。它们都充分突出地方特色，展示独有的魅力，所以吸引了众多国内外游客前来观赏。

（四）加强交流和合作

乡村博物馆的发展不能闭门造车，要将"引进来"和"走出去"相结合，提升乡村博物馆的知名度。

（1）加强馆与馆之间的交流合作，首先乡村博物馆可以通过与自己同等级的博物馆进行相互交流比较，找到差异并建立具有地域特色的乡村博物馆。其次，乡村博物馆也要加强与大型博物馆之间的联系与合作，大馆可以为小馆带来很多便利，例如可以通过共同举办巡展来吸引观众等。

（2）加强馆与校之间的交流合作，乡村博物馆要走出去，通过举办巡展的方式走进中小学、走进课堂，让孩子从小感受地域文化的熏陶，学习乡村文化历史。另外，乡村博物馆也要加强与高校间的联系，与高校间形成合作，引进高校的专业人才来进行专场演讲等。

（3）加强与社会组织间的交流合作，乡村博物馆可以通过与社会志愿团体、文学社等团体合作，通过举办各类文学会议，将乡村博物馆打造成为文化教育基地，既起到了传承乡土文化的作用，也增强了乡村博物馆的影响力和知名度。

（4）加强与当地居民间的交流合作，乡村博物馆不仅仅是一个展示乡土文化的空间，更是乡村居民生活娱乐的场所，乡村博物馆应通过举办不同形式的活动，让村民真正地参与进来，在活动中加强村民的文化认同感和归属感，使乡村博物馆成为村民的活动广场和文化教育基地。

乡村博物馆不单单是一个博物馆，一个展示场所，更是一个文化传播的媒介，乡村博物馆作为乡村的文化交流中心，对乡村的形象展示以及乡村的文化宣传起到了至关重要的作用。随着观众需求的转变，乡村博物馆从单一的文化展示场所转变为综合活动阵地。

五、结语

2017年10月18日，党的十九大提出了中国特色社会主义进入了新时代。习近平指出：

"我们要坚持道路自信、理论自信、制度自信,最根本的还有一个文化自信。"乡村文化是中国传统文化的重要组成部分。在新时代背景下,乡村博物馆迎来了最好的发展时期,将会有更加灿烂的明天。许多优秀设计案例的出现,也为我们提供了很多建设经验。当然一些乡村博物馆仍然存在着许多问题,乡村博物馆应该正确地分析问题,有针对性地解决问题,充分利用乡村文化特色发展乡村博物馆,从根本上避免乡村博物馆的同质化发展,塑造成有自身特色、有文化内涵的乡村博物馆,促进乡村的全面振兴。

参考文献

[1] 鲁涛,承杰.乡村振兴中地域性文化的保护与传承[J].黑河学院学报,2019,10(4):72-74.
[2] 刘俊杰.河南省乡村博物馆研究[D].开封:河南大学,2019.
[3] 钱茜.试论区县级博物馆生存现状与发展方向[D].南京:南京师范大学,2016.
[4] 陈斌.中国民办博物馆发展现状和趋势分析[J].文化产业研究,2014(1):158-163.
[5] 季晨.苏南农村博物馆研究[D].南京:南京师范大学,2018.
[6] 张剑,刘爱丰.中小型博物馆未来发展趋势之我见[J].文物鉴定与鉴赏,2015(10):73-75.
[7] 贺传凯.乡村博物馆发展之我见[J].新西部(理论版),2015(21):117.
[8] 王丽丽.浅析乡村博物馆未来走向[J].中国民族博览,2018(4):222-223.

基金项目:本文系江苏高校哲学社会科学研究基金项目"基于地域文化振兴视野下的村落再生服务设计研究"阶段性成果(编号:2017SJB0940)。

(朱小军,博士,副教授,研究方向为环境设计与地域振兴。王瑢瑢,硕士,研究方向为环境艺术设计。)

附　录

乡村设计定山宣言

（2020年10月18日　江苏江阴朝阳山庄）

　　我们，出席第六届东方设计论坛"生活美学与乡村振兴设计"研讨会的代表，经过热烈讨论和理性思考，在位于江苏江阴定山东麓的新乡村主义策源地——朝阳山庄，就乡村振兴设计形成如下共识：

第一部分　问题与困境

　　第一条　乡村振兴实践伴生众问题。乡村振兴上升为国家战略恰好三周年，乡村建设取得了举世瞩目的伟大成就。也伴生诸如乡村主体退化、乡村建设缺少地域特色、以农业为主的乡村产业发展艰难等困境。我们应当务实思考乡村振兴面临的难题并寻求对策。

　　第二条　设计力量缺失导致新困境。设计是乡村振兴战略实施必不可少的一个环节，设计有助于明确乡村振兴战略实施路径。然而，在土地规划已经成熟的前提条件下，乡村设计力量缺失导致战略实践重"建"而轻"设"，千村一面等问题就此产生。

　　第三条　乡村振兴设计行业缺规章。如今设计学科尚未形成体系化的乡村设计理论，乡村设计行业缺乏领域内行业协会，未能制定相应的法律法规和标准体系。乡村设计教育体系也亟待建设，现有设计系统培养的多为适合于城市环境的设计师，从而缺乏专注乡村的设计师。

第二部分　责任与担当

　　第四条　时代需要懂乡村的设计师。乡村振兴大潮催生巨大无比的乡建市场。设计是规范高效推进乡村振兴建设的有力武器。面对几近空白的乡村设计师现状，作为面向乡村振兴服务的专业工作者，培养懂乡村的执业设计师，我们责无旁贷。

　　第五条　乡村设计须尊重乡村地格。乡村设计应当基于当地的文脉与地格，而非简单地复制城市设计。其文脉来源于鲜活的乡村生活，其地格扎根于传统的乡村环境。只有对乡村充满热爱的设计师，才能以乡村发展的视角进行设计。

　　第六条　加速培养合格的乡村设计师。城市设计与乡村设计有着不同的方法论、不同的目的、不同的实现路径。在实践中,设计师常把城市规划设计的思维生硬地用于乡村设计。要更好地发展乡村设计,唯有建立科学的乡村设计教育体系,培养专注乡村的设计师。

第三部分　行动与路径

第七条　**建议成立乡村设计行业协会**。成立行业协会有助于团结业内的从业人员,促进行业内的友好交流。权威的行业协会可编写制定相关行业标准体系,对行业有极强的规范作用。乡村设计行业需要行业协会的引领与监督。

第八条　**构建乡村设计教育体系**。乡村设计学科也亟待建设,在学科建设的初级阶段,构建乡村设计教育体系成为学科建设的重中之重。成熟的教育体系有助于稳定输出高质量的乡村设计人才,为乡村设计行业源源不断地输入新鲜血液,保持行业活力。

第九条　**建立注册乡村设计师制度**。乡村设计是一个需要知识与经验的行业,相关注册乡村设计师制度的建立有利于建设行业规则、规范业内行为,遏止劣币驱逐良币现象的产生,提高行业认可度,为乡村设计行业更好地发展提供基础。

热切希望社会各界的朋友们联合起来,齐手设计承载着我们乡愁的广袤大地,真正将"绿水青山变为金山银山",共创幸福和谐富裕的美丽乡村!

全国乡村振兴设计教育联盟章程

第一章 总 则

第一条 全国乡村振兴设计教育联盟是为更好服务乡村振兴国家战略、推进生态宜居美丽乡村建设,由全国20余所设计类相关院校教授专家代表所共同组成的非法人学术团体。

第二条 全国乡村振兴设计教育联盟以"互融、互通、互惠"为基本理念,携手全国设计类相关高校开展乡村振兴设计活动,助推青年成长成才,助推乡村振兴持续提速增效;汇聚高校学生、青年设计师的设计创意,以江南文化为特色,以品牌内涵为创造,激发民风、民俗、民情的蓬勃生命力,促进乡村公共服务、乡土文明的和谐共生,满足乡村百姓对美好生活的向往。

第三条 全国乡村振兴设计教育联盟发起单位:上海交通大学创新设计中心、浙江大学风景园林学科、东华大学服装与艺术设计学院、江南大学设计学院、南京农业大学园艺学院、南京林业大学艺术设计学院、东南大学艺术学院、北京林业大学艺术设计学院、扬州大学园艺与植物保护学院、重庆师范大学、《包装工程》杂志社、《世界农业》编辑部。

第二章 基本职责

第四条 确立科学合理的组织架构

以公平公正、合作共赢为原则,共享教育资源,提升教育质量,在域内实现优势互补。明确合作层次与范畴,落实共享措施,具体围绕乡村振兴的相关内容开展课程建设、人才培养、学科建设、师资交流、科学研究、实践基地以及学生管理等层面的深入交流。

第五条 构建高效便捷的协同机制

在充分调研办学主体的利益诉求的基础上,突破阻碍共建共享发展的机制壁垒,调整制定合理的协同管理机制,采取合理科学的运营策略协调各方需求,全局考虑和统筹谋划,兼顾效益与公益,形成全国乡村振兴设计教育创新发展强大合力,为区域内教育资源共建共享提供和谐的机制环境,打造良好的共建共享氛围。

第六条 建立有效规范的乡村评价机制

通过区域教育理论研究,梳理联盟教育效果评价指标体系,挖掘乡村振兴设计教育联合机制在设计教育体系中的动态影响机理和成效,进而延伸出以社会效益和经济效益为跟踪基础的乡村长效评价机制。

第七条 成立乡村设计行业协会

成立行业协会有助于团结业内的从业人员,促进行业内的友好交流。权威的行业协会可编写制定相关行业标准体系,对行业有极强的规范作用。乡村设计行业需要行业协会的引领与监督。

第八条 构建乡村设计教育体系

乡村设计学科也亟待建设,在学科建设的初级阶段,构建乡村设计教育体系成为学科建设的重中之重。成熟的教育体系有助于稳定输出高质量的乡村设计人才,为乡村设计行业源源不断地输入新鲜血液,保持行业活力。

第九条 建立注册乡村设计师制度

乡村设计是一个需要知识与经验的行业,相关注册乡村设计师制度的建立有利于建设行业规则、规范业内行为、提高行业认可度,为乡村设计行业更好的发展提供基础。

第三章 组织机构

第十条 组织机构

一、全国乡村振兴设计教育联盟设立理事会、专家委员会、研究中心、企业委员会和各省市委员会等。

二、理事会负责对全国乡村振兴设计教育联盟发展方向等重大问题进行决策。设共同理事长、执行理事长、副执行理事长、理事和秘书处。共同理事长负责召集和主持理事大会。执行理事长和副执行理事长负责指导和督办理事会决定的重大工作任务。理事由理事单位推荐并经理事大会讨论通过产生,负责落实全国乡村振兴设计教育联盟的各项具体任务。秘书处为理事会常设机构,设秘书长,秘书长由乡村振兴研究中心负责人担任,负责全国乡村振兴设计教育联盟的日常工作。

第四章 运行机制

第十一条 运行机制

一、共同理事长会议:根据工作需要,不定期举行会议。就有关全国乡村振兴设计教育联盟发展的重大问题进行研究,提出指导性建议,供理事单位和专业委员会参考执行。

二、理事大会:

(一)制定和修改章程;

(二)总结理事大会休会期间的工作,并讨论未来工作安排;

（三）讨论决定其他重大事项。

三、秘书处：在理事会和共同理事长会议休会期间，秘书处代理理事会和共同理事长会议职权，处理全国乡村振兴设计教育联盟事务。

四、工作协调会议：执行理事长召集联盟相关成员不定期召开，就全国乡村振兴设计教育联盟重大工作事项进行沟通协调、督促落实，副执行理事长协助执行理事长工作。

第五章　理事单位的加入与退出

第十二条　理事单位资格

一、理事单位必须致力于乡村振兴事业，拥有一定数量的专职研究人员。

二、在乡村振兴研究方面有较大影响的予以优先考虑。

三、接受本章程并积极参加全国乡村振兴设计教育联盟组织的各类活动。

第十三条　申请理事单位的程序

一、提交理事单位申请材料。

二、填写理事单位登记表。

三、经共同理事长会议或秘书处审核通过，并告知理事单位。

四、由理事会颁发理事单位证书。

第十四条　理事单位的退出

一、理事单位如主动退出，应以书面形式告知秘书处。

二、理事单位如不参加理事会的一切活动，视为自动退会。

三、理事单位如有严重违反本章程或触犯国家法律的行为，经理事大会表决通过，予以除名。

四、理事单位退出后，该单位所荐理事资格一并取消。

第六章　理事单位的权利和义务

第十五条　理事单位的权利

一、理事单位有权推荐1名有影响力的人士为理事会理事候选人，经理事大会通过后成为正式理事。

二、参加理事会活动。

三、对理事会工作提出意见和建议。

四、参与讨论全国乡村振兴设计教育联盟工作。

第十六条　理事单位的义务

一、遵守本章程，执行理事会的决议。

二、维护理事会合法权益。

三、协助完成理事会的相关工作。

四、向理事会积极反映相关情况,提供有关材料。

第七章　普通会员的加入与退出

第十七条　普通会员资格

一、普通会员包括单位会员和个人会员两种,普通会员必须致力于乡村振兴事业,是从事乡村振兴研究或实践的单位或个人。

二、在乡村振兴研究和实践方面有较大影响的单位和个人予以优先考虑。

三、接受本章程并积极参加全国乡村振兴设计教育联盟组织的各类活动。

第十八条　申请入会的程序

一、提交入会申请材料。

二、秘书处审核通过,并颁发会员证书。

第十九条　普通会员的退出

一、普通会员如主动退出,应告知秘书处。

二、普通会员如不参加全国乡村振兴设计教育联盟的一切活动,视为自动退会。

三、普通会员如有严重违反本章程或触犯国家法律的行为,秘书处将予以除名。

第八章　普通会员的权利和义务

第二十条　普通会员的权利

一、参与全国乡村振兴设计教育联盟机构的工作。

二、符合本章程的其他权利。

第二十一条　普通会员的义务

一、遵守本章程,执行理事会的决议。

二、维护全国乡村振兴设计教育联盟合法权益。

三、协助完成全国乡村振兴设计教育联盟的相关工作。

四、向全国乡村振兴设计教育联盟秘书处积极反映相关情况,提供有关材料。

第九章　附　则

第二十二条　本章程于2020年11月28日正式生效。

第二十三条　本章程修改须由共同理事长会议审议后报理事大会决定。

第二十四条　本章程由理事会秘书处负责解释。